标 准 化 学

——标准化的科学理论

Standardizology:
Science Theory of Standardization

麦绿波 著

科 学 出 版 社

北 京

内 容 简 介

本书是标准化科学理论的原创著作，系统性地创建了标准化的理论和方法，包括标准化的科学性和哲学认识，标准化的理性概念、公理、形式谱系、原理、定律、标准化熵、相似标准化、标准方程等元理论和基础理论，通用化、系列化、模块化、组合化、型谱系列与族系、统型、协同互操作性、产品顶层设计、产品优化、标准化指标体系等的理论和设计方法，标准化系统工程、项目的标准管理与控制、零部件管理、标准化应用状态评价、标准化效益评价等方法。

本书适合研究人员、工程技术人员、大学教师、高级管理人员学习、研究和应用，也适用于高等院校相关专业研究生和高年级本科生的专业教育。

图书在版编目(CIP)数据

标准化学：标准化的科学理论/麦绿波著. —北京：科学出版社，2017. 9
ISBN 978-7-03-054519-0

Ⅰ. ①标… Ⅱ. ①麦… Ⅲ. ①标准化-研究 Ⅳ. ①G306

中国版本图书馆 CIP 数据核字(2017)第 227072 号

责任编辑：裴 育 陈 婕 乔丽维 / 责任校对：桂伟利
责任印制：赵 博 / 封面设计：陈 敬

科 学 出 版 社 出版
北京东黄城根北街 16 号
邮政编码：100717
http://www.sciencep.com
北京富资园科技发展有限公司印刷
科学出版社发行 各地新华书店经销
*
2017 年 9 月第 一 版 开本：720×1000 1/16
2026 年 1 月第七次印刷 印张：31
字数：600 000
定价：198.00 元

前　言

标准化学建立了标准化学科系统的理论体系，为标准化由学科进入科学领域提供了系统的科学理论和方法。标准化学是研究“统一化”的形式、形态、价值、方法规律的学科，是研究“统一化”的学问。每一个独立学科都有其特有的研究方向和内容，例如，物理学是研究物质运动、相互作用、基本结构规律的学科；化学是研究微观物质（原子及分子）组成、性质、结构与变化规律的学科；系统论是研究系统的一般模式、结构和规律的学科；控制论是研究动态系统在变化环境下保持平衡状态的学科；信息论是研究信息传输和信息压缩的学科。因此，标准化学有其他学科不可代替的自身独特的研究方向和内容，具有自身独立存在的学科地位。标准化学科的使命不是用于解决事物的“有”、“无”问题，而是用于解决事物的存在状态问题，解决存在状态的“优”、“劣”问题。标准化学不是做“生”的工作，而是做“育”的工作，即“生”前的“育”、“生”中的“育”和“生”后的“育”，这个“育”是改造和（或）优化。标准化学科不像有的学科那样可用于创造新生的物质存在，而是使存在的成为最佳状态或创建事物的新状态。标准化的作用和效果的可重复性发生或复现，说明了其规律的科学性。科学规律，会有世界性共识，如在中国发现和创建的科学规律，在其他国家也是存在的，也是可复现和可证实的。标准化的科学理论是无国界的，属于人类共同的知识财富，应有一个供世界称呼和理解的名称，因此我给标准化学取了一个英文名称“standardizology”，这就像生了一个孩子，得给他取个合适的名字。给出标准化学的英文名词 standardizology，也是想让世界知道，这个名词已有其相应的系统性的科学理论内容，并将作为一门独立的科学学科进入世界的科学知识体系。

标准化漫长历史的实践沉淀和百年形成的理论基础与当今社会发展对其理论的需求是很不相称的，所以标准化的发展急需创建标准化的科学理论——标准化学。建立标准化系统的科学理论是标准化认识的迫切期待，也是标准化发挥更大作用的迫切期待。标准化学在大量标准化感性积累的基础上，以理性的创建成果填补了标准化学科的理论空白。没有理性的感性是局限的，没有感性的理性是乏力的，理性和感性结合才是有作为的。随着社会对标准化的依赖面越来越广、依赖度越来越深，探究标准化的客观科学规律变得越来越迫切。标准化学科要屹立于科学学科之林，就不能没有严格意义上的理论体系。一个学科要深化发展就要有坚实的理论支撑。今天标准化已到了应建立自己系统性的、真正意义上的科学理论的时刻。标准化学是在“认知”的基础上建立的，而不是以“相信”来确立的。“认知”由理性决定，“相信”由感性决定。标准化学理论的建立是采用高级认知方式建立的，不仅是用总结工作经验和直觉感受的方法，更多的是用抽象思维和数学来提炼，用想象思维来假设，采用类比推理、归纳推理、演绎推理等科学方法，建立起标准化的理性概念、数学模型、关系模型、知识模型，以逻辑严密、形式简洁、表达准确的要求来表述，由此建立起标准化真正的科学理论体系。在标准化现象和事物中，那些支配可预测、可证实、可复现的内在规律，就是标准化的科学规律。标准化学是能解释复现标准化的存在、现象和经验等的理论。用科学的方法揭示标准化科学规律的本质形成的具有理论体系的学科，这个学科就是标准化学。标准化学的创建，旨在使标准化的发展由依靠经验为主向依靠理论为主转变，由定性分析向定量分析转变，由模糊认识向清晰认识转变。英国数学和哲学家莱布尼茨(Gottfried Wilhelm Leibniz)说，“有两种真理，推理的真理和事实的真理”。在标准化领域里，不乏像互换性、标准件、度量衡统一、统一代码、接口通用等带来效益和秩序的事实真理，但缺乏像理性概念、公理、原理、定律等能支持标准化的演绎和推理的理论真理，标准化学的创建正是要填补标准化推理真理的空白。标准化学的理论知识既有发现的，也有发明的。发现是揭示存在规律，发明是构建存在规律，发现通常是发明的条件和依靠。发现的知识是根知识或原始知识，发明是应用知识，是成长的知识、派生的知识。

标准化学是“统一化”的学问和方法论。标准化的统一化是相对的，不是一丝不差的绝对统一化，是容差性、概率性、泛元性和非量性的统一化，是基于标准化公理认定的统一化。标准化公理是统一化的根本支撑，是标准化学的理论基石，是理论联系实际的桥梁。标准化的“统一化”概念和四个公理一起构成了标准化学的元理论。标准化学的元理论是纯理性的研究成果，是基于思辨创建的。

标准化学的科学性体现在主观设计的范式符合客观性、可复现性、有效性、可观察性、可证实性和可数学表达。任何一门学科，没有数学的参与，很难说是理性的和成熟的，不能算作真正的理论。数学被认为是最抽象的，但正是其抽象才能深入到事物的本质。具体事物往往以外在形式遮盖了内在本质，难以捕捉其内在本质关系。标准化科学理论的创建，需要有对标准化本质的理性认识，需要用哲学和数学的思维抽象出标准化的理性概念、公理、原理、定律等理论关系，需要建立有效性、复现性、可操作性的标准化数学模型、关系模型、知识模型等“硬理论”知识。本书的大部分内容已在核心期刊《中国标准化》、《标准科学》上公开发表。

标准化学重点解决两大重要问题：一是建立标准化的理性概念、公理、形式谱系、原理、定律等基本理论，为标准化规律的解释、演绎和推论等提供理论依据，解决标准化学科基本理论的需求问题；二是建立标准化属性的共性设计方法，为产品发展、工程建设、社会治理等提供优化设计方法，解决有效共性方法的需求问题。论述标准化，离不开说标准，因为标准是标准化的因，标准化是标准的果。当然，有时候因果是互为的。关于标准的理论，本书不打算系统性论述，只纳入标准的概念，因为标准的理论属于标准学的理论体系，将在另一本论著中论述。

标准化是"任意事件集合经约束映射到约定域的事件集合态"。标准化将个体特性转换为体系特性或群体特性，将异构状态转换为同构状态，将无序化转换为统一化。标准化学是研究系统新状态和如何将原状态映射到约定状态成为新状态的理论和方法。标准化是一种境界、一种哲学图式，是统一化和理想化的范式，是追求统一合理性的历史最高认识。它既是一种技术哲学和方法论，也是一种实用知识。作为技术哲学，标准反映了技术的至高关系，是技术共同性和重复性事项的提炼；作为方法论，标准化向各领域提供了统一、简化、互通、优化等共性有效方法；作为实用知识，标准化是建立秩序和提高效率的方法，是互联互通和畅通交流的途径，是优化关系和合理发展的手段。产品或系统期望拥有的许多重要特征是靠标准化状态建立的，如互换性、通用化、系列化、模块化、型谱化、互联互通、协同互操作性等。标准化是先进性、经济性、可用性、耗费性等综合最佳的选择，是工业、农业、服务业、公共管理的终极目标的阶段状态。标准化学的创立，是标准化由学科发展为科学的需要，是从知识的方法层面提升到理论层面的需要，是将感性论证转变为理性论证的需要，是建立标准化理性认识的共同思维结构的需要，是标准化活动有理论指导的需要，是设立高级的标准化专业教育的需要，是为学者提供标准化理论修养条件的需要，是吸引更多的高端学者从事标准化研究的需要。标准化学现在能诞生，是因为标准化已具备了历史发展长度的条件、实践积累厚度的条件、数学理论可借用的条件和多科学理论可借鉴的条件等。

今天，标准化的意义已不仅仅是为社会提供互通、效率和秩序等利益，还具有保护和伦理意义。国家间和民族间的矛盾冲突、环境和生态的破坏、食品和药品的安全等，已成为人类生存和地球健康的三大威胁。今天的社会需要"公共契约"的保护，"契约"只能解决双方利益承诺的保证，不能解决公共利益承诺的保证，而标准是一种"公共契约"，我们可以通过标准这个"公共契约"建立人类利益的共识和共同责任。应用标准这个"公共契约"，可协调和消除国家间、区域间、民族间等的利益矛盾和冲突，使人类和平、和谐地相处和生活；可引导和控制科学技术成就的有益利用，给地球和人类带来福祉，而不是灾难；可控制资源开采、"三废"处置等，减少生态破坏和环境污染；可保证食品、药品等安全，保护人类健康。标准化也许会成为社会治理、地球保护的最有效手段，担当起未来重要和光荣的使命。

标准化是优化存在、改变未来的知识。随着标准化理论的广泛应用和完善，标准化学将会成为学术地位和影响力不亚于系统论、控制论、信息论的学科。在当今社会中，标准化是畅通的手段，是效率的手段，是节约的手段，是优化的手段，是互信的手段，是协调的手段，是保护的手段等。标准化学以其独特的学术价值，解决社会发展的效率问题、浪费问题、秩序问题、信息交流问题、个性与共性的冲突问题、公共利益保护问题等，填补了社会发展对这一科学功能需求的空白。标准化学随着本书的问世而诞生。标准化学的创建，为人类知识体系提供了一套系统的科学理论，同时也为产品设计、工程建设、企业发展和社会治理等提供了一套共性问题优化的方法论。

回想起来，我走上从事标准化研究这条道路，与小时候受到父亲的影响有密切的关系。父亲是具有深厚学术造诣的光学科学家，记得他很重视标准化，将他创建的两项学术研究成果制定为国家标准。尽管当时我并不知道标准化是什么意思，但我能感觉到标准化是科学家重视的一个方面。我大学和研究生所学的专业是光学，但毕业后却没有专门从事光学研究的职业(但也从未脱离)。可能是与标准化有缘，工作时进入了标准化的研究机构。当我从事标准化研究时才发现，标准化在科学理论方面与光学相比，就像是荒芜之地。光学有基于丰富的数学和物理知识的几何光学、波动光学、量子光学、光电子学、色度学、光谱学等科学理论，而标准化更多的是一些工作的概念和方法的内容，且有些概念和方法还不是很严谨和理性。因此，探究和建立标准化科学理论成为我一直追求的梦想。在工作实践中，我总愿意将感性的东西抽象到理性上来思考，从枯燥中找到趣味，从现象中感悟本质，从方法中发现理论。在学习光学过程中打下的良好数理基础，为我理性思考提供了强大的理论工具。攀登科学的高峰，需要哲学的境界、数学的逻辑和感性的积累，有些学术灵感往往还需要来自于“外知识”(其他学科知识)的启发。

本书是关于标准化的科学理论著作，是我在30年对标准化的大量感性积累和理性思考的基础上，用了8年时间集中深入研究标准化理论要素并撰写而成的(从2009年开始撰写，2013年前基本完成核心理论的创建)。对于标准化科学理论的研究，我采取探究微观、感悟宏观的方法，本着“大胆假设、小心求证”、“始于怀疑、终于信仰”的科学精神，完成了这部标准化科学理论的著作。在标准化理论的研究过程中，我从李春田、顾孟洁、王征、郎志正、文大化等国内学者和国外学者的标准化著作中汲取了一些营养，获得了一些启示，在此，对这些学术前辈表示真诚的敬意和衷心的感谢！

我怀着崇敬和感激之情，将本书献给我敬爱的父亲和母亲，从小，他们向我传递了思考的智慧，给予了我科学精神的熏陶和严谨治学的教导，使我具有了今天的研究能力和执着精神。我还要感谢我的哥哥、妹妹、妻子、儿子等亲人，他们替我尽了许多责任和义务，使我有更多的时间和精力来从事研究和写作；同时感谢我的岳父、岳母在生活上给予的照顾。最后，感谢我工作的单位给我提供了许多标准化实践和研究的机会。

麦绿波

2017年2月

目　　录

前言

第一篇　认　识　篇

第 1 章　标准化的认识 …… 1
　1.1　标准化的存在与感觉 …… 1
　1.2　标准化学建立的必要性 …… 3
　1.3　标准化学的科学性 …… 8
　1.4　标准化的哲学认识 …… 11
　1.5　标准化学的理论体系 …… 19
　1.6　标准化的多维度认识 …… 24
　参考文献 …… 34
第 2 章　全域世界新划分和标准化存在领域的本体论 …… 36
　2.1　本体论的内涵 …… 36
　2.2　对三界论的质疑 …… 37
　2.3　全域世界的新划分 …… 40
　2.4　标准化存在领域的划分 …… 43
　2.5　标准化存在领域间的关系 …… 49
　参考文献 …… 51
第 3 章　标准化的历史发展阶段及推进作用 …… 52
　3.1　标准化的起源及里程碑标志 …… 52
　3.2　标准化发展阶段的时代划分 …… 54
　3.3　标准化发展阶段的推动力划分 …… 55
　3.4　标准化未来发展阶段预测 …… 58
　3.5　标准化对人类进化的影响 …… 59
　3.6　标准化对社会进步的影响 …… 64
　3.7　标准化的影响 …… 67
　参考文献 …… 68
第 4 章　标准化作业的价值 …… 69
　4.1　自主态劳动作业的模型化和特点 …… 69
　4.2　标准化劳动作业模型 …… 72

4.3 标准化的工业生产模型 …… 74
4.4 标准化作业的价值和效果 …… 76
参考文献 …… 77

第二篇 基本理论篇

第 5 章 标准的概念 …… 78
5.1 各方对标准概念的定义 …… 78
5.2 标准概念定义的局限性问题 …… 79
5.3 标准的广义概念 …… 83
5.4 标准的狭义概念 …… 85
5.5 标准和标准化的关系 …… 86
参考文献 …… 87
第 6 章 标准的存在形式与类型谱系 …… 88
6.1 标准的存在形式 …… 88
6.2 客观形成的标准体系 …… 91
6.3 主观建立的标准体系 …… 93
6.4 对客观规律认识的标准体系 …… 95
6.5 标准的哲理关系 …… 96
参考文献 …… 98
第 7 章 标准化的概念及其理论模型 …… 99
7.1 标准化概念的历史性认识 …… 99
7.2 ISO 和中国对标准化概念定义的历程 …… 100
7.3 标准化定义的问题分析 …… 102
7.4 标准化定义的理性化思考 …… 105
7.5 标准化概念的理性分析 …… 106
7.6 标准化理性概念的创建 …… 108
7.7 标准化概念的关系模型和数学模型的创建 …… 109
7.8 标准化概念数学模型的演绎 …… 111
7.9 标准化概念的应用与验证 …… 113
7.10 标准化状态的空间和时间传播数学模型和关系模型 …… 114
参考文献 …… 116
第 8 章 标准化的性质和作用 …… 118
8.1 性质的特点和建立标准化性质的意义 …… 118
8.2 标准化的第一性质 …… 118
8.3 标准化的第二性质 …… 121

8.4　标准化的第三性质 …… 122
8.5　标准化的第四性质 …… 123
8.6　标准化性质的应用 …… 124
8.7　标准化地位和作用的内涵 …… 124
8.8　标准化的地位 …… 125
8.9　标准化的作用 …… 127
8.10　标准化作用的关系和特点 …… 131
参考文献 …… 131
第 9 章　标准化的基本公理 …… 132
9.1　标准化概念的公理依赖性 …… 132
9.2　标准化公理的创建 …… 134
9.3　标准化公理的三维空间 …… 137
9.4　标准化公理的应用 …… 139
参考文献 …… 141
第 10 章　标准化形式的理论谱系 …… 142
10.1　标准化形式认定面临的困惑 …… 142
10.2　标准化形式的理论谱系创建 …… 143
10.3　标准化形式的理论验证 …… 147
参考文献 …… 150
第 11 章　标准化的核心原理 …… 151
11.1　标准化原理观点的回顾 …… 151
11.2　理论命题的内涵和区别 …… 153
11.3　标准化原理观点的评论 …… 154
11.4　标准化原理的理性探讨 …… 157
11.5　标准化原理的必备要素 …… 158
11.6　标准化原理需重建的原因 …… 159
11.7　标准化核心原理的构建 …… 161
11.8　核心原理的验证和应用方法 …… 170
参考文献 …… 174
第 12 章　标准化的基本定律 …… 175
12.1　定律的特点及必备要素 …… 175
12.2　定律与原理的关系 …… 176
12.3　标准化基本定律的创建 …… 176
12.4　标准化的变换定律(第一定律) …… 177
12.5　标准化的统一最大定律(第二定律) …… 178

12.6　标准化的相通定律(第三定律) …… 181
12.7　标准化的时域同态定律(第四定律) …… 182
12.8　标准化的空域同态定律(第五定律) …… 183
12.9　标准化的时空域同态定律(第六定律) …… 184
12.10　标准化的空间惯性定律(第七定律) …… 186
12.11　标准化的时间惯性定律(第八定律) …… 187
12.12　标准化的时空惯性定律(第九定律) …… 188
12.13　标准化的复杂性效益定律(第十定律) …… 189
12.14　标准化基本定律的验证与应用 …… 190
参考文献 …… 193
第 13 章　标准化的几何互换性定律 …… 194
13.1　几何互换性从规律到定律的感悟 …… 194
13.2　动配合互换性定律(第十一定律) …… 195
13.3　定位配合互换性定律(第十二定律) …… 198
13.4　紧配合互换性定律(第十三定律) …… 200
13.5　几何互换性定律的验证与应用 …… 201
13.6　几何互换性空间创建 …… 202
参考文献 …… 203
第 14 章　标准化的功能互换性定律 …… 204
14.1　功能互换性的概念和研究需求 …… 204
14.2　功能互换性定律的创建(第十四定律) …… 205
14.3　功能互换性的特点 …… 207
14.4　功能互换性定律的验证与应用 …… 210
参考文献 …… 212
第 15 章　标准化的模式互换性定律 …… 213
15.1　模式系统互换性的需求 …… 213
15.2　模式互换性定律的创建(第十五定律) …… 214
15.3　模式互换性的特点 …… 216
15.4　模式互换性的维度表达 …… 218
15.5　模式互换性定律的验证与应用 …… 219
第 16 章　标准化的行为互换性定律 …… 221
16.1　行为不准现象 …… 221
16.2　行为互换性规律的需求 …… 222
16.3　行为互换性定律的创建(第十六定律) …… 223
16.4　行为互换性的特点 …… 225

16.5　行为互换性定律的验证与应用 …… 227
16.6　互换性定律的族系 …… 227
第 17 章　标准化的熵 …… 228
17.1　标准化引入熵的思考 …… 228
17.2　熵的概念和认识 …… 229
17.3　标准化熵的概念及其数学模型的创建 …… 232
17.4　标准化熵的应用 …… 235
17.5　标准化熵进一步的工作 …… 236
参考文献 …… 237
第 18 章　相似标准化 …… 238
18.1　相似性与标准化的关系 …… 238
18.2　分形的概念和算法 …… 238
18.3　相似标准化的概念和理论 …… 241
18.4　相似标准化的应用 …… 244
参考文献 …… 245
第 19 章　标准控制方程 …… 246
19.1　标准控制方程的创建 …… 246
19.2　标准控制的状态维度关系 …… 249
19.3　状态的目标关系 …… 250
19.4　标准方程的自变量分析 …… 250
19.5　标准方程的控制因素分析 …… 251
19.6　标准方程的应用和评价 …… 252
参考文献 …… 252

第三篇　方　法　篇

第 20 章　通用化的理论和设计方法 …… 253
20.1　通用化的概念和原理模型 …… 253
20.2　通用化的方式及范围 …… 256
20.3　通用化设计方法 …… 260
20.4　通用化关系分析 …… 264
参考文献 …… 265
第 21 章　系列化的理论和设计方法 …… 266
21.1　系列化的概念和关系模型 …… 266
21.2　系列化的类型及数学模型 …… 267
21.3　系列化设计 …… 273

21.4 系列化的经济关系分析 …… 277
21.5 系列化的应用 …… 279
参考文献 …… 279
第 22 章 模块化的理论和设计方法 …… 281
22.1 模块化的概念及其属性 …… 281
22.2 模块化的理论关系 …… 283
22.3 模块化的类型 …… 285
22.4 模块化的设计方法 …… 287
22.5 模块化的应用 …… 295
参考文献 …… 297
第 23 章 组合化的理论和设计方法 …… 298
23.1 组合化的概念 …… 298
23.2 组合化的标准化属性 …… 299
23.3 组合化的合成方式和对象 …… 300
23.4 组合化的应用 …… 302
23.5 组合化与模块化的关系 …… 302
参考文献 …… 303
第 24 章 通用化、系列化、模块化、组合化的属性及其相互关系 …… 304
24.1 各“化”的概念及标准化属性 …… 304
24.2 各“化”的对象 …… 305
24.3 各“化”的特点 …… 306
24.4 各“化”的相互关系 …… 307
24.5 各“化”的存在与表述 …… 308
参考文献 …… 308
第 25 章 产品型谱和族系的理论和设计方法 …… 309
25.1 产品型谱和族系的概念及其关系模型 …… 309
25.2 型谱的分类 …… 312
25.3 型谱的设计方法 …… 313
25.4 建立产品型谱的价值 …… 316
参考文献 …… 317
第 26 章 统型的理论和方法 …… 318
26.1 统型的概念 …… 318
26.2 统型的原理 …… 319
26.3 统型的对象及其层次 …… 321
26.4 统型的方式 …… 322

26.5 统型的实施 …… 325
参考文献 …… 326
第 27 章 协同互操作性的理论和设计方法 …… 327
27.1 产品性能组成的调整 …… 327
27.2 协同互操作性的概念和原理模型 …… 330
27.3 协同互操作性的表征指标 …… 334
27.4 协同互操作性的设计方法 …… 343
27.5 协同互操作性的作用和价值 …… 350
27.6 协同互操作性的应用 …… 353
参考文献 …… 357
第 28 章 产品顶层设计的标准化理论和方法 …… 358
28.1 顶层设计的理论依据 …… 358
28.2 体系空间设计和平面内涵分析 …… 360
28.3 设计的表格表达 …… 362
28.4 设计的图谱表达 …… 365
28.5 方法的特点和应用 …… 368
参考文献 …… 368
第 29 章 产品集成优化的标准化理论和方法 …… 369
29.1 标准化的集成关系优化原理 …… 369
29.2 集成关系优化模型空间 …… 375
29.3 产品集成优化的模型体系 …… 377
29.4 优化模型流程的建立 …… 378
29.5 优化应用示例 …… 379
参考文献 …… 383
第 30 章 产品的标准化指标体系 …… 384
30.1 建立产品标准化指标体系的意义 …… 384
30.2 标准化指标体系建立的原则 …… 385
30.3 标准化指标体系的设计 …… 386
30.4 标准化指标的内涵 …… 387
30.5 标准化指标体系的应用 …… 397
参考文献 …… 398
第 31 章 标准化系统工程的理论和方法 …… 399
31.1 标准化系统工程新模式的内涵 …… 399
31.2 产品技术体制和制式方案提出 …… 400
31.3 标准化工作体系建立 …… 401

31.4　产品全寿命周期标准化任务分配 …… 402
31.5　目标分析与目标优化方法 …… 403
31.6　工作分解结构与相关要素分析 …… 406
31.7　标准化综合体构建 …… 409
31.8　应用效果分析 …… 410
参考文献 …… 411
第 32 章　项目的标准管理与控制的理论和方法 …… 412
32.1　项目的标准管理与控制的需求和价值 …… 412
32.2　标准管控的概念 …… 413
32.3　标准管控的原理 …… 414
32.4　标准管控的范围和对象 …… 416
32.5　标准管控的基本流程 …… 418
32.6　标准控制的数学模型和控制要素 …… 421
32.7　标准管控的手段和应用 …… 422
参考文献 …… 423
第 33 章　产品零部件的标准化策略 …… 424
33.1　产品零部件标准化策略的利益 …… 424
33.2　零部件资源的资格认定和管理 …… 425
33.3　零部件资源的使用 …… 429
33.4　新零部件的研制管理 …… 432
33.5　零部件的变更 …… 434
33.6　标准化策略的应用要求 …… 435
参考文献 …… 435

第四篇　评　价　篇

第 34 章　标准化应用状态与评价 …… 436
34.1　标准化应用状态的概念 …… 436
34.2　标准化应用状态的表征维度 …… 437
34.3　标准化应用状态的评价数学模型 …… 438
34.4　标准化应用状态评价关系的应用 …… 443
参考文献 …… 445
第 35 章　标准化效益评价模型 …… 446
35.1　标准化效益的内涵 …… 446
35.2　标准化效益的类别 …… 448
35.3　标准化效益评价的时机和对象 …… 450

35.4　标准化的效益评价模型和效果评价模型 …… 451
35.5　标准化率与标准化效益 …… 456
35.6　标准化效益评价模型的应用 …… 457
参考文献 …… 459

第五篇　讨　论　篇

第 36 章　标准化若干理论问题的讨论 …… 460
36.1　标准化学的通约性 …… 460
36.2　标准化统一的极限性 …… 464
36.3　标准化的所知与所是 …… 465
36.4　标准化的动力因素 …… 466
36.5　标准化的阻力因素 …… 469
第 37 章　标准化方法和方法标准化 …… 471
37.1　“标准化方法”和“方法标准化”的内涵及关系 …… 471
37.2　标准化方法的理论关系与范畴 …… 473
37.3　方法标准化的实践关系与范畴 …… 474
37.4　两者的依赖和对立统一关系 …… 476
参考文献 …… 478

第一篇　认　识　篇

第1章　标准化的认识

1.1　标准化的存在与感觉

我们清楚地知道，数学、物理、化学、医学等学科是当今社会进步、人们生活离不开的重要知识，但身边还有其他重要的东西，我们不会太注意它的存在。也许很少有人想过，有一个重要的东西是当今社会必不可少的，它就是“标准化”。经历过突然停电带来困境和尴尬的人都会说电很重要，但很少听到人们自觉地说标准化很重要。标准化具有巨大的惯性，不像电那样可以使其状态突然停止或消失，所以我们无法感受到没有标准化的困境，我们从来不会去担忧标准化的消失，常把标准化的存在看成是天经地义的。因为社会环境中的处处标准化、时时标准化，使标准化成为不会丢失的普遍存在，再加上没有标准化“有”与“无”的反差对比机会，让我们很难感觉到对它必不可少的依赖。标准化使我们生活在有序、畅通、高效、协调的社会里，一旦它戛然消失，社会将会陷入极度的混乱，导致巨大的倒退。人们通常都有“存在不珍惜”、“失去视珍宝”的习惯，标准化似乎就是这样的东西。

由于不能制造标准化突然消失的机会来告诉大家标准化的重要性，为了有助于大家了解标准化对当今社会生活的重要性，感受没有标准化时的巨大影响，我们需要用反证法来认识标准化存在的重要意义。虚拟一个非标准化的状态，即从非标准化的状态来认识标准化的价值，用逆向关系来触动我们对标准化麻痹了的神经。现在，让我们来设想一下标准化突然不存在的情景：语言和文字失去统一化，各不相同，人与人之间失去了语言和文字交流的能力；道路上没有统一的行驶规则，有随意靠左行、靠右行等各行其是的行驶方式，交通陷入全面瘫痪；供电电压各式各样，电源接口尺寸和形状各不相同，用电器无法获取电能，所有电器失去了使用功能；信息传输的协议和格式不一致，手机、网络终端、电视等信息系统显示的都是乱码，电子信息无法交换和识别；没有标准化的生产流程和工艺工装，高效率的批量化大生产方式消失，生产将回到低效率的单件选配制作状态；没有统一的度量衡和物价关系，商品交换只能回到以物易物的时代；如此等等的彻底倒退不胜枚举。标准化的突然消失，将会使一切人类的文明成就失去功效，也将使社会化生活倒退到原始状态。更糟糕的是，这一切将会使现代人感到无助而精神处于崩溃。标准化是最悠久的文明形式，如果没有计算机，社会将会倒退几十年，没有电，社会将会倒退两百多年，没有度量衡标准化，社会将会倒退两千多年，完全没有标准化，人类将会倒退到原始状态。没有语言的统一，人类就不可能进行意识交流和快速进化；没有度量衡的标准化，就不会有商品经济；没有技术的标准化，就不会有工业化、电气化、信息化等现代社会。今天的标准化是畅通的手段，是效率的手段，是节约的手段，是优化的手段，是互信的手段，是协调的手段，是保护的手段等。标准化为我们建立起了一个信息交流的世界、一个秩序化的世界、一个高效率的世界、一个可互信的世界。法国标准化专家库蒂埃说："实质上，标准化在一切有人类智慧和活动的地方都存在……标准化在无序的社会是建立秩序的因素，在一个浪费的世界里是节约的因素，在一个分裂的世界里是统一的因素，如果没有法律、语言、计算方法，一个国家就无法存在。如果没有标准化，一个企业也就无法存在。"今天，标准化的意义已不仅仅是为社会提供互通、效率和秩序等利益，它还具有伦理意义，还是人类生存、健康的保护手段。国家间和民族间的矛盾冲突、环境和生态的破坏、食品和药品的安全等，已成为人类生存和地球健康的三大威胁。我们可以通过标准化建立人类的共同认识，消除国家间、区域间、民族间等的矛盾冲突；通过标准化控制资源开采、"三废"处置等，减少生态破坏和环境污染；通过标准化保证食品、药品等安全，保护人类健康。标准化也许会成为社会治理、地球保护的最有效手段，担当起未来重要和光荣的使命。

实际上，在当今社会生活中，时时都有标准化带来的福祉，处处都有标准化带来的财富和收益。因而，标准化对现代文明和生活的重要性是显而易见的。而人们对标准化的认识通常是"身在福中不知福"，设想它"失去"时才能感觉到它的重要性。标准化有人们自觉应用的一面，也有抵触的一面。使用相同的语言、文字进行交流是人们自觉应用标准化的典型事例。我行我素、违反交通规则等是抵触标准化的一面。标准化是人与人之间信息联系的必要条件，标准化的支持如果像电能对城市的支持一样断掉，我们头脑就会处于无信息交流的孤岛状态，思维的"细胞"会陷入无信息营养汲取的枯竭状态，我们会坠入缺乏知识和智慧的黑暗深渊。没有标准化，现代社会就会在无联系的孤寂中消亡。标准化不仅构建了相互联系和高效运行的社会，还为我们的工作和生活创造了"拿来使用"的条件。设计产品时，利用产品设计规范，不需要每个设计师从头构思产品的技术关系；制造产品时，不需要全部零件都自己制造，可从货架上直接购买大量的标准基础件，即使自己制造，按照工艺规范便可进行加工；产品维修更换时，不用担心备件装不上，互换性保障了备件的可更换性；买衣服时，有标准的尺寸系列保证了大部分人可找到合适尺寸规格的衣服。标准化使我们的工作和生活简单、方便、有效、经济、高效等。

1.2　标准化学建立的必要性

1.2.1　标准化理论建立的紧迫性

今天我们生活在一个处处标准化、时时标准化的社会里，一个对标准化高度依赖的社会里。人类文明和智慧的成就都与标准化密不可分。标准化是信息交流的选择、利用有效知识的选择、提高效率的选择、降低成本的选择、保证质量的选择、优化状态的选择、维护公共利益的选择、持续生存的选择。标准化为我们建立起了一个可交流的世界、一个秩序化的世界、一个高效率的世界、一个可互信的世界。标准化具有社会关系的连接功能、技术经济的增效功能、公共利益的保护功能、国际贸易的畅通功能等。研究表明，标准化对科技和经济的发展有着突出的贡献。经英国统计，标准化对英国2015年生产效率提升的贡献率高达约37.4%，相当于年度GDP增长率的28.4%，德国和法国也得出类似结论[1]。从国际、国家、行业、省市、企业等各个层面建立标准化组织或机构，并大量开展标准制定和标准化业务工作可看出，标准化是世界的需要、国家的需要、行业的需要和企业的需要等，因此，建立标准化的科学理论也是世界、国家、行业和企业等的需要。

标准化学科与其他“名门正派”的学科相比，此前还处于“硬理论”的荒芜状况。“硬理论”是指能用数学关系表达的概念、原理、定律等客观规律知识，并具有可推论性、可演绎性和可复现性。没有数学的理论不能称其为真正的理论。马克思说：“一门科学，只有当它成功地应用数学时，才能达到真正完善的地步。”荷兰著名专家恩丁格尔和西第格就标准化的重要性和理论状况指出：“生产和销售的费用，甚至商品的质量和为顾客服务的质量，在很大程度上取决于标准化的水准，可以这样说，对标准化问题，要给予足够的重视。但是，事实上，标准化，特别是标准化理论基础与其他科学领域相比，仍处在最荒芜的状况中。”德国标准化部门的专家在一项工作中检查关于标准化科学基础状况，深感遗憾地说：“很难使熟练的专家对标准化工作感兴趣，这说明，第一缺乏明确地给标准化工程人员提出专业任务，第二缺乏专业理论修养的条件，此外，还缺少人们共知的普通的标准化理论。”[2]标准化学建立前，标准化学科的知识更多是方法层面的和感性的“软理论”知识，很难称得上是“硬理论”知识或严格意义上的理论。之所以说标准化学科的理论“软”，是因为它没有完整的知识理论体系，且缺乏理性抽象概念、数学模型、关系模型、知识模型的表达。标准化要进入科学学科的行列，不能没有“硬理论”的支撑。理论反映客观规律，能使人信任，具有吸引力，能指引思维的正确方向。有方法而无“硬理论”的学科只能是存在的学科，是发展内动力不强的学科，只有拥有“硬理论”的学科，才会具有强大的发展内动力和对外的号召力，才能成为科学的学科。恩格斯说:“想要站在科学的最高峰,就一刻也不能没有理论思维。”建立标准化“硬理论”是标准化学科作为科学学科发展的迫切需要,也是标准化高端发展和还原其“高大上”地位的迫切需要。

1.2.2 理论优于智慧

标准化学科不乏智慧的方法,但智慧的方法与科学的理论相比要逊色得多,科学的理论以其可广泛适用性和量化性的优势比智慧的方法要强大得多。标准化学科如果没有坚实的理论作为支撑,它就很难深化发展、广泛应用和大有作为。标准化学科的发展需要从智慧的方法提升到科学理论的高度。建立与数学密切相关的标准化理论是标准化学科巩固、提高和发展的需要。下面用两个例子来对比科学理论和智慧方法的前途和意义。第一个例子是关于“曹冲称象”与“阿基米德称皇冠”的对比。东汉末年,曹操的儿子曹冲为了解决称量大象重量的问题想出了一个办法,即先将大象牵到船上,在船体外的吃水线处刻一记号,再把大象牵下船,往船里搬运石头,直到船身沉到刚才吃水线记号处时停止往船里搬运石头,然后把船上的石头搬下来称其重量,便得到大象的重量。公元前245年,叙拉古国王让阿基米德分辨真假皇冠,阿基米德受到浴缸中洗澡排水漂浮现象的启示,想到了重量相同时排水体积差异必定存在材料密度不同的事实,用此原理甄别出了真假皇冠。曹冲称量大象重量,作为一个智慧的佳话传给后世。而阿基米德揭开真假皇冠事实后,开始研究其中的科学道理,得到了具有重要科学价值的浮力定律,被后人广泛应用于科学研究和工程设计,为科学领域增加了一项科学知识财富。对比这两个同样触及浮力现象的智者行为,曹冲想出的是“一事一用”的智慧方法,阿基米德深究发现了浮力定律的科学理论,能“一事多用”,他们的方法形成了完全不同的价值结果。尽管曹冲无意识应用了科学的道理解决问题,但未深究其中的科学道理,没有广泛应用和不断使用的价值。由此看出,解决同样问题的智慧,没有掌握解决问题的科学理论本质,只能留下一个智慧的故事;掌握了解决问题的本质科学道理,留下的是一个可广泛和重复使用的科学规律,它能解决更多的问题,给人类带来更多的利益。

第二个例子是数值规律的对比。从我国秦陵出土的文物中可看到,秦国时期有很高的标准化应用水平,很多器具的数值间的关系近似于 R 系列的优先数系。例如,秦陵车马坑出土的银环外径尺寸分别为:5分、6分、8分和10分,这一数值系列基本符合 $R10$ 系列:…5,6.3,8,10,此外,还有许多物件的系列尺寸都与R系列数值相近,这比欧洲提出优先数系早了两千多年。1877年,法国学者雷诺(Charles Renard)为了对气球上使用的绳索的规格进行简化,采用数学的等比数关系来确定绳子长度规格,他当初选用的数列公比为 $\sqrt[5]{10}$,数值每增大到5项,第一个数值增大10倍,这对应 $R5$ 系列。1920年德国制定了第一个优先数系标准。

1935年国际标准化协会提出了优先数系国际标准建议,1973年转为国际标准。这个例子说明,我国虽然先于欧洲2000年应用这种合理的数值系列关系,但未探究出其本质的数学关系,与获得科学规律擦肩而过,使这种合理的数值关系只能由极少数经验丰富、直觉好的人使用,普通人群不会应用。雷诺采用合理数值关系是从数学科学入手,给出了产生合理数列关系的数学规律,使这种科学方法可为大众在各领域广泛使用和重复使用。而秦朝的数值系列是一种智者的经验感觉,没有找出科学规律,无法广泛传播。因此,没有科学理论的智慧成果是难以让大众学习掌握和广泛应用的,且很难有再利用的机会。

再如,电磁学在麦克斯韦著名的电磁方程理论建立后,迅速发展起来。由以上例子可看出,理论优于智慧,建立反映事物普遍规律的理论关系,对一门知识的推广应用和发展是非常重要的。学科的核心理论对其发展的推动力是无比强大的,只有具有系统理论的学科,才会成为具有强大生命力的科学学科。

1.2.3　支持规模化组织工作的需要

标准化算得上应用面最广的知识之一,覆盖了科学、技术、工业、农业、服务业、社会管理、国防、军队等各个领域。有数学、物理学、化学、生物学等科学知识领域的地方有标准化,没有它们的地方,如工作操作、管理、服务等领域也有标准化,标准化几乎覆盖科学技术、生产、贸易、服务、生活、社会管理、组织、军事等各个领域。从世界影响程度看,国际标准化组织(International Standardization Organization,ISO)是当前世界上最大的技术组织之一,根据2016年ISO公布的数据,它拥有技术委员会(Technical Committee,TC)和分技术委员会(Subcommittee,SC)755个(247个TC+508个SC)、工作组(WG)2674个,覆盖了大部分技术领域;从国家的重视程度看,有163个国家成员体参加了ISO;从取得标准成果看,已制定21740项国际标准及标准类文件(截止到2016年)。世界性的标准化组织除了ISO外,还有国际电工委员会(International Electrotechnical Commission,IEC)、国际电信联盟(International Telecommunication Union,ITU),以及被ISO确认的几十个从事本业务领域国际性标准制定的国际组织,如国际计量局(BIPM)、国际化学纤维标准化局(BISFA)、食品法典委员会(CAC)、国际照明委员会(CIE)、国际原子能机构(IAEA)、国际乳品业联合会(IDF)、国际劳工组织(ILO)、国际海事组织(IMO)、国际建筑材料与结构协会(RILEM)、国际铁路联盟(UIC)、世界卫生组织(WHO)等。当今,标准化在组织的范围广度和影响力方面都是其他学科难以比拟的。标准化的学术研究无论在世界层面还是在国家层面都受到了高度重视。ISO专门建立了一个“标准化原理技术委员会”来研究标准化的理论问题。我国每个大中城市和行业几乎都建立了标准化研究院(所),有大量的高端科技人员一直在从事标准化的学术研究。从组织角度来看,标准化研究已有可观的规模和阵势,但从其理论基础现状来看，其基础理论研究与其发展规模还是很不相称的，标准专家此前的理论研究成就还很难令人满意。标准化活动是国际性和国家性的大规模组织活动，急需标准化理论进行理性指导。所以，标准化学科的发展急需创建标准化学。但在标准理论的探索上，过去相当一段时期，确实存在着信心不足的情绪。匈牙利标准化专家萨威利先生有感而发："很多国家和国际的团体，都试图给标准化下一个包罗万象的、每个人都能接受的定义，并规定出其适用范围，但是至今均未成功，这是可以理解的，在将来也不会成功。"萨威利先生的观点宣扬了标准化的理论根基——"标准化概念"的不可知论，给理论探索带来了悲观情绪。对于萨威利先生悲观的观点我们是不赞同的，但同时我们必须承认，标准化理论建立的难度确实是很大的。对标准化学术发展的未来，库蒂埃却持有与萨威利不同的态度，他说："20年后我们的下一代利用我们研究的成果，科学的发展，大量的数据，可能那时标准化将作为一门科学……"[3]库蒂埃对标准化学术发展的前途持有积极、乐观和有信心的态度。标准化学术发展的事实证明了库蒂埃预言的正确性。

对于建立标准化的理论问题，不应认为之前的标准化理论就是到位的理论，即"现状接受论"，也不可采取"不可知论"的态度和悲观失望的情绪而不去积极探索。人类标准化的行为已有几十万年甚至几百万年的历史，标准化的知识、方法的文字表述也有一百多年，今天标准化已到了应建立自己系统性的、真正意义上的理论的时刻。标准化的理论建设到了觉醒时期，急需建立起支持标准化学科发展的理论体系。这些理论的建立不仅是用总结工作经验和直觉感受的方法，更要用抽象思维来提炼，采取类比推理、归纳推理、演绎推理等科学方法，建立起标准化的理性概念、数学模型、关系模型、知识模型，以逻辑严密、形式简洁、表达准确的方式来表达标准化，由此建立标准化真正的科学理论体系。从为标准化如此大的规模化组织工作提供理论支持的角度看，标准化学科理论建立的必要性更显突出和迫切。

1.2.4 学术和教育发展的需要

标准化学的建立，能吸引社会更多的高端学者投入到标准化的理论研究中，同时，也可为标准化的专业性教育提供理性的知识体系。标准化不能只是职业标准化工作者感兴趣的领域，最重要的是要使全社会的非标准化职业学者对其学科有兴趣，有自觉性，因为各领域都有标准化的需求，标准化可使各领域的发展更有序、更高效、更强大等。标准化的学术活动不能只定位在标准的制定与实施上，要有更深刻和更广泛的学术活动。否则，标准化就只能停留在工作活动性上，失去了其科学的价值性，而不能成为一个名副其实的科学领域。一个学科领域只有能引起科学家和专家的兴趣，才能称得上是真正的科学领域。标准化的理论价值在哪儿，科学家和学术专家对标准化的兴趣就在哪儿，关注和重视点就在哪儿。科学家和学术专家对缺乏理论支持的标准化工作并不感兴趣,甚至会忽视他们的价值,尽管这些事很重要。学者感兴趣的是标准化事件中的非过程性的和非操作性的规律性学术因素。标准化知识的研究应从标准化职业圈扩展到非标准化职业圈,成为非标准化职业圈学者感兴趣的知识,这就需要标准化具有理论的地位。标准化的知识要具有像物理、数学、化学、哲学等公共知识的地位,就要有像这些知识那种深刻的理论。就标准化此前的理论基础而言,不利于标准化的专业化教育的发展,难以作为一级学科进行学术研究。没有数学就没有定量关系,没有定量关系就没有精确复现。不能精确复现的规律不能称其为严格的科学,没有数学的理论其科学性是不充分的。标准化理论和方法的数学化是其理性发展的要求。不将标准化在条件下的规律必然性上升到定律和原理等理论层面,标准化知识的理论体系就无法建立,标准化的知识也无法灵活地应用和有效发展,其理论大厦的建立也是没有根基的。

标准化学建立的必要性还体现在引导标准化的学术研究从感性化向理性化转变。感性化是个人的感情、愿望的表现,是主观的、发散的和难以复现的,不易产生人们之间的共识。理性化是以逻辑、推理、规律等为依据,是客观的、收敛的和可复现的,容易产生共识和认可。标准化学术的感性化现象是由于其基础理论薄弱,缺乏统一的理论关系来收敛思考的方向,以至于各自用感情来强调其重要性和有用性,以引起人们的重视。感性的论述是由态度、愿望、决心、立场等因素支撑的,主观性强,导致感情假设与感情论证,结论会被态度所支配。感性陈述内容通常对所说明的对象是必要不充分或充分不必要。理性论述由概念、模型、公式、逻辑、证据来支撑,客观性强,过程严谨,使理论模型的假设是可实证的,结果也是可复现的。理性陈述对所说明的对象通常是充分必要全备。标准化应减少情感实践,增强理性实践。标准化的发展急需从经验和任务方式提升到理论指导方式的高度,建立起标准化学这门新的科学学科。

综上所述,建立标准化学,是标准化由学科发展为科学的需要,是为世界性的大规模标准化组织活动提供理论指导的需要,是从知识的方法层面提升到理论层面的需要,是将感性论证转变为理性论证的需要,是建立标准化理性认识的共同思维结构的需要,是标准化活动有理论指导的需要,是设立高级的标准化专业教育的需要,是为学者提供标准化理论修养条件的需要,是吸引更多的高端学者从事标准化研究的需要。

支持标准化的标准物质形式(工具、度量衡、货币等)发展到一定程度,必然推动标准化精神形式(文件标准)的产生,标准化的精神形式发展到一定程度,必然推动标准化科学理论的产生。标准化科学理论的深化发展,将会推动标准化科学理论的广泛应用,由此带来标准化更高形式的突出效果。

1.3　标准化学的科学性

1.3.1　学科的科学性

标准化是一门学科，是普遍能认可的。学科是学问的科目门类，“按照学问的性质而划分的门类”[4]。标准化要从一门知识学科上升到科学学科，就要符合科学学科的要求。何为科学？“反映自然、社会、思维等的客观规律的分科的知识体系”[4]。韦氏大词典中科学的定义为：关于客观事实的观察与分类的一门研究分支；特别是有关归纳与假说为主要手段确立可以证实的普遍规律的一门研究；或严格地讲，限于以归纳与假说为主要手段对于可以证实的普遍规律以量的观念加以表述的一门研究[3]。定义的第一段是研究客观事实和现象的科学定义，标准化对客观现象和事实的观察研究工作对应这个概念。定义的第二段与第三段类似，只是第三段定义要求更高和更严谨，要求要有数学的表达。标准化建立科学理论正是按这三段的定义关系建立的。归纳法是从特殊到一般，通过归纳推理找出普遍性规律。演绎法是从一般到特殊，推理延伸特殊关系。此前的标准化要称为一门科学至少存在两个方面未解决的问题：一是缺乏用理性归纳、假设建立的普遍规律和数学化模型，二是缺乏标准化普遍规律效应和效果的证实。标准化学正是以归纳和假设为主要手段，建立了标准化的公理、定律、原理等理论，用试错法和思想实验对理论进行修改完善，用验证对这些规律的实际符合性进行证实，把标准化的理论推到了科学的高度。试错是对命题找出不足，不断修改。思想实验是构想实验条件，推理规律在条件下的有效性。有些情况可用思想实验作为标准化的例证。理论的建立和验证都需要应用想象力，想象力是科学理论创造的依靠和主要动力。

科学的学科主要是以理论知识来支持的，非科学的学科主要是以经验知识来支持的。一个研究领域要成为一门科学的学科，一般应满足以下五个条件[2]：

(1) 形成了学科的理论体系和专门方法；

(2) 出现从事该学科研究的科学家群体；

(3) 建立了该学科研究的机构和教学单位；

(4) 建立了有关的学术团体并开展有效的活动；

(5) 有一定量的专著和出版物问世。

此前，标准化学科要成为科学学科的最大问题是，缺乏系统性的标准化理论和方法，没有建立起以标准化的理性概念、公理、定律、设计方法等为支持的体系化理论。对于以上五个条件，最关键或核心的条件是第一个条件。标准化学的创建可满足第一个条件对标准化理论体系和专门方法的要求，同时加强了第五个条件的要求；国内外一直有一批从事标准化研究的科学家和资深学者群体，如盖拉德（美国)、桑德斯(英国)、魏尔曼(印度)、松浦四郎(日本)、特卡钦科(苏联)、科赫捷夫(苏联)、吉村浩(日本)、李春田(中国)、郎志正(中国)、顾孟洁(中国)、张锡纯(中国)、王征(中国)、文大化(中国)等,这满足了第二个条件;美国有标准和技术研究院,中国各行业和大中城市都有标准化研究院(所),并有标准化的教学单位,其他国家也都有标准化的研究机构,满足了第三个条件;国际上,几乎各国家都有大量的标准化学术团体在开展有效活动,如ISO、IEC、ITU、ASTM以及各国的标准化技术委员会等,满足了第四个条件;以上所列学者都有标准化的专著问世,满足了第五个条件。标准化学的建立,为标准学科提供了体系化理性概念、公理、原理、定律、方法等理论,具有与其他"名门正派"科学学科一样过硬的理论知识,它将使标准化学科上升到科学的地位,将会吸引更多的科学家群体踊跃加入,并会推动标准化教育广泛和深入的发展。

1.3.2　内容的科学性

科学就是"运用概念、范畴、定理、定律等思维形式反映现实世界各种现象的本质和规律的知识体系"[5]。科学通过揭示支配事物的规律,以求说明事物。科学就是求真,也就是如何获得真的陈述,经典的科学方法有归纳法和演绎法。归纳法是把大量的事实现象归并为很少的公理、定律、原理等,形成逻辑的知识体系。爱因斯坦提出科学理论的建立有两步:一是创造概念,发现原理;二是逻辑推理,导出结论。建立科学理论就要体现科学的精神。美国科学社会学家默顿认为:普遍性、公有性、无私利性和有条理怀疑性构成科学的精神气质。公正是科学思维的基础,建立理论要尽量应用数学完整地考虑各要素,并通过修改和扩展,扩大应用范围。科学是严格的,它强调理论与实践的一致,没有经历被证伪历程而严谨化的理论就不是科学,或者说不能进行证伪的知识不是科学。科学只是最逼近真理或特定条件下的真理,而不可能是无条件的绝对真理。理性怀疑是科学不断逼近真理的动力。标准化学建立的目的主要有三个方面:第一是给出能高度概括表达标准化本质和规律的概念、公理、原理、定律、关系模型和数学模型等,使标准化进入理性认识层面;第二是应用新建立的标准化理论解决深层次的标准化问题;第三是用标准化学的基本理论发展新的理论,并推测或预言标准化未来新的有效关系和形式。标准化的理论指什么?用于解决什么问题?以何种方式获得呢?我是这样认为的:**标准化理论是表达其在一定范围内的普遍性和实践性的概念、规律、模型、关系和方法,是一种基于实践经验抽象出的和基于价值意义推理出的理性化的科学规律表达形式,它具有客观性、可信任性、可复现性。**标准化的理论用于指导标准化的理性发展,为标准化理论和方法的演绎发展提供基础。标准化理论从大量实践积累中抽象一般性和本质性的知识、数学和关系,通过证实或未被证伪而确立。标准化理论来自现象发现和方法发明,其理论的产生既依靠发明,也依靠发现。客观规律的认识是发现,主观创造的方法和功能等是发明。标准化像物理、化学等学科一样,既有发明知识,也有发现知识。应用归纳法主要获得发现知识,应用演绎法主要获得发明知识。通常,归纳属于发现性的工作,演绎属于创造性和发明性的工作。发明是人创造的客观规律,发现是找到自然界和人类社会的规律。在标准化学中,既有发现的定律客观规律,也有发明的通用化、系列化、模块化、互联互通等有效规律。建立标准化的理论体系主要是建立标准化的理性概念、公理、定律、原理、方法、模型等理论。公理是归纳的真关系,是不可证明和证实的,它是基准真理。定律是反映事物在一定条件下发展变化的客观规律的论断,其效应可重复产生,是客观规律。定律是为实践和事实所证明,如牛顿运动定律、能量守恒定律以及欧姆定律等。定律是对客观规律的一种表达形式,通过大量具体的客观事实归纳而成的结论。定律是一种理论模型,用以描述特定情况、特定尺度下的现实世界,在其他尺度下可能会失效或者不准确。原理是具有普遍意义的基本规律,可以有各个层面和各方面的原理。定律和原理都是可证实为有效的。由于标准化的实验有建立难度大和周期长的特点,标准化证实可采用引证法进行证明。数学是客观世界中各事物间关系和量的科学,没有数学的表达关系,事物间的关系就不能准确地表达。由于标准化效果的反映周期长、规模大,采用实物验证难度很大,标准化的理论模型的建立适合采用爱因斯坦的“思维实验法”,用想象来寻找验证对象,用思考进行符合性验证,对不符合的关系便修改模型继续实验,直到被证实。

一个学科内容的科学性体现在建立的理论组成部分是否应用科学的过程和方法,能否通过实证,而不被证伪,或者在条件界定的范围内未被证伪。标准化的概念和理论模型按波普尔的 P1→TS(TT)→EE→P2……的循环方法进行建立,直到问题 P 不再被证伪[6]。P1 是提出命题(问题);TS(TT)是试图解决问题(或构思建立问题的概念或理论模型);EE 是对概念或理论模型进行验证和暴露缺陷,找出错误,消除错误;P2 是重新修改形成新命题(问题)。例如,提问标准化的概念,P1=“标准化的概念是什么?”;试图给出概念定义,TS=“为在一定范围内获得最佳秩序,对实际或潜在的问题制定共同的和重复使用的规则的活动”;暴露缺陷,EE=“把标准化定为制定共同的和重复使用的规则的活动,未给出标准化的本质关系,制定规则的活动应是标准化工作的定义”;修改问题,P2=“标准化工作”,也就是说以上定义不是标准化本身的定义,而适合作为“标准化工作”的定义,应修改命题,如果不修改命题就应修改理论内容。学科的科学特征要靠科学的方法来实现。

标准化学科内容的科学性体现在主观设计的范式要符合客观性、可复现、验证见效、可观察、实践应用可靠、可数学表达。表达的规律是,可预测、证实、复现的就是科学的。由于标准化实践的许多规律是可复现、证实和可预测的,所以其必有内在的科学规律的支配。对标准化的每项理论要素进行科学规律本质的揭示和验证,构建具有理论体系的学科,这个学科就是标准化学。标准化学的创建,旨在使标准化的发展由依靠经验为主向依靠理论为主、经验为辅转变，由定性向定量转变，由感性向理性转变。一门科学的产生在于：有客观需要、有动力源、有因果关系、充分必要条件具备。标准化学的科学性在于：有科学所要求的特征，有不同于其他学科的专门研究方向或领域，有具有科学性质的系统理论，有真实的效果，有大量具体的研究对象。理论证实存在，并与存在相一致而成立。标准化学的理论不仅是科学的，而且有很高的价值，主要体现在：它能对社会关系的协调和优化输出科学思想和方法，对产品开发和工程建设输出有效的优化设计方法，对其他学科的发展输出科学的方法论，对标准化的认识和理论研究输出核心概念和基本理论。

标准化从经验到科学，主要难度是数学化、规律化、广泛适用性、复现性、知识理性化等。标准化实现科学性，**要以科学概念建立起标准化理性认识的共同思维结构**。标准化学给出优化和升华的规律，它来自于经验实践，但高于实践。标准化规律复现的理论关系可称为标准化变换函数。如果标准化目标结果是不可复现的，就无标准化规律可言，就没有科学意义，也不能称其为标准化科学。标准化学是能复现标准化的存在、现象和经验的理论。解释理论的正确性，可由规律无一例外地复现来证实。理论是人创造的，其正确性是相对的，理论一般只是逼近真理，但不会是最终真理，只是有条件地对逼近真理的满意解释，而不是无条件地对真理的全部解释。真理是不可能一次认知的，是逐渐靠近的，不会一蹴而就。

1.3.3　学科的独立性

标准化是“任意事件集合经约束映射到约定域的事件集合态”。标准化学是研究“统一化”的学问，它既独立于其他学科，又与其他学科相关，例如，计量学是研究基准、测准和量值传递的学问，数学是研究量表达的学问，物理是研究物质现象的学问，化学是研究物质元素合成与分解的学问等，每一门单独的学科都有自己独有的研究内容。一门科学学科要单独成立，它一定有不同于其他学科的专门研究方向或研究领域，否则就不是一门单独的科学学科。标准化学研究的是统一化状态或统一化关系。统一化状态或统一化关系研究可归结为研究自然的统一化状态关系、物质的统一化关系、行为统一化关系、事项统一化关系等。标准化主要是主体设计的产物，是改造世界的设计蓝图，它与行为科学、心理学、数学、语言学、科学、技术、管理学、艺术等相关，但又独立于以上学科。所谓学科独立，是它有不同于其他学科的研究内容和核心概念、公理、原理、定律等理论要素。

1.4　标准化的哲学认识

1.4.1　哲学的内涵

哲学是理论化、系统化的世界观，是自然知识、社会知识、思维知识的概括和总结，是世界观和方法论的统一。哲学是指导客观实践的方法论。哲学是人类对世界的思考和认识，因此可分为主观性和客观性两种，而科学是可重复的客观规律。抽象是哲学的根本特点，一切存在之间都拥有抽象的同一，这种抽象的同一是内在结构的抽象同一和外在关系的抽象同一。正是基于这种抽象的同一，我们有可能感觉到一切存在的存在。哲学所要做的就是阐述这种抽象同一的内容。哲学有有用性和无用性，哲学的“有用”是因为它是统一一切学问的万学之学，哲学的“无用”是因为它不直接致力于解决具体的问题。哲学就是用简洁的描述来反映隐含深层意义的道理，让人们去思考和体会。哲学本身就是用来完善自己的精神修养和帮助他人完善思想的。科学是哲学的衍生物，后来独立为与哲学并行的学科。科学与哲学有互动关系。科学产生知识，哲学产生思想。

神学、哲学、科学共同构成了人类的三大学问。**神学是基于想象意识的成果，哲学是基于抽象意识的成果，科学是基于逻辑推理的成果。神学研究未知性，哲学研究普遍性，科学研究实在性。神学为解释想象而研究，哲学为解释存在而研究，科学为解释现象而研究。神学想道理，哲学讲道理，科学用道理。**科学真实，然而有限，哲学朦胧，然而广大，神学虚无，漫无边际。这里涉及的神学是从学术角度对其特点进行分析论述，是一种纯学术讨论，不是信仰问题，不要等同。哲学是研究世界观和方法论的学问，探索世界的本质和运行规律，其没有公认的系统性基础理论，只有哲学家的认识论。哲学的观点可以说是仁者见仁，智者见智，各抒己见，各有妙理。科学是以系统的公理、定律、定理、原理、方法等理论为基础，需进行实际验证，其效果是“立竿见影”的。现代物理学家爱因斯坦说：“哲学推广必须以科学成果为基础。”哲学家费尔巴哈说：“哲学必须重新与自然科学结合，自然科学必须重新与哲学结合，这种建立在相互需要和内在必然性上面的结合是持久的、幸福的、多子多孙的，不能与以前那种哲学与神学的错配同日而语。”

1.4.2 标准化的哲学提问

标准化是什么的问题是标准化的哲学问题。标准化的哲学问题是回答标准化的本质是什么，标准化的理论问题是给出标准化复现的规律，标准化的方法问题是给出标准化实现的程序和环节，标准化的工作问题是给出标准化任务和实施方法。科学研究的成就与其哲学认识的深度密切相关，科学的重大突破往往来自于其哲学境界的高度，科学上要飞多高，其哲学就要有多深。重大的科学理论的建立不是存在的发现，而是思想的创建，是从哲学关系感悟的，哲学是科学认识的灵魂。爱因斯坦的相对论的建立不是对存在的发现，而是来自于其哲学层面认识的感悟。深邃的哲学思考可脱离实物、实验环境和过程发现重要规律。

标准化是一种境界，一种哲学图式。标准化是统一化和理想化的范式，是追求统一合理性的历史最高认识。无论哪个领域，如果从非标准化状态进入标准化状态，表明其达到了一种新的境界，一种智慧和理性选择的存在图式。标准化的现象存在于自然界和人类社会两大领域，标准化的状态有“自然”造的和人造的两类。标准化的规律在自然界和人类社会都是成立的。标准化是现实中的理想化，标准化的范式是统一化状态，标准化是以统一化和理想化作为追求和实现的范式。标准化的统一不是随意的统一，是统一在综合权衡最佳的合理关系上，这个统一在一个历史时期内是最合理的选择。

标准化的统一通常是行为统一的结果，但它又不同于行为科学。行为科学研究人际关系、人的需要、人的作用和人力资源开发，关注行为的调动与产生，属唤起性的。标准化关注行为的统一、规范、约束与收敛，属控制性的。标准化是普惠的，可保护和协调各方利益。标准化是社会的，是群体行为的，不能由一个人的意愿形成，要符合群体需要。共同利益决定了人造世界追求的理想目标将转向标准化。标准化的状态是和谐的状态，标准化的状态在竞争中形成和更新。和谐是事物共生的条件，竞争是事物发展的动力，标准化状态是竞争形成的和谐状态。

哲学思考的内容一般应包含哲学的基本关系、发展史观、方法论、本质、特征、假设等要素。深化标准化认识要从哲学上认识标准化，为标准化的科学理论发展做好认识准备，用标准化的哲学认识为标准化的科学提供智慧。当标准化的哲学认识有充足的理性化储备后，标准化就能进入“讲道理”和“用道理”的互相促进的阶段，使标准化学科成为一门“讲”、“用”结合的学科。

1.4.3　标准化的哲学关系

研究分析标准化的哲学关系，以从哲学层面深化对标准化的认识，掌握标准化的普遍规律。标准化的哲学关系，既可用于解释发现的标准化现象，又可用于预测尚未发现的标准化存在。标准化的哲学关系主要有标准化的客观与主观、物质与意识、对立与统一、相对与绝对、约束与自由、原因与结果、变化与静止、广义与狭义、必然与偶然、有序与无序、有形与无形、时间与空间、单一化与多样化、存在与形式、联系与融合、载体与寄生、内在与关系等。

1. 客观与主观

标准化形成的驱动有客观驱动和主观驱动两种情况，但形成的标准化状态是客观的。标准化具有主观性和客观性两重性质。客观驱动标准化是自然环境物质和能量的相互作用或竞争生存作用形成的标准化。主观驱动的标准化是主观安排带来的客观效果。主观驱动的标准化状态展现的是客观现象，但来自主观的构建。一个标准化行为被标准化施主（设计者）主观设定后，经标准化的受体（被实施对象)接受后,变成了受体的自觉行为,标准化的客观性就产生了。此时,标准化的施主(设计者)已失去了主观改变受体标准状态的作用,已不能以主观的意志随意改变,除非施主新的主观内容被受体接受。**人类构建的标准化存在是主观追求统一化的客观化,即人们将统一化和秩序化期望变成现实,实现人的期望和现实的统一。**使人造的标准化客观与独立于人的标准化客观相统一,将是完美的和高稳定性的标准化。与稳定的客观最接近的表达是标准化的表达。标准化要么是人们共同愿望的取向,要么是独立于人们愿望的客观取向。前者说的标准化是意识标准化,是说主观成为客观的标准化,后者说的标准化是非意识的自然界客观的标准化。

2. 物质与意识

标准化既有物质的标准化,也有意识的标准化。标准化既可以是物质形成的统一化状态,也可以是意识建立的统一化状态,还可以是意识和物质结合的统一化状态。如果要深化表征物质和意识标准化的统一性,只能用能量关系来表征,因为物质和意识都与能量存在转换关系。物质可转化为能量的数学关系已由爱因斯坦给出,精神本身就是能量的一种输出形式。

3. 对立与统一

标准化的对立统一主要有:主观和客观的对立统一、约束和自由的对立统一。对立统一是标准化形成、改进、提高的前进模式。标准化的主观和客观的对立统一,是主观要改造客观为标准化的对立统一,它们经过多次的对立统一双边修正实现相互适应的统一。标准化的约束和自由的对立统一,是标准化和非标准化的对立统一,这种对抗的结局取决于约束和自由的优势,分别有作用能量的优势和价值的优势,结果向优势的一边靠拢。标准化的约束优势是靠价值优势和其唤起的能量优势取胜的。对立统一是标准化的"共有、固有和必有"的,所有标准化都有对立统一关系,标准化本身就有对立统一,要形成标准化必须有对立统一。对立的作用是发散或将统一转向发散,统一的作用是收敛或将发散转向收敛。其运动的关系像驻波一样,在对立统一的周期规律中稳定和增强,对立统一关系如图 1-1 所示。对于稳定状态的系统,对立统一的作用也是时刻存在的,只是没有一个力量能明显超过另一个力量,而保持系统的平衡状态。对立统一关系也是标准化约束与自由、收敛与发散、有序与无序等的运动规律。通常容易将统一和一致混淆。统一和一致的区别是:统一含有过程和结果,将不一致的统一到一致,以一致为结果;一致是完全一样的状态,反映的是一种结果状态,是统一的结果状态;统一包含了一致,一致不能代替统一。标准化状态是对立统一竞争的收敛结果和有序状态,是对立统一某种程度的一个收敛平衡状态。

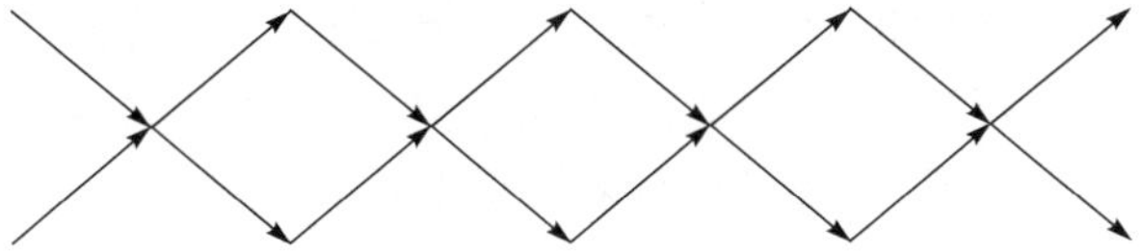

图 1-1　标准化对立统一的运动关系

4. 相对与绝对

标准化的统一是相对的，差异是绝对的。无论是客观环境作用形成的物质标准化统一，还是主观建立的标准化统一，都不可能是一丝不差的绝对统一。统一成果的一致是相对而言的，当统一化状态在某种尺度分析是一致的，用再细化一个或几个数量级的尺度分析时，可能就不是一致的。例如，蜜蜂的蜂窝远距离目视时都是一致的六边形形状，当近距离看或放大细化测量对比时，它们是有差别的。因此，标准化的统一是相对的统一，不是绝对的统一。绝对的统一是支付不起的，也是不必要的。如果说某种状态的统一是绝对的，只能说是在某种尺度下的绝对统一，是相对条件下的绝对，不是绝对的绝对，绝对的绝对统一是不存在的。除了某些数字关系有绝对统一外，物质、意识、行为、能量等的统一都是相对的。

5. 约束与自由

标准化与非标准化是约束与自由的关系。标准化就是对无序的自由进行约束，形成有序的状态。这种约束是带来效益的约束、聚能的约束、畅通的约束，是带来生命力的约束。当约束带来的效益、聚能、畅通不断减弱时，约束就会逼近衰亡，就需要解放约束，还回自由，形成新的生命力。标准化的约束和自由是交替进行的，自由到约束，约束又到自由，往复进行。在行为上，约束对应收敛，自由对应发散，标准化是收敛与发散的运动统一。

6. 原因与结果

发散、无序状态是建立标准化的统一、有序状态的原因，统一、有序状态是转变发散、无序状态成为标准化状态的结果。标准化中的因果关系有互为的和绝对的，事件同质时，因果是互为的，事件异质时，因果是绝对的。因果是绝对的是指原因方和结果方不互相提供因果条件。互为因果和绝对因果的例子，如鸡与蛋的因果是互为的，而落果与地心引力的因果是绝对的。交通非标准化到交通标准化是互为因果的，在交通标准化状态下有人会感到约束而违反规则形成非标准化状态，对交通的非标准化状态进行治理又形成标准化状态。交通靠右行驶标准化导致汽车方向盘设置为左舵位置，这样的因果关系就不是互为的。再如，220V 电源的插座应设计为三孔的，以保证安全性，但不是三孔插座电源就是 220V 的，这个因果关系也不是互为的，从安全角度这个因果关系是绝对的。同质标准化对象间的因果关系是互为的，异质标准化对象间的因果关系是绝对的。如果异质标准化对象间的因果关系不是很“硬”，至少它们的因果关系不是互为的。

7. 变化与静止

标准化是经历竞争，以综合最优的优势而存在，并通过弛豫振荡过程达到一个稳定的状态，以收获效益而巩固。标准化状态是以静止状态存在的，但标准化状态的形成是变化得到的。标准化的静止状态在保持一定的时间后会发生变化，经过充分的变化调整后，又会形成一种新的标准化状态。变化的状态是无法深入认识的，也是无法重复利用的。标准化状态的静止是相对的，变化是绝对的。静止状态是标准化的利用状态，变化状态是标准化的形成或重构状态。

8. 广义与狭义

标准化的范畴包括广义和狭义两个范畴。广义标准化是标准化的全部，包括自然界形成的标准化状态和人造的标准化状态。狭义标准化是人造的标准化状态，是智慧意识驱使作用的统一化状态。人们通常说的标准化是指狭义标准化的范畴。非智慧意识的统一化状态范畴不包括狭义标准化的范畴，如蜂巢、蜘蛛网、晶体等这些自然的统一化状态，是自然界优化的结果，属广义标准化范畴。自然界出于优化竞争形成广义标准化的一部分，人的智慧理性设计而建立狭义标准化。狭义标准化可借鉴不包括自己的广义标准化结果和受其启发来建立，还可以创建不包括自己的广义标准化没有的标准化状态。

9. 必然与偶然

存在的非标准化状态是偶然的，存在的标准化状态是必然的。非标准化的是短暂的、个别的、局部的、难以延续的；标准化的是长久的、大量的、普遍的、多子多孙的。无论是自然界还是人类社会，都服从标准化必然和非标准化偶然这一规律。从自然界看，生物的主体形态必然都是按其标准化模式产生和延续的，非标准化的主体形态是偶然的，例如，一个头两只脚的鸡是必然的，两个头一只脚或三只脚的鸡是偶然的。从人类社会看，同一个国家或地区的文字、电力制式、交通规则等的统一都是必然的，不统一的现象是偶然的。

10. 有序与无序

世界上，一切事物都在标准化的框架下才能持续存在。卢梭说：“人类天性为善，爱好正义与秩序。”在能量空间中，无序是宏观均匀性的、对称的，是耗散的；标准化是有序的，是宏观非均匀性的、不对称的，是聚能的。在结构空间中，标准化的是有序的、均匀的和对称的，非标准化的是无序的、非均匀的和不对称的。无论是能量空间还是结构空间，无序是没有生命力的，有序是活跃的和长期的。有序是标准化取胜的结果，是竞争形成的多数，是有生命力的；无序是自由取胜的结果，是竞争形成的少数，是没有生命力的。

11. 有形与无形

标准化的形态有有形的和无形的。有形标准化形态呈现的统一化状态是可视的，如一致的产品、动作、颜色、文字、符号、布置等。无形标准化形态呈现的统一化状态是看不到的，如一致的语言、味道、声音、服务程序、电流等。无形标准化有效而无形，摸不着，看不见，其他感官和测试设备可感觉和探测。广义的标准化包括无形的自然能量作用产生的有形统一物质形态，如原子结构、物质分子结构、晶体形态等。狭义的标准化是无形的想象和意识转化为有形或无形的统一化状态。标准化的想象不同于形而上学的想象，标准化的想象是经验与抽象的结合，是要物化体现和验证效果的，而形而上学的想象是纯意识的、非经验的。标准化是意识与经验的结合，以经验和经历作为标准化有效性的验证方式。标准化是由无形的意识或无形的自然规律所设计，以有形的状态或无形的状态来展示。

12. 时间与空间

标准化追求建立事物的时间统一关系和空间统一关系，重复性是标准化时间统一的方面，共同性是标准化空间统一的方面，重复性和共同性统一是标准化的根本使命。完整的标准化是重复性和共同性的统一，即标准化的时空统一。非标准化的是个体的，其形态的存续时间是有限的。标准化的是群体的，其形态的存续时间是长期的或无期限的。标准化状态是历史优化的结果，是时间消耗呈现的空间统一化形态。

13. 单一化与多样化

单一化是征服多样化的收敛结果，多样化是对抗单一化的发散结果。多样化和单一化是发散与收敛的对立关系。标准化具有单一化的标准化和多样化的标准化。单一化的标准化是一元关系的统一化，多样化的标准化是多元关系的统一化。单一化与多样化既有对立，又有统一。事物迫于成本、保障等的压力向单一化发展，单一化受到多种需求的诱惑反叛单一化，两者的兼顾和结合形成以标准化为基础的多样化，或者说是以基本关系标准化为基础的多样化。单一化与多样化的良性结合形成以单一化为基础的多样化，不能是以多样化为基础的单一化。良性的多样化是基于标准化的，没有标准化基础的多样化是不能长久的和不和谐的。例如，多样化的建筑是基于单一化的砖结构尺寸等形成的无数多样化的建筑形态。

14. 存在与形式

标准化的哲学思考标准化最高原因的实在或基本规律。研究标准化理论关系，既要研究人们感知的现象，也要研究规律的实在（或本质），当感知的现象与实在不相等时，人们就被现象所蒙蔽，可能被现象引导到错误的理论上。例如，我们从现象感觉的地球状态是静止的，但实际它是旋转的。美国哲学家彼得·范·因瓦根（Peter van Inwagen）认为："现象是感受体的认识，同一实在因感受体不同认识会不同，与感受体无关的本质认识是实在，绝对的实在是终极实在。"[7]标准化的存在至少有表达存在本质的形式，也可以有表达存在的多种其他形式。标准化的形式的存在到存在的形式与存在的形式到形式的存在具有完善的匹配。例如，标准红色的标准配方红漆可得到标准的红色，标准红漆的标准红色只有来自标准配方的红漆。标准化的存在不以形式作为存在时，将对存在进行质疑和反思。

15. 联系与融合

学科间存在着链接解释关系，过硬的学科理论会共同归属于某一哲学原理的范畴。对立者的排他性不是理论的天性，只要适合的，它们就会融合，如波粒二象性就是适合的融合。标准化的理论必然与其他理论存在特定的联系，标准化的某些理论会与某些学科的某些理论同归某一哲学原理范畴，标准化的理论也会存在多理论融合解释某一现象的情况。标准化理论有其自身的独特性，与其他学科仍有千丝万缕的联系，这种联系有同一的、包含与被包含的、相似的、因果的等。

16. 载体与寄生

标准化与其对象具有相互依赖关系，它们是依存性的。标准化与其对象的依存关系在于，标准化寄生（依赖）于其对象，对象是标准化的载体，没有对象就没有标准化，没有标准化，对象也难以长期存在。标准化与其对象的相互依赖关系在于，标准化与其对象是相互支持的，对象在标准化中得到优化和巩固，标准化在对象中也得到发展。标准化是依存的存在，即是有基体的存在，而不是独立的存在，也不是悬空存在，是寄生于基体的存在。标准化不应凭空建立标准，它是对产品、技术、服务、信息、物质等载体建立标准化。标准化赋予载体理性和优化关系，以优化的状态寄生于载体中。对于特定的用途，标准化也有以自身为载体的标准化，如标准的标准。

17. 内在与关系

如果一个特性的获得或丧失会使这个事物发生实在变化，那么这个特性是内在的，否则它是关系的。关系特性是一个事物与其他事物相联系的方式。标准化的内在特性是统一化，当语言、文字、行为、物质等失去统一化特征时，它们就失去了标准化的特征。标准化通常能提高效率，当某标准化行为未能提高效率时，这个行为仍可能是标准化的，这个行为的标准化目标可能是提高质量。反之，某种语言在某些内容上有很高的交流效率，但语言其他要素未统一，这并不能改变它不是标准化的。标准化的“内在”是统一化，效率高、质量好等是标准化的“关系”。对于标准化的事项，要区别“内在的”和“关系的”特性，以便把握事项的本质。

标准化哲学的主要关系是，标准化的主观与客观、对立与统一、相对与绝对、收敛与扩散、时间与空间等的关系。标准化行为是主观建立约定的客观趋向行为，标准内容可以看成共同的客观追求。**标准化是主观追求统一化的客观化**。标准化既是主观的，也是客观的。标准化的主观性在于改变自然的行为趋向，建立有利益和有价值的目标关系。标准化的客观性在于标准化关系一旦建立，它就成为不能随意、随时和随人改变的客观关系，成为相关行为遵守的规律。主观因素转化为客观关系正是标准化的重要的哲学价值关系。标准化和非标准化的对立统一是标准化的辩证发展关系。标准化的统一是相对的统一，不是严密的、丝毫不差的、完全一致的绝对统一。标准化的统一是容差的统一，是在可接受偏差范围内的统一，是群体广泛可接受的统一，是能实现期望效果的统一。在行为关系上，标准化是收敛与扩散的统一。标准的制定关系是收敛的关系，是从诸多行为、诸多技术途径中提炼共性的、优化的、合理的关系建立标准，是由多方向向单方向集中，建立合理唯一性的关系。标准建立后，标准化是驱使标准实施行为广泛扩散，使标准在最大范围使用。收敛与扩散的统一关系，是标准建立与实施的统一关系，是标准化行为的对立与统一的关系。标准化的本质内容就是实现时间和空间的统一，这种时间重复性和空间共同性的统一产生了标准化的核心价值。因瓦根说：“人类并不拥有认识真理的绝对无误的方法，我们最多能做到的是相信对我们来说是真的东西，除非我们有很好的理由拒绝它。”对于标准化哲学的认识，我们相信它在反映标准化本质规律方面是真的。标准化学的哲学认识是对标准化的至高的普遍性认识，对标准化学科发展方面具有深远的意义，它与哲学问题联系在一起，使我们能认识到我们未曾看到的事物和联系，帮助我们寻找事物的答案。

1.5　标准化学的理论体系

1.5.1　理论建立的认识和要素

标准化学是研究标准化哲学思想、科学性质、本质概念、基本规律及实践方法等的学问。标准化学将为标准化学科建立提供由理性概念、公理、定律、原理、数学模型、关系模型、知识模型、方法等支撑的系统性的理论体系，为标准化的理性化发展奠定坚实的理论基础。什么样的理论才是标准化理论呢？标准化理论应该是：解释标准化现象，反映标准化特点的；标准化所可能知道的，归根到底是符合标准化存在规律的；标准化应用的共同基础知识。标准化的理论需要数学模型的支持，数学模型有三种类型：概念型数学模型（关系的）、方法型数学模型（运算的）和结构型数学模型（群、环、域、向量空间）。

美国实用主义哲学家、现代符号学奠基人皮尔士（Peirce）认为：演绎法提供的是必然性，归纳法提供的是实在性，而溯因法提供的是可能性。英国（1993 年后为美国）科学哲学家斯蒂芬·图尔敏（Stephen Toulmin）认为：理论不必用“感觉”去证实，主要看它是否符合某个时代占统治地位的世界观。这一世界观是人们对世界的基本看法，是无需证明的公理，或以后能证明而当下需深信不疑的原理。美国科学哲学家费耶阿本德（Paul Karl Feyerabend）认为：一种理论的合理内核往往是深藏不露，要一段时间才能被发现，且需要一个充分的发展时间才能被明察和理解。理论需要现象来证实，现象需要理论来解释。曾任美国科学哲学协会主席的范·弗拉森（Bas C. van Fraassen）认为：科学活动的目的是理论模型的构造，而不是非要去发现不可观察物的真理；科学的主要目标仍然是“拯救现象”，即在经验上形成准确描述和预见可观察现象的恰当理论。科学理论是一种与客观世界大致相适合的人造模型——人的思象（image），是我们在观察基础上依靠逻辑与数学方法建立起来的。在他看来，构造某种适合于现象的理论模型，是科学活动所创造出来的思维意象——思象。尽管我们可以一再地构造出不同的理论，但客观世界仍然是同一个世界；尽管我们可以不断地修正科学理论，但不能违背理论应与现象相适应的原则。他指出，一旦理论的结构与经验上可观察的对象的结构同构，那么，理论就“拯救了现象”，该理论就是在经验上恰当的。类比思维与域际联系大大有助于捕获新理论。

标准化科学发现是一个由外到内、由表及里、去伪存真、去粗存精的过程，涉及表与里、真与伪、模糊与清晰的关系。真的科学知识是原因和结果的知识。标准化的观察与理论、发现与证明问题，是使观察的特殊性上升到理论的普遍性，发现的规律性以证实能复现而成立。发现是揭示存在，发明是构建存在，但发现通常是发明的条件和依靠，发现的是根知识或原始知识，发明的是应用知识，是成长的知识、演绎的知识。建立的科学理论的优劣，应以三个因素来评价：①解决问题的能力；②解释事物的能力；③预言发展的能力[8]。一个学科的理论水平受到本学科哲学认识水平、数学应用的水平和现代知识应用水平的影响，同样标准化的理论水平也受到这三个方面因素的影响。标准化的发展取决于意识、方法、理论三要素，有了标准化意识就要解决标准化应用的方法问题，有了方法就要解决支持方法发展的逻辑关系建立的理论问题。标准化技术是告诉标准化工作的具体方法和程序，标准化学是探索标准化的本质、规律、模型、方法等。标准化具有抽象性、模糊性、离散性的特点，用数学化、模型化等理论关系表达有一定难度。专业技术问题通常是数值的、线性的、数学公式计算的目标求解；标准化通常是概念的、离散的、复杂约束关系控制下的目标求解。想象力是科学理论创造依靠的主要力量。建立标准化学就要高度抽象思考标准化理论的本质，充分应用想象力，建立起标准化的理性概念、公理、原理、定律、数学模型、关系模型、知识模型、方法等，同时要考虑标准化理论与相关学科理论的协调性，由此形成标准化学和谐的理论体系。

把学科的理论框架建立在逻辑推理之上，将给予学科强大的发展动力。标准化的学术理论是标准化学科的灵魂。理论具有推动力量，理论具有感召力，理论是关系学科的可信赖性、能不断吸引人才加入和增强学科生命力的问题。发展理论是学科发展的需要，理论是学科的地位问题，是学科的生命力问题。没有系统理论的学科，成不了教育的常规专业，不利于专业后备人才的培养。建立标准化理论是标准化深化发展的期待，要通过标准化理论的发展，敲开标准化价值宝库的大门。标准化科学理论需求的长期渴望，给理论的产生带来了势不可挡的喷发力量。

1.5.2　理论体系框架

从标准化的事实（经验）和现象中构想理论框架，用这一框架套住相关事实，获取对事实的合理解释，建立新的假说（溯因法原理），符合理论的事实必定被嵌入理论框架中。标准化要作为科学学科，其理论体系框架应该包括标准化的哲学和科学认识、标准化的元理论和基础理论、标准化的理论工具、标准化应用方法、标准化的评价方法等内容。标准化的理论体系框架不能独立于需求和实在来设计，否则设计出来的标准化理论体系也是空虚的、没有根据的、无可用性和实用价值的。标准化理论体系框架的建立，需要将理论需求背景、理论创建和理论体系框架设计结合起来进行构建。这样的标准化理论体系既有需求的对应，又有理论实际存在的支撑，形成了需要使用的实在理论体系。标准化学构建的标准化理论体系框架的内容主要包括：

（1）标准化的科学内涵；
（2）标准化的哲学认识；
（3）标准化存在领域的本体；
（4）标准化的发展阶段；
（5）标准化的作用和影响；
（6）标准的广义和狭义概念；
（7）标准和标准化的关系；
（8）标准的类型；
（9）标准化的理性概念；

(10) 标准化概念的关系模型和数学模型;
(11) 标准化的性质和作用;
(12) 标准化的公理;
(13) 标准化形式的理论谱系;
(14) 标准化的核心原理及其理论模型;
(15) 标准化的基本定律及其理论模型;
(16) 标准化的互换性定律及其理论模型;
(17) 标准化熵的概念及其数学模型;
(18) 相似标准化的概念及其数学模型;
(19) 标准控制方程;
(20) 通用化的理论和设计方法;
(21) 系列化的理论和设计方法;
(22) 模块化的理论和设计方法;
(23) 组合化的理论和设计方法;
(24) 型谱系列和族系的理论和设计方法;
(25) 产品统型的理论和方法;
(26) 产品协同互操作性的理论和设计方法;
(27) 产品顶层设计的理论和方法;
(28) 产品优化的标准化理论和方法;
(29) 产品标准化的指标体系;
(30) 标准化系统工程的理论和方法;
(31) 项目标准管理与控制的理论和方法;
(32) 产品零部件的标准化策略;
(33) 标准化的应用状态与评价;
(34) 标准化的效益评价。

这个标准化理论体系框架,既提供了标准化系统性的理论关系,又提供了一个可获取已建理论的“理论货架”。美国科学哲学家拉里·劳丹(Larry Laudan)认为:评价理论的优越性和进步性主要取决于理论解决问题的能力的大小和提高程度。以上创建的标准化理论体系,除了解决标准化理论的系统性和科学性问题外,同时还着眼于增强标准化解决实际问题的能力,并且还提供了高级标准化形式建立的理论和方法。

1.5.3 理论建立的方法

标准化基本理论的创建,靠的是抽象思维和归纳法。理论的发展和推广应用要靠演绎法。演绎结果的真假依赖归纳得出的理论真假这一前提,只有真的前提才会有真的演绎结果。例如，用归纳得出鹅卵石经孵化会出小鸡，在此前提演绎用鹅卵石做食品加工材料，显然得出假的结论。而归纳结论的真假不一定与其前提一致，前提真不一定保证归纳结论为真。例如，有“三批鸡蛋经孵化箱孵化全部孵出了小鸡”这个前提，归纳得出“鸡蛋只要经孵化箱孵化就能出小鸡”的结论。这个例子的前提是真的，但结论是假的，因为不是所有鸡蛋都能孵化出小鸡，能孵化出小鸡的鸡蛋必须具有可发育生命的特质。因此，归纳的前提真归纳结论未必是真；演绎真至少需要真的理论前提，理论前提假演绎必然假。标准化理论归纳和演绎真是标准化理论体系建立的必要条件。

标准化基本理论创建的另一个方法是假设法。假设法是应用想象力和创造力的猜测法，构建主观符合客观的关系，再应用演绎法和检验来证实，即由一般性的假设理论关系推理出个性的结论，再通过观察和实验来验证结论的真实性。这种方法可以落体速度理论关系的确立案例来说明。希腊哲学家亚里士多德认为，落体的速度与其质量成正比，即重的物体比轻的物体落得快。以此可做出一个演绎结论：当一块石头和一个鸡蛋壳从同一高度下落时，石头比鸡蛋壳要落得快。亚里士多德的时代，未对演绎进行过实验验证。这一假设存在一个矛盾，如果一重物与一轻物绑在一起下落，推理其速度：从两物速度和的角度考虑，其速度应在重物速度和轻物速度之间；从质量角度考虑，两物质量之和更大，其速度应大于重物速度；同样的落体情况，从不同角度演绎推论得出两个不同的落速结论，推论得出悖论结论，推论结果不真。按亚里士多德对落体速度的假设理论，推出了矛盾的关系，说明这一假设的理论是不真的。意大利科学家伽利略认为落体不论轻重，下落的速度是一样的，这一论断经实验验证是正确的。真理论可按以下方法构建：

(1) 假设普遍性的理论关系；

(2) 演绎事物极端情况和中间情况结论或从不同特性维度演绎结论；

(3) 对演绎的个案进行实验验证；

(4) 全部个案验证成功，暂可认为假设理论为正确；验证中只要有一个个案失败，说明假设理论为假；

(5) 对验证为假的假设重新修改命题；

(6) 再进行验证，直到找到真关系。

史蒂芬·霍金说：“理论只不过是宇宙或者它受限制的一部分的一个模型，以及一组规则，这组规则把这个模型中的量和我们进行的观测相联系……好的理论应能精确地描述大量的观测，而且它还应能明确预言未来的观测结果。”人类对自然规律科学的解释只是人类的心灵式样或思象，科学研究和探索深化只是使心灵式样或思象更逼近实在。许多科学是在为获得真理的解释而努力，标准化更多的是为获得解释的真理而努力，标准化是要寻求诸多解释中为真的那个，标准化需要的是好的解释的有效现象。相对其他学科，标准化建立自身理论的难度更大。标准化涉及面极广，其宏观共性理论层次之高，微观特性巨细程度之深，是其他学科无法相比的……[9]标准化是一种优势思想模式和行为模式。标准化是事物的根本秩序。标准化的发展是由新形式代替旧形式，并对旧形式进行调整、改进、完善。标准化学是改变现状的知识，而不只是解释现状的学问。标准化是多数人的选择方案，选择的道路是数量博弈的结果。当理论符合共同的经验和期望时，拟被认为是真理，最终的认定还是要验证为有效或为真。

任何好的理论也只是有限真理，理论只是人的思象，它总有被证伪的一天，或被证为限定范围有效的一天。对理论要持肯定和否定的态度，肯定理论是有界的真理，否定理论是绝对的真理。被证伪的理论也存在有界真理地位，不要轻易全盘否定，它会在限定范围内具有简单、有效的优点。对千万次被证实的理论，也不要认为是放之四海而皆准的，它必定会有在特定条件下被证伪或被证为限定范围有效的一天。科学、务实的态度是对理论进行有条件认可，如牛顿力学适用于远低于光速的运动状态，在这种运动状态下，牛顿理论比爱因斯坦理论更方便理解和计算。波普尔认为：客观性是主体间的可一致性。主体间一致的东西是客观的。

相比证实，证伪是检验理论的更好途径，因为即使再多的证实也不能得出最终结论，而证伪只要一次就能得出结论，即使理论符合性好的检验占了很大部分，但只要有一个很小的不符合就会被否定，所以证伪具有更强的证实性。从多个角度寻找最大证伪的可能性，将能大大提高证实的效率。更好的理论可证伪先前的理论。证伪法具有更可靠的验证性。标准化具有证伪性，即对其他同类理论的证伪（否定），不能成为标准化的理论（其他学科理论）是有缺陷的理论或不完善的理论。证伪的另一个效果是，科学上一千个人的权威性认定影响比不上一个人客观性的证伪有力。

研究标准化不仅仅是为了实现当前的标准化目标，更有长远意义的是要构建标准化变换模型理论。例如，灯头实现互换性目标，变换模型理论是公差配合，目标是人文性内容，变换模型理论是标准化的技术性内容。标准化的目的始于价值属性，标准化的结果期望是符合客观规律的真理，即从人文、社会的价值出发，以到达科学真理。真理是适合性的最大极限，是理论追求的理想目标。

1.6 标准化的多维度认识[10]

许多标准化书籍中阐述的标准化认识，主要是作用意义的认识，例如，“标准化是组织现代化生产的必要条件”；“标准化是实现专业化生产的前提”；“标准化是科学管理的基础”；“标准化是稳定和提高产品质量的重要保证”；“标准化是促进技术进步的重要手段”等。这些认识尽管没有错误，但认识的标准化偏宏观性、间接性和单一性，缺乏深刻性、直接性和多方位的认识，难以使“圈外人”对标准化有很好的共识和认同感。标准化认识的宏观性、间接性、单一性，使标准化的学科、学术、价值、作用、效果等未能被全面展示出来。标准化需要有自身学科特性的认识，也需要有学术层面深刻的认识，需要有直接价值性的认识，更需要有多维度的认识或多方位的认识，使人们能感受到标准化的科学性、有效性和实在性，吸引社会各界人才加入到标准化的事业中，驱动各行各业重视标准化和自觉开展标准化。同时，也可将多维度的标准化认识用于指导标准化准确、深入和有效开展。本书的标准化的认识维度主要有：标准化的学科认识、学术认识、价值认识、地位认识、标准化与进化的认识、标准化与多样化的认识、标准化学的学科交融性等。标准化多维度的认识，为标准化提供一个多角度、多方位的立体认识，有利于深化标准化的理解和应用。

1.6.1　学科上的认识

标准化历史尽管悠久，但作为一门学科发展的历史还不算太长，只有一个世纪左右的历史。1947 年 ISO 成立。1952 年建立了标准化科学原理研究常设委员会(STACO)，开始标准化概念、标准化基本原理和标准化方法的研究。1969 年，STACO 从全称中删去了“科学”两个字。日本标准化协会于 1958 年也成立了日本全国 STACO[11]。从 20 世纪 30 年代开始，研究标准化的学者先后发表了一些标准化的论著，这些论著发表的时间段主要集中在 70 年代和 80 年代。国内外具有代表性的标准化论著有：美国学者盖拉德的《工业标准化原理和应用》(1934 年)[11]，英国学者桑德斯的《标准化的目的与原理》(1974 年)[12]，日本学者松浦四郎的《工业标准化原理》(1981 年)[13]，苏联学者特卡钦科的《标准化的方法与实践》(第三版，1981 年)[14]、科赫捷夫的《机器制造业标准化的技术经济原则》(1965 年)[15]，日本学者吉村浩的《工业企业标准化方法》(1978 年)[16]，印度学者魏尔曼的《标准化是一门新学科》(1972 年)[17]，中国学者李春田的《标准化概论》(1982 年)[18]、王征的《标准化基础概论》(1981 年)[19]、顾孟洁的《憧憬与探索》(1995 年)[20]、文大化的《标准化科学技术》(1994 年)[9]等。这些标准化原理和方法研究的学术论著，开启了标准化学科建设的工作，为学科发展提供了知识基础。

标准化是一门什么学科一直存在各种观点，有人认为是管理学科，有人认为是技术学科(称为标准化技术)。标准化应该是一门综合性的新兴独立学科，涉及科学、技术、行为学、心理学、逻辑学、修辞学、语义学、管理学、伦理学、哲学等。为了说明标准化学科的综合性，下面从标准化学科的理论和方法、标准内容、标准编写方法、标准形成过程、标准使用五个方面讨论标准化学科与其他学科的关系。标准化包含标准，标准是标准化的因，标准化是标准的果，讨论标准化问题离不开标准的讨论。

标准化学科与科学的关系在于：标准化的理论和方法属于科学内容，它是具有客观性效果的“统一化”的理论和方法；在标准的内容中，有些标准内容就是科学内容，如研究确立基准源的标准（光波长度基准、量子时间基准等）、研究确立各门科学术语概念的标准等，这些标准对象的性质和内容都是具有科学性质的；在标准的使用方面，由于有些标准内容的科学属性，标准的使用也是一种科学知识的应用；以上方面说明了标准化学科与科学的密切性。

标准化学科与技术的关系在于：在标准化的方法中，有些方法就是技术性的，如产品的设计方法、工艺方法、试验方法等，标准化方法包含了技术性内容；在标准的种类中，技术标准是当前最大的一类，如 ISO 工作的对象领域主要就是技术领域，技术也是国家层面、行业层面、企业层面标准化的主要对象；技术标准在使用时，需要应用技术关系，如产品设计、制造、试验技术的使用等；因此，标准化学科与技术密切相关。

标准化学科与行为学的关系在于：理论上，标准化对象的根对象是行为对象，非标准化是行为的随意化问题，标准化是行为的统一化，产品标准化是产品设计、制造行为的统一化，服务标准化是服务行为的统一化，交通标准化是行驶和行走行为的统一化，因此，标准化学科与行为学有不解之缘；在管理标准中，需要研究行为的习惯、行为的能力和行为的变化效果等，因此，管理标准和工作标准中应包含行为学的内容；由于管理标准和工作标准有行为学关系，其使用时必关联着行为学。行为是由心理因素起作用的，行为的形成和改变有显著的心理因素，当对行为的要求与心理倾向不和谐时，就会形成阻力，因此，在标准化学科中，行为学和心理学的应用关系是相同的，管理标准和工作标准需要应用心理学的知识，心理学应用于标准化学科的理论、标准内容和标准使用中。

标准化学科与逻辑学的关系在于：从标准化理论的研究到标准的使用，方方面面都需要应用逻辑学，特别是标准文字内容的表述，需要很好的逻辑性，要分清因果逻辑、先后逻辑、包含与被包含的逻辑、主动与被动的逻辑等，逻辑的错误将会导致标准内容表述和执行的错误，因此，标准化学科有很强的逻辑性要求。

典型的文本标准是文字的产品，文字标准对文字的表达要求很高，类似于法规文体，要求言简意赅，文字意思的表达应具有唯一性，不应是一个表述有多种理解，否则，将导致标准失去统一性，因此，标准化学科在其理论建设，特别是标准编写上，要求深入地应用修辞学和语义学，以实现正确和严谨的表述，而术语标准对修辞学和语义学应用的要求更高。

标准化学科与管理学的关系在于：标准化学科在理论上是研究对行为的引导和控制，与管理学密切相关；在标准的三大类标准中，管理标准是其中的一大类，管理学内容自然进入标准；标准的编制过程是一个严格的程序过程，需要应用管理学进行协调；标准的使用，就是一个标准实施管理和监督管理的过程；就标准制定的全过程而言，其实就是一个标准的 PDAC 的管理周期，需要应用管理学知识。在 PDAC 的标准管理周期中，P(plan)为标准制修订计划，D(development)为标准制修订，A(application)为标准实施，C(check)为标准复审；标准是机构管理的产物，如国际、国家、行业、地方、企业标准化机构的管理，因此，标准的形成过程渗透着管理的应用。

由于标准化覆盖了人类健康、安全、公共利益等方面，如食品、安全、卫生、环境保护等方面，标准化学科必须要与伦理学应用紧密结合，防止个人利益、局部利益和短期利益损害公共利益、危及人类生存和危害人们健康的情况发生。伦理学在标准的方法上、内容上和使用上都需应用。

标准化学科的理论建设，实际上是具有哲学性的标准化普遍性和规律性的内容建设；在标准内容的形成上，需要应用哲学性的思维对标准内容进行提炼；哲学是标准化学科的亲密伙伴。标准化学科与其他学科的关系如表 1-1 所示。

表 1-1　标准化学科与其他学科的关系

学科 / 因素	科学	技术	行为学	心理学	逻辑学
标准化理论和方法	属科学内容	有内容	有内容	有内容	应用
标准内容	有内容	有内容	有内容	应用	应用
标准编写方法	应用	应用	应用	应用	应用
标准形成过程	应用	应用	应用	应用	应用
标准使用	应用	应用	应用	应用	应用
学科 / 因素	修辞学	语义学	管理学	伦理学	哲学
标准化理论和方法	应用	应用	有内容	应用	有内容
标准内容	应用	应用	有内容	有内容	应用
标准编写方法	应用	应用	应用	—	—
标准形成过程	—	—	应用	应用	—
标准使用	应用	应用	应用	应用	—

以上关于标准化学科与其他十个学科关系的讨论，说明了标准化学科与它们的密切关系，这些关系支持了标准化学科是综合性学科的论断。实际上，标准化学科与其他学科的关系不只限于以上学科，从建立标准角度，标准化几乎覆盖所有学科。标准化学科和标准化科学的关系为：标准化学科是标准化的知识领域，标准化科学是标准化的知识(科学)理论，标准化科学为标准化学科发展提供动力，标准化学科为标准化科学发展提供领域，它们是相互支持和相互依靠的。

1.6.2　学术上的认识

从学术角度上，标准化的概念是标准化认识的核心内容，它包括了标准化的学术性关系和标准化的哲学性关系。标准化是“**在一定的时域和空域中，按约定范畴**

实现统一化的状态"[21]。标准化是一种"**统一化状态**"。标准化的"统一化状态"概念，是反映人们对标准化自然的认识概念，具有本体的属性，这正是学术概念所希望拥有的性质。标准化的"统一化"概念是标准化科学理论发展的核心概念。

标准化研究时间域、空间域的统一化规律，追求规律的有效性，是一种科学范畴。威廉·R·奥弗顿法官判定科学的标准如下[22]：

(1) 遵循自然规律；

(2) 根据自然规律解释现象的能力；

(3) 在经验世界里是可检验的；

(4) 它的结论是暂时性的，即不必是最终的结论；

(5) 它是可证伪的。

标准化学的学术理论建立了标准化的规律，规律对标准化现象进行了很好的解释，在实际中检验了理论的有效性，结论可不断完善，理论可证伪，从五个方面都符合这一科学标准。

标准化是构建文明化社会、科学化劳动、有效化知识的一种合理范式，这种范式在引导、控制、调节事物发展。标准化是从混乱中理出秩序的条理，从耗费中剔除多余支付，在阻塞中建立畅通关系，在分散中汇聚效能。标准化使随意行为状态转变成有方向的矢量行为状态，使无目的状态转变为有目的状态。标准调节和规范人们的行为和社会秩序。标准化的价值体现出：统一的重复性生产带来降低成本和提高效率；统一的公认准则带来秩序；统一信息规则带来交流、识别。标准化在改变设计模式、生产模式、试验模式中发挥作用。企业建立标准化就是建立了企业技术和经营状况的复制能力。标准化是在与无序化、重复性、多样化、多品种状态的竞争中产生的，不是能轻而易举搭建的。标准化创造价值，保护利益，防范风险。事物达到标准化的高度，是进程中的光辉顶点。标准化是竞争优胜的、可持续生存的结果，是现实的顶层境界。高共识的标准是无国界的，它具有渗透性，渗透到地域中，渗透到人群中，渗透到文化中。

1.6.3 价值上的认识

标准化的价值就是标准化能解决问题的作用，是指标准化正面的作用意义（或称正作用）。价值意义通常是指有益的作用，不含危害作用和副作用（或负作用）。错误的标准、落后的标准、空洞的标准将会带来误导、降低水平、做无用功等负标准化作用。关于负标准化作用，在这里不作深入讨论，只讨论标准化的正作用，即价值。标准化是提高效率的选择、降低成本的选择、保证质量的选择、优化关系的选择、维护公共利益的选择、节省时间的选择、持续生存的选择、利用有效知识的选择、交流信息的选择，标准化是对最优模式的逼近。随着社会的发展和标准化学科的发展，标准化受到了社会各个方面更高度的重视，其应用也更加广泛和深入。关于标准化价值的认识，在前人研究成果的基础上，可提炼、归纳为以下方面。

1）标准化是无序状态的秩序因素

无序状态一般不是故意造成的，是自然状态的随意化造成的。人们的自然状态是随意的或无序的，随意的状态通常是处于不同的行为和意识的矢量方向，即不同的运动方向、作用力方向、表达方向、思考方向、理解方向等。在公共环境或群体环境中，随意状态将会造成冲突、阻碍、抵消、混乱等。随意状态的混乱是由人们行为和意识矢量方向不同造成的，如马路上的人不守规则行驶，将造成阻碍而无法行驶；再如一群工人在推车，每个人用力的方向不同，车不是走不动就是以摇摆的方向瞎走。使随意状态秩序化是改变混乱状态的关键，标准化可通过统一意识和行为矢量，使无序变成有序，使抵消变成合力。标准化是建立秩序的重要因素。

2）标准化是重复劳动的节约因素

在人类的生产劳动中，大部分劳动是重复性劳动，不重复的创新性劳动只占很小的部分。人类社会的工业生产、服务业、农业、社会管理等是重复性劳动，除了绘画、雕塑等创造性艺术劳动外，绝大部分劳动都是重复性劳动。劳动最大的成本是首次劳动的工作流程和内容设计的专业性智力及知识的支付。标准化可使需要精通专业的专家的知识和智力的首次性劳动转变为“无知”人员（或无专业背景者）的技能操作性的重复性劳动。对于需要重复性的劳动，如果将首次劳动的设计内容固化为程序化的标准化操作，重复性操作的成本只是首次劳动成本的几分之一或几十分之一，这将大大降低劳动人员的知识背景要求、提高劳动效率和降低劳动成本，因此，标准化是重复性劳动的节约因素。产品的批量化生产是典型的重复性劳动，产品设计也是知识的重复性利用。如果对属重复性的劳动都按首次劳动要求进行，将带来巨大的劳动成本，所以需要对重复性劳动进行标准化设计。标准化解决劳动事项的重复问题可以有全部重复性方式和部分重复性方式。产品的设计是产品研制最昂贵的人力劳动部分，如果同类产品的研制都要全部重新设计和重新确定制造关系，就会给产品带来巨大的成本。解决降低重复设计和制造成本的有效措施是固定通用的设计和制造关系，在后续同类产品的设计和制造时重复使用。标准具有固化设计、制造关系的功能，形成标准化的设计和制造方法，并作为产品设计和制造的依据。对重复性技术劳动进行标准固化和再使用，可将高要求的技术工作转换为重复进行的一般技能劳动，可大大节约劳动成本的支付，降低劳动的技术难度。标准化是减少重复劳动成本的最有效手段。

3）标准化是信息交流的畅通因素

信息交流有语言交流（声语、手语、旗语等）、文字交流、代码交流（计算机和网络系统）、音乐交流等。信息交流畅通的前提是同形式和同含义，即相同的发音表达相同的意思，相同的文字形状表达相同的意思，相同的代码表达相同的意思等。信息形式相同是交流元素获取的前提，意思相同是交流元素识别的保证。如汉语拼音的“you”和英语的“you”发音形式相同、文字形式相同，但意思不相同，汉语拼音“you”可以有“优、油、有、又”等许多意思，英语“you”的意思为“你”或“你们”，两个相同拼写在只会本国语言的中国人和美国人之间是无法交流的。标准具有固定和统一信息形式及其相应含义的功能，并将其作为广泛使用的基准，因此，通过标准使信息的形式和含义关系标准化，将为信息交流的畅通提供保证。

4）标准化是群体系统的协调因素

群体系统是指有一定数量的相关人员系统和工作对象系统，即有大量的关联工作对象和大量的关联工作人员。现代的大型产品研制、生产等都具有复杂的系统性关系，在这种系统中，群体系统工作的人员会是几千人、几万人、甚至是几十万人，例如，在阿波罗飞船的研制系统中，参加研制的人员有四十多万人。在群体系统的工作模式下，统一性和协调性是一项重要要求，不统一和不协调将会导致系统混乱、效率低下和问题频发。统一性和协调性是解决系统中各要素关系的良好配合性和匹配性。只要是一个几十人的研制系统，系统工作的协调性是一项必须的要求，且是难以用人工协调能完成好的，例如，研制程序、设计表述、组部零件的编号和匹配等协调工作，是不可能由总设计师或总指挥去逐人协调的，只有通过标准给出这些关系的统一、联系的相关依据和指令。在群体系统中，标准是统一指令和意识的联通媒介，具有统一行动的作用，是系统工作的重要协调手段。即使是对小系统进行局部关系的协调，也不能以人之间的口头进行协调，需要具有标准属性的技术协议进行协调，才能随时使用、备忘、核实共同工作的内容。

5）标准化是技术发展的优化因素

技术发展与标准化的关系有两种模式，一种是“先技术发展后标准化”，另一种是“先标准化后技术发展”。“先技术发展后标准化”是在技术发展相对成熟后，将其固化为标准。先技术发展后标准化的技术固化不能只是对现有技术水平的记录，需要对现有技术进行分析和优化，提炼出高于现行技术水平的标准。后标准化对技术起固化、提升作用及未来发展的指导和规范作用。“先标准化后技术发展”可应用技术体制标准化设计、通用化、系列化、模块化设计思想和品种规格控制思想等，合理划分功能模块，确定产品通用件、系列件、模块件、通用接口关系，以最少的品种规格和最小的变化，覆盖最大的功能性能和形式尺寸的用途范围，同时拥有最大的外围技术关系的兼容性，建立技术的优化发展关系。实践和分析可以证明，先标准化的利益一般远远大于先技术发展后标准化的利益。只要这个先标准化代表的是先进、有效技术的标准化。无论是先标准化还是后标准化，标准化都对技术发展发挥着重要的优化作用。

6）标准化是人类健康和环境的保护因素

在人类的社会生活中，公共环境需要保护，食品和药品需要安全有效。否则，人类的健康就会受到恶化的环境和有害的食品、药品的侵害，人们赖以生存的自然资源再生循环会被永久破坏。公共环境的维护需要道德规则,食品和药品的安全有效需要科学数据保证。在这些领域制定标准,可为环境和人类健康保护提供行为控制和结果评价的依据。自然资源开发标准、空气质量控制标准、生产排放标准等是公共利益的保护手段;食品、药品标准为人类健康筑起了安全防线。标准化为人类的健康和环境提供了保护因素。

7）标准化是消除浪费的统一因素

在生产和生活中的许多浪费都是没有事前统一造成的,事前统一可大大节省生产、使用、管理等方面的成本。人们生活在自己制造的产品环境中,许多产品都有接口配合使用关系,特别是电器产品,如灯头与灯座的配合关系、插头与电源插座的配合关系、信息使用终端与信息输出端的配合关系等。社会化的生产关系使相同功能的产品是由许多企业生产的、由不同国家生产的,而产品工作使用的驱动源(如电源、信号源等)一般是以地区或国家关系来统一,当产品与产品驱动源不能匹配时,产品就不能使用,购买了不匹配的产品就会造成浪费(用户的浪费)。匹配不统一而造成很大浪费的一个典型例子是手机充电器和手机电池的匹配关系。当前,不同厂商生产的手机电池和充电器规格基本上是不一样的,同一厂商不同型号的电池和充电器也是不一样的,手机在不断升级,人们也跟随手机升级在更换新手机型号,每一次的更换就会使还能使用的充电器和电池都无法在新手机上利用,造成了大量可用充电器和电池无法再利用的浪费。通过标准化统一产品的匹配关系,可消除产品与驱动源的不匹配、产品间相互利用不匹配等问题,消除不必要的大量浪费。标准化对不统一问题造成的浪费是有效的解决手段。

1.6.4 地位上的认识

从以上七个方面对标准化价值的论述可看出,标准化对社会文明、技术发展、人类健康与生存和可持续发展具有重要作用。标准化的重要作用和效果已被历史和当今的社会发展所证实。标准化已成为了国际上的重要共识,国际性的标准化组织已成为世界上最大的技术组织群(包括 ISO、IEC、ITU 等),仅 ISO 就有 163 个国家成员体参加,建立了 755 个 TC 和 SC。国际标准制定的主导权已成为技术上的国际话语权,标准化业务已成为一项具有国际地位的业务。

1988 年,我国颁发了《中华人民共和国标准化法》,这标志着标准化是国家行为,标准化是国家的意志。该法规定了在国民经济建设中需要开展的标准化工作,规定了违背标准化要求的罚则。标准化的开展已不再是个人和单位喜欢不喜欢、愿意不愿意的事,而是关系国家资源合理利用的事,是关系国民健康保护的事,是关系环境保护的事,是关系劳动生产效率提高的事等,总之,标准化是一个关系民族利益、国家利益和世界利益的事。标准化具有国家和国际的重要地位。

现有一种说法,“一流企业卖标准”、“得标准得天下”。“卖标准”的含义是“靠标准”。标准积累了企业的核心技术和管理知识，是企业系统性的实力，是企业竞争力的所在。标准也是技术的制高点，是技术的话语权，标准化已上升为企业的第一竞争力要素。

标准是专家集体智慧的结晶，是技术和管理知识的精华。标准往往是由专家进行知识精华内容的提炼，经广泛征求业内同行意见进行完善，并由业内专家代表集体研究、讨论、审议，保证标准内容的正确性、先进性、有效性、经济性和可操作性等。标准制定的工作模式决定了标准内容的价值性（只要是负责任制定的标准）。标准通常是知识精华和成功经验的代名词。标准是优化和有效知识的地位。

以上从学科、学术、价值、地位等多个维度对标准化进行了深入的研究和认识讨论，回答了标准化是什么学科、标准化概念的内涵是什么、标准化的学术内涵是什么、标准化的价值有哪些、标准化具有什么样的地位等问题，这些认识成果具有理论性、哲学性、学术性和实践的指导性。标准化学科的认识还可以有其他维度的认识，而本书讨论的维度聚焦最主要的维度部分。

1.6.5 标准化与进化和进步

标准构建的是一种优化和合理的规律关系，自然界的规律也符合一种合理的内在标准关系。符合标准关系的事物才有数量规模的发展，有数量规模才有益于保持品种的持续生存，不易被淘汰。标准有人为设定标准和自然法则标准。人为设定标准是人们按事物利益最佳关系建立的，它可以引导事物良性发展。自然法则标准是优胜劣汰形成的，是自然界对合理关系选择的结果，青蛙是四只脚、一个头、两只眼，如果青蛙不符合这一标准关系，有两个头、三只脚，必定难以生存。生物按自然法则标准进行进化，在不断执行标准和改进标准中发展。人为设定标准建立的标准化属意识驱动的标准化，人为标准建立的速度较快。自然法则标准建立的标准化属非意识造就的标准化，它形成的过程漫长，生物的进化就是在自然法则标准的发展中进行的。顺应了标准化的才有稳定性，稳定性是发展的基础，进化是在相对稳定中进行的。自然界的标准化是选优同化的过程形成的。

标准的形成是需要斗争的，这一斗争的结果可能是进步或退步。如果标准化方案有利于产品发展，减少重复劳动，降低成本等，就会带来进步效果。如果标准限制了发展空间，增加无效劳动，提高成本，就会导致退步。只有竞争中推进的标准化才是明智的选择。标准化的斗争是挑战传统习惯、随意性、无序化的斗争。

标准化与对象一旦共生合并、相互依存，将导致阶梯式提升。共生合并导致突变和快速进化，不是渐近进化。共生合并是一种对立统一现象。物种进化是共生合并推进的，关系优化也是靠共生合并推进的，技术关系与标准化关系共生合并实现升级和优化。升级提高来自更有利的共生合并。

1.6.6　标准化与多样化

标准化与多样化是两个对立的概念，前者是收敛的概念，后者是发散的概念。良性的多样化是以标准化为基础的统一体，标准化寓于多样化之中，表面是形式多样化，本质是基于标准化。凡旺盛的和持续发展的事物中，必然有其实质元素标准化或其实质元素同一性的支撑。标准化元素是事物生存的选择、竞争的选择、进化的选择。无标准化作为基础的多样化，将是不能持久的，是会很快退化和消失的。例如，狗的形式可以有大个的、小个的、腿长的、腿短的、毛长的、毛短的、嘴长的、嘴短的、白色的、黑色的、花色的、棕色的等，但它们的实质元素是一样的，即有一个头、四只脚、一个尾巴、一双眼睛、一个鼻子、两只耳朵、一个嘴巴、一个心脏、一套肝肺肾肠胃等。如果狗的标准化元素在某只狗中发生异化，有两个脑袋、一个肾或两个心脏等，无论是增加还是减少标准化元素，它都很难成为强者、达到标准寿命、续种繁衍。有标准化元素支撑的多样化是稳固的和持续的，是在有限标准化元素下的无限形式多样化。在良性多样化中，必有标准化的元素体系，标准化元素体系的异化将会被否定或淘汰。标准化元素体系与异化进行斗争，而对异化进行否定。除非标准化元素体系进化或重构。标准化不阻碍多样化和创新，而是引导和支持价值性和经济性的多样化和创新(如模块化、组合化等)。

多样化有随意多样化和合理多样化。合理多样化是依赖于标准化的。标准化为合理多样化的发展提供标准化的要素和手段的支持，使多样化在低成本、高质量、高效率的基础上发展。没有标准化的随意多样化，多样化的形成速度和质量都会下降，形成的成本大大增加。工业生产没有刀、夹、量、辅、模具等标准化，就不会有合理的产品成本和多品种的快速生产能力。标准化是多样化的基础，魔方就是以元素标准化提供千变万化的多样化形式的典型例子。

1.6.7　标准化学的学科交融性

20世纪中，世界上建立了三大综合性学科：系统论、信息论、控制论。美籍奥地利理论生物学家贝塔朗菲(von Bertalanffy)于1937年提出系统论(system approach)的初步框架，于1945年发表了《关于一般系统论》的文章。系统论是研究系统的一般模式、结构和规律的学问，它研究各种系统的共同特征，用数学方法定量地描述其功能，寻求并确立适用于一切系统的原理、原则和数学模型，是具有逻辑和数学性质的一门新兴的科学。信息论是由香农(Shannon)提出，人们通常将香农于1948年10月发表于《贝尔系统技术学报》上的论文 *A Mathematical Theory of Communication*(《通信的数学理论》)作为现代信息论研究的开端。这一文章部分基于哈里·奈奎斯特(Harry Nyquist)和拉尔夫·哈特利先前的成果。在该文章中，香农给出了信息熵（以下简称为“熵”（entropy））的定义。信息论是运用概率论与数理统计的方法研究信息、信息熵、通信系统、数据传输、密码学、数据压缩等问题的应用数学学科。信息论将信息的传递作为一种统计现象来考虑，给出了估算通信信道容量的方法。信息传输和信息压缩是信息论研究中的两大领域。这两个方面又与信息传输定理、信源-信道隔离定理相互联系。控制论（cybernetics，control theory）是美国数学家诺伯特·维纳（Norbert Wiener）首先创建的。1947年10月，维纳写出划时代的著作《控制论》，该著作于1948年出版后，引起了学术界的极大重视。控制论的基本思想是：“设有两个状态变量，其中一个是能由我们进行调节的，而另一个则不能控制。这时我们面临的问题是如何根据那个不可控制变量从过去到现在的信息来适当地确定可以调节的变量的最优值，以实现对于我们最为合适、最有利的状态。”维纳的理论为现代科学技术研究提供了崭新的科学方法，揭示了机器中的通信和控制机能与人的神经、感觉机能的共同规律，有力地促进了现代科学思维方式和当代哲学观念的一系列变革。系统论、信息论、控制论是对客观存在状态高度抽象的综合性学科，它们有各自的独特性，同时也有许多相关性，在现实应用中，逐步趋于向融合的方向发展。标准化也是一门高度抽象的综合性学科，建立起自己的理论体系，在几代标准化人的迫切期待和学科深化发展要求中形成。标准化学与系统论、信息论、控制论三大当代综合理论具有交融性，标准化的作用是控制的，对象是系统的，知识是信息的，标准化既与“三论”有关系，又不同于“三论”，可称为又一个综合性的独立学科理论。

量子力学的创始人普朗克在《世界物理图景的统一性》一书中说：“科学是内在的整体。它被分解为单独的部分不是取决于事物的本质，而是取决于人类认识能力的局限性。实际上存在着由物理到化学、通过生物学和人类学到社会科学的连续的链条，这是一个任何一处都不能被打断的链条。”标准化几乎渗透到所有学科，是其他科学发展不可缺少和密切相关的学科。标准化学存在像数学、物理、化学一样，可以用理性概念、公理、原理、定律、方法等的思维方式来表述标准化客观规律的理论体系，标准化学是属于科学的。一门真正的科学必然会有统一到哲学层面的认识，即普遍知识理论。

参考文献

[1] Zhang X G. Strategy for a new beginning[J]. ISO Focus，2016，(114)：2.

[2] 波斯忒卡 B M. 关于深入研究标准化理论的问题[J]. 标准化报道，1995，16(5)：53-55.

[3] 顾孟洁. 憧憬与探索[M]. 3版. 北京：中国标准出版社，2008.

[4] 中国社会科学院语言研究所词典编辑室. 现代汉语词典[M]. 5版. 北京：商务印书馆，2005.

[5] 夏征农,陈至立.辞海[M].6 版.上海:上海辞书出版社,2009.
[6] 卡尔·波普尔.客观的知识[M].舒炜光,等译.杭州:中国美术学院出版社,2003.
[7] 彼得·范·因瓦根.形而上学[M].宫睿,译.北京:北京大学出版社,2007.
[8] 章士嵘.科学发现的逻辑[M].北京:人民出版社,1986.
[9] 文大化.标准化科学技术[M].北京:科学出版社,1994.
[10] 麦绿波.标准化的多维度认识[J].标准科学,2012,(3):6-11.
[11] 盖拉德.工业标准化原理和应用[M].北京:技术标准出版社,1934.
[12] 桑德斯.标准化的目的与原理[M].北京:科学技术文献出版社,1974.
[13] 松浦四郎.工业标准化原理[M].熊国风,薄国华,译.北京:技术标准出版社,1981.
[14] 特卡钦科 B B.标准化的方法与实践[Z].3 版.何振华,陈志田,宣湘,译.北京:中国标准化协会,1981.
[15] 科赫捷夫 A A.机器制造业标准化的技术经济原则[M].曹善臣,王玉铨,译.北京:中国工业出版社,1965.
[16] 吉村浩.工业企业标准化方法[M].王国辉,译.兰州:甘肃人民出版社,1985.
[17] 魏尔曼.标准化是一门新学科[M].苏锡田等,译.北京:科学技术文献出版社,1980.
[18] 李春田.标准化概论[M].北京:中国人民大学出版社,1982.
[19] 王征.标准化基础概论[M].北京:技术标准出版社,1981.
[20] 顾孟洁.憧憬与探索[M].北京:中国标准出版社,1995.
[21] 麦绿波.标准化的理性概念和数学模型的创建[J].中国标准化,2011,(7):38-34.
[22] 亚历山大·伯德.科学哲学[M].贾玉树,荣小雪,译.北京:中国人民大学出版社,2008.

第 2 章　全域世界新划分和标准化存在领域的本体论[1,2]

2.1　本体论的内涵

本体论是一哲学门类，英语词为 ontology，出自于希腊哲学，是哲学分支的理论基础。希腊的米利都学派哲学家早期聚焦于对组成大千世界的基本元素探索，这种基本元素被看成世界的本原，这一研究启动了本体论的探索。对本体论本原的研究逐步延伸到对“是”和“所是”的探讨，即“being”和“beings”的探讨。本体论是把“是”以及分有“是”的种种“所是”作为范畴，是通过逻辑的方法构造出来的先验原理体系。巴门尼德以深刻的思考提出，“是以外便无非是，存在之为存在者必一，这就不会有不存在者存在”。存在一定统一于存在的本原，存在的本原是不变的。亚里士多德重视哲学实体或本体的研究，关注本质、共相、一般事物的内容，将本体论引向本质与现象、共相与殊相、一般与个别等的关系的研究。本体论既研究存在的分类，又研究存在的本原或依据。现代西方哲学的主要流派主要是围绕着建设、运用或怀疑、反对本体论而发展起来的[3]。本体论主要探究世界的本原或基质，是理论中的理论、哲学中的哲学，也被称为“第一哲学”[3]。

本体论是哲学的一个研究领域，这个领域不仅仅限于哲学学科，它也受到知识工程、信息技术、人工智能、软件工程等学科的关注和重视，并在这些学科领域里被应用和发展。当前，本体论的内涵已大大地超出了哲学本身的范畴。在知识和工程领域里，本体论的概念发生了演绎，研究的对象有其新的含义，所定义的本体不再是组成万有之物的本原，而是组成学科内容的根本元素。知识和工程领域的本体论是经验的本体论，是演绎的本体论，是自下而上的本体论。知识和工程领域的本体论是从感觉的存在中分析存在的类别，从底层开始建立存在的根本对象，从关联性方面建立存在的关系。这种存在是客观的存在，也是主观概念化的存在。

在信息工程领域，本体论的核心本体对象是“术语”，它是认识和思想的基本元素，领域是事物的归属本体，符号、框架是表示的本体。美国斯坦福大学的格鲁伯(Gruber)和内奇斯(Neches)等曾把本体定义为“构成相关领域词汇的基本术语和关系，以及利用这些术语和关系构成的规定该词汇外延的规则”。之后，Gruber 采用概念化的形式定义结构，将本体解释为“共享概念化的明确的形式化规范”。通俗讲，信息工程领域的本体论是详细的概念化关系，本体就是正规的词汇(术语)表。本体的目标是捕获相关领域的知识，提供对该领域知识的共同理解，确定该领域内共同认可的词汇，并从不同层次的形式化模式上给出这些词汇（术语）和词汇之间相互关系的明确定义。根据应用的规模，本体论可分为四种：元级本体、通用本体、领域本体和应用本体。元级本体是描述知识表示语言所用的基元分类的表示本体，通用本体（核心本体）是描述独立于特定问题或领域的非常通用的概念（如时间、空间、对象、行为等），领域本体是通过特殊化术语分别描述与通用领域或普通工作相关的词汇，应用本体是描述依赖于特定领域和工作的概念[4]。按本体论工作关系的开展，可分为：基本研究主题（哲学问题、知识表示、常识知识、通用本体库、领域本体库、工作和方法本体库等）、本体设计方法（分类和概念层次、内部结构、集成等）、本体的应用（自然语言处理、知识管理、商业过程建模、智能信息检索、网络搜索、电子商务、仿真和建模、虚拟企业、教学等）、本体开发（方法论、框架、工具、语言、对比、评估、标准化等）、知识共享与复用（本体库的参与、多主体间通信、知识库等）[4]。信息工程的本体论就是要使信息系统可交互、可链接、可共享、可共用、可共有、可延拓等。

哲学中的本体论概念被其他学科借鉴和应用，有效地引导了其他学科本质关系的研究，深化了这些学科的发展，使它们的发展包含着哲学的思维深度。本体论的理论相当于为其他学科提供了本质关系研究的方法论。本体论经过演绎而应用于其他学科，此时的本体不再是世界的本体，而是学科范围内的本体，是学科各方面关系的本质性元素，这些本质元素可以是客观存在的，也可以是主观意识的产物。标准是一种多种形态的存在体系[5]，也是一种知识体系，标准化学科有其自己本原性关系的存在，也应该有其自身的本体论内容。本章的主旨就是要探究标准化学科的本体论。

2.2　对三界论的质疑

哲学是研究世界观和方法论的学问。世界观的一项重要研究内容是，世界的存在是什么？在哲学领域里，对于这一问题认识的观点有许多种。一种观点认为世界的本原是物质的，或者是精神的，这是“一元论”(monism)的哲学观。承认世界只有一个第一性的是一元论哲学，一元论哲学把世界万物归结为一种本原。“一元论”的概念是由德国哲学家沃尔夫创建的。一元论主张世界的本原只有一个，一个是第一性的，另一个是第二性的。主张世界的本原是物质，物质是第一性的，这一世界观是唯物主义的。主张世界的本原是精神，精神是第一性的，这一世界观是唯心主义的。本章不讨论“一元论”中的是非问题，只介绍“一元论”中的主张和特点。

认为世界本原由物质和精神两种独立本原构成的是“二元论”(dualism)。“二元论”将物质和精神看成是两种不同的东西，精神是思想或意识的形式，物质是占据空间的结构形式。物质不能思想，精神不占据空间，它们之间相互独立而存在，不能相互转换。"二元论"认为物质和精神是公平的存在,不能由一个决定或派生另一个。"二元论"的本原哲学认识观点的代表人物是柏拉图。"二元论"概念的提出比较晚,典型的"二元论"哲学家是笛卡儿。"二元论"中的"意识"不仅仅是人类的"意识",还包括自然法则,是在人类出现以前就有的自然法则,如数学法则等。"二元论"是对"一元论"的调和。"一元论"和"二元论"是对立的。

关于对世界存在的认识,英国哲学家卡尔·波普尔提出了自己的划分观点,将世界分为三个世界,即第一世界 W1 为物理客体或物理状态的世界(物质世界),第二世界 W2 为意识状态或精神状态的世界,或关于活动的行为意向的世界(意识世界),第三世界 W3 为思想的客观内容的世界,尤其是科学思想、诗的思想以及文艺作品的思想(知识世界)[6],三个世界的划分关系如图 2-1 所示。如果波普尔对世界的划分是从本体论角度提出的,可以在本章对其进行质疑讨论。尽管波普尔的三个世界划分理论在哲学界很有影响力,但这一划分关系如果作为本体论内容,还存在着其根源本体构成的不完备和根源本体间的独立性问题,例如,世界本体是由物质世界 W1、意识世界 W2 和知识世界 W3 构成的吗?意识世界 W2 与知识世界 W3 是不同本体吗?

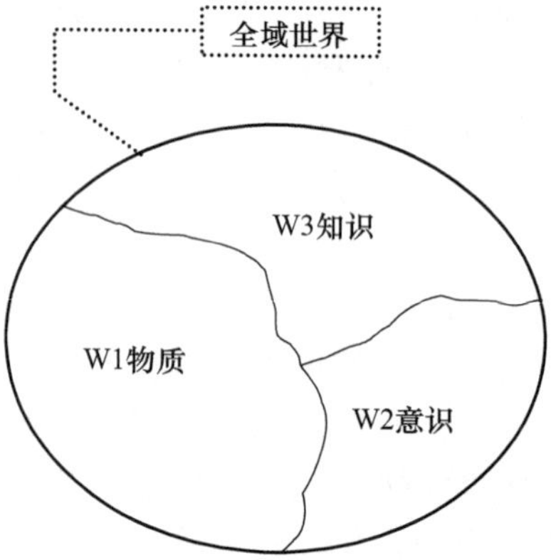

图 2-1 波普尔的三个世界划分关系

知识是意识的产物,可以用文字、图表、数字等记载在纸张、木板、石板等物质载体上,也可记录在电子存储介质(磁盘、光盘等)中,知识同样也可储存于人脑之中。对于存在于人脑之中的知识,它是以学习积累、逻辑推理、感性提炼、思考验证等方式获得的。人脑在获取知识的过程中,是用意识机制来取得知识,意识和原知识交融在一起工作,形成新的知识。在存在方式上,意识和知识共存于一个人脑体内,它们之间难分彼此。知识不会因为存放的地点不同而成为另一类事物,或成为另一世界的类别。另外,在同一人脑体内的意识和知识是无形的东西,除自己能感知外,其他人是无法感知别人头脑中的意识的全部活动和知识的拥有量的。所以,在人头脑中的知识和意识是按每个人自己掌握的标准来分辨和判断的,它是没有共同标准的,头脑中的知识和意识很难有共识的界限。为了划清界限,如果把只要是在人头脑里的知识都算作意识,脱离头脑后的才算知识,那么人们应用头脑里的知识解决问题就要改成应用意识解决问题。不仅如此,凡脱离头脑的都算作知识的话,那么以载体记载下来的人们的非知识性习惯也要被算作知识。通常,概念应具有空间和时间不变性,即使概念随时间有所改变,至少也要有一定的期间长度。如果按这种划分关系,我们过去的知识和意识的概念就要被打破,形成了意识和知识属性的动态变化关系,即知识在头脑里是意识,脱离头脑后才是知识,另外,非知识性的意识脱离头脑后也成了知识。如果头脑中的知识不算知识，教师就无法向学生传授知识。如果知识世界W3指的是记载下来的知识，在记载之前这一知识是所思非所在，仍然是意识，那么头脑中的知识与记载的知识如何区别？如果称脱离头脑的知识为客观知识，在头脑中的知识不是客观知识，这又与知识的客观性相矛盾，因为相同的概念等知识在不同的头脑中与记载的是同一的，不会因为在A人脑中、在B人脑中和在书本中而不同。如果不同头脑中和书本中的相同概念不能同一，人们就无法交流，这显然与事实不符，人们今天能顺畅交流，正是不同人头脑中和书本中的知识是相同的。知识世界W3中的载体无论记录何种知识，其载体仍然是物质，纸载体仍然是纸，磁载体仍然是磁介质。确实，书籍中知识的作用与意识中知识的作用不完全相同，书籍中知识的作用脱离了意识的控制，是在与知识的创造者无交互的条件下学习、理解和利用。这就有点像说教师传授知识和书籍传播知识作用不一样，但知识本质并未因为传播方式而改变。我们只能说头脑中的知识是动态应用的，而书籍中的知识是静态应用的，头脑保存的知识的量和时间有限，体外介质保存知识的量更大和时间更长，而不应说它们是两种完全不同的东西。W3中的诗词与头脑中记忆的诗词有何区别？作为一个存在，它们是没有区别的，只是存放的位置不同、被利用的机会不同、获取方式不同(有交互和无交互)等，但本原存在不是以存放位置、被利用机会及获取方式划分的。

本书作者认为，本原存在的独立性应遵循**空间变化不变**、**时间变化不变**和**形态变化不变**的原则，如果本原存在取决于空间、时间和形态关系，这种存在是非独立的和非本原的。而波普尔的三界划分关系未遵循空间不变性、时间不变性和形态不变性原则。当空间不变性、时间不变性和形态不变性原则被打破后，就好像把仓库中的大米存放一定时间，拿到厨房，然后做成米饭，它就与大米是两个本原；山上的树木制成木板、存放一段时间、刷上油漆、做成船体、放入水中就与树木是两个本原。对于波普尔的W2、W3，W3只是W2的静态形式，W3由W2转换而来，因此，W3仅仅是W2的转换形式，不是一个内容完全不同和完全独立的本原。

波普尔为了证明第三世界是独立存在的，引用了两个思想实验。实验一是：所有的机器和工具以及使用知识，连同主观知识都被毁坏，但图书馆和学习能力依然存在，损失后会再次运转；实验二是：所有的机器和工具以及使用知识，连同主观知识都被毁坏，且图书馆也被毁坏，以至从书籍中学习的能力也没有用了。实验一说明，没有机器、工具及主观知识(或者说没有意识知识)，只要有书籍等客观知识，世界仍然能再恢复运行，这想说明客观知识不依赖意识而独立，用客观知识可填补主观意识空缺的地位。实验二说明，没有机器、工具及主观知识(或者说没有意识知识)，也没有书籍等客观知识，世界不能再恢复运行，这想说明客观知识比主观意识更重要。在意识和客观知识的关系上，这两个实验没有证明客观知识可以在没有意识时有效，或者说不能证明客观知识可以独立于意识而有效。实际上，W2可以在没有 W3 时而有效，当实验二的情况发生时，只要一定的时间，W2 就可以建立起 W3，历史的事实正是如此，人类文明也曾经历过毁灭而再生。如果没有 W2，就不可能产生 W3，W3 是 W2 处理加工的产品，W2 是 W3 的依赖。如果我们把 W3 放到没有 W2 的星球(如月球)上，W3 不会给这个星球带来任何变化。以上分析和评论说明，波普尔划分的三个世界不是相互独立的，至少不是本原意义的本体，只能算作一种客观存在的现象，而不具有本体论哲学的地位。波普尔的三界问题主要是三界的非独立性问题和非本原性问题。波普尔的三界论是意识或人类相关的三界论，是具有人类历史的三界论，是有主观世界存在的三界论。而世界是在没有人类时就存在的，地球的年龄约为 45.5 亿年，人猿分野后的人类历史可追溯到距今 400 多万年，类人猿的历史才 700 万年，最早的有脑生物也只在约 5 亿年前出现[7,8]，所以世界的存在本原是与意识无关的，因此，世界本原的存在不应该包括意识相关的内容。

从本体论角度进行的存在领域的划分应避免构成包含与被包含的关系，或层次的隶属性，它们间应该是非隶属的独立领域，它们的集合应覆盖整个世界，且集合间无间隙、无重叠，集合间可以有联系。鉴于以上全域世界的划分存在的问题，需要建立新的划分关系，以获得相互独立和本原性的明确划分关系。

2.3 全域世界的新划分

鉴于当前全域世界本原划分存在的问题，本书作者提出全域世界本原划分新的"三界论"。新三界论从本体论的高度来思考，新三界间是相互独立的非隶属的三界，三界具有本原地位。新三界是本原性的三界，是对创世起决定性因素的三界，是有生物前就存在且地球全寿命周期的三界。世界的起源与生物无关，生物只是地球全寿命期的一个阶段，因此，意识和知识不应属于世界的本原因素。意识和知识是在世界出现了有脑动物后才出现的，是在地球形成 40 多亿年后才出现的。

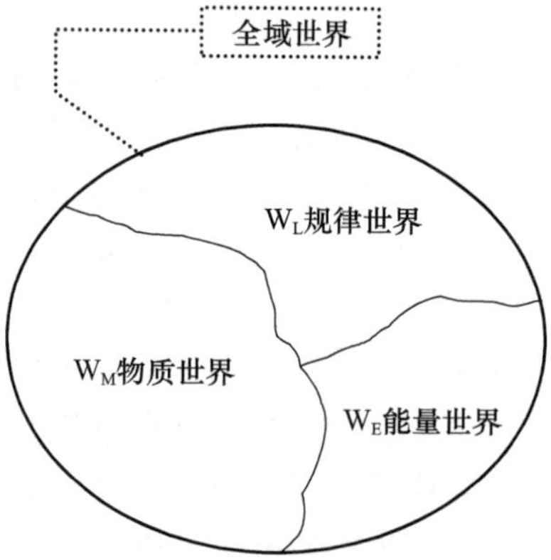

图 2-2 全域世界的新划分关系

从建立世界本原的角度提出新的世界划分关系，将世界划分为：**物质世界**、**能量世界**和**规律世界**，分别表示为：W_M——物质世界、W_E——能量世界、W_L——规律世界，全域世界的新划分关系如图 2-2 所示。这三个世界是从世界起源和组成考虑的，提炼了世界创造和构成的本原要素，审视了各"世界"间的独立性和本原性，并以这些关系作为新的三个世界划分的根据。W_M 物质世界由有形物质组成，通常是看得到或感觉得到的东西，以空间占有形式存在。W_E 能量世界由无形而可感觉或测量其作用的能量所组成，它的作用可以有多种形式，有热量、动量、电量、磁场、辐射等能量形式，其作用可定量评价，可以做功、供热等表达或以潜态的储能态表达。能量既不可产生，也不可消灭，只能从一种能态转换到另一种能态，从一种物质转移到另一物质，从物质转换为能量。物质可直接转化为能量，但未发现能量可直接转化为物质的逆现象，因此，物质和能量不是完全等价关系。今天我们所知的能量必然是历史上和现在存在的。W_L 规律世界是无形的客观支配关系，是不以人们的意志为转移的客观规律，是在一定条件下存在的客观支配关系。规律的存在与人们有没有认识到它的存在无关，如木头会浮在水上，与是否发现浮力定律无关。人们以哲学、数学、物理学、化学、生物学、心理学等学科对规律世界进行认识，认识的成果是在一定条件下对规律实在的逼近，难以获得规律的终极真理。物质世界形成的客观科学规律，是一种时间不变规律，如两千多年前发现的浮力定律现在仍然没有改变。这就是说，我们今天认识到的规律，也是世界创造存在时的规律，这些规律是本原性的。客观规律的认识有正确的、接近正确的，也有错误的或幻想的。自然界的客观规律，与意识存在与否无关，与意识认识到与否无关。今天我们生存的世界正是由物质、能量和规律构成的。

在给出了三个世界新的划分关系后，需要对新的三个世界的本原性和独立性进行考查，确认它们是否符合本体论本质存在的要求。从本原性看，物质、能量和规律都是宇宙形成和保持所需要的三大要素。我们的世界是物质的世界，物质态的形式有分子、原子、离子，分子由原子构成，原子由质子、中子、电子构成，质子、中子由夸克构成，上型、下型夸克转换时可产生电子，物质是由基本粒子构成的。世界上的物质都是由 118 种元素组成的，第一位元素是氢，由一个质子、一个中子组成的一个原子核与一个电子组成。其他元素随原子核内质子、中子数的增加和核外电子数的增加而形成，这是元素形成的本质关系。世界起源的元素是氢元素，其他元素是由氢元素聚合而形成，由此构成了多彩的物质世界。物质既是世界的本原要素，也是一直的存在要素。构成物质的元素是通过一定数量的质子、中子、电子聚合而成，且质子、中子由上型夸克和下型夸克聚合而成，夸克的聚合和质子、中子的聚合都需要能量，没有能量，微粒是不能聚在一起的，能量是物质形成的本原要素。世界上能量既不能凭空产生，也不能消灭，只可以进行能量形式的转换，因此，能量是世界创建的本原因素，并一直保留着。物质的形成不是微粒的随意结合，是按特定规律构成的，不符合规律的关系是失败的关系，如夸克构建质子或中子要符合 2+1 模式（即两个上型夸克与一个下型夸克构成质子；两个下型夸克与一个上型夸克构成中子），如果以 3+1 模式或 2+2 模式就不能构成质子或中子（即三个上型夸克与一个下型夸克，或两个上型夸克与两个下型夸克）。只要不符合以上质子和中子的构成规律，原子的组成微粒就不能构成，也就不会出现元素。

没有元素就没有物质，因此，规律是世界构成的本原要素。规律不仅决定着物质的形成关系，也决定着物质和能量之间的转换关系，它像一只无形的手在支配着世界。在世界创建和保持中，物质、能量、规律这三种本原性存在因素是复合共同作用的，它们是世界变化、运动的实施者，是世界万物运动的体现，它们联合作用形成自然现象，如天体运动、雷电、风、雨、地震、地质构造等。

在论证了新三界的本原性后，需进行它们的独立性论证。论证它们的独立性就是要论证它们之间是否存在包含性、派生性、等效性。如果新的三个世界间不存在一个包含另一个、一个派生另一个、一个与另一个等效，那么它们之间就是独立的。从包含性与派生性关系看，物质、能量、规律没有谁能包含谁和谁能派生谁的关系。尽管质能存在相互转换的可能，但现在只看到物质转换为能量，未见能量转换为物质，即使两者可相互转换，在转换关系上两者是对等的，这就否定了“谁来源于谁”的理由，表明质的存在和能的存在是平等的。即使是在质转换为能时，如果没有质所蕴含能以外的能，质也不可能进行质能转化。同样，能量在没有物质存在的情况下也不能转化为物质，如上、下夸克构成的质子中，夸克只占有很小的质量，其大量的质量是夸克结合时的能量的转化形式胶子。由于物质和能量的平行性，它们之间不存在包含与被包含、派生与被派生的关系。物质的功能通常是结构的，形态是有形的、静态的（不考虑微观运动），能量的功能是做功的，形态是无形的、运动的或储势的，物质和能量是不等效的。我们不能用能量来作盖房子的结构材料，也不能用物质来移动物体，两者的作用是完全不等效的。物质和能量都能被感觉，物质是给予空间、质的和颜色关系的感觉，能量给予作用强弱的感觉。而规律不能感觉，只能感悟、发现和认识。有物质，有能量，但规律不对不能成事。规律是具有支配物质和能量关系的法则。规律的体现，需要一定量的物质或能量的支持，如杠杆物质只有几个分子，杠杆定律就是无效的；没有能量，月亮就不会实现绕地球旋转的运动。规律显然与物质、能量没有包含、派生和等效性，因此，物质、能量、规律是相互独立的。根据以上论证，物质、能量、规律三个要素是世界形成的本体，它们是本体论的本原，是世界的根本存在，是**决定存在的存在**。作为世界本体的新三元关系，物质、能量和规律是相互支持、相互依赖、相互作用和并存的，物质和能量间的关系由规律来支持，规律又靠物质和能量来体现，如浮力定律中包括了物质、能量、规律的关系，一个都不能少。同种的物质、能量的作用规律有宏观的和微观的，如果只有几个水分子是不能形成浮力定律的，必须有大量的水分子才可展现浮力定律效果。化合规律建立了分子，分子结合规律形成了物质，没有这一规律，就不会有物质。世界的历史和现实的存在（物质、自然现象等）与物质、能量、规律同时存在，它们不能独立于物质、能量、规律的存在而存在，所以，历史和现实的存在（物质、自然现象等）是依附新三界的存在而存在，物质、能量、规律是世界相互依赖的独立本原。

当世界出现生物和意识，产生知识后，世界的存在已不完全是由自然的存在所构成，有一部分存在为人造的存在，如人设计制造的机床、汽车、轮船等。因此，世界决定存在的本原有所变化，发展为物质、能量、规律、意识。意识产生后，物质具有认识物质的能力。物质、能量、规律是世界起源的本原，是世界创世的本原。物质、能量、规律、意识是当今世界建立存在的本原。

2.4　标准化存在领域的划分

标准的存在形式是什么？标准化的存在领域是什么？第一个问题是标准以什么形式存在；第二个问题是标准化在哪儿存在。这两个问题是标准化学科的本体论问题。标准的形式是传递基准属性和实现标准化的根据。标准化是一种状态，是通过载体来表达的，不能孤立地表达，载体存在的领域就是标准化存在的领域。标准的存在形式是标准的本体的问题。标准化载体的领域就是标准化存在领域的本体问题。

构成世界万有之物的存在本原是不依赖于人类的认识而存在的，但我们所说的所有存在都是认识的反映。人类对存在本原的认识或对本体论的研究只是对存在本原的发现工作，这种发现工作存在着可靠和可信任的情况，或不正确的情况。只有那些可靠和可信任的认识才是有价值的认识。我们所有设想的存在或对客观存在的发现都是认识行为，没有被思考过的存在或没有被发现的客观存在就是我们不知道的存在。人类所说的存在都是认识的存在，无论这些认识是属于公认的或不被公认的。人们对事物的认识是致力于追求可靠的和可信任的，因此，需要有标准化地位来标定认识的有效性。标准化的东西无论它是物质的或非物质的，是客观的或主观的，都是属于相对可靠的或可信任的。只有属于标准化的认识才可能有价值，才被认为是相对正确的认识。研究世界本体所确定的存在领域，一定也是标准化的存在领域，因为这些存在是可信任的存在，需要标准化身份的支持。由此，标准化的存在领域包含物质领域、能量领域和规律领域，这些存在领域属于客观的标准化存在领域。

人类作为适应客观世界和改造世界的主体，也在为自己意识和行为的有效性建立标准化，这种性质的标准化是主观标准化。主观标准化是以意识为主建立的。意识标准化只能存在于生物中，但并不是存在于所有的生物中，因为有的生物没有产生意识的脑组织，如植物和微生物等。世界自然存在本原的标准化是客观的标准化，是独立于意识而存在的，由意识所认识。无脑组织生物的某些活动和反应不是意识驱动的，而是生物组织感觉反应的驱动。意识标准化可分为潜意识标准化和显意识标准化两类。意识标准化是按人类的优化意志形成的标准化关系。在意识标准化中，本能或同化的统一化是潜意识标准化，逻辑思维驱动的统一化为显意识标准化，意识驱动的“异化”是脱离标准化的。显意识标准化是思考、思想创造、抽象等内容的标准化。潜意识标准化不是意识运行方式、程序的标准化，是本能、随同或同化反应的标准化。显意识标准化是人类知识应用建立的标准化，它包括术语与概念的标准化、文字标准化、语法的标准化、制图标准化、符号标准化、量和单位标准化、代码标准化、制度法规标准化、设计技术标准化、制造技术标准化、试验技术标准化、管理标准化等。意识标准化就是意识活动的元素需要统一化，以保证意识元素共同使用和重复使用的可理解性和可交互性。

潜意识标准化是行为标准化的一种，有本能行为标准化、非人类(蚂蚁、蜜蜂等)劳动行为标准化等。潜意识标准化是按自然界进化和选优的规律，生物本能性地形成的统一化行为或自觉地加入统一化的行为中(同化)的现象，这种现象是生物中普遍存在的现象，如每种意识生物都自己形成了统一的生存本能行为，有的生物甚至把这种本能标准化延伸到劳动行为上。人类劳动行为的标准化是显意识的标准化。除人类以外，其他生物劳动行为的标准化是属于潜意识的本能行为标准化，是在大自然竞争生存优化中形成的标准化。具有劳动成果标准化的非人类生物有蜜蜂、蜘蛛等。蜜蜂所有蜂巢都具有规则的六边形关系，是蜜蜂适应大自然的生存方式和优选结果。从省料的角度，为何蜜蜂的蜂巢不是选择等周长面积最大的圆形或正方形，而选择了六边形呢(数学可以证明，等周长面积最大的是圆形，其次是正方形)？蜜蜂的蜂巢筑于露天环境，经常受到风吹、雨打、冰雹砸的直接破坏，因此，需要有抗环境破坏力强、保形性好的形状。尽管圆柱形体也有很好的抗压性和用相同材料获得最大空间的优点，但圆柱形体间不能紧密拼接，将造成材料和空间的浪费，而六边形间可牢固紧密拼接，不浪费筑巢材料。六边形还比正方形有更强的抗变形能力。正方形很容易受力挤压而变成各种状态的平行四边形。两种形状受挤压的后果如图 2-3 所示。标准化的蜂巢是优化用料和抗变形的最佳选择。人类的行为标准化除了有本能行为标准化外，还有劳动行为标准化、语言行为标准化、书写行为标准化、体育行为标准化、艺术行为标准化等。标准化行为类型多也是人类优于其他生物的一个突出特点。

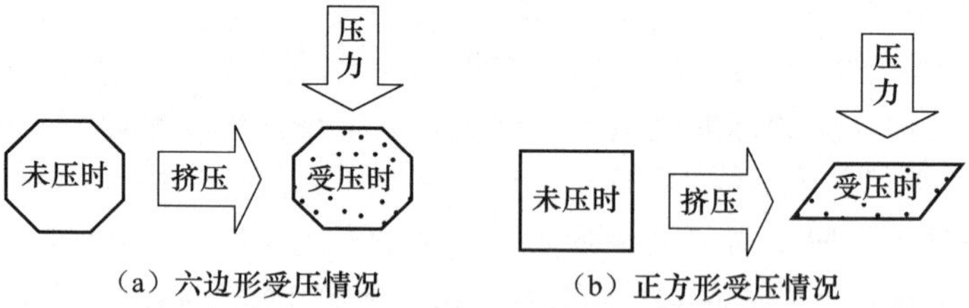

图 2-3　六边形和正方形受压情况对比

在世界的存在中，除了意识和物质分别存在外，还有物质和意识相融合的存在。物质和意识相融合的存在只能产生于有意识能力的生物身上。这种物质和意识相融合的存在是行为存在。行为不同于物质，也不同于意识，它既有物质因素，也有意识因素。在行为中，意识停止就只剩下物质，而物质消失了就没有意识。例如，舞蹈就是一种行为，它既需要意识的支配，也需要物质作为有形形式表达，在空间和时间中展现。行为通常是运动状态的，是一种意识活动与物质运动的融合。行为是人们改造世界、发展生产力、表现情感等的主要因素。行为有直接行为和间接行为。用箭射中一只猎物为直接行为。挖一个陷阱，下面埋一些竹签，使动物掉入陷阱并被刺伤，这就是间接行为。再如手工操作机床进行零件加工是直接操作加工行为，用自动机床进行零件加工是间接操作加工行为。行为具有分解和组合性，一个复合行为可由诸多同层级和不同层级的子行为组合而成。行为作为生物生存和生活的重要运动因素，在时间和空间中做无数同样的重复，必然需要标准化来优化行为的重复，形成行为重复的优化存在。

标准化的本体论问题不同于世界的本体论问题，它不是世界的本原问题，是标准化的本原问题。标准化是历史过程形成的，且在不断发展，标准化的本体必然与历史和现实有关，标准化本体必定联系于世界本体。标准化的本体论包括标准本体和标准化领域本体问题。标准化领域本体是标准本体产生的领域。标准化领域本体是标准化的全域空间，是标准化的存在领域。标准化的存在领域应符合本原性和独立性的要求。标准化存在的本原性不同于创世的本原性，是世界演进过程中直接成长出来相对独立的标准化形式，与其他标准化形式无派生关系。标准化存在的本原不以创世作用来界定，而是以标准化形式的创立来界定。标准本体与标准化领域本体具有相关性和对应关系。

标准化的存在是标准化对象的存在，是一种历史过程的存在。历史过程的存在包括世界起源的存在和世界成长过程新出现的存在。标准化的存在具有普遍性和特殊性。普遍性在于标准化的存在符合世界本体论的存在，特殊性是标准化的存在还有超出普遍性存在的具有标准化特点的其他存在。标准化存在领域就是标准传播的领域。历史和现实中到处都充满着标准化的显示。标准化的存在包括客观存在、主观建立的客观存在和主观存在，有些标准化存在是客观世界形成的，有些标准化是主观构思形成客观的，有些标准化是主观建立的。按照不违背本体论的独立性和本原性原则，将标准化的存在领域划分为：**物质领域、能量领域、规律领域、意识领域、行为领域**。标准化存在领域分别表示为：F1——物质标准化存在领域、F2——能量标准化存在领域、F3——规律标准化存在领域、F4——意识标准化存在领域、F5——行为标准化存在领域。

F1 物质标准化存在领域寓于物质本体领域，是结构实体的标准化领域。物质标准化存在领域包括客观自然的标准化物质和主观创造的人造标准化物质。在 F1 领域里，标准的载体就是物质，物质标准是体系化的标准，形成了一个标准体系树关系，最底层的标准是上型夸克和下型夸克，夸克(随着科学发现的深入，最底层还可以向下延伸)构建了质子和中子,质子、中子、电子构建了118种化学元素(有几种元素未在自然界中发现,已被人工所合成),118种元素的单质、化合分子、原子离子、分子离子构成了无数种物质。在地球上,自然态的物质大部分是原子化合的分子物质,以单质元素存在的物质是非常少的,在气态时存在一些单质物质,在60km以上高空的大气中,有单质离子物质和化合的分子离子物质。地球元素的组成关系为:37.6%的铁、29.5%的氧、15.2%的硅、12.7%的镁、2.4%的镍、1.9%的硫、0.05%的钛等[7]。天然的物质大部分是矿物质、岩石、砂土、海水、河水、植物、动物等,它们自身就是同类物质的标准。同类中也会存在一些小的差异,在物质的本质关系相同时,这种差异被认为是符合标准关系的。自从有了人类以后,人类提炼和研发了很多物质,这些物质主要是黑色金属材料、有色金属材料、贵金属材料、合金材料、塑料、橡胶材料、复合材料、砖材、人造石料、钢筋混凝土材料等。这些材料主要是作为结构材料,都是人工加工形成的材料和人们设计合成的材料,是非天然态的材料。这些材料的物质标准是由人确定的,材料标准通常不作为直接使用的对象,而是作为比较对象。人造物质标准有物理标准物质、化学标准物质、生物标准物质等,它们具有精确的成分和性能关系,主要用于对照、校准、比样等,是一种直接使用的基准物质。物质标准还有用几何形状作为标准关系的,如工具类标准等。物质标准还有用于对尺寸、体积、重量等关系进行定量评价的,如量块、量杯、砝码等。

物质的标准载体通常有物质和文件两种类型。天然物质的标准载体是物质标准载体在先(在先指为依据),人工对天然实物标准分析形成文件标准在后。人造物质的标准载体有两种情况:一种是物质标准载体在先,人工对制造物分析形成文件标准在后;另一种是人工意识设计形成的文件标准在先,人工制造的物质标准在后。物质标准领域有物质标准和意识形成的文件标准,物质标准化领域全部是标准化的物质对象。物质标准的存在不一定都是物质的,而物质标准化的存在都是物质的。

F2 能量标准化存在领域寓于能量本体领域。能量是做功的作用能力,通常有机械能、热能、分子内能、电能、化学能、辐射能、原子能等。能量是物质运动的原因,也是物质运动的表现。能量提供物质的运动条件和运动能力,用物质的质量、物质的空间运动尺度、物质运动的持续时间来表示。能量有储存态和作用态。能量的储存态通常是物质形式的,作用态是释放方式的。能量的储存态和作用态都有标准度量关系,其标准内容涉及三个表示要素:①能量的形式;②能量的度量;③能量的状态。能量的形式是能量表现的形式,如力作用、热作用等;能量的度量是能量大小的标定,如力是多少牛顿,热量是多少焦耳或卡路里等;能量的状态是能量的释放作用状态和储存状态。所有能量都能转换为焦耳或功率来度量,由此可以用统一尺度评价能量的大小。能量有位能和动能,位能是能量的储存或储备,动能是能量的表现。能量按标准形式存在,主要有机械能形式、热能形式、分子内能形式、电能形式、辐射能形式、声能形式、化学能形式、原子能形式等。机械能表现为动能、势能(有重力势能和弹性势能)，以做功消耗，以牛顿米或焦耳度量。热能是物质内所有分子动能之和，这些动能包括分子的平动能和分子的旋转动能，表现为热的形态，用温度和焦耳来度量。内能是物质内所有分子动能之和加上分子间热能、原子内部能量、原子核内部能量、物质内部的电磁辐射能等，以热量和光的形态释放，用焦耳度量。电能是运动电荷所包含的能量，通过电流的形式释放能量，用焦耳和瓦度量，通常可以通过水势能、热能、风能、日辐射能转换获得。化学能是由原子最外层电子的状态变化和原子能级变化产生，是原子电磁场的粘合能，它以放热和发光的形式释放能量，用温度和焦耳来度量。辐射能是辐射电磁波电场能和磁场能的总和，辐射可以以光、高温体、电子振荡形式发出，以辐射波照射释放，用电子伏特(eV)度量。原子能是由原子核变化产生的能量，以重原子(如 U-235 等)核裂变和轻原子(如氘和氚等)核聚变的方式释放能量，用焦耳度量，用作武器时以 TNT 当量度量。声能是一种纵波振动能量，以机械在物质介质中振动释放，用分贝(dB)度量，声波有次声波、声波、超声波等。

能量的标准化存在领域和标准存在领域是统一的，都存在于能量的客观实在中。目前为止，人们只是在发现能量、认识能量，但没有创造新的能量。它的无形关系使其难以用意识模式充分表达。能量和质量密切相关，质量是能量的内在化，能量是质量的外在化，但它们的形态和作用是不同的。能量和质量不是一个事物的两个态，质量能转换为能量，但能量很难找到转换为质量的逆过程。能量的标准也可通过研究认识，用意识来描述，能量标准可反映在意识领域中。

F3 规律标准化存在领域寓于规律本体领域。规律的标准是世界历史过程形成规律标准的集合，它包括非生命世界的客观规律标准和生命世界的规律标准。世界的规律主要有力、电、光、原子和分子、天体的运动和作用规律、数的关系规律、生物活动和繁殖规律、人类构建的社会规律等。非生命的物质规律是不随时间、空间变化的标准规律。生物相关的规律是相对稳定的规律，不是绝对不变的规律，它的规律在漫长过程中逐步演变。第一个生命物质——细菌出现于地球诞生 4.2 亿年时，即 41.5 亿年前；5.4 亿年前的寒武纪，生命大量出现，相继出现海植物、鱼类、陆植物、昆虫、爬行动物等生物；2.99 亿年前的二叠纪，95％以上的生物灭绝；2.5 亿年前的三叠纪，恐龙和卵生哺乳动物出现，0.99 亿年前的白垩纪，恐龙繁荣与灭绝；0.65 亿年前，进入新生代[7]。700 万年前，地球上出现了高级动物类人猿。世界上生物的出现，形成了生物繁殖、生存、活动、死亡的标准规律。特别是人类出现后，又出现了人类特有的标准规律和人类构建的社会标准规律。客观规律是世界各种天然物质形成、运动、作用、能量转换、能量释放、能量作用、数量匹配等规律。

构造世界的规律是客观的、不变的、标准的，它们总是按标准的关系去运行，从不随意改变，这些规律是一种标准的内容、标准化的存在。规律标准的存在领域和规律标准化的存在领域是统一的。规律的标准也可通过认识规律，用意识来描述，规律标准可反映在意识领域中。

F4 意识标准化存在领域寓于意识本体领域。意识标准的存在是以脑为载体的存在，也可以将意识标准表述出来，记录在纸张等意识体外载体上。意识不仅仅是头脑中的思想，客观知识也属于意识的范畴。没有意识就没有知识，知识是意识的产物，意识是知识的本原和源泉。尽管知识有独立存在的形式和特有的作用，根本上它还是意识的另一种形态。客观知识就归属于意识领域。由此，文件类标准是意识的标准产物，应划归到意识标准领域。意识标准主要是概念、术语、符号、方法、要求、规则等。“概念是思想的细胞”，没有概念人们就无法思考，没有思考就没有意识。意识世界是由人脑的意识活动和记载意识的媒体所组成，它包括了对客观反映的意识和主观想象的意识，以时间关系产生，是无形的，可记录存储。具有概念的意识只有人类才拥有，其他生物只有本能意识和潜意识。支持意识思考的标准概念主要有基本概念(时间、地点位置等)、对象(你、我、他、她、它、物名等)、动作关系(是、有、行为动作、自然界作用等)、相对关系(大、小、多、少、高、低、上、下、左、右、冷、热等)等。

意识标准的存在领域和意识标准化的存在领域是统一的，意识的标准和标准化首先产生于人类的头脑中，然后，可以记录下来，存放于人体外的文字和声音等的载体中。

F5 行为标准化存在领域寓于行为本体领域。按标准化本体论概念，行为标准化的存在是本原性的存在，不是由某一个本原领域变换来的。行为的存在领域有客观行为存在领域和主观行为存在领域。主观行为中有生物的肢体直接行为和肢体间接行为。直接行为是行为的意识和动作直接实施在目标对象上。间接行为是行为的意识和动作实施在中间对象上，或实施在行为的传递环节上，由传递环节将行为逐级传递到目标对象上。间接行为仅为驱使行为，不是终端行为动作，例如，汽车行驶这一行为的内容和作用是汽车在路上跑，驾驶员的操作行为为间接行为，即驱驶行为。劳动或工作实施的行为有搬运等直接劳动行为或操作机床加工等间接行为。主观肢体操作行为有操作无动力源对象行为和操作有动力源对象行为。主观肢体操作的无动力源对象主要有铁锹、锉刀、斧子、锄头、杠杆、滑轮等工具。主观肢体操作的有动力源对象主要有汽车、飞机、机床、吊车等。主观肢体操作无动力源对象行为一般为直接行为，有动力源对象行为一般为间接行为。客观自然行为是由物质、能量、规律三要素共同作用形成的，其中要是缺少一个要素，客观自然行为就不会发生。物质、能量、规律构成了客观自然行为的三要素，也是客观自然行为发生的必要条件。由于三要素作为行为的必要条件是标准化的，因此发生的客观自然行为也一定是标准化的。客观自然行为的表现形式是自然现象，其主要类型有气候行为、地质行为、天体行为等。气候行为主要有打雷闪电、下雨、下雪、台风、龙卷风等。地质行为主要有地震、火山喷发、山体滑坡、雪崩、河水流动、海洋流动、波浪等。天体行为主要有卫星绕主星旋转、星球自转、恒星剧烈反应辐射、流星脱轨撞入其他星球等。对于客观自然行为，规律是行为产生的支配因素，如打雷是空中带正电的云与带负电的云相遇产生的。主观直接肢体行为有本能行为、语言行为、书写行为、唱歌行为、舞蹈行为、戏剧行为、其他表演行为、体育行为、服务行为等。主观行为主要由意识、物质、能量三要素融合作用构成，缺一不可，否则，行为不能产生。对于主观行为，意识是行为的支配因素，没有意识的驱动，生物的能量和肢体不会有目的的作用。如果没有物质或能量，意识无论多强烈也是徒劳的，如同让瘫痪的人站立走路一样。主观行为虽然不是创世的本原行为，但它确实是地球上生物产生以后生物中出现的客观存在。有脑生物出现后，客观存在增加了意识。行为是先于意识就存在的，只是有了意识后行为的内容方式增多、增难，变得与目的密切相关。意识出现前的行为是规律支配的行为。意识出现后，尤其是人类出现后，人类意识性的行为成为一种新的重要存在。人类行为的存在不是意识、物质、能量中的一个或两个因素可以构建的，它是三因素的融合，是灵魂与物质、能量融合的动态世界，是不能用一、两项关系(物质或能量)实现的。

行为标准和标准化存在领域是统一的，都存在于行为标准化领域中。意识也可以反映行为标准的内容，无论是客观的行为关系或主观的行为关系，都可以通过记录意识的文字和声音载体来反映。意识对行为内容的反映只是程序性的和要求性的，不能代替行为的展示和行为的作用效果。

2.5　标准化存在领域间的关系

标准化存在的本原领域是物质、能量、规律、意识、行为领域。这五个标准化存在领域就是标准化对象的本体领域，即物质、能量、规律、意识、行为的存在领域。这五个标准化存在领域既有独立性，又有一定的相连性。客观自然行为或自然现象是由物质、能量、规律融合形成，因此，自然行为标准化领域受物质、能量和规律标准化领域的影响，如雷电产生的现象是由电的规律、云中电荷物质量、正负电荷的势能差所决定。自然行为现象受制于物质、能量和规律的内容。在客观世界中，物质可以转化为能量，而按照热力学第二定律，能量在自然状态下是不能转化为物质的，除非再给能量施加另外的转化作用能量。主观行为是由意识、物质、能量融合而形成的存在，所以主观行为标准化领域受意识、物质、能量标准化领域的影响。客观行为和主观行为的标准化领域与其他标准化领域的关系如图2-4所示。图中，领域间实线箭头表示领域间实际作用影响，虚线箭头表示在一定的条件下可能产生的影响。在物质、能量、规律、意识、行为标准化领域之外的本体领域，存在着非标准化的部分。

在自然世界中，标准存在领域与标准化存在领域是统一的。当主观世界出现后，标准的存在领域不只是在原载体领域中，但标准化的存在领域还是在原载体领域中。由于人类能对物质、能量、规律、行为和意识标准进行描述，因此，各标准原载体的标准可进入意识领域，标准的存在领域不完全与标准化的存在领域统一，如物质标准可能既存在于物质领域，又可存在于意识领域。物质领域有天然物质，也有人造的物质和人造的产品，有相应的实物标准。另外，人造产品通常是由人的意识设计和构思的，是按设计标准制造的，因此，人造产品的标准可存在于意识领域（含文件等知识产品）。即使是天然物质，也可以通过人工用仪器进行分析，将物质要素的标准关系记录在文件中，成为意识内容。能量目前还没有人工创造的能量形式，只有发现、利用和转换自然界的能量或合成能量。能量的形式、度量、方式关系是人工描述的，所以能量可以用文件标准的概念关系来标定。能量标准既存在于能量领域，也存在于意识领域。主观行为通常是意识驱动下的行为，有很强的意识性。行为的标准除了要求意识正确外，还要对实施行为的肢体进行专门的训练，以使肢体具备足够的力量和把握准确的动作，因此，行为最实在的标准是在行为领域。另外，行为可以用文字描述和录像记录，也可以用知识产品保存其标准。自然行为现象，也可以通过观察、照相、摄像、描述等方式记录，将客观行为或现象的运动标准关系以文件方式保存。客观规律本来是和意识无关的，但客观规律在逐步地被人类认识和发现，并将可靠的规律建立在数学、物理、化学、生物等学科知识中，这些知识就是客观规律的标准认识。尽管学科中的规律认识不一定是终极规律关系，但它们是能解释世界和有效应用的规律，等价于规律的真谛，可以把这些有效的规律知识作为客观规律标准。物质、能量、规律、意识、行为的标准领域与各本体的关系如图 2-5 所示。图中，实线箭头表示本体领域间的实际输入作用关系，虚线箭头表示需要条件的输入作用关系。

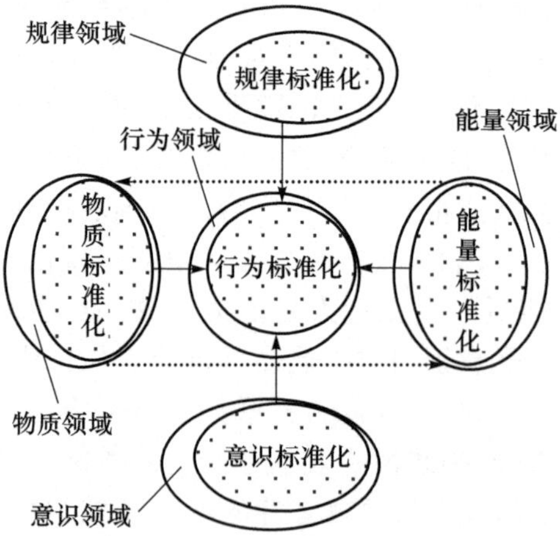

图 2-4　标准化领域间的关系

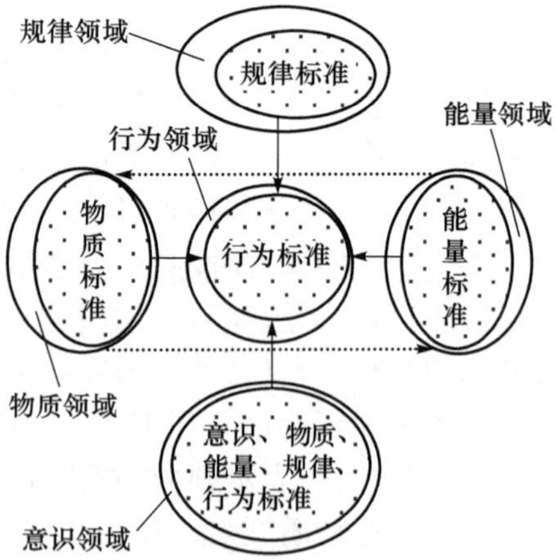

图 2-5　标准领域间的关系

标准化是对象本体的标准化，物质标准化状态不会存在于意识领域中，但可以被意识所认识。标准化领域的本体是唯一性的。而标准领域有其特殊性，意识的认识能力、描述能力和认识的记录手段等能将五种标准以知识关系记录下来，意识领域可容纳所有标准类型。标准本体不是唯一的，标准本体中有的本体具有多重性本体。

参考文献

[1] 麦绿波. 全域世界的新划分和标准化的存在领域——本体论问题的研究（上）[J]. 标准科学，2012，(6)：6-11.

[2] 麦绿波. 全域世界的新划分和标准化的存在领域——本体论问题的研究（下）[J]. 标准科学，2012，(7)：6-11.

[3] 俞宣孟. 本体论研究[M]. 上海：上海人民出版社，1999.

[4] 冯志勇，李文杰，李晓红. 本体论工程及其应用[M]. 北京：清华大学出版社，2007.

[5] 麦绿波. 标准的存在形式与类型谱系[J]. 中国标准化，2012，(5)：32-38.

[6] 卡尔·波普尔. 客观的知识[M]. 舒炜光，等译. 杭州：中国美术学院出版社，2003.

[7] 地球. http://baike.baidu.com/view/2489.htm#8[2012-5-1].

[8] 林甘泉. 从文明起源到现代化——中国历史 25 讲[M]. 北京：人民出版社，2002.

第3章 标准化的历史发展阶段及推进作用[1,2]

3.1 标准化的起源及里程碑标志

一门学科的发展史是一门学科发展脉络的反映。从人类的发展历史看，人类的进化和文明无不伴随着标准化的渗透与作用。标准化虽没有时间这样古远，但却有历史这样悠久[3]。可以这样说，如果人类在语言、工具制造、文字、符号、度量衡、交换媒介、产品配合关系、生产模式等方面没有应用标准化的方式，就不可能有当今文明发展的成就，我们也许还处于封闭、无序、低效和落后的生活状态中。如果人类未形成公认的道德标准关系，人类社会就不会如此有序与和谐。

我国发现最早的由猿到人过渡期的化石是700万或800万年前云南禄丰古猿(化石佐证)，人、猿分野约距今400万年前，旧石器时代大约开始于250万年前(早期安徽繁昌人字洞石制品佐证)[4]。旧石器时代经历了早、中、晚三个时期。旧石器时代的中期始于15万年前左右(陕西大荔甜水沟遗址佐证)，旧石器时代的晚期始于5万年前(河套地区遗址佐证)[4]。旧石器时代的人类以采集、狩猎、渔捞为生，主要是打制刮、削、砍、锥、雕、砸等石器工具，打制木、竹容器，其语言自发形成。在人类群居时，为增强群体生存能力，人类用语言相互传递信息，将各个个体行为连接为群体行为，大大增加了对恶劣生存环境的抵抗力，同时语言的交流使个体中的经验互补、信息互补，个体的智力和技能不断提高。语言的可交流性基于人们发音及其含义的统一。在一定人群范围内可交流的语言的发音和含义关系必须是统一的，因此，语言就是一定范围内发音和含义的标准化状态，这应该是人类建立最早的标准化状态。语言交流是最早的互联互通模式，其互联基于统一的人类口腔、耳朵、声音通道构成的传输链路，互通基于发声及其含义的标准化。互联互通也是统一化给人类带来的最早标准化价值功能。在不同旧石器时代遗址中发掘出的人类制造工具的形状存在着惊人的相似。人类追求高劳动效率工具的愿望，驱使人类向工具的优势形状去统一，工具的标准化状态在无意识中形成。公元前1.5万年～公元前1.2万年为中石器时代。公元前1.2万年左右进入新石器时代早期，食物采集转向食物生产，产生了第一次社会大分工，畜牧业和农业各自分离独立，开始磨制石器、制陶器，驯养动物和种植植物。公元前7500～公元前5000年为新石器时代中期，公元前5000～公元前4000年为新石器时代晚期[4]，标准化的方式在其他手工制作器具中应用，如陶器制作等。产生文字和国家后，人类历史从原始社会开始向文明社会过渡，产生第二次社会大分工，由天然铜工具发展到青铜工具，促进手工业从农业中分离出来，制造出有轮子的车和帆船，产生象形文字。考古发现的文字有古代西亚的苏美尔象形文字(称“楔形文字”)和古埃及象形文字(均在公元一世纪失传)，这个时期也称为青铜器时代[5]。文字是书写表达的标准化，是标准化的又一个里程碑。约公元前 2000 年，农业和手工业的发展促进交换的发展，出现商业，社会第三次大分工，货币、文字(组合式的)、度量衡器等产生，这个时期称为铁器早期时代[5]。度量衡的统一及货币的统一是商品交换的需要和国家制度下政治的需要，标准化开始被理性应用。随后的发展中，逐渐对文字进行简化，苏美尔创造了字母组合文字方法(当时 30 多个字母)[5]，中国创造了笔画组合文字的方法(20 多个基本笔画)。字母和汉字笔画，实际上是无意中形成的文字的标准化基本组合元素。这些方法使文字只用极少的标准化基本元素就可组合成大量的文字，大大增加了文字的数量，丰富了文字的表达能力。标准化的元素组合结果再标准化(即笔画组合成统一的文字结果)，使标准化在新型文字的发展上大放光彩。铁器时代晚期，士农工商等分工更细，商业化进一步扩大，科技文化的发展开始兴起，各种社会行为规范的典籍不断出台，世界各国进入了文字记载的文明时代。语言标准化和工具标准化是人类史上最早的标准化形式，如果把语言判为人类最早的标准化形态可能会存在疑问。有人会问，何以证明语言为先呢? 因为，要打制统一性很好的石、木、竹等工具，或者标准化状态的工具，没有语言交流，不同的人是很难在原始的手工制作情况下把工具做到数量多且一致性好。因此，应该是先有语言，后有标准化形状的工具。

蒸汽机的发明带来了西方的第一次工业革命，用蒸汽动力的设备减轻了体力劳动强度，使工作节奏加快，社会进入了真正意义上的工业化时代，此时，生产秩序化、统一化和分工协作生产方式的要求突显，开启了工业标准化时代。1798 年美国人艾利 · 惠特尼(Eli Whitney)应用互换性原理制造枪的零部件来无选配地大量组装来福步枪。1834 年，英国人惠特沃思提出第一个螺纹牙型标准。1897 年，英国钢铁商人斯开尔顿提出钢梁生产的系列化和标准化建议。1902 年，英国纽瓦尔公司制定编印了公差与配合的公司标准——“极限表”。1906 年，英国发布了公差的国家标准。1911 年，美国人泰勒研究制定了标准化的作业方法。1914～1920 年，美国福特汽车公司建立了标准化的流水生产线。工业化时代，企业间的竞争日益剧烈，提高效率、降低成本已成为企业获利发展的光明道路。企业不再把眼睛只盯在增加劳工和增加劳动时间上，他们认识到标准化能对提高效率和降低成本发挥显著作用，因此他们争相效仿标准化的生产方式，使标准化成为时代的宠儿，从此在各个领域漫延开来。自 18 世纪末起，标准化已逐渐成为人们理性的自觉行为。由于政治统一、贸易往来、科技交流的需要，标准化由企业层面上升到了国家层面，各国纷纷建立了自己的国家标准化组织。1901 年，英国成立了世界上第一个国家标准化组织——英国工程标准委员会。不久后，各国纷纷成立国家标准化机构，如荷兰（1916 年）、菲律宾（1916 年）、德国（1917 年）、美国（1918 年）、瑞士（1918 年）、法国（1918 年）、瑞典（1919 年）、比利时（1919 年）、奥地利（1920 年）、日本（1921 年）[6]、苏联（1924 年）等。到 1932 年，已有 25 个国家成立了标准化组织。20 世纪初，由于国际贸易往来的增加，国际间经济、技术合作的需要，标准化的发展由国家层面向国际层面发展，国际性的标准化组织也陆续成立。1906 年成立了世界上第一个国际标准化团体 IEC；1926 年成立了国家标准化协会国际联合会（ISA）；1947 年 2 月成立了 ISO。由此，标准化成为建制化的发展业务开始系统、深入、全面地发展。

人类社会发展至今，对标准化的认识和应用是一个不断深化和提高的过程，标准化伴随着人类历史的发展而发展，由低级形式逐渐向高级形式递进，已发展成为一门独立的学科。标准化作为一门学科客观地存在于现实中。一门学科的研究中，其发展历史的研究是必不可少的。研究标准化的历史旨在深刻地认识标准化的自然起因和必然需求，掌握标准化发展的脉络和规律，以利于正确地应用标准化和推进标准化。标准化历史的发展阶段划分是标准化发展史研究的必然要求。

3.2 标准化发展阶段的时代划分

标准化的发展经历了几个特征性的阶段，这些阶段可分别从多个不同的角度去划分。一种划分方式是用时代关系来划分，如古代、近代、现代标准化等，这种划分方式在标准化的书籍中是比较常见的[6~8]。这些阶段的界定和要义介绍如下。

1）古代标准化

古代标准化是指从旧石器时代到大机器时代开始前这一期间的标准化。古代标准化的主要对象是：语言、文字等表达行为的标准化、石器时代手工工具的标准化、封建社会计量器具的标准化、货币标准化、兵器标准化等。

2）近代标准化

近代标准化从 18 世纪中叶的大机器工业时代开始，到 20 世纪中叶结束。近代标准化的主要特点是：互换性原理的应用、公差与配合标准的制定与实施、标准化作业方式的提出与实施、标准化生产方式的提出与实施、国家标准化机构开始建立、ISO 开始建立、机构批准发布的文本标准出现等。

3）现代标准化

现代标准化始于 20 世纪 60 年代。现代标准化的主要特征是：标准系统性地制定；标准化在工业、农业、服务业、教育、医疗、军事等社会各领域广泛开展；技术标准国际化发展；标准化的概念、原理等理论问题不断在探讨；综合标准化的方法受到关注并在系统工程中实践。

标准化发展阶段的时代划分方式，本质上是一种时间属性的划分关系。标准化发展阶段用时代划分方式划分有如下优点：直观、简洁、好记、时间远近感强，但它也存在明显的不足。用时间关系划分发展阶段主要存在三个方面的问题。

问题一：时间移动将导致发展阶段概念发生偏离。因为，时间的远近是相对的，会随年代的增加而使发展阶段概念名不副实。我们通常会把离我们最近的时代或我们所处的时代称为现代，如“现代标准化”阶段，也许再过五十年或一百年，我们今天所称的“现代标准化”阶段就会名不副实了。当时间移动量大到一定程度时，时间命名的发展阶段需重新命名，我们过去所说的近代已成为古代，就像我们把 300 年前称为“古时候”一样，我们所称的“近代标准化”和“现代标准化”出现了与时代不对应的情况，也许要分别改为“古代标准化”和“近代标准化”才合时宜。这使得标准化阶段的划分命名不能长期稳定，在学术交流和书籍撰写时容易出现混乱。

问题二：时间命名的发展阶段体现不出标准化的演进特征。时代划分方式太通用，使标准化各阶段发展的特点体现不出来，看不出标准化的具体规律，似乎用在什么学科都行。时代划分方式缺乏对象发展特征的关联性，有一种特征关系滑落感，使发展阶段命名远离对象的发展特征，从阶段名称上得不到标准化关系的概念，需另文注释才能明了。

问题三：标准化后续发展阶段的命名空间受到限制。我们现在已把当前的标准化称为了“现代标准化”，往后标准化的发展阶段我们将会面临无词表达。当然我们可以说“现代标准化”后面是“后现代标准化”，但是再往后我们又如何称谓，总不该称作“后后现代标准化”吧。因此，用时代划分标准化发展阶段的方式，受到了很大的后续命名空间的限制。

3.3　标准化发展阶段的推动力划分

由于标准化发展阶段时代划分方式存在问题，我们不得不重新寻找能克服以上问题的划分方式。本书采用的方法是用学科发展的推动力属性(简称动力属性)去划分标准化发展的历史阶段，这种划分关系是历史的客观存在，不会随时间的移动而改变发展阶段的概念，具有稳定性和阶段特征可识别性的特点。这种划分方式也可看成是用标准化开展的主特征因素来划分。按这种划分方法，将标准化发展到当前的历史主要分为以下四个阶段，各阶段的界定和特征如下所述。

1) 感性直觉标准化阶段

感性直觉标准化阶段是标准化的萌芽期。这一阶段主要是指旧石器、中石器和新石器时代时期。这个时期还没有标准化的概念，标准化的对象主要是语言和工具。在语言方面，人类为了能用声音传递信息，需要用发音表达含义，相互模仿共同使用，逐渐统一为初级语言。在漫长的语言相互模仿、交流和传承过程中，人们在可接触的范围内渐渐将语言统一起来，形成了一定范围的标准化语言状态，并不断扩大了语言交流的语句表达量和交流的人数。在工具方面，人类在制作石器、骨器、竹器、木器等工具时，经大量使用经验的积累，感觉到某种形状的工具好用，通过形状相同性的模仿制作，无意中形成了对优选形状工具制作的基本统一化的标准化状态。这个时期的语言和工具标准化的形成是来自于人类对标准化好处的感性直觉。感性直觉标准化阶段的认识状态是，潜意识认同标准化状态结果、不明白道理、无标准化实施意识、无逻辑推理的状态。感性直觉阶段的标准化认识层次关系如图 3-1 所示。这里的逻辑推理是指理论逻辑推理和数学逻辑推理。

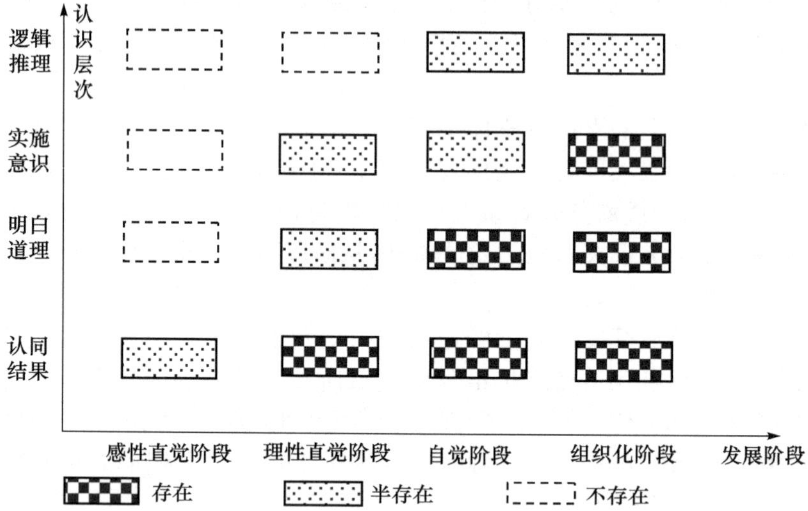

图 3-1　标准化发展阶段的认识关系图

2）理性直觉标准化阶段

理性直觉标准化阶段是标准化的孕育期。这一阶段主要是指青铜器时代至 18 世纪中叶（工业革命开始前）的时期。这一时期逐步有了标准化的浅意识概念，但还未总结出标准化的理论关系，而是理性直觉上认识到统一化的好处。这个阶段，实践标准化的领域在扩大。缺乏标准化元素支持的象形文字被具有通用化和组合化关系的字母文字或笔画文字所代替。字母文字或笔画文字是用 30 或 20 多个标准化的字母或笔画元素组合成几千甚至上万个词或字，再由这些词或字组成无数需要表达的语句。这种语言方案的标准化特点是：两次形成标准关系，即组合基本元素标准和文字标准；两次应用了组合化关系，即字母和笔画组成文字，文字组成语句。这个时期，由于帝王政权统一的需要，开始了官方推行标准化，如统一货币、文字、度量衡、冷兵器、车轨、道路、伦理道德、刑律等。在中国，还发明了具有突出标准化特征的活字印刷术。理性直觉标准化阶段的认识状态是，认同标准化状态结果、明白一定道理、有标准化实施潜意识、无逻辑推理的状态。理性直觉阶段的标准化认识层次关系见图 3-1。

3）自觉标准化阶段

自觉标准化阶段是标准化的推广期。这一阶段是 18 世纪中叶(1774 年瓦特发明蒸汽机开始了工业革命)到 20 世纪中叶。这一时期，标准化已积累了不少经验，标准化的概念和部分理论出现，开始了以实验数据为依据的定量化标准化研究，工业界自觉地研究和开展生产的标准化。产品设计的技术关系标准化、加工技术标准化和技术语言标准化成了刻不容缓、迫切需要解决的问题。由于工业界对标准化的关注和重视，并积极主动地开展标准化的应用研究，许多重要的标准化概念、原理、加工方法、基础标准等成果陆续产生，如发明了解决互换性螺纹加工问题的机床溜板式刀架、互换性原理应用于步枪生产、第一份螺纹标准编写、提出了机械零件标准化的建议、编写了互换性公差标准——极限表、劳动量的标准化考核、标准化程序作业、使用标准工具及器具、采用标准化的流水作业生产等。自觉标准化阶段的认识状态是，认同标准化状态结果、明白道理、有一定标准化实施意识、有一定逻辑推理的状态。自觉阶段的标准化认识层次关系见图 3-1。

4）组织化的标准化阶段

组织化的标准化阶段是标准化的发展期。这一阶段是从 20 世纪中期至今。随着科学技术的快速发展，电器、电力、化工、汽车、飞机等行业的产生，行业间的产品相互渗透应用，行业自身和行业间的产品应用的有效性都要靠标准化协调。在社会化大协作生产方式和社会行业间关系广泛关联的社会发展环境中，标准化的广泛需求更加突出，各国的行业和政府纷纷成立标准化性质的组织和国家机构。英国、美国等国分别成立了电气工程师协会、机械工程师协会、分析化学协会、土木工程师协会、锅炉商协会、材料与试验协会、钢铁工程师协会等行业组织，标准化成为行业组织的重点工作。英国于 1901 年成立英国工程标准化委员会，德国于 1917 年成立德国工程师协会管理国家标准化工作，美国于 1918 年成立美国工程标准委员会，法国于 1918 年成立标准化常设委员会，苏联于 1924 年成立中央标准局，中国于 1957 年在国家科学技术委员会内设立标准局[6]。1906 年 IEC 成立，1947 年 ISO 成立，加快了国际标准的制定速度，吸引了更多的国家积极参加标准化活动和参加国际性标准化组织，推动了各国的国际化发展。由此，有的国家取消了国家标准，直接采用国际标准，如丹麦(1972 年)。德国于 1972 年决定将国际标准不做修改地作为国家标准使用。英国、荷兰、保加利亚、匈牙利等国都不同程度地直接采用国际标准。到现在已有 163 个国家成员体参加 ISO(2016 年统计数据)。ISO、IEC 和 ITU 形成了全世界标准化工作的核心。ISO 与 IEC 共同制定了联合工作导则，建立了由 ISO、成员国(National Body)、TC、SC、WG 组成的庞大的工作网络体系,使标准化组织成为技术领域最大的国际技术联合体,标准化的发展形成了国际性的组织化状态。组织化的标准化阶段的特点是:标准化的开展由企业层面提升到了行业层面、国家层面和国际层面的高度;标准化的利益层面由企业利益层面上升到国家利益层面和国际利益层面;标准化的行为由分散的企业行为扩展到全球网络化连接的体系化行为;标准的制定由单一和零散的标准制定到系统性和体系化的标准制定;标准化工作的重点由关注企业经济利益扩展到关注健康、安全、环保等社会利益;标准类型由技术标准扩展到管理标准、工作标准;标准化的工作领域由工业领域扩展到服务业、农业、金融、科教、卫生、新兴的信息产业、社会管理等领域。标准化的应用几乎覆盖了各个学科和领域,标准化的社会作用和组织化程度是当今其他学科难以相比的。这一阶段,标准化成为建制性开展的工作,是自觉标准化阶段的提升,增加了法规性(国家颁发标准化法规)和政策性(体现行政意志)的特性。组织化的标准化阶段的认识状态是,认同标准化状态结果、明白道理、有标准化实施意识、有一定逻辑推理的状态。组织化阶段的标准化认识层次关系见图 3-1。

3.4 标准化未来发展阶段预测

标准化是远古时期人们在艰苦生存斗争中受益萌生的直觉行为,由自发积累的经验逐渐明确化而产生的一种观念,这种观念实践效果的价值促使形成了有组织地引导和推动的标准化活动。它是从漫长、艰苦的生活经验积累感觉,逐渐趋向认同的有效性观念。社会化分工促进对它自发性的应用,大机器时代推动了对它理性的探究。生产社会化、产品复杂化、商品贸易国际化、科技交流全球化等需求,推进了标准化形成组织化状态。

在组织化的标准化阶段之后,标准化发展的下一个阶段应该是一个什么阶段呢?要确定下一个标准化阶段是什么,就需要预测标准化的下一个推动力因素是什么?标准化是一门学科,如果一门学科没有坚实的理论作为支持,它就很难深化发展和有所作为。标准化发展到今天,面对规模浩大、领域宽广的态势,需要理论增强发展的动力。标准化理论将解决:世界范围标准化理性认识的统一问题;标准化解释的严谨性和可证实问题;标准化有效性的令人信服问题;标准化理论表达的数学化、模型化、数值化问题等。一门学科如果没有体系化、系统性的理论的支持,它的发展前途将是难以期盼的和暗淡的。标准化未来发展最缺乏的是理论指引,最需要的动力是理论推动力。因此,标准化的下一个发展阶段应该是一个理论推动发展的阶段,是理论系统化发展形成的阶段,是一个理论支持的科学化发展阶段,这个阶段随标准化学的诞生已经到来。标准化当前和未来的发展阶段关系如图 3-2 所示。建立与数学密切相关的标准化理论是标准化学科巩固、提高、发展的需要。

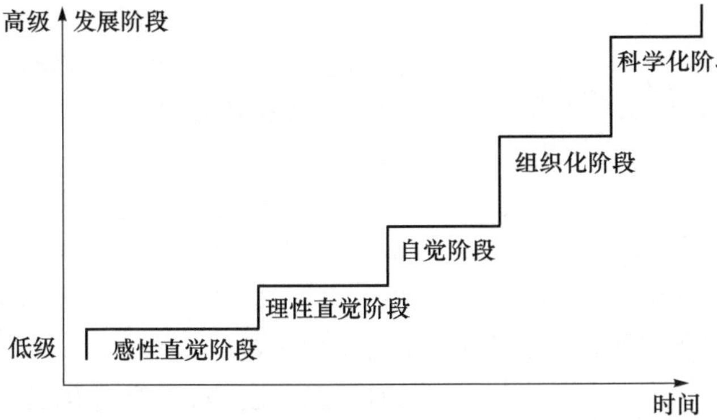

图 3-2　动力属性阶段划分关系图

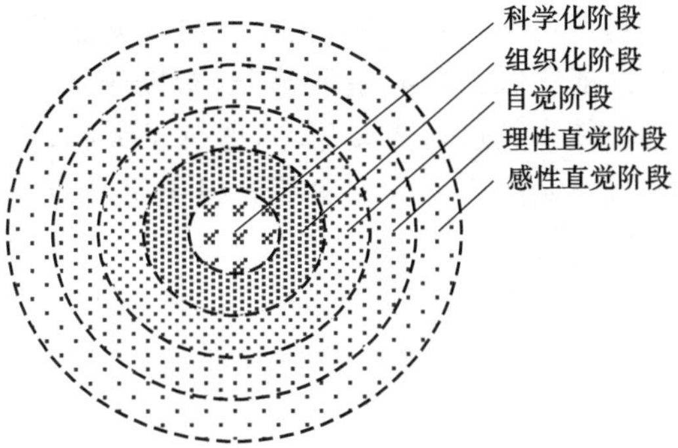

图 3-3　树年轮式标准化发展阶段关系图

标准化新阶段的到来不是对老阶段的替代和否定，即不是科学化阶段替代组织化阶段，而是标准化的新老阶段特征共存和互补，它们的关系如同树的年轮间的关系，这种关系如图 3-3 所示。在组织化的标准化阶段，组织更多的是发挥外因作用，对内因有一定的诱导作用，个人主要是处于从动地位。科学化的标准化阶段，理论将对个人有较大的主观调动，吸引个人的兴趣，个人将处于主动地位。有理论的学科是高信任度和高认同度的学科，如数学、物理学、化学等学科。在标准化的科学化阶段，标准化科学家将会成为标准化发展的主动力，标准化科学家对高价值的标准化理论和方法的研究成果和发现将是标准化发展的主要推动力。科学化阶段仍然有组织机构在推动，它既有科学的推动力，又有组织的推动力，这个阶段将会有强大的发展力。它既调动了个人的内因，同时，组织化又发挥外因的推动力，形成内因与外因相互结合的发展推动力。新阶段的成长是由小到大不断增强的。标准化的发展进入新阶段时，新阶段的特征起主要影响作用，其他阶段特征的影响由近到远逐渐减弱。标准化的科学化阶段的到来，将会迎来标准化灿烂的春天。

3.5　标准化对人类进化的影响

人类旧石器时代开始于大约 250 万年前，旧石器时代的人类主要靠狩猎为生，如图 3-4 所示。旧石器早期，距今 180 万或 190 万年前，发现人为用火遗迹（山西

图 3-4 旧石器时代的人类

芮城西侯度遗址佐证)[4]。今天的人类已进化为地球上最高级的动物，与其过去的同类——猿相比已不能同日而语。而今天的猿与 700 万年前的猿相比，似乎差别不大。不仅仅是猿与几百万年前的同类相比差别不大，其他动物与它们几百万年前的同类相比差别也不大。只有人类在经历几百万年后，发生了巨大变化。这一变化归功于人类的快速进化。对人类进化因素的分析，有许多推测观点，但大部分很难自圆其说。有人把人类的进化归于人类的站立。站立的人类视线开阔，收入眼睛的信息量比爬行动物多得多，对脑部有更多刺激发育的作用。有人把人类的进化归于吃肉。因为吃肉能吸收大量氨基酸营养，有助于大脑发育。有人把人类的进化归于劳动。劳动驱使人类进行更多思考，锻炼了大脑，使脑的思考能力不断增强。还有人说人类的进化是用火和吃熟食等。以上进化观点，很容易找出具有同样特征而未明显进化的动物。猩猩、狗熊都能站立行走，长颈鹿视线更宽，但它们仍然还是过去的它们。老虎吃肉，狮子吃肉，它们依然如故。蜜蜂和蚂蚁都很勤劳，也还是如此。有人会说，需要以上几项因素都具有才能快速进化。蚂蚁既劳动，又吃生物(昆虫等)，可今天还是几百万年前的这个样子。这几百万年来，绝大部分生物只是在竞争生存，无明显进化。而人类是既竞争生存，又快速进化。以上几个方面还不能有力地确证为人类进化的主要因素。究竟是什么促进了人类的快速进化呢?

3.5.1 语言标准化因素

人类加快进化是始于能够拥有语言，进化的主要因素应该是细化的概念和高级语言(能细化表达)的产生，概念和语言是相互促进的。说高级语言是除人类外其他生物所不具有的能力。高级语言细化表达了事物的概念，细分了时间、空间、过程、对象、因果等关系，提高了人脑的概念分辨力，支持了人类的复杂关系交流，提升了人的思维水平，使人脑高层次进化。生物之间如果没有细化的概念和语言，就无法进行复杂交流。例如，一个猿人前天在他们洞穴外西 300m 处，掉到了一个有草遮蔽的 2m 深的坑里，费了半天劲才爬出来；今天，他在洞穴里想把这一切告诉他的同胞，避免其他猿人再掉进去；可是，他表达时由于没有时间、地点、距离等细化概念和语言，只能用手势比划和嘴里咿咿呀呀表达掉到一个大坑里；听众在洞里没有看到有坑，也没有时间、距离、位置的信息，不知他说了些什么，全被搞糊涂了。因此，如果没有细化、复杂的概念和语言，只有一些简单的现时和现场的语言，如危险报警语、抗议争食语、饥饿嚎叫语、召唤同伴语等，语言只能在现时和现场情景才能明了。只有拥有细化的概念和语言,语言才具有表达非现时和非现场事件的充要条件。有了多层次、多关系的高级语言,人们才能在非现时和非现场进行事件的交流,人们才能讲故事。能达到进行非现时和非现场交流水平的语言,本人称其为“离现语言”。其他动物(牛、马、鸡、鸭、猪、狗等)没有“离现语言”能力,所以,它们在一起时,从来是“无话可说”,只是默默地待在一起,从未发现过它们在聊天。人类有“离现语言”就可讲故事,传授经验和知识,使一个人都能获得多人的经验和智慧,在一个生命周期内可接受几十或几百人甚至几万人的生命经历知识,使脑部的进化周期被大大压缩,进化强度加大,进化速度加快。按照交流各自积累的经验和知识的方式,随着交流人群的扩大和一代一代的传承,这种积累在不断加深和增大,相当于一个人在自己生命周期内积累了几千或几万倍的个人经历,等于给脑提供了一个进化的强大引擎,使人脑比其他动物脑有超快的进化。人脑支持了语言的萌芽,语言支持了人脑的进化。语言只有通过标准化规范才能细化、高级化和可相互交流。语言标准化是人类身体器官表达行为的标准化,是发音和含义的统一化。语言标准化落实在每个附随活体上,是身体行为的标准化。语言标准化是声音输出和输入关系统一的标准化,是声音含义统一的标准化,应该是人类最早的标准化形式。人类语言经标准化细化和高级化,成为远远超越其他动物的语言。人类与其他动物相比,大家都拥有的不会是人类进化的要素,而人类独有的是高级语言。用差别要素推论相互差距的原因,可推论高级语言是人类进化的主要原因。

3.5.2　工具打造标准化因素

在人类进化过程中的另一个重要行为是打造和使用石骨竹器等工具。在人类拥有了高级语言后,人类有了对高效石骨竹器等工具特征的描述能力和制作能力,可以教其他同胞打制相同形状特征的石骨竹器等工具。石骨竹器等工具的打造过程是,选择高效率的物器形状,以此为标准样件,将选取的毛坯料打制成统一样式,使每个工具都具有高效形状特征。这一过程就是石骨竹器等工具制作的标准化。这些石骨竹器的标准化程度不仅在同一时代是一样的,即使跨了多个时代,如旧石器时代、中石器时代、新石器时代也几乎是一样的,而且这个时间跨度是几十万年,甚至是几百万年。旧石器、中石器、新石器时代的石材工具形状分别如图 3-5、图 3-6、图 3-7 所示[9]。石骨竹器等工具的标准化,使劳动者普遍能用上高效的工具,为生存赢得了时间来交流和思考,再次促进了脑部的进化。石骨竹器等工具的制作,也为人类随后

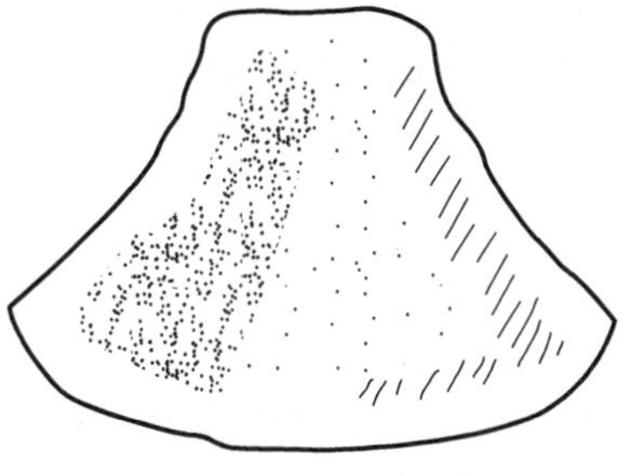

图 3-5　旧石器时代的石铲

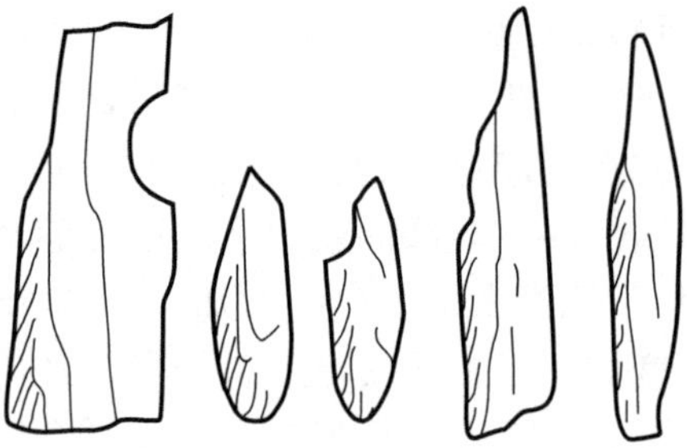

图 3-6 中石器时代的石工具

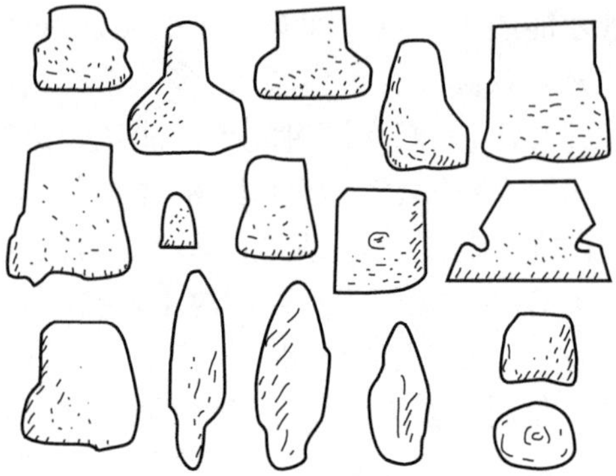

图 3-7 新石器时代的石工具

复杂工具的制作积累了丰富的经验，锻炼了人类细致观察能力、手工操作能力和尺寸符合程度的评判能力，使标准化制作方式在直觉中被认定。高效形状的工具如果不通过标准化来普及，它只能掌握在发现者手中，成为一种幸运者的福气，不会带来集体劳动效率的提高，为群体赢得更多的交流和思考时间，推进共同的进化。石骨竹器标准化是物质形状关系的标准化，是物体对象的标准化，是人类第一次体外标准化。人类行为的标准化是先体内的(语言、动作等身体行为)，后体外的。

3.5.3 文字标准化因素

人类进化的再一重要因素是文字的创造。文字是人类书写符号的表达方式，可用于记录事项、记录思想、表达愿望、交流信息等。文字可以实现非实况、非现场、非面对面的交流。通过文字，人类可以从未见过面的智者那儿获得智慧的思想；了解人们出生前发生过的重要事件，从中汲取经验和教训；看到从未去过地方的地理、气候、人文风情的描述；跨地域地与感兴趣的人进行思想和/或感情交流。文字是一种可以脱离现场、脱离现在时间、脱离面对面关系的交流方式，可将其称为“离现离人”的交流方式。文字的“离现离人”特点，使人类信息的获取进入了非接触模式，这使人类信息获取的对象范围极大增宽、对象层次极大增厚。从文字这一信息通道获取的信息量远远大于语言通道，它使人脑得到更多信息营养和更大的思考刺激，使人脑进一步加快进化，具有更强的认知力、想象力、分析力、创造力。文字能有如此大的人脑进化作用，它的有效性完全依赖于标准化。如果没有标准化，或者说没有在一定范围进行统一，文字在对方的眼里只不过是一些不认识的小“图画”、小“豆芽”、小“弯弯”等。文字标准化是人类记录信息所用符号的标准化，是写和看统一的标准化。文字标准化是可以脱离人体而存在的，是体外标准化，是符号形状的标准化，是符号输入和输出关系统一的标准化。人类思维支持元素的演进关系为：图形→语言→符号。其中，图形思维是动物本能思维方式，直观简单，但信息需占用很大空间，分析不够细致，信息处理慢。语言思维抽象，信息占用空间较小，分析较为详细，信息处理较快。符号思维很抽象，信息占用空间更小，信息含量大，可涉及深刻含义，信息处理很快。图形→语言→符号的演进和发展是其在标准化状态下的演进和发展。标准化与语言、符号（含文字）的关系就像空气与人类的关系，没有标准化，语言、符号（含文字）就会被“窒息”而死。人类的存在依赖于空气，语言、符号（含文字）存在的有效性依赖于标准化。

3.5.4　多维因素标准化

人类 400 万年的进化，使他们与其他动物和自己的祖先拉开了巨大的距离，这个差距主要是脑的进化。但是，人类的进化不是全面的，在与野兽搏斗、抵抗恶劣环境和战胜疾病（不用药）等方面，我们可能不如我们的祖先，在体质和体能上我们也许是在退化。现代人在形体上与祖先相比有很大变化，身形更挺直，肌肤和肌肉更细腻，头脑高度发达，如图 3-8 所示。人类脑的进化主要得益于创建语言、制造工具、创造文字。语言使人获得了他人口传的智慧，强壮了大脑；工具使人更多地获得了劳动效率，争取了更多的思考时间；文字使人能跨越历史关系和地域关系获得其他人的智慧和经历，这些因素高密集地催化人脑进化（如离现离人获取信息的优势）。语言交流、工具打造、文字应用都离不开标准化，如果没有标准化，三项进化法宝就会无所作为。

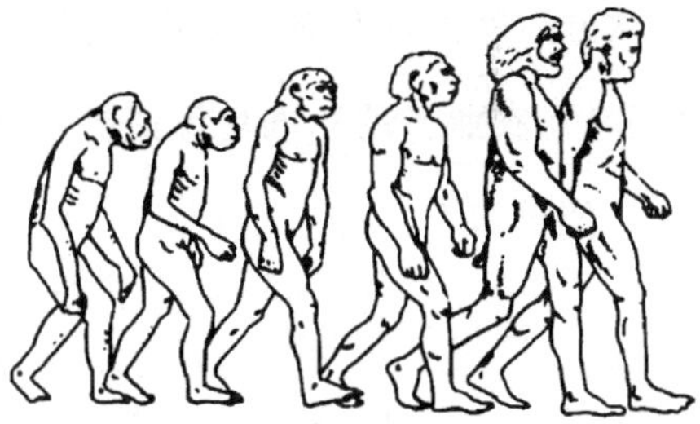

图 3-8　人类形体演化的过程

标准化在人类的进化中起着决定性的作用。有人会反驳说，有些动物也有标准化的行为，为什么标准化没有使它们快速进化呢？例如，蜜蜂是标准化的大师级动物，它们制作的蜂窝是标准化程度很高的正六边形，它们也应用了标准化方式，为什么它们就没有像人类一样快速进化呢？无独有偶，在生物界里，蜘蛛也算得上标准化能手，每一只蜘蛛织的网的款式也是标准化的，为什么蜘蛛也没有进化呢？蜂窝和蜘蛛网的形状分别如图 3-9 和图 3-10 所示。因为，蜜蜂和蜘蛛的标准化关系只应用于劳动方式上，标准化对脑子的作用仅是单一重复的劳动关系，它们没有把标准化应用到像语言、文字等对脑活动有更宽、更深作用的行为上，没有大量的信息量和其他智慧的输入，不足以推动脑部快速进化，所以，它们仍然生活在几百万年前的层面上。人类的标准化的应用是多维关系的，不仅是在语言上，还表现在工具制造、文字等方面。多维的标准化大大增强了脑的进化，人类在自己每次的创造中不断促进自己的脑进化。蜜蜂和蜘蛛的标准化只是劳动标准化和遗传标准化，是本能行为，没有像人类那样将标准化应用到脑活动的多个方面，以推动脑的快速进化，所以它们不能得到高端的进化。

图 3-9　蜜蜂窝形状

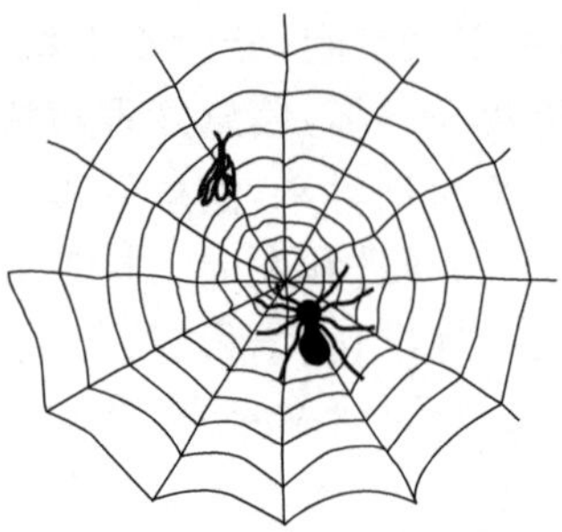

图 3-10　蜘蛛网形状

3.6　标准化对社会进步的影响

社会是人类相互服务、相互依赖的群体生活状态。人类社会是在一次次社会劳动分工的细化和越来越广泛的社会劳动协作关系中得到发展和提高的。

3.6.1　农业劳动标准化促进第一次社会大分工

公元前 1.2 万年左右，进入新石器时代早期。从新石器时代早期起，人类逐步掌握了畜牧业劳动和农业劳动各自的规律，将两种劳动方式进行提炼、改进、传授和推广，形成了两种赖以生存的劳动的标准化方式，标准化劳动体现了程序化和专业化特点，大大提高了劳动的效率和有效性，由此产生了第一次社会劳动大分工，使畜牧业和农业各自分离独立。农业劳动标准化在于找到了农作物种植的最佳时间关系和劳动作业的合理操作方式，如确定播种、浇水、施肥、松土、收割等时机和农气节令；确定种子在土壤中播种的深度、浇水的量、施肥的量、松土的程度、收割的方式等。农业劳动标准化的另一个特征是将这些劳动的合理关系按统一化进行推广，使农业劳动普及化。同样，畜牧业也确定了其牲畜饮食、活动、休息、繁殖的要求和时机，确定了牲畜饲养、放牧的劳动方式，形成了畜牧业劳动的标准化关系。统一的畜牧业劳动方式和农业劳动方式的普遍推广，使有条件地区的人类将生存方式转移到适合的畜牧业或农业劳动上，由此，新石器时代形成了两大生存劳动方式，并生产了两类劳动成果，即肉类和谷物类。畜牧业和农业的建立，使人类摆脱了狩猎和渔捞式的靠运气“吃饭”的被动收获状况，“由食物采集向食物生产转变，自然型经济社会向生产型经济社会转变”[4]。这两类劳动使人类的生存依靠加强，食物更加丰富，且农业和畜牧业的劳动成果从此成为人类食物的根本依靠。畜牧业和农业劳动方式的标准化，使这两类有效劳动可跨地域传授和代代相传，并得到不断的改进和完善，标准化使劳动关系更加全面和细致。这两种标准化的劳动方式，使人类建立了在本地可循环再生的生存方式。农业和畜牧业劳动的标准化属于作业过程的标准化。

3.6.2　手工业劳动标准化促进第二次社会大分工

公元前 7500～公元前 5000 年的新石器时代中期和公元前 5000～公元前 4000 年的新石器时代晚期，人类手工制造陶器等器具，手工纺织，以满足生活需要。陶器等器具制作和纺织的方式经过标准化，得到普遍推广。陶器制作的要素是土壤的选择、兑水比例、搅拌程度、成形用力方式、风干程度、烧制火候及时间、退火关系等。陶器制作的这些环节是在无数的失败和成功中找到了成功要素关系。陶器制作只有严格统一到成功要素上时，才能做成。因此，如此复杂的制作关系，只有形成标准化制作关系，才能使做过的人在不同时期还能做成，使没有做过的人按标准关系也能做成。标准化在这种复杂的劳动关系中显得更加重要，它决定着事物的成与败。陶器制作劳动使人类劳动行为关系更加复杂，劳动行为的标准化精准度要求更高，这种劳动已经成为标准化的劳动技能，劳动者自由发挥的空间很小。这个时期，手工标准化方式制作不仅用于陶器上，而且也用于劳动工具上。标准化为手工制作的关键环节确定了严格的关系，并按这种统一的关系进行推广，使不同地区和不同年龄(达到相应能力)的人能成功制作陶器。随着青铜材料的发现和青铜器的制作，手工制作的器具更加丰富、多样。手工制作的器具提高了劳动效率和方便了人们的生活，成为人们劳动和生活的所需品，使农业和畜牧业劳动者愿意用多余的食物来交换，促进了手工业的快速发展。人类对手工器具的大量使用，促进了手工业制作队伍扩大，使手工业从农业中分离出来，产生第二次社会劳动大分工。手工制作如果没有标准化关系，就不会有成功稳定的关系。没有标准化，就不可能大范围、快速度地传播。手工制作的标准化导致了人类史上的第二次社会劳动大分工。畜牧业、农业、手工业劳动的标准化，是人类感性直觉的标准化，是在有效性的直觉指引下进行的。手工业劳动标准化属于精细作业过程的标准化。

3.6.3　商品交换标准化促进第三次社会大分工

随着畜牧业、农业和手工业的不断发展，人们需要交换的东西越来越多，高的交换效率和稳定交换结果的需要更加突出，从事商品交换的职业开始产生。从事商品交换的商人需要具有鉴别货物的能力，能把握好收购货物的品种和数量，合理确定货物价格，善于推销和算账。这一劳动不同于以体力劳动为主的畜牧业、农业和手工业劳动，而是属于以脑力劳动为主的职业。商品交换业务运行和发展需要统一的货币、度量衡、规则等手段支持。公元前 2000 多年，商品交换和国家制度下政治的需要，分别建立了一定范围统一的货币、度量衡器、法规等关系。由于有了标准化的货币和度量衡手段，促进了商品交易职业的迅速发展，产生了第三次社会劳动大分工。这个时期称为铁器早期时代。铁器时代晚期，各种社会行为规范的典籍不断出现，标准化进入规范人们行为的领域，世界各国进入了文字记载的文明时代,进入了以货币、度量衡、法规等标准化为代表的理性直觉标准化时代。理性直觉标准化支持了脑力劳动职业的产生,建立了更加复杂的国家模式的社会关系。商品交换的广泛性、公平性、方便性完全得益于统一的(或标准化的)货币、度量衡和规则。商品交换的标准化属服务标准化,是行为关系的标准化。

3.6.4 蒸汽机标准化促进了第一次工业革命

18世纪中,蒸汽机的发明为人类找到了一种劳动力替代方式。蒸汽机是一种复杂的机械结构,它有蒸汽锅炉、管道、阀门、汽缸、活塞等。这种装置不仅组成复杂,而且也是易爆的危险装置。要用这一装置替代人类繁重的体力劳动,就要对蒸汽机进行大量的试验,寻找工作效率高、安全可靠、使用寿命长的结构关系和材料关系。这一过程需要投入大量费用、时间、智力,一旦试验成功,就要把它们作为标准关系固定下来。当蒸汽机试验成功推广使用时,要按照结构和材料标准化的关系进行重复性加工制造。由此,可制造出一批批性能和安全性高的蒸汽动力装置,保证动力装置使用的有效性、安全性、可靠性。标准化支持了蒸汽机的大量制造和使用,推动了第一次工业革命。蒸汽机标准化是机械结构的标准化,属产品对象的标准化。

3.6.5 电力标准化促进了第二次工业革命

在第一次工业革命后不久,美国人本杰明·富兰克林确定了电的本质关系,之后经过许多科学家的努力,发明了发电机、电动机、电灯等用电器。电动机的发明,为人类又找到了另一种新的劳动力替代方式。电器产品同样存在使用效率、安全性、可靠性、耐久性问题。电器产品除了存在有形的影响关系外,还存在着无形的影响关系。电器装置通过大量试验获得的结构、材料、性能关系更为复杂,更需要以标准化的方式固定下来。对于用电装置,不仅要用标准化关系保证产品重复制造的一致性,而且使用时还要用标准化保证电性能输出与输入的匹配性,否则,就不能正常工作,甚至烧坏用电器。电器标准化不同于机械标准化,有结构关系的标准化,还有无形的性能关系的标准化,性能标准化涉及输出与输入电压、电流、频率等参数。电力在标准化的支持下广泛推广应用,具有超过蒸汽动力的优势,在工业领域大范围地替代了蒸汽动力,带来了第二次工业革命。电力标准化是结构和性能的标准化,属产品对象的标准化。

3.6.6 电子技术标准化促进了第三次工业革命

随着电子管、晶体管、电子计算机的发明,大量的计算、控制问题可用计算机来解决。人类第一次找到了脑力劳动的替代产品——电子计算机。电子计算机由大量电子元器件、集成电路和电路连接器组成,每一个元器件的电性能都有很严格的关系。当一个元器件的性能有所偏离时，将会影响全局的工作，因此，电子计算机是标准化关系更复杂、更严密的产品。计算机的制造和使用不仅需要高度标准化的保障，而且它的变型发展需求和升级换代发展需求又催生了新的标准化形式——模块化。电子产品是使用大量元器件的产品，巨大数量元器件的重复制造必须严格依靠标准化才能保持其一致性。模块化使电子产品方便变型发展和升级换代，使电子产品以优化的方式迅猛发展。随着电子技术的发展，电子控制在许多方面替代了人脑控制，工业领域发生了第三次工业革命。在电子技术的发展方面，标准化不仅支持了重复性的电子产品生产，更重要的是引导了电子产品的优化发展模式。模块化使电子产品具有很灵活的组合关系，方便损坏模块的更换维修和产品功能扩展及升级换代。没有标准化就没有电子技术产品的大量生产和应用，也就不会带来第三次工业革命。电子技术标准化属于元器件和产品组成方式的标准化，是产品对象的标准化，是支持并行设计和并行制造的标准化。

3.7　标准化的影响

标准化是人类进化、社会进步的重要因素，是诸多人类进化和进步因素中处处存在的因素，是一项离不开的因素。标准化历史性的作用和效果归纳为表 3-1 所示的关系。表 3-1 中的每项内容不是每个时期的全部内容，只是相应时期的典型内容。对人类进化和社会进步起重要作用的语言、工具、文字、量具、思维、知识等因素，标准化是它们的“效果因子”。有了标准化，语言、石骨竹器、文字、度量、法规、知识等为人类进化和社会进步施展魔力的牢笼才会被打开。标准化使信息可识别、可交互，畅通了人类的思想交流。标准化凝练和固化了精华要素，使它们有效、稳定。标准化传播和扩散了这些精华要素，使它们可获得、可利用，使使用者“瞬间”成为“大师”或“能工巧匠”，跨越式地提升了人类的能力。标准化无处不在，是人类生存和发展的依赖。

表 3-1　标准化历史性的作用和影响

起始时代	标准化对象	标准化内容	标准化类型	标准化作用	标准化效果
约旧石器时代前	语言	发音和含义统一	行为标准化	畅通语言信息交流	进化人脑
旧石器时代	石骨竹器	物体形状统一	工具标准化	推广有效工具	进化人脑和身体
新石器时代早期	畜牧业、农业劳动	农业、畜牧业劳动统一	劳动标准化	传播畜牧业和农业技能	第一次社会劳动大分工；社会进步
约铜器时代	陶器、铜器等	精细制作统一	过程标准化	传播手工制作方法	第二次社会劳动大分工；社会进步

续表

起始时代	标准化对象	标准化内容	标准化类型	标准化作用	标准化效果
公元前 3000 年	文字	输出与输入符号统一	符号标准化	畅通文字信息交流	进化人脑
约铁器时代	量具、货币、法规等	度量衡、交换行为统一	计量、服务、法规标准化	支持商品经济和国家法制管理	第三次社会劳动大分工；社会进步
18 世纪	机械产品	建立零件互换性和工业生产标准化	机械产品标准化	开启工业标准化道路；产品专业化分工生产	社会进步
19 世纪	电气产品	电气技术体制及设施统一	技术和产品标准化	电气产品和生产标准化；产品可广泛使用	社会进步
20 世纪	电子产品	通用化、系列化、模块化	设计、制造、维护标准化	优化产品发展	社会进步
21 世纪	信息化、智能化产品	互联互通、协同互操作性	物相、信息相、能相综合标准化	基于标准化的智能制造和物联网发展	社会进步

通常，没有电，人们认为是不可接受的。其实，没有标准化，更是无法接受的。人类进化及社会进步与标准化的关系就像鱼和水的关系，没有标准化这个“水”，人类进化及社会进步这条“鱼”就没有生存依赖的环境。

参 考 文 献

[1] 麦绿波. 标准化的发展阶段划分新[J]. 中国标准化，2011，(1)：34-37.
[2] 麦绿波. 标准化是人类进化和社会进步的要素[J]. 标准科学，2012，(1)：6-11.
[3] 顾孟洁. 憧憬与探索[M]. 北京：中国标准出版社，1995.
[4] 林甘泉. 从文明起源到现代化——中国历史 25 讲[M]. 北京：人民出版社，2002.
[5] 廖学盛. 世界历史十五讲[M]. 北京：人民出版社，2006.
[6] 李春田. 标准化概论[M]. 北京：中国人民大学出版社，2003.
[7] 洪生伟. 标准化工程[M]. 北京：中国标准出版社，2008.
[8] 张锡纯. 标准化系统工程[M]. 北京：北京航空航天大学出版社，1992.
[9] 360 图片. 石器时代工具. http://www.image.so.com/link?url[2016-5-1].

第4章　标准化作业的价值[1]

4.1　自主态劳动作业的模型化和特点

所有的生产劳动，如畜牧业劳动、农业劳动、手工业劳动、企业生产劳动等，都有其特定的作业程序，有的劳动作业程序仍保持前辈传授的传统习惯方式，有的已经改变为人为新设定的程序状态。对劳动作业程序进行专门的人工设定，主要是出于降低劳动者的能力要求和提高劳动效率的意图，目的是降低劳动成本、提高劳动效率。这种将劳动作业关系设定为专门的统一程序，以实现劳动作业标准化。这种标准化作业程序是依靠作业分析确定的有利关系。为了方便劳动作业分析，通常需将劳动作业模型化，对劳动作业的过程环节进行分类、分时、分序等。在有了劳动作业模型的基础上，就可以通过对模型的分析、对比，重新设置劳动流程要素关系，舍去某些无效的劳动环节，建立新的劳动作业模型关系，以实现简化劳动难度、提高劳动效率的目的。这种新劳动作业模型是通过设计合理程序逻辑关系与经验技巧结合构建的。未经过专门程序化改变的劳动作业关系，称为自主态劳动作业关系。自主态劳动作业关系为初级标准化作业关系，经过程序化改变，并在重复劳动中不断使用的劳动作业关系，称为精准标准化(以下简称标准化)的劳动作业关系。下面通过对劳动作业程序的模型化，分析标准化劳动作业的价值。

人类在工业化的大机器生产之前，劳动作业的方式基本上是自主态的，如渔捞作业、畜牧业作业、农业作业、手工业作业等。自主态作业是传授获得的，属于标准化式的作业，基本上是可以个人全过程完成的，作业过程没有太严格的程序要求，是一种初级的标准化关系。劳动作业者对劳动的全过程有比较清楚的了解，劳动节奏比较慢，劳动作业对象是长期重复的，如制造铁器或陶器等。自主态劳动作业需要有劳动作业相关的知识、经验和技能，劳动作业的操作是在道理和认识的指引下进行的。自主态的劳动作业是知识应用、逻辑思考、行为操作混合进行的，少一个作业行为要素就会出错，如掌握的知识不正确、思考逻辑错误或操作不当都会出错。因此，自主态作业对劳动作业者的知识背景、思考能力、作业技能的要求很高。自主态的劳动作业是要学懂了才能做的，是知其然和所以然的操作。对于简单的自主态劳动作业，是可以被大部分人全程掌握的，如种庄稼等，但是，对于复杂的劳动作业，如制造机器等，采用自主态作业方式一般人是很难完成的，是需要专业技术精通人员和极长时间的(难以接受的时间周期)。自主态劳动作业对个人有全面性要求,是一种个人劳动作业的全要素能力的属性,无需其他人的智力和技能的插入帮助和支持。一个人在某个方面的自主态劳动作业能力不是天生就有的,是在学习和他人传授后,脱离他人被自己掌握的能力。自主态劳动作业能力是知识性、经验性、逻辑性、技能性的能力,是一种理性的能力和认识的能力。自主态劳动作业就是一种想通了且自己能完成的劳动作业。

对于自主态农业劳动作业,如种玉米,劳动者首先要根据相关知识选玉米种子,开垦一片土地,等待播种时间,挖坑播种,定期浇水、施肥、除草、松土,防虫、防鸟,采收等。即使是简单的自主态农业劳动,其实也有许多的作业环节,有不少的知识储备、感知能力和操作技能的要求。以上农业劳动过程涉及脑力劳动、感知并发出指令劳动、肢体实施动作劳动等多行为种类劳动,这些行为种类是组合进行的,且不断地重复这种组合行为种类。在这些组合行为种类中,这些行为种类中有一定的实施顺序。为了便于对行为关系进行分析,将这些组合行为种类模型化。无论是农业劳动还是手工劳动等,尽管劳动过程应用的知识和技能不同,如农业劳动要有庄稼生长的知识,手工劳动要有金属等材料特性的知识,但它们的劳动属性可按相同行为种类归类。将人类的劳动模型化,主要是将人类的劳动行为按共性流程化。人类无论从事何种劳动,总体上可将劳动行为的一个操作动作分为三环节的劳动:脑力劳动;感知和发出指令劳动;肢体劳动。设脑力劳动为 B,感知和发出指令劳动为 C,肢体劳动为 A,人类的劳动模型为 M,则

$$M=B+C+A \tag{4-1}$$

式中,脑力劳动 B 是人们应用知识、思考、分析、理清逻辑关系等的劳动行为;感知和发出指令劳动 C 是人们思考清楚后,经过感知(视、听、摸等感觉器官感知),向肢体发出指令的劳动行为;肢体劳动 A 是按头脑指令实施肢体操作的行为。对于每一操作性的劳动,必定有三个环节劳动的组合,劳动顺序基本上是符合:$B \to C \to A$,即 $B_1 \to C_1 \to A_1$、$B_2 \to C_2 \to A_2 \cdots$(字母的下标数字表示行为组元顺序)。当劳动作业的一个思考可覆盖几个连贯动作时,行为组元也可为:$B_1 \to C_1 \to A_1 \to C_2 \to A_2 \cdots$。当行为程序为 $C \to A$ 时,这是一种本能反应,如躲闪攻击或驱蚊等本能反应,不能实施自主生产劳动。当劳动行为是 $B \to C$ 时,是一种没有行动的思考、感知与要求行为。当劳动行为只是 B 时,仅仅是一种没有发出行动指令的思考行为。式(4-1)的模型是每一个劳动操作的行为组元,一个专业劳动过程将由大量的行为组元所组成,如种农作物、打造工具等。每一行为组元模型所花时间程序为:先对作业的事项有一个全面的知识回顾、道理思考、逻辑分析、回忆作业关系等,感知要操作的对象,脑部发出指令,肢体开始第一步操作;完成第一步操作后,思考、回忆第二步内容,感知第二步操作区(如观察等),发出指令,肢体操作第二步操作;以此类推,

直到操作结束。这一作业时间模型对应式(4-1)的作业行为模型。对于式(4-1)的模型,设脑力的作业时间为 T_B,感知和发出指令的作业时间为 T_C,肢体作业时间为 T_A,一个自主态作业组元的作业时间模型为 T_M,则

$$T_M = T_B + T_C + T_A \tag{4-2}$$

式(4-2)为自主态劳动作业的行为组元时间模型公式,自主态劳动作业的行为组元和时间关系模型如图 4-1 所示。对于简单对象的劳动,式(4-2)中肢体劳动行为作业时间通常长于脑力劳动行为作业时间,即 $T_A > T_B$;对于复杂对象的劳动,式(4-2)中脑力劳动行为作业时间通常大于肢体劳动行为作业时间,即 $T_B > T_A$;无论是简单劳动对象还是复杂劳动对象,感知和发出指令的劳动作业时间都是不长的。以上关系说明,复杂的劳动通常需要思考的时间比较多,而肢体劳动量不会太大,而简单的劳动通常思考时间少,但肢体劳动量会比较大。这个关系也反映出劳动的脑力性的占比和肢体力性占比的关系问题,复杂性劳动的脑力劳动量的占比较大,简单性劳动的肢体力劳动量的占比较大。复杂性劳动可看成是脑力和思考为主的劳动,简单劳动可看成是肢体力和操作为主的劳动。

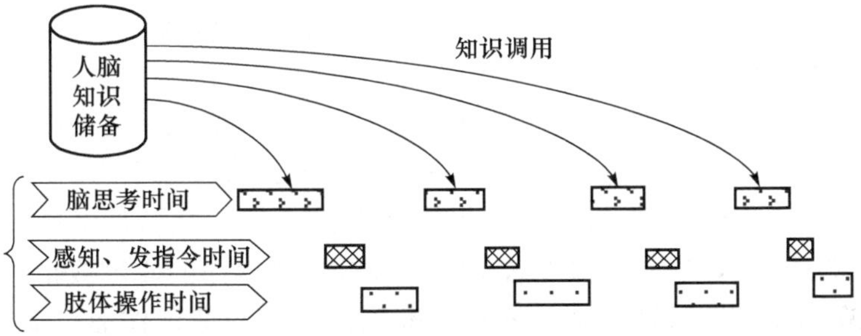

图 4-1　主自态劳动作业的行为组元和时间关系模型

自主态劳动作业有其自身的许多特点,也正是这些特点使其区别于其他的劳动作业类型。自主态劳动作业的特点主要有以下几个:

(1) 它是理解性、认识性、思考性的理性劳动;

(2) 它是自主性的劳动,不是被动性地从属指令的纯操作性的劳动;

(3) 它是个人基本能胜任全过程的劳动,可不需要代替思考的支持;

(4) 它是自己掌握劳动时间节奏的劳动,不是被安排了时间节奏的劳动;

(5) 它属于专门技能的劳动作业,不是马上就能学会的;

(6) 它不是短期传授和学习能掌握的劳动;

(7) 它的劳动过程具有可分解性(分成多部分),可合作完成;

(8) 不适合用于复杂产品对象的生产。

自主态劳动作业的特点归纳起来主要是:理解性的劳动、自主掌握节奏的劳

动、需长期学习才能掌握的劳动、劳动复杂程度高时能胜任者的范围很小、不适合复杂性生产劳动事项。自主态劳动作业是一种人性化的劳动作业状态，传统的渔业、畜牧业、农业、手工业都属于自主态劳动作业，科学研究、产品设计开发也属于自主态的劳动作业。

4.2 标准化劳动作业模型

自主态劳动作业有其人性化的优点，但这种作业方式劳动周期长、效率低、对人员的素质要求高、不适合复杂对象的生产。由于自主态劳动作业是一种理解性的劳动作业，因此操作者只能在知识和思考能力达到所从事的劳动作业的系统性和过程性理解要求时才能胜任。这种要求使合格的劳动人群范围大大缩小，导致劳动者的使用价格相应提高。此外，理解性的劳动作业思考需要时间长，使劳动产出的效率大大下降，而且思考时间长度与劳动对象的复杂度成正比。在自主态劳动作业模型中，造成人员素质要求高和影响劳动效率的因素是人脑思考作业 B，而且它对操作作业 A 的正确性起决定性作用。一旦人脑思考作业 B 对操作作业 A 的思考不正确，就会导致 A 作业的错误，使作业结果作废或无效。我们期望有一种模型，既不需要理解思考过程，又能保证正确地操作，这就需要找到人脑思考工作的替代功能。如果我们把人脑思考作业时间前移，并把思考者和操作者分离，在劳动作业前把操作的道理、逻辑关系、步骤都由专家想好，以文字和图形表达记录下来，并形成操作程序标准，就有取代操作者自己在作业现场思考操作的可能性。有了标准化的操作步骤记录，操作者不需要理解每步操作的原理或道理，只要按标准规定的动作顺序操作，就可高效率和高准确性地完成劳动作业。如果将劳动作业的全过程分解为多段，由不同的人各操作一部分，将会更有利于提高操作的熟练程度，可进一步提高作业的效率。这种省去操作者现场思考操作道理的作业模型，称为标准化劳动作业模型。标准化劳动作业模型将劳动的行为组元分为两个环节：一是标准感知和发出指令行为劳动；二是肢体实施行为劳动。设标准感知和发出指令劳动为 C_S，肢体劳动为 A，标准化劳动作业模型为 M_S，则

$$M_S = C_S + A \tag{4-3}$$

式中，标准感知和指令劳动 C_S 是操作者经过感知操作的标准内容（如阅读标准规定的操作内容），发出肢体指令的劳动行为；肢体劳动 A 是按标准规定的操作指令实施肢体操作行为。标准化劳动作业的行为组元顺序为：$C_S \rightarrow A$。这一顺序的意思是，第一步是操作者阅读标准规定的操作程序，脑部发出操作指令，第二步是操作者的肢体执行指令的操作。在一个行为组元完成后，再进行下一段的标准阅读，肢体按标准规定执行操作，以此关系重复进行，直到劳动作业全部完成。对于模型(4-3)的时间关系，设标准感知和发出指令的作业时间为 T_{CS}，肢体作业时间为 T_A，

一个标准化的作业行为组元的作业时间为 T_{MS}，则

$$T_{MS}=T_{CS}+T_A \tag{4-4}$$

在标准化劳动作业中，式(4-4)中的行为组元作业时间从环节上比式(4-2)中的行为组元作业时间少了人脑思考的作业时间 T_B，感知和发出指令时间 T_C 换成了标准感知和发出指令时间 T_{CS}，T_{CS}的时间包括阅读标准化的操作程序规定的时间和发出操作指令时间，开始第一次操作时，T_{CS}的时间会比 T_C 的时间稍长一点，当经过几次操作熟练后，T_{CS}不是阅读，而是记忆的回忆，时间还会明显缩短，标准化作业时间模型的关系如图 4-2 所示。在式(4-4)中，肢体劳动作业时间通常大于 T_{CS}，即 $T_A>T_{CS}$。将图 4-2 所示标准化劳动作业时间模型与图 4-1 所示自主态作业时间模型相比，可发现标准化劳动作业模型省去了人脑思考劳动后，操作时间节省了许多。时间节省只是标准化劳动作业模型的优点之一，其实更重要的优点是降低了操作者知识素质和思考能力的要求，使人工成本大大降低，使劳动力的保障大大提高。另外，标准化劳动作业模型还可大大减少过程思考疏忽带来的操作过程产生的错误。标准化操作模型的程序可由专家集体有充分的时间在事前经研究、分析、讨论、验证等确定好，以保证标准化操作程序的准确性、优化性和可靠性。

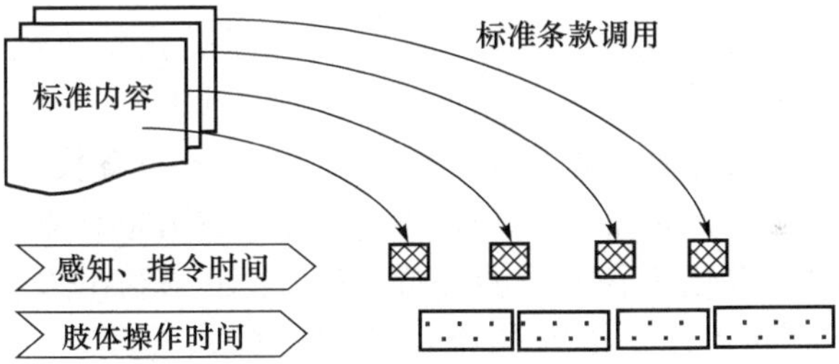

图 4-2 标准化劳动作业时间关系模型

标准化劳动作业与自主态劳动作业有许多不同之处，这些不同之处使它拥有了自身的价值和特点。标准化劳动作业的特点主要有以下几个：

(1) 它是被动性安排的劳动环节，按标准规定的指令进行操作；

(2) 它是可以不用理解过程道理的操作，只要肢体技能符合要求就行；

(3) 它是个人不能胜任全过程的劳动，需要外来思考的支持；

(4) 它是按确定的操作时间节奏进行操作，是事前安排好的时间节奏；

(5) 它的作业行为组元一般划分得很细，以省去人脑思考的工作；

(6) 它的技能可以短期培训掌握，不需要理解操作步骤的技术原理；

(7) 它的劳动过程具有很好的分解性，很容易分成许多作业段；

(8) 它通常是个人无法完成的劳动作业，需要许多人共同合作完成。

标准化劳动作业的特点归纳起来主要是：无须理解的劳动(允许理解)；按照安排关系的劳动；按规定节奏的劳动；短期学习可掌握的劳动；能胜任复杂对象的劳动者范围很大；可大大提高劳动效率、降低劳动成本。标准化劳动作业是一种人为安排的劳动规律，以实现预定的效果。标准化劳动作业与自主态劳动作业有明显的特点对立性，这些对立性特点有各自的意义。对劳动作业进行标准化后，可省去脑力思考的部分，简化了操作对知识的要求，同时省去了脑力思考的时间，操作难度要求降低，操作时间过程缩短。标准化劳动作业有利于降低人员的知识背景要求，降低人工成本，有利于缩短劳动时间，提高劳动效率。在自主态作业中，脑力工作环节的理解工作不只是多消耗时间，更大的耗费是对高智力和高知识的支付。自主态劳动的脑力工作环节还会出现以下问题情况：①花时间思考和理解，想错了操作内容，得不到劳动价值；②花时间思考和理解，想不出下一步的操作内容，停止等待，大量浪费工作时间；③花时间思考和理解，想不出下一步的操作内容，请人指导和帮助，提高用人成本和增加工作时间。标准化将劳动作业过程的思考转化为过程标准阅读，大大简化了过程劳动的难度，节省了过程时间，降低了过程劳动成本。标准化劳动作业特别适合大批量的生产和重复性生产情况。对于产品设计和开发，适合应用自主态的劳动模式，使科研有充分的思考时间、试验时间，作出创造性贡献。

要注意的是，标准化劳动作业和劳动作业的标准化是不同的。标准化劳动作业是人为改造了作业关系的劳动作业，是事先设计的劳动作业程序，如上所述的企业产品生产的劳动作业，属于事前标准化。传统的畜牧业劳动、农业劳动、手工业劳动的标准化不是标准化劳动作业，是自主态劳动作业关系，是劳动的标准化。劳动作业的标准化是将有效性好的劳动作业总结出来，作为标准化作业进行统一推广，形成同类作业的普遍统一化，是选取、总结、固化的标准化，属于事后标准化。标准化劳动作业是程序化的劳动作业。劳动作业标准化是将劳动作业状态中最合理的选为或适当修改为标准化关系的劳动作业。标准化劳动作业是进行了全面的标准化设计和改造的劳动作业。劳动作业标准化主要是劳动作业的选取、小完善和认定、推广工作，劳动作业的模式基本上还是过去的模式。

4.3 标准化的工业生产模型

标准化的工业生产包括标准化的劳动作业程序和设备及运输关系的标准化布设，它除了能对劳动行为进行标准化改造带来很大利益外，对设备和运输关系的改造布设也能带来很大利益。设备和运输关系布设的利益，可通过分析建立的模型关系来认识。在大机器工业化生产开始时，机器设备的摆放是没有统一规划的，有的情况是按设备到企业的先后顺序摆放在车间的。任意性的设备摆放给机器原材料的提供和加工好的零件传递带来了耗时和出错多的问题。为了解决这些问题，企业管理者提出机器按同类集中的机器群(简称机群)生产方式。机群生产方式是将相同的加工设备集中，以集中相同零件的生产，机群生产的布置和零件加工后的运输的模型如图 4-3 所示。图中，方框 A、B、C 分别是生产 A、B、C 零件的同类设备，箭头线是产品加工完后运送出去装配的运输线路。设 A、B、C 三组设备各自分别摆放的间隔 d 是相等的，零件加工完成后按类收集提交装配线后再收集另一类零件。当采用机群式生产方式时，完成 A、B、C 三件套组装产品的 5 套产品所需的运输路线长度为 $5a$，a 为 5 台设备的摆放长度，如图 4-3 所示。

当改用标准化的流水式生产方式时，设备布置为使零件的加工和装配顺序在一条线上，其关系模型如图 4-4 所示。现将机群生产模型和流水生产模型进行比较，分析哪个模型可以对生产带来更有利的关系。设加工原料送到两种生产模型的加工设备相同距离的耗费是相同的，设备所加工的 A、B、C 零件的装配的运输距离可忽略不计(对于机群生产模型和流水生产模型是一样的)，流水生产线完成 5 套由 A、B、C 三件套组装的产品所需的运输路线长度为 $3a$，如图 4-4 所示。同样生产 5 套产品，机群模型比流水模型的运输路线长 $5a-3a=2a$。设两个生产设备的中心间距离为 d，$a=5d$。机群生产每套产品比流水线生产增加的运输路线长度为 $2a/5=2d$，即两个生产设备的中心间距长度的二倍。因此，标准化流水作业不仅在人的操作行为上对减少行为作业时间的浪费和降低知识背景的高要求有突出的作用，而且在设备的布设方面也可以显著地减少过程的运输和时间的耗费，提高劳动生产效率。

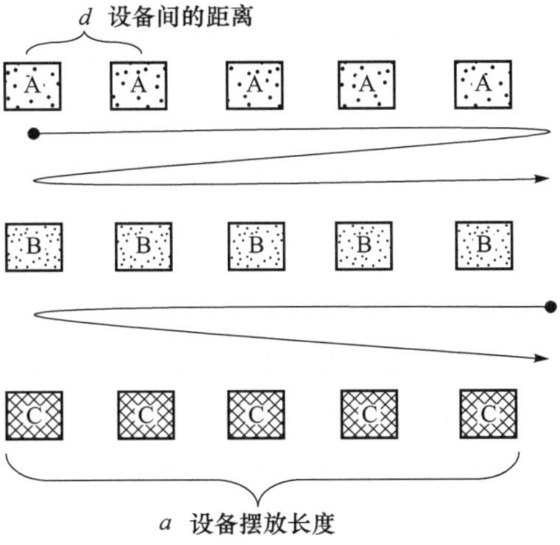

图 4-3　机群生产及运输关系

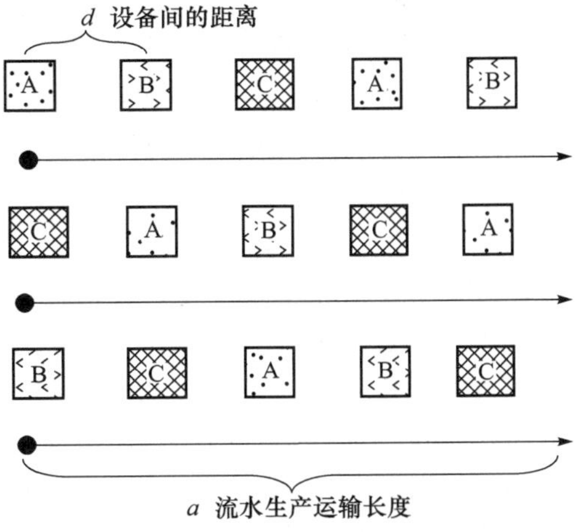

图 4-4　流水生产运输方式

4.4　标准化作业的价值和效果

人类最先的劳动作业是自主态劳动作业，标准化劳动作业是在机器化的复杂性产品的大批量生产要求下建立起来的。两种劳动作业都是标准化属性的，自主态作业是原型作业的标准化，标准化作业是作业程序化改造的标准化。自主态劳动作业是自己分配作业环节的劳动，是主动的劳动，是了解全过程的劳动，是理解性的劳动，是个体能（胜任）完成的劳动，是可再创新的劳动，是适合产品的设计和研发性质的劳动。标准化劳动作业是服从型的劳动，是可以不理解原理也能胜任的劳动，是快节奏的劳动，是分工承担环节的劳动，是要严格执行的劳动，是适合批量化、重复性生产性质的劳动。两种劳动作业的特点比较如表 4-1 所示。

表 4-1　自主态和标准化劳动作业的比较

比较方面	自主态劳动作业的特点	标准化劳动作业的特点
适合应用对象	研究和开发性工作	工业化大批量和重复性生产
劳动者地位	主动性地位	被动性地位
认识性要求	理解性的劳动作业	可以不理解作业
工作节奏	慢节奏	快节奏
学习掌握时间	所需学习掌握时间长	所需学习掌握时间短
完成人员数	可个人全程完成	需多人分工分段合作完成
个人发挥性	工作中可调整和可再创新	工作过程不可调整，严格执行
用人要求	用人要求高	用人要求一般
劳动效率	劳动效率低	劳动效率高

标准化劳动作业可降低操作人员的教育背景要求，降低知识应用能力要求，减少操作过程的时间，也可大大降低人工成本和提高劳动效率。标准化生产模式是把过程行为分解和固定为简单性的、小片段的，使技术性和知识性强的生产过程不需要具有高级思维能力的人来完成。

社会劳动发展的过程是一个标准化的发展过程，从劳动标准化到标准化劳动，即劳动领域标准化（劳动分工）→劳动专业标准化（专业化）→标准化作业（程序化）。劳动分工将劳动者分为农民、工人、商人等，专业化又将工人的作业分为机械、电气、光学、化工等专业工种，标准化作业使每一种工种的作业程序化。标准化应用自己独特的科学生产方法解放生产力，而不是通过寻找劳动力的代替方式，如以电能代替劳动力等。

标准化作业除了以上利益外，还有提升产品的市场占有周期的作用。产品的市场占有周期是产品提供市场需要的时间期，它与产品的质量、价格密切相关。产品市场占有周期与产品的质量成正比，与产品的价格成反比。标准化作业有利于保证产品质量的一致性和降低产品成本。

参考文献

[1]　麦绿波．标准化的作业模型[J]．标准科学，2012，(2)：6-10.

第二篇　基本理论篇

第5章　标准的概念[1]

5.1　各方对标准概念的定义

标准概念是标准化最基本的概念，是标准化概念的根，因此，标准概念在标准化学科理论建设中具有重要地位。世界上的标准化专家、ISO、一些国家、技术机构等分别对标准概念进行了研究和定义。具有影响性和代表性的标准概念的定义如下。

美国标准化专家盖拉德(Gailard)对标准概念的定义为："标准是对计量单位或基准、物体、动作、程序、方式、常用方法、能力、职能、办法、设置、状态、义务、权限、责任、行为、态度、概念或想法的某些特征给出定义，作出规定和详细说明。它是为了在某一时期内运用，而用语言、文件、图样等方式或模型、标样及其他表现方法所做出的统一规定。"[2]

国际标准化组织原理委员会(ISO/STACO)对标准概念的定义为："标准是经公认的权威当局批准的一个个标准化工作成果。它采用的形式是：①文件形式，内容是记述一系列必须达到的要求；②规定基本单位或物理常数，如安培、米、绝对零度等。"[2]

日本工业标准(JIS Z 8101—1956)对标准概念的定义为："标准是为广泛应用及重复利用而采纳的规格。"[2]

德国国家标准(DIN 820—1960)对标准概念的定义为："标准是调节人类社会的协定或规定。有伦理的、法律的、科学的、技术的和管理的标准等。"[2]

1983年，ISO指南第2号对标准概念的定义为："适用于公众的，由有关各方合作起草并一致或基本上一致同意，以科学、技术和经验的综合成果为基础的技术规范或其他文件，其目的在于促进共同取得最佳效益，它由国家、区域或国际公认的机构批准通过。"

1983年，我国国家标准《标准化基本术语 第一部分》(GB 3935.1—1983)对标准概念的定义为："对重复性事物和概念所做的统一规定。它以科学、技术和实践经验的综合成果为基础，经有关方面协商一致，由主管机构批准，以特定形式发布，作为共同遵守的准则和依据。”

1996 年，我国国家标准《标准化和有关领域的通用术语 第一部分：基本术语》(GB/T 3935.1—1996)等同采用 1991 年 ISO/IEC 指南第 2 号对标准概念的定义(第六版)，标准概念定义的内容为：“标准是为在一定范围内获得最佳秩序，对活动或其结果规定共同和重复使用的规定、指南或特性的文件。该文件经协商一致制定并经一个公认机构的批准。注：标准应以科学、技术和经验的综合成果为基础，并以促进最大社会效益为目的。”

ISO/IEC 指南第 2 号 1996 年版(第七版)对标准概念的定义在 1991 年版(第六版)的基础上做了小的修改，1996 年版原版英文版的定义内容为：

“Document, established by consensus and approved by a recognized body, that provides, for common and repeated use, rules, aimed at the achievement of the optimum degree of order in a given context.

NOTE: standard should be based on the consolidated results of science, technology and experience, and aimed at the promotions of optimum community benefits.”

2002 年，我国国家标准《标准化工作指南 第 1 部分：标准化和相关活动的通用词汇》(GB/T 20000.1—2002)等同采用 1996 年 ISO/IEC 指南第 2 号对标准概念的定义，标准概念定义的内容为：“为了在一定的范围内获得最佳秩序，经协商一致制定并由公认机构批准，共同使用的和重复使用的一种规范性文件。注：标准宜以科学、技术和经验的综合成果为基础，以促进最佳的共同效益为目的。”

世界贸易组织技术性贸易壁垒协议(WTO/TBT)对标准概念的定义为：“标准是被公认机构批准的、非强制性的、为了通用或反复使用的目的，为产品或其加工或生产方法提供规则、指南或特性的文件。”

在标准概念的定义上有过许多不完全一样的认识，后来许多国家对标准概念的定义几乎都等同采用了 ISO/IEC 指南第 2 号对标准的定义。ISO/IEC 在标准定义 1996 年版后的新版本是 2004 年版，该版本与 1996 年版相同。

5.2　标准概念定义的局限性问题

从以上列出的国际上的标准化专家、国家标准化机构、国际性标准化组织等对标准概念所作的定义可看出，这些标准概念的定义都存在不足，它们难以包括现有的各类标准的情况，存在明显的局限性问题，这些问题主要有以下方面。

盖拉德对标准概念的定义采用的是罗列和枚举的方式，缺乏抽象性和概括性，不属于理想的定义方法，更像是对标准概念的解释和说明。

ISO/STACO对标准概念的定义采用了抽象的描述方式，但存在以标准化来定义标准的问题，即以结果定义原因的问题，另外，对标准的形式采用了枚举描述的方式，难以详尽所有的标准形式。

日本和德国对标准概念的定义比较简练和朴实，主要是把标准概念定位在文字文件（"规格"、"协定"、"规定"）上，局限了标准形式的范围，另外，标准的目的是"为广泛应用及重复利用"和"调节人类社会"，局限了标准的目的范围。

1982年ISO和1983年我国国家标准对标准概念的定义的要义相似。两个标准概念定义版本的共同之处为，标准是协商一致的产物，是以科学、技术、经验的综合成果为基础，是一种文件形式，是由专门机构批准的。这两个标准概念定义版本共同的局限性在于：标准是"以科学、技术、经验的综合成果为基础"，否定了管理标准和工作标准的类型；标准是一种文件形式，否定了物质标准、行为标准等其他标准形式；标准是由机构批准的，否定了标准起源的历史性和标准的民间性认可关系。在两个定义版本中，还存在着各自的定义的局限性：如1982年ISO指南第2号中对标准的定义是"适用于公众的"，这一定义否定了企业标准、公司标准这类非公众使用的标准；如1982年ISO指南第2号中对标准的定义是"其目的在于促进共同取得最佳效益"，否定了不为取得最佳效益的安全标准、环境保护标准等标准类型；如1983年我国国家标准中对标准的定义是"对重复性事物和概念所做的统一规定"，否定了标准的共同使用属性和一次使用的可能性。

1996年国际版的标准定义和2002年我国国家版的标准定义是相同的，这一定义比上一版的定义更加精炼，并作了一些完善性修改，取消了标准"适用于公众的"界定，在"重复使用"的基础上增加了"共同使用"。尽管新版定义比以往的定义写得更像一个严谨的定义，但它仍然存在着标准制定目的的局限性、标准形式的局限性、标准认定方式的局限性和标准来源的局限性。该版定义标准的目的是"为在一定范围内获得最佳秩序"，而语言标准、文字标准等的目的并不是为了最佳秩序，而是为了广泛交流的相互识别，这一定义具有排斥客观存在的其他标准目的的作用。关于标准形式、标准认定方式和标准来源的局限性，以上已论述过，不再重复。由于我国国家标准对标准概念的定义有一个与现状不符合性的问题，即"经协商一致制定并由公认机构批准"中的"公认机构"与我国标准批准的机构情况不符合。我国的国家标准批准机构是政府机构，即国家标准化管理委员会，行业标准的批准机构是行业的政府主管机构，地方标准的批准机构是地方政府的技术监督管理机构，企业标准的批准者是企业法人或法人授权的管理者。在我国的四个级别的标准中，没有一级标准是由公认机构批准的。国际标准是由公认机构ISO批准的，这个标准概念定义的标准批准机构适合非政府机构制定的标准。我国地方级、行业级、国家级标准都是政府机构制定（立项和审批）的标准，与西方许多国家的标准制定情况不同，它们的标准主要是由公认机构制定的。何为公认机构呢？公认机构就是像 ISO、IEC、ITU 那样，由认同各方共同参加构成的机构。协会标准和联盟标准通常是由公认机构批准的。

世界贸易组织技术性贸易壁垒协议（WTO/TBT）对标准概念的定义更加局限，除了有标准认定方式、标准的形式等局限性外，还有标准性质的局限性（非强制性的）、标准对象的局限性（为产品或其加工或生产方法）等。由于这一定义是针对世界贸易业务范畴使用所作的标准定义，不是标准化学科对标准的定义，所以，它的定义的局限性是可以理解的，不会影响到其他标准关系的确认。

ISO 对标准的定义，仅限于其所开展制定的由公认机构批准的文件型标准，未包括各种形式和各种方式形成的标准，是一个有限范围内的标准定义，可看成是狭义文本标准定义。实际上，ISO 制定的标准的目的现已超出了“为了在一定的范围内获得最佳秩序”的范围，如安全管理体系标准、质量管理体系标准、通信标准等，严格地说，其目的已不仅仅是最佳秩序，还分别是为了保护生命和财产利益、保护消费者利益、建立兼容性信息环境等。ISO 对标准概念的定义是针对标准制定工作的程序或环节来定义的，以标准制定的工作目的（最佳秩序）、工作对象（重复使用和共同使用）、工作程序（协商一致）、批准者（公认机构）、成果形式（文件）等要素来定义。ISO 对标准概念的定义是工作式关系的定义，不是从学科或学术角度作的定义，因此，难以普遍适用。

标准概念的定义经过各国专家近四十年的修改发展，最终基本上集中在 ISO 的标准定义上，这一定义也算是采用较多的定义。对 ISO 的标准概念定义的局限性问题，可归纳为以下六个方面的局限性问题。

1）历史的局限性

定义中将标准定义为“公认机构批准的文件”，这句话否定了两个历史存在，即否定非文件形式标准的历史存在和否定非公认机构批准标准的历史存在。人类历史上的石骨竹器工具、语言、文字的标准化是不可能有文件标准来推行的，也没有公认机构批准标准的情况。不能说不是文件形式的标准和非公认机构批准的标准就不算作标准。人类历史上的语言标准化、工具标准化、文字标准化等，是由历史上的语言、工具、文字等事实标准的传播所形成的。ISO 的标准定义存在着对历史标准的否定。在标准定义的历史有效性方面，盖拉德的标准定义反而有很好的历史包容性。

2）标准形式的局限性

定义将标准形式规定为“文件”，也就是文字形式的标准，这排斥了物质标准、现象标准（光波长作为长度标准、原子跃迁共振频率作为时间标准等）、声音标准（语言标准）、行为标准（手语标准等）等非文字形式的标准。尽管这些非文字标准可以有一些文字做说明，但标准的本质或核心不是文字，而是物质、现象、声音、行为等。

3）目的的局限性

定义将标准制定的目的定为“获得最佳秩序”，限定了标准制定的其他目的，如获得最高效率、最低成本、满意质量、本质安全，以及保障公共利益等。有人可能会解释，这里的最佳秩序包含最高效率、最低成本、满意质量等，如这样解释就将涉及语义的严谨性问题，不是由谁来解释就能成立的，因为，在英语或汉语中，秩序不等于效率，不等于成本，不等于质量等。

4）标准用途的局限性

定义将标准用途定为“重复使用和共同使用”。重复使用是在时间分布关系上的结果统一，共同使用是在空间分布关系上的结果统一。一把卡尺今天用、明天用、后天及以后都用，就是重复使用。一个车间里的 50 个工人每人都使用相同的卡尺，这就是共同使用。定义的用途是以时空关系来界定的，用途还有功能用途方面的关系等。这两个用途排斥了标准一次使用和单方使用的情况。用标准的用途来界定标准的概念，必定带来局限性。

5）管理模式的局限性

定义中将标准的批准定为“公认机构批准”，这一管理方式排斥了政府批准标准的制定模式，排斥了企业标准由企业法人或授权的管理者批准的制定模式，排斥了企业联盟或团体共同认可标准的制定模式，排斥了公众认可标准的模式，排斥了人之间相互认可标准的模式等。尽管公众认可、相互认可标准不具有格式化的标准形式，但这些标准的用途本质与格式化标准的用途本质是一样的，都是为了统一。标准由机构“批准”的说法，还存在另外一个问题，就是否定了标准非组织性形成的现象，如国家形成前的事实标准，不可能是由组织批准的。事实上，标准有以组织模式制定的，也有非组织模式形成的。

6）内容来源的局限性

定义将标准的内容来源定为“以科学、技术和经验的综合成果为基础”，这排斥了以管理的有效知识作为标准内容的来源，排斥了以工作操作的有效程序和经验作为标准内容的来源，本质上等于排斥了管理标准和工作标准的类型。标准的三大类型为技术标准、管理标准、工作标准，而 ISO 对标准的定义相当于只包括了技术标准。

将标准概念在标准形式、目的、标准用途、管理模式、内容来源方面可能的因素列出来，考察纳入定义的因素和未纳入定义的因素，如表 5-1 所示。表中，文字有灰衬底的是标准定义中纳入的因素，没有灰衬底的是未纳入定义的标准因素。

表 5-1　标准概念的定义因素和未定义因素表

标准形式	目的	标准用途	管理模式	内容来源
文件	最佳秩序	重复使用	公认机构批准	科学
物质	最高效率	共同使用	政府批准	技术
声音	最低成本	互通使用	企业批准	经验
现象	满意质量	一次使用	联盟认可	管理
行为	本质安全	单方使用	公众认可	工作操作
…	…	…	…	…

通过以上分析看出，由于标准定义的局限性问题，不能包容历史的标准化关系，不能包容非文本的标准，不能包容不同的标准认定形式，不能包容各类标准类型，说明标准需要建立广义的概念定义，使那些在定义之外而又确实存在的标准被纳入标准的定义中来。

以上我们所说的标准都是针对有形对象的，我们习惯于把标准看成是有形的。其实，还有无形的标准，如“实践是检验真理的唯一标准”。“实践检验真理”是一种认识关系，是一种无形认识，这一关系是可验证的，且是有效的和真的。所以，可将这一认识称为标准。这反映了人们对标准含义的理解是宽泛的，标准不仅仅是格式化的文本标准，还有大家有共识的观点或认识形成的无形标准。这种无形标准是一种认识标准，认识标准是经实践检验公认为真的道理。

5.3　标准的广义概念

从 20 世纪 50 年代开始，国际上的标准化专家学者和许多标准化机构纷纷开展对标准概念的定义，这些标准概念定义尽管历时半个多世纪的不断修改和完善，但始终没有跳出以标准制定工作方式定义标准概念和以机构管理的标准作为标准概念定义的“圈子”。标准化是历史形成的，尽管没有人类历史久远，但它比人类文明史长得多，因此，标准史也是一个长远的历史，它是标准化的原因。标准这个词在我们的社会生活中到处应用，许多应用标准的地方都不包含“批准的文件”这个特点，难道说没有“批准的文件”这个特点的标准就不能称为标准吗？实际上，ISO 定义的标准概念，在标准化出现的时间关系上只是很小的一段，在标准化的空间关系上也是很小的一部分。标准的概念应该是一个宽泛的范围，我们可以把标准从管理关系上分为两大类：一类是有机构管理的标准，如国际标准、国家标准、行业标准、地方标准、企业标准等；另一类是非机构管理的标准，如技术协议、联盟协定、公众认可的标准等。如果标准只有机构管理的标准，将会造成发展的阻碍，一是难以满足社会各方面对标准的巨大需求和应用，二是会限制标准形式和方式的由衷创造，限制标准化的繁荣发展。标准和标准化一样，拥有了机构管理的标准概念定义时，更需要广义的标准概念，以拓宽标准的建立和应用的范围，使标准能在有限规模的标准化机构之外得到更多关注及有更大的发展和应用空间。广义标准概念的建立，还可解决现行标准化机构对标准概念定义的局限性问题，使标准的外延能够根据需要充分地扩展和应用，调动全社会关心标准化和应用标准化的积极性。广义标准概念可包括所有的标准概念，因此，广义标准概念的建立不仅不会排斥机构管理标准关系的发展，而且还会在更大范围确认标准并给予名分。

建立广义的标准概念，要深入认识到标准的本质和精髓，需要选用包含标准要义的词句，用覆盖性广和精炼的文字来表达。用以表达标准要义的词句有哪些呢？在人们的心目中，标准包含的意思有：基准、标杆、样板、准则、规则、依据、尺度等，标准具有公平、公正、透明、客观尺度等特点，是人们想往的追求、理想境界、认同的约束，实施标准的效果具有统一、一致、规范、秩序等状态。标准包括客观和主观建立的。主观建立的标准虽是以主观认同建立，但主观建立的过程一旦完成，它就成为不能随意改变的客观关系，是人们自觉共同遵守的规则。标准要有基准、标杆、准则等作用，就要能被共同认可。共同认可的前提是认可的内容具有明显的优越性和自愿追求性。广义标准的概念应消除机构对标准概念定义的标准目的的局限性、标准形式的局限性、标准用途的局限性、标准管理模式的局限性和标准内容来源的局限性等，要做到以标准的本质关系来定义。

鉴于上述标准定义的问题，标准定义的建立应摆脱依托工作思维的模式，应建立学术性的标准概念，高度抽象标准概念的内涵，建立小内涵、大外延的标准概念，使标准的概念经得住广泛适用性的检验，并能为标准化的理论建设提供学术性支持。通过对标准本质关系的凝练，将广义标准概念定义为**统一化的约定集合**。

广义标准概念的定义有以下内涵。

(1)“统一化”是标准化的本质[3]，也是标准实施的目的。统一化是一种状态和持续关系，不是瞬间关系。“统一化”有客观形成的统一化和主观建立的统一化，即包括自然现象的统一化和人类创建的统一化。“统一化”是有范围性的统一化，有国际、国家、区域、行业、地方、企业、团体、联盟、合作伙伴、人群等范围。统一的用途包含重复性、共同性、相通性、一次性、单方等各种使用的统一。定义中的“统一化”既包含“欲实现的统一化”，也包含“已实现的统一化”，即“约定集合”既可以是为统一化的目的而建立，也可以是已建立的统一化。

(2)“约定”具有协商、认同、认定的含义，“约定”是标准确立的特别要求。“约定”有自然界的“约定”和意识的“约定”，自然界的“约定”是自然规律的确定，意识的“约定”是生物间主观共同的确定。人类意识的“约定”是各方代表间的同意，至少是两人及以上，通常是多人。在没有专门声明时，将“约定”默认为人类意识的约定。“约定”可以按正式的机构批准方式约定，也可以用非正式的约定者间签署文件来约定。“约定”包括的标准类型有：组织制定的标准、联盟协商确定的标准、公认的标准、相互认可的标准、客观关系的标准等。“约定俗成”是最朴素的标准化关系，“约定”是广义标准的共同认定概念，“俗成”是状态，“约定俗成”就是“共同认定”的状态，即标准化状态。标准化是改变旧习惯和建立统一化新习惯的过程，“约定俗成”就是这样一个过程。

(3) “集合”是实现“统一化”的约定“元素集合”或约定的“内容”，是广义标准的内容表述。“集合”包括的内容可以是文字描述的要求、规定、图样、表格、图形、图片等文件方式，也可以是物质、声音、现象、行为等非文件性质的内容。“集合”包括科学、技术、管理、操作程序等方面的内容，即包含技术标准内容、管理标准内容、工作标准内容等。

广义标准的概念包含狭义标准的概念，它是最广泛包容的标准概念，适用于以各种形式表现的标准和以各种方式形成的标准，包括了自然形成的标准和人类建立的标准。人类建立的标准又包括机构管理的标准和非机构管理的标准，机构管理的标准包括文本标准和实物标准等。

5.4 标准的狭义概念

广义标准包含客观建立的和主观建立的。我们使用最多的是主观建立的标准，将主观建立的标准称为狭义标准。具有特定格式的文字型的文件标准是标准的一种典型类型，这种类型是当今标准制定和使用的主要类型，由于这种类型的标准只是狭义标准中的一种，将它称为狭义文本标准。过去专家学者、国际机构、国家机构对标准概念的定义可认为是对狭义文本标准概念的定义。但是，这些定义无法使大家满意，它们仍然存在着作为狭义文本标准概念的局限性，不适合直接用作狭义文本标准概念的定义。这些标准概念定义的局限性主要有标准目的的局限性、标准用途的局限性、标准类型(技术标准)的局限性、标准机构的局限性等。因此，狭义文本标准的概念需要有新的定义，以对规范性文件这种狭义文本标准有很好的包容性。

对于常见的文本标准类型，从标准概念应具有广泛适用性和学术性的角度，也应建立新的标准概念的定义。这类标准是标准大家族中的一员，是当今比较活跃和使用最多的一种标准，可将它命名为狭义文本标准。将狭义文本标准概念定义为：**为统一化而协商同意，由认可机构批准的规范性文件**。

在狭义文本标准概念的定义中：以“统一化”定位标准制定的目的，突出了标准的本质要求特征；标准的形成过程采取“协商同意”方式，说明了标准建立的平等关系；狭义文本标准是由“认可机构”批准的，具有特定的形成程序环节和认可环节，是机构管理的对象；“认可机构”是一个宽泛的机构概念，可以是政府机构、政府认可的机构、团体认可的机构、联盟认可的机构、企业认可的机构和伙伴认可的机构等，可以是官方性的和非官方性的；狭义文本标准是模式化的文件，文件具有特定的外观形式，采用规范性表述模式；狭义文本标准是文字、表格、图样、图形表达的，是表述性的文件。狭义文本标准实际上相当于一种典型性的标准，它有明确的标准标记和特定格式，有专门的机构来管理，有很宽的应用面和重复使用率。由于狭义文本标准已发展成为主流性的标准，似乎成了标准的形象代表，所以，也可将狭义文本标准简称为“标准”。狭义文本标准是特定的标准类型，它不包括其他非机构管理的文件式标准，只指机构管理的规范性文件式标准。

狭义文本标准的定义在大部分内容上与行政文件和法规的有类似关系，但又有很多不同之处。它们间最主要的区别在于：狭义文本标准是基于相关方协商同意的，法规、行政文件不是以相关方同意为基础的，而是以政府意志或管理者意志为基础的，用于特定的控制和管理意图；标准的内容比较稳定，而文件的有效性附属于颁发机构，不会因管理者和机构的变更而变更；标准能公开获得，具有获得的公平性，文件只能在发放的范围内限定获得。在行为的引导上，标准和法规之间存在鲜明的区别：法规条款一般是用于阻止行为的，是行为“远离”性的，是“高压电”，是禁止碰的；标准的条款一般是鼓励实现的，是行为“亲近”性的，但也有禁止触及的标准条款，如安全、环保等是具有控制属性的标准条款。

5.5 标准和标准化的关系

标准与标准化具有密切的关系。标准和标准化之间存在的关系是因果关系，标准是因，标准化是果，由标准的因产生标准化的果。标准是标准化的根，标准化是标准关系的普遍化。

制定标准是建标性的工作，标准化是标准实施性的工作。标准建立的水平关系到标准化的效果，先进、适用的标准将产生有益和积极的标准化效果。

标准的制定是收敛性的工作，标准的实施是发散性的工作。好的标准一定是来自于研究制定工作或研制（development），即基于对标准制定对象深入研究、验证、实践检验，汇集专家集体智慧，收敛优化关系，使标准内容具有高的权威性和信任度，而不仅仅是文字表达的“起草”工作。标准的制定工作只停留在单纯的“起草”方式上，将会编写成一个缺乏灵魂（科学、技术、知识、经验等）的标准，形成文字化的格式躯壳。标准化状态的形成首先是要使标准能广泛获得，要扩散标准的发行范围，使标准能大范围的实施。

参 考 文 献

[1]　麦绿波. 广义标准概念的构建[J]. 中国标准化，2012，(4)：57-62.
[2]　松浦四郎. 工业标准化原理[M]. 北京：技术标准出版社，1981.
[3]　麦绿波. 标准化的理性概念和数学模型的创建[J]. 中国标准化，2011，(7)：38-34.

第 6 章　标准的存在形式与类型谱系[1]

6.1　标准的存在形式

标准是什么？许多人的回答会是具有标准代号标识的文本式文件，如 GB 标识等。文本式的标准是一种由机构管理的文件式标准，它只是标准的一种存在形式。在人类的发展历史上，文本形式的标准是出现比较晚的标准形式。劳动行为标准、语言行为标准、工具实物标准、度量衡标准等的出现都先于文本式的文件标准。在科学、技术、哲学、文学、艺术、社会学、管理学等中，经常用到标准这个概念，许多含义并不是指文件标准的意思，而是指信任的和共识的东西或道理。许多学科所使用的标准概念是广义的标准概念，不是标准化机构的特定的工作对象——文件标准。广义的标准概念反映的是基准类的要素关系。事实上，只要有统一化状态存在，一定有其标准的范式存在，无论是主观建立的标准还是客观形成的标准，或者是主观与客观结合构建的标准。人们对标准认识的概念是，具有基准、准则、样板、标杆、依据等特征的东西，并具有可信任性、权威性、理想性等属性。标准既不独属主观世界，也不独属客观世界。标准不只是主观的产物，也有客观的存在性，不应限定在主观确定的关系中，更不应限定在特定机构的管理中。标准存在的形式是标准化学科理论研究的根本性问题之一，是标准化的本体论问题，涉及标准化学科的根系范围和研究对象，应该作为标准化学科的重要理论问题来研究。

标准是统一的根源，凡是有统一化状态的地方，必有其标准的存在。标准的存在既有主观领域，又有客观领域。无论是在主观领域还是在客观领域，标准都是以统一化的特征要素来确定的。标准是统一化的精髓，统一化是标准的有效传播和应用。人类的发现工作主要是对客观规律和现象构建相符合的思象，发现的过程是在提炼、归纳统一的普遍要素，称得上标准的思象是科学研究成功的标志。人类的发明工作是以思象构建存在，创建功能性能产品等。发明过程是在创建统一的要素关系，这是科技工作的核心贡献。无论是发现客观物质世界的奥秘，还是主观创建新的物质世界，都涉及了研究的核心内容——事物统一关系的标准。标准具有主观和客观两种形式。主观世界和客观世界都需要标准来统一存在关系。没有标准对存在关系的统一，世界将是瞬息万变、不可一世、捉摸不定的，也是不可认识的。没有标准的世界是不稳定的世界，是无规律的世界，是不可生存的世界，是没有信任的世界。在客观世界中，存在决定标准关系。而在主观世界中，标准决定存在关系。客观的存在是世界竞争生存、筛选的结果，是相互依赖与和谐的选择，能长期存在的本质要素就是标准，即拥有很强的竞争性和适应性的标准。

标准存在于主观构建的世界，也存在于客观世界，标准的概念适用于两个世界，主观、客观世界的标准分别有两个认识关系。标准是统一化存在的原因和标准为建立统一化提供依据，这一概念表明，客观世界的统一化状态特征来自标准的特征，标准为主观世界的统一化提供依据。**标准是事物统一化的依据**。标准是"事物统一化的依据"与"统一化的约定集合"是一脉相承的，前者侧重从根源角度论标准，后者侧重从本质和形式论标准。在认识上，客观的和主观的标准都是一种思象，是表达统一化本质的思象对真理的逼近。客观世界的统一本质通常是人类感觉器官不易绝对感觉的，是通过建立思象模型来认识的。当这种思象模型公认为是存在的统一化本质特征时，这种客观物质、能量和规律的思象模型就是它们的标准。对自然界规律和现象描述的思象模型通常会有许多，被认为是标准的模型是可信的模型。标准是相信的思象，我们不可能得到终极思象，但可以得到信任的标准思象。无论是客观形成的标准还是主观建立的标准，具有标准地位的思象是最符合客观规律和现象以及最和谐的模型。标准存在于任何表现统一化的领域。因此，标准存在于客观形成的世界和主观构建的世界。客观世界存在的标准和主观世界建立的标准的内涵是不完全一样的，客观存在的标准可以没有思象而存在，也可以通过思象来表达，主观建立的标准是由追求统一化的思象构建的。客观存在的标准在于"统一关系与现象的符合性"，主观构建的标准突出"为统一化建立的约定集合"。这两个特点正体现了客观和主观各自的特点。

标准是具有统一特征的基准范式，自然界主要由具有标准范式的事物所组成，具有标准范式的事物在世界上占有突出优势数量。世界的存在绝大部分是标准范式的存在，非标准范式的存在是有缺陷的和难以持续的。标准范式具有三种形成方式：一种是由自然界客观形成的标准范式；另一种是人类主观建立的标准范式；再一种是主观对客观规律认识的标准范式。自然界是按照各自的标准范式构建存在，其标准的类型主要有物质标准范式、能量标准范式、规律标准范式、生物标准范式、气候标准范式等。自然界所有的物质、能量、规律、生物、气候都有其标准的基元，它们的多样化形式是标准基元组合的结果。人类作为自然界的高级动物，通过自己构建标准范式来改变和进化了自己，并用标准建立了一个新的人造世界。这个人造的物质世界中既有物质、能量、规律、生物、气候的创造和调整，也有应用原有和新创物质构造新存在，如产品等。人类主观建立的标准范式具有多种形式，是随着人类进化的进程逐步形成的。主观标准范式的形成是由低级形式逐步发展到高级形式的。人类主观建立的标准范式主要有行为标准、实物标准、文件标准、现象标准等。每一种标准范式，无论其在主观标准发展过程中原处于什么阶段，其自身总在不断深化发展，形成了自己的由低级到高级的标准范式。人类主观对客观规律认识标准是一种意识形态的标准，主要是在神学、哲学、心理学和科学等范畴。意识形态的认识范式通常是无法直接验证和由器官感觉的，它具有抽象性和无形性。主观对客观规律认识的标准主要表现为世界观和方法论的认识。标准的存在形式与类型谱系如图 6-1 所示。

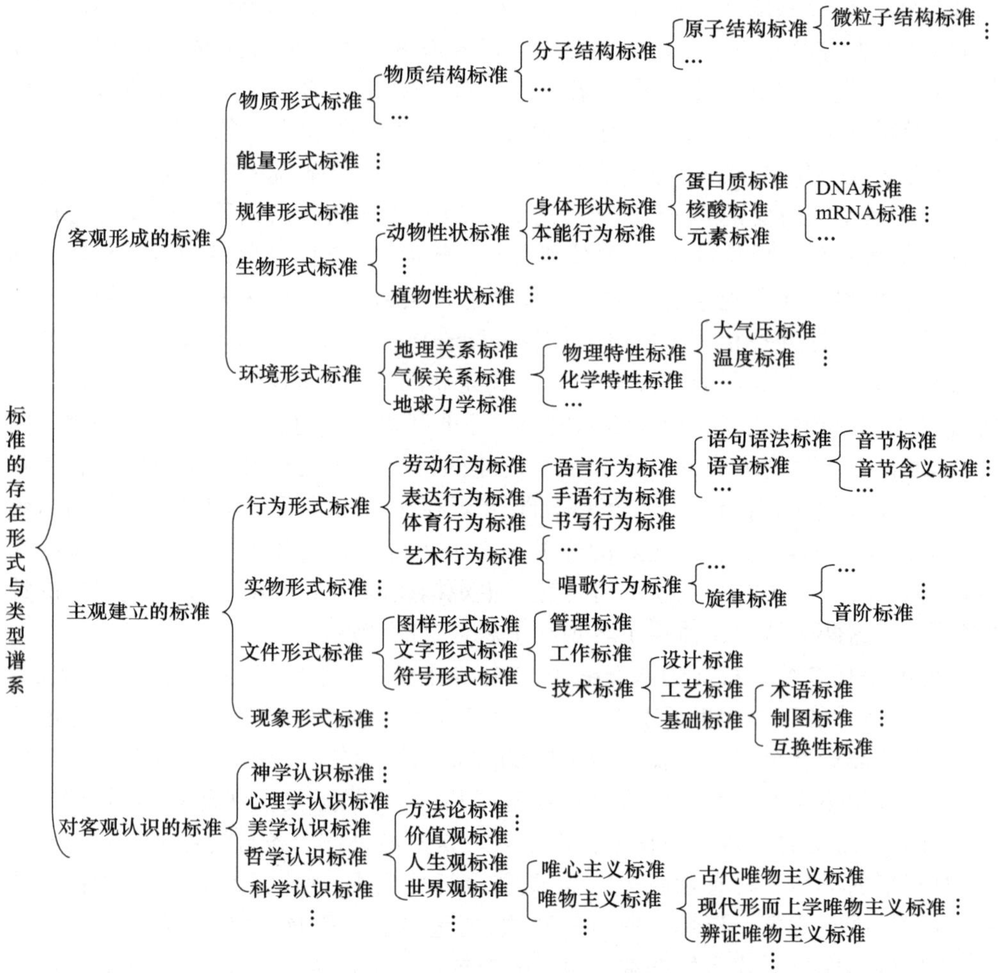

图 6-1　标准的存在形式与类型谱系

由图 6-1 可看出，标准的形式是有层次关系的，上一层次的标准由下一层次的标准支撑着，标准中有标准，展示了标准的类型谱系的基本轮廓。由于空间有限，图 6-1 中许多标准形式的横向和纵向关系都没有展开。客观世界的标准、主观构建的标准和对客观认识的标准构成了标准的类型谱系，三个类型的标准分别有各自的标准体系。

6.2　客观形成的标准体系

自然界中，客观形成的标准体系主要由物质形式的标准、能量形式的标准、规律形式的标准、生物形式的标准、气候形式的标准组成。客观形式的标准概念为：**客观现象统一化的公认范式**。尽管客观标准可脱离人的认识而存在，但没有经人认识的客观标准是无法研究和讨论的。物质的标准是决定物质特性的要素。物质由分子组成，物质的特性是由分子决定的，分子决定物质的标准范式。分子是由原子组成，原子决定分子的标准范式。原子是由质子、中子、电子等组成，质子、中子、电子等决定原子的标准范式。质子、中子由夸克组成，夸克决定质子和中子的标准范式。质子由2个上夸克（+2/3电荷）和1个下夸克（−1/3电荷）组成。中子由1个上夸克和2个下夸克组成。物质的标准是由一层层细化粒子标准范式来支撑，目前这个层次的基本层到了夸克，随着科学技术的发展，也许还会有再小的粒子标准范式作为支撑。物质的标准分别是以一层层的标准化粒子为载体。物质的标准范式是范式的范式，下层标准范式决定上层标准范式。物质的特性体现在分子上，大量的分子结合在一起构成了我们能感觉到的物质。分子的标准特性就是物质的标准特性，而分子的标准特性是由原子标准决定的。物质特性的根源在原子的标准。物质的特性包括轻和重的特性、软和硬的特性、易燃和不易燃的特性、放射和不放射的特性、导电和不导电的特性、碱性和酸性的特性等。物质都有三态：固态、液态、气态，三态有各自温度形成点，不同的物质的三态温度边界是不一样的，它们都有各自的三态标准温度值域。对于每种物质的标准特性，无论是谁、什么时间、在什么地点、取自什么地方的物质，用同样的仪器来做试验，这些特性都是不会变化的。物质从分子粒子开始向里，每一层次粒子的标准都是不相同的，每一层次都有自己的粒子模型标准。

客观形成的第二类标准是能量标准。能量标准是决定能量特性的要素。尽管物质和能量之间存在质能转换关系，但能量作为其自身的状态有其特定的标准关系，物质标准和能量标准是不同的。能量形式的标准主要有势能形式标准、电能形式标准、磁能形式标准、热能形式标准、化学能形式标准、动能形式标准、光能形式标准、声能形式标准、原子能形式标准等。势能的大小由物质的质量（kg）和高度（m）决定；电能的大小由电荷量（C）决定；磁能的大小由磁场强度（A/m）和磁感应强度（T）决定；热能的大小由热量（J）决定；化学能由化学反应的热能决定；动能由物体的质量（kg）和速度（m/s）决定；光能由光通量（lm）决定；声能由声功率（W）决定；原子能由辐射能（J）决定。这些能量关系都有标准的储存和消耗计算关系，并用标准的计量单位来表达。能量如果没有标准的储存和消耗计算关系，人们就不可能去开发、储备和利用它们。能量通常以物质或物体为载体，以运动状态传递。

石油、煤、天然气、沼气、汽油、柴油、酒精等物质储存着热能。水库、山上的石头储存着势能。风、流动的河水储存着动能。电荷运动、光辐射、声传播输出能量。能量的形式，除了磁能外，大部分都是人体能感觉的，如光能、电能、热能、势能、动能、声能、化学能等。磁能通过仪器能测试出来。能量是用标准单位来度量的。什么形式的能量都能用统一化的特征关系焦耳或功率来表示。能量无论大小，作用都一样，都可以统一在一个标准特性上，这和物质的情况不同。

规律标准是客观存在的无形标准。规律标准有数学规律标准、物理规律标准、化学规律标准、生物规律标准等。客观存在的规律标准有人们认识到的规律标准和未认识到的规律标准。认识到的自然规律标准是各学科所发现的公理、定理、原理、定律等理论关系，通常用公式进行表达，也有文字描述的规律。对于规律标准，即使是认识到的规律，也未必是自然原本的规律，可能是对规律逼近的认识或有效性局限的认识。无论人们是否去认识，物理、化学、生物、地理、气候、数学等方面的客观规律标准都是存在的。

生物形式的标准有动物标准、植物标准、微生物标准等。生物标准主要是生物的性状标准。生物的性状标准由生物的形体标准和本能行为标准组成。动物、植物、微生物各有自己的性状标准。动物分为无脊椎动物和脊椎动物，地球上的动物有一百多万种[2]。无脊椎动物包括原生动物、扁形动物、腔肠动物、棘皮动物、节肢动物、软体动物、环节动物、线形动物等，占世界上所有动物的90%以上。脊椎动物包括鱼类、两栖类、爬行类、鸟类、哺乳动物等，有近4.7万种[2]。各种动物有自己的蛋白质组成关系，它是动物的身体结构关系和本能行为的基础。蛋白质是由20种氨基酸合成的。动物的本能行为在基因的基础上和年长的同类的影响下，形成了本类动物的本能行为标准。地球上的植物有树木、灌木、藤类、青草、蕨类、地衣及绿藻等，可分为孢子植物和种子植物，共有40万种左右[3]。植物是适于陆地生活的多细胞真核生物，具有光合作用合成碳水化合物的功能，由根、茎、叶组成，表面有角质膜、气孔、输导组织和雌/雄配子囊。植物一般有叶绿素、基质、细胞核、纤维素构成的细胞壁，没有神经系统和感觉器官，不能自移动和快速反应。地球上有微生物10万多种[2]，包括细菌、病毒、霉菌、酵母菌等，其构造简单，有单细胞的、简单多细胞的、非细胞(依赖细胞，如病毒)的，处于进化的初级地位，大多依靠有机物维持生命。生物的统一关系表现在由细胞(或依赖细胞)构成、有新陈代谢、有生命周期(生长、发育、生殖、衰老)、遗传和变异，这一关系统一了动物、植物、微生物的特点，是生物存在的规律标准范式。生物有共同的物质基础：蛋白质(生命的结构物质，由20种氨基酸组成，承担新陈代谢)、核酸(遗传信息的携带者)、元素(大量元素C、H、O、N等，微量元素有Fe、Mn、Zn、Cu、B、Mo等，起促进生长、发育、机体运行平衡的作用)。生物的核心标准是DNA(脱氧核糖核酸)，它是遗传信息的载体。遗传信息主要储存于DNA的碱基序列中，DNA主要储存于细胞核中的染色体上。DNA 是双螺旋链结构，两条骨架由脱氧核糖和磷酸基通过酯键交替连接而成，中间是碱基对（脱氧核苷酸，A、T、C、G）。DNA 并不直接决定蛋白质的合成，蛋白质的合成场所存在于细胞质中的核糖体上，信使 mRNA 把 DNA 上的遗传信息精确无误地转录下来，然后再由 mRNA 的碱基顺序决定蛋白质的氨基酸顺序，完成基因表达过程中的遗传信息传递过程。各种生物的性状是按其标准给定的。

地球中的环境也是按标准特征运行的。环境的标准有气候特征标准、地理特征标准、地球力学特征标准。气候特征标准有物理特性环境标准和化学特性环境标准。物理特性主要有大气压、温度、湿度、风速、降水（含雨、雪、冰雹等）。物理特性环境标准特征分别为：标准大气压强、地球表面年平均温度、年平均相对湿度、年平均风速、年平均降水量等。化学特性主要是组成大气成分的化学元素，这些元素为：氮、氧、氩、二氧化碳、氖、氦、甲烷、氪、氢、氙、臭氧、其他。化学特性环境标准特征是，氮、氧、氩、二氧化碳和其他惰性气体在大气中所占容积的标准比例。地理特征标准涉及海洋、河流、湖泊、山脉的分布和占有。地球力学特征标准涉及地心引力标准，它使得在地球上可以建筑房屋和快速行走等。地球环境标准其实就是生物生存的标准，没有这一标准特征，地球就会像月球和火星一样没有生命的生存条件。

大自然客观形成的标准形式包含许多奇妙的标准特征和深刻的标准哲理，由于其涉及复杂的物理、化学、生物、数学等知识，在此不再详细展开讨论。

6.3　主观建立的标准体系

自然界的客观标准范式，保持和优化了地球上的存在。人类作为地球上的高级生物，在自己的发展历史上，通过客观标准化和自己的行为标准化间的互动，逐渐建立了自己的标准范式，这是一种主客观形成的标准范式。人类在主客观形成标准范式的基础上，具有了主观建立标准的能力。主观建立的标准概念为：**为建立统一化的约定集合**。这个概念体现了建立标准的主观目的性和标准广义属性的内涵。人类主观建立的标准主要有行为形式的标准、实物形式的标准、文件形式的标准、现象形式的标准等，这些标准形式都有其系统的标准组成关系，由此，主观建立的标准形成了体系化的标准关系。行为标准主要有思考行为标准、劳动行为标准、表达行为标准、艺术行为标准、体育行为标准等。思考行为是人类除本能行为外增加的第一个行为。本能行为是由基因赋予的行为和反应行为构成的。反应行为是由人体感觉器官给予的认识和行动。思考行为是通过概念、观察、对比、推理、判断、幻想、综合等意识要素给予的认识，这些意识要素形成了思考的标准环节，使人类能重复地使用这些意识要素，提高了人类的认识能力。在这些意识要素中，幻想是最重要的，它使人类建立了本能以外的行为，尝试了使用体外工具。动物（包含会用物器前的人类）的本能都是用自身身体条件进行攻击和防护的，无一例外。至今，除了人类，其他动物（非人工训练过的）还没有使用体外工具的能力，它们只有本能需要的简单反应思考，无幻想性的思考。人类能想到使用身体之外的工具增强自己，是幻想意识的结果。人类具有幻想思考而其他动物没有的证据是，未发现过动物有精神病情况，只会有脑器质性受伤的错乱情况，而人类却有幻想导致的精神病。劳动行为标准按形成的时间顺序为：狩猎、渔捞、畜牧业、农业、手工业、商业、工业操作、服务、咨询等行为标准。用于表达的行为标准有语言、文字书写、肢体语、旗语等。每一种表达行为标准都有其基本关系的标准，如语言标准有语句组成的语法标准、字音标准、字含义标准、字拼音标准等。文字书写行为标准有握笔标准、笔画结构标准、笔画书写顺序标准、笔画组合标准（字结构）、文字排序标准等。体育行为标准有田径、球类、体操、游泳、滑冰、滑雪、举重、射击、击剑、柔道、拳击等行为标准。艺术行为标准有舞蹈、唱歌、戏曲、话剧、形体等行为标准。行为标准的载体是人，标准行为关系是应用人的肢体、器官、身体进行表达的。行为标准是意识中的行为标准元素与肢体、器官、身体标准训练形成的能力相结合的结果。行为标准有的在不断提升，有的在消失，有的在新产生，人类的行为能力在行为标准的提升和产生中不断提高。

实物形式的标准有石骨竹器工具形状标准、度量衡器具标准、几何特性实物标准、物理特性实物标准、化学特性实物标准、生物特性实物标准。实物标准一般是不直接使用的，主要是作为制造的样板，用作比对的标杆。度量衡器具的标准，已远远不是 2000 多年前的长度、容积、重量的测定，已扩展到了时间量、力学量、电学磁学量、热学量、化学量、光学量、声学量、原子物理量、核反应量等。度量衡是按精度层次关系设置的，因此，度量衡存在着溯源关系，最高精度的器具在源头，精度由源头从高到低逐级传递，由此形成了度量衡精度传递的标准体系。直接使用的标准的器具是最低层次的度量衡标准。实物标准是以物质为载体，以物质的形状、功能、性能为标准，是主观建立的典型的客观实在标准，主要用于物理、化学、生物等量的测定和对比，如标准物质等。

文件形式的标准是 20 世纪开始建立的新形式标准，是当今人们最熟悉的一种标准，也是当今用量最多的一种标准形式。文件形式标准在概念上称为狭义文本标准，是以“标准”命名的标准。文件形式的标准，从表达的方式分，可分为文字标准、图形标准、图样标准、符号标准等。从标准的内容属性分，可分为技术标准、管理标准、工作标准。技术标准可以分为基础标准、原材料标准、设计标准、标准件标准、工艺标准、工装标准、试验标准、产品规范、生产保障标准（动力、能源、安全、职业卫生、信息等）、包装标准、储存标准、运输标准、安装标准、维护标准、维修标准、报废处理标准等。技术标准的基础标准又可分为术语、制图、量和单位、信息分类代码、图形、符号、抽样、算法、数值处理、极限与配合、形位公差、表面结构、螺纹、渐开线、齿轮、键与花键、数字化产品定义、命名、产品图样代号等标准。文件标准主要是以纸质、磁介质等为载体，有纸质版、电子版、网络版、数据库版等。文件标准除了图形形式标准外，其他形式的标准都是采用抽象的方式来表达标准内容的。文件标准使用的多数情况是，用于表达主观设计、设想、要求、设定、规定等内容。

主观建立标准中的现象标准是人主观利用客观现象建立的标准，它多用于作为计量标准，是人们追求高精度的计量产生的。这类标准目前种类还不多，主要有：光波长的长度基准；原子跃迁共振频率时间基准；由约瑟夫森量子电压基准、量子化霍尔电阻基准、单电子隧道电流基准组成的电磁计量基准；用阿伏伽德罗常量 N_A 或普朗克常量 h 标定质量是建立自然质量基准的方向。由实物计量基准向自然现象计量基准方向发展是计量基准的发展趋势。这是主观标准愿望与客观存在完美结合的标准。

6.4　对客观规律认识的标准体系

对于物质、能量、宇宙规律、运动规律、支配规律、数学规律等的非直观感觉和测试的认识标准都属于思象模型构建的认识标准，是无形的公认认识标准。主观对客观规律认识的标准是利用学科知识关系设想的知识标准。这类标准是认识性的标准，主要包括神学、心理学、美学、哲学、科学等方面的认识标准。神学对世界形成的设想是有万能之主创造世界，不同的神学派别树立了它们的造世之主，这是神学最根本的标准特征，由此决定应遵循的伦理标准关系。心理学的认识有神经科学、发展心理学、认知心理学、社会心理学、临床心理学等多种认识领域的标准。美学有审美形态学、审美艺术学、审美心理学、审美社会学、审美教育学、审美设计学、审美哲学、审美发生学等认识标准。哲学是世界观、价值观和方法论的学问，它对世界的认识标准也是从这些角度来构建的。方法论有实证论的标准、证伪论的标准、实践论标准，以及发现的逻辑标准、发明的逻辑标准等。世界观有唯物主义、唯心主义的认识标准。唯物主义有古代朴素唯物主义、近代形而上学唯物主义、辩证唯物主义的认识标准。唯心主义有客观唯心主义、主观唯心主义、绝对唯心主义等标准。价值观有理性价值观、美的价值观、经济性价值观、政治性价值观、社会性价值观、宗教性价值观、教育性价值观等认识标准。哲学认识关系的标准有：无限的、有限的；变化的、静止的；相对的、绝对的；宿命的、因果的；对立的、统一的等。科学的认识标准有：数的关系认识，数学的认识；物种起源的认识，进化论的认识；宇宙起源的认识，大爆炸理论的认识；物质形成的认识，氢元素为原始源合成的认识；物质运动规律的认识，相对论的认识；宇宙运动状态的认识，宇宙膨胀的认识等。

认识标准是无形标准,是用心理来感受,用假设推论,用现象归纳等方法来确立的标准,标准的载体是人的意识或记录的文本。这类标准是主观对客观规律认识的标准,是靠公认范围来确立地位的标准。认识的公认范围大,标准的地位就突出。认识标准是对真理认识的逼近,其公认范围和有效时间取决于对真理的逼近程度,如托密勒的地心说的地球模型,持续了很长时间,因为它比地球圆盘模型更接近真实,但它让位给了哥白尼的日心说,而日心说又让位于宇宙无心论。这类认识标准的意义在于:对事物的起源和发展规律能有部分可信的解释;对人生的态度能正确引导;对思考方式能有一定有效性指导等。主观对客观认识的标准随着人类对客观世界认识范围的扩大和认识的深化在不断增加。

6.5　标准的哲理关系

标准的认定是主观的,标准的存在是客观的。客观标准是主观认定的,主观标准是客观存在的,标准具有主观和客观双重属性。在认识上,标准是属于主观范畴的,无论是客观形成的标准还是主观建立的标准,都是主观认定的,如图 6-2 所示;标准化现象是客观的,无论是客观形成的标准化现象还是主观建立的标准化现象,都是客观存在的现象。没有客观的统一化现象,就没有标准化。标准的确认是在主观世界,标准化的展现是在客观世界,它们间的关系如图 6-2 所示。主观标准、客观标准、认识标准不是截然分开的,它们之间有一定的相关性,主观建立的标准有应用客观形成标准的内容,如应用光波、原子特性作为度量标准。主观也可以

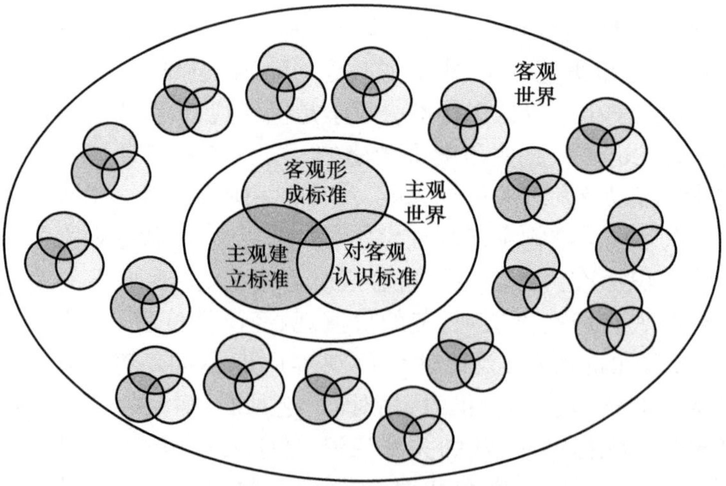

图 6-2　主、客观世界的标准和标准化关系

建立客观标准，如改变原子核结构，增加中子，建立新的同位素元素物质。认识的规律在主观和客观标准中都有体现，因此，三类标准间有一定重叠或交集关系，如图 6-2 所示。图中，在主观世界里，三个圆圈所代表的三种标准在其中形成，三类标准状态在客观世界中普遍出现，形成了对各自标准的统一化状态，即标准化状态。

客观世界标准的发现，是客观统一化状态驱使主观寻找标准根源；人造世界标准的构建，是主观用标准来建立统一的客观状态。在自然界里，往往是由对称关系、周期关系和重复关系形成的统一化状态引起对标准关系的关注，如晶体形状、蜂窝形状等。有的标准关系是周期性重复的，而非对称的，如地球的气温，是按春夏秋冬周而复始的。有的标准关系是非均匀固定配比的，如大气的成分比例关系：氮气占 78%、氧气占 21%、氩气占 0.93%、二氧化碳占 0.03%等。客观标准化关系是精准的，但有不同的精准方式：有的是直接精准的，如光的速度；有的是弹性精准的，如每日的温度、湿度是不同的，而年的温度、湿度是相等的。有的标准是一视同仁的，如地球引力各地相等（相同的高程时）；有的标准是区别对待的，如各地的年平均温度是不等的。

标准是真理的代名词。真理的应该是标准的，标准的至少是接近真理的。研究客观世界的理论，存在标准化和规范化的认定要求，因为，理论模型经常是多选性的，尤其是非直接感知的理论关系。被验证的或公认的理论研究成果，才具有标准的地位。即使是客观对象的理论模型，也是在不断发展和完善的，理论模型的认识是阶段性的标准。只有标准地位的知识，才适合作为学习和应用的对象，非标准地位的知识是不宜广泛推广传授和应用的。

人类的身体结构标准和本能行为标准正如其他生物的一样，是客观标准，这是由各自的基因和蛋白质标准决定的。而人类不同于其他生物之处在于，人类对自己的行为和基因通过进化有一定的改变能力，但基因的变化与人类的原始遗传的复杂结构关系相比，是极其微小的。标准是事物形态、运动和规律的根据，标准决定事物的命运。所谓"命中注定"其实是标准的决定，有什么样的标准背景（基因标准、环境标准等），就有不可避免的标准决定的结果。

标准模型存在着跨界统一性。天体中的行星及其卫星的模型与原子的模型是不约而同的，都是重核之外有轻体环绕运动，这反映了宇观现象与微观现象的统一性。客观标准有自动趋于选择优势、系统性和精细的趋势。主观标准的建立应像客观标准的形成一样，注重优选、系统和精细。标准范式是基准、样板的范式，标准化是统一化状态的情形。标准化是传播和复制标准范式，繁荣、延续标准范式。标准范式破坏后，标准化的状态就不能延续存在。标准的因一旦丢失，标准化的果也就随之凋谢。有生命力的标准范式会以阶梯性时间不断改进和完善自己的标准范式，使其标准范式长期存在和不断增强。

参 考 文 献

[1]　麦绿波.标准的存在形式与类型谱系[J].中国标准化,2012,(5):32-38.
[2]　百度百科.动物.https://baike.so.com/doc/3143933-3313442.html[2016-3-1].
[3]　百度百科.植物.https://baike.so.com/doc/3638470-3824563.html[2016-3-1].

第 7 章　标准化的概念及其理论模型[1,2]

7.1　标准化概念的历史性认识

“标准”和“标准化”是标准化学科的核心概念，是标准化学科理性思维和理论建立的根基。有一句话说得深刻：“概念是思维的细胞”[3]。这就是说，标准化理论的思考和学术交流都需要这些重要“细胞”的支撑。因此，在标准化领域里，各国对标准和标准化概念的定义都非常关注和重视，并且几十年来一直在研究和修改。在历史上，英国、美国、法国、德国、苏联、日本、印度等国的专家、专业协会、标准化机构等对标准化概念的定义进行了探讨，并通过理论书籍、辞典、标准等形式表达，他们对标准化概念的认识有相近的，也有相异的，其版本就有十几个，总体上是未达到认识统一，处于发散状态。一个拥有悠久历史的学科，其概念的认识如此不稳定也实属少见。凡是越抽象的事物，其概念的发散性程度就越大。因为，抽象性事物的本质往往深藏在大量具体现象中，让人们很难看到，因此，容易从各自感悟内涵的深度和现象观察的广度来描述。越抽象的概念，不同主体给出概念定义的差异就越大，标准化概念的定义也未能逃脱这一规律。下面举一些国家机构和权威机构具有个性的标准化概念的定义，以品味人们对标准化概念各抒己见的认识。尽管这些定义不是当前的定义，但其珍贵处就在于来自没有太多环境影响下自己朴实的认识。当前许多国家的标准化定义是受到 ISO 定义影响的结果。

德国国家标准(DIN 820—1960)对标准化的定义为：“标准化是指为了公众的利益，由各有关方面共同进行的，有计划地使物质的和非物质的对象统一化。”[3]

美国材料试验协会(ASTM)对标准化的定义为：“标准化是为各有关方面的共同利益和在其合作下，对某一专门活动的规律性方法制订和应用规章的过程。某一标准是某一方面标准化工作的成果，而且该成果只能由某一公认的标准团体所取得。换言之，标准是促进买主和卖主之间的货物流通并保护公共利益的一种共同语言。”[4]

苏联《技术百科全书》对标准化的定义为：“标准化就是将已规定的规格列入各种形式、等级和组别，对成品、原料和每个生产过程规定统一概念、符号、标志和最精确的标样，并为此将已定的尺寸、重量与材料性能、制造和验收规程固定下来。”[4]

日本标准(JIS Z 8101)《质量管理术语》对标准化定义为：“制订并有效地运用标准的有组织行为。”

法国标准化的定义为："标准化的目的是为解决重复出现的问题提供谅解的基础。"[3]

波兰标准化基础知识对标准化的定义为："标准化是满足各方面联系与生产需要的最正确途径，是杜绝浪费的主要方法之一，是利用与推广经验的手段，既有利于在现实条件下典型的和最有利的决定的贯彻，又有利于进行变革，以便使目前情况得到迅速改善。"[4]

澳大利亚标准化协会对标准化的定义为："标准化规定的方面很广泛，它普遍地存在于人类生活之中。语言就是标准化的一种形式，道德准则和法律也属标准化的范畴。"[3]

7.2 ISO 和中国对标准化概念定义的历程

对标准化概念的定义，在空间关系上，除了存在不同国家、不同机构、不同专家定义的差异外，从时间关系上，不同的历史时期，同一机构对标准化概念的定义也在变化。ISO 对标准化概念的定义随着时间的推移也在不断修改。1962 年 7 月，STACO 首次发布了对标准化概念作出的定义(第一版)，1972 年 ISO 对首版标准化定义进行了小的修订形成第二版定义，1980 年 ISO 指南第 2 号对前两版的定义作了较大的修改形成第三版，1983 年 ISO 指南第 2 号给出定义第四版，1986 年 ISO 指南第 2 号给出定义第五版，1991 年 ISO/IEC 指南第 2 号给出定义第六版，1996 年 ISO/IEC 指南第 2 号给出定义第七版，2004 年 ISO/IEC 指南第 2 号给出定义第八版。ISO 对标准化概念的定义已经历了 40 多年的 8 次换版和修改，ISO 的标准化定义在 1986 年以前每版都进行一次内容修订，从 1986 年的第五版开始，标准化定义基本处于改版不变定义主要内容的稳定状态。或者说，ISO 标准化定义的前四版是在变化内容中改版的，后四版是在不变或稍变内容中改版的。

1962 年 7 月 ISO 对标准化的定义(第一版)为："标准化——就是为了所有有关方面的利益，并在其参加下，协调一定范围的工作，也为了在遵守操作使用和安全要求的条件下，达到普遍的最佳经济而确定采用的各项规则。标准化是建立于科学技术和实践经验的统一成就之上，它不仅为现在的发展，而且为将来的发展奠定基础，从而实现持续的发展。"[5]

1972 年 10 月 ISO 对标准化的定义(第二版)为："标准化是为了所有有关方面的利益，特别是为了促进全面最佳的经济，并适当考虑到产品使用条件与安全要求，在所有有关方面的协作下，进行有秩序的特定活动所制定并实施各项规则的过程。标准化以科学、技术与实践的综合成果为依据。标准化不仅为现在而且为将来的发展奠定基础。标准化应跟上科学技术发展的步伐。"[6]

1980 年 ISO 指南第 2 号对标准化的定义(第三版)，尚未查到全文。

1983年7月ISO指南第2号对标准化的定义(第四版)为:“标准化主要是对科学、技术与经济领域内重复应用的问题给出解决办法的活动,其目的在于获得最佳秩序。一般说来,包括制定、发布与实施标准的过程。”

1986年ISO指南第2号对标准化的定义(第五版)为:“为在一定范围内获得最佳秩序,对实际或潜在的问题制定共同的和重复使用的规则的活动。注1:上述活动主要包括制定、发布和实施标准的过程。注2:标准化的主要作用在于为其预期目的改进产品、过程或服务的适用性,防止技术贸易壁垒,并促进技术合作。”其原英文版内容如下:

Activity of establishing, with regard to actual or potential problems, provisions for common and repeated use, aimed at the achievement of the optimum degree of order in a given context.

NOTE 1 in particular, the activity consists of the processes of formulating, issuing and implementing standards.

NOTE 2 important benefits of standardization are improvement of the suitability of products, processes and services for their intended purposes, prevention of barriers to trade and facilitation of technological cooperation.

1991年ISO/IEC指南第2号(第六版)、1996年ISO/IEC指南第2号(第七版)、2004年ISO/IEC指南第2号(第八版)对标准化的定义与1986年ISO指南第2号(第五版)对标准化的定义几乎是相同的(英语版)。

我国官方对标准化的定义始于1983年,以国家标准GB 3935.1—1983发布,这是中国官方的第一个标准化的定义,内容参照1983年ISO指南第2号(第四版)的定义。我国于1996年颁布的《标准化和有关领域的通用术语 第一部分:基本术语》(GB/T 3935.1—1996),标准化的定义直接等同采用1991年ISO/IEC指南第2号(第六版)上的定义。2002年,我国制定了《标准化工作指南 第1部分:标准化和相关活动的通用词汇》(GB/T 20000.1—2002)[7],该标准定义的标准化等同采用了1996年ISO/IEC指南第2号(第七版)中标准化的定义。

中国国家标准(GB 3935.1—1983)1983年11月对标准化的定义为:“在经济、技术、科学及管理等社会实践中,对重复性事物和概念,通过制定、发布和实施标准,达到统一,以获得最佳秩序和社会效益。”

从以上可看出,中国在标准化概念的定义上,采取的是“国际路线”,基本上采用ISO/IEC指南第2号的定义。中国国家标准对标准化定义的最新版为2014年版(GB/T 20000.1—2014),该版的标准化术语定义修改采用了2004年版的ISO/IEC指南第2号的术语。

ISO标准化的定义发展的路线图基本上是:建立原理常设委员会研究提出标准概念定义,解决有无问题;进行较多的提炼修改工作;再提炼修改;改版不改或稍改定义。ISO 的标准化定义已出了八个版本(当然,还会有后续版本),中国主要是参照 ISO 的定义出版了多个版本,它们的发展关系如表 7-1 所示,表中有下划线的文字是未经确认的内容。

表 7-1　ISO 和中国标准化概念定义一览表

ISO定义	年代	1962 年	1972 年	1980 年	1983 年	1986 年	1991 年	1996 年	2004 年
	版本	第一版	第二版	第三版	第四版	第五版	第六版	第七版	第八版
	内容状态	第一版官方定义	接近第一版定义	对前两版有较大修改	接近第三版	对第四版有所修改	同上一版	对上一版有小修改	同上一版
中国定义	年代	1983 年	1996 年	2002 年	2014 年	—	—	—	—
	版本	第一版	第二版	第三版	第四版	—	—	—	—
	内容状态	参照 ISO 第四版的定义	等同 ISO 第六版的定义	等同 ISO 第七版的定义	修改采用 ISO 第八版的定义	—	—	—	—

当前,ISO/IEC 对标准化的定义趋于稳定,各国官方对标准化的定义也在向 ISO 的定义靠拢,但不能因此将 ISO 的标准化定义看成已完善和认识已基本统一。一个正确、到位的定义,应符合概念的认识,应能经得住检验而不发生错误和矛盾。

7.3　标准化定义的问题分析

一个学科的核心概念的定义是非常重要的,它是学科理论建立的基石。学科的核心概念对学科发展起定位、引导、指向作用,同时也起到与其他学科的划界和对本学科的划界的作用。定义不到位,就会形成认识的冲突和理解的障碍。世界上,对标准化概念的定义一直存在着学术上的争议,从未达到真正的认识统一。下面对 ISO/IEC 标准化概念的所谓权威定义(ISO/IEC 指南第 2 号第八版)的内容作一个剖析,从概念的层次、定义的标准化元素、标准化的历史三个方面进行分析,考查这一标准化定义的不妥之处。

7.3.1　概念的层次分析

仔细推敲,ISO 的这个定义存在很多问题,严格意义上不是标准化的定义,如果作为"标准化工作"或"标准化任务"(即标准化三大任务)的定义还比较适合,它属于标准化概念体系中第三层次的概念。标准化概念中的第一层次是标准化内涵的概念,第二层次是标准化外延的概念(标准化加前缀的概念),第三层次是标准化的过程、活动、方法、途径等概念(标准化加后缀的概念),它们间的关系如图 7-1 所示。当前的国际版标准化定义,顶多作为标准化组织工作中的标准化定义,或者说是限定使用范围且是特指的标准化定义,而不是具有普遍性意义的标准化概念本质性的定义。一个概念的定义是否确切，需要进行概念应用的检验，看其是否达意。如果将标准化定义为“活动”或者“过程”，那么“标准化活动”和“标准化过程”这类词不会再存在，否则我们说“开展标准化活动”和“监督标准化过程”就会说成“活动”的“活动”或“过程”的“过程”这种语无伦次、词不达意的状况。再如，我们说这些军人穿的军装是标准化的，马路上的交通标志是标准化的，显然不是说这些军装和交通标志是“在进行制定、发布和实施标准的活动”，是想说它们是统一的或很一致的。“语言中的逻辑结构只是认识主体通过概念之间的关系对客观世界的一种描述或模拟，它本身就带有一种试错与逼近的性质”[8]。如果对概念所作的定义偏离人们对概念的认识，就难以引起人们的共识和共鸣，也难以进行准确表达和交流，我们将会失去由衷的和习惯的概念。国际上一些标准化工作者也表示，“ISO 的定义由于有不足之处而不能使我们标准化工作者感到满意”[3]。

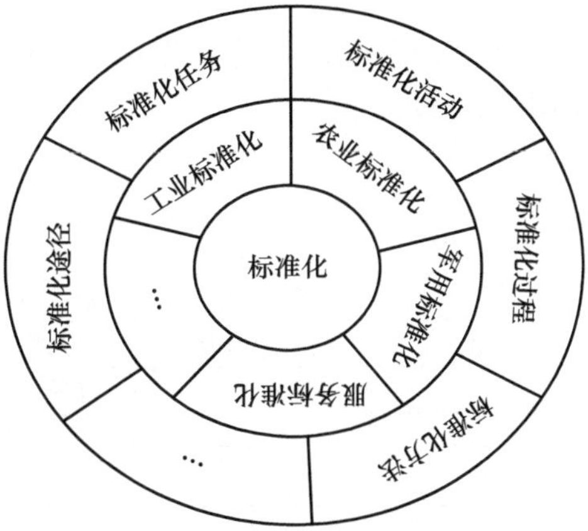

图 7-1　标准化概念体系的关系

7.3.2　定义的标准化元素分析

该定义以“目的”、“对象性质”、“目标范围”、“行为”、“概念主体”等元素来界定标准化概念，这些元素被定义者看成是决定标准化概念的要素。ISO 定义中，“目的”是“为一定范围内获得最佳秩序”，“对象性质”是“共同使用”和“重复使用”，“目标范围”是“现实问题”和“潜在问题”，“行为”是“制定、发布和实施标准”，“概念主体”是“活动”。审视“目的”元素，ISO 定义把标准化的目的界定为“获得最佳秩序”，而最佳秩序只能是标准化的目的之一，不是全部，标准化的目的还有：最高效率、最低成本、最佳质量、最高安全等。“获得最佳秩序”并不能等价于其他目的。同样，ISO 定义中的“对象性质”是“共同使用”和“重复使用”，实际上，标准化的对象性质还有“互通使用”、“一次使用”、“单方使用”等。ISO 定义中的“目标范围”是“现实问题”和“潜在问题”，实际上标准化的目标范围还可以有“未来问题”、“预测问题”等。定义中的“行为”是“制定、发布和实施标准”，实际上标准化的行为还有“通用化设计”、“系列化设计”、“模块化设计”、“品种/规格压缩”、“标准体系构建”、“标准化研究”等，这些并不包括在“三大任务”中。定义中的“概念主体”是“活动”，实际上标准化的概念主体还可以有“工作”、“任务”、“过程”、“状态”等选择。按照 ISO 现行版的标准化定义，上述属于标准化范畴的许多元素并未被纳入定义中，而是被定义排斥到标准化概念之外。定义中和定义外的标准化元素如表 7-2 所示，表中有底灰色的元素是定义中的标准化元素，无底灰色的元素是未纳入定义中的标准化元素。

表 7-2　标准化定义中和未纳入定义中的标准化元素

概念主体	目的	对象性质	目标范围	行为
活动	最佳秩序	重复使用	现实问题	制定、发布和实施标准
工作	最高效率	共同使用	潜在问题	“三化”设计
任务	最低成本	互通使用	未来问题	品种/规格压缩
过程	最佳质量	一次使用	预见问题	标准体系构建
状态	最高安全	单方使用	周期问题	标准化研究
…	…	…	…	…

ISO 对标准化的定义采用的方式是穷举法，这种方法不适合作为核心概念的定义。核心概念通常要求适用范围很广，穷举法难以穷尽所有的内容，遗漏部分就会被排斥在外。如果用穷举法定义，就很难定义得全面完善，且定义的内容就会又长又散，难以记忆和表述。这种问题是定义的方法问题。

ISO 的定义，在语言的表达上也存在问题。它将标准化定义为“制定……规则的活动”，然后加注释说明“制定……规则的活动”是指“制定、发布、实施标准的活动”，使不等价的表达拥有等价的意思。这违反了“语言表达不等价，意思也不等价”的关系。如果 ISO 定义不加注释，“制定……规则的活动”就等于标准化，这就使标准化的范围更狭隘。

ISO 的定义，最大的问题还不是定义的方法问题和语言问题，核心问题是定义的概念内涵定位的问题。ISO 将标准化定义为“制定……规则的活动”，这个定义是标准化的工作定义，不是标准化本身的定义，或者说 ISO 的标准化定义没有给出标准化的本质内涵。

7.3.3　从历史角度分析

ISO 指南第 2 号把标准化定义为“制定、发布、实施标准的活动”，这就相当于把没有“制定、发布、实施标准的活动”的标准化活动排除在标准化之外。标准化的历史源远流长，已有几十万年甚至几百万年。最早的标准化行为始于旧石器时代的语言形成、石骨竹器工具打造等，那时并没有“制定、发布、实施标准的活动”，目的也不是最佳秩序，而是畅通交流和提高劳动效率。国内许多标准化的理论书籍把标准化的发展历史分为古代标准化、近代标准化、现代标准化。近代标准化始于 18 世纪中期，也就是说古代标准化是 18 世纪中期以前的时间。世界上第一个为重复使用制定的标准(螺纹标准)产生于 1834 年，标准制定的历史到现在只有 100

多年。从历史看，标准化是先于规则或文件标准制定的，即时间顺序上是先有行为标准、实物标准及其标准化，后有文件标准制定活动。如果用“制定、发布和实施标准的活动”作为标准化的定义内容，那就会对规则制定前的标准化历史进行否定，同时否定了标准化发展历史悠久的命题，因此，不应以后者作为标准化的界定，导致排斥前者这一标准化历史事实的存在。

从以上分析可看出，标准化核心概念定义的具体化方式，限制了标准化的范围，是狭隘的，且未深入到标准化的本质关系上，是难以广泛接受的，是有碍标准化理论性和科学性深化发展的，是自我限制了标准化的范围和脱离了理论属性地位。用具体事项定义标准化概念的方式，难以抓住概念的普遍性和知识的根源性要义。这种定义属于应用末端认识，而不是根源认识，是难以提炼本质关系的。标准化概念定义最大的问题是将标准化概念定义在工作上，没有定义在学术关系上，或者说没有以标准化的本质规律或现象来定义。

7.4　标准化定义的理性化思考

当前标准化概念的定义是基于标准化具体工作的状况思考的，是从这个角度定义的结果，使其未对准学科理论期望的方向。它在内涵的全面性、逻辑的严谨性和认识的同一性上都存在问题。这个定义是标准化机构工作者的工作经历和经验感受的具体内容，缺乏抽象归纳和哲学层面的认识，也不具有普遍适用性。国外有的学者认为，标准化的概念是不可能统一的，这种态度是学术悲观的表现。标准化如果是一门科学，或者想要发展成一门科学，标准化的概念就应是可确定的，因为这一概念可以从自然和社会的标准化客观现象中归纳获得，而不像“以太”、“燃素”等概念来自假设，且无法确证。

概念定义和术语定义是不完全相同的。概念定义是反映对象的特有属性的思维形式，是通过实践从对象的许多属性中抽出其特有属性概括而成。概念定义的形成，标志着人们的认识已从感性认识上升到理性认识，其语言形式是词或词组[9]。概念定义是对事物本身的认识，或对事物本身概括的思考。术语定义是人为地把事物称作什么。概念定义要求具有普遍适用性，是解决认识的普遍性和统一性问题。概念的定义在任何领域应是唯一的。术语定义只要在指定范围内适用即可，如某产品标准中的术语定义只在本产品标准中有效，在其他标准中这个定义就不一定适用。术语定义主要解决不同领域、不同学科、不同专业相同术语不同含义的界定问题和名词简化的识别问题。因此，作学科核心概念的定义不应采用与作术语定义相同的态度。概念定义和术语定义既可以分离，也可以统一。“标准化”的自然性思维的概念应与“标准化”术语的人为定义相统一。“标准化”概念和术语定义的统一，需基于认识的统一。概念和术语定义不统一，就会产生认识上的矛盾,在认识上形成抵制。认识统一是概念与术语定义统一的前提。

标准化的概念是自然和社会某种客观现象给人们形成的认识,是对现象的思维形成的概念。这一概念的产生源于客观现象的“发现”(感性归纳),然后创造一个名词和应用要素词句来描述对应现象的事实。标准化概念的定义应符合对标准化规律现象的认识。标准化概念的定义不应该用“发明内容”与其对应,因为这样没有客观现象与其对应,难以发挥对客观现象的解释作用。如果标准化概念采用“发明”(理性演绎)模式定义,这样的定义具有强加性,是不可进行理论溯源的,且对学科理论研究意义也不大,不能对标准化理论的发展起推动作用。“发明内容”的概念定义属自我定义,自我定义不需要解释概念的来源,它是没有归宿的。标准化概念的定义应采用“发现的态度”,而不是“发明的态度”。“发现的态度”是让主体认识服从客体现象。“发明的态度”是让客体现象服从主体认识,不需要尊重历史起源和认识积累,对于具有悠久历史认识的标准化概念有强加性和扭曲性作用。因此,标准化的概念不应该用建立新现象来定义,而是用认识客观存在现象来定义。

标准化理论的创建首先要建立好其核心概念,并要保证标准化概念的严谨和准确,以便为理论关系的确立进行正确的指导和定位。概念要准确、清晰,知识才能落地、生根、发芽、开花、结果。不准确和不清楚的概念将是漂浮的、人们无法认同的和难以深刻记忆的。科学的定义应是普遍适用的,可证实和证伪。标准化的定义不能限定在标准化概念的局部内涵上。因此,标准化的定义需要高度抽象化,使其具有标准化概念认识的普遍适用性。满意的定义应与相应的概念统一。对于客观存在的事物,概念形成定义的合理逻辑公式为

$$C \rightarrow W \rightarrow D = C$$

式中,C 为概念 conception;W 为词或词组 word;D 为符合词或词组含义和客观现象的定义 definition;→表示进展方向。上述公式表达的意思是:人们对某客观现象形成了概念,然后选词或词组赋给这个概念名称,再对这个概念下一个定义,概念定义的内涵和外延应完全符合人们对概念的认识。对于学科的核心概念,符合这一公式关系的定义是可接受的,否则是不可接受的。标准化概念的定义对标准化理论的建立意义重大,因为标准化概念是其理论大厦的根基,是“思维的细胞”,没有深刻、严谨、透彻本质的概念,标准化的理论大厦也会风雨飘摇,随时倒塌。只有对标准化的概念有深刻的理性认识,给出普遍适用的定义及其数学模型,标准化才能建立起牢固可靠、壮丽宏伟的理论大厦。

7.5 标准化概念的理性分析

当前,标准化概念的定义普遍采用的是 ISO 指南第 2 号第五版的定义,最新定

义是第八版的，它等同第五版。我国对标准化概念的定义是等同或修改采用 ISO 指南第 2 号第五版的定义。这一定义在标准化概念的层次关系、标准化元素的完备性和标准化历史协调性三个方面都存在问题。这一定义属标准化概念第三层次的定义，且以感性内容来定义，难以支持标准化原理的建立和理论的发展[10]。标准化概念的定义不应该只是标准化工作者感兴趣的，更重要的是要使全社会的非标准化人员对其也感兴趣，自觉性地去研究和应用标准化知识，因此，标准化的定义不应定在标准化专职人员熟悉的标准制定活动上，使其失去科学内涵和价值。标准化理论的建立和发展需要理性概念的支持。标准化的理性概念不应该是具体事项组成的、枚举组合的、过程的、未验证的，它应该是基于抽象关系的、可模型化的、可验证的。

经过对 ISO 标准化概念定义存在问题的深入讨论，强化了标准化理性概念建立的必要性。一般来说，概念就是认识主体反映客观事物的属性、联系和本质特征的思维形态。科学的概念的规律是可再现的和可检验的[8]。一个深刻、成熟和科学的概念，是对隐藏在现象背后的事物本质和必然联系在感觉基础上的抽象思维的结果，不应该是一些重要的相关具体概念的精心组合。而 ISO 或 ISO/IEC 指南第 2 号第五版～第八版中标准化概念的定义，采用的就是概念的组合体方式。

ISO 标准化概念的定义将标准化定义为一种活动或过程。活动或过程是不稳定的，是无形的。活动的概念是一个不可证实的概念，因为它是过程，不是结果，且活动的起算点不明确。在 ISO 的标准化概念定义中，是以标准制定、实施、监督活动之一算标准化，还是三种行为活动都发生了才算标准化，这一问题在定义中没有明确。如果是以之一行为算作标准化，标准化将是无结果的活动。如果以所有行为作为标准化，标准化将是无期的活动。以多概念、长周期、过程性来定义标准化的概念，是难找到对应现象的，是不“可视”的现象（无形象的），它没有复现性、效果验证性和可证实性，缺乏科学意义。标准化概念需要“可视”性和抽象性，否则在学科理论中是乏力的和无所作为的。标准化应是一种“结果”，而不是一种“过程”或“活动”。例如，松浦四郎提出，“尺寸标准化的目的是要得到功能互换性。”这里的标准化显然不是“制定标准的活动”的概念，而是尺寸“统一化”的概念，是对标准化由衷的概念。

要准确把握标准化概念，还应对标准化的词性进行分析。在“标准化”中，有一个关键词是“化”字。“化”字作为名词和形容词的后缀，表示转变成某种性质或状态[11]。“标准化”可以是动词，也可以是名词。在一些书籍中，“标准化”这个词经常会被用作主语、谓语、宾语、定语，因此，“标准化”这个词应适应句子的各种词性（主语、谓语、宾语、定语等）。标准化的先驱泰勒在《科学管理》中提到，“要使工人掌握标准化操作方法（定语）……并使作业环境标准化（宾语）。”“标准化”作为理论性的概念时，我们不希望它是动词，而是名词，是一个稳定的、可复现的和可证实的关系。

科学的“标准化”概念的定义，应具有以下理性要素：

(1) 使标准化的概念具有普遍适用性，对标准化的内涵有最大包容能力；

(2) 具有标准化的特殊性，是学科唯一性的，不会与其他学科的概念相混淆；

(3) 充分地反映对标准化的客观认识，而非主观的人为规定；

(4) 应抽象标准化本质，而不是标准化感性具体概念的多元组合；

(5) 应能使标准化概念数学化和模型化，有逻辑的理论表达形式。

标准化的概念具备了以上五个要素，标准化的概念就可称得上是理性的概念。

7.6 标准化理性概念的创建

标准化的“化”表达的是一种性质或状态，标准化的本质是统一化[12]，标准化概念反映的应该是一种“统一化状态”。统一化是标准化的本质，简化、协调是统一的过程，协调是统一化的要求和特性，秩序化是统一的效果。

标准化的统一化有自然环境形成的统一化和人的“意志和行为”带来的人为统一化。对于人的“意志和行为”带来的统一化(不是自然界造成的统一化)，是人为针对性的统一化，是对预定“对象”的统一化。标准化的统一化不是无限的时间和空间范围的统一化，它是在有限的“时间”和“空间”界限内的统一化。标准化的统一化是有“目标”的统一化，是在约定“目标”范围内的统一化。标准化的统一化需要“状态”结果，由此带来效果，而不是那种不可评价效果的过程或活动。从以上分析可归纳出定义标准化概念的要素：概念主体、目标、对象、时间、空间、行为者、结果状态等。标准化概念的定义，应体现标准化要素的关系，而不是罗列。理性的标准化概念定义，应捕获共享理解，反映自然认识的概念，具有本体的属性。按照以上理念，创建以下标准化概念的理性定义：**在一定的时域和空域中，按约定范畴实现统一化的状态**。

以上标准化概念的定义有以下八个要义：

(1) 标准化是一种状态，概念主体是“状态”，不是“活动”，其状态是“统一化”的状态，“统一化”是标准化的最主要的特征。

(2) 标准化的统一化状态是在“约定范畴”内的统一化，是有目标要求的统一化，这个目标内容就是“约定范畴”。“约定范畴”是一个广义的认同内容，它包括：基准、准则、标样、标准、规则、规定、要求、文件、公约、合同、法规等。“约定范畴”的内容通常是围绕有意义或有利益的目的来确定的，这些利益可以是技术的、社会的、经济的、军事的、政治的等。“约定范畴”有多种形态，可以是文件、物质、行为、现象等。

(3) 标准化的“对象”是标准化的载体，“对象”的原状态是标准化前的状态，

"对象"转变为标准化状态后，标准化的效果就会在对象上产生。

(4) "一定时域"是标准化的统一化可保持和可再复现的时间期，即表现为统一化的时间稳定性和统一化的时间可重复实现性。重复使用是时间统一化的往复实现性。"时域"可长可短，长短取决于统一化效果认定的时期范围。

(5) "一定空域"是标准化的统一化可保持和共同实现的空间范围，即表现为统一化的空间稳定性和统一化的可共同实现性。共同使用是空间统一化的共同实现性。"空域"可大可小，大小取决于统一化效果认定的空间范围。

(6) 标准化的统一化在一定的"时域和空域"内是可实现的统一化，即不同空间区和不同时间段的对象的统一化，表现为异时异空事物的统一化。

(7) 标准化的状态的实施主体是大自然或人，是自然规律或"标准化行为者"的"意志和行为"所致。

(8) 标准化的状态是一种结果状态，是实现了"统一化"的结果状态，不是过程的状态，"统一化"是标准化的价值体现。

标准化的概念高度抽象了标准化的本质内涵，概念对自然世界的客观标准化状态和主观建立的客观标准化状态都能符合，且具有理论性和学术性特征，为标准化的理论发展奠定了重要基础。

7.7　标准化概念的关系模型和数学模型的创建

标准化概念的定义形成了标准化思维的支持要素：概念主体、时间、空间、目标、结果状态等，标准化的这一思维支持要素不同于其他学科的思维支持要素，如物理学的思维支持要素是：物质、能量、条件、现象等。凡是有行为就有标准化需求，标准化旨在解决行为无序和偏离带来的低效或负效。标准化的状态是统一化状态，标准或约定是转换为统一化状态的"灵魂"，目的是实现约定的期望。标准化学是研究实现统一化结果的学问。可根据标准化概念的思维支持要素，建立标准化概念的理论模型。

7.7.1　标准化关系模型的创建

凡是涉及变换的行为事件，都可尝试建立其关系模型。这种关系模型给出概念化的行为事件按特定的关系变换到概念化结果。行为事件及其结果的关系模型(简称"事件结果"模型)为：对"事件"集合中的"事件"元素，实施与结果相关的"变换"作用，使"事件"元素"变换"到"实施结果"集合中，这种"事件变换"的关系模型如图 7-2 所示。

标准化是一种行为事件，其关系模型是事件特定变换的关系模型。事件的特定变换就是标准化变换。当今，我们研究的标准化是人造的标准化，自然界的标准化对社会文明和进步没有直接关系，它主要起一些启发作用，因此，以下所研究的标准化是指人为的标准化。人为的标准化不是自然规律，是人造规律。人嵌入在标准化变换系统中，并与其浑然一体。标准化就是将“事件”规范“实施”后，形成结果“统一化”的状态。根据标准化的理性概念定义，可创建标准化概念的关系模型。标准化概念的关系模型为：对“事件”集合中的“事件”元素，实施具有标准化“约束关系”的“变换”作用，“变换”到“实施结果”集合中的标准化约定的“子集”中，使“实施结果”实现统一化状态，标准化概念的变换关系模型如图 7-3 所示。

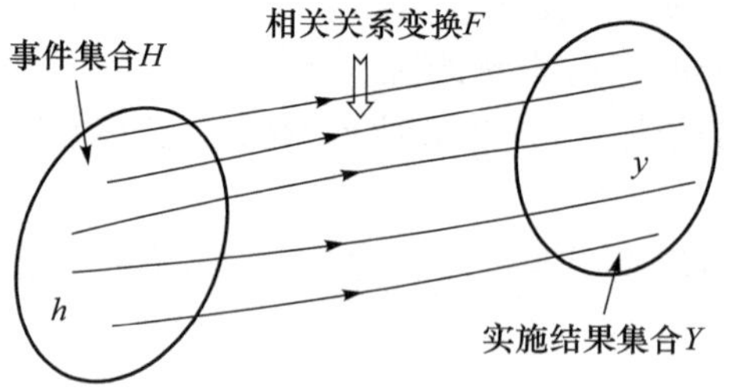

图 7-2　事件变换的关系模型

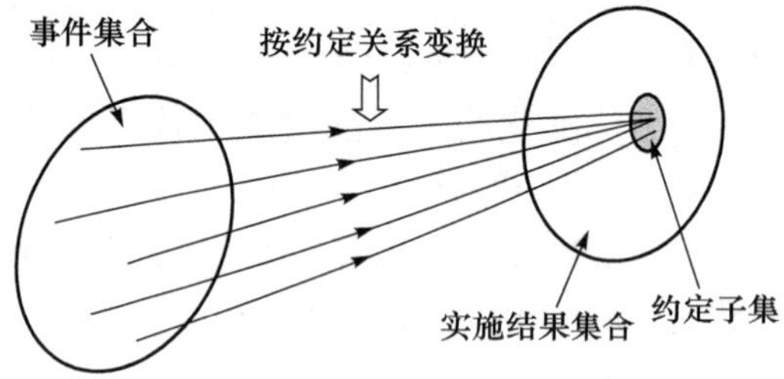

图 7-3　标准化概念的变换关系模型

7.7.2　标准化概念数学模型的创建

建设标准化的理论，还需要把标准化概念抽象为具有普遍意义的数学表达关系。马克思说：“一种科学只有在成功地应用数学时，才算达到完美的地步。”因此，对标准化的重要基础标准化概念应建立其数学模型。基于以上标准化关系模型基础可建立相应数学模型。以上关系模型反映的是数学中的“集合”和“映射”的关系，关系模型中的“变换”，其实就是数学中的“映射”，可将图 7-2 中的事件结果的关系模型转换为数学模型。设事件元素 h 的集合为 H，映射为 F，H 是映射 F 的定义域，记为 D_F，h 经过映射的像为 y，y 落入事件结果值域 R_f 中，y 的集合为 Y，行为事件的数学模型为

$$F: H \rightarrow Y \tag{7-1}$$

$$h \mapsto y = F(h) \tag{7-2}$$

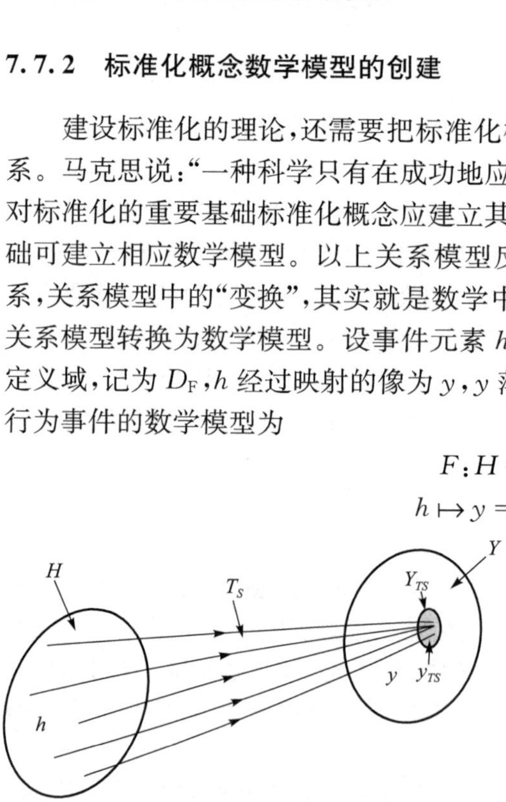

图 7-4　标准化概念的数学关系模型

式(7-1)表示映射 F 将集合 H 变换为集合 Y，式(7-2)表示事件元素 h 的映射像是 y 或 $F(h)$，即 h 经映射 F 变换为 y 或 $F(h)$。

对图 7-3 标准化的关系模型进行符号标注建立图 7-4 所示的标准化概念的数学关系模型，根据图 7-4 标准化概念的关系模型，可创建标准化的

数学模型。设具有标准化约定的映射为 T_S，标准化约定的映射像为 y_{TS}，标准化约定像的子集为 Y_{TS}，h 的映射像为 y_{TS} 或 $T_S(h)$。标准化概念的数学模型为

$$T_S: H \to Y_{TS} \tag{7-3}$$

$$h \mapsto y_{TS} = T_S(h) \tag{7-4}$$

式(7-3)表示具有标准化约定的映射 T_S 将集合 H 中的 h 变到集合 Y 的子集 Y_{TS} 里($Y_{TS} \subset Y$)，式(7-4)表示事件元素 h 的映射像是 y_{TS} 或 $T_S(h)$。称 H 是映射 T_S 的定义域，记为 D_{TS}。由所有的像 $T_S(h)$所组成的集合称为 T_S 的值域，记为 R_{TS}，即

$$R_{TS} = \{y_{TS} \mid y_{TS} = T_S(h), h \in H\} \tag{7-5}$$

式(7-5)中，值域 R_{TS}并不一定等于 Y_{TS}，而是 $R_{TS} \subset Y_{TS}$。标准化概念的数学关系模型如图 7-4 所示。

标准化概念数学模型的含义和应用可用例子来说明。例如，召开一个国际讨论会，参会代表是事件元素：h_1 为中国代表王华、h_2 为美国代表泰勒、h_3 为日本代表田中、h_4 为俄罗斯代表安娜、h_5 为英国代表史密斯，代表的全体为集合 H，代表用本国语言发言为映射 F，代表用英语发言为映射 T_S，代表发言语言(映射像)为：y_1 为汉语、y_2 为英语、y_3 为日语、y_4 为俄语，代表发言语言的全体为集合 Y，代表发言的语言为英语是子集 Y_{TS}。如果开会用映射 F，即每个人用本国语言发言，结果是有 4 种语言发言，发言的映射像分别为 y_1、y_2、y_3、y_4，因语言不统一，会议无法交流。如果采用映射 T_S(统一化语言)，每人用英语发言，映射像为 y_2，会议统一了交流语言，会议代表间可相互交流。

在数学模型中，映射的值域可有三种表达结果：概念的、数值的、概念和数值混合的。标准化映射有一一映射的，也有非一一映射的。

映射本身有同类间的和非同类间的、线性的和非线性的、约束的和非约束的。映射的像有数值的和概念的、稳定的和不稳定的、清晰的和模糊的。标准化的映射是“行为的”、“约束的”映射，映射像为“稳定的”、“清晰的”映射像，映射的结果统一在约定集，这种映射表达了标准化概念的本质内涵。

7.8　标准化概念数学模型的演绎

式(7-3)～式(7-5)给出了标准化概念的基本数学模型，在此基础上，可针对标准化概念表达的具体情况，演绎出相适应的标准化概念数学模型。以下建立标准化概念的三种演绎数学模型：时空人变量数学模型、复合映射关系数学模型、约定表征关系数学模型。

7.8.1　时空人变量的数学模型

现实中，即使是同一目的的人群行为，其结果一般也是不统一的，这主要是行

为者的不同和行为者在时间、空间的动态性造成的，变化的因素是人、时间、空间，简称为“时空人”。如果涉及“时空人”变量的事件状态实现统一化，说明事件的变换是标准化的变换，可演绎出“时空人”关系的标准化概念数学模型。这是“时空人”变化条件下的标准化描述。设具有时间变量 t、空间变量 s 和行为者变量 p 的事件为 $h(t,s,p)$，事件集合为 H，映射为 F，具有标准化约定的映射为 T_S，“时空人”变量的映射像为 $y(t,s,p)$，像集合为 Y，约定映射像为 $y_{TS}(t,s,p)$，其子集为 Y_{TS}，这一关系的标准化概念的数学模型为：

对于所有的 $t\in T,p\in P,h\in H$，存在

$$T_S:H\rightarrow Y_{TS} \tag{7-6}$$

$$h(t,s,p)\mapsto y_{TS}(t,s,p)=T_S(h(t,s,p)) \tag{7-7}$$

式(7-6)和式(7-7)的数学模型，是用以表达“时空人”变化情况下的标准化。例如，工厂生产产品，分成多个生产组，一日三班轮流在多条生产线进行生产，事件为生产组的生产 $h_i(t,s,p)$($i=1,2,\cdots,m$，为生产组代号)，t 为生产时间，s 为生产线位置，p 为生产人员，映射 T_S 为按标准化生产，像 $y(t,s,p)$ 是生产的产品，像 $y_{TS}(t,s,p)_{ij}$ 是按标准化要求生产的产品($i=1,2,\cdots,m$，为生产组代号；$j=1,2,\cdots,n$，为生产的产品序号)。这一数学模型具有结果像对逆像(原像)动态信息的可追溯关系，函数中的事件变量是可增加和减少的。式(7-6)和式(7-7)给出了主观建立标准化的数学模型，是主观建立标准化的最基本数学表达关系。

7.8.2 复合映射的数学模型

当事件要经过多次标准化映射才能有结果时，可演绎建立复合映射的标准化概念的数学模型。当式(7-3)的映射 T_S 是由映射 T_{S1} 和映射 T_{S2} 形成时，即两次映射，映射 T_{S1} 将事件集合 H 变到集合 Y_{S1} 里，T_{S2} 将集合 Y_{S1} 变到集合 Z_{S2} 里，标准化概念的数学模型为

$$T_{S2}\circ T_{S1}:H\rightarrow Z_{S2} \tag{7-8}$$

$$h\mapsto z_{S2}=T_{S2}(y_{S1})=T_{S2}(T_{S1}(h)) \tag{7-9}$$

式(7-8)、式(7-9)的复合映射可以是两次以上的多次复合映射，只要存在相应的多次映射关系。例如，公司按标准化进行产品开发就是复合映射关系，可以设标准化设计为映射 T_{S1}、标准化加工为映射 T_{S2}、标准化装配为映射 T_{S3} 等。

7.8.3 约定表征型的数学模型

式(7-6)和式(7-7)的数学模型是实际中标准化的普遍模型，当标准化映射中的像(或结果)表达对应约定关系 C，且约定为明确数值或明确概念时，标准化的概念可演绎为以下数学模型。

对于所有的 $t\in T,p\in P,h\in H$，存在：

（1）当约定为一定值或明确概念 C 并要求结果等于 C 时，标准化概念的基本数学模型仍为式(7-6)和式(7-7)，而标准化映射的像的数学模型为

$$y_{TS}(t,s,p)\equiv C \tag{7-10}$$

（2）当约定要求结果小于等于定值 C 时，满足：

$$y_{TS}(t,s,p)\leqslant C(\text{或}<C) \tag{7-11}$$

（3）当约定要求结果大于等于定值 C 时，满足：

$$y_{TS}(t,s,p)\geqslant C(\text{或}>C) \tag{7-12}$$

（4）当约定要求结果在定值 C_1 和 C_2 之间时，满足：

$$y_{TS}(t,s,p)=C_1\sim C_2 \tag{7-13}$$

式(7-10)和式(7-13)的情况是比较常见的和好理解的，式(7-10)的情况为符合一个定值，式(7-13)的情况为符合一个范围值，如公差带值。式(7-11)的情况通常适合不利因素释放的限定，如废水、废气控制的标准限。式(7-12)的情况通常适合有利因素的增加，如食品营养含量的标准规定最低限、产品性能指标的最低限等。式(7-10)～式(7-13)中的变量是可增减的。

除了以上演绎的标准化概念数学模型外，标准化的概念还可以根据其他情况进行演绎，建立相应情况的标准化概念的数学模型。

7.9　标准化概念的应用与验证

一个定义是否科学严谨，主要看它是否经得住证实或证伪，即与事实相符而无例外。对于标准化的理性概念，从与历史的融合、表述层次和标准化概念元素三个方面进行验证，或者用当前标准化概念定义的问题来验证。

标准化的历史可追溯到旧石器时代，那是最早的标准化，人类为了交流和劳动效率，对语言和石骨竹器工具分别做了统一工作。本书提出的标准化概念的理性定义为：**“在一定的时域和空域中，按约定范畴实现统一化的状态”**。这一概念对历史的标准化内容进行了包容，接纳历史的统一行为是标准化行为。“约定范畴”在旧石器时代就是语言样声和石骨竹器工具的仿样。

从概念的层次来验证：对理性概念加上前缀“工业”、“农业”、“军用”、“服务”等，工业标准化就成为“工业的统一化状态”……“服务的统一化状态”等，这与公众认识吻合；对理性概念加上后缀“工作”、“任务”、“过程”、“活动”等，标准化活动就成为“实现统一化的工作”……“实现统一化的活动”，不会出现“活动的活动”和“过程的过程”，也与公众认识吻合；当我们说这些军人穿的军装是标准化的，马路上的交通标志是标准化的，就是说这些军装和交通标志分别是“统一化状态的”，这又符合了人们的标准化概念认识。

ISO 版标准化概念定义主要涉及“概念主体”、“目的”、“对象性质”、“目标范

围”、“行为”五个方面的标准化元素，并且以五个方面的一小部分标准化元素来定义标准化概念，使五个方面的大部分标准化元素被排斥在标准化定义之外。本书的标准化理性概念定义未应用标准化的具体“目的”、“对象性质”、“目标范围”、“行为”元素，只涉及了“概念主体”，因此，在四个标准化元素方面不会有排他性。本定义的“概念主体”定位于“统一化的状态”，主要有两个考虑：一是标准化的“化”字的落点在状态[11]；二是标准化的本质是统一。这一“概念主体”是高度抽象的标准化本质表达，不是标准化具体要素的组合，因此，本书定义的标准化概念没有排他性。

通过进行历史相容性、表述层次适合性、元素排斥性等标准化定义最难过关的三个方面的验证，本书的标准化理性概念定义都未被证伪，因此，本概念定义成立。如果标准化的概念用“活动”或“过程”等具体概念来表达，标准化的概念只是一种任务属性，不会有理论属性，且难以为标准化理论的发展提供理性基础。

7.10　标准化状态的空间和时间传播数学模型和关系模型

概念、过程、方法、行为等事项的共同使用，形成了这些事项的空间(或空域)标准化。概念、过程、方法、行为等事项的重复使用，形成了这些事项的时间(或时域)标准化。空间标准化是事项的标准化状态在空间域传播的结果，时间标准化是事项的标准化状态在时间域传播的结果。事项标准化状态的空间传播和时间传播规律符合以下数学模型和关系模型。

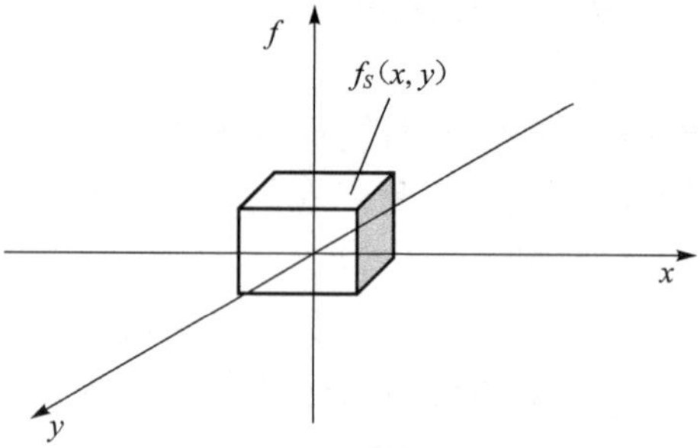

图 7-5　空间标准化状态函数

设一个空间标准化状态函数为 $f_S(x,y)$，其函数图形关系如图 7-5 所示。区域(ξ,η)为非标准化的自由区域或无序区域，该区域的非标准化的状态函数为 $o(\xi,\eta)$(标准化状态建立前的状态)。在区域(ξ,η)中的坐标位置(x_0,y_0)建立标准化状态，设 $g(x,y)$为建立标准化状态的地点分布函数：

$$g(x,y)=\sum_{n=0}^{\infty}\sum_{m=0}^{\infty}\delta(x-nx_0,y-my_0) \tag{7-14}$$

式中，$\delta(x,y)$函数的性质为，当 $x=0,y=0$ 时，$\delta(x,y)=1$；当 $x\neq0,y\neq0$ 时，$\delta(x,y)=0$。对非标准化区域(ξ,η)，按照安排的地点建立标准化状态，其数学模型为

$$s(x,y)=\iint_{-\infty}^{+\infty}o(\xi,\eta)f_S(\xi,\eta)\sum_{n=0}^{\infty}\sum_{m=0}^{\infty}\delta(x-\xi-nx_0,y-\eta-my_0)\mathrm{d}\xi\mathrm{d}\eta \tag{7-15}$$

式中，$s(x,y)$为实施标准化状态后的空间分布函数，$n=1,2,\cdots,m=1,2,\cdots$。当原状态为无序的均匀状态时，此时空间原状态函数 $o(\xi,\eta)=c$，c 为常数(可将 c 规一化为 1)，说明该空间的对象是可以进行标准化原形的复制的，即能建立与标准化原形相同的状态，式(7-15)的计算结果为 $s(x,y)$，表明标准化状态 $f_S(\xi,\eta)$在平面(ξ,η)的(x,y)点建立了标准化状态 $f_S(x,y)$，$f_S(x,y)$的一个状态可看成标准化的某个地点的约定函数，其状态关系如图 7-6 所示。由于(x,y)点是任意的，所以标准化的状态可以看成在(ξ,η)平面的任意点建立。$f_S(x,y)$也可按等间隔地点(nx_0,my_0)建立标准化状态，即在(x_0,y_0)、(x_1,y_1)、(x_2,y_2)、…、(x_n,y_n)等点建立标准化状态。式(7-15)相当于将非标准化区域(ξ,η)中的非标准化状态转换成标准化区域(x,y)中的标准化状态分布 $s(x,y)$，其关系模型如图 7-7 所示。当非标准化状态 $o(\xi,\eta)$函数为线性函数时(不为常数时)，在建立标准化状态区域(x,y)中的标准化状态分布 $s(x,y)$为线性变形的标准化状态，即不能在位置(x,y)对标准化原型状态进行完全复制，而是相似性复制。当对象状态 $o(\xi,\eta)$函数为非线性函数时，说明在平面(ξ,η)的(x,y)点不能建立与原型标准化状态 $f_S(\xi,\eta)$完全一致的状态，即在标准化状态地区(x,y)中建立与标准化状态前函数相综合的标准化状态，即原型改型的标准化状态。这就相当于一种标准化模式向一个地区推出会因为要适应地区的特点而要进行一些调整，使标准化模式与特定的地区的实际情况需要相结合，这才有利于标准化的推广。

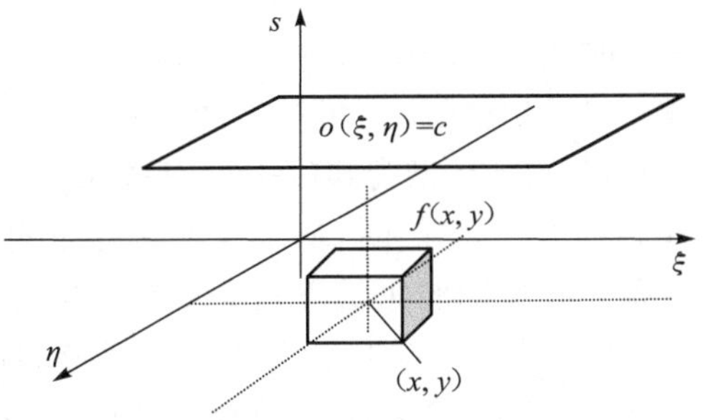

图 7-6　区域某点建立的标准化状态

设某个时间的标准化状态函数为 $f_S(t)$，其状态函数图形如图 7-8 所示。时间上非标准化的自由、无序的状态函数为 $o(t)$，在某时间期间的一个时间点建立标准化状态函数为$s(t)$。当事项标准化状态分布函数 $s(t)$在时间 τ 移动到时间 nt_0，使

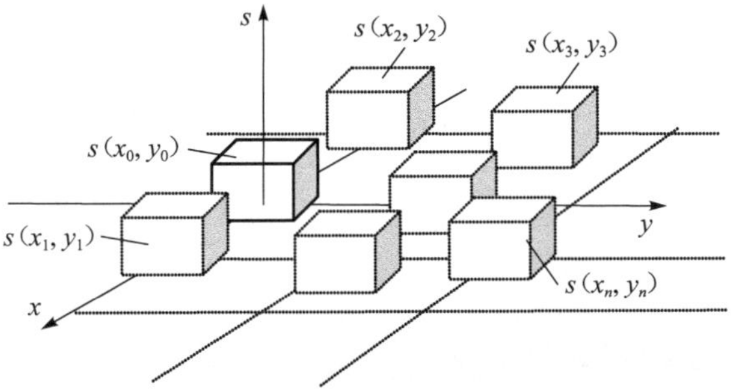

图 7-7　区域建立的标准化状态分布

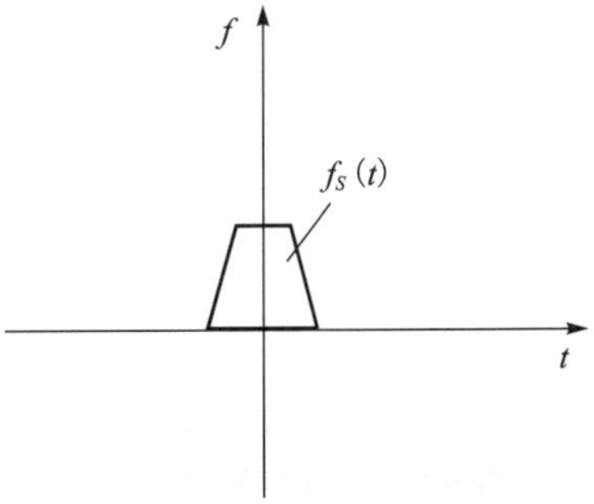

图 7-8　时间标准化状态函数

在时域的该时刻形成标准化状态，且建立标准化状态按等时间间隔建立，其数学模型为

$$s(t)=\int_{-\infty}^{+\infty}o(\tau)f_S(\tau)\sum_{n=0}^{\infty}\delta(t-\tau-nt_0)\mathrm{d}\tau \tag{7-16}$$

式(7-16)表明标准化状态在时域进行了许多标准化状态的复制，建立了原状态函数与标准化状态相综合的状态。单个标准化状态建立的关系如图 7-9 所示。由于时间 t 点是任意的，所以式(7-16)的标准化状态可以看成在时间 τ 轴的任意点建立；标准化状态也可按时间等间隔建立，即在 t_0、t_1、t_2、…、t_n 等时间点建立标准化状态，其数学模型为式(7-16)，其关系模型如图 7-10 所示。当非标准化对象状态函数 $o(\tau)=c$(常数)时，从未标准化的时间域 τ 转换成标准化时间域 t 的标准化状态分布为原型标准化状态完全复制。当对象状态 $o(\tau)$ 函数为线性函数时，在转换后的时间 t 中的标准化状态为线性变形的标准化状态，未能实现在时间 t 对原型标准化状态进行完全复制，只能建立相似的标准化状态。当对象状态 $o(\tau)$ 函数为非线性函数时，说明在时间 t 不能建立与原型标准化状态 $f_S(t)$ 相同的标准化状态，即在转换的时间 t 中建立对象状态 $o(\tau)$ 与标准化状态相综合的标准化状态分布函数 $s(t)$。标准化状态随时间的线性变化或非线性变化，说明在时间 t，原型标准化状态被时间变量对象的特点所修改或调整，可使其更符合现实的情况和价值。例如，完成产品加工的数量按时间建立标准化加工量，产品第 t 时段加工数量原型标准化量为 $f_S(t)=c$，要求全天按等时间间隔加工等量产品数量，工人随时间段的工作效率函数为 $o(\tau)$，实际上，工人不同时间段的工作效率是不同的，在时间 t 中产品完成加工的标准化数量 $s(t)$ 不是原型标准化的等量加工量，而是被工人生理效率时间函数 $o(\tau)$ 修改的，因为，加工数量随时间段不同，相同时间完成的产品加工数量是不同的，如工人白天加工产品的数量多，晚上加工的数量少。

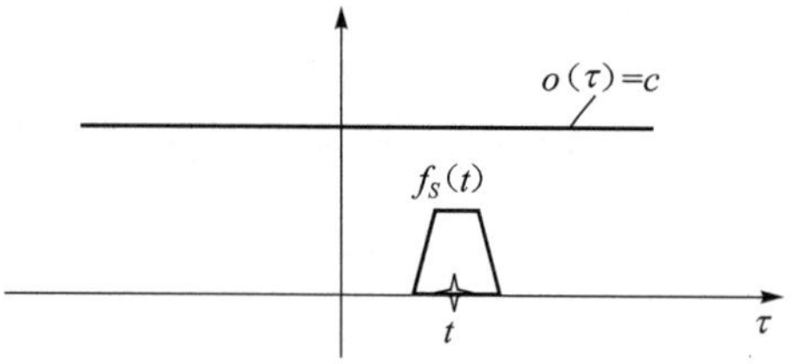

图 7-9　时间某点建立的标准化状态

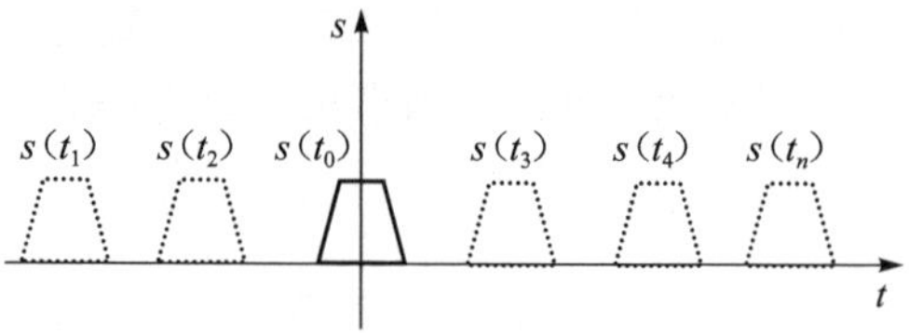

图 7-10　时间域建立的标准化状态分布

参 考 文 献

[1]　麦绿波. 标准化概念定义的评论[J]. 中国标准化，2011，(5)：45-50.
[2]　麦绿波. 标准化理性概念和数学模型的创建[J]. 中国标准化，2011，(7)：38-44.

[3]　顾孟洁. 憧憬与探索[M]. 3 版. 北京：中国标准出版社，2008.
[4]　王永谊. 企业标准化工作[Z]. 沈阳：辽宁省标准化协会普及委员会，1982.
[5]　特卡钦科 B B. 标准化的方法与实践[Z]. 3 版. 何振华，陈志田，宣湘，译. 北京：标准化协会，1981.
[6]　常捷，何逵. 标准化原理与方法[Z]. 北京：八机部《推进技术》编辑部，1982.
[7]　国家质量监督检验检疫总局，中国国家标准化管理委员会. 标准化工作指南 第 1 部分：标准化和相关活动的通用词汇(GB/T 20000. 1—2002)[S]. 北京：中国标准出版社，2002.
[8]　章士嵘. 科学发现的逻辑[M]. 北京：人民出版社，1986.
[9]　夏征农，陈至立. 辞海[M]. 6 版. 上海：上海辞书出版社，2009.
[10]　麦绿波. 标准化原理的评论[J]. 中国标准化，2011，(6)：40-45.
[11]　中国社会科学院语言研究所词典编辑室. 现代汉语词典[M]. 5 版. 北京：商务印书馆，2005.
[12]　麦绿波. 标准化的变革与发展[C]//中国科协第三届青年学术年会论文集. 北京：中国兵工学会，1998：1-7.

第8章 标准化的性质和作用

8.1 性质的特点和建立标准化性质的意义[1]

性质是“一种事物区别于其他事物的根本属性”[2]。事物的性质是事物特有的、固有的、本质的、基本的属性。事物的性质是事物表征自己、区别于其他事物的关系[2]。事物的性质也是事物的价值内容。例如，铁具有高的热传导性质、高硬度性质、高强度性质、高密度性质等，铁锅利用了铁的热传导性质，刀具、锯子等工具利用了铁的高硬度性质，房屋建筑的结构材料利用了铁的高强度性质，榔头利用了铁的高密度性质等。另外，事物的性质也可应用于鉴别事物的真假关系。例如，金子的真假关系可以利用金子的高密度特性进行鉴别，假货无论外观颜色做得多么逼真，甚至是用真金包住外层，但在密度上是无法等同金子的。

性质是附随着、紧跟着其所属事物的，是事物身份的体现和反映，是区别于其他事物的标志性关系，是事物的“身份证”或“标签”，可起到鉴别作用。具有标准化性质的状态才能称其为标准化。标准化性质的科学性是需要证实的，也是可证实的。

标准化的性质对标准化关系的建立和应用具有重要的理论意义和现实意义。标准化的性质不同于标准的性质，标准的性质是约束关系的性质，标准化的性质是统一化状态的性质。标准的性质已被研究提出，主要有基准性、规则性、公认性、可信性、公益性、知识性、普适性、稳定性八个性质[3,4]。

标准化性质是附属在标准化状态上的特有属性，是对标准化状态的表征。标准化的性质是标准化特征检验和标准化应用的特有属性。有了标准化的性质，可用其指导标准化状态的构建，还可以用于检验标准化状态构建的纯正性。标准化的性质的提出，对标准化的应用提供了明确的利用特征，有利于指导标准化的广泛性应用。

本书提出的标准化性质是标准化最主要的性质，是其根本性的性质。标准化的性质除了根本性的性质外，还有附随的属性、合成的属性、施加的属性等。

8.2 标准化的第一性质

标准化的第一性质是**一致性性质**。凡是标准化的事物或关系必呈现出一致性关系，不能拥有一致性的事物或关系就不能算作标准化的。一致性是一个等价的广泛概念，它等价于统一性、相同性和等同性等。标准化的一致性的呈现维度有时间维度、空间维度或时间和空间维度的一致性，即标准化的一致性可以是时间上相同性的重复，可以是不同地点的相同性，也可以同时具有时间的重复相同和空间不同地点的相同的存在。例如，一种按标准化生产的螺栓，昨天生产的、今天生产的、明天生产的、后天生产的都是一致的，它们呈现了时间维度的一致性；这种螺栓在北京生产的、上海生产的、四川生产的都是一样的，它们呈现了空间维度的一致性；这种螺栓昨天、今天、明天、后天分别在北京、上海、四川生产的都是一样的，它们呈现了时间和空间维度的一致性。如果这种螺栓在时间维度、空间维度或时间和空间维度都是不一致的，那么，这种螺栓的生产状态一定不是标准化的。如果螺栓的生产要是标准化的，总要有一种维度是一致的，或者说，至少是要属于时间标准化、空间标准化或时间和空间的标准化的一种关系。时间维度的一致性如图 8-1(a)所示，空间维度的一致性如图 8-1(b)所示，时间和空间维度的一致性如图 8-1(c)所示，其中实线图形、虚线图形、点划线图形分别为不同时间段产生的空间图形。

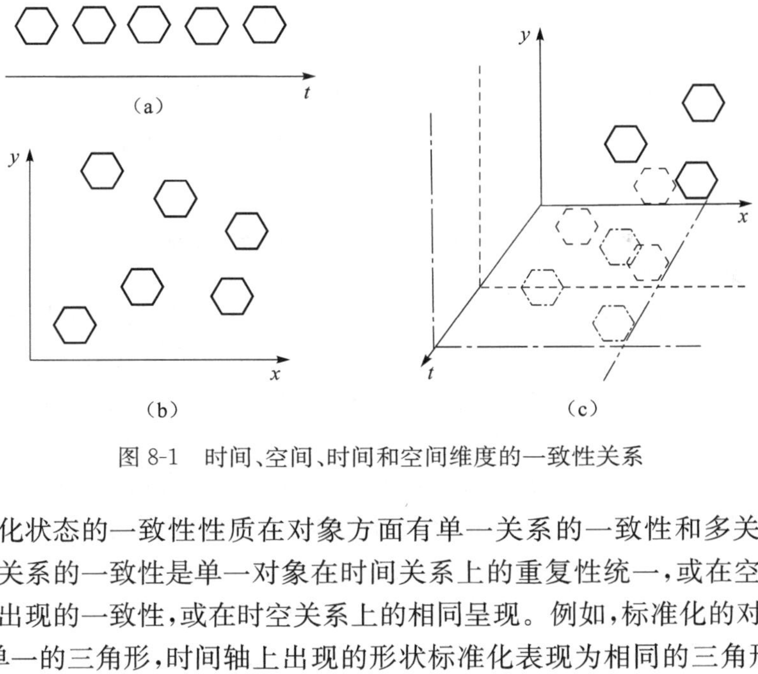

图 8-1　时间、空间、时间和空间维度的一致性关系

标准化状态的一致性性质在对象方面有单一关系的一致性和多关系的一致性。单一关系的一致性是单一对象在时间关系上的重复性统一，或在空间关系上的多位置出现的一致性，或在时空关系上的相同呈现。例如，标准化的对象为形状关系，为单一的三角形，时间轴上出现的形状标准化表现为相同的三角形，空间位置出现的形状也是相同的三角形，时间和空间关系上出现的形状还是相同的三角形，这就是单一关系在时域、空域或时空域的一致性的性质，这种一致性状态如图 8-2(a)、(b)、(c)所示。多关系的一致性是多对象在时间关系上的重复性一致性，或在空间关系上的多位置呈现的一致性，或在时空关系上的相同呈现。多关系

的一致性也可看成是时间周期的一致性，或空间周期的一致性。例如，标准化的对象为形状关系，其对象关系为三角形、正方形、圆形的多形状，其多形状的标准化为，时间轴上出现的形状都是相同周期的三角形、正方形、圆形，空间位置出现的形状也是相同的三角形、正方形、圆形，时间和空间关系上出现的形状还是相同的三角形、正方形、圆形，这就是多关系在时域、空域或时空域的一致性的性质，这种一致性状态如图 8-2(d)、(e)、(f)所示。

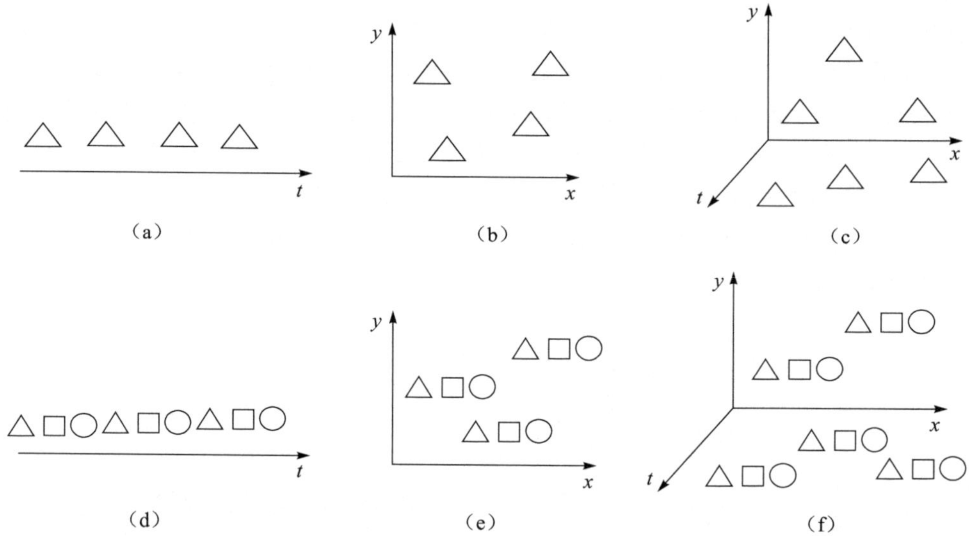

图 8-2 单一关系一致性和多关系一致性的状态

标准化的一致性性质的特点有：一致性关系是相对时间关系、空间关系或时空关系的；一致性的对象有单一的或多样的，多样关系包含结构关系、物理性能关系、化学关系、生物关系等；一致性的程度是相对性的，差异在许可范围内就被认为是一致性的，客观世界不存在绝对的一致性状态，数学关系可有绝对的一致性关系；标准化的一致性的性质是可证明或可证实的，验证的方法有理论法和观察法；一致性性质在标准化中是普遍性存在的性质；标准化的一致性性质是可应用的，可应用于静态关系，也可应用于动态关系；一致性性质是有范围的，只出现在相应的标准化范围内，超出相应的标准化范围，一致性性质也就消失了。

标准化一致性性质的理论证明法是应用标准化理性概念的内涵来证明的，标准化是**"按约定范畴实现统一化的状态"**，标准化的形成是基于统一化关系的，如果统一化的结果不是一致性的，统一化的状态就没建立起来，也就是说标准化未建立。事物或关系不包含一致性内容，一定不是标准化的，标准化的事物或关系一定包含着一致性的要素。标准化的一致性性质也可以用观察的方法来证实：在自然界里形成的标准化关系，可通过观察来证实其存在一致性性质，如蜜蜂蜂巢的形状是标准化的，无论去任何地方或在任何时间，所看到的蜜蜂的蜂巢形状都是正六边形的；在人造世界里，标准化关系的形成是人们按一定约定关系控制形成的，因此，它们必然存在一致性的性质，例如，麦当劳对其企业标志进行标准化，到全世界任何地方的麦当劳店，所看到的麦当劳标志一定是一致性的；家用的 220V 的螺口灯接口是标准化，在任何地方买到的螺口灯，其灯头的接口尺寸关系一定是具有一致性的，可以在任何地方的灯座更换或安装灯具（在标准化的地域范围内）。

8.3　标准化的第二性质

标准化的第二性质为**惯性性质**。凡是标准化的事物和关系必存在这一关系。标准化的惯性性质是标准化状态的保持性的性质，或是状态的保持能力。标准化的惯性性质表现为两个方面，一方面是标准化状态是不容易消失的，另一方面是标准化状态是不容易建立的。惯性的概念是借用了物理学的惯性概念，即匀速运动的物体，没有一定力的作用，它是不会自动停下来的；静止的物体，没有一定力的作用，它是不会自动运动起来的；质量越大的物体，其惯性也越大。标准化的惯性性质存在于物质结构关系的标准化状态中、生物行为的标准化状态中、人类概念的标准化状态中等。自然界物质结构关系的标准化惯性，是环境规律性长期作用所形成的物质结构状态；生物行为的标准化惯性，本质上是一种长期形成的行为习惯；人类概念的标准化状态惯性，是人们长期学习、思考、记忆形成的认识；人造产品、事物和关系的标准化状态惯性，本质上是人们的行为和意识的标准化状态导致的物质状态，而不是人造产品、事物和关系自己的惯性，它们的建立和消失依赖于人们作用这些对象的行为和意识的惯性。世界上的鱼类、人类、爬行动物类、木本植物类、草本植物类等物质结构的标准化关系的形成，是经历了几百万年、甚至几亿年环境作用的结果，这种状态的变化不可能通过施加一些常规性的作用在短时间里使其标准化的结构关系发生明显变化，这就是自然界物质结构关系标准化的惯性。蜜蜂建筑标准化的正六边形蜂巢的行为应该是保持了几百万年以上的，我们不可能通过某些一般性的因素就能改变蜜蜂筑标准化蜂巢的行为惯性，除非这种因素足够强大。

标准化的惯性性质的特点有：标准化的惯性性质是普遍存在的，只要是标准化的状态，必然是一种惯性的状态；标准化惯性大小与标准化状态范围和标准化形成的时间周期成正比，标准化的范围越大、形成的时间周期越长，标准化的惯性就越大，反之越小；标准化的惯性性质的存在是可以证实的，如果我们今天宣布将标准化的长度单位米制取消，即使过一年、五年、甚至十年，米制的单位使用不会被完全停止，正如我们已停止使用斤作为标准化质量单位 20 多年，目前还仍然有许多人不用千克(公斤),还习惯用斤为质量单位;标准化状态的惯性不是绝对难以改变的,惯性改变的速率取决于改变作用因素的强度,改变的作用因素强,惯性改变的速率就大;标准化的惯性性质是可以应用的,应用惯性性质可使标准化的状态能够得到保持。

标准化惯性性质的证实可以有两种方法,一种是实践法,另一种是观察分析法。实践法是建立一种实在的标准化状态,采取措施消除这种标准化状态,从中感觉标准化的惯性,如在一定人群范围实验要求人们使用"甭"字代替"不要"这个词,将会发现需要很长的时间都难形成新的标准化状态。标准化惯性的观察分析法是通过观察分析某些标准化状态形成和改变的难度来证实的,这只需要对现实中的典型标准化状态建立和改变情况进行观察和分析就可证实。

8.4 标准化的第三性质

标准化的第三性质是**复现性性质**,它是标准化状态扩大的性质,静态的标准化状态没有这个性质。标准化的复现性性质是标准化状态的范围在扩大或/和数量在增加时的性质,它表现为标准化状态对象再产生以相同的形态再出现。复现性是标准化状态的再生性,有自身再生性和同化再生性。标准化的复现性有时间复现性、空间复现性和时空复现性,空间复现性是在各空间位置同时能产生与存在的标准化状态中的对象相同的标准化对象,时间复现性是在时间过程中陆续地(等时间间隔或不等时间间隔)产生与存在的标准化状态中的对象相同的标准化对象,时空复现性是在各空间位置陆续地产生与存在的标准化状态中的对象相同的标准化对象。标准化的复现性有:生物物种标准化状态的复现性;植物物种标准化状态的复现性;自然界非生命物质的标准化状态的复现性;人造物的标准化状态的复现性;生物标准化行为的复现性等。标准化复现性出现需要两个基本条件,一个是有标准化状态中对象增加的行为或作用条件,另一个是有复现的核心因素存在的条件。生物物种标准化状态的复现性是以生物后代的繁殖体现的,如山羊群中再生出山羊,复现的条件是生物的繁殖行为及有生物的遗传基因(DNA);植物物种标准化状态的复现性是以植物繁殖体现的,如松树林再长松树,复现的条件是松子掉到土中生长及有植物遗传基因(DNA);自然界非生命物质的标准化状态的复现性是物质在特定环境下再形成体现的,如碳在特定的高温高压下生成金刚石,复现的条件是有环境作用和物质成分;人造物的标准化状态的复现性是人造物在人为设定条件下再制造体现的,如人们在车床上不断加工螺栓,复现条件是有制造方案、材料、手段和人等。

标准化的复现性是概率性的,不能保证每一个复现都是完全标准化的,会有一定概率的异化或"不合格品";复现对象的一致性关系是相对的,后者不会与前者绝对相同,只要差异在允许范围内就认为是相同的。复现性也是标准化的一种扩张性,它具有挤占其他事物出现机会的性质。复现性具有同化的引导性,非标准化的事物在标准化环境中,要么被同化成标准化的,要么被孤立于标准化环境中,如北方人生活在广州,逐步也会跟着说广州话,否则就会被孤立。

标准化的复现性的验证可以用观察法和实践法进行证明。观察法可通过对植物或生物的繁殖观察来证实,实践法可通过生产相同的产品或人工培育植物或动物来证实。

8.5　标准化的第四性质

标准化的第四性质为**流通性性质**,它是动态标准化状态的性质,静态的标准化状态不存在这一性质。当动态行为或动态过程实施标准化后,就会产生流通性的性质。标准化的流通性的性质是指动态对象标准化后,流动状态增强的性质,这种增强既是相对动态难流动的增强性质,也是快流动相对慢流动的增强性质,不是仅指由静止状态到流动状态的性质。流通性包括有形流通性和无形流通性,如物体移动的流通性、信息传递的流通性、能量作用的流通性等。标准化对物体移动带来的流通性的原理是,标准化统一了物体流动的方向性,使运动物体间的相互阻碍和干扰减小,提高了物体的流动效率。例如,当马路上的汽车是非标准化的任意行驶方向时,将会造成许多汽车对向行驶的阻碍或干扰,导致交通堵塞,当将汽车的行驶方向标准化,统一为靠右或靠左行驶时,汽车的行驶就能顺畅流通。信息的流通性不是指信息流动性或信息流动的速率,是信息传递的有效性,或者发出的信息是能有效接收或能感知和识别的。信息流通性的原理是,当使信息发出方的信息的形式及概念与信息接收方的信息的形式及概念一致时,信息是流通的或互通的,否则信息是不流通的。例如,当一个中国人对一个不懂汉语的美国人说“椰丝”时,这个美国人会将它听为“yes”(是),发音形式相同,意思不同,两人的信息交流未流通。流通性性质适用于语言、文字、肢体、代码、符号等各种信息的流通关系。能量作用的流通性是指能量作用方向的有效性。当多个能量以随意方向作用于一个物体时,能量作用的流通能力是很差的或停止不前的,如几个人随意性地推地面上的一个箱子时,概率最大的情况是不同方向使力,结果箱子很难移动。能量作用的流通性性质是,使能量的作用方向统一化或标准化,可使能量的作用带来最大流通性状态。产生流通性的动力可以是机械力、电力、热力等,流动物可以是液体、气体、固体等。

流通性只发生在动态的标准化状态。标准化状态的流通性涉及有形流通和无形流通,有形流通是物质的流通,无形流通是信息和能量的流通。标准化在流通性中的作用是统一流通的方向和流通的概念。流通内容主要有三部分:物质、信息、能量。流通性的意义在于解决流动的阻止问题和提高流动状态的流通效率问题。标准化的流通性是可以证实的。

标准化的流通性性质可以通过观察法和测量法进行证实。观察法主要用于有形的物质流动关系的流通性证明;测量法主要用于无形的能量和信息的流通性证明。测量法的原理是采用比较法,比较标准化前的流通效率和标准化后的流通效率。例如,用观察法证明物体流通性,可以观察十字路口,路口红绿灯信号正常时,十字路口处于标准化状态下,车辆的通行顺利,当路口红绿灯故障时,汽车行驶失去标准化状态,各自都在抢道,相互阻挡在一起,流通性降低或完全停止流通。

8.6 标准化性质的应用

标准化的性质可用于对标准化状态的检验和利用标准化性质解决某些特定问题,其四个性质分别有其优势发挥的应用领域。标准化的一致性性质可用于事物类别的鉴别。同类的事物是其符合约定关系的集合,这个集合是类别标准化的集合,因此,应用一致性性质可鉴别事物的类别,凡是一致性的就是同类的,否则是不同类的,除非标准化约定元素不完整。标准化的一致性性质可用于鉴别生物种类、植物种类、矿石种类等。标准化的惯性性质可用于需要稳定和长期保持的状态。对良好的道德习惯建立标准化状态,可长期保持社会的稳定及和谐;对设计、制造、试验工作建立标准化状态,可稳定地保障产品质量。复现性性质可用于事物同质量或同水平的再产生。对生产定型的产品建立标准化的制造关系,可复现生产定型状态的产品;对于试验成功的农业产品品种,建立等同试验的标准化条件,可大量再产出。流通性性质可用于交通系统和信息交流领域。标准化状态建立于海、陆、空交通方面,提高海、陆、空交通的流通效率;标准化状态建立于语言、文字、计算机代码等方面,实现这些信息的可流通性、可交互性。实际上,标准化四个性质的应用内容是无尽的,只要用心分析,便可发现无数的应用关系或领域。

8.7 标准化地位和作用的内涵

标准化的地位和作用是相互支持的,标准化的地位给标准化的作用发挥提供更好的条件,而标准化作用的有效发挥又巩固、增强或提升标准化的地位。在论述标准化的作用时,应给出标准化的地位,使两者有较好的呼应。

标准化的地位是标准化在社会关系中或在人们心目中的位置,这说明分析地位应从社会关系和人们的心目中两个方面去看。社会关系涉及纵向和横向两个方向,纵向是社会的层次高低方向,横向是社会的范围大小方向,社会关系的纵、横关系定位地位的位置。标准化地位的牢固性取决于标准化在某位置的影响力和价值作用。标准化地位的定位与人们心目中接受这一定位的差异程度是标准化地位的认同度。标准化地位的定位与人们接受的差异越小，标准化地位的认同度就越高。事物的地位既是事物影响力的标志，也是事物权威性的标志。

标准化是一种结果状态，是标准实施或标准化方法实施的结果或外部效果，在不关注其内部机制时，标准化只论作用，不论功能。作用的内涵是："对事物产生影响；对事物产生某种影响的活动；对事物产生的影响、效果或效用"[2]。作用既是事物的价值意义，又是事物价值发挥的指向，根据事物的作用，可有针对性地利用。事物的作用是一种潜在关系，只有发挥和运用时或之后才能出现，不是一种显现的存在关系。在提炼标准化的作用时，要正确把握好以下关系：分清直接作用和间接作用，以直接作用为重点；分清道理作用和实际作用，以实际作用为重点；分清宏观作用和具体作用，以具体作用为重点；分清效果作用和意义作用，以效果作用为重点；分清定量作用和定性作用，以定量作用为重点。以上那些重点的作用是具有强认同性的，其相关的作用是弱认同性的。

8.8　标准化的地位[5,6]

定位标准化的地位实际上是给出社会对标准化认可的位置。标准化的地位也是社会对标准化重视程度的反映，也是标准化作用价值的综合反映。标准化的地位可以有多个角度的表征，本书从社会纵向和横向关系及学科关系给出以下标准化的地位。

8.8.1　国际化的基础地位

标准化具有国际化的基础地位。标准化给国际化提供的是国际共识的基础。国际化包括贸易国际化、人道主义国际化、学术交流国际化、政治国际化等。而在贸易和技术交流方面，标准化已具有国际共识。参加 ISO 的国家数量是现在世界上 230 个国家和地区的 70%(截至 2017 年)，且这些国家是在国际事务和经济实力方面的重要国家。ISO 的 TC 几乎覆盖了绝大部分的技术领域。没有国家间技术关系的统一，就不可能进行国际间的贸易和学术交流。各国间有了国际标准化这一基础，贸易和学术交流的国际化就能在各国间顺利开展。标准化的国际共识来自于国际标准化带来的巨大利益，国际标准化是各国的共同愿望和要求。国际标准化是发展国际贸易的基础，它为产品的跨国使用搭建了兼容和协调的技术关系，使产品和技术的跨国流通成为可能。标准化为科学和技术建立了世界通用语言，使各国间能顺畅地进行国际学术交流。在人道主义方面，国际上基本形成了认识的统一标准，所以，国际红十字会能在世界范围开展人道主义的国际化救助和救援活动。人道主义的国际化主要是基于世界对人道主义认识的统一化或标准化。世界政治舞台上，是纷争最多的领域，主要问题是对于价值观、利益观、正义与邪恶等没有形成共同的标准，政治关系未形成世界性的认识标准化，使国家间矛盾和纷争不断。在世界政治领域，实际上各国是在为确立自己的标准而斗争。由于国际政治没有很好的国际标准化认识的基础，难以形成政治共识的国际化基础。一切国际化关系的形成，都是基于其标准化关系的建立，因此，标准化是国际化的基础地位。在各国际化关系中，如果某一国际关系的标准化消失，这个国际化关系也会随之消失。

8.8.2 国家的利益地位

标准化具有国家的利益地位。无序的重复劳动、产品接口不通用、产品非标性的设计与生产、无控制的开采和有害排放等现象，将阻碍国家有效和健康地发展，损害人民和国家的利益。充分利用成熟、有效的技术和产品、建立产品间的互换性和通用关系、建立标准化的设计和生产关系、控制危害性的开采和排放、提高劳动效率等是每一个国家的期望和追求。实现这些状态，需要通过标准实施建立良好的标准化状态，以标准化状态来获取节约、效率、保护等利益。标准化的影响是普遍性的，标准化带来的利益事关国家的普遍性利益。标准化的发展模式是绝大部分国家用法规规定的发展模式。我国于 1988 年制定和颁布了《中华人民共和国标准化法》，并明确规定了五个方面的标准制定内容，即：①工业产品的品种、规格、质量、等级或者安全、卫生要求；②工业产品的设计、生产、检验、包装、储存、运输、使用的方法或者生产、储存、运输过程中的安全、卫生要求；③有关环境保护的各项技术要求和检验方法；④建设工程的设计、施工方法和安全要求；⑤有关工业生产、工程建设和环境保护的技术术语、符号、代号和制图方法。标准化法还规定，在科研、生产、流通等方面不符合标准化时，将与违法同责。标准化模式将给社会科研、生产、流通等方面带来巨大利益，不实行标准化将会给国家造成很大损失。国家通过制定标准、实施标准、标准的实施监督等标准化活动来体现国家推行标准化的意志，以利用好标准化这一国家利益。因此，标准化涉及国家的利益，具有国家层面的利益地位。

8.8.3 社会的依存地位

标准化具有社会的依存地位。标准化是人类群体化生存的依靠，是人类群体化生活处处时时的需要。语言标准化解决了人类面对面的直接交流问题，文字标准化解决了人类非见面的交流问题，无论什么形式的表达，没有标准化就不可能进行相互交流，标准化畅通了人类的交流；标准化传播了人类劳动的有效工具和方式，使获得有效经验不必要每个人都经历从头探索，大大节省了学习和经历的时间，提高了劳动生产效率；标准化规范了人类社会的行为，建立了平等、有序的社会秩序,使交通通畅、交易公平、环境安全等;社会各领域的生产都是依靠标准化研制、生产、服务、管理等保证工作质量和提高劳动效率的;社会生活中没有标准化,产品、服务的质量将无法判断和信任,标准化为人们节省了信任和评判的巨额成本。今天,社会信息的畅通、工作的效率、生活的方便和秩序等,方方面面都是依赖于标准化的。试想,如果标准化在今天的社会中戛然而止,我们的社会就会陷于封闭、无序的混乱之中。标准化对维持社会化的生产和生活关系是必不可少的,它具有社会存在的依靠地位。

8.8.4　科学知识的地位

标准化有自身的科学理论体系,既有标准化的理性概念、标准化形式谱系、公理、原理、定律、熵、相似标准化、标准方程等标准化的元理论和基础理论,又有产品通用化、系列化、模块化、组合化、型谱系列与族系、统型、协同互操作性、产品顶层设计、产品优化、产品标准化指标体系、标准化系统工程、项目标准管理与控制、零部件标准化策略、应用状态模型、效益评价模型等的理论和设计方法,还有标准化的科学性、哲学性、发展阶段、标准化作业方式等认识知识。标准化的理论和知识不仅可以服务于自身的理论发展和建设,还可以为建设工程、产品发展、企业发展、服务工作、社会管理等提供有效的知识和方法,对其他科学学科的建设也能提供方法论的知识。标准化既有知识的科学性属性,又有知识应用的普遍性属性,是一门广泛需要并不可缺少的有效科学知识。因此,标准化具有科学知识的地位。

8.9　标准化的作用[5,6]

标准化的作用不同于标准的作用,标准的作用是标准使用过程带来的影响和效果[1],标准化的作用是统一化状态带来的影响和效果,它突出的是统一化状态的影响和效果。本书提出的标准化作用,是标准化的必然作用、直接作用、主导作用,不考虑间接作用、可能作用、支持作用和附属作用等次要作用。标准化的作用提炼的是标准化自己特有的和最有其特点的作用。只有确切地给出事物的作用,才有利于事物作用的利用和推广。能够引起共识的作用一定具有客观性和可感受性。标准化作用的提出以理性、客观性和可证实为原则,按照这些原则提出以下标准化的作用,这些标准化作用是标准化状态形成和标准化状态运行的作用。

8.9.1　统一化作用

标准化具有时间统一化作用、空间统一化作用,静态统一化作用、动态统一化作用。标准化可使事物的空间和时间关系处于统一化状态,这种统一化状态使事物处于时间不变关系或/和空间不变关系,由此,形成了事物时间的统一化作用或/

和空间的统一化作用。标准化统一化的对象可以是静态的，也可以是动态的。统一化的静态对象可以是几何形状、度量衡关系、实物产品、文字、符号、概念、知识、参数等；统一化的动态对象可以是语言行为、动作行为、工作行为、运动行为、舞蹈行为、唱歌行为、书写行为、交通状态（水、陆、空、天）等。对静态对象和动态对象进行时间性统一，就构成了对象时间重复的统一化。对不同位置的对象进行统一，就构成了对象空间分布性的统一化。统一化作用是标准化的根本作用，是标准化其他所有作用的本质性作用。

8.9.2 复制作用

标准化的统一化状态是按其"约定"在时间域和空间域的再现，这种"约定"再现实现了与"约定"同一的时间性复制和空间性复制。标准化中"约定"就像生物学中的"遗传基因"DNA，对标准化载体进行"约定"复制，实现载体时间性的同一结果和空间性的同一结果。企业长期生产相同产品和不同地区企业生产相同产品、不同地区提供相同的餐饮服务和宾馆服务等都是应用了标准化的复制作用。标准化的复制作用可应用于产品生产、工程建设、生产方式、服务方式、管理方式、工作方式等各个方面，复制作用是标准化状态的扩展作用。

8.9.3 互通作用

标准化建立统一的收发方式、传输方式、传输路径、传输对象等，可实现传输对象的互通，标准化为传输发挥了互通作用。标准化互通最传统和最典型的例子是语言和文字的互通，统一的语言可以进行交谈互通，统一的文字可以进行书信互通。语言统一以口腔和耳朵作为发、收方式，以空气为传输路径，以声音为传输方式，以统一的发音及其含义的声音为传输对象。文字统一以书写和眼睛作为发、收方式，以书信为传输方式，以寄送为传输路径，以统一的书写符号及其含义为传输对象。统一表达信息形式和含义，使信息可相互交换、相互识别和相互理解，对信息的交互发挥了互通作用。数字信息通过建立统一的传输链路、传输协议、数据格式、信息代码等实现数字信息的互通。标准化的互通作用不仅是对信息的互通作用，还包括对物质和能量等的传递、交换的互通作用，如电力、热气、煤气、自来水、交通运输等的互通。

8.9.4 简化作用

标准化状态的形成过程是一个诸多关系筛选和优化的过程，标准化的通用化、系列化等状态建立的过程是一个精简、优化的过程，标准化建立的过程对标准化的对象实施了简化，发挥了简化作用。标准化建立的过程是对现状梳理、筛选、精干的过程，这个过程就是一个淘劣选优的过程，典型的标准化简化有通用化设计、系列化设计、品种规格压缩等标准化行为。简化作用是标准化状态形成的作用。

8.9.5　秩序化作用

标准化是建立一种规律化的统一化状态，这种统一化状态是严格的和稳定的状态，稳定的规律化就是新秩序的建立，由此，标准化发挥秩序化的作用。秩序化有按空间关系排列的空间秩序和按时间关系排列的时间秩序。标准化建立的秩序有动态秩序和静态秩序。动态秩序有：对陆地交通统一为靠右行或靠左行，这就建立了地面流动关系的秩序；对空中规定飞行方向和空中高度关系，就建立了空中的流动关系的秩序等。静态秩序有：电影院布设、教室布设、城市建设布局等秩序。静态秩序还包括建立标准化的图案、颜色、线条、形状等规律，形成表达秩序，显现出整齐、有序、规则状态，给人一种舒适、吸引、惊奇、规律化等感觉。

8.9.6　提高效率作用

标准化状态建立的过程是一个淘汰无效化、优化、建立有效秩序的过程，由此，建立的标准化动态化秩序将比无序化和随意化有显著的动态运行效率。对动态事物实施标准化，将提高事物动态运行的效率。例如，对操作行为和管理行为等建立标准化状态，先剔除无效性环节，保留优选环节，使有效部分程序化，由此，建立的标准化的操作行为和管理行为等将更有效、更省时，大大提高了事物运行的效率，标准化为操作行为和管理行为等发挥了提高效率的作用。现实中，高效率的标准化生产、服务、管理等都是标准化发挥提高效率作用的佐证和显现。

8.9.7　互换性作用

将同种事物间的特性偏差关系控制到一定范围时，使这些事物建立偏差的统一化状态，就能实现事物间的互换，标准化发挥了互换性作用。标准化互换性作用的范围包括几何互换性、功能互换性、模式互换性、行为互换性等。能进行互换的事物可以是产品系统组成关系的零件、部件、组件等，可以是软件模块，也可以是声音、表演、行为等。特性偏差可以是尺寸、形状、功能、性能、效果等偏差。可互换的偏差大小的要求，由事物间可接受的差异大小决定，或事物差异分辨力界限决定。无论任何事物，只要其某些特性的偏差大小统一到可接受的差异内，不能分辨差异或差异不影响时，就能实现事物在这些特性上的互换。互换性对标准化是依赖性的，互换性的事物一定是标准化的。互换性给生产、使用、维修带来了无需修改和调整的方便、可靠关系。

8.9.8　辨识性作用

事物表达性的特征关系一旦实现统一化，事物就具有了可辨识性，或者说，标准化统一了辨识要素,对事物发挥了可辨识性作用。自然界动物和植物的可辨识正是由于其基因对其特征关系进行了统一固定或形成标准化状态。事物特征关系的统一化定义,形成了一种事物的"身份标签",这种"身份标签"就使其具有了可辨识性。事物可感觉的特征关系当在空间和时间关系上统一时,这些特征就会具有时空辨识性,或者辨识性需要特征统一和稳定时间期。标准化可使事物表达某些特定含义的特征关系或形式在空间关系统一,在时间关系统一,这种统一能使人们感觉到它们在时空上的相等。这些感觉关系包括视觉、听觉、嗅觉、触觉等,标准化可固定表达事物的光辐射、声音、味道、形状、表面质感等特征关系,使事物具有视觉、听觉、嗅觉、触觉的辨识性。标准化对事物的辨识作用不仅仅在感觉关系上,包括在任何可检测的关系上,如物质的组成与含量、酸碱度、折射率、电导率等。标准化的辨识作用在企业标志、产品商标、道路标志等方面都有广泛应用,如麦当劳标志、肯德基标志、梅林罐头商标、道路小心标志等。企业视觉识别系统(Ⅵ)正是利用了标准化的辨识作用。如果企业标志、商标设计出来后,在各地使用不一致,经常发生变化,就不会具有辨识性。对军队各军种服装的颜色、款式等进行标准化统一,很容易就能识别出着装的军人属于陆军、空军或海军等哪个军种。对声音、文字、动作、代号、概念的标准化,使其表达具有了可识别性。

8.9.9 节约作用

标准建立合理用料关系带来材料的节约,建立合理的操作程序带来时间的节约,建立有效方法避免了低水平的无效重复工作等,标准化发挥了节约材料、节约时间、节约劳动等作用。标准化的节约是建立统一化过程剔除多余性带来的节约、选择合理性带来的节约、建立有效程序带来的节约等。标准化的节约作用是将事物统一在合理性上带来的节约效果。这种节约效果分别有经济节约效果和时间节约效果,经济节约效果是避免浪费的作用,时间节约效果是提高效率的作用。标准化的节约作用主要在产品、研制、生产、物流、服务、管理等方面。标准化节约的另一个方面是,标准化的劳动是相同的重复性劳动,劳动的熟练程度会不断提高,符合卡斯特模型,即每一次重复将使劳动时间有一定百分比的缩短,由此提高了劳动效率,带来了时间节约和费用节约的效果。

8.9.10 保护作用

标准化将对象的某些特定关系保持在一种统一化状态下,这种统一化不变的状态具有对其他事物无法侵害性或对自己防护性作用,由此,标准化具有保护作用。例如,对有害作业场所的危害因素统一控制到不危害人身体健康的水平,或者说实施标准化的作业场所的职业卫生控制,就能起到对作业人员的职业卫生的保护作用;对有害排放的危害因素控制在统一规定的限值内,可避免排放对环境的破坏;对危险品进行安全标准化管理,就能起到安全保护作用;对食品的添加进行无害控制,就能起到保护健康作用;对产品制造的功能和性能进行统一,使每个产品的制造都符合统一的合格质量规定,就能保护消费者的利益。标准化的保护作用通常应用于环境、食品、资源开发、产品安全、生产安全、公共场所安全、运输安全、职业卫生、产品质量、服务质量等。

8.10　标准化作用的关系和特点

标准化对一个事物可能会产生多个主导作用,例如,使交通行驶方向标准化,统一规定为靠右或靠左行驶,这将产生秩序化的作用,也产生了安全保护的作用,还产生互通作用和提高效率的作用。这反映了标准化的作用间具有共生性,即一种对象的标准化会共同产生两个及其以上的作用。标准化带来的作用可能是多管齐下的。不同的标准化作用有不同的价值意义。

同一标准化的作用可转换为几个相关的作用,标准化的作用具有转换性。相关的标准化的作用可以不同的形式反映出来,不应该将这些作用看成是多个作用,而应该将多个相关的作用看成是同一本质的作用。例如,标准化的节约作用可转换为标准化的降低成本作用、标准化的省时作用、标准化的效率作用等;标准化的秩序化作用可转换为规范化作用、条理化作用、整洁化作用等。

标准化的 10 个作用的每一个都有许多应用的领域或对象。例如,统一化作用可应用于任何领域或对象;复制作用可应用于产品生产等领域;互通作用可应用于信息交换等领域;秩序作用可应用于交通和社会管理等领域;简化作用可应用于产品设计和产品统型等方面;提高效率作用可应用于设计、生产、服务、管理等方面;辨识性作用可应用于企业标志、商标、职业服装、语言、文字等方面;互换性作用可应用于批量化生产和群体行为等方面;节约作用可应用于耗能、耗料生产、重复性技术劳动和操作劳动等方面;保护作用可应用于食品、环境等领域。

参考文献

[1]　麦绿波.标准化性质的研究[J].标准科学,2013,(4):30-34.
[2]　中国社会科学院语言研究所词典编辑室.现代汉语词典[M].5 版.北京:商务印书馆,2005.
[3]　麦绿波.标准的功能和作用(上)[J].标准科学,2012,(10):6-8.
[4]　麦绿波.标准的功能和作用(下)[J].标准科学,2012,(11):6-10.
[5]　麦绿波.标准化的地位与作用(上)[J].标准科学,2013,(2):16-18.
[6]　麦绿波.标准化的地位与作用(下)[J].标准科学,2013,(3):24-26.

第 9 章　标准化的基本公理[1]

标准化是用统一化来标志的，统一化抽象出了标准化的本质，赋予了标准化理论性根源。在创建了标准化的理性概念之后，标准化的理论要素就可以在标准化理性概念的基础上发展。有了统一化这个标准化的根本概念或学术概念，什么样算作统一化成了确定标准化的关键。统一化是一种现象，不适合用数学证明或理论推论来认定，它适合用特定的理论关系来认定。对统一化认定的理论成了支撑标准化存在的核心理论，它是统一化概念联系客观存在的需要，是统一化概念应用于实际中的需要。统一化认定的理论不适合应用证明和推理建立，只适合应用公理。公理可为统一化的认定提供尺度依据理论。

9.1　标准化概念的公理依赖性

统一化是标准化的核心概念，标准化表现为标准化对象的统一化。标准化对象的统一化有对象的内部因素统一化和对象的外部因素统一化。对象的内部因素统一化为对象表征元素的统一化；对象的外部因素统一化为对象间的统一化。对象表征元素的统一化又分为对象元素值的统一化和对象元素域集中度的统一化。对象元素域集中度的统一化是对象内多元素的统一化，或对象多维关系的统一化。对象间的统一化又分为对象群体实现统一化的可能性比例和对象群体实现统一化的数量，即对象群体比例或对象数量的同时统一化。人们对统一化的自然概念是理想化的统一化，即精确的、一丝不差的统一化，百分之百的统一化，向一个元素集中的统一化，大数量对象的统一化等。以上四种统一化情况的理想化统一的内涵如下。

对象元素值精确的统一化就是对象量值关系统一化的理想化，是指对象统一化的量值与要求的目标值完全一致的统一化。例如，对象是产品，产品的参数有尺寸、重量、性能等，理想的对象参数统一化是要求这些参数与要求的目标值严格相同、一丝不差的一致，如果对象的参数与目标值有一丝差别，结果就被看成不是统一化的。对象量值关系的统一化属对象内部因素的统一关系，统一化是以量值来判别的。

对象群体比例的统一化的理想化是指对象群体全部或百分之百同时实现统一化。例如，一个群体有 2000 个对象要进行标准化，对象群体统一化的理想化结果是 2000 个对象全部同时实现了统一化要求，不是 1990 个或 1999 个对象实现统一化，而必须是 2000 个对象全部同时实现了统一化目标要求，是对象群体在时机上的全数统一化，是对象 100％概率的统一化，如果有 1 个对象没有实现统一化，结果就不被看成是统一化的。对象群体的统一化是对象外部因素的统一化关系。

对象元素域集中度的统一化的理想化是指对象元素域以一个元素的统一化或向一个元素统一化表征其统一化形态，不是“统二化”、“统三化”等。例如，军装的统一化，往往被看成是军装颜色的统一化。实际上，军装的统一化还需要有衣服款式、尺寸系列等元素或维度的统一化才能构成对象完整的统一化状态。对象元素域的统一化的理想化是一个元素的统一化概念。对象元素域的统一化是对象内部因素的统一化关系。

对象数量规模的统一化的理想化是指对象或对象间在时间域重复统一化或/和空间域共同统一化。例如，对象数量在时间上重复统一化为 300 个，在空间上共同统一化为 200 个，对象被看成时间重复统一化和空间共同统一化的标准化。如果对象数量重复和共同的统一化为 1 个，对象的标准化结果是否还属于标准化就会持犹豫态度，因为我们的标准化习惯概念是规模数量对象的统一化。另外，标准化对象统一化的数量和标准化的效果成正比，因此，标准化对象数量理想化的统一化是建立在规模化数量期望上的。当对象统一化的数量较少时，习惯上和感情上不愿意把它看成标准化的情形。对象数量的统一化是对象规模化的统一化形成的标准化概念，是外部因素的统一化关系。

“标准化概念”是从大量的被认为是“统一化”的现象中，归纳、抽象出的反映标准化本质的关键词组和概念，以它确立标准化的要义。以上的统一化状态是理想化的统一化状态，是期望的，但它是不实际的。从“统一化”词汇认识角度和感情期望的角度，我们对“统一化”的要求是苛刻的、理想化的、且是不实际的。理想化的统一化和绝对的统一化在现实中是有限的或不多的。标准化的统一化要求如果高于实际可能的标准化映射结果，这种统一化就找不到对应的实际存在，或者实现的成本会高得不可接受。理想而难以实现的统一化状态，是没有实用价值的。实际中，统一化不必要达到理想化状态。当标准化对象结果有一些偏离理想化的统一化时，只要能有预定的价值意义就行。因此，标准化的概念不应排斥对统一化的“允许偏离”。为了使有意义或有价值的偏离还能被认定为是统一化状态，就需要有标准化公理对这种认定提供支持，使这种“允许偏离”不被排斥到标准化概念之外。现实的“统一化状态”不是理想化的，但它是有价值和意义的，因此，需要用标准化公理来捍卫现实标准化的地位。实用标准化的统一化概念，是依赖于公理而成立的。没有公理命题的包容，现实中就很难找到或不可能有标准化概念的“统一化状态”。没有公理，就不可能有实际的标准化概念。没有实际的标准化概念，就等于没有适用于社会实践的标准化，不可能得到实际标准化带来的价值和意义。因此，标准化的概念必须依赖于公理而存在。

9.2 标准化公理的创建

公理是经过长期反复实践检验，不需要再加证明的命题[2]。“公理”是依靠理性和合理性人为设定的，这种设定被与事实的符合性和可靠性所支持。公理是学科中公认为正确的道理，是初始命题和真命题，虽然公理不能用逻辑和其他形式证明，但公理的设定是符合实际情况的，是不证自明的基本事实。上述四种理想化的统一化状态需要标准化公理将其认定为实际的统一化存在，否则就不会有现实的统一化状态或现实标准化。

公理一：标准化的统一化是容差性的。

“公理一”是标准化容差性公理。容差性是将统一化的结果定位为相对的，也就是允许对象数值量的统一化有偏差程度的性质。“公理一”将标准化目标数值偏离标称值在一定范围内的状态接纳为标准化的统一化状态。容差性的统一化状态包括有偏差的统一化状态和无偏差的统一化状态。无偏差情况可看成偏差为零。在标准化的理性概念中，标准化的统一化是**“按约定范畴实现统一化的状态”**，“约定范畴”就是认可的偏离范围。这种偏离量或关系只要是在允许的范围内，有偏离的统一化状态就是符合公理认定的标准化概念的状态。“公理一”接纳了有偏差的统一化，示例关系如图 9-1 所示。在现实中，许多加工量的实现是不可能无误差的。例如，加工有配合关系的机械产品的尺寸，将会由设备精度和工人的技艺带来误差。产品生产只要将误差控制到一定范围内，就能实现产品间的互换性，由此，可支持大批量生产模式，实现提高生产效率和降低生产成本的目标。“公理一”不但对定量数值允许偏差，对关系或定性事项也是允许偏差的，如结构、形状、组成成分等。通常，对于定性事项似乎觉得是绝对统一的关系，但在实际中，定性中还会有深入的定性，细化深入到最后还是以量来标定。例如，进行颜色的统一，不是简单地说统一为红色或绿色，而是要进一步深化到是什么红或是什么绿，深入到最后，就要以色品坐标来标定颜色，而不能仅定性地给出红、蓝、绿颜色。精细的定性关系最终是需要用量来标定的。如果定性事项找不到支持的定量，可用细化的定性偏离关系来认定统一化。“公理一”是允许容差性的统一化，但它不排斥绝对性或精确性的统一化状态，精确性的统一化状态当然也是标准化的统一化状态。例如，学生站队，每排 3 个人，这一关系就是量的精确统一化的站队标准化。这里 3 个人的数量是能很容易精确实现的，一排

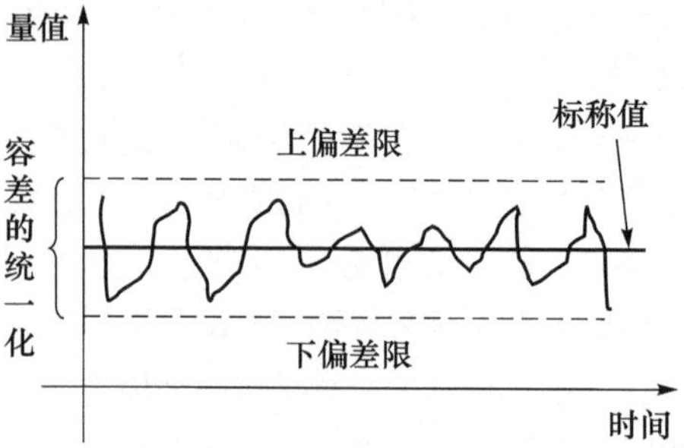

图 9-1 容差性的统一化关系

人不可能出现 3.1、3.3 或者 2.9 个人等。标准化的统一化是相对的统一化，不是严密的、丝毫不差的、完全一致的绝对统一化。标准化的统一化是容差的统一，是在可接受偏差范围内的统一化，是能实现期望效果的统一化。

公理二：标准化的统一化结果是概率性的。

"公理二"是标准化的概率性公理。"公理二"是允许对象群统一化结果或对象内元素统一化结果没有实现全数的性质，是对象实现统一化的可能性性质。"公理二"把群体对象非全数实现统一化接纳为标准化的状态。群体对象非全数实现标准化在现实中是常见的情况，事件统一化的实现与行为和条件相关，很难全数实现统一化。当需进行标准化的对象数量或对象内元素数量不多时，对象实现标准化的统一化状态的数量有可能容易出现全部数量统一化的状态。当需进行标准化的对象数量或对象内元素数量很大时，对象很难全数实现标准化的统一化状态，此时，对象实现统一化状态的数量是概率性的，不是一个不落、全部的统一化，且服从某种概率分布关系，如正态分布关系等。对象实现统一化的概率分布关系如图 9-2 所示。例如，按标准化约定的相关的图样和技术文件制造照相机，计划制造 300 台，制造结果为 297 台合格，3 台不合格；再制造 3000 台，制造结果为 2978 台合格，22 台不合格。人们期望对象结果的统一化数量是全数的，但实际上是很难做到的，尤其是在对象的数量很大时。标准化统一化的程度，本质上是行为的精准度。人的行为不可能实现百分之百、精确无误的时间重复和空间异体等同，必然会有差异地操作和概率性地实现结果。"公理二"不排斥对象数量或对象内元素数量全数统一化的情况，100％实现是概率性的一种完美情况。"公理二"的命题既适合对象间的统一化情况，也适合对象内部元素的统一化情况。实现标准化的概率关系存在于对象间的和对象内部的。群体对象的实现概率是每个个体对象实现标准化的概率结果总的统计；对象内部元素的实现概率是对象内部元素实现标准化的概率结果的统计。因此，标准化的统一化是概率的统一化。

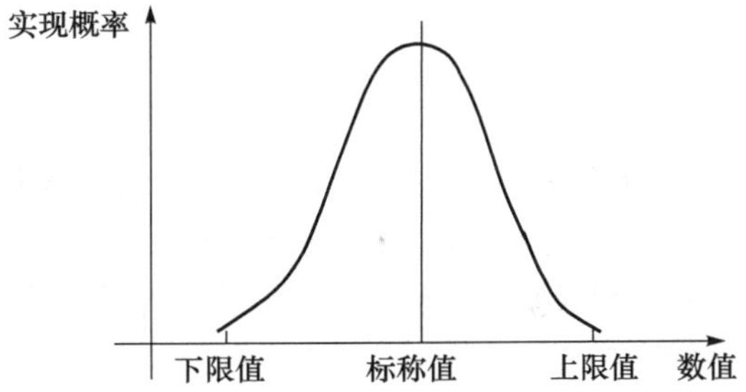

图 9-2　对象实现统一化的概率分布关系

公理三：标准化的统一化元素是泛元性的。

"公理三"是标准化的泛元性公理。泛元性是指对象元素域多元素分别统一的性质。"公理三"把对象多元素共同实现统一化接纳为标准化的情况。"公理三"是对元素域多元素或多维度分别统一化的让步公理。对于统一化的概念，自然会认为是向一个元素集中为统一化，统两个元素就会认为是"统二化"等。向多个元素分别集中，习惯上似乎不被看成是统一化。在现实中，标准化对象的统一化只是单元素统一化的情况是很少的，而大部分情况是多元素的统一化。需进行标准化的对象通常是由多元素表达的，并为多元素提供载体。对象的统一化，本质上是表达对象的诸元素的统一化。这种统一化是对象的各元素分别向各自的约定范畴进行集中的统一化，如图 9-3 所示。对象的统一化由多元素关系统一化构成，可举例说明。例如，马路上标准化的交通标识牌，不仅要求交通牌的颜色要统一，字体、图形、牌子的尺寸等都要统一，因此，交通牌作为标准化对象，是多元素统一化的标准化结果。再如，茶杯虽然很简单，但它的统一化也是多元素的统一化，需要统一化的元素有：杯子的颜色、杯盖、杯把手、杯体直径、壁厚、材料等。单元素统一化是最朴素的统一化状态。“公理三”不排斥单元素的统一化，是包含单元素统一化和多元素统一化的公理。“公理三”的“泛元性统一”情况包括：对象内不同元素分别对各自约定范畴实现统一而形成的整体统一化状态；各对象相同元素分别对不同数值约定实现统一而形成的整体统一化状态（系列化情况），前者是一个对象的泛元性的统一化，后者是多个同类对象的泛元性的统一化，它们分别是“一中的多”的统一化和“多中的多”的统一化。

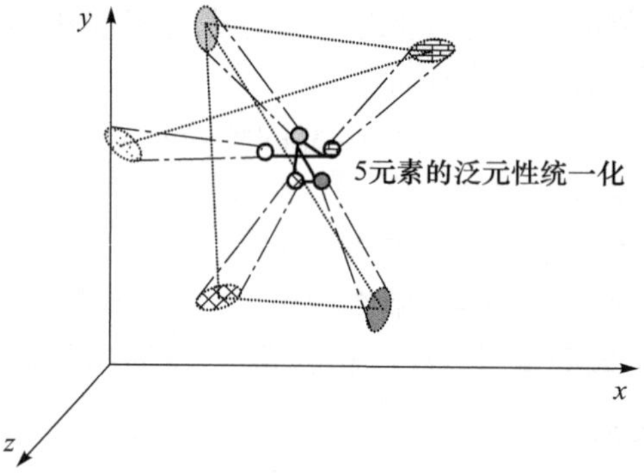

图 9-3　对象泛元性的统一化关系

公理四：标准化的统一化对象是非量性的。

“公理四”是标准化的非量性公理。非量性是指标准化的统一化不由对象数量决定的性质。“公理四”把没有重复或极少重复以及没有共同一致或极少共同一致这种单数量或少数量标准化对象实现统一化目标接纳为标准化的状态。“公理四”是标准化对象统一化数量的宽容公理。习惯上，人们把大量的标准化对象实现统一化承认为是标准化的，而对于少量对象尤其是单个对象的统一化不认为是标准化的。现实中，以对象统一化的数量多少来决定是否为标准化，是难以证明的。在理论上，对象统一化的数量对应标准化属性的关系也是难以证明的。理性标准化概念的定义没有标准化对象数量的关系。在 ISO 的标准化概念定义中，共同性和重复性事物似乎是数量关系。即使用 ISO 的标准化概念定义，也难证明标准化与数量的关系。如果说制造一件产品不算标准化、重复制造一件（2 件）数量太少也不算，数量不断积累，到了 1000 件时，我们说这是标准化状态，但困难的是我们找不到标准化数量的起算界限数。其实，标准化对象统一化的数量多少，主要是与标准化的效果大小有关，与是否属标准化无关。对于单件生产，人们往往会把其看成是标准化的对立性行为，即非标准化行为。如果我们做一件产品被说成不是标准化的，之后做了与第 1 件一样的 2 件、3 件、10 件、…、1000 件，此时说是标准化的，那么，这 1000 件的标准化也承认了第 1 件是标准化的，这就出现了同一对象的标准化属性前后认识的悖论。因此，对象统一化的数量不应是标准化属性界定的根据，而应以标准化对象是否符合标准约定为准。因此，单件也可以是标准化的，只要它符合标准约定关系；多件也不一定是标准化的，如果它们偏离了标准约定关系。对象数量的统一化属于对象外部因素的统一化。对象外部因素的统一化是由内容的统一化决定的，不是由外部关系决定的，因此，对象的统一化与标准化对象的数量无关，如图 9-4 所示。"公理四"还原了标准化状态不由对象数量决定的事实。"公理四"更正了标准化对象数量决定标准化状态的感觉意识。"公理四"排斥了由对象的数量来决定标准化成立的关系，但并不等于排斥大数量对象的统一化的意义。相反，对大数量对象统一化仍然是希望的，因为，对象统一化的数量越大，标准化的效果就越突出。

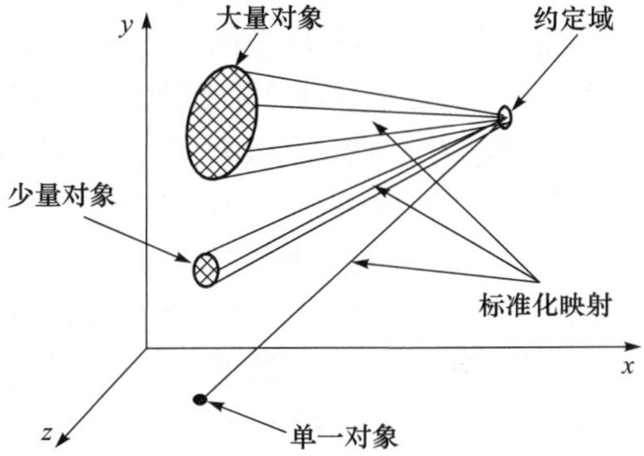

图 9-4　对象非量性的标准化的统一化关系

以上标准化的公理可简称为：**容差性公理**、**概率性公理**、**泛元性公理**和**非量性公理**，它们是对标准化的内涵进行实用化认定的公理，是标准化学科最根本的理论之一。四个标准化公理解决了标准化对象实现统一化状态的精确性、全面性、集中性和批量性偏离认定的理论根据需求，同时对具有价值性的偏离状态做出了合理性和实际性的包容，对由全面性、集中性和批量性认定标准化状态的感觉从本质上进行厘清。实际性的标准化状态远远多于理想性的标准化状态。标准化的公理是以使标准化概念的理论符合实际来命题的，标准化的实际性不排斥理想性，实际性包含理想性，理想性是它的特殊区域，它将两者收入其中。反之，如果用理想性命题，那么理想性将是排斥实际性的。这就是说，实际性质中有理想性，而理想性中没有实际性。理想性的统一化尽管少，但它是存在的。理想标准化仍然是追求的目标和努力的方向，但不是认定标准化的尺度。对于非精度数值情况，绝对统一化是可实现的，对于精度数值情况，绝对统一化是不可实现的。例如，15 个人按 3 个人一排站队，是数量的绝对统一化的关系，不会出现数量的偏差值情况。

9.3　标准化公理的三维空间

在现实中，很多情况的统一化不是理想的，因此，用公理给出了对象实现统一化的认定依据，这些公理分别是公理一、公理二、公理三、公理四。公理对实际情况进行了包容，即统一化是容差的、概率的、泛元的，非量的。对于理想的统一化，每一个标准化对象都不能避开其标准化统一化的三个关系的实现，即统一参数值的绝对性、统一对象的全部性、统一元素的集中性。公理四不是对应于每个标准化对象的关系，它是对象的数量与标准化属性的关系。因此，非量性不是每一个标准化对象所考虑的标准化属性的认定问题。公理一、公理二、公理三命题的性质与每一个标准化对象相关，因此，可建立容差性、概率性、泛元性的标准化公理空间，这是一个三维的公理关系空间，如图 9-5 所示。在图 9-5 所示的公理三维空间中，x 为容差性的容许的偏差值坐标，y 为概率性的标准化实现率坐标，z 为泛元性的统一元素值坐标，三维空间坐标系的原点为标准化对象三个性质的理想值，即 x 坐标容差值为零，y 坐标概率为 100％，z 坐标统一化元素数为 1。标准化的公理三维空间坐标系的坐标原点的标定不同于通常的直角坐标系的标定。通常的直角坐标系的原点为零。标准化公理的三维空间坐标系的坐标原点是表达标准化特定关系的点，不是每个坐标维度在原点都为零，而是分别为 0、100％和 1。

对象实现标准化的概率大小与容差的大小成正比，但不一定是线性正比关系。容差越小，对象实现标准化的概率越低；容差越大，对象实现标准化的概率越高。标准化对象的容差大小与对象实现标准化的概率关系如图 9-6 所示。例如，某对象需要加工实现的槽宽度标称值为 12mm，其容差为±0.01mm，加工合格的概率为 88％；当容差为±0.02mm 时，加工合格的概率为 96％；当容差为±0.05mm 时，加工合格的概率为 99.9％。容差既不是越大越好，也不是越小越好，容差的确定是成本和性能平衡的结果。

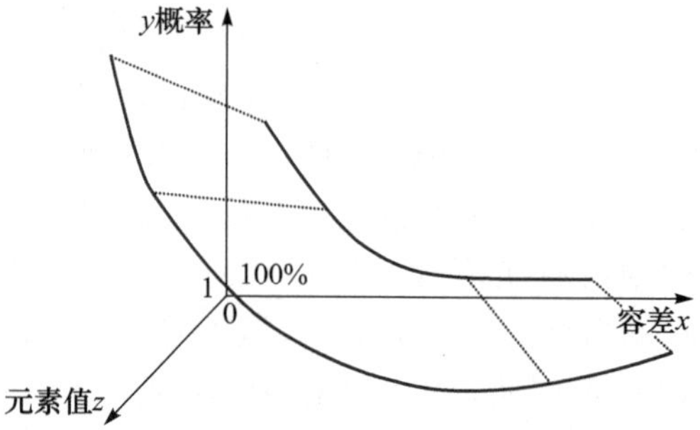

图 9-5 标准化的公理三维空间

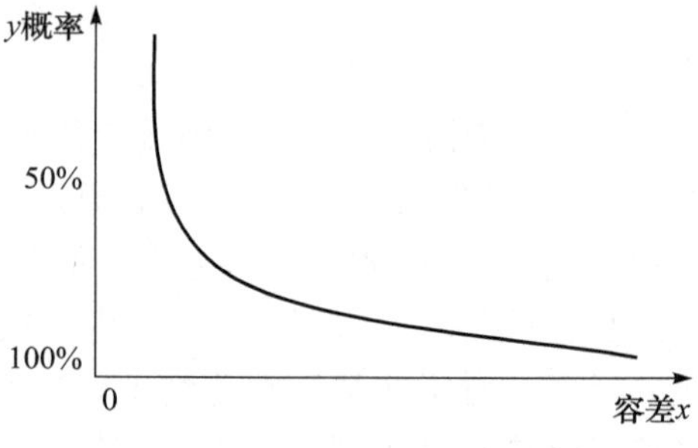

图 9-6 标准化对象的容差与实现概率关系

标准化对象统一的元素多少与对象实现标准化统一化的概率也存在一个关系，元素的多少与概率的大小成反比。标准化对象统一的元素越多，对象实现标准化统一化的概率越低；反之，对象实现标准化统一化的概率越高。标准化对象的元素多少与对象实现标准化的概率大小关系如图 9-7 所示。例如，某对象需要加工实现的槽宽度标称值为 12mm，其容差为±0.01mm，加工合格的概率为 88％；当对象不但要加工槽宽度，而且要加工槽的深度时，需要加工实现的槽的深度标称值为 25mm，其容差为±0.05mm，加工合格率为 92%；此外，对象还需要加工表面粗糙度，表面粗糙度 R_a 为 3.2μm，加工合格概率为 95%。对象需统一的元素为 3 个元素，其加工合格的概率为：88%×92%×95%＝77%。显然，如果标准化对象需要统一的元素增加，标准化实现的概率就下降，下降的速度取决于增加元素自身实现统一化的概率大小和元素的多少。增加元素自身实现统一的概率低且元素多，总的标准化实现概率就下降得快；反之，总的标准化实现概率就下降得慢。

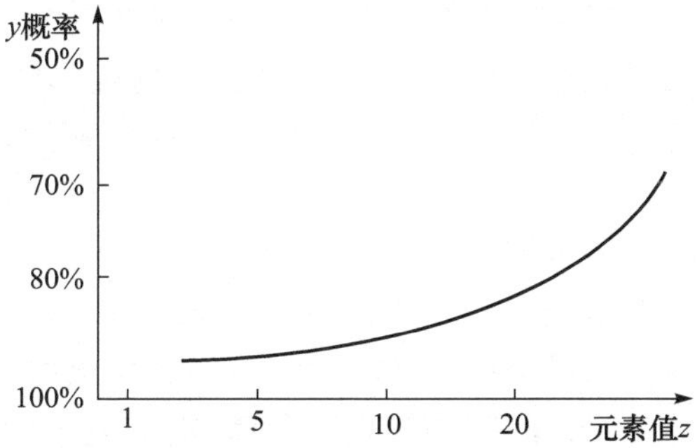

图 9-7　标准化对象元素与实现概率关系

9.4　标准化公理的应用

在没有标准化的公理时，对统一化的认识是精确的和绝对的。这一认识阻碍了许多具有偏差关系的统一化归属到标准化的关系中。由于缺乏理论支持，对于一些有偏差关系、利益突出、价值高的统一化，即使将它们归入标准化范畴中，也是感到“底气不足”，欲弃于心不忍。标准化公理的创建，解决了许多概念和现象的标准化归属问题，同时又为标准化的理论发展提供了重要内容。

“公理一”是容差性公理，它建立了有偏差的统一化关系，使符合公差关系制造的产品成为容差性的统一化产品，由此，使实现容差内的结果成为标准化的结果。这种容差性关系对应的模式就是**互换性**，互换性属于容差性的统一化方式。“公理一”为互换性成为“标准化的方法”提供了理论支撑，否则互换性只能作为“方法的标准化”。“公理一”确立了容差的统一化关系，将产品在容差内的统一化纳入了标准化的轨道，并为容差性的批量生产划属为标准化的生产提供了理论解释。容差使不同时间重复生产和不同空间共同生产必然存在差异而能认定为是统一化成为可能。容差与其实现成本成反比。容差的大小由实现能力和实现成本综合确定。容差越大成本越小，容差越小成本越高。追求逼近标称值的过程，将是快速提高成本的过程。“公理一”使统一在公差范围内的被“依法”认定为是标准化的。

“公理二”是概率性公理，它确立了对象批不完整实现统一化的关系，使产品制造批不因有淘汰者而失去统一化认定。“公理二”使对象实现统一化的规律与行为成功的规律相匹配，确立了对象实现统一化的实际关系，即对象统一化的比例取决于行为的成功概率，因此，统一化是概率的。“公理二”为产品批量标准化生产的结果未完全实现统一提供了理论解释。“公理二”接纳了标准化生产的合格品率达不到100%的现实，指出了产品实现统一的概率规律性关系。“公理二”声明了标准化对象实现统一化的结果是概率关系的，对应于标准化生产的产品合格品率是概率关系的。标准化生产产品的统一化结果，在长期的关系中和大数量的关系中，不可能是全数统一化的，而是概率统一化的，因此，标准化生产的产品的合格品率不要求是全数的，可以是概率分布关系的。“公理二”的应用，使批量化生产的实际统一化结果等被“依法”认定为是标准化的。

“公理三”是泛元性公理，它确立了标准化对象的统一化可以是元素群的统一化关系，使统一化具有广义性和实际性。“公理三”指出了统一不只是单元素的统一才能算，多元素分别统一形成的群元素统一化也是标准化范畴的。产品、服务、语言、文字等标准化对象都是由多元素表达的，它们的标准化必然是多元素统一化的结果。有了“公理三”，就可以名正言顺确定多元素对象统一化是标准化的。各对象相同元素分别对不同数值约定实现统一化是对应系列化的关系，例如，对象为透镜，元素为焦距，约定值分别为10mm、12.5mm、16mm、20mm、25mm等，透镜焦距统一在以上数值就形成了系列化关系，这是元素数值离散的标准化状态。“公理三”的应用使离散的多元素统一化等被“依法”认定为是标准化的。

“公理四”是非量性公理，它确立了对象标准化不由对象统一化的数量决定的概念，抛弃了传统的以对象数量判定标准化的概念。“公理四”为柔性制造标准化、多样化发展的标准化和单件定制的标准化提供了理论支持。这个理论的支持不是为了抢夺柔性和多样化等时尚概念为标准化贴金，而是要以它们对标准化深层次的依赖把它们拉回到标准化中来。标准化通常给人们一个规模化的和批量化的概念，对于单件和小批量的生产行为，认为是非标准化的生产。人们的这种习惯概念似乎把重复性数量的多少和共同性数量的多少作为了标准化与非标准化界定的关键因素。《第三次浪潮》的作者美国社会学家托夫勒预言，信息化时代满足多样化需求的单件订制生产将会成为潮流，标准化也会随之消亡[3]。托夫勒的标准化消亡结论，就是由“标准化是对应大批量”的概念得出的。“公理四”将为标准化属性的单件订制和小批量生产等模式的标准化解释提供支持，引导新的标准化关系的发展。“公理四”的应用，挽救了单件和小批量生产也可以是标准化的现象。对象标准化判定的依据不是数量，而是其结果是否符合标准化的约定。

标准化的基本公理以标准化的本质和实际来锁定标准化现象，使标准化成为包容理想统一化和实际统一化的标准化。标准化基本公理的创建，为许多概念从理论上寻找标准化归宿提供重要依据，为标准化学科的科学化演绎发展建立重要的标准化理论基础。

参考文献

[1]　麦绿波. 标准化的基本公理[J]. 中国标准化，2011，(8)：48-54.

[2]　中国社会科学院语言研究所词典编辑室. 现代汉语词典[M]. 5 版. 北京：商务印书馆，2005.

[3]　顾孟洁. 憧憬与探索[M]. 3 版. 北京：中国标准出版社，2008.

第 10 章　标准化形式的理论谱系[1]

10.1　标准化形式认定面临的困惑

标准化的形式是标准化的表现形态或状态，是标准化状态实现的结局。随着科技和社会的发展，一些价值性的标准化方法形态陆续产生，如互换性、模块化等，标准化界将它们称为标准化的形式，但同时也产生了对这些有益的方法的学科"属地"的争议。例如，对于"模块化"，就有一些人质疑它属于标准化，认为它是属于计算机领域的理论，对于不同归属的观点，如果我们没有理论来证明它们属于标准化，它们就有可能不会被认为是"标准化方法"，而会被认为是"方法标准化"[2]。尽管"模块化"的提法在计算机领域掀起了新高潮，但更早的概念还是出自建筑领域。"模块化"与计算机学科的主体知识其实没有直接的关系，它是一种共用方法，是一种方法论的成果，只是当今在计算机领域应用发挥了突出有益的效果。一种知识的学科归属不应以是在哪个领域提出的或何人提出的来确定，而应以知识的学术属性来确定。从学科知识上，"模块化"应归属于某一共性的方法科学领域，而不是计算机领域。无独有偶，"组合化"也有人说成是属于机床领域的知识。对于这些问题，标准化研究人员自己也有疑虑。我们对所谓的"标准化形式"有疑虑，不等于就不"给力"。相反，这更迫切地驱使我们要解决标准化形式的理论依据问题。在一些标准化的学科书籍中，把"简化"、"统一化"、"通用化"、"系列化"、"组合化"、"模块化"等都称为标准化的形式[3]。以上所称的"标准化形式"，也许全部都是标准化的形式，也许部分是。无论它们全都是标准化的形式，还是部分是标准化的形式，都缺少理论判断的依据，都缺少对"是"和"非"的理论证明。所称的标准化形式可能有三种结论：一是确实是标准化的形式；二是不能算作是标准化的形式；三是尚不能作出结论。

标准化形式在标准化学科的理论体系中具有重要的理论地位，具有承上启下的作用。在标准化的理论体系中，标准化形式由上端的标准概念及公理给出依据，它对其下端的标准化原理的构建提供依据。标准化理论体系中的上层和下层之间形成了理论的因果链。因此，标准化形式的立足需要上端的标准化概念和标准化公理的依据，而标准化形式要为下端的标准化原理的生成提供依据的支持。没有标准化形式理论的支持，我们很难认定我们所说的"那些标准化"就是属于标准化学科范畴的，另外，我们也无法说服不认可"那些标准化"就是标准化范畴的人们。探究标准化形式的理论依据，不仅是向他人证明标准化形式的需要，同时也是消除我们自己疑虑的需要。标准化理性概念的定义和标准化公理的命题，是推论标准化形式和解释标准化形式的法宝。

10.2 标准化形式的理论谱系创建

标准化的形式属于标准化科学的基本性的理论问题，是需要标准化的根理论进行支撑的，或者说，标准化的形式应来自于最基本的标准化理论的推论和演绎。这种经过标准化理论推论和演绎得出的标准化形式，才能名正言顺地被认定为标准化的形式。支撑标准化形式所需的最基本的理论是标准化的理性概念和标准化的公理。根据标准化的理性概念的定义：**"在一定的时域和空域中，按约定范畴实现统一化的状态"**，标准化的形式应由统一化的状态决定，根据标准化的四个公理，可演绎出以下八种可能的统一化状态：

（1）精准的统一化状态，即精准性；

（2）约定允许偏差的统一化状态，即偏差性；

（3）对象全数的统一化状态，即全数性；

（4）对象非全数概率的统一化状态，即非全数性；

（5）对象内单元素的统一化状态，即单元性；

（6）对象内多元素的统一化状态，即多元性；

（7）单数对象的统一化状态，即单数性；

（8）多数量对象的统一化状态，即多数性。

标准化形式是由对象内部因素的统一化状态决定的，因为对象的内部因素的统一化决定对象的统一化。对象内部的统一化主要有对象参数的统一化和对象元素的统一化。这些"统一化状态"不需要是严格的和绝对的统一化状态，但也不排斥严格和绝对的统一化状态，只要符合公理的命题即可。

对象外部因素在统一化关系的分析中，只有数量统计的作用，没有决定标准化的要素，不能作为标准化形式分析的依据。以上状态(1)和(2)的情形以及状态(5)和(6)的情形是对象内部的统一化情形；状态(3)和(4)的情形以及状态(7)和(8)的情形主要是对象外部统一化情形，但状态(3)和(4)的情形也包含对象内部统一化情形。状态(3)和(4)的情形以及状态(5)和(6)的情形在内部元素关系上是相似的，因此，考虑了状态(5)和(6)的情形就不需要考虑状态(3)和(4)的情形。根据以上分析，状态(1)、(2)、(5)、(6)的情形可以支撑演绎标准化的形式。四个标准化形式相关的统一化情形不应只用于证明提出来的标准化形式的学科属性，更重要的是要用它们建立标准化形式的全谱关系。

标准化的全谱关系只用经验关系和已感知的关系是不能完整建立起来的，这还需要先验的推论。如果理论只是服务于经验的关系，那么理论只能说明和证明已感觉和已发现的标准化形式。如果要引导新标准化形式的发现和为未来发现的标准化形式提供依据，就需要先验推论的贡献。因此，抽象的先验思考，对理论关系的发展，尤其是基础理论的发展，是相当重要的。标准化现今之前的理论发展，主要是基于经验和感觉的，是经验总结和现象感知的标准化。这一过程的标准化也是很重要的，它是理性认识的基础，是理性认识的前提。但是，标准化理论的功效不应限于对发生了的再认识，应包括基于先验推论获得超前成果。经验式的理论发展，是一种等待式的被动发展模式。标准化在引入先验的理论内容后，就会发挥主动引导发展的作用。例如，俄国化学家门捷列夫的化学元素周期表的建立，不只是对已有化学元素的合理整理和精心排列，且创造性地对未知元素进行了先验的推测，预测了未知的化学元素的位置，引导了未来新化学元素的发现。门捷列夫于1869～1871年创建了化学元素周期表，当时只有63种已知元素，到20世纪来临时，化学元素周期表指引了20多种新化学元素的发现，平均每年就有一种新化学元素被发现。目前，118种化学元素几乎都被找到。门捷列夫的化学元素周期表的构建方式是一种现实表达和先验推论的科学成就。爱因斯坦的量子对同态纠缠的推测，也是站在哲学和超验的高度，先于经验和感性推测出来的，当时被许多人看成是唯心主义的虚幻，直到20世纪80年代，量子纠缠现象被当今量子传输实验所证实，即一对量子不论分离多远，它的状态始终一致。

当我们在努力研究证明标准化形式的理论时，我们隐隐地感到一丝惭愧，即使证明了我们常说的标准化形式是属于标准化学科的，但它们很少是从标准化学科先提出来的，更不是标准化学科的方法论所推论出的。这一点说明，此前的标准化理论是很薄弱的，它没能证明出现的标准化现象，更没能引导标准化现象的出现。今天，在构建标准化的理论体系时，应站在一个高的起点上来构想，使所建立的标准化理论，既要能证明标准化的现在，也要能证明标准化的明天，更要能引导标准化的未来。建立引导标准化发展的理论，需要应用超验的勇气和超验的智慧。本书将应用抽象的先验思考，推论标准化形式的谱系，期望能引导标准化形式的发展，以此丰富标准化形式的谱系。

标准化形式在理论上的根，是统一化形态。标准化形式是由统一化形态演绎而成的。基于标准化形式源于标准化对象可能的统一化形态的理论构想，进行先验推论，统一化可能的形态有“数值”、“几何”、“代数”、“方法”、“功能”、“模式”、“行为”、“能量”、“微观”、“综合”等内容的统一化形态。标准化对象的这些统一化形态的内涵分别为：“数值”的统一化形态是指有理数、无理数、复数的统一化状态，它们的统一化可以是精确的，也可以是有偏差的；“几何”的统一化形态是指点、线、面、体形状等内容的统一化形态；“代数”的统一化形态是指变量、运算、数的关系结构等的统一化形态，可以是连续数值或离散数值；“方法”的统一化形态是指做法、过程、程序、算法等的统一化形态，可以是科学方法、技术方法、管理方法、工作方法等的统一化形态。“功能”的统一化形态是指产品功能(包含硬件和软件)、材料功能、系统功能、服务功能等的统一化形态，包括定性的功能和定量的性能。“模式”的统一化形态是指特征、输入输出关系的统一化形态，如概念、物理特征、化学特征、生物特征、输入输出特征等的统一化形态；“行为”的统一化形态是指表达行为、技术行为、操作行为、艺术行为、体育行为等的统一化形态，包括行为形式和行为能力水平等级。“能量”的统一化形态是指势能、动能、电能、热能、辐射能、声能、原子能等的统一化形态。“微观”的统一化形态是指分子、原子、离子、质子、中子、电子、夸克、细胞、基因等的统一化形态，包括生物的和非生物的。“综合”的统一化形态是指以上多种统一化形态复合成的统一化形态，可以是部分复合，也可以是全部复合。标准化形式是由统一化形态推论出的具体标准化内容或证实存在的实际统一化状态结果。有了丰富的统一化形态谱系，才会推出或找到丰富的标准化形式和理论，支持标准化学科的发展，进而支持全社会的科学发展和有效发展。以先验推论的态度，根据标准化理性概念的统一化要义，能演绎出以下统一化的各种形态：

(1) 数值统一化形态(有理数、无理数、复数的等)；

(2) 几何统一化形态(点、线、面、体、拓扑的等)；

(3) 代数统一化形态(变量、运算、数结构的等)；

(4) 方法统一化形态(做法、过程、程序、算法的等)；

(5) 功能统一化形态(产品、材料、系统、服务的等)；

(6) 模式统一化形态(特征、输入输出关系的等)；

(7) 行为统一化形态(表达、技术、操作、艺术、体育的等)；

(8) 能量统一化形态(势能、动能、电能、热能、辐射能、声能、原子能的等)；

(9) 微观统一化形态(分子、原子、离子、质子、中子、电子、夸克、细胞、基因的等)；

(10) 综合统一化形态(各统一化形态的部分组合或全部组合)。

将演绎的统一化形态和标准化公理规定的实现状态进行匹配，建立以下统一化形态和标准化形式的谱系表，并对统一化形态和标准化形式进行代码标识，如表 10-1 所示。

表 10-1　统一化形态和标准化形式的谱系

序号	统一化形态谱系		标准化形式谱系			
			精准状态Ⅰ		容差状态Ⅱ	
	约定内容	形态代码	状态代码	应用形式	状态代码	应用形式
1	数值统一化形态(有理数、无理数、复数的等)	A	AⅠ	参数、数值系列、信息代码等方案	AⅡ	参数、数值系列等、互换性尺寸等的实现

续表

序号	统一化形态谱系		标准化形式谱系			
			精准状态Ⅰ		容差状态Ⅱ	
	约定内容	形态代码	状态代码	应用形式	状态代码	应用形式
2	几何统一化形态(点、线、面、体、拓扑的等)	B	BⅠ	文字、符号、图形、零件结构、材料型式、产品数字模型、接口形式、模块化结构、队形等的方案	BⅡ	文字、符号、图形、零件结构、材料型式、产品数字模型、接口形式、模块化结构、队形等的应用和构建
3	代数统一化形态(变量、运算、数结构的等)	C	CⅠ	指标体系、变量等的方案	CⅡ	指标体系、变量等的构建
4	方法统一化形态(做法、过程、程序、算法的等)	D	DⅠ	设计方法、加工方法、试验方法、施工方法、操作方法、管理方法等的方案	DⅡ	设计方法、加工方法、试验方法、施工方法、操作方法、管理方法等的实施
5	功能统一化形态(功能、性能的等)	E	EⅠ	硬件产品功能、软件产品功能、材料功能、系统功能、服务功能等的方案	EⅡ	硬件产品功能、软件产品功能、材料功能、系统功能、服务功能等的实现
6	模式统一化形态(概念、现象特征、输入输出关系的等)	F	FⅠ	概念、思想、电磁波谱、光谱、声特征、电子特征、电力特征、光电特征、化学配方、化学反应、生物特征、食品特征、音乐特征、通信协议、数据格式、输入输出关系等方案	FⅡ	概念、思想、电磁波谱、光谱、声特征、电子特征、电力特征、光电特征、化学配方、化学反应、生物特征、食品特征、音乐特征、通信协议、数据格式、输入输出关系等的应用和构建
7	行为统一化形态(表达、操作、艺术、体育的等)	G	GⅠ	语言行为、肢体行为、技术行为、劳动行为、服务行为、舞蹈行为、戏曲行为、表演行为、体育行为等的方案	GⅡ	语言行为、书写行为、肢体行为、劳动行为、服务行为、舞蹈行为、戏曲行为、表演行为、体育行为等的实施
8	能量统一化形态(储能、作用能的等)	H	HⅠ	势能、动能、电能、热能、辐射能、声能、原子能等的方案	HⅡ	势能、动能、电能、热能、辐射能、声能、原子能等的应用
9	微观统一化形态(微粒子、生物微观形态的等)	J	JⅠ	分子、原子、离子、质子、中子、电子、夸克、细胞、基因等的方案	JⅡ	分子、原子、离子、质子、中子、电子、夸克、细胞、基因等的实现
10	综合统一化形态(各统一化形态的部分组合或全部组合)	K	KⅠ	标准制定、系统协同互操作性等的方案	KⅡ	标准实施、系统协同互操作性建立

表 10-1 中，统一化形态谱系的形态代码采用英文字母表示，但不用 I、O、V，以免与阿拉伯数字 1 和 0 混淆和与罗马数字 V 混淆。标准化实现的状态代码采用罗马数字表示，不用字母，以免与形态代码混淆，应用状态代码分别为 Ⅰ(精准状态)和 Ⅱ(容差状态)。表 10-1 中，标准化形式谱系代码由约定形态代码与应用状态代码匹配构成，如谱系代码为 AⅠ 由数值统一化约定形态与精准状态匹配构成。表 10-1 中的统一化形态共有 10 种，每种应用状态有 2 种，应用状态 Ⅰ 为精确状态和应用状态 Ⅱ 为容差状态，标准化的状态共有 20 种情况。精确状态主要是设计方案的状态，是期望的状态；容差状态是方案实施或实现的状态，是实际的结果状态。表 10-1 中的 10 种统一化形态和 20 种状态是目前认识到的和推论的，标准化的形态可以超过 10 种，只要有新的统一化形态出现。表 10-1 中，统一化形态和标准化状态从表达的名称看很相近，但在内涵上它们是有明显区别的。统一化形态中的形态是统一化表现关系，是抽象的和广义的；标准化状态中的状态是统一化应用的实际状态，是统一化在载体上的表现形式，是有形的和具体的。标准化的状态是统一化形态的细分，是统一化形态应用的结果。例如，产品设计的结构(对标称值)是几何精准状态，而结构制造的结果是几何容差状态；汉字方案的状态为几何精准状态(线组合的统一化状态)，汉字手工书写结果为几何容差状态。

表 10-1 中统一化形态谱系和标准化形式谱系是基于推论和演绎建立，并寻找现实的对应内容的，所列的标准化形式只是可能形式的典型部分，未列入的部分读者可根据对应关系"对号入座"。在科学中，有的理论关系和规律是由感性到理性推论出来的：感性→理性，有的理论关系和规律的产生过程是：理性→抽象→哲学→超验。例如，门捷列夫的化学元素周期表和爱因斯坦的量子对纠缠关系等，是应用理性推测，先于经验和感性推测出来的，然后被客观发现所证实。一个有价值的理论的提出和规律的发现，不在于它由什么途径产生，如感性、理性、抽象、哲学、逻辑或超验等，关键是它是否是真理或相对真理。科学的价值不在于"出生"的背景。不要因为有真理产生途径的倾向性，而拒绝真理。

10.3　标准化形式的理论验证

表 10-1 给出了统一化形态的各种类型，建立了标准化形式的理论谱系。标准化形式的理论谱系中的谱位能为现实中标准化的现象提供证明。凡是能进入标准化形式理论谱系的现象，就可认定为是标准化的形式，并可名正言顺地归属为标准化领域。标准化形式是现象属于标准化的根据，是现象的标准化论据。用表 10-1 的统一化形态和标准化形式可证明统一化、互换性、通用化、系列化、模块化、协同互操作性的标准化属性，它们属性的标准化反过来可说明表 10-1 中的标准化形式谱系是有实际标准化应用内容支撑的。

统一化是标准化的本质形式，一切标准化的形式都是以统一化来认定的，因此，统一化是标准化形式的形式。表 10-1 的 10 种统一化形态和 20 种标准化状态都是标准化的表现形式。设计的统一化标称内容和标准实施的精准结果可对应标准化形式谱系状态代码Ⅰ的各种情况；标准化方案应用、实施、实现和构建结果可对应标准化形式谱系状态代码Ⅱ的情况，实施结果超出容差状态的不包括在内。标准化形式谱系状态代码Ⅱ是对所有精准规定和要求的实施结果的包容或让步。在统一化形态谱系和标准化形式谱系中，找不到简化的位置，因此，通常所说的“简化”很难证明为标准化的形式，它是标准化的过程方式和作用，不是统一化结果状态。

互换性是标称数值偏差统一约定在允许的偏差范围内的统一化状态，**符合容差性公理**对统一化的认定，是标准化形式谱系中的普遍性内容或容差的抽象统一化形式，涉及 10 种统一化形态，这种容差包含定量的和定性的，其谱系代码为 AⅡ、BⅡ、CⅡ、DⅡ、EⅡ、FⅡ、GⅡ、HⅡ、JⅡ、KⅡ，互换性统一化形态关系如图 10-1(a)所示。按互换性容差关系设计的产品，可使配合关系的零件间实现非匹配性加工和非选择性装配，它支持了社会化分工生产和批量化生产。

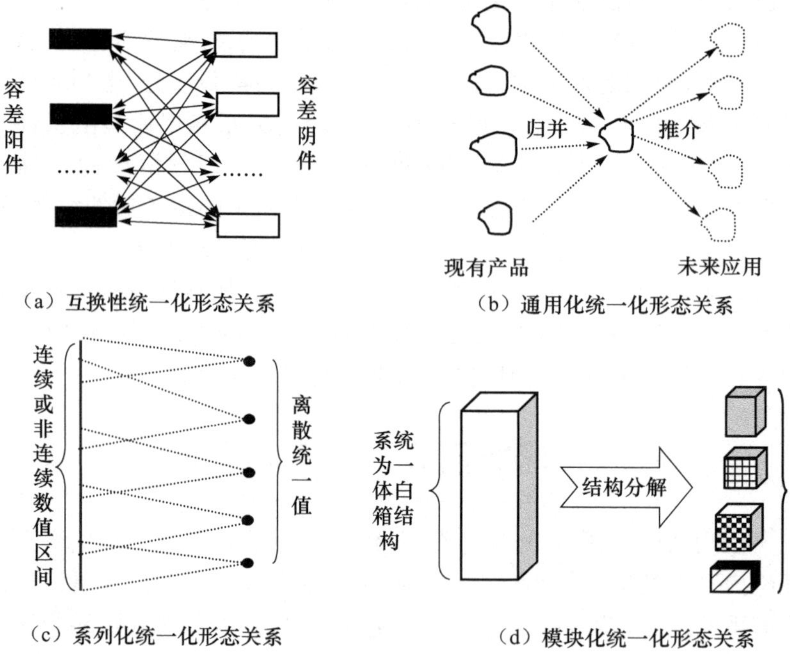

（a）互换性统一化形态关系　（b）通用化统一化形态关系

（c）系列化统一化形态关系　（d）模块化统一化形态关系

图 10-1　标准化形式的统一化形态关系

通用化是对象要素集中统一化形式，是标准化形式，主要有数值通用化、几何关系通用化、方法通用化、功能通用化、接口通用化、模式通用化、行为通用化、产品通用化等。其中，产品通用化又可分为硬件产品通用化和软件产品通用化。从抽象通用化对象来分，通用化可分为物质通用化、能量通用化、信息通用化和概念通用化等。通用化是对象使用的结构、功能、性能等在容差包容下集中统一的成果，具有广泛适用性的特点，是标准化的抽象形式。通用化的统一化有两种形成方向：一个方向是针对现有的同类产品种类或关系进行统一化归并，称为“归并通用化”，是对现状使用的优化；另一个方向是超前预测设计通用化对象，通过推介应用进行统一化，称为“推介通用化”，是对未来使用的优化，通用化统一化形态关系如图 10-1(b)所示。通用化可对应的谱系代码为 AⅡ、BⅡ、CⅡ、DⅡ、EⅡ、FⅡ、GⅡ、HⅡ、JⅡ、KⅡ。谱系代码 AⅡ是数值通用化，如数字代码、数值系列、数字表达等的通用化。谱系代码 BⅡ是几何关系通用化，如接口通用化、零件结构通用化、产品外形尺寸通用化等。谱系代码 CⅡ是代数关系通用化，如指标体系通用化、阵列通用化等。谱系代码 DⅡ是方法通用化，如通用的设计方法、加工方法、试验方法、数学算法、操作方法等。谱系代码 EⅡ是功能关系通用化，如材料功能、产品功能、设施功能等的通用化。谱系代码 FⅡ是模式关系通用化，如概念、外观颜色、音乐关系、食物营养关系、产品的输入输出功能和性能、通信协议、数据格式等的通用化。概念通用化是模式通用化，有标准的概念和认识的概念，其谱系代码为 FⅠ和 FⅡ。谱系代码 GⅡ是行为关系通用化，如通用的语言、技术、戏曲、体育、表演、服务、操作等行为。

系列化是数值规律性离散的分立的统一化形态，是同类关系的数值分立集中，**符合泛元性公理**对标准化的认定，是标准化的形式。系列化主要是数值的系列化，其谱系代码为 AⅠ和 AⅡ，系列化统一化形态关系如图 10-1(c)所示。系列化主要是用于避免主参数数值连续化和不合理紧密带来的多品种问题。

模块化是空间、功能的分布式的统一化，**符合泛元性公理**对标准化的认定，是分布式统一化形式。模块化主要有几何模块化、方法模块化、功能模块化、模式模块化等，其谱系代码为 BⅡ、DⅡ、EⅡ、FⅡ，模块化统一化形态关系如图 10-1(d)所示。产品模块化是多体、分布的集成几何外形尺寸的统一化、接口尺寸的统一化和模块功能的统一化。模块主体以功能互换性和接口互换性为基础。

协同互操作性是对复杂系统的技术、结构、信息等关系实施统一化形成的综合统一化的结果功能。协同互操作性的综合统一化是物理相、信息相、能相的统一化，其统一化结果符合公理对标准化属性的认定，其谱系代码为 KⅡ。协同互操作性是更高级的统一化形态的标准化形式。

通用化、**系列化**、**模块化**、**协同互操作性**的标准化形式可分别看作“**集中**”统一化、“**离散**”统一化、“**面分立**”统一化和“**体系性**”统一化形态，即“**点**”、“**线**”、“**面**”、“**体**”统一化形态。凡是无学科或专业技术依赖性的统一化形式或形态，都应该属于标准化的形式，属于标准化学科的范畴。

参考文献

[1] 麦绿波. 标准化形式的理论谱系创建[J]. 中国标准化,2011,(9):29-35.

[2] 麦绿波. 标准化方法和方法标准化[J]. 中国标准化,2012,(3):69-74.

[3] 李春田. 标准化概论[M]. 5 版. 北京:中国人民大学出版社,2010.

第 11 章　标准化的核心原理[1~3]

11.1　标准化原理观点的回顾

此前，标准化原理命题的提出，主要来自于国内外标准化专家的著作。这些著作主要有英国学者桑德斯的《标准化的目的与原理》、日本学者松浦四郎的《标准化原理与方法》、中国学者李春田的《标准化概论》和王征的《标准化基础概论》等。以上学者提出的具有代表性的标准化原理观点的具体内容如下。

11.1.1　桑德斯的标准化原理观点

英国学者桑德斯在《标准化的目的与原理》一书中提出了 7 个标准化原理，即原理 1～原理 7[4]。这些原理的文字描述主题不是太突出，更像是一些标准化和标准的认识及观点的论述。这些内容需要进行一定的提炼和归纳，才能显得清晰。现将它们分别提炼、归纳为以下主要内容。

原理 1：标准化从本质看，是人们有意识努力使其统一化的做法，旨在减少当前和未来的复杂性。

原理 2：标准化既是经济活动，又是社会活动，应协作工作。标准的制定应基于全体同意。

原理 3：标准出版的价值在于实施，标准实施应以多数利益为重。

原理 4：标准制定应慎重选择对象和时机，并保持标准内容的稳定。

原理 5：标准经一定的时间周期后应进行复审，并根据必要性进行修订。

原理 6：产品规范规定性能时，应规定性能检测相应的试验方法和设备。

原理 7：标准的法律强制性应视标准性质、环境条件和社会现状而定。

11.1.2　松浦四郎的标准化原理观点

日本学者松浦四郎在《标准化原理与方法》一书中提出了 19 个标准化原理，即原理 1～原理 19[5]。这些原理的描述比桑德斯给出的原理的文字描述要简练，但也像是一些标准化和标准的认识及观点的论述，需要进行精练才便于阅读。对松浦四郎的标准化原理的内容进行凝练和归纳，现将它们分别表述如下。

原理 1：标准化是社会自觉努力简化的结果。

原理 2：简化就是减少某些事物的数量。

原理 3:标准化简化目前的复杂性,防止不必要的未来复杂性产生。

原理 4:标准化是各方面协作推动的社会活动。

原理 5:简化的程度以效果最好为准。

原理 6:标准化活动是克服旧习惯的活动。

原理 7:必须从有效性考虑标准化对象、内容和时机的选择。

原理 8:“全面经济”的含义因立场不同而差异。

原理 9:必须从长远观点来评价全面经济。

原理 10:消费者经济地位高于生产者经济。

原理 11:保护消费者利益的重要方面是体现使用简便的“互换性”。

原理 12:互换性既适用于物质,也适用于意识。

原理 13:标准制定是选择与保持。

原理 14:标准要按一定的周期复审,必要时修订。

原理 15:标准制定应基于全体一致同意。

原理 16:标准法律强制性的必要性,应视标准的性质和社会现状而定。

原理 17:涉及安全和健康的标准应是法律强制的。

原理 18:精确定量评价标准经济效果只对具体产品才有可能。

原理 19:从诸拟标准化的对象中确定优先顺序是评价的第一步。

11.1.3　中国学者的标准化原理观点

在国外学者提出标准化原理近 10 年后,中国标准化学者对标准化的认识进一步深化,提出了更精炼的标准化原理。1981 年,中国学者李春田在“标准化原理”[6]的文章中提出了四个标准化原理的观点,即简化原理、统一原理、协调原理、最优化原理;学者王征在《标准化基础概论》[7]著作中提出了五个标准化原理的观点,即统一原理、简化原理、互换性原理、协调原理、阶梯原理,这是在公开出版物上中国学者较早提出的标准化原理。中国学者提出的标准化原理有相同的部分,也有不同的部分,可合并为六个原理,具体内容如下。

统一原理:在一定时期、一定条件下,使标准化对象的形式、功能或其他技术特征具有一致性。

简化原理:具有同种功能的标准化对象,当其多样性的发展超出了必要的范围时,即应消除其中多余的、可替换的和低功能的环节,保持其构成的精炼、合理,使总体功能最佳。

协调原理:在标准系统中,只有当各个局部(即子系统)的功能彼此协调时,才能实现整体系统的功能最佳。

最优化原理:按照特定目标,在一定限制条件下,对标准系统的构成因素及其关系进行选择、设计或协调,使之达到最理想的效果。

互换性原理：使零部件的尺寸、形状、性能、作用相同，彼此可以互相替换。

阶梯原理：标准化发展的动态过程中其发展形式呈阶梯状，好像上楼梯一样一阶一阶地上升。

回顾以上中外学者的标准化原理观点，可看出许多原理其实不是严格意义上的原理，它们更像是原则、要求、方法、概念等内容。标准化原理是标准化重要的理论命题，因此，标准化原理的提出应有严谨性的原理命题内容。

11.2　理论命题的内涵和区别

公理、原理、定理、定律、定则等是学科理论体系中的理论命题，在讨论原理命题前，应对公理、原理、定理、定律、定则等理论命题的内涵有深刻的认识，同时，应能区分它们之间的差异。

公理是指在一个演绎系统中，多数人公认为正确的，不需要加以证明的真命题。例如，“同位角相等则两直线平行”是平面几何中的一个公理。公理是经过人类长期反复的实践检验是真实的，是一个不证自明的真理，其他命题必须依靠它们，且由它们演绎而成。在这种情况下，公理应先于其他命题前提出。

原理是具有普遍意义的最基本的客观规律或道理。原理来自对自然界和社会的事物或现象的大量观察和实践，经过归纳、概括而得出。例如，浮力原理为：“浸在液体里的物体受到向上的推力，推力大小等于物体所排开液体的重力”。原理能指导实践，也要接受实践的检验。原理的正确性由实践检验来确定。原理包括定性规律和定量规律。

定理是已经证明具有正确性的真命题，是经过受逻辑限制的演绎推导，证明为正确的结论，可作为规律的命题或公式。定理通常是数学的命题或公式。相信为真但未被证明的数学叙述为猜想，当它被证明为真后便是定理。例如，“平行四边形的对边相等”就是平面几何中的一个定理。

定律是被实践和事实所证明在一定条件下的客观规律。例如，牛顿第三运动定律为：“两个物体之间的作用力和反作用力，在同一条直线上，大小相等，方向相反，数学表达式为 $F=-F'$”。定律是一种理论模型，它的规律是在一定条件下成立，在其他条件下可能会失效或者不准确，没有任何一种理论可以正确地描述宇宙当中的所有情况。定律的特点是可证明的，而且已经被不断证明。

定则是为了帮助理解及记忆，用以描述事物理论关系的公认方法。例如，左手定则为：“左手平展，使大拇指与其余四指垂直，并且都跟手掌在一个平面内，把左手放入磁场中，手掌心对着磁体 N 极，让磁感线垂直穿入手心，四指指向电流所指方向，则大拇指的方向就是导体受力的方向”。

原则是观察问题、处理问题的准则或行为的准则。原则往往会受到制定人的立场、观点、方法的影响。原则是从自然界和社会活动中归纳出来，力图正确反映事物的客观规律。原则由主观确定，靠主观努力来实现。原则反映主观期望和要求。例如，标准的先进性原则为："标准编制的内容应具有先进性"。

公理和定理是建立于演绎系统中的理论命题，分别是不证自明和演绎证明的真命题。公理和定理与原理和定律的区别在于，公理和定理是演绎系统的理论命题，而原理和定律是实践证明的理论命题。原理和定律的区别在于，原理是具有普遍意义的客观规律，可看成是具有普遍意义的道理，而定律是一定条件下的客观规律，且定律通常都有理论模型的表达形式。公理、原理、定理、定律的命题性质是客观的，反映事物和现象的客观规律。定则是用形象方式表达定律内容，将客观规律内容放在主观载体上，以建立形象和方便的记忆及表达方式。原则不同于公理、原理、定理、定律，它是主观愿望和要求的反映，经过努力是可实现的，也存在不能实现的可能性。原理和原则的区别是，原理反映客观规律，原则反映主观要求。原理与人的意愿无关，是普遍性的客观规律，没有条件的原理是必然原理。原则是要求和期望。公理、原理、定理、定律、定则、原则等理论命题的自身特点和区别关系如表 11-1 所示。

表 11-1 理论命题的特点

特点＼理论命题	公理（公设）	原理	定理	定律	定则	原则
内涵要点	不证自明的真命题	普遍意义的基本规律	演绎证明的真命题	一定条件下的客观规律	定律的形象表达方法	要求和准则
验证方式	公认正确	实践证明	演绎证明	实践证明	由相应的定律证明	取决主观努力
命题的性质	客观的	客观的	客观的	客观的	主观反映客观	主观的
所属学科领域	自然/社会科学	自然/社会科学	自然科学	自然/社会科学	自然/社会科学	社会科学

11.3 标准化原理观点的评论

经过对各种理论命题的内涵进行分析和讨论，拥有了甄别各理论命题属类的尺子，可对国内外学者提出的标准化原理进行理论命题属类的判断。下面分别对国内外学者的标准化原理进行逐一分析和评议。

11.3.1 桑德斯的标准化原理评议

对英国学者桑德斯提出的 7 个标准化原理分别进行以下评议，分析和甄别它们的理论命题属性。

原理 1 评议：原理 1 给出的是标准化的概念和目的的内容，它不是客观规律，

是人的认识和愿望。(概念、目的)

原理 2 评议:原理 2 实际上是提出了标准化工作的协作要求和标准制定的认定要求,不属客观规律,是主观要求,属于标准制定的原则性内容。(原则)

原理 3 评议:原理 3 给出了标准出版的目的和标准实施的要求,是主观愿望,不属客观规律,属标准实施的原则性内容。(目的、原则)

原理 4 评议:原理 4 是标准制定的对象和时机选择的要求及标准内容执行周期的要求,是主观要求,属标准制定的原则性内容。(原则)

原理 5 评议:原理 5 是标准维护的要求,是主观愿望,属标准维护的原则性内容。(原则)

原理 6 评议:原理 6 是产品规范编写内容的性能和试验方法配套性要求,是主观要求,属标准编写方面的原则性内容。(原则)

原理 7 评议:原理 7 是标准执行属性确定的要求,是主观要求,属标准执行属性确定的原则性内容。(原则)

11.3.2　松浦四郎的标准化原理观点

对日本学者松浦四郎提出的 19 个标准化原理分别进行以下评议,分析和甄别它们的理论命题属性。

原理 1 评议:原理 1 与桑德斯的原理 1 的前半部分相近,不是客观规律,是标准化概念的一种认识,这种认识还会有其他观点。(概念)

原理 2 评议:原理 2 是对简化概念的解释,不是客观规律,是简化概念的认识。(概念)

原理 3 评议:原理 3 与桑德斯的原理 1 的后半部分相近,是简化作用的期望,不是客观规律,属简化作用的期望。(作用)

原理 4 评议:原理 4 与桑德斯的原理 2 的前半部分相近,是标准化活动性质的要求,强调协作性和社会性,不是客观规律,属标准化活动的原则性内容。(原则)

原理 5 评议:原理 5 是简化程度判断的原则,是主观准则。(原则)

原理 6 评议:原理 6 是对标准化活动概念的认识,这种认识可有多种角度,是一种主观认识。(概念认识)

原理 7 评议:原理 7 是标准化对象、内容、时机选择的要求,属主观要求。(原则)

原理 8 评议:原理 8 是"全面经济"概念认识的状况,是概念的主观认识状况。(状况)

原理 9 评议:原理 9 是对"全面经济"评价的观点,是主观要求,属原则性内容。(原则)

原理 10 评议:原理 10 是对消费者和生产者经济地位确定的观点,是主观要

求，属原则性内容。（原则）

原理 11 评议：原理 11 是对消费者利益考虑的准则，属主观准则。（原则）

原理 12 评议：原理 12 是互换性适用性的观点，不属客观规律。（认识）

原理 13 评议：原理 13 与桑德斯的原理 4 相近，是标准制定的期望，是主观要求，属原则性内容。（原则）

原理 14 评议：原理 14 与桑德斯的原理 5 相近，是标准维护的主观要求，属原则性内容。（原则）

原理 15 评议：原理 15 与桑德斯的原理 2 后半部分相近，是标准制定的主观要求，属原则性内容。（原则）

原理 16 评议：原理 16 与桑德斯的原理 7 相近，是标准执行属性确定的要求，是主观愿望，不属客观规律。（原则）

原理 17 评议：原理 17 是强制性标准划分的要求，是主观要求，属原则性内容。（原则）

原理 18 评议：原理 18 是标准经济效果评价的认识，是经验性内容，难以证实为客观规律。（经验）

原理 19 评议：原理 19 是标准化对象确定的方法，是主观方法，不属客观规律。（方法）

11.3.3　中国学者的标准化原理观点

对中国学者提出的 6 个标准化原理分别进行以下评议，分析和甄别它们的理论命题属性。

统一原理评议：以上“统一原理”的叙述还属于概念描述的内容。“统一”是标准化的本质形式，也是标准化形成的必然要求，属标准化的原理特性。“统一”作为原理，还需理性的标准化概念支撑和严谨的原理命题描述内容，两者具备后就可把“统一”作为标准化的原理。（可成为原理）

简化原理评议：以上“简化原理”的叙述像原则性的内容。“简化”是标准化的过程，是标准化的重要过程，不是标准化的结果状态，不应是标准化的独立原理，可以归入系列化原理的一部分内容，但需给出“简化”严谨的原理命题的内容。（可成为原理的部分内容）

协调原理评议：以上“协调原理”的叙述更像协调作用的描述。“协调”是一种普遍方法，不是标准化特有的，如管理学、统筹学等学科都有“协调”的要求，管理学同样不能因此把“协调”看成是自己的原理。标准化需要“协调”，而“协调”不是标准化实现的直接方法，因此，“协调”不是标准化的独有形式，只是标准化要求的特征，可作为标准化的过程性原理，但需给出“协调”严谨的原理命题的内容。（可作过程性原理）

最优化原理评议：以上“最优化原理”的内容像是“最优化”的概念和方法的叙述。“最优化”是一种普遍方法，不是标准化特有的，只是标准化在有些情况下需要的。“最优化”不等于标准化，不是标准化的形式，只是标准化要求的特征，可作为标准化的过程性原理，但需给出“最优化”严谨的原理命题的内容。(可作过程性原理)

互换性原理评议：以上“互换性原理”的内容像“互换性”的概念描述。“互换性”是标准化的一种形式，可以是标准化的原理，但需给出“互换性”严谨的原理命题的内容。(可成为原理)

阶梯原理评议：以上“阶梯原理”的内容描述的是标准发展的规律。阶梯性关系是主观规定形成的标准制修订的规律，它不是标准化普遍意义的客观规律，因此，首先不是标准化的原理，最多算作为标准制修订原理，但需给出“阶梯”严谨的原理命题的内容。(可成为标准制修订原理)

11.4　标准化原理的理性探讨

在中外学者提出的标准化原理中，按照原理的内涵，有相当一部分不能算作真正的原理，有的“原理”是标准化的原则，有的是概念，有的是目的，有的是要求，有的是方法等，尤其是外国学者的原理离原理的要求更远(也许与“原理”翻译有关)。外国学者的原理来自于英文 principle 的翻译。英文 principle 的词意可以有：原理、原则，定理、规律、定律，法则、规则，方法，本质，方针等，具体译为哪个意思应根据内容决定，不能简单地选用第一个词意来译。外国学者对原理内容的描述，操作层面多于理论层面，方法多于规律。虽然，当前标准化所提出的原理不是严格意义上的原理，但它们是有价值的标准化工作经验、方法和认识。

标准化原理的建立，需要有标准化理性概念(非工作性概念)的支撑，即抽象的本质概念，否则，我们就难以建立标准化的原理。因为，标准化的原理命题的内容应该是，当某些事情发生或某些状态形成时，至少有一种标准化形式必然实现。标准化的原理就是揭示标准化状态实现的方法和规律。例如，“统一原理”的命题内容是否包含“标准化概念”，是验证“统一原理”和“标准化概念”是否协调的方法，即看“使标准化对象的形式、功能或其他技术特征具有一致性”是否实现或包含“对实际或潜在的问题制定共同的和重复使用的规则的活动”。经检验可发现，“原理”与传统“标准化概念”明显存在着文不对题。由此可看出，这两者中不是“原理”的命题内容有问题，就是“概念”的内涵定义有问题。仔细分析，传统的“标准化概念”的问题比较大，它不是标准化抽象的本质定义。如果应用传统的标准化概念定义，将无法建立科学的标准化原理。这种逻辑模式是：设“标准化原理命题的内容”为 A，“标准化概念的内涵”为 B，检验 A⊃B 是否成立，即检验 B 是否被包含在 A 中。

标准化原理建立的学术研究是不能孤立进行的，它要与标准化的概念、标准化的形式等理论要素相联系、相协调。在概念方面要建立起标准化的重要概念的体系。在标准化形式方面要建立标准化的形式谱系。标准化的概念统一标准化的认识问题。标准化的形式给出标准化的多种表现形式。从逻辑上,要先建立标准化的概念和标准化认定的公理,然后确立标准化的形式,再建立标准化的原理。这些理论要素的组成和发展关系如图 11-1 所示。

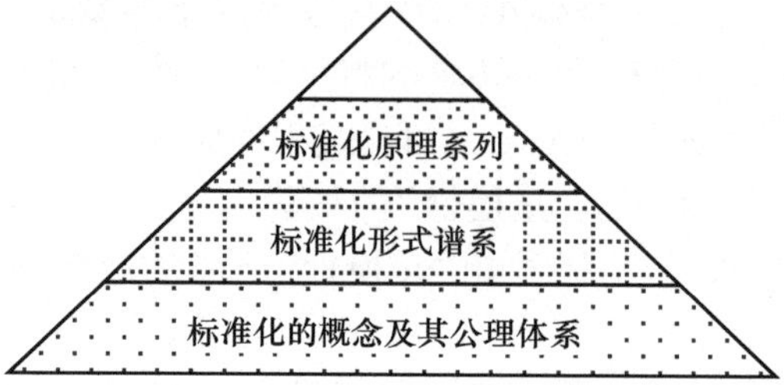

图 11-1　标准化理论要素及其发展关系

原理的构建要全面把握原理成立的要素。原理不仅有题名,更重要的是具有命题的内容。命题通常是陈述句,是表达判断的句子,即有真假的句子。原理具有命题属性,没有判断关系的句子不是原理表述。标准化原理的命题内容应是原理范畴内的具有普遍意义的一般规律,是有标准化特殊性的规律,不应是哲学层面的普遍规律,如“事物是对立统一的”和“事物的运动是螺旋式上升的”等哲学性的普适规律。标准化原理的建立应具有的 7 项要素:①有原理的“题名”,即原理的名称,如“浮力原理”、“杠杆原理”等;②有原理的“命题内容”,描述原理命题内容的陈述句子是表达判断真、假的句子;③“命题内容”是具有普遍意义的基本规律,不是事项的具体过程和个别事例的规律;④“命题内容”要具有标准化自身的特殊性,是标准化形态形成的陈述;⑤“命题内容”已形成客观规律,不是主观愿望、目的和要求;⑥“命题内容”具有标准化形态形成的结果像,是可证实的,并已证实为是真的和有效的;⑦“原理”的内容是可应用的和有相应的方法,并已有应用和实际应用案例。原理建立时,可应用以上 7 个要素指导原理的建立。原理建立后,可应用 7 个要素进行对比检验,看是否全部要素具备。如果建立原理的 7 个要素有缺项,原理就是不完备的。在标准化的理论体系中,原理可以有很多,并将形成原理体系。表述标准化形态形成(至少是标准化形态之一)的原理是标准化的核心原理,简称为标准化的原理。在核心原理之下,可有标准化过程原理和其他原理,如标准化的优化原理、标准化的简化原理等。

11.5　标准化原理的必备要素

标准化原理是开展标准化工作的重要理论指导,在标准化的理论体系中占有重要的地位。标准化学科在构建了标准化的理性概念、标准化的公理和标准化的形式谱系后,重要的标准化学科理论建设的内容就该是标准化原理的构建。在理论上,标准化的公理支持标准化形式的立论,标准化形式支持标准化原理的立论,标准化原理支持标准化方法的立论。标准化原理是标准化方法产生的理论依据,也是标准化方法能称其为标准化方法的证明需要。研究标准化学科的原理，首先要深入理解原理的内涵。原理是带有普遍性的、最基本的、可以作为其他规律的基础的规律，是具有普遍意义的道理[8]。原理来自对自然界和社会的事物或现象的大量观察和实践，经过归纳、概括而得出。原理的正确性由实践检验来确定。

原理主要用语言表达，但不排除用数学公式表达和模型关系表达。原理的规律通常应是可证明的，但不一定是刚性证明的。原理有几种类型，一是表达客观规律，是即时可证的；二是表达方法，是方法应用原理；三是表达道理的，不是刚性证明的，需要条件和时间证明。标准化概念是标准化核心原理的基础，寻找概念形成的规律性关系可得到原理或定律。原理的命题是描述实现原理题名内涵的道理、途径和方法。原理的命题有：条件关系的判断陈述句、方法陈述句、规律关系陈述句、道理陈述句等。

"标准化学科原理"比"标准化学科核心原理"范围要宽得多。"标准化学科核心原理"是描述形成标准化形态的规律或道理。标准化核心原理就是建立或建成某种标准化状态或形式的客观规律，或产生某些重要功能或效果的客观规律，不应是标准化形成的过程性或辅助性作用等的规律。应用标准化核心原理获得的成果一定是标准化的某种状态。每一个标准化核心原理必然有一种标准化形态或形式与其对应，或者说，其映射一种标准化形态或形式。"标准化学科原理"不仅仅包括实现标准化的核心原理，还有在标准化学科中产生其他特性和效果的原理，如标准系统的管理原理：系统效应原理、结构优化原理、有序原理、反馈控制原理等[9]。在标准化的理论体系中，原理可以有很多，可形成原理的体系关系。普遍渗透的标准化原理是标准化的顶层原理，等价于标准化的总原理，统一化原理就是标准化的顶层原理。在顶层原理之下，有建立标准化其他形式的原理，如通用化原理、互换性原理等。在标准化学科原理中，最重要的原理还是顶层原理和指导建立标准化形态或形式的那些原理，它们一起构成了标准化学科的核心原理。标准化学科的原理引导标准化学科方法的建立。

11.6　标准化原理需重建的原因

世界上，组织性地开展标准化原理的研究始于20世纪50年代初STACO的成立，专家以个人身份参加，当时主要来自标准化工作开展比较深入的国家，如英国、德国、日本、法国、美国、印度等。70年代，英国学者桑德斯、日本学者松浦四郎分别在他们的著作中提出了标准化的7个原理和19个原理，这是世界上具有代表性和影响性的标准化原理观点。对桑德斯的7个原理和松浦四郎的19个原理逐一进行原理要素分析，可看出他们所谓的原理不是严格意义上的原理（也有可能是没有准确翻译），这些原理基本不属于客观规律，主要是一些概念、观点、要求、原则、方法等。国外学者提出的标准化原理，除了上述问题外，还普遍存在着没有原理题名的问题。外国学者的 7 个原理和 19 个原理很难为原理重建提供基础。中国学者于 80 年代初提出了简化原理、统一原理、协调原理、最优化原理、互换性原理、阶梯原理 6 个原理[6,7]（相同合并后为 6 个），这些原理比国外学者的严谨，更像原理些。但从严格意义上说，这 6 个原理也存在一定的问题。用上述 7 项原理要素对照分析 6 个原理，可看出，除了有原理的题名外，这些原理在其他方面是不太完备的，且在不同方面和不同程度地存在着问题，主要问题为：①即使有原理命题的原理表述也不到位，不太像是规律性的内容，更像是概念性和要求性的内容；②有些原理不具有标准化的特殊性，更像是其他原理在标准化学科中的应用，难寻标准化的根源，如最优化原理和协调原理；③命题的内容客观性、必然性不强，偏主观性；④有的命题的内容可实现和可证实性不突出；⑤有的原理命题的应用关系不够明确。6 个标准化原理用原理的 7 项要素分析对比，归纳出的问题如表 11-2 所示。因此，标准化学科原理需要重新构建，应从解决以上五个方面的问题入手。本章主要构建标准化学科的核心原理，对不属于核心原理的对象通过分析进行排除。核心原理包括顶层原理。

表 11-2　6 个原理的问题

原理要素 / 原理	题名	命题内容	命题的规律性	原理的特殊性	客观必然性	标准化形式的实现性	应用性
简化原理	有	有命题内容	要求性	标准化特殊范畴	偏主观性的	无明确标准化形式对应	相关应用
统一原理	有	有命题内容	概念性	标准化特殊范畴	客观性的	有标准化形式对应	可应用
协调原理	有	有命题内容	意义性	非标准化专用范畴	偏主观性的	无明确标准化形式对应	过程应用
最优化原理	有	有命题内容	要求性	非标准化专用范畴	偏主观性的	无明确标准化形式对应	过程应用
互换性原理	有	无命题内容	—	标准化特殊范畴	—	有标准化形式对应	可应用
阶梯原理	有	无命题内容	—	非标准化核心范畴	—	无标准化形式对应	非核心原理应用

从表 11-2 中对 6 个标准化原理的 7 项要素情况的分析可以看出：统一原理和互换性原理与标准化的核心原理密切相关；简化原理与标准化的核心原理为相关应用和过程，它是系列化的手段；协调原理、最优化原理只与标准化的过程和特征有关，没有与标准化的形式相对应；阶梯原理与标准化核心原理不相关，可作为标准方面的原理，但需要给出规律性的原理命题。尽管表 11-2 中统一原理和互换性原理与标准化核心原理相关，可以考虑作为标准化的核心原理，但是，这两个原理当前的命题还存在着一些问题，还需要重新给出命题。统一原理的问题主要是，命

题是弱规律性和强主观性的。而互换性原理最主要的问题是只有原理的题名,没有原理的命题。没有命题的原理,就相当于有汽车名称,没有汽车一样,有名无实。通过以上分析表明,只有统一原理和互换性原理可成为标准化的核心原理。此外,标准化的核心原理还可以从标准化的形式中寻找,因为原理应用的结果归宿是标准化形式。

11.7　标准化核心原理的构建

从以上六原理的分析可看出,有的原理不属标准化的核心原理,有的原理缺乏标准化的特殊性,有的原理的命题内容规律性不强,有的没有原理命题,因此,这些标准化原理需要重新梳理和构建。如果标准化核心原理不清晰、不严密,就很难指导标准化方法的建立。标准化形式谱系的建立,为标准化的原理提供了实现结果的形态,解决了标准化核心原理成立的理论支撑问题。标准化的核心原理或定律的实现结果,通常都有相对应的标准化形式,它为标准化核心原理或定律的应用提供结果。因此,从标准化的形式中,可推论出一些标准化的核心原理。

在当前认识的标准化形式中,具有普遍性的标准化可实现形态主要有统一化、通用化、系列化、模块化(组合化)、互换性、互联互通、协同互操作性等,它们具备建立原理的必要条件。由于简化没有找到对应的标准化统一形态结果,它是通用化和系列化的过程手段,很难建立产生可验证结果的规律性原理命题。模块化和组合化是同一标准化形态的不同表达角度,是同一个原理,而原理的题名取有统一化形态(模块化)的名称要好于取集成角度(组合化)的名称,因此,原理的题名以模块化为主,采用模块化(组合化)为原理题名。原理题名中保留组合化是由于组合化在学科里也有很大的影响力。

在当前的标准化理论书籍中,只是把通用化、系列化、组合化、模块化作为标准化的形式,还没有书籍给出它们的原理关系。实际上,每一种标准化形态或形式必然有实现标准化形态或形式的原理相对应。**一切规律性的必然结果,一定有实现结果的原理相对应**。经过分析,标准化的核心原理选定七个原理,原理的题名分别为:统一化原理、互换性原理、通用化原理、系列化原理、模块化(组合化)原理、互联互通原理、协同互操作性(本书创建的概念)原理。在这七个原理中,统一化、通用化、系列化、模块化(组合化)四个原理的题名是用标准化的形态命名的,互换性、互联互通、协同互操作性三个原理的题名是用标准化的功能命名的,这七个原理实现的结果都有相应的标准化状态。

统一化是标准化最基础和最根本的关系,是标准化学科中的普遍性关系,它是其他标准化规律的规律,应作为标准化的第一原理,也是顶层原理。互换性是配合对象容差统一化的功能形态,是标准化第一公理支持下的统一化关系,可实现非选择配合的规律，它是以功能概念表达的一种公差统一化形态，属标准化的核心原理之一。通用化是集中统一化形态，是标准化的一种形式，是一种扩大产品（含硬件和软件产品）使用范围和概念使用范围的规律，属标准化的核心原理之一。系列化是离散统一化形态，是标准化的一种形式，是数值系列和品种规格优化选取的规律，属标准化的核心原理之一。模块化（组合化）是分布式分立体的统一化形态，是标准化的一种形式，是复杂产品分解设计、制造的规律，是便于产品变型发展的规律，属标准化的核心原理之一。互联互通是基于互联的统一化和互通的统一化的一种功能形态，是用功能概念表达的一种标准化形态，是系统间有效传输和交换的重要功能，传输和交换的对象包括物理的、信息的和能量的，它是最早的标准化功能形态，如语言的交流等，属标准化的核心原理之一。协同互操作性是以功能概念来表达系统或产品多维度、综合性统一化的形态，是集互换性、通用化、系列化、模块化（组合化）、互联互通、互操作为一体的更高级的标准化形式，或者说是包含互换性、通用化、系列化、模块化（组合化）、互联互通、互操作等各种标准化形式的形式，属标准化的核心原理之一，能给系统或产品带来相互联系、相互利用、相互帮助、相互支持、联合工作等能力，是增强系统或产品整体能力和优势的标准化模式。

为了突出协同互操作性功能的价值性，题名没有用统一化形态来表达，而是用其功能来表达。关于标准化核心原理的题名选择，考虑要能反映出其相应原理的核心关系，如原理相应的标准化形态或者突出的功能。标准化原理的命题内容要给出正确、规范的原理命题，不应表述成目的、概念或题名的解释等陈述句，原理应有标准化形式的“像”相对应，要按照实现结果的规律来表述。

11.7.1　统一化原理

统一化原理（第一原理）为：**约定对象需统一的目标元素，使所有对象的目标元素结果符合同一约定关系，将成为约定范畴的等价对象。**

统一化原理命题给出了对象实现统一化的普遍规律关系，是可实现和可验证的规律，是标准化公理包容下的统一化，不一定是数学关系上的统一化，原理关系如图 11-2 所示。统一化原理命题中，第一个“约定”是动词，是“明确统一化的内容”的意思。“对象”是指预定要建立统一关系的目标对象。“目标元素”是指对象要统一的内容。第二个“约定”是名词，是广义的“标准”，如协议、合同、文件、标准、物质等，是“目标元素”的记载。“同一”是指所有对象都以同一个约定为“样板”，不是分别有多个

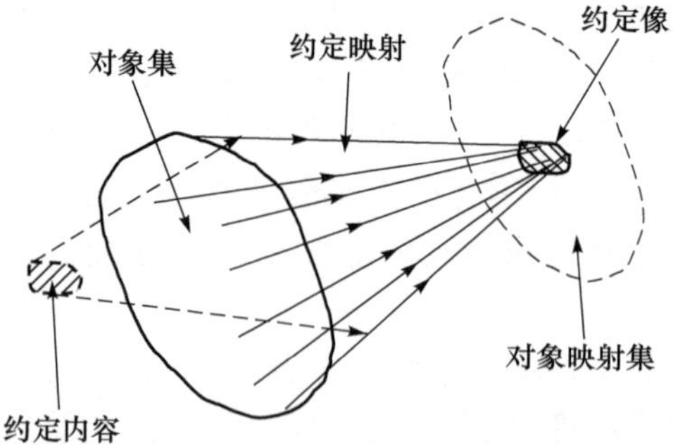

图 11-2　统一化原理关系

差异"样板"。原理命题中的"使所有对象的目标元素符合同一约定关系"是指使所有对象实现约定内容，这一实现是概率性的，可以 100%的实现，也可以是一定比例对象的实现，是第二公理所包容的关系。"将成为约定范畴的等价对象"是原理的结果，即对象相对约定内容而言是一样的，不分彼此。图 11-2 所示的统一化原理命题可用例子说明，例如，"对象"为服装加工企业("对象集"为各地的服装加工企业)，"约定内容"为规定军装的颜色、款式、尺寸系列等(需统一的元素，或者称军装的设计)，"约定映射"是按"约定内容"制作衣服的行为，"对象映射集"是服装制作的结果，"约定像"是约定映射的结果，即符合约定的军装。

统一化原理是顶层的标准化原理。统一化原理的命题本身也是一种实施统一化的指导方法，应用这一命题可演绎出针对不同对象和不同统一化内容的具体方法。构建统一化原理不仅丰富了标准化的理论，还归纳出统一化形成的规律关系，对标准化的本质形式——统一化的推广和发展具有重要意义。

11.7.2　互换性原理

互换性原理(第二原理)为：**使配合对象的实际偏差保持在偏离基准的规律范围内，它们将实现预定精度关系的非选择性配合**。

互换性原理命题给出了互换性实现的普遍性规律。互换性是对象标称尺寸容差统一化形态的功能，是标准化公理包容下的统一化。互换性是对配合关系而言的，配合是两者间或多者间的关系，这种配合关系主要是"阴"与"阳"关系的配合，也可以是"上"与"下"关系的配合和"左"与"右"关系的配合。互换性原理的关键是配合对象建立了相对公共基准的偏差规律，而不是互为基准的偏差关系，互换性原理关系如图 11-3 所示。如果配合是以两者之一为基准，另一个就必须相对基准有一定偏差，这种配合关系就是选配。如果配合的两者都不互为基准，而是分别设置偏差带，形成公差带，公差带分成不同等级以适合不同精度要求，这就实现了不同

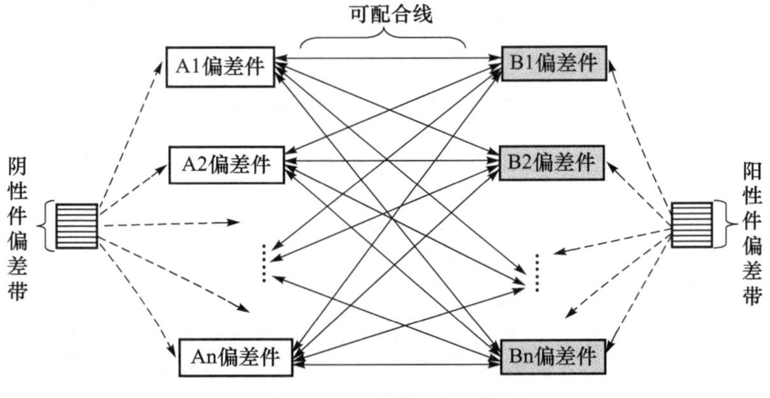

图 11-3　互换性原理关系

精度的非选择性的互换配合关系。原理命题中的“偏离基准的规律”就是公共基准的偏差规律，即共同标称值“极限与配合”的偏差规律关系，这一关系已制定为国际标准和国家标准。互换性的配合件是分别给出符合规律的各自的偏差，可独立于配合对象分别进行加工，只要保证每个件符合各自的偏差要求，它们的配合就可实现非选择性的合格配合。互换性的规律已被大量的实践所证明。如果没有互换性的原理，人们对配合关系还会应用以一个为基准选配另一个这种最朴素的思维方法来处理。没有互换性就不会有分工合作和分散加工的大批量生产关系。

11.7.3　通用化原理

通用化原理(第三原理)为：**使一种对象拥有多种对象的使用要求因素，将有对多种对象广泛的适用性范围**。

通用化原理命题给出了对象实现通用化的普遍性规律，是可实现和可验证的规律。通用化可是几何关系、性能、功能、概念、服务、行为等的通用化。通用化的实现是第一公理支持下的容差通用，不可能有绝对精确性的通用。通用化原理命题中的“使一种对象拥有多种对象的使用要求因素”中的“拥有”，有“具有”和“替代”两种含义。命题中的“多种对象的使用要求因素”是指同类多种预定被替代对象都需要的使用要求因素。命题中的“将有对多种对象广泛的适用性范围”是通用化原理实现的结果性内容，广泛适用就是通用化的目的，通过应用原理成为通用结果状态。通用化不一定是以绝对一致来实现的，是以等效为准则实现的。通用化的原理关系如图 11-4 和图 11-5 所示。图 11-4 所示的通用化是多对象有一定共同

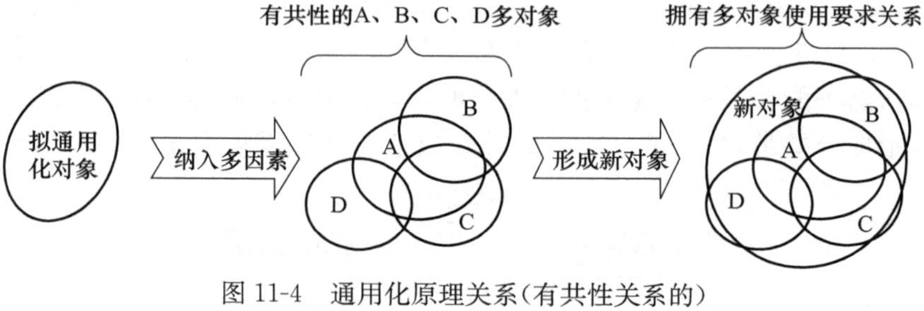

图 11-4　通用化原理关系(有共性关系的)

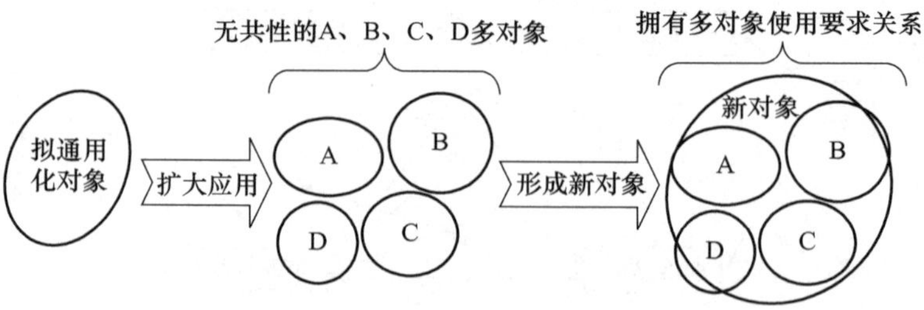

图 11-5　通用化原理关系(无共性关系的)

基础的通用化,多对象没有共同基础的通用化原理如图 11-5 所示。通用化的关系依靠通用化设计方法来建立,通用化设计方法使抽象的通用化关系附着在通用化载体上,使其可普遍使用。

通用化原理有很广的应用,因为通用化的对象范围是个很宽的领域,主要的对象有硬件产品、软件产品、技术、服务、语言、文字等。通用的硬件产品有通用零件、通用部件、通用组件、通用系统等,可以是各个专业的硬件产品,如机械产品、电子产品、光学产品、化工产品、综合产品等。通用的软件产品主要是计算机软件各层次的通用部分,如通用软件构件、通用操作系统、通用基础代码等。通用的技术主要有通用设计技术、通用工艺技术、通用试验技术等,技术的通用化往往能带动产品的通用化。通用的服务包括通用餐饮服务、通用酒店服务等。

11.7.4　系列化原理

系列化原理(第四原理)为:**将对象参数的选择范围进行规律性的离散聚焦,可实现用少的离散数值,合理覆盖大的应用范围**。

系列化原理命题给出了系列化实现的普遍性规律。系列化是多点的统一化形式,是多数值的离散统一化,由泛元性公理所包容。以上原理命题中的"对象",大多数情况是要设计制造的产品对象,也可以是非设计制造的使用对象,如没有确定长度的一系列待使用的绳子等。命题中的"参数"主要是指对象的主参数,也可以是辅参数,因为主参数的合理系列化有更大的意义,主参数通常是决定对象使用性能或主体结构关系的重要参数。在对象主参数合理系列化后,辅参数也合理系列化,效果会更优。系列化不同于统一化和通用化,它是针对对象的参数的,是数值关系的,而统一化和通用化可以是数值的和非数值的统一化和通用化。参数的选择范围通常就是数值的选择范围,可以是连续数的范围(图 11-6(a)),也可以是非连续数的范围(如整数或其他数)(图 11-6(b)),因此,对象的参数选择范围是一个庞大的数值范围。正因为对象参数拥有庞大的数值选择范围,才使合理的数值系列化具有重大价值意义,避免了不必要数值的花费和成本。命题中的"参数选择范围进行规律性的离散聚焦"是指将可选数值集中到具有一定数值规律关系的间隔性非连续数值上,使离散使用数值的分布合理化,如图 11-6 所示。系列化采用的数值离散规律主要有感觉数值系列、等差数值系列、等比数值系列、指数系列等。系列化关系能以较少的离散数值"合理覆盖大的使用范围",它采用的是"以大代小"或"以小托大"的方法,"以大代小"是以大数值关系的性能或功能,覆盖小数值关系的性能或功能的使用要求,"以小托大"的关系反之。系列化原理的价值作用在于,合理压缩和控制产品设计制造的品种、规格,合理压缩和控制使用物的品种、规格。简化可看成是系列化的宏观概念,是系列化的目的或意图,简化也是系列化的过程方法。

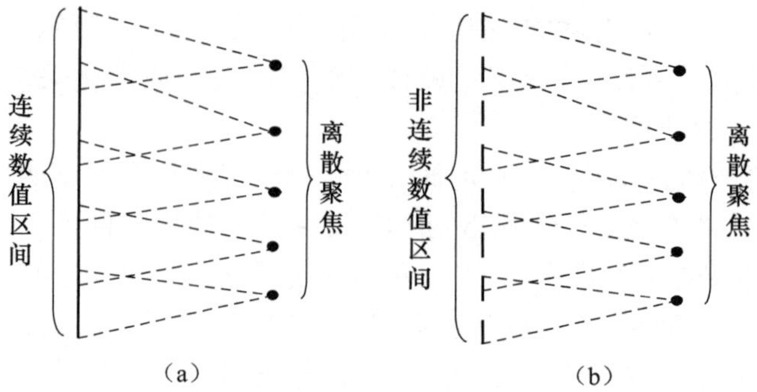

图 11-6　系列化原理图

11.7.5　模块化(组合化)原理

模块化(组合化)原理(第五原理)为:**将系统按独立功能和结构关系分解成能并行设计和制造的功能分立体,且分立体集成的系统能复制和还原一体化系统的能力,系统将成为易变型、易扩展的分立式统一化系统。**

模块化(组合化)原理命题给出了模块化(组合化)实现的普遍性规律。模块化是几何形态功能体的分立统一化形态,由泛元性公理和容差性公理所包容。以上原理命题中的"系统"可以是硬件产品系统、软件系统、服务系统、分布系统等。在原理命题中,"按独立功能和结构关系分解"是说明分解不仅要考虑功能关系,还要考虑功能在空间的占有关系——结构,将两个因素综合起来进行分解,因为功能通常是一种技术能力,功能没有结构就没有载体,将无法发挥作用。"将系统……分解"可以按"白箱"(透明内部设计)进行分解,也可以按"黑箱"(不透明内部设计)进行分解。"独立功能分立体"是分解的模块单元,应具有独立功能,能有独立的输入和输出能力,而不依赖相邻模块。"分立体集成系统能复制和还原一体化系统的能力"是指分解设计、制造的模块组装系统和一体化设计制造系统的运行能力等价,即模块化系统按复制一体化系统的运行能力进行分解和集成,同时,模块化集成系统能复制和还原一体化系统的运行能力。模块化(组合化)的原理关系如图 11-7 所示。"系统将成为易变型、易扩展的分立式统一化系统"是模块化原理应用的结果。运行能力的等价使模块化系统拥有了超出一体化系统的优势,这一优势在设计、制造、使用和维护等方面,如模块化系统可采用并行工程研制和生产,可针对使用组合模块,可实现快捷、方便的维修。模块化系统的功能分立体的接口应具有互换性或通用性,可进行无选择的集成装配和维修更换。模块化的意义主要有:①分解系统的设计和制造工作,以实现并行设计和制造,提高工作效率;②降低系统设计、制造和集成的复杂程度;③便于系统的变型发展或功能扩展;④便于系统维修和降低维修成本。模块化系统的外部接口通常是通用的,适用于其他模块连接,以方便与其他系统一起配合使用或支持功能升级、增强或多功能用途,如数控机床的加工头可更换多种加工刀具,计算机内存条的接口可插接多种存储量的内存条等。

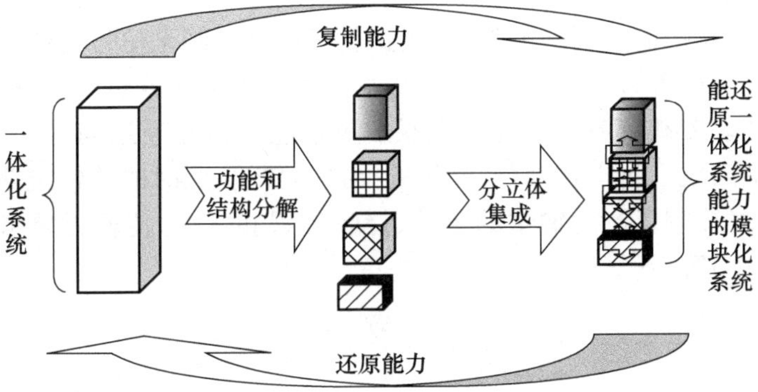

图 11-7 模块化(组合化)原理图

11.7.6 互联互通原理

互联互通原理(第六原理)为:**系统间建立统一化的传输链路、收发体制机制、传输对象规格、处理基础,可使系统间具备有效传输和交换的能力**。

互联互通原理命题给出了互联互通实现的普遍性规律。互联互通是由互联和互通两个概念组成,互联是互通的基础,为互通搭建传输链路,主要通过硬件来实现,互通主要是解决传输对象的有效传输和交换问题。互联互通原理是基于统一化且只有靠统一化才能实现的广泛性应用的通用性功能,因此,互联互通原理是属于标准化的原理。互联互通原理是广义的互联互通原理,不只针对电子信息和数字信息的传输和交换,也适用于语言、文字、图形标志的传输和交换,还适用于物理量、能量的传输和交换,如液力、电力、热力、天然气、自来水等的传输和交换。无论哪种内容的互联互通都是基于统一化实现的,都是要符合互联互通原理的,否则是难以连接和联通的,即使连接联通了也是巨大成本的、不可维护的和不可扩展的。互联互通功能是基于系统间的传输链路、收发体制机制、传输对象规格、处理基础的统一化而实现,互联互通是多维度综合统一化的标准化形态,互联互通原理如图 11-8 所示。在实现互联互通功能的传输链路、收发体制机制、传输对象规格、处理基础四个要素中,互联解决可传输性问题,由传输链路的标准化或统一化来保障,互通解决有效传输和交换问题,由收发体制机制、传输对象规格和处理基础的标准化或统一化来保障。互联互通既是标准化的一种最古老的形式,又是标准化的现代形式,是标准化又一个高级形式。古老的互联互通形式体现在语言和文字的交流上,现代的互联互通形式体现在电子信息和数字信息的传输和交换上。对于语言的互联互通,传输链路是声音,收发体制机制是耳朵、口腔和它们感觉声音和发声的能力,传输对象格式是词语的标准发音,处理基础是语句声音对应的含义。在各种类型对象的互联互通中,信息化是最复杂的互联互通关系,也是当今互联互通应用最多的领域。对于电子信息和数字信息的互联互通:传输链路为信号传输的通道,有有线的和无线的传输通道;收发体制机制是信号调制、解调装置、收发装置和传输协议等;传输对象规格是传输信息的数据格式;处理基础是信号和代码的转换翻译装置和资源系统等。互联解决信息的传输通道问题,互通解决信息的交换和识别问题。对于物理量、能量的交换与传输,此时的传输链路是相应的线路或管路,收发体制机制为输送的驱动、接收装置和指令,传输对象格式为符合规定要求的传输内容。

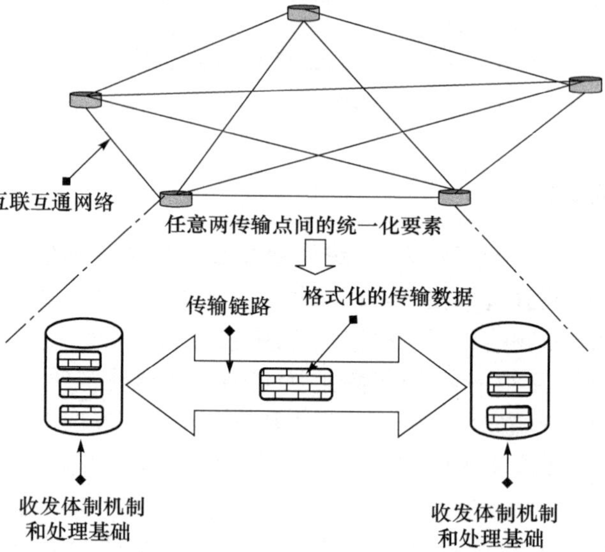

图 11-8 互联互通原理图

11.7.7 协同互操作性原理

协同互操作性原理(第七原理)为:**在系统内和系统间建立物理相、信息相、能相统一的技术体制、结构、交换关系,将形成系统内和系统间一体化的相互协同、交换、共享、支持和联合工作的能力**。

协同互操作性原理命题给出了协同互操作性实现的普遍性规律。协同互操作性是系统硬件、软件在物理、信息、能源多相、多维度统一化状态的功能。以上原理命题中的"系统内"是指本系统内部的,"系统间"是指跨系统的。在原理命题中,"建立物理相、信息相、能相统一的技术体制、结构、交换关系等",是说对系统中的结构组成部分、信息技术组成部分、能量供给和产生部分进行技术体制、通用化、系列化、模块化(组合化)、物理量交换、信息交换、能量交换等关系实施标准化的统一化,使产品基本单元、部件、组件、系统、体系同层次间协调统一,以及它们跨层次间协调统一。这种协调统一是全相维、全要素的,物质相、信息相、能量相的协调统一,从单元要素到体系要素的协调统一。这里的协调统一化是内外两个系统的融合,反映系统间和/或体系间实现共同目标合力最大化、障碍最小化的状态。这个统一化是系统内和系统间的一体化统一化,将使系统内和系统间具备信息、能量和结构可相互交换,系统间形成相互支持、帮助和联合工作的能力。协同互操作性原理如图 11-9 所示。图 11-9 表示物理相、信息相、能相系统间统一化,形成互通、互交换、互支持、互帮助等的一体化体系或大系统。协同互操作性原理是基于统一化且只有靠统一化才能实现的广泛性应用的通用性功能,因此,协同互操作性原理是属于标准化的原理。协同互操作性是协同和互操作两个内涵围绕体系化和联合化的要求深入融合、延伸和扩展的内涵。协同互操作性的意义是:可使系统内和系统间松散、延时、低效的联合提升到紧密、准时、高效的联合水平,展现精确(产品工作性能精确)、高效(系统运行单位时间工作成果多、效率高)、低耗(消耗低、浪费少)、低险(工作安全风险、任务完成风险低)、增强的效果(系统运行能力高于设计能力),形成以优补劣,优优增强的局面。协同互操作性是时间、空间、物理、信息、能量、认知维度的协同与统一,带来价值溢出和增值。协同互操作性是系统性和体系化产品未来提升价值和竞争的重要性能。

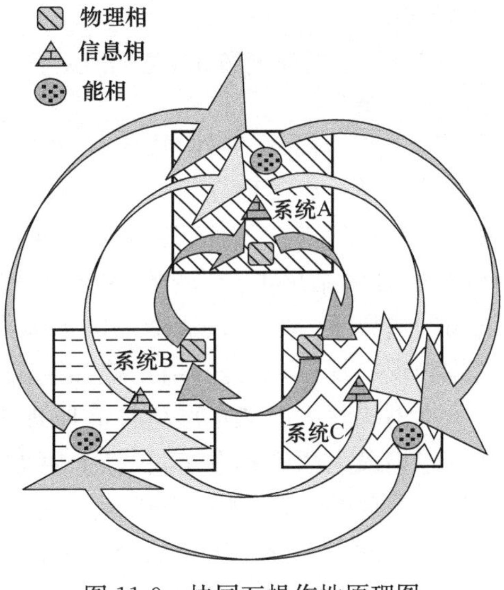

图 11-9　协同互操作性原理图

11.7.8　各原理间的关系

统一化原理、互换性原理、通用化原理、系列化原理、模块化(组合化)原理、互联互通原理、协同互操作性原理这 7 个原理的规律尽管是独立的,但这些原理的标准化形态间彼此不是孤立的,它们之间有一定的相互联系,甚至有些还有相互依赖性。统一化原理是标准化学科的第一原理,是标准化的顶层原理或根本原理。统一化是其他 6 个原理标准化形式的基础,其他 6 个原理的标准化形式都是统一化不同形式的反映。互换性、通用化、系列化、模块化(组合化)、互联互通、协同互操作性都必定包含在统一化之中。协同互操作性中有互换性、通用化、系列化、模块化(组合化)、互联互通,是拥有其他标准化形式第二多的。互联互通是以接口互换性为前提的，通用化和模块化的大部分情况是以互换性为基础的，有的系列化也需要互换性的支持，互换性具有第三多其他标准化形式。互联互通包含互换性、通用化和系列化。通用化和系列化之间存在着重叠区，系列化的参数系列值是归并集中的结果，必然是重用值，具有通用的功效，因此，系列化中有通用化关系。通用化有模块的通用化、系列的通用化，并需要有互换性的接口。模块化主要由具有互换性的通用化模块、系列化模块和专用模块组成，因此，模块化离不开通用化、系列化和互换性。七个标准化学科核心原理形成的标准化形态间的相互关系如图 11-10 所示。

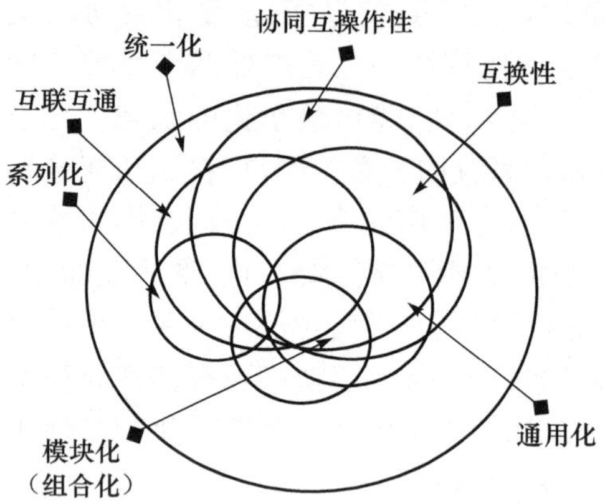

图 11-10　各原理标准化形态间的关系

以上统一化、互换性、通用化、系列化、模块化（组合化）、互联互通、协同互操作性原理命题给出了建立它们相应统一化状态的规律，这一规律不是数学逻辑的规律，不能得出“刚性”的证明结果，但它们是可实现的规律，是大量实践证明了的规律，尽管证明结果不会像数值关系和逻辑关系那样精确和严密，有时甚至还会存在证明的边界不一定都很清晰。以上标准化核心原理给出的规律，通常是一种关系规律和现象规律，不是数值规律和逻辑规律。

本书构建的七大标准化核心原理不同于过去建立的原理，此七原理非彼六原理。它们最大的区别在于：①新七原理与老的六原理不相等，其中有五个原理是新提出的原理题名，另外两个相关原理（统一化和互换性原理）也是本书重构的原理；②所有新的七个核心原理的原理命题内容是按原理的科学要素建立的；③新七原理的每个原理都给出原理关系模型图，深化原理关系的表达和认识；④新七原理进行了七原理要素的验证（见下文）；⑤新七原理都有相应的应用方法（见下文）。新的标准化核心原理是符合学科原理命题要求的、严格意义上的七个原理。

11.8　核心原理的验证和应用方法

11.8.1　七项原理的七要素验证

七项标准化学科的核心原理建立后，需应用原理的七个要素进行对比和验证：七项原理都有原理的题名或名称，符合原理的第一要素“有原理题名”；七项原理都有命题的陈述判断句或原理的规律描述，符合原理的第二要素“有原理命题”；七项原理的命题都是具有普遍性的规律，不是某种对象标准化的具体形态，符合原理的第三要素“普遍规律”；七项原理的命题都有对应的标准化特殊形式，有相应的标准化形式对应，符合原理的第四要素“标准化特殊性”；七项原理都是客观必然的规律，是已在现实中存在的标准化现象，符合原理的第五要素“客观性”；七项原理的内容已被大量实践证明了它们的存在和有效性，符合原理的第六要素“证实是真的和有效的”；七项原理都有相应的应用方法（将在后面章节详细论述），并有许多实际应用案例，如统一化的语言和文字、批量生产的互换性零件、通用电源接口、紧固件尺寸系列、模块化计算机、互联互通的信息网络、协同互操作性的应急救援网络体系等，符合原理的第七要素“已应用和有应用案例”。以上应用原理的七要素验证了七项标准化核心原理的成立。将以上七个原理称为标准化的核心原理是因为它们是标准化学科中代表性、普遍性和应用效果突出的原理，是不依赖于其他专业技术而存在的，是基于统一化才能实现的。

11.8.2　七项原理的应用方法

原理是方法产生的母体，通常从一个原理可演绎出多种应用方法，例如，由杠杆原理可演绎出剪切的方法（剪刀）、夹紧的方法（钳子）等。有了标准化核心原理后，可演绎出原理相应的应用方法，以使原理能得到具体应用，解决实际问题。原理的应用方法是原理价值体现的依靠。按照原理是方法产生的母体关系，由每一个标准化原理，至少可演绎出一种标准化方法。

1. 统一化原理的应用方法

“统一化原理”应用的最一般方法是标准的制定和实施方法，以此达到对标准约定关系的统一。方法中的“标准”可以是广义的标准，如标准、规范、文件、协议、法规、规章等，也可以是物质标准，如物质标样等。统一化原理的应用方法是通过“标准”确定需统一的约定域，通过标准实施达到约定关系的统一。标准制定和实施的统一方法可应用到各领域和各专业，例如，制定和实施术语标准来统一概念，制定和实施产品标准统一产品的性能和质量，制定和实施设计、工艺标准统一设计方法和制造方法等。字典的编制和印发是文字及其发音统一化的方法。

2. 互换性原理的应用方法

“互换性原理”应用的最一般方法是“极限与配合”方法，以此方法实现批量生产和无选择性的配合。“极限与配合”方法是将配合关系分为：间隙配合（转动和移动结构）、过盈配合（固定联结结构）、过渡配合（固定可拆联结结构），按照配合体尺寸大小分别给出体现不同精度的公差，每个尺寸范围有 18 种精度等级的公差（IT1～IT18），给出了特定配合关系需要的基孔和基轴偏差表达关系，孔和轴的基本偏差各 28 个。“极限与配合”的方法可参见 GB/T 1800 系列标准。几乎所有的批量化生产的产品都应用了互换性原理进行设计和生产。

3. 通用化原理的应用方法

“通用化原理”应用的方法比较多，有各种的通用化方法，主要可分为七种方法类型：①变量式通用方法；②以大代小通用方法；③以高代低通用方法；④扩充性通用方法；⑤继承性通用方法；⑥备选性通用方法；⑦本质性通用方法等。变量式通用方法是通过改变使用关系使得有更广的使用范围，如活动扳手改变扳手的卡间距，能用于紧固多种尺寸规格的螺母，代替许多规格的固定形状扳手，成为适用于一定范围的通用紧固工具。以大代小通用方法是以大的对象的能力完成小的对象所要承担的能力，如以粗螺栓代替一定规格种类数量的细螺栓完成紧固用途，只要尺寸大小和重量不是使用的主要限制和多余量的经济性不是考虑的因素。以高代低通用方法是以高的性能对象形成对其以下性能范围对象的适用，如高强度材料零件代替多种同几何形状不同材料性能（等于或小于通用件性能）的零件，实现一种零件适用多种应用要求，提高零件的通用范围。扩充性通用方法是专门增加适用范围的设计，以利于更广范围的使用，如专门设计成适用两相和三相、扁头和圆头的通用插座。继承性通用方法是对原来的成果再次利用，增加成果的利用机会，形成一种通用效果，如汽车经常是在头一个型号上继承底盘进行变型发展。继承通用的潜质往往取决于原型设计的通用化思想考虑的深浅程度。备选性通用方法是以系列规格对象的方法提供选择，使得这些规格对象被同类型或不同类型的使用体利用，以形成交叉关系多次利用的通用状态，如紧固件、管件、轴承等标准件就是备选性的通用方法。本质性的通用方法是专门设计成不需要附加关系能适用各种使用关系的通用方法，如照相机的镜头接口就是本质性的通用接口，它是专门设计成能适用固定焦距镜头、变焦距镜头、广角镜头等多种镜头使用的通用接口。通常，通用化产品的设计成本和材料成本要高于专用产品的成本，但通用化产品的制造成本一般要低于专用化产品。因为，通用化产品的生产批量通常要远大于专用化产品的生产量，它们之间成本的差距取决于批量数的差距。一般，成本综合后，通用化产品的成本要低于专用化产品，而通用化产品的性能和功能要高于专用化产品。通用关系的产生主要有：①兼并现有相近关系产生；②针对通用目的专门产生；③储备式利用产生。兼并现有相近关系产生的通用关系主要来自变量式通用方法、以高代低通用方法、以大代小通用方法、扩充性通用方法等。针对通用目的直接产生的通用关系主要来自本质性通用方法等。储备式利用产生的通用关系主要来自继承性通用方法、备选性通用方法等。

4. 系列化原理的应用方法

规律性地离散聚焦统一是系列化演绎方法的核心，不同的离散数学关系演绎不同的系列化应用方法。“系列化原理”应用的方法主要有感觉系列方法[9]、等差系列方法、等比系列方法、指数系列方法等。感觉系列方法根据感觉的差异规律关系确定数值系列，如字号大小的系列就是按感觉差异关系确定的。等差系列方法是用后项与前项的差保持为常数的数列方法，即 $M_n - M_{n-1} = d$，M_n 为后项，M_{n-1} 为前项，d 为等差常数，如 30，45，60，75，90，105 等差系列，等差数为 15。等比系列方法是后项比前项为固定公比数，即 $M_n / M_{n-1} = r$，M_n 为后项，M_{n-1} 为前项，r 为公比数，常用的等比系列有：$R5$ 系列（公比为 $\sqrt[5]{10} \approx 1.60$）、$R10$ 系列（公比为 $\sqrt[10]{10} \approx 1.25$）、$R20$ 系列（公比为 $\sqrt[20]{10} \approx 1.12$）、$R40$ 系列（公比为 $\sqrt[40]{10} \approx 1.06$）、$R80$ 系列（公比为 $\sqrt[80]{10} \approx 1.03$）。例如，$R5$ 系列的数值关系为：1.60，2.50，4.00，6.30，10.00。指数系列方法是按增长量的指数确定数值系列，如声音的响度分贝就是按音强比的增长指数确定。系列化应用的例子有按加工能力形成的机床系列等。

5. *模块化原理的应用方法*

“模块化（组合化）原理”应用的方法主要是系统的“黑箱”功能分解与合成法。这一方法是对系统按功能和结构进行有益的“黑箱”式划分，并以此划分关系进行功能模块的设计、制造、试验和集成。在模块化方法中，无论是通用模块还是专用模块，模块的外部接口通常都要求具有通用化和互换性，以支持产品变型发展及扩展和模块的批量化生产，实现模块间的非选择性组装，方便模块的维修和更换。模块化方法在计算机发展方面和建筑物的建设方面得到广泛和有效的应用。例如，计算机的主板就按模块化进行了功能的划分，分为中央处理单元、内存单元、存储单元、显示单元、输出单元、输入单元等，这些单元的接口都具有互换性，既可进行功能模块的功能互换，也可进行功能的升级更换，各单元都可分别进行设计和制造，然后可无选择性地组装。

6. *互联互通原理的应用方法*

互联互通是基于对象间要素的统一化实现的。互联互通实现的关键是使传输链路、收发体制机制、传输对象规格、处理基础等要素统一化，或者说是对四个方面进行统一化工作。互联互通原理的应用方法就是对互联互通的四要素进行统一化。在各种对象的传输和交换系统中，数字信息的传输和交换是最复杂的，下面以数字信息的互联互通说明原理的应用方法。数字信息的传输链路主要包括有线链路和无线链路，有线链路使用标准化的缆线、连接器等，无线链路使用标准化的载波频率等；收发体制机制使用标准化的收发组件和传输协议等；传输对象规格使用标准规定的数据格式；处理基础使用标准的字符集、程序语言、代码集等。标准化互联的工作为传输和交换建立了标准化的通道，标准化收发体制机制、传输对象格式、处理基础建立了有效传输和交换的互通功能。互联互通原理的应用领域非常广，应用于互联网、通信网、位置网、物联网、电力供输电网、热力网、燃气供应网、交通网、自来水网等。在产品的现代化研制和生产方面，互联互通原理应用于解决异地协同设计、协同制造的网络有效性工作的问题。本书的互联互通原理是基于标准化的互联互通原理。非标准化的连通系统是高经济成本的、无法广泛使用的、不稳定的、难以维护保障的和难以长期延续的。凡是广泛使用、长期使用的传输和交换系统，应建成标准化的互联互通系统。

7. 协同互操作性原理的应用方法

协同互操作性原理的应用对象主要是复杂系统和体系，原理的方法是对产品系统或体系进行技术体制、“三化”(通用化、系列化、模块化(组合化))、“三互”(互联、互通、互操作)的全相维、全体系架构、各组成部分要素的统一化，实现系统和体系的“协调统一”、“相互配合和相互支持”和“联合工作”。协同互操作性的原理是基于统一化这个大基础上的原理，以标准化状态保证统一、保证交换、保证协同。智能制造系统、卫星导航系统、军队作战等复杂多系统或工作体系需要应用协同互操作性原理来实现系统和体系的相互支持和联合工作的功能，增强它们的系统化和体系化的合成能力。

标准化的公理、标准化的原理、标准化的定律是标准化学科步入科学学科的三大理论支柱，它们将为标准化的现象和规律提供科学解释，将支持标准化新现象的归纳和新理论的演绎，为获得标准化价值提供演绎产生标准化方法的理论基础。标准化的公理解决了标准化统一化的实际化问题，标准化的原理解决了标准化方法的归宿根和产生源的问题，标准化的定律将解决标准化“硬”规律的提供问题。

参考文献

[1] 麦绿波. 标准化原理的评论[J]. 中国标准化，2011，(6)：40-45.
[2] 麦绿波. 标准化学科核心原理的构建(上)[J]. 中国标准化，2011，(10)：54-58.
[3] 麦绿波. 标准化学科核心原理的构建(下)[J]. 中国标准化，2011，(11)：47-52.
[4] 桑德斯. 标准化的目的与原理[M]. 北京：科学技术文献出版社，1974.
[5] 松浦四郎. 工业标准化原理[M]. 熊国风，薄国华，译. 北京：技术标准出版社，1981.
[6] 李春田. 标准化是一项科学活动[M]. 北京：中国标准出版社，2000.
[7] 王征. 标准化基础概论[M]. 北京：技术标准出版社，1981.
[8] 中国社会科学院语言研究所词典编辑室. 现代汉语词典[M]. 5 版. 北京：商务印书馆，2005.
[9] 李春田. 标准化概论[M]. 5 版. 北京：中国人民大学出版社，2010.

第 12 章　标准化的基本定律[1]

12.1　定律的特点及必备要素

标准化学科的理性概念和标准化的形式谱系是标准化理论发展的基石，而标准化的公理、原理、定律则是标准化学科理论体系的三大支柱。在完成了标准化理性概念、标准化公理、标准化形式谱系、标准化原理构建后，标准化定律就成为打开标准化学科通向科学的最后一道理论大门。定律是由实践和事实所证明的客观规律，是在一定条件下有效的，是客观规律的主观映像。在标准化的理论体系中，定律具有“承前启后”、“继往开来”的作用。定律是标准化理论应用的最前沿理论。定律通常是一种理论模型，用数学模型或关系模型表达，也可用语言表达，只要在它限定的条件范围内，随时可证实，例如，牛顿力学定律：“两个物体之间的作用力和反作用力，在同一条直线上，大小相等，方向相反，数学表达式为 $F=-F'$”；“任何物体都保持静止或直线运动状态，直到有外力迫使它改变这种状态为止”。定律规律成立的前提是在其规定的条件内。如果在其他条件下，定律的规律可能会失效或者不准确。定律的特点是可及时证明和“过硬”证明，只要规律要求的条件已具备。能及时证明和“过硬”证明这个特点，正是定律应用效果优势的说服力。

当前，标准化作用的一大弱点就在于其应用效果证明的长期性和模糊性。标准化定律的建立，将克服标准化作用证明的弱点，提高对标准化作用的信任度。标准化定律的发现和创建，将增强标准化的解释能力和应用能力。定律一般是用数学模型和关系模型表达的，有很强的可验证性。定律是标准化学科客观性最强的理论，可给出直接的标准化效果验证。

定律是科学学科中重要的理论关系之一，其必须严谨、真实、可靠，应能随时复现命题所述规律。某些规律具有了定律的一些特点不等于就是定律。规律要成为定律就要满足定律所要求拥有的全部要素。参照第 11 章的标准化原理建立所需的七要素，提出定律建立的七要素，定律建立的七要素为：①有定律的“题名”；②有定律的“命题内容”，描述定律命题内容的陈述句子是表达判断的句子；③“命题内容”是具有标准化特征普遍意义的规律，不是事项的具体过程和个别事例的规律；④“命题内容”反映的规律应有文字及数学模型或关系模型的表达关系；⑤命题的规律在一定条件下是可复现的和必然发生的客观规律，不是主观愿望、目的和要求；⑥“命题内容”是可即时检验的和单件证实的，并已证实为是真的和有效的；

⑦定律是可应用的,并已有应用和实际应用案例。第 7 项要素是保证定律具有实用性的要素。

12.2 定律与原理的关系

原理和定律有时很难区别,在一些书籍中甚至不加以区分,如浮力定律又称浮力原理,两种称呼在一些权威性的书中都有。本书的观点是:原理的命题要宏观一些,定律的命题要具体些;原理的适用范围要宽些,定律是限定条件的;原理要定性些,定律要定量些、具体些或特定模型化些;原理的验证有刚性的、柔性的或长期性的,定律的验证是刚性的、现实性的和"立竿见影"的;原理的使用效果与使用者的努力和技能相关,定律的使用效果通常是人人平等的。

原理和定律反映的都是客观规律,原理的命题是有普遍意义的规律,定律的命题是必然性关系的规律;原理命题用文字表述规律、道理和方法,定律命题用文字和模型(数学公式、逻辑关系等)表述规律;原理是道理判断,定律是必然关系论断;原理不一定马上能验证,定律一定能证明;原理是站在应用角度说的,定律是站在验证角度说的;原理可能是统计的规律,定律是单一必然规律;原理不一定能明确证实,定律一定能明确证实;原理来源于及时验证的或长期实践检验的规律,定律是已被实践证实的规律;原理的验证可能是长期的和需用大量事件的,定律的验证是即时的和可单一事件的。

有的定律被称作原理,是将定律作为方法应用时,且只叙述定律的文字部分,如将浮力定律称为浮力原理等,但原理和定律不是一回事,原理不等于定律,定律也不等于原理。原理和定律的相同之处在于:它们都反映客观规律;不同之处在于:原理反映的是道理性和方法性的规律,定律反映的是可"一事一证"的规律,是必然关系的规律。原理很少被称作定律,因它不一定能给出定律所需的模型关系和即时验证结果。

12.3 标准化基本定律的创建

根据定律的必备要素要求,定律建立要把握三大核心要素:一是能感悟定律的客观规律关系,并准确地表达;二是能建立定律的理论模型关系,最好要有数学化模型;三是定律的规律是必然的,可明确验证。在定律建立的三大核心要素中,难度最大的是建立理论模型关系。理论模型有方法论的指导,建立起来会顺利一些。通常,理论模型的建立有三种方式:①借鉴相类似的模型;②为了揭示特定规律建立新模型;③前两者混合建立新模型。客观规律有两种类型,一种是自然界和科学技术的客观规律,另一种是社会活动的客观规律。社会活动的客观规律又可分为两种情况:①非约束形成的规律;②约束形成的规律。对于社会活动,对某些行为通过制定规则来运行,主观要求就会转化为客观的社会活动规律。标准化定律的规律,有自然界和科学技术的客观规律以及社会活动的客观规律。

12.4　标准化的变换定律(第一定律)

标准化的变换定律(第一定律)为:**行为按同一约定控制,行为变换结果统一化**。

第一定律的数学模型为

$$S:X \rightarrow Y_S \tag{12-1}$$

$$x \mapsto y_S = S(x) \tag{12-2}$$

式(12-1)中,S 为约定的变换;X 为行为事项集合;Y_S 为行为事项按约定控制的变换结果集合或统一化结果集合或域。式(12-2)中,x 为行为事项;y_S 为 x 经 S 约定变换的像或结果,或称为 $S(x)$。定律中的“行为”是广义的行为,包括人的行为和自然的行为,所有的标准化都是直接行为或间接行为作用的结果,没有无行为关系的标准化。从标准化前的行为到标准化后的行为,可抽象为一种变换关系。定律命题给出了任何事项按“同一约定”关系控制,行为变换结果实现标准化的规律。这个“约定”为有限约定。标准化的变换定律是事项从非标准化状态变换到标准化状态的定律。人类社会的标准化不是自然形成状态,是人类社会活动约定的结果。凡是人类行为导致的标准化,必然是按约定变换的结果,无一例外。对自然界其他生物行为的统一化状态,也是约定的结果,也许是生理植入的“约定”,如蜘蛛织网、蜜蜂筑巢等。对于非生物的物质统一化状态,如晶体等,是环境条件的“约定”产生的。标准化形成的规律,是按约定变换形成的规律,是客观必然的。例如,电灯接口要标准化,首先要约定电灯接口的形式,并按此设计和制造,由此形成了电灯接口的标准化状态。约定控制能力是有限的,是随着社会发展、技术进步、人的能力提高而提高的,约定的关系只能在可行性的范围内。约定控制能力是第一定律成立的条件,它应符合行为事项实现的可行性要求。事项一旦变换到约定关系,必然是统一化状态或标准化状态。第一定律的变换关系如图 12-1 所示。第一定律命题给出的是用起点关系和终点关系两头端点变换关系表达实现统一化的方式,具有广义性,既适用于两端点行为事项相同的情况,也适用于两端点行为事项不同的情况。

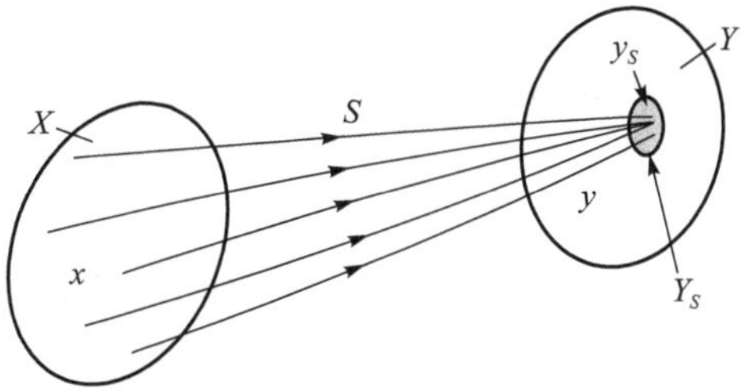

图 12-1　标准化的变换关系

从第一定律可演绎出相对于约定控制的共轭变换数学模型[2]。演绎的共轭变换数学模型是行为“未标准化”与“标准化”的状态构成的共轭变换。某自由或任意

行为 L 要变换为目标的行为结果 L^{-1},L^{-1}为 L 变换的逆变换;如果变换 L 是没有施加约定控制的行为,它是初始行为;为了使变换 L 成为统一化状态 L^{-1},需要建立约定控制 A,约定控制 A 是有限约定。“未标准化”的变换状态是没有施加约束的自然或任意的变换状态。“未标准化”状态 L 变换到“标准化”状态 L^{-1}是一对在约定控制下的共轭变换关系 $L^{-1}L$,标准化状态的形成定律是约定控制的共轭变换定律。共轭变换在理论上是可双向变换的,但这种标准化共轭变换通常是单向的。当由“未标准化”变换关系,经约定控制,变换到“标准化”状态时,这一变换方向是有益的,是标准化共轭变换的运行方向。如果通过共轭变换,将“标准化”状态变换到原行为的“未标准化”状态,这一方向将是一种倒退性的,是标准化共轭变换不期望运行的方向。第一定律共轭变换的数学模型为

$$L^{-1}AL \tag{12-3}$$

共轭变换的约定控制关系 A 是标准化的约定和实施,即标准、文件、法规或协议等的建立与实施,A 是共轭变换的“控制器”。这一定律表示事项通过标准的制定和实施形成了标准化状态的事项。例如,在一个由多家企业组成的集团公司中,各子公司要制作单位徽标方案(这一事项为变换 L),集团公司为了统一形象,制定统一的徽标方案并要求全公司系统实施(即建立约定控制 A),各子公司获得集团公司的徽标方案制作徽标(这一事项为约定控制的逆变换 L^{-1}),结果各子公司建立了全集团公司统一的徽标状态;又如,15 个人向前走,这一变换为 L,现建立变换控制关系 A:“按 3 人一排,排成 5 排同步行走”,15 个人按变换控制关系 A 向前走的结果是 L^{-1},L^{-1}为 15 个人按 3 人一排,排成 5 排同步向前走,形成了行走队形标准化的状态。以上两个例子的数学模型关系为 $L^{-1}AL$。共轭变换的关系模型如图 12-2 所示。

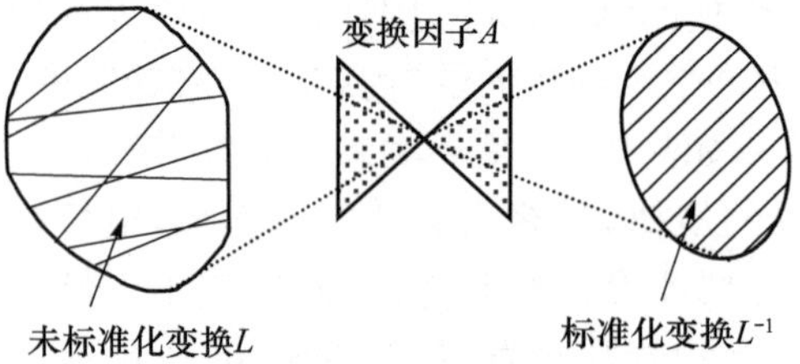

图 12-2　共轭变换关系

标准化的变换定律(第一定律)的变换表达,可以用两个数学模型和两个关系模型来表达,一个是映射的数学模型,另一个是变换的数学模型,无论哪个数学模型都能很好地解释事项从非标准化的自由或随意状态,通过有限约定方案变换为标准化的状态。有限约定方案是标准化实现的限定条件和路径。

12.5　标准化的统一最大定律(第二定律)

标准化的统一最大定律(第二定律)为:**行为向量的方向统一,总效果最大。**

第二定律的数学模型Ⅰ为

$$|X_u| = \max\left|\sum_{i=1}^{m} X_i\right| \tag{12-4}$$

式中，X_i 为分量维度为 n 的 m 个行为向量($i=1,2,\cdots,m$)，即($x_{11},x_{12},\cdots,x_{1n}$)，($x_{21},x_{22},\cdots,x_{2n}$)，…，($x_{m1},x_{m2},\cdots,x_{mn}$)；$X_u$ 为行为向量 X_i 的向量总和，当所有的($x_{i1},x_{i2},\cdots,x_{in}$)($i=1,2,\cdots,m$)向量方向相同时，或每个向量彼此之间相关时，$|X_u|$必定等于行为向量和的最大绝对值。标准化学科第二定律是“统一最大定律”。该定律适用于群体行为关系，定律命题中的“行为”是群体行为，是广义的行为，可以是各种适合的行为，如交通、生产、服务等行为。“行为向量”是指多维度的广义行为，有大小关系和方向关系。定律中的行为是作用同一对象或事件的行为或同一目的的行为。“方向”是行为的方向关系。“方向统一”是行为方向一致。“总效果”是行为的向量相加总和。“最大”是向量和结果的最大可能，可以是各种物理量关系、管理量关系、数值关系等，如最大作用力、最高效率、最快速率、最大数等。式(12-4)说明，当行为向量的方向一致时，向量绝对值获得最大或模量最大，即行为所表达作用的总效果最大。

当将数学的向量用物理的矢量关系表达时(数学习惯称为向量，物理学习惯称为矢量，表达形式也有所区别)，向量方向为相位，可给出第二定律命题的数学模型Ⅱ：

$$|F_u| = \max\left|\sum_{i=1}^{m} F_i\right| \tag{12-5}$$

式中，F_u 为统一的行为矢量和；$F_i=a_i e^{j\theta_i}$ 为行为矢量，a_i 为矢量的模值，θ_i 为行为矢量的相位；max 表示取最大值。对于无约束的自然状态行为矢量，行为矢量的相位是任意方向的，任意行为矢量和 F_r 为

$$F_r = F_1 + F_2 + \cdots + F_m = a_1 e^{j\theta_1} + a_2 e^{j\theta_2} + \cdots + a_m e^{j\theta_m} \tag{12-6}$$

当将行为矢量的作用方向进行标准化统一，且统一在一个方向时，使

$$\theta_1 = \theta_2 = \theta_3 = \cdots = \theta_m$$

则

$$\begin{aligned} F_u &= F_1 + F_2 + F_3 + \cdots + F_m = a_1 e^{j\theta_1} + a_2 e^{j\theta_1} + \cdots + a_m e^{j\theta_1} \\ &= e^{j\theta_1}(a_1 + a_2 + \cdots + a_m) \end{aligned} \tag{12-7}$$

当矢量模在相位方向考查时，$|e^{j\theta_1}|=1$。而任意矢量的 $e^{j\theta_i}$ 对相应矢量模量的作用值为$|e^{j\theta_i}|\leqslant 1$，故

$$F_r \leqslant F_u \tag{12-8}$$

当行为矢量的任意性很强时，统一矢量和将远远大于任意矢量和：

$$F_r \ll F_u \tag{12-9}$$

因此，当矢量相位统一时，矢量和 F_u 的模最大。

第二定律的矢量关系模型如图 12-3 所示。图 12-3(a)为群体有一定取向的任意行为矢量关系；图 12-3(b)为有一定取向的任意行为矢量合成的贡献状态。从

图 12-3(b)中可看出,各行为矢量在某一指定方向上的贡献是矢量在该方向的投影,投影矢量同向为加,投影矢量反向为减。由于任意行为矢量的方向散布很大,各矢量在某一指定方向的贡献差距是很大的,因此,尽管每个矢量的模量的算术和较大,但矢量和会小许多。因为行为方向的散布和偏离,许多行为矢量做了无效或微效的贡献,甚至是干扰性和阻碍性的作用。如果矢量无一定的约束取向,行为的作用方向是任意化的,每个作用量在平面或空间范围的矢量方向的取向机会都是相等的,因此,任意行为矢量在各方向的取向应该是趋于平均的,即使发生了一定的优势取向,也只是偶然发生的,很快还是回到平均的方向关系,此时矢量的模量和为零或接近零。如果对图 12-3 所示的任意行为矢量关系进行统一化,统一为同向行为,行为的作用会增到最大,干扰会降至最低,其关系如图 12-4 所示。

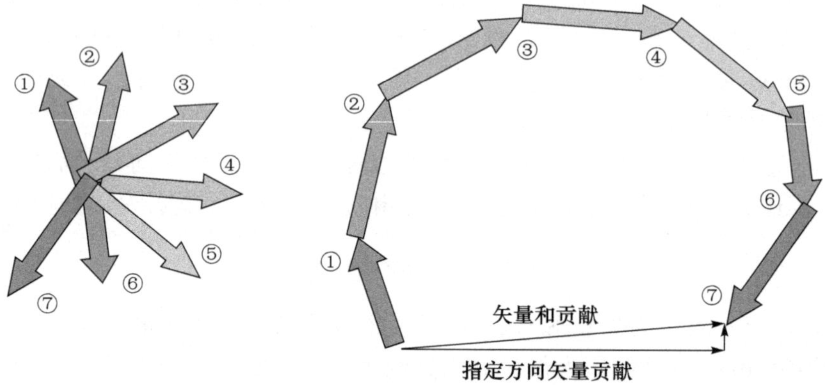

(a) 群体任意行为矢量　　(b) 任意行为矢量合成贡献

图 12-3　任意行为矢量关系模型

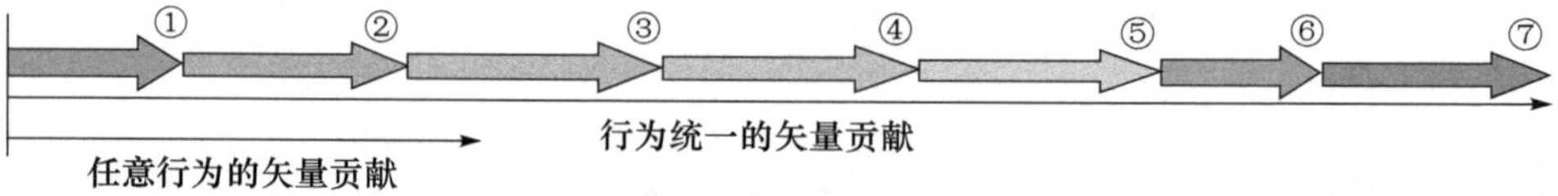

图 12-4　行为统一化效果

统一化可使行为矢量和的模量变成行为最大模量和,这将大大提高行为效果。在自然(非统一化)状态下,人的行为方向是随机矢量,标准化(统一化)具有对行为的定向和聚能的作用。例如,没有交通规则的规范控制,人在路上行走的方向将是多种随机的行为方向,有人会靠右走,有人会靠左走,有人甚至会走 S 形等,此时的行走将形成相互阻挡或矢量模量相减的状况,道路的流通效率大大降低。横向行走的人将构成横向挡路现象,使垂直方向前进的减速,如图 12-5 所示。如果对人们在路上行走的秩序进行规范,人们前进的效率和道路的流通率都会大大提高。对于任何一种群体行为,每个行为对目标方向的偏离,都会带来低效贡献量和对他人行为的干扰量两个矢量分量，这种随机行为的干扰和低效贡献关系如图 12-6 所示。有些行为自身的作用很大，但作用方向各不相同，结果是相互抵消或被淹没。有的行为作用很小，但有巨大的数量且行为方向统一，就有不可抵挡的作用或能量。标准化将建立规范秩序，使效率最大化、干扰最小化。统一化将形成能量增强或聚集能量，如当导体中电子的运动方向任意时，处于非能量状态，当电子运动方向一致时，将产生电能。当电荷按相同极性聚集时，产生电势，否则，处于无势状态。

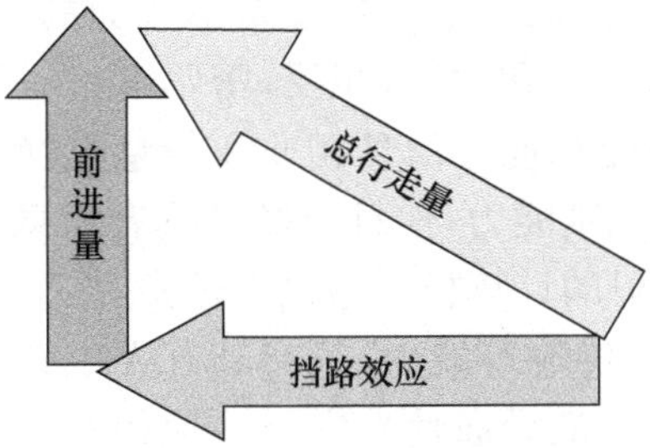

图 12-5　行为偏行关系

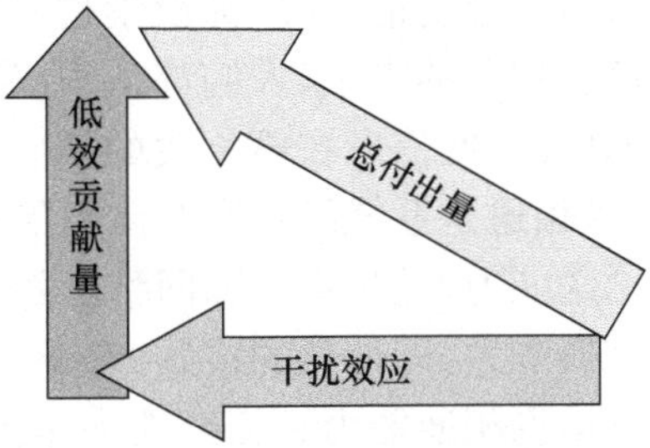

图 12-6　行为偏向效应

12.6　标准化的相通定律(第三定律)

标准化的相通定律(第三定律)为：**系统间信息的形式及其概念相同时，系统间信息相通。**

第三定律的数学模型为

$$I_A \leftrightarrow I_B \tag{12-10}$$

式中，当 A 系统的信息形式 F_A 和概念 C_A 与 B 系统输出的信息形式 F_B 和概念 C_B 相同时，即 $F_A = F_B$ 和 $C_A = C_B$，系统 A 的信息 I_A 和系统 B 的信息 I_B 是相通的，$\leftrightarrow$ 表示系统相通。

第三定律的关系模型如图 12-7 所示。图中的圆柱为信息交换系统，菱形为向两个系统分别发送相同符号的显示，当两个系统对同一符号的概念响应相同时，系统间的交流是互通的，如图 12-7(a)所示，当两个系统对同一符号的概念响应不同时，系统间的交流是不通的，如图 12-7(b)所示。在第三定律命题中，系统信息形式和概念相同是指在系统中对同一信息形式的表达统一，概念一样。信息相通是指系统对输入的信息可识别、处理、利用等。第三定律给出了系统间信息形式和概念的统一必能相通的规律，反之，系统间信息的形式和概念不统一，系统间绝不可能有信息相通和交流。定律命题中的“系统”是一个广义的范畴，这些系统可以是生物系统(人类等)、计算机系统、社会系统等，只要具有能收发、识别与存储信息形式和概念能力的系统。任何信息元都有其表达的形式和概念或者有定义的，即使小到一个字、一个数字等。定律中的信息形式包括语言、文字、声音、图形、标志、代码、符号、动作等。信息相通是指系统输出知道输出的信息概念的意思，系统输入能识别输入的信息概念，可以是有交流的相通，也可以是无交流的相通。信息相通的前提是信息形式和概念在相关交流或交换范围内是统一化的，这种统一化不一定要每个信息形式和概念内涵百分之百完全统一化、分毫不差，这种统一化是容差的、符合标准化第一公理的，只要在允许范围内即可。偏差的程度会影响相通质量，偏差程度越大，相通质量就越差。第三定律规律的例子随处可见，例如，浙江人和广东人在一起说话，如果都没学过对方语言，两方语言信息是不相通的；汉字在中国是信息相通的文字，人们都认识汉字的形式和含义；相反，密码电报是采取不易识别的代码，使信息在不相关的接收方不能相通。信息相通和信息交换不是一回事，信息相通是系统间具有对接收信息的识别能力，信息交换只具有信息的存储和精确输送能力，是物理层和网络层的。一般的计算机网络没有信息相通能力，只有信息交换能力，即信息的接收、存储、处理、传输等能力，只有具有人工智能的计算机才有信息相通能力。相通性不是流通性（或导通性），它是一种相互理解的交流能力，当计算机具有了概念识别能力时，计算机之间或计算机与人之间才能有相通性。一般会误将计算机的指令作用当成概念作用。指令作用是不同于概念作用的，指令起指挥和控制行为的作用，概念起支持思考的作用，识别概念是系统反应信息的高级阶段。

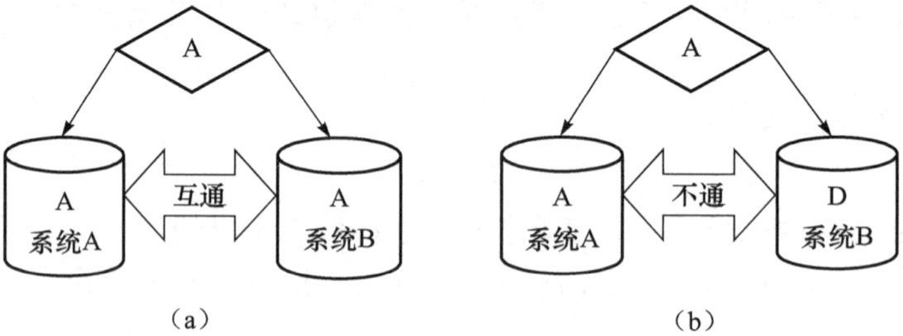

图 12-7　系统信息相通关系

12.7　标准化的时域同态定律（第四定律）

标准化的时域（时间域）同态定律（第四定律）为：**在相同的条件下的不同时间用相同的约定对行为进行约束，行为结果是时间相同的。**

第四定律的数学模型为

$$s(t)=f_S(t_0) \tag{12-11}$$

式中，t_0 为执行标准化约定 S 的初始时刻；$f_S(t_0)$ 为初始时刻实施标准化约定的行为结果，即符合约定的标准化状态结果；$s(t)$ 为任意时刻实施标准化约定的行为时间分布结果。式(12-11)说明，条件相同，约定相同，对行为进行约束时，任何时刻

的行为结果与初始的行为标准化状态结果是一样的。第四定律的规律还可以表达成周期性的时域同态关系，其数学模型为

$$s(t)=\int_{-\infty}^{+\infty} f_S(\tau)\sum_{n=0}^{\infty}\delta(t-\tau-nt_0)\mathrm{d}\tau \tag{12-12}$$

式中，$s(t)$为在标准化约定 S 下的在时间期间 t 的标准化行为状态分布结果；τ 为行为实施标准化约定的时间(过程时间)，这个时间可以是任意时间(非负时间)；t 为实施标准化过程后的结果时间；t_0 为建立标准化状态等间隔时间，$t=nt_0$，$n=1$，2，…。标准化以 t_0 为时间周期建立标准化状态，$s(t)$可周期性地形成与 $f_S(t_0)$相等的标准化行为形态，标准化周期性的行为分布状态如图 12-8 所示，即标准化状态时域同态。由于时刻 t 是任意的，标准化行为形态可在任意时间复现，这表明了第四定律的标准化行为形态在时域内的复现或复制规律。t_0 可以是任何时间间隔，可大可小，说明了标准化约定的形态可按任意时间间隔和在任意位置复现。式(12-12)的数学模型可理解为将未实施标准化的时间 τ 的状况转换为实施标准化后的时间 t 的状况。定律命题中的“约定”是指标准、文件、法规、协议等。“时间”的范围，是保证行为结果不会变化的期间范围，太长的时间是难以保证状态不变的。定律命题的时间是非负的时间关系，其规律的应用不是历史性的考查。“行为结果”是标准化的目标结果，可以是直接的行为结果，也可以是间接的行为结果。

定律四的现象在企业里是很常见的，即在不同时间生产相同产品，如工厂里的工人常年生产相同的零件，企业 2 年里、5 年里或 10 年里等生产同一种产品，这些都是对象的时间标准化同态现象。这个定律说明标准化对约束对象的时间复制规律。

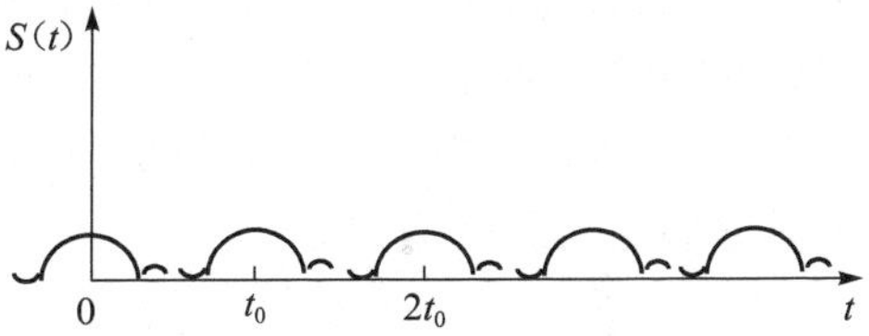

图 12-8　时域同态关系

12.8　标准化的空域同态定律(第五定律)

标准化的空域(空间域)同态定律(第五定律)为：**在相同的条件下的不同空间用相同的约定对行为进行约束，行为结果是空间相同的。**

第五定律的数学模型为

$$s(x,y,z)=f_S(x_0,y_0,z_0) \tag{12-13}$$

式中，(x_0,y_0,z_0)为执行约定的初始空间位置；$f_S(x_0,y_0,z_0)$为 S 约定下，在空间位置(x_0,y_0,z_0)时，符合标准化约定的行为状态结果；$s(x,y,z)$为空间任一位置(x,y,z)时实施标准化约定的行为状态分布结果；(x,y,z)为空间位置变量或空间任一位置，其范围为 $x\geqslant 0$，$y\geqslant 0$，$z\geqslant 0$。式(12-13)说明，在相同条件下用相同约定对行为进行约束时，$s(x,y,z)$在$(x\geqslant 0,y\geqslant 0,z\geqslant 0)$范围的任一位置处，处处为标准

化状态，等于 $f_S(x_0,y_0,z_0)$。

第五定律的规律还可以表达成周期性的空域同态关系，为了简化，采用二维空间表示，其数学模型为

$$s(x,y)=\iint_{-\infty}^{+\infty} f_S(\xi,\eta)\sum_{n=0}^{\infty}\sum_{m=0}^{\infty}\delta(x-\xi-nx_0,y-\eta-my_0)\mathrm{d}\xi\mathrm{d}\eta \quad (12\text{-}14)$$

式中，$f_S(x,y)$为在标准化约定 S 下的标准化行为状态结果；(ξ,η)为对行为实施标准化的空间位置，这个位置可以是任意位置（非负坐标），也可以是等间隔的尺寸，如 $\xi=mx_0$，$\eta=ny_0$，$n=1,2,\cdots$，$m=1,2,\cdots$，x_0 和 y_0 为实施标准化状态的初始位置，或周期间隔；$s(x,y)$为实施标准化约定 S 下任意位置(x,y)处的行为分布结果。式(12-14)说明在周期性位置$(mx_0,ny_0)(n=1,2,\cdots,m=1,2,\cdots)$处，$s(x,y)$可形成与 $f_S(x_0,y_0)$相等的标准化行为形态，二维空间周期性的空域同态关系如图 12-9 所示，即标准化状态空域同态。由于空间位置(x,y)是任意的，标准化行为形态可在任意位置复现，这表明了第五定律的标准化行为形态在空域内的复现或复制规律。定律命题中的“约定”同第四定律中的解释。命题中的“空域”，是保证行为结果不会变化的范围，通常可以是很大的范围，可以是一个单位、乡镇、城市、省、国家、全球等。定律命题的空间是非负的空间关系，是指实际的空间，非虚拟空间。“行为结果”是目标结果，可以是直接的行为结果，也可以是间接的行为结果。第五定律的现象在跨国公司里普遍存在，即在不同地点生产相同产品，如某些产品的相同零件和部件分散到印度、新加坡、中国台湾等地生产，某些产品分散到美洲、欧洲、亚洲组装，这些都是对象的空间标准化同态现象。这个定律说明标准化对约束对象的空间复制规律。

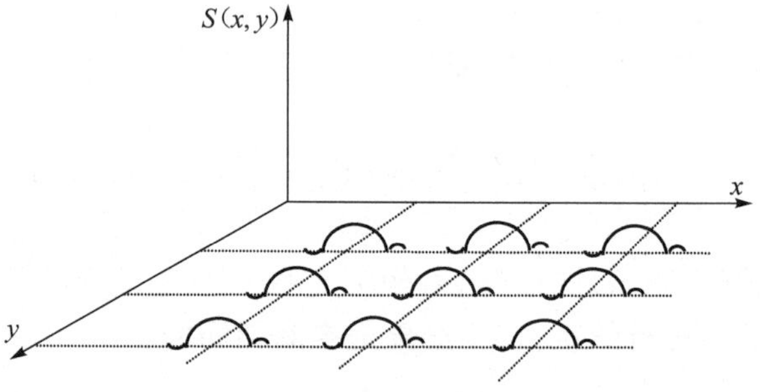

图 12-9　二维空间空域同态关系

12.9　标准化的时空域同态定律（第六定律）

标准化的时空域（时间空间域）同态定律（第六定律）为：**在相同条件下的不同空间和时间域用相同的约定对行为进行约束，行为结果是空间和时间相同的。**

第六定律的数学模型为

$$s(x,y,t)=f_S(x_0,y_0,t_0) \tag{12-15}$$

式中，(x_0,y_0,t_0)为执行约定的初始空间位置和时间时刻；$f_S(x_0,y_0,t_0)$为 S 约定关系下，在空间位置和时间时刻(x_0,y_0,t_0)时的行为结果；$s(x,y,t)$为在空间任一位置和任一时间时刻(x,y,t)时实施标准化约定的行为状态分布结果；(x,y,t)为空间变量和时间变量或空间任一位置和任一时间时刻，其范围为 $x\geqslant0,y\geqslant0,t\geqslant0$。式(12-15)说明，$s(x,y,t)$在$(x\geqslant0,y\geqslant0,t\geqslant0)$范围的任意$(x,y,t)$处，等于$f_S(x_0,y_0,t_0)$。第六定律是空域和时域的约定复制定律，还可以表达成周期性的空域和时域同态关系，其数学模型为

$$s(x,y,t)=\iiint f_S(\xi,\eta,\tau)\sum_{n=0}^{\infty}\sum_{m=0}^{\infty}\sum_{q=0}^{\infty}\delta(x-\xi-nx_0,y-\eta-my_0,t-\tau-kt_0)\,\mathrm{d}\xi\mathrm{d}\eta\mathrm{d}\tau \tag{12-16}$$

式中，$f_S(x,y,t)$为在标准化约定 S 下的标准化行为状态结果，是与约定符合的标准化状态；$s(x,y,t)$为实施标准化约定 S 下任意位置和时刻(x,y,t)处的行为状态分布结果；(ξ,η,τ)为实施标准化约定过程的位置和时刻的时空域，这个位置可以是任意位置(非负坐标)，也可以是等间隔的尺寸，如 $\xi=mx_0,\eta=ny_0,\tau=kt_0,n=1,2,\cdots,m=1,2,\cdots,k=1,2,\cdots$，式(12-16)说明，在任意空间位置和时间时刻$(x,y,t)$处，$s(x,y,t)$可形成与 $f_S(x_0,y_0,t_0)$相等的标准化行为状态，或空间周期性和时间周期性的时空域同态关系，如图 12-10 所示。由于位置和时刻(x,y,t)是任意的，标准化行为状态可在任意位置和时刻复现，这表明了第六定律的标准化行为形态在空域和时域内的复现或复制规律。定律命题中的“约定”同第四定律中的解释。命题中的“空间和时间范围”，是保证行为结果不会变化的范围，可以是不同地区的不同时间期间。定律命题的空间和时间都是非负关系的，是指实际的空间，现在和未来的时间。“行为结果”是目标结果，可以是直接的行为结果，也可以是间接的行为结果。第六定律的现象也是企业产品生产普遍存在的。该规律的应用体现在同

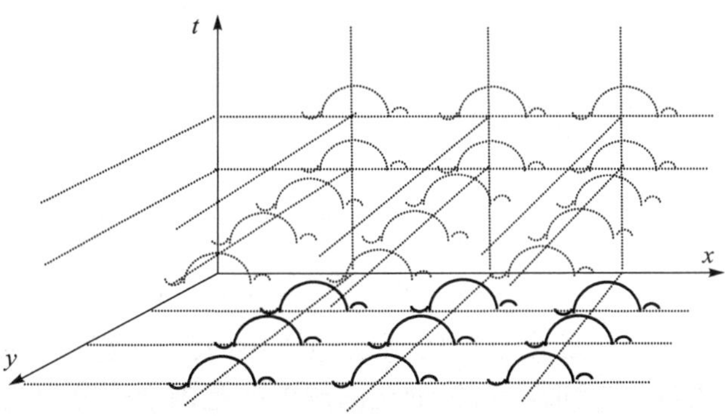

图 12-10　三维的空间时间同态关系

样的产品分布在不同地方长期不断生产的情况，即实现不同地方不同时间可生产出相同的产品。这个定律说明标准化对约束对象的时空复制规律。

12.10　标准化的空间惯性定律(第七定律)

标准化的空间惯性定律(第七定律)为：**标准化状态的稳定性与标准化的规模成正比**。

第七定律的数学模型为

$$T_S = k_S N_S \tag{12-17}$$

式中，T_S 为标准化状态的稳定性，年；k_S 为稳规比系数，即标准化状态稳定性和标准化规模的比例系数，年/数量或年/范围；N_S 为标准化对象的规模量、数量或范围。标准化的空间惯性定律是标准化的规模与稳定性的规律，是标准化存在的空间稳定性客观规律。这个规律表明，标准化对象的规模越大，标准化状态的稳定性越好，或者说标准化状态保持不变的持续时间越长。反之，标准化对象的规模越小，标准化状态的稳定性就越差，或者说标准化状态保持不变的持续时间越短。标准化对象的规模与稳定性规律是标准化的一个客观定律。这个规律也可称为标准化的空间稳定性定律，或空间惯性定律。大规模同态体对异态体有很强的征服力和同化力，使异态体难以形成气候，保持了大规模同态体的稳定地位。这一规律是一种标准化对象数量或规模倍率台阶函数。标准化的空间惯性定律的关系模型如图 12-11 所示，图中给出了标准化规模与稳定性的曲线。当标准化规模小于 N_{S0} 时，不能形成稳定的标准化状态。N_{S0} 是能出现稳定状态的标准化对象规模拐点。规模越大，形成的标准化稳定时间越长。标准化规模导致的稳定状态一旦形成，是不容易轻易改变和快速改变的，这就是惯性。

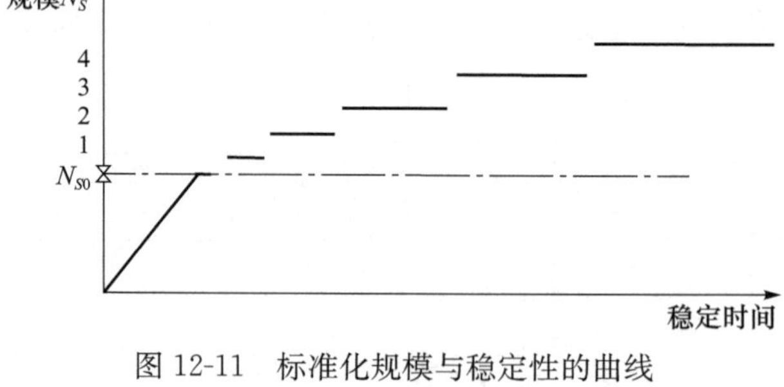

图 12-11　标准化规模与稳定性的曲线

标准化的规模是指标准化事项的领域、范围的大小、或数量的多少。例如，标准化的事项是车辆行驶方向靠右，标准化的规模按范围表达分别为县、市、国家，规模按数量表达分别为 10 万辆车、100 万辆车、1000 万辆车(一个县有 10 万辆车，一个市有 100 万辆车，一个国家有 1000 万辆车）。显然一个市的标准化规模比一个县的大一个数量级，一个国家的标准化规模比一个市的大一个数量级。标准化的规模可以用一维、二维或三维关系来表示，维度的内容可以是定量的数值，也可以是定性的描述，如规模维度可以是二维的面积、三维的体积等。规模用几维数值定量表示，取决于标准化对象的规模如何能被清楚地描述。如果以某地区或地域作为标准化的规模，可用该地区覆盖的面积表示规模，这个规模就是二维的；学校要进行教材、教室、课桌、椅子、校服等标准化，这就是一个多维度的标准化规模，且每个维度都有要实施标准化的数量。标准化的规模也可以用非数值的定性规模表示，但这个规模应该是有相对大小概念的，否则就无法衡量规模的大小，如冶金领域的标准化规模就比钢铁领域的标准化规模大，尽管没有给出数量值关系，因为冶金领域包括钢铁领域。标准化的规模也可以用定性和定量的混合关系表示，如 1000 人企业的标准化规模、20 亿年产值企业的标准化规模，这些企业的标准化规模尽管用了数值配合表示，但这个数值与企业的标准化规模不是严格对应的，只能是个相关数，有可能 1000 人企业的标准化规模与 800 人企业的标准化规模是一样的，它们有相同数量的厂房面积、设备、产品等。企业的人员数量不同而标准化规模相同，说明人数少的企业生产效率高。

标准化规模的定量表示量一般有个数、人数、尺寸、重量、面积、体积、多维度数值等。标准化规模的定性表示关系一般有国家、省、市、区、县、乡、村、行业、企业、公司、商场、医院、学校、小区、范围等。

标准化稳定态具有对周围同类事项产生空间和时间的影响和同化能力，导致所形成的标准化在规模上自成长和自扩大。规模越大的标准化状态，其对周围的影响和同化能力越强，且自成长和自扩大的速度也越快。标准化的类型包括产品、生活方式、工作方法、技术方法、管理方法、规则活动、语言、文字、饮食等。

标准化的稳定性是标准化状态保持时间的持续性，是用时间长度来衡量的。标准化稳定性好，说明标准化状态的持续时间长。标准化状态的稳定包括标准化初始状态的持续性和提升状态的持续性。例如，在一个学校统一采用英语作为教学的标准化语言，教师使用英语的水平不断提高，教学语言的标准化状态是稳定的，尽管英语教学开始的水平低于英语教学现在的水平。

12.11　标准化的时间惯性定律（第八定律）

标准化的时间惯性定律（第八定律）为：**标准化状态的稳定性与标准化形成的时间周期成正比。**

第八定律的数学模型为

$$T_T = k_T N_T \tag{12-18}$$

式中，T_T 为标准化状态的稳定性，年；k_T 为稳周系数，即标准化状态稳定性和标准化形成时间周期的比例系数，年/整数；N_T 为标准化的稳定周期数，整数。标准化的稳定周期数 N_T 取自然顺序数 1、2、…。标准化的时间惯性定律是标准化的时间周期与稳定性的规律，是标准化存在的时间稳定性客观规律。这个规律表明，标准化形成的时间周期越长，标准化状态的稳定性越好，或者说标准化状态保持的持续时间越长。反之，标准化形成的时间周期越短，标准化状态的稳定性越差，或者说标准化状态的持续时间越短。标准化时间周期与稳定性规律是标准化的一个客观定律。这个规律也可称为标准化的时间稳定性定律，或时间惯性定律。长时间周期同态体对异态体有很强的征服力和同化力，使异态体难以巩固其原来的稳定地位。这一规律是时间周期倍率台阶函数。标准化的时间惯性定律的关系模型如图 12-12 所示，图中给出了标准化状态时间周期与稳定性的关系。当标准化时间周期数小于 N_{T0} 时，不能形成稳定的标准化状态。N_{T0} 是能出现稳定状态的标准化时间周期数拐点。标准化时间周期越长，形成的标准化稳定时间越长。长时间的标准化稳定状态，其状态消除也越困难。

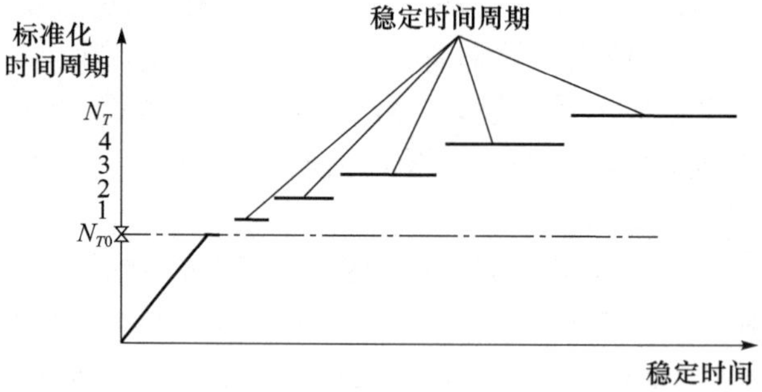

图 12-12　标准化时间周期与稳定性的曲线

12.12　标准化的时空惯性定律(第九定律)

标准化的时空惯性定律(第九定律)为：**标准化状态的时间和空间稳定性与标准化形成的时间周期和规模成正比**。

第九定律的数学模型为

$$T_{TS}=N(s,t) \tag{12-19}$$

式中，T_{TS} 为标准化状态的时空稳定性，年；$N(s,t)$ 为随标准化规模变量 s 和时间周期变量 t 变化的标准化稳定性函数，年；s 为标准化稳定的规模、数量或范围；t 为标准化稳定的周期数，为整数，t 取自然顺序数 1、2、…。标准化的时空惯性定律是标准化的时间周期和规模与稳定性的规律，是标准化存在的时空稳定性客观规律。这个规律表明，标准化形成的时间周期越长和规模越大，标准化状态的稳定性就越高，或者说标准化状态保持的持续时间越长。反之，标准化形成的时间周期越短和规模小，标准化状态的稳定性就差，或者说标准化状态保持的持续时间就越短。标准化时间周期和规模与稳定性的规律是标准化的一个客观定律。这个规律也可称为标准化的时空稳定性定律，或时空惯性定律。这一规律是时间和规模的二维台阶函数。标准化的时空惯性定律的关系模型如图 12-13 所示，图中给出了标准化时间周期和规模量与稳定性的图形。$N(s,t)=N_0$ 是标准化建立稳定性的拐点，当标准化时间周期和规模的稳定性函数 $N(s,t)\leqslant N_0$ 时，该区间不能形成稳定的标准化状态。时间周期越长和规模越大，形成标准化的稳定性时间越长，并有较大的惯性。标准化形成的规模大和持续时间长，其状态消除也越困难，不容易轻易改变和快速改变。

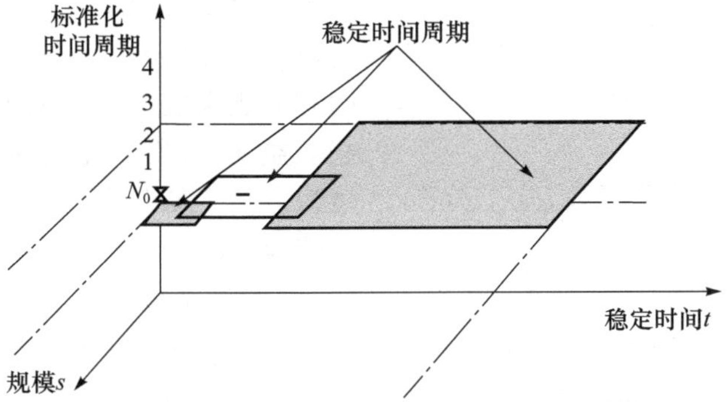

图 12-13　标准化时间和规模与稳定性的关系

标准化状态稳定性的根本保持能力是标准化综合优势的显著性，规模和时间周期对标准化状态稳定性的贡献是保持原状态的惯性，即对状态变化的拖延性。当新的事项状态比原有的标准化状态有明显的超出优势时，它就能有取代原标准化状态成为新标准化状态的机会。这种取代的过程长短取决于原标准化状态的规模大小和原标准化状态保持时间周期的长短。标准化状态规模大或时间周期长的，所需的取代过程较长，反之，过程较短。

12.13　标准化的复杂性效益定律(第十定律)

标准化的复杂性效益定律(第十定律)为：**系统标准化效益与系统关联复杂度成正比。**

第十定律的数学模型为

$$E_S=\sum_{j=1}^{m}C_jG_{Sj} \tag{12-20}$$

式中，E_S 为标准化后的系统效益；C_j 为第 j 种连接路径的连接复杂度，即以等效的定义单路径数表示，单路径可用传输模式或传输数据量定义，如一个连接路径等效

3 条单路径传输或 3 个单位信息量传输，其复杂度为 3；G_{Sj} 为第 j 个连接路径的单路径联通的效益；m 为系统总的连接路径种类数；j 为路径种类序数，$j=1,2,\cdots,m$。第十定律是系统经标准化的统一化形成有效连接带来效益的规律，这个规律表明，系统的复杂度越高，获得的系统效益越大。这个规律是系统标准化后，系统复杂度放大效益的规律。标准化具有对系统的复杂性转化为效益的特点。系统的复杂性主要反映在系统各组成部分的连接关系上。系统的效益是基于标准化实现连接路径的有效连接，这种连接包括信息连接、机械连接、光电连接、电气连接、化工连接等，因此，这个规律适用于各种技术专业的系统。系统复杂度与效益的关系模型如图 12-14 所示。图 12-14 说明，不同单路径效益有自己的效益曲线，由此形成系统单路径效益线族。对于这些效益线族，复杂度越高，系统效益增长越快。对于复杂度为 1 的单路径连接的系统，其获得的效益是路径数的加法效益，连接复杂度等于连接线数。对于复杂度大于 1 的单路径连接的系统，其获得的效益是路径数乘复杂度求和的效益，即连接复杂度等于多倍的路径数。系统复杂性通常由连接路径数决定，每个路径的等效单路径数越多，复杂性就越高。复杂性越高的系统，其标准化效益增值越多。如果一个路径只有一个等效单路径，路径再多也只是加法效益。如果一个路径有大于 1 的等效单路径，且路径数量多的系统，系统的复杂度和效益就高。单路径联通效益 G_{Sj} 可以用经济关系、技术关系、作用关系等表达。由于各路径的联通效益不一定是相同的，为了计算方便，单路径联通效益 G_{Sj} 一般采用效益平均值。

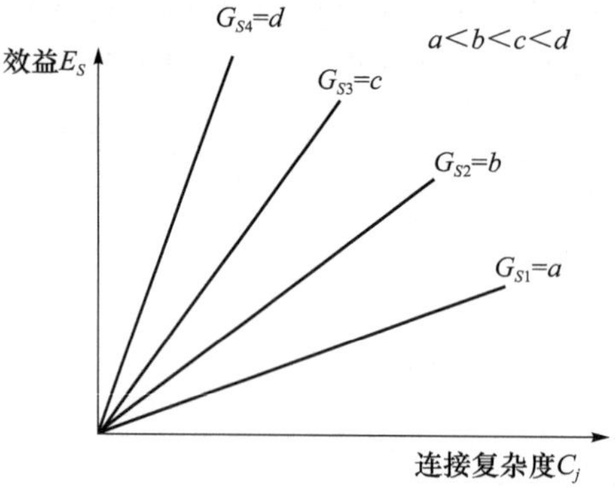

图 12-14　系统复杂度与效益的关系

以上标准化学科定律的规律实现是有可行性范围的，不是理论上无限的。自然界和人类社会的定律，理论上一般都没有给出限定范围，但在实际中都是有限定范围的。例如，杆杠定律，理论上没有限定其作用界限，实际上，是不可能用它撬起地球的。

12.14　标准化基本定律的验证与应用

1. 定律的验证

对于标准化学科十个定律的符合性，用以上定律的七要素进行验证。定律的第一要素是定律的题名，这一项对每个定律都拥有，即变换定律（第一定律）、统一最大定律(第二定律)、相通定律(第三定律)、时域同态定律(第四定律)、空域同态定律(第五定律)、时空域同态定律(第六定律)、空间惯性定律(第七定律)、时间惯性定律(第八定律)、时空惯性定律(第九定律)、复杂性效益定律(第十定律)。定律的第二要素是定律要有命题,这在本章创建的定律中都给出了命题的内容。第三要素是“命题内容”是具有标准化特征普遍意义的规律,不是事项的具体过程和个别事例的规律,这由每个定律命题的表述可看出各定律标准化特征的普遍规律性关系,第一定律反映的是由非标准化状态到标准化状态的变换规律,第二定律反映的是统一化的同向增强规律,第三定律反映的是统一化带来的信息识别交流的规律,第四定律反映的是行为时间重复性规律,第五定律反映的是行为空间相同性规律,第六定律反映的是行为时空复制性规律,第七定律反映的是标准化规模的稳定性规律,第八定律反映的是标准化时间周期的稳定性规律,第九定律反映的是标准化时间周期和规模的稳定性规律,第十定律反映的是系统复杂性与标准化效益的规律。第四要素是“命题内容”反映的规律应有文字及数学模型或关系模型的表达关系,这在每个创建的定律中都有相应的文字、数学模型和关系模型的表达内容。第五要素是命题的规律在一定条件下是可复现的和必然发生的客观规律,不是主观愿望、目的和要求,从各定律的命题内容可看出规律的客观必然关系,定律的结果没有依赖主观性内容,且用例子证明了复现性和必然性。第六要素是“命题内容”是可即时检验的和单件证实的,并已证实为是真的和有效的,而第七要素是定律是可应用的,并已有应用和实际应用案例,这两项内容已在每项定律的说明中初步给出了证实关系和应用例子,以下再进一步检验和给出应用关系。

2. 第一定律的检验和应用

第一定律是约定变换为统一化结果的定律。用例子检验该定律的有效性和客观性,例如,有一中学每年要在不同的服装厂做统一的校服的事项为 L,制定了校服款式的统一约定要求为 A,每次制作时把约定要求交给校服承制方按此制作的结果为 L^{-1},校服制作的结果是统一化的,这种例子在各地比比皆是,检验了定律的规律实现性。这一定律可应用于所有要求实现统一化的情况,只要能给出统一的约定,并在实现的可行范围内即可实现统一化。这一定律的应用方向是制定、实施标准来实现统一化,包括立法、执法规范社会,发布和实施文件规范管理等。

3. 第二定律的检验和应用

第二定律是统一方向结果最大定律。用交通方向统一例子能很好地检验定律的必然效果,例如,马路上的交通在没有统一方向时,马路的各边都会有对向行驶的阻挡,流通率很低,当统一为向右行或向左行时,流通率将提高到最大状态;再如,多人向前推一个物体,当每个人所推力的方向相同时,推力为最大。以上两例子检验了定律的规律实现性。这一定律适合应用于具有多矢量关系的行为，希望获得最大效率或最大作用等的情况。

4. 第三定律的检验和应用

第三定律是系统间相通定律，是支持系统间能相互交流的定律。定律的规律性和必然性可用人际间交流的例子给出很有力的验证，例如，一个只会说汉语的人和一个只会说英语的人是无法交流的，当两个人都能运用同一种语言时，他们是相通的，他们可以进行交流。这一定律适合应用于系统间(生物、社会、机器等系统)的信息交流，交流的信息可以是语言、文字、图形、符号、动作等。

5. 第四定律的检验和应用

第四定律是时间同态定律，是时间重复性定律。企业每年每月重复生产出相同型号、相同质量的产品就是时间同态的检验和应用。这一定律主要应用于要求时间重复一致性结果的事项。对于某企业长期生产同型号、同质量的产品，适合应用第四定律。这一定律支持事项随时间的复现能力，解决事项时间重复的一致化问题。

6. 第五定律的检验和应用

第五定律是空间同态定律，是空间共同性定律。多个不同地区的企业生产出相同的产品就是空间同态的检验和应用。这一定律主要应用于要求共同一致性结果的事项。对于多个地方同时生产同型号、同质量的产品，适合应用第五定律。这一定律支持事项的空间复制能力，解决空间分布事项的一致化问题。

7. 第六定律的检验和应用

第六定律是时间和空间混合关系同态定律，可以看成是第四和第五定律的时间关系及空间关系演绎的定律。第四和第五定律检验的例子等于也检验了该定律的规律性和实现性。这一定律主要应用于时间重复性和空间共同性一致结果要求的事项。对于多个地方同时并长期生产同型号、同质量的产品，适合应用第六定律。这一定律支持时空的复现和复制能力。多个企业在不同地区每年每月都在生产出相同的产品就是时空同态的检验和应用。

8. 第七定律的检验和应用

第七定律是空间稳定性定律。标准化的空间稳定性是标准化的规模稳定性或空间惯性规律，这个稳定性和标准化对象量的规模成正比。例如，汉字形成了大规模使用的标准化状态，全国大部分人口在使用统一的汉字，形成了汉字的规模惯性和空间稳定性，汉字经历了几千年的使用依然稳固，而中国历史上一些使用人数较少的女真文、西夏文等今天已经消失，这一例子检验了空间稳定性定律的规律性和必然性。空间稳定性定律可用于指导建立规模化的标准化稳定状态，通过规模化的标准化获取标准化的持久利益。这一定律也可用于警示要慎重决策已形成规模化习惯事项的改变。

9. 第八定律的检验和应用

第八定律是时间稳定性定律。标准化的时间稳定性是标准化的时间惯性，这个稳定性和标准化延续的时间周期成正比。例如，汉语经过几千年使用，已形成了稳定的标准化状态，而一些使用时间周期短的语言很难延续；再如，推行简化汉字后，大部分写了几十年繁体字的老人写字时自觉地还是写繁体字。这两例子检验了时间稳定性定律的规律性和必然性。时间稳定性定律可用于巩固有效的标准化模式和警示状态改变可能带来的失败成本。

10. 第九定律的检验和应用

第九定律是时空稳定性定律。标准化的时空稳定性是标准化的时间惯性和空间惯性，这个稳定性与时间和规模的状态稳定函数成正比。例如，汉语经历了几千年使用和到现在十几亿规模的人使用，已形成了稳定的标准化状态。这一例子检验了时空稳定性定律的规律性和必然性。时空稳定性定律可应用于有效性或有益性突出并需大范围和长期保持的事项，如全国推广讲普通话等。

11. 第十定律的检验和应用

第十定律是复杂性效益定律。复杂性效益定律是通过标准化使系统关联关系有效化，由此产生由系统复杂度放大的效益。例如，城市交通信号系统的标准化，给交通带来的流通效益、安全效益和经济效益被系统的复杂度放大，越复杂的道路网络系统，其带来的利益元素越多，标准化使这些节点的效益得以释放。复杂系统标准化后获得的利益比简单系统的大得多，因为它隐藏的效益多，每一个连接路径由不通到通就是效益由无到有的结果。服务于 100 万个路径点的网络系统的标准化，带来的效益将大大超过 10 万个路径点网络系统的利益，从复杂系统和简单系统的经营收益总额比较可一目了然。这两个例子检验了复杂性效益定律规律的实在性和有效性。复杂性效益定律可应用于对大型复杂系统研发和社会复杂关系管理，以获取超值的标准化效益。

参考文献

[1]　麦绿波. 标准化学科定律的创建[J]. 中国标准化，2011，(12)：50-57.
[2]　周立伟. 科学研究的途径[M]. 北京：北京理工大学出版社，2007.

第 13 章　标准化的几何互换性定律[1]

13.1　几何互换性从规律到定律的感悟

互换性的概念和方法由来已久，几何互换性关系的应用至少有 2000 多年，中国修建长城的方砖、秦朝兵器弩的配件等都具有互换性。互换性理性概念的提出也有 200 多年的历史，1798 年，美国人惠特尼（Whitney）在制造来复枪时应用了互换性的概念和方法。尽管互换性的概念和方法存在了很久，但互换性的定律一直没有被建立。定律的规律存在且被长期应用，不等于就认识到了定律的关系。例如，曹冲称象就应用了浮力的规律，但没能归纳出浮力的规律关系和理论模型，未能建立浮力的定律。定律的规律总是在定律被发现之前就存在和被应用，例如，阿基米德发现杠杆定律之前，杠杆的规律就存在和应用在跷跷板等方面；牛顿发现力学三大定律之前，力学的规律也存在和被应用。许多定律都是在对规律的经常感觉积累中，在特定条件下启发灵感悟出来的。规律的存在到定律被发现是要特定环境的，如阿基米德在泡澡时发现了浮力定律，牛顿是在苹果树下发现了万有引力定律。定律的建立是发现，不是发明，不是创造规律，是认识已存在的规律；即使是人造现象的定律，也是先有存在，再从存在现象的规律中发现定律。定律是人们对规律正确认识的一种逻辑描述，是反映规律核心要素的内容。定律的建立深化了对规律的认识，提炼了规律的核心要素，使客观规律能被精确、自如地利用。

互换性是针对配合而言的，本质是实现非选择的配合关系。互换性支持大批量零件分工生产和零件无选择装配，并方便产品损坏件的维修更换。互换性的价值在于将关联的配合关系分解为非依赖的独立制造关系，体现在：①非关联制造；②非选择配合；③非修配式装配；④装上能用。在设计中，互换性属精度设计层次。设计可分为三个层次，第一层次为系统设计，主要是完成原理、总体布局设计；第二层次为参数设计，主要是性能参数设计，给出标称值；第三层次是精度或公差设计，主要是制造关系设计和精度保证设计[2]。建立互换性的事物，不是为了构造第一和选最好的配合情况，主要是为了考虑批量化生产和低成本的关系，因此，手工精品制作不采用互换性的方法，互换性也不应用在这种领域。互换性的规律性已在大量的实践中被证实，它支持了协作生产和大批量的零件分工生产方式。互换性关系是即时可证明的。对于轴与孔的配合关系，只要按照“极限与配合”表的关系设计和加工，就能得到所需配合类型（活动、定位或紧固）及所需精度的非选择配合关系，且可随时验证，并都成立。这表明互换性关系中存在着科学规律，是一种具有复现能力的科学规律。而通常，互换性配合的设计主要靠经验传承或在公差表中查找大量数据核算，对此人们已习以为常，认为是天经地义的做法。这些做法属于"知其然"的做法，互换性应该有"知其所以然"的规律。这种规律一定可用一种模型关系来表达。因为，互换性是一种量化的规律，一定存在数学逻辑的表达规律，且是普遍性的规律，将这种普遍性规律进行提炼并进行模型化表达就是定律。在对定律的存在感悟判断之后，剩下的就是如何理出定律规律性的本质内容和如何表述规律关系。建立定律的重要意义在于，把定律的本质规律挖掘并勾绘出来，使其能跳出高悟性智者的小圈子，被大众普遍学习和应用。定律被挖掘建立起来，就能使大多数人拥有高智者应用规律的能力。定律使我们摆脱了依靠偶然灵感才能做巧妙的事，使大多数人拥有必然性的巧妙智慧。

我们通常所说的互换性是几何互换性，是尺寸配合的互换关系，几何互换性有三种不同的配合类型，因此，也就有三种配合规律关系。几何互换性的三种配合规律分别为活动配合互换性规律、定位配合互换性规律、紧固配合互换性规律。互换性不是只局限于几何互换性的，互换性是个广义的概念，从几何互换性可演绎到其他方面的互换性，演绎的互换性可有功能的、模式的、行为的等，即称为功能互换性、模式互换性、行为互换性等。

几何互换性的三种配合规律潜藏着三个相对应的定律：一是活动配合的互换性定律，二是定位配合的互换性定律，三是紧固配合的互换性定律。互换性的配合对象是源自轴与孔的配合考虑的，其实，不同形状的"轴"与"孔"都有互换配合的需要。因此，几何互换性的配合对象可以进行广义延伸，可以延伸到"插件"和"被插件"的配合关系，也可以抽象到"阳件"与"阴件"的配合关系。广义的阴件和阳件的配合形式是不受限制的，可以是圆形，也可以是方形、椭圆形、菱形、多边形，甚至可以是阴件中含"阳"、阳件中含"阴"等形式。

几何互换性总的定律可以概括为：**阴件和阳件的偏差控制到一定范围时，可实现相应目的和相应精度的互换关系**。互换性是一种容差的统一模式，符合标准化第一公理的认定。由于容忍一定程度的偏差，相同人群或/和不同人群在不同时间不同地点"将同一件事做成统一化结果"成为可能。在几何互换性的配合关系中，活动配合、定位配合、紧固配合的具体规律是不一样的，数学模型关系也是不一样的，因此，应该是有三个定律分别在支配着它们的实现。下面分别创建三个几何配合的互换性定律。

13.2　动配合互换性定律(第十一定律)

动配合互换性定律(第十一定律)为：**配合对象的阴件下偏差与阳件上偏差之**

差大于零，以阴件和阳件的公差带之和决定精度，阴件与阳件实现期望精度的非选择活动配合。

动配合互换性定律是标准化学科的第十一定律。动配合互换性定律支持实现配合的阳件和阴件间的运动是无夹紧力制约的和有间隙的运动的。以上定律中的“阴件的下偏差减阳件的上偏差大于零”，是让阴件和阳件的配合留有运动必需的间隙，保证它们的配合是可活动的，差值大小决定配合件活动的程度，差值越大，活动越容易。定律中的阴、阳件的下、上偏差可以是针对对称对象的一维偏差关系，如圆形、方形等，也可以是针对非对称对象的多维偏差关系，如长方形、多边形等。阴件公差带和阳件公差带之和确定了阴件与阳件配合的间隙变动范围，因此，它们决定了配合的精度，或者说，当阴件下偏差与阳件上偏差确定后，阴件的公差带和阳件的公差带之和决定了配合的精度，公差带越大，精度越低，反之精度越高。正是精度让步的可接受性，实现了有偏差的统一化关系，才使互换性成为可能。这一定律的根本规律是配合件间要有间隙，间隙要有一个变动范围，间隙的变动范围决定了配合的精度。间隙的变动范围(或公差带和)是对加工偏离的包容。

动配合互换性定律的数学模型为

$$\mathrm{EI} - \mathrm{es} > 0 \tag{13-1}$$

$$(\mathrm{ES} - \mathrm{EI}) + (\mathrm{es} - \mathrm{ei}) \leqslant T_S \tag{13-2}$$

式中，EI 为阴件的下偏差；es 为阳件的上偏差；ES 为阴件的上偏差；ei 为阳件的下偏差。EI、es、ES、ei 是相对于公称尺寸而言的，或者说是相对于标称尺寸而言的，在图形表达上可称为零线。EI－es>0 是保证配合件间的最小间隙大于零；EI－es 为阴件与阳件配合的最小间隙 $S_{\min}$，ES－ei 为阴件与阳件配合的最大间隙 $S_{\max}$，ES－ei～EI－es 是最大配合间隙到最小配合间隙的范围，这一范围满足精度要求，就可实现预定精度下的互换性动配合关系。定律的动配合互换性关系可用图示来表达和说明，其关系如图 13-1[2] 所示。现证明“阴件公差带 T_D 与阳件公差带 T_d 之和等于间隙公差带 T_S”，图 13-1 中，$T_D=\mathrm{ES}-\mathrm{EI}$ 为阴件的公差带，$T_d=\mathrm{es}-\mathrm{ei}$ 为阳件的公差带，$T_D+T_d=\mathrm{ES}-\mathrm{EI}+\mathrm{es}-\mathrm{ei}=(\mathrm{ES}-\mathrm{ei})-(\mathrm{EI}-\mathrm{es})=S_{\max}-S_{\min}=T_S$。公差带的正负号按孔偏差减轴偏差确定，间隙公差带为正，过盈公差带为负。以上证明还说明，阴件的公差带与阳件的公差带之和还等于最大间隙与最小间隙之差，为间隙的变动范围。活动配合的精度由间隙公差带决定，间隙精度由阴件和阳件的公差带决定，控制配合精度，就是控制配合件的公差带大小。配合件两者的公差带之和大，配合精度就低，两者的公差带之和小，配合精度就高。在图 13-2 中，J 或 j 的左边基本偏差为动配合的基本偏差选择关系。高精度是要付出高成本的，高精度加工要求条件高，加工的设备和人工成本就高。通常，大尺寸的对象公差带大，小尺寸的对象公差带小。

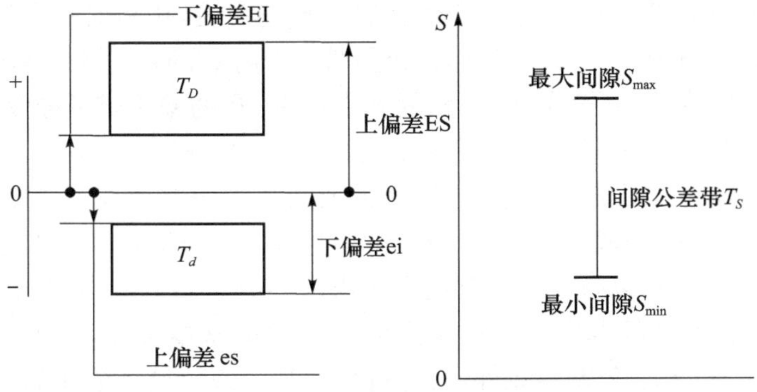

图 13-1　动配合的互换性关系

关于配合件的公差带关系，已制定出规律性表格等级数值关系[3]，已分别列入国际标准和我国国家标准，共有 18 个等级，公差等级的范围为 IT1、IT2、IT3、IT4、IT5、IT6、IT7、IT8、IT9、IT10、IT11、IT12、IT13、IT14、IT15、IT16、IT17、IT18，18 个公差等级在尺寸范围为公称尺寸至 3150mm 的每一个尺寸段都有相应的公差值，尺寸范围在公称尺寸至 3150mm 中分成两个尺寸范围，即公称尺寸至 500mm 和尺寸范围 500～3150mm，两个大段包含了 21 个尺寸主段，有些尺寸主段在基本偏差系列的某些代号中被进一步细分，如基本偏差 A 及 a、B 及 b、C 及 c 在尺寸范围为公称尺寸至 500mm 中，有 8 个尺寸主段被进一步细分，增加了 10 个尺寸段[3]。同一个公差等级 IT 对每一个尺寸段落的公差带大小是不一样的，下偏差和上偏差的位置也不一定一样，但公差的精度都是相等的，这是从数学计算上保证的。有了公差数值对应尺寸段落的表格，对配合关系的精度设计提供了方便。对于互换性设计，只有公差数值与尺寸关系的表格还是不够的，还需要表达公差位置和方向的基本偏差关系。一个完整的互换性关系需要有公差带的大小、方向、位置、形状四个要素[2]。公差带的大小已由公差与尺寸关系表格给出，公差带的形状由配合件的形状确定，如圆带形或方带形等，剩下的就是要确定公差带的方向和位置。基本偏差是相对于公称尺寸(标称尺寸)基准来表达的。在标准中，基本偏差共分为 28 种，形成了基本偏差系列，且分为轴基本偏差系列和孔基本偏差系列，其代号分别是：a、b、c、cd、d、e、ef、f、fg、g、h、j、js、k、m、n、p、r、s、t、u、v、x、y、z、za、zb、zc；A、B、C、CD、D、E、EF、F、FG、G、H、J、JS、K、M、N、P、R、S、T、U、V、X、Y、Z、ZA、ZB、ZC[3]。孔的基本偏差系列是相对于零线(公称尺寸线)由远离零线的正值下偏差逐步接近零线，然后通过零线逐步以负值上偏差远离零线。轴的基本偏差系列是相对于零线(公称尺寸线)由远离零线的负值上偏差逐步接近零线，然后通过零线逐步以正值下偏差远离零线。轴的基本偏差系列构成的曲线像正切曲线形状的近轴部分，孔的基本偏差系列构成的曲线像余切曲线形状的近轴部分，如果将两个曲线放在一个图形中，就像一个横放的X形的曲线，孔和轴的偏差系列关系如图13-2[2]所示。图中，标注大写字母且公差带填“小点”的是孔的基本偏差，标注小写字母且公差带填充“斜横线”的是轴的基本偏差，孔的基本偏差是从左到右由下偏差靠基线经J及JS时转为上偏差靠基线，轴的基本偏差是从左到右由上偏差靠基线经j及js时转为下偏差靠基线，两个系列的基本偏差形成了一个基本对称的关系。在图13-2中，一般情况，在J或j的左边的基本偏差为动配合的基本偏差选择关系。从图13-2可以直观地找到孔和轴组成活动配合的基本偏差代号的组合，方便活动配合互换性的选配。无论是孔的还是轴的基本偏差，除H和JS以及h和js基本偏差有18个公差等级外，其他符号的基本偏差没有全部18个公差等级，多数只有5～6个公差等级，个别有多到11个等级，少的是2～3个等级。

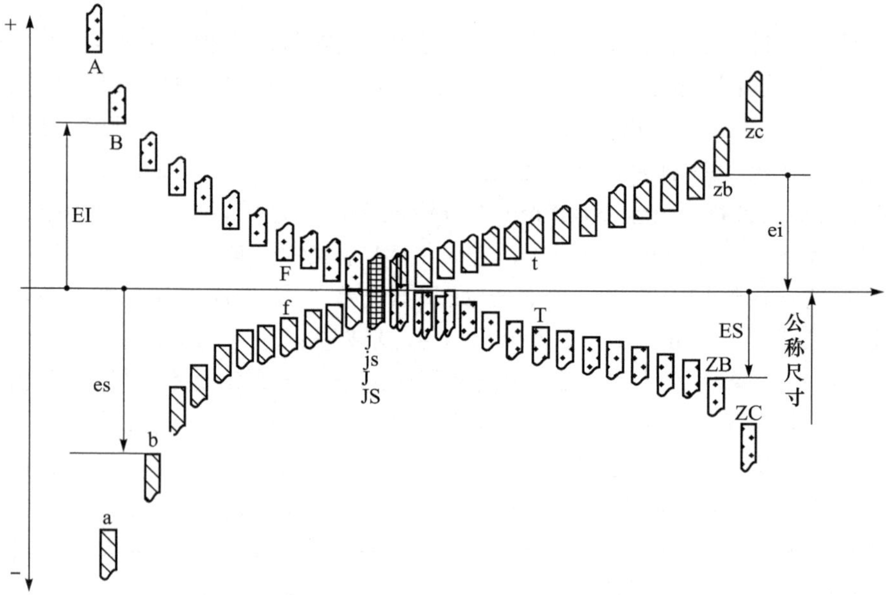

图13-2　孔和轴的基本偏差系列关系

13.3　定位配合互换性定律(第十二定律)

定位配合互换性定律(第十二定律)为：**配合对象的阴件上偏差与阳件下偏差之差大于等于零，阴件下偏差与阳件上偏差之差小于等于零，以阴件和阳件的公差带之和决定精度，阴件与阳件实现期望精度的非选择定位配合**。

定位配合互换性定律是标准化学科第十二定律。定位配合互换性定律支持阳件和阴件间的配合在间隙配合情况和过盈配合情况之间的关系。定位配合的阴件公差带和阳件公差带有重叠区。定律中，“阴件的上偏差减阳件的下偏差大于等于零”,是让阴件和阳件的配合存在间隙或刚好接触的可能性,且是最大间隙;“阴件的下偏差减阳件的上偏差小于等于零”,是让阳件和阴件的配合存在过盈或刚好接触的可能性,且是最大过盈;两种情况并存是保证它们的配合在间隙与过盈之间,两者差值的大小决定了配合件间隙和过盈反差的大小,差值越大,非选择配合结果的冲突越大。定位配合通常期望配合结果集中在间隙和过盈之间,不要往任何一端移得太远。同上,定律中的阴、阳件的上、下偏差可以是针对对称对象的一维偏差关系,也可以是针对非对称对象的多维偏差关系。阴件公差带和阳件公差带之和确定了阴件与阳件配合在间隙和过盈变动范围,因此,它们决定了配合的精度,两者公差带越大,精度越低,反之精度越高。阴件公差带与阳件公差带的错位关系决定间隙和过盈变动范围中两者比例的分配,当阴件公差带与阳件公差带的中线重叠对称时,间隙和过盈的变动范围相等;当阳件公差带在对称位置向上移时,过盈区大于间隙区;当阳件公差带在对称位置向下移时,间隙区大于过盈区。

定位配合互换性定律数学模型为

$$\mathrm{ES}-\mathrm{ei} \geqslant 0 \tag{13-3}$$

$$\mathrm{EI}-\mathrm{es} \leqslant 0 \tag{13-4}$$

$$(\mathrm{ES}-\mathrm{EI})+(\mathrm{es}-\mathrm{ei}) \leqslant T_F \tag{13-5}$$

式中,$\mathrm{ES}-\mathrm{ei}\geqslant 0$ 为阴件的上偏差减阳件的下偏差大于等于零;$\mathrm{EI}-\mathrm{es}\leqslant 0$ 为阴件下偏差减阳件上偏差小于等于零;$(\mathrm{ES}-\mathrm{EI})+(\mathrm{es}-\mathrm{ei})\leqslant T_F$ 为阴件公差带与阳件公差带的和要小于等于确定精度关系的定位公差带 T_F;ES−ei 为配合的最大间隙 $S_{\max}$;EI−es 为配合的最大过盈 $\delta_{\max}$;ES−ei～EI−es 为间隙配合到过盈配合的范围,这个范围能满足精度要求,就能实现预定精度的定位配合要求。定位配合互换性关系可用图示来表达和说明,其关系如图 13-3[2] 所示。现证明“阴件公差带 T_D 与阳件公差带 T_d 之和等于过渡公差带 T_F”,图 13-3 中,$T_D=\mathrm{ES}-\mathrm{EI}$ 为阴件的公

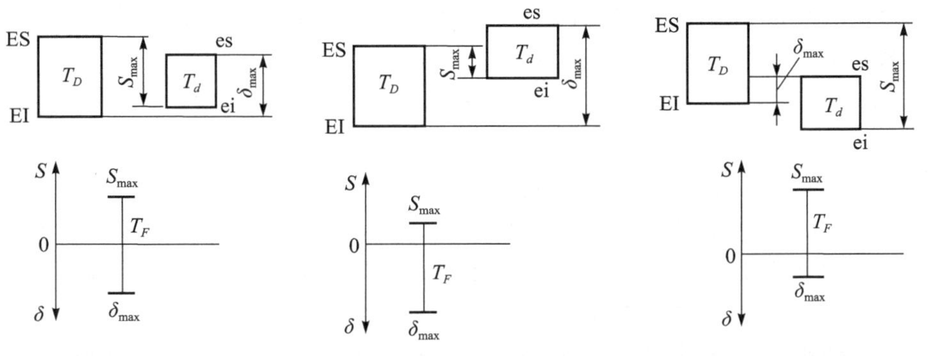

(a) 阴阳件公带完全重叠　(b) 阳件公差带上移并部分重叠　(c) 阳件公差带下移并部分重叠

图 13-3　定位配合公差带的三种位置情况

差带，T_d＝es－ei 为阳件的公差带，T_D+T_d＝ES－EI＋es－ei＝(ES－ei)－(EI－es)＝$S_{max}-\delta_{max}=T_S$，以上证明还说明，阴件的公差带与阳件的公差带之和等于最大间隙与最大过盈之和，为过渡配合公差带的变动范围。定位配合阴件公差带与阳件公差带的相对位置比动配合的复杂。定位配合的相对位置有三种情况，详见图 13-3。

图 13-3 不仅展示了定位配合的阴件与阳件公差带的三种相对位置关系，还展示了定位配合公差带的变动规律。从图 13-2 中可方便地找到阴件和阳件定位配合基本偏差代号的组合。图 13-2 中，在 J 或 j 左右附近的偏差为定位配合的基本偏差选择关系。

13.4　紧配合互换性定律(第十三定律)

紧配合互换性定律(第十三定律)为：**配合对象的阳件下偏差与阴件上偏差之差大于零，以阴件和阳件的公差带之和决定精度，阴件与阳件实现期望精度的非选择紧配合。**

紧配合互换性定律是标准化学科第十三定律。紧配合互换性定律支持阳件和阴件间配合处于夹紧状态的关系。紧配合的互换性就是实现紧固配合的互换性。紧固的互换性不是拆卸互换，而是无选择实现紧固配合的互换。以上定律中，“阳件的下偏差减阴件的上偏差大于零”，是让阳件的配合尺寸大于阴件的配合尺寸，形成过盈关系，保证它们的配合是紧固的。它们差值的大小决定配合件间紧固的程度，差值越大，夹紧程度越大。同上，定律中的阴、阳件的上、下偏差可以是针对对称对象的一维偏差关系，也可以是针对非对称对象的多维偏差关系。阴件公差带和阳件公差带确定了阴件与阳件配合的过盈变动范围，因此，它们决定了配合的精度，或者说，当阳件下偏差与阴件上偏差确定后，阴件的公差带与阳件的公差带之和决定了配合的精度，公差带越大，精度越低，反之精度越高。

紧配合互换性定律数学模型为

$$\mathrm{ei}-\mathrm{ES}>0 \tag{13-6}$$

$$(\mathrm{ES}-\mathrm{EI})+(\mathrm{es}-\mathrm{ei})\leqslant T_\delta \tag{13-7}$$

式中，ei－ES>0 为保证配合件间的过盈大于零；ei－ES 为阴件与阳件配合的最小过盈 δ_{min}；es－EI 为阴件与阳件配合的最大过盈 δ_{max}；ei－ES～es－EI 为最小过盈配合到最大过盈配合的范围，这一范围能满足精度要求，就可实现预定精度下的互换性紧配合关系。定律的紧配合互换性关系可用图示来表达和说明，其关系如图 13-4[2] 所示。现证明“阴件公差带 T_D 与阳件公差带 T_d 之和等于过盈公差带 T_δ”，图 13-4 中，阴件公差带 T_D＝ES－EI，阳件公差带 T_d＝es－ei，阴件公差带和阳件公差带之和为：T_D+T_d＝ES－EI＋es－ei＝(es－EI)－(ei－ES)＝δ_{max}－

$\delta_{min}=T_\delta$，以上证明还说明，阴件公差带与阳件公差带之和等于最大过盈与最小过盈之差，是过盈的变动范围。紧固配合的精度由过盈公差带决定，过盈公差带由阴件和阳件的公差带决定。图 13-4 展示了紧配合互换性的公差带关系，标明了紧配合精度的相关关系，再应用图 13-2 关系，可以方便地选择紧配合的互换关系。图 13-2 中，J 或 j 的右边基本偏差为紧配合的基本偏差选择关系。

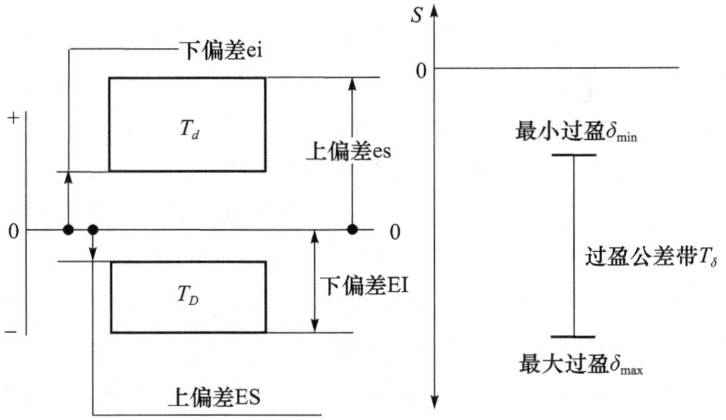

图 13-4　紧配合的互换性关系

13.5　几何互换性定律的验证与应用

以上创建了动配合互换性定律、定位配合互换性定律、紧配合互换性定律，这些定律的建立来自于对互换性本质的认识及规律要素的提炼，且找到了其数学表达的核心关系，使三个定律具有很好的信任度。定律不仅给出本质性规律关系，还有量化的数学模型，因此，可在实践中精确计算和应用。几何互换性定律是客观有效的，毫不例外地可以经受住各种验证，可即时验证。三种几何互换性规律的效果可借用长期、大量的产品设计和生产实践中的案例验证，实践案例也可证明几何互换性定律命题的应用有效性。几何互换性的证明也可像几何学的证明用逻辑性的数学关系分析来证明，同时也需要以实践进行验证。其实，三个定律的命题抓住了几何互换性的本质关系，给出的配合件的活动、定位、紧固配合实现的规律性要素，从定律的数学模型和关系模型中就可很容易看清 3 个定律规律的科学性，剩下的是验证公差带范围内的任意配合关系是否满足精度要求，满足精度要求就实现了预定精度的互换性。分别从动配合、定位配合和紧配合定律的关系模型可看出，它们都能满足三种配合关系，差别在于精度方面，而精度又是事先认定的，因此，它们公差带范围的任意配合关系是满足精度要求的。定律的命题给出了以保证各种互换性配合特性实现的根本门限要素值，带来的差别只是互换性的精度范围的差别。

定律涉及的公差带和精度的合理性主要依靠已颁布的相应国际标准和国家标准的内容来支持，因为标准中的偏差值和精度关系是科学计算出来的、实践验证实用的和可信赖的。配合件设计时，一是要使用几何互换性定律，用定律理性地确定配合关系和精度；二是要使用标准，查找选取具体数值。由于三个几何互换性定律的属性是几何性的，定律的命题、数学模型和关系模型直观表达了定律成立的理论证明。

动配合互换性定律可应用于阴件、阳件的活动配合关系，适用于旋转轴承配合、滑动导轨配合、转动杆配合等。定位配合互换性定律可应用于活动与非活动间的配合关系，适用于定位配合、精密轴配合、插拔配合等。紧配合互换性定律可应用于夹紧或撑紧的紧固关系配合，适用于不易拆卸的配合、带动运动配合、铆接配合等。有了几何互换性定律，设计者可容易、清晰理解互换性配合规律，可轻松地借助“极限与配合”标准，精准、正确、可靠地进行目标任务设计。三个互换性定律使我们看清了几何互换性的本质，可轻而易举、准确定量地应用极限与配合这个复杂数值系列的规律。对于几何互换性，有两种应用情况，一种是对象的外部几何互换性，另一种是内部几何互换性。外部几何互换性一般是供用户使用的，如产品接口的互换性等，一般用弹性定位配合。内部几何互换性是制造时使用的，如制造的零部件的装配互换性等，三种互换类型都有可能用。

13.6 几何互换性空间创建

在对几何互换性的研究和认识过程中，发现了表达互换性关系的又一重要规律，创建了直观反映或展示互换性关系的几何互换性空间。几何互换性空间用与互换性密切相关的三要素表达，第一要素为公差等级，第二要素为孔的基本偏差和轴的基本偏差，第三要素为配合件的尺寸段系列。几何互换性空间用 4 个坐标轴构建，纵轴为公差等级轴，分为 18 个等级，即 IT1、IT2、…、IT18；平行纸面的右横坐标轴表示孔的基本偏差，偏差相对公称尺寸有 28 个位置，用大写字母 A、B、…、ZB、ZC 表示；平行纸面的左横坐标轴表示轴的基本偏差，偏差相对公称尺寸有 28 个位置，用小写字母 a、b、…、zb、zc 表示；垂直纸面的轴为尺寸范围轴，有 21 个主尺寸段落，尺寸范围从公称尺寸到 3150mm。几何互换性空间可使每一个互换性配合关系得到直观表达，方便互换性方案的选取，如图 13-5 所示。由于本书纸面表达空间有限，图 13-5 只给了一个尺寸段孔和轴常用的公差带关系示意图。有条件的情况，可按几何互换性空间的设计思路把图 13-5 做大，标出左右横坐标轴的数据（孔和轴的基本偏差值），做出纵坐标与尺寸范围坐标的数据表，即做成几何互换性工程关系数据图表。当需要制定互换性方案时，以定律为主导技术思想，加上几何互换性空间及其工程关系数据图表，可直观、准确、方便地确定互换性方案。在几何互换性空间中，也可画出孔和轴常用配合的推荐方案，方便日常使用。图 13-5 中右区为公称尺寸至 500mm 的推荐孔的公差带关系，图 13-5 中左区为公称尺寸至 500mm 的推荐轴的公差带关系。对于互换性关系，只要掌握互换性的三个定律，拥有几何互换性空间及其工程关系数据图表，复杂的互换性设计就能轻松地掌握。

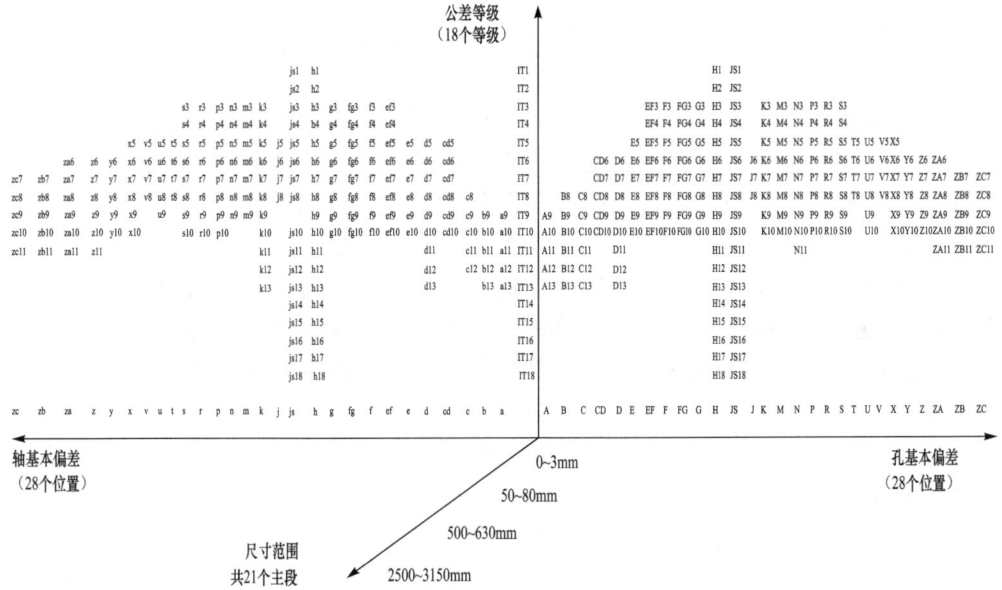

图 13-5　几何互换性空间

参 考 文 献

[1]　麦绿波. 标准化学科几何互换性定律的创建[J]. 中国标准化，2012，(1)：69-75.

[2]　刘巽尔. 极限与配合[M]. 北京：中国计划出版社，2004.

[3]　国家质量监督检验检疫总局，中国国家标准化管理委员会. 产品几何技术规范　极限与配合(GB/T 1800. 1～1800. 2—2009)[S]. 北京：中国标准出版社，2009.

第 14 章　标准化的功能互换性定律[1]

14.1　功能互换性的概念和研究需求

人们最熟悉的互换性关系是几何互换性关系。历史上研究的互换性基本上属于几何互换性范畴。几何互换性是尺寸配合关系的互换性，是基于容忍尺寸偏差形成的统一关系。几何互换性是阴件与阳件的配合。几何互换性的“容忍性”很好地解决了加工零部件实际的“统一化”问题，为机械零部件的多家分布式生产和时间重复式批量生产发挥了重要作用。几何互换性设计是通过查询极限与配合标准中的表格关系来应用的。在几何互换性的动配合互换性定律、定位配合互换性定律、紧配合互换性定律和互换性空间创建后，几何互换性的规律可不需要深邃的智慧专业积累就能自如把握。有了几何互换性定律，可使绝大部分人对互换性的规律应用自如。因此，研究其他形式的互换性定律对其他形式的互换性的推广应用和有效使用具有现实和深远的重要意义。

科学技术和人类社会对互换性的需求不仅仅是在几何关系方面，还存在着非几何性的互换性需求。除几何互换性外，还存在着不同于几何互换性的新的互换性关系，这些新的互换性关系主要有功能互换性、模式互换性、行为互换性等。功能互换性实际上已经在自觉和不自觉地应用。要自如地驾驭使用功能互换性，需要深入洞察其本质，发现其内在规律，创建其定律。标准化需要“立竿见影”的理论和方法，使其作用和效果具有“硬的”说服力。标准化的应用不能只依靠工作方法、态度、信心、理念，更重要的是要依靠发现科学的客观规律，依靠科学的知识。标准化科学规律的发现，需靠对客观现象进行大量的深入观察、思考、分析、归纳，从中提炼普遍性、适用性的规律，用文字和模型表达成定律命题，在特定条件下，应能对规律进行正确的复现。这样的定律命题是成功的定律命题或成功的定律发现。

功能互换性是除几何互换性以外，较常涉及的互换性类型。功能互换性也是很重要的互换性，但鲜见研究这方面问题的文章，因此人们对功能互换性概念的认识存在差异。明确功能互换性的概念，可正确、有效地把握和应用功能互换性的规律。几何互换性的本质是几何形状（尺寸）关系非选择的可配合性关系。功能互换性中的功能是一个总体概念，包含对象的功能、性能等用途要素，功能的核心是性能，性能是量化的功能，功能互换性本质上是性能互换性，以下所称的功能是包含性能的。例如，用一个 25W 的白炽灯替换一个坏了的 25W 的白炽灯，新换上去的灯泡不能只是发光就认为是功能互换了，应该在发光亮度、均匀性、色温等主要特性方面相等才能认定为是功能互换的。功能互换性要求对象的使用要素无选择地替换，使用效果是相等的。几何互换性通常是功能互换性的基础，而功能互换性是互换性的实质内容。例如，螺栓的互换性不仅仅是要能装得上（体现几何互换性），同时还要有被替代者同样的承受作用力的强度、刚度和耐久性等功能。通常，产品的互换性是同时要求具有几何互换性和功能互换性的，不考虑功能互换性的纯几何互换性要求的情况是极少的。功能互换性通常以接口几何互换性为前提，以材料一致性为保证。尽管功能互换性以接口几何互换性为前提，但功能互换性与几何互换性是两个完全不同的概念。

14.2　功能互换性定律的创建（第十四定律）

建立功能互换性定律，最主要的是找到功能互换性的要素和规律，给出正确反映功能互换性规律的命题和数学模型。

功能互换性定律（第十四定律）为：**对象功能相关的材料性能、形状和驱动的偏差在允许范围内，可实现非选择互换。**

功能互换性定律的数学模型为

若

$$\mathrm{d}f(x_1,x_2,\cdots,x_n)=f'_{x_1}\mathrm{d}x_1+f'_{x2}\mathrm{d}x_2+\cdots+f'_{xn}\mathrm{d}x_n\leqslant\Delta F \tag{14-1}$$

则

$$F\leftrightarrow S_F \tag{14-2}$$

式(14-1)和式(14-2)中，$x_i(i=1,2,\cdots,n)$分别为材料性能变量、形状（尺寸）变量和驱动变量；$f(x_1,x_2,\cdots,x_n)$为对象的功能函数；ΔF 为功能允许的偏差；$\mathrm{d}f(x_1,x_2,\cdots,x_n)$为对象的功能偏差；$\mathrm{d}x_1$、$\mathrm{d}x_2$、…、$\mathrm{d}x_n$ 分别为材料性能变量、形状（尺寸）变量和驱动变量的偏差（驱动变量不是必备项）；f'_{x1}、f'_{x2}、…、f'_{xn}分别为功能函数相应变量的导数；F 为对象功能；↔为等价符号；S_F 为约定的功能。数学模型说明，当材料性能变量、形状（尺寸）变量和驱动变量的改变 $\mathrm{d}x_1$、$\mathrm{d}x_2$、…、$\mathrm{d}x_n$ 等引起的功能改变量 $f'_{x1}\mathrm{d}x_1$、$f'_{x2}\mathrm{d}x_2$、…、$f'_{xn}\mathrm{d}x_n$ 的总体功能变量 $\mathrm{d}f(x_1,x_2,\cdots,x_n)$小于等于功能允许变量 ΔF 时，功能等价于约定功能，即 $F\leftrightarrow S_F$。这里需要注意的是，有些对象没有材料性能变量、形状（尺寸）变量和驱动变量的功能表达函数。当变量和功能没有函数表达关系时，它们之间的变量规律可通过变量步进量对功能影响的增量试验来建立，该方法对任何情况都是有效的。只要建立变量对功能变化的关系，功能互换性问题就可用功能互换性定律来解决。以上材料性能的变化包括原材料性能的变化和材料加工后的性能（如材料热处理、渗碳处理、形状加工等）变化。当表达对象功能的性能不止一个时，多维度函数表达的功能互换性

的数学模型为

若

$$df_1 \leqslant \Delta F_1, df_2 \leqslant \Delta F_2, \cdots, df_m \leqslant \Delta F_m \tag{14-3}$$

则

$$F \leftrightarrow S_F \tag{14-4}$$

式(14-3)和式(14-4)中，对象功能函数分别为 f_1、f_2、…、f_m，相应的功能允许偏差分别为 ΔF_1、ΔF_1、…、ΔF_m，表明对于多维度性能的对象，当每个维度的性能偏差不大于相应功能允许的偏差时，对象的功能实现非选择的互换。

功能互换性数学模型(14-1)和(14-2)是以对象的组成要素表达的对象功能互换性规律，这个数学模型适用于对象设计时的功能互换性研究和计算。功能互换性数学模型(14-3)和(14-4)是以对象的结果关系表达的对象功能互换性规律，这个数学模型适用于对象功能评定和使用时的功能互换性研究和判定。两个功能互换性定律表达了不同层面的互换性规律。以上对象通常是指产品，也可以是其他对象。对象的功能通常是由对象的材料性能、形状(尺寸)和驱动决定的。对象间设计的材料性能、形状(尺寸)和驱动没有差异时，它们的功能是不会有差异的。对象间功能的差异往往来自于它们间设计的材料性能、形状(尺寸)和/或驱动发生了变化。尽管产品的设计一样，但每个产品间的材料性能、形状(尺寸)和驱动保持绝对一致是不可能的，因为产品的材料性能、形状(尺寸)和驱动在制造时和使用时会带来差异，由此就带来了产品功能的差异，只要这种差异带来的功能影响在允许的范围内，这些对象的功能就被认为是"等价"的功能，或者说是忽略差异的功能。功能互换性定律命题的规律是，对象材料性能、形状(尺寸)和驱动偏差引起的功能变化小于等于功能允许的偏差时，对象间是功能互换性的。

对象的功能互换性除了同一设计对象间的互换性外，还可以是不同设计对象间的功能互换性。不同设计对象实现功能互换，不要求材料性能、形状(尺寸)和驱动与原设计完全一致，可以有多条技术途径。一条途径是改变材料性能关系，使功能性能变化在允许范围内；另一条途径是改变材料的形状(尺寸)关系，使功能变化保持在允许的范围内；再一条途径是改变驱动关系，使功能变化保持在允许的范围内；还有一条途径是改变材料性能、形状(尺寸)和驱动关系，使功能变化保持在允许的范围内。该定律的价值在于给出了保持功能互换性的核心关系，即材料性能、形状(尺寸)和驱动改变与功能允许变化平衡规律的数学模型。定律命题中所说的功能是广义功能的概念，既包含定性功能，也包含定量性能。

功能互换性是基于允许功能有偏差量而成立的。允许的偏差量大小决定互换性建立的难易程度，允许的偏差量小，互换性建立的难度就大，允许的偏差量大，互换性建立的难度就小，但精度差。在相同设计和相同材料的产品间的互换性主要靠产品制造的质量一致性来保证。不同材料性能、形状和驱动的产品间的功能互换性，主要是靠设计和制造两个因素来保证，这种情况的功能互换性的难度就比同设计的大得多。

14.3　功能互换性的特点

建立了功能互换性后，为了充分利用功能互换性的价值，需要对功能互换性进一步探讨，深化对它的认识。这些内容主要包括功能互换性与几何互换性的关系、功能互换性关注的情形、功能互换性的适用范围、功能互换性的作用意义等。

14.3.1　功能互换性与几何互换性的关系

对象的功能互换性对几何互换性的需要有三种情况：①必须以接口几何互换性为前提，例如，对于必须通过几何关系配合才能使功能发挥作用的产品，接口几何互换性就是功能互换性的前提，如电灯泡的照明功能必须通过接口（螺口或插口）的几何互换性拧上去后，才能接通电源发光；②可以有几何互换性，但不是必需的，例如，当用螺栓把两块有通孔（孔径尺寸要求不高）的钢板固定在一起时，螺栓与钢板间可以是有几何互换关系的，也可以是无几何互换关系的（自由公差），只要能穿过板孔即可；③不需要几何互换性，例如，对于用铁钉连接木制件时，通常不需要铁钉与木制件间拥有几何互换性关系，就能使铁钉在木制件上发挥连接或紧固功能，功能取决于铁钉的性能。

功能互换性考虑的因素比几何互换性要复杂。几何互换性主要是考虑配合部分的几何尺寸及其公差关系。功能互换性既要考虑与对象功能相关的各个零部件的几何尺寸及其偏差的适合性程度，还要考虑与对象功能相关的各零部件的材料性能指标及其偏差的适合性程度以及驱动的性能和偏差的适合性程度。当零部件的材料或几何尺寸设计发生变化时，功能互换性还要综合考虑零部件几何尺寸和材料性能所形成功能的适合性。

14.3.2　功能互换性关注的情形

对象（或产品）在同一设计和同批连续生产的情况，只要有合格的生产质量保证体系，功能互换性一般是不成问题的，不用过多关注。对于功能互换性，有四种情形需要重点关注：第一种情形是针对相同设计和相同生产商在不同时间段生产的产品；第二种情形是针对相同设计和不同生产商生产的产品；第三种情形是针对用相同设计尺寸和用替代的材料生产的产品；第四种情形是针对用不同设计和不同材料生产的产品。第一种情形的功能互换性属于弱关注度的，重点关注产品在不同批生产时间产品质量的一致性，它们包括材料质量的一致性、加工质量的一致性、装配质量的一致性等。第一种情形出现于产品断续有市场的需求，需要安排进行间断性产品生产，并要保证不同时间段生产的产品是功能可互换的。第二种情形的功能互换性属于中关注度的，重点关注不同生产商产品质量符合性的保障要素，它们包括生产设备设施条件、厂房条件、人员素质、管理控制能力等。第二种情形发生在产品需求量较大，需要多家厂商分别生产产品，以保障市场的需求供给；关键是保证不同厂商产品质量的一致性，使不同厂商生产的产品具有功能互换性。第三种情形的功能互换性属强关注度的，重点关注替代材料对产品功能和性能的影响，它们包括新材料各项功能和性能对应用的符合性，它们可以用高于或等于应用的功能和性能要求来保证，但不能低于。第三种情形出现在想用替代材料提高使用寿命、减轻重量或降低产品成本时，如用合金钢螺栓代替铜螺栓等。第四种情形的功能互换性属高强关注度的，重点是关注用新设计和新材料制造的产品的功能和性能的符合性，它们包括新设计的合理性、新材料的适用性、产品运行的符合性。第四种情形出现的原因通常是：①有更好的工作原理，可提高使用效果，需要改进，如采用节能荧光灯代替费电的白炽灯；②产品维修更换已买不到原型产品，需要用新设计来满足原功能，如已停止生产的汽车型号的配件。为了方便看清四种功能互换性的关注情形，将四种情形的功能互换性的各种关系制为表格，如表 14-1 所示。

表 14-1　产品功能互换性的关注情形

功能互换性的情形	产品相同设计相同厂商不同时间段生产	产品相同设计不同厂商生产	产品相同设计不同的材料替代	产品不同设计不同材料替代
关注度程度	弱关注度	中关注度	强关注度	高强关注度
关注因素	材料、加工、装配等的质量一致性	设备设施条件、厂房条件、人员素质、管理能力等的符合性	替代材料功能和性能对应的符合性，能高不能低	新设计、新材料、功能替代的符合性
保障措施	检查产品的质量保证情况	检查是否在合格供应商目录和有产品质量体系认证	产品等效性验证和检查验证结果，产品质量体系认证	产品设计评审，等效性验证和检查验证结果，产品质量体系认证

产品功能互换性是普遍需要的情况。产品购买后，不可能不维修更换，产品开发生产后，不可能不进行合理性的改进，因此，产品功能互换性的考虑是不可避免的事。表 14-1 中的这些功能互换性的关注情形，对保障产品的功能互换性是很有指导意义的。功能互换性的关注，对于高安全性要求的复杂系统是很重要的，如飞机、卫星、导弹等。

14.3.3　功能互换性的适用范围

功能互换性适用的对象主要是功能由材料关系和几何关系决定的对象，这种对象放入其他系统中时，对系统没有反馈作用，称为Ⅰ类功能互换性。对于输入后产生输出的对象，且其工作时会产生对系统的反馈作用，这种对象的互换性称为模式互换性(在第 15 章论述),不称为功能互换性,以区别不同类型的互换性关系。对于以输入关系才能产生输出工作关系的对象,当输入可以看成常量关系,且对象在工作时对系统没有反馈作用或者对象的反馈作用可不考虑时,这种情形的对象的互换性可看成功能互换性。以上所说的输入和输出系统是指能量、信息、物质等的输入和输出系统,对力的作用和反作用关系的系统,可不看成输入输出系统。

功能互换性的适用对象主要是"机械性"的产品。在相同的设计和制造下批量生产的机械产品,主要关注几何互换性关系,几何关系保证了其功能,功能互换性不需要单独关注。当机械系统易损件维修更换或保养更换时,要考虑功能互换性是否能满足,此时几何要素也许相同,但材料性能不一定相同,除非是认证过的同设计和同厂家产品。当机械系统某些部分材料改进时,要考虑功能互换性是否能满足。机械产品功能互换性考虑的对象主要是维修备件、保养备件、替代件等,具体产品类型为:齿轮、轴承、紧固件、密封件、管件、阀门、轴、皮带、链条等。对于照明灯具,当没有电感器件时,对系统不产生反馈作用(特别是白炽灯,基本没有反馈作用),当输出照明功率和特性相等时,可认为是功能互换性的。对于日光灯,不能只看输出照明功率,还要考虑输出的色温和频闪,以及考虑功率因数对输入系统的反馈作用,因此,这种灯具不能看成是功能互换性的对象。光学成像镜头,其功能和性能是由光学材料和几何形状(尺寸)决定的,它的成像作用也是属于功能互换性的。在照相机中,光学镜头的功能互换性是常见的情况。但是,光电产品通常不属于功能互换性的对象,因它们有复杂的输入、输出关系,对系统可能有反馈作用关系。对于某些化学产品,其实现某一功能主要是由材料的成分、形状尺寸和质量决定的,如不存在相容性因素,此时,化学产品对象可看成功能互换性的。

归纳起来,功能互换性的适合对象有:机械产品(包含金属材料和非金属材料)、光学产品(不含光电产品)、化学产品、常量的电器产品等。功能互换性的功能,通常是可用专门的测试设备测量的,如力学的、电气的、磁力的、光学的、化学的等。

14.3.4　功能互换性的作用意义

建立功能互换性定律,价值在于支持功能互换性的判别、分析、验证等,以保证功能互换性符合约定的要求。对功能互换性的保证有许多有意义的作用,这些作用主要是支持产品生产质量的保证作用、维修质量的保证作用、零件的降低成本作用、设计的改进作用、升级的提高作用、使用寿命的保证作用、功能扩展支持作用等。如果没有功能互换性的理论的支持和不做功能互换性的分析,会使一些功能达不到互换性要求的零件进入使用,带来使用质量问题和隐患。

当产品零件分散到不同企业生产时、产品零件停产一段时间恢复生产时、企业员工发生较大变化生产时、企业设备更换生产时等,产品的功能互换性就会发生变化,需要验证产品的功能互换性来保证产品质量。当重视了几何形状(尺寸)时,问题往往会出在材料的缺陷上，不能简单地以“形似”代替“质同”。尽管在材料的选择上已考虑了相同牌号的材料，以保证材料性能的一致性，但是，材料各部分的不均匀性以及存在着的杂质、气泡、裂纹等，会使有缺陷部分的材料不能满足功能的要求。有局部缺陷的材料做成的零件，当缺陷超出限定范围时，这些零件是不能实现功能互换性的，即使它们在尺寸上能实现互换性。对于以上四种生产情况和材料不均匀问题，只要进行功能互换性的分析和检查，就能为产品零件的质量提供保证作用。功能互换性的应用对质量保证具有重要作用。

当产品中的某个部件或零件损坏需更换时，更换的新部件或零件除考虑几何互换性外，还要特别关注其功能互换性。因为，此时找来更换的部件或零件，很难保证找到的是与原件相同的厂商生产的，这就存在着原件和新件是否具有功能互换性的问题。损坏件更换时，如不考核功能互换性，很可能被“形似”代替了“质同”，降低了产品质量。产品更换损坏件时，进行功能互换性分析和检查，可对产品维修起到很好的质量保障作用。对于涉及安全性的产品，维修更换时进行功能互换性分析和检查是很重要的，如飞机的零件等。

产品材料的某些缺陷有时能保证产品的功能和性能，但不能保证产品的寿命时间，仅仅进行几何互换性和功能、性能检查，是发现不了问题的，应进行功能互换性的全要素检查，才能保证寿命的要求。例如，生产一只白炽灯，灯丝有一处偏细，经过对接口互换性和使用功率(瓦)及亮度、色温功能检查都符合要求，但该灯只使用了规定寿命的 1/3 时间就烧坏了。按功能互换性全要素考核，可起到保证产品寿命时间的作用。这一问题涉及了产品使用性能的功能互换和产品使用期的功能互换两个内容。全要素功能互换性不仅考虑使用性能的功能互换性，还要考虑使用寿命期的功能互换性等。

产品系统在设计生产后，产品系统中的某些部分，甚至是关键部分，会发现需要更改设计，这些情况可能是用经济的材料替代昂贵的材料，可能是用新的原理进行重新设计，可能是设计成可扩展功能的关系，可能是要升级部件的性能水平等。无论是以上哪一种情况，新设计的部分将用于替代原设计的部分，因此，新设计部分的功能互换性考核是非常重要的，它是决定新设计的替代是否成功的关键。考核新设计对象的功能互换性，对产品的合理替代、升级更新起重要的支持作用。

功能互换性在同型号对象中，等价于对象质量一致性的特性，当功能互换性的对象扩展到同类不同型号和不同类型的对象时，起到的作用类似于通用化的作用。或者说，对象用途通用化要求的本质是功能互换性。

14.4 功能互换性定律的验证与应用

以上对功能互换性的命题、数学模型和特点进行了诠释，下面需对功能互换性定律进行验证，并给出应用关系，指导功能互换性定律的使用。

14.4.1　功能互换性定律的验证

定律的成立关系主要是用七个要素进行验证，下面从六个方面进行定律的验证。定律的第一要素是要有定律题名，这已给出，即“功能互换性定律”(第十四定律)。定律的第二要素是要有命题内容，这在本章创建的功能互换性定律中已给出。定律的第三要素是定律命题是普遍性的标准化规律，不是某些具体事例和过程，从定律命题内容可看出表达的规律是普遍性的功能互换性规律，不是具体事例和过程，且互换性内容本身就是标准化范畴的。定律的第四要素在命题内容中可看出命题是用陈述判断句文字和数学模型表达的。定律的第五要素是定律规律的复现性和发生的必然性，从定律的命题内容可看出，对象几何关系和材料关系的偏差符合要求，功能等价是必然的，且可随时复现，例如，同批生产产品的功能通过保证加工尺寸和材料性能符合要求就是功能复现和等价的实证。定律的第六要素是可即时检验和单件证实，同设计的机械产品，如螺栓、密封圈等，按设计要求随时进行制造，必然功能相同，无论是一件还是多件，这就验证了第六要素。定律的第七要素是定律的可应用性及有应用实例，这一项可结合下面的功能互换性的应用分析进行验证。

14.4.2　功能互换性定律的应用

功能互换性定律的应用有两种计算逻辑：一种是以功能允许偏差计算材料偏差和形状(尺寸)偏差；另一种是以材料偏差和形状(尺寸)偏差计算功能偏差。采用哪种计算逻辑，主要是由各种产品的设计习惯决定的。当产品的材料和形状(尺寸)对功能变化很敏感时，应以功能偏差来确定材料和形状(尺寸)偏差，如光学功能产品、白炽灯照明功能产品等。当产品的材料和形状(尺寸)对功能变化不太敏感时，可以材料和形状(尺寸)偏差来确定功能偏差，如机械力学、建筑材料功能产品等。对于机械力学、建筑材料功能产品，通常会设计高的功能富余量。

功能互换性可以应用于金属和非金属的机械零部件，应用于光学玻璃零部件、非光学玻璃零部件，应用于部分电气元件等，如螺栓设计、密封圈设计、光学镜头设计、灯泡设计、电阻设计等。对于机械产品的功能互换性，材料方面主要考虑所应用的材料的刚度、强度等性能变化量对产品功能的影响程度，形状方面主要考虑零件形状的加工尺寸偏差对功能的影响程度。对于橡胶密封圈件，除了考虑材料偏差和形状(尺寸)偏差对功能的影响外，还要考虑橡胶材料使用环境的抗老化能力，这一因素关系到橡胶密封圈的使用寿命。对于光学镜头，情况要复杂些，功能互换性关系到光学镜头的焦距值和镜头的像质，光学材料的偏差和零件形状(尺寸)偏差对功能是很敏感的，要严格注意控制材料性能(如折射率)的偏差和零件形状(尺寸)的偏差等。对于电灯泡,其发光功能是由灯丝材料(钨丝)和其形状(尺寸)决定的,它对材料和形状(尺寸)也是很敏感的,当设计的灯丝(钨丝)细长时,灯泡的亮度低、功率低,当设计的灯丝(钨丝)短粗时,灯泡的亮度高、功率高。灯泡虽然是用电产品,但其功能也是由材料性能和形状(尺寸)决定的。从以上应用关系可看出,不管以上产品是力学产品、光学产品、电气产品等,其功能都与材料和形状(尺寸)密切相关,这正是功能互换性定律控制的两个要素。

对于机械产品,几何互换性和功能互换性有可能会重叠,因为功能互换性变量是材料性能和形状(尺寸),当材料性能不变时,功能互换性由形状(尺寸)决定,而几何互换性实现也是依靠形状(尺寸)关系。但大部分情况是不等价的,因为几何互换性只考虑配合部分的形状,而功能互换性对配合部分和非配合部分都要考虑。对于非机械产品,几何互换性和功能互换性通常是分离的,如光学产品照相机,其镜头接口是几何互换性内容,镜头的焦距和像质是功能互换性内容,两者是分离的;电灯泡的接口是几何互换性内容,灯泡的灯丝发光是功能互换性内容。接口互换性相同的对象,功能不一定是互换的,例如,照相机接口是互换性 25mm、40mm、60mm 等镜头相同的接口,它们的功能不是互换性的;再如,灯泡接口相同的 15W、25W、40W、60W 等灯泡,它们的功能不是互换性的。

有了功能互换性定律不等于就有了功能互换性的能力,如有浮力定律不等于就能分析皇冠中金的纯度能力,因为还需要有应用方法和手段。但是,没有浮力定律一定分析不了皇冠中金的纯度,因为没有计算的关系。类似地,没有浮力定律不可能造军舰,但可造小船。没有杠杆定律可以玩跷跷板,但不可能造衡器和天平,有了杠杆定律也不等于有了称量的衡器和天平,还需要应用方法和工具手段。支持功能互换性的应用,从方法方面要建立起对象材料性能的测试方法、结构形状的测试方法、对象多维度性能测试方法等;从工具手段方面,要建立对象材料性能和形状变化对功能影响的仿真软件,建立对象功能评价和认定的机制等。功能互换性定律的产生,可利用定律的数学模型进行功能分析和功能验证,支持各类产品的设计和质量保证。当建立了功能互换性应用所需的应用方法和工具手段后,功能互换性就能为各方面的需要提供实在的服务,发挥功能互换性的设计计算、质量保证、使用保障、支持改进、充分利用等作用。

参考文献

[1] 麦绿波. 标准化学科功能互换性的创建[J]. 中国标准化,2012,(2):33-39.

第 15 章　标准化的模式互换性定律

15.1　模式系统互换性的需求

几何互换性定律揭示了尺寸互换性的规律，功能互换性定律揭示了结构性功能互换性规律，这些互换性规律仅仅解决了尺寸和结构性功能的互换性问题，对于输入输出模式系统的互换性，几何互换性和功能互换性定律是不适用的。在机械产品占主导地位的时代，几何互换性和功能互换性已能满足产品专业化分工生产、批量化生产、产品替代、产品社会化使用、产品维护等的需要。随着动力、液力、电子、光电、化工、生物等产品的快速发展，只有几何互换性和功能互换性是不够的，还需要有产品的信息、能量、物质等输入输出关系的互换性，因为这些产品现已占据了整个产品市场的重要地位。这类产品可称为输入输出模式系统（简称模式系统），需要有新的互换性定律来解决这类产品的模式互换性问题。功能互换性定律主要是针对结构性功能互换性，是以产品的材料性能和结构形式来决定等效功能的。为了使功能互换性与模式互换性中的功能互换性相区别，可称功能互换性为结构性功能互换性。模式互换性要求互换的内容为功能、反馈影响、相容性等，不像结构性功能互换性那样互换的内容只有功能，因此，它们不仅要具备功能互换性，还要有反馈影响、相容性等互换内容。对于信息、电子、光电、生物等产品，其互换性需要输入和输出模式等效。例如，心脏移植就是心脏的互换，被植入的心脏与移出的心脏在尺寸和材质上是不需要严格相同的，只要植入的心脏具有等效的对血液的抽运输入和输出功能，并能与植入体的血液有相容性，不产生不可克服的负面反馈作用，如果能满足这些要求，甚至是非生物的人工心脏也是具有互换性的。再例如，视频显示系统可以用不同显示原理、不同显示材质的显示器互换，如用液晶显示器、阴极摄像管显示器、等离子体显示器、发光二极管显示器等产品进行互换，只要它们的输入和输出模式和功能是等效的。模式互换性不是材料及结构形状等价的互换，而是输入输出等效的互换，不在乎材料和结构形状是否等价。现代社会中，模式互换性有突出的需求，主要用于解决：稀缺输入输出系统的替代问题，如心脏移植、肾脏移植等；输入输出系统的研制评价和生产质量评价问题；复杂输入输出系统的改进替换问题等。

15.2 模式互换性定律的创建(第十五定律)

模式互换性是一新概念,在模式互换性定律提出之前,需要先给出模式互换性概念的内涵,再建立正确反映模式互换性定律的命题和数学模型,并对定律的命题、数学模型进行详细解释。

15.2.1 模式互换性概念的内涵

模式互换性是**输入输出模式系统的功能互换性**。输入输出模式系统是系统具有输入输出模式的系统,如电器系统、电子系统、液力系统、气动系统、动力系统、光电系统、化学系统、生物系统等。将具有输入输出关系的系统称为模式系统,因为这类系统的内部关系可以是黑箱的,系统的定量表征由输入输出参数决定,或者说这类系统的功能性能由输入输出性能决定。这类系统称为模式系统也可区分与结构系统的不同,有利于分清两种互换性(功能和模式)。通常,模式系统的功能是动态功能,结构系统的功能是静态功能。模式系统可大可小,只要有输入输出关系的系统就可称为模式系统。模式系统的功能是输入输出功能,模式系统的互换性是输入输出的功能互换性。功能互换性对象主要是结构系统。结构系统的功能通常是力学的支撑、容积、尺寸限定等功能,而模式系统的功能通常是能量功能(物理、化学、生物等能量)、流量功能、信息处理、传递、转换等功能。尽管模式互换性本质也是功能互换性,但不称其为功能互换性,因为,模式系统的互换性不仅要求功能互换,而且还有相容性和反馈影响等因素的等价要求或互换。模式互换性是一种比结构性功能互换性复杂得多的互换性,是一种能控制不利因素的动态功能互换性。将输入输出系统互换的内容称为模式是这种系统互换的因素不只是功能一个维度,而是整个系统构成的模式。对于无反馈影响的简单输入输出系统的互换性既可作为模式互换性,也可作为功能互换性。无反馈影响的简单输入输出系统,从输入输出角度,它是模式互换性的,从可通过控制材料性能和形状变化关系保证其功能互换性角度,它可算成功能互换性的,而且其具有功能简单、透明的特点,如照相镜头、白炽灯泡等。直流电动机对供电系统没有反馈作用,也可看成是功能互换性对象。而用交流电的电动机、发电机、开关电源、变压器、整流器、变频器、日光灯、电弧炉等都是功率因数和谐波的产生源,对输入系统会进行不利反馈作用,功率因数反馈将增加输入系统的负载和损耗,谐波反馈将使设备过载过热和加速绝缘老化,因此,这类设备不能作为功能互换性的对象,应作为模式互换性对象。凡是工作在交流电路中,有电感或电容器件的设备,就有可能产生小于 1 的功率因数和谐波。功率因数是交流电路中的电压相位和电流相位的错位(相位间存在超前或滞后)造成的,由此带来功率的无功部分,谐波是电路中的非线性负载造成的。

无反馈影响的简单输入输出系统的互换性采用哪种互换性定律来计算或控制，由具体对象采用哪种定律更方便和有效决定。

15.2.2　模式互换性定律

模式互换性定律(第十五定律)为：**输入输出系统在相同的输入作用下，系统的输出性能偏差、反馈偏差和相容性在允许范围内，可实现非选择互换。**

模式互换性定律的数学模型为

若

$$|f_{ij}(x_1,x_2,\cdots,x_k)-F_j(x_1,x_2,\cdots,x_k)|\leqslant \Delta F_j(x_1,x_2,\cdots,x_k) \quad (15\text{-}1)$$

$$|g_{ip}(x_1,x_2,\cdots,x_k)-G_p(x_1,x_2,\cdots,x_k)|\leqslant \Delta G_p(x_1,x_2,\cdots,x_k) \quad (15\text{-}2)$$

$$S_i\supseteq E \quad (15\text{-}3)$$

则

$$S_i\leftrightarrow S \quad (15\text{-}4)$$

式(15-1)～式(15-4)中，设 S_i 为第 i 个输入输出系统(以下简称系统)；$x_1,x_2,\cdots,x_k$ 分别为系统的输入参数变量；$f_{ij}(x_1,x_2,\cdots,x_k)$为第 i 个系统的第 j 个输出参数(输入变量的输出函数)($i=1,2,\cdots,n$；$j=1,2,\cdots,m$)；n 为同种系统的数量，k 为系统输入变量的维度，m 为输出参数的数量；$F_j(x_1,x_2,\cdots,x_k)$为系统第 j 个输出参数标称量；$\Delta F_j(x_1,x_2,\cdots,x_k)$为系统第 j 个输出参数允许的偏差；$g_{ip}(x_1,x_2,\cdots,x_k)$为第 i 个系统的第 p 个反馈参数函数(输入变量的反馈函数)($i=1,2,\cdots,n$；$p=1,2,\cdots,q$)；$G_p(x_1,x_2,\cdots,x_k)$为系统的第 p 个反馈参数的标称量；$\Delta G_p(x_1,x_2,\cdots,x_k)$为系统的第 p 个反馈参数允许的偏差；S_i 为第 i 个输入输出系统，S 为标称的输入输出系统；$\supseteq$为兼容或相容性等同符号；$\leftrightarrow$为等价或互换符号。数学模型说明，输入输出系统 S_i 对于给定的输入参数量 $x_1,x_2,\cdots,x_k$，输出参数量 $f(x_1,x_2,\cdots,x_k)$与输出参数标称量$F(x_1,x_2,\cdots,x_k)$之差的绝对值小于等于允许的输出参数偏差 ΔF，且反馈参数$g(x_1,x_2,\cdots,x_k)$与反馈参数标称量 $G(x_1,x_2,\cdots,x_k)$之差的绝对值小于等于允许的反馈参数偏差 $\Delta G(x_1,x_2,\cdots,x_k)$，$S_i$ 兼容输入输出系统的使用环境 E 或 S_i 与 E 相容性等同时，第 i 个输入输出系统 S_i 与标称输入输出系统 S 具有等价性或互换性。

对于以上模式互换性定律命题，做以下重点解释。模式互换性定律是涉及系统的作用条件、使用要素、影响因素、允许条件、互换内容等要素建立的规律。模式互换性的对象是具有输入输出功能的对象。输入输出系统互换性的作用条件是输入关系，使用要素是各功能性能变量，影响因素是反馈因素和相容因素，允许条件是性能容差和反馈容差，互换内容是输入输出系统的功能及性能和反馈参数。模式互换性成立的要素为：相同输入时，输出偏差和反馈偏差在容许范围内，系统间输出等价，反馈等价，系统等价标称系统。模式互换性要求输入适应性、输出等价性、反馈等价性和兼容性；既有输出的功能符合性要求，又有反馈干扰限制性和相容性要求。模式互换性是输入输出系统在相同输入条件下，输出功能、性能、反馈干扰在容差条件下的非选择等价性。对象间互换性是否实现，在于输入波动、输出波动和反馈波动对对象功能和性能的影响是否超出容许的偏差范围。输入输出系统能够互换，除了参量在允许的容差范围内以外，对输入的内容还必须能相容，否则将在工作时损坏系统或不能正常工作，如移植心脏对输入血液的相容性或被排异性、化学系统对输入物质的相容性等。

15.3　模式互换性的特点

为了深化模式互换性的认识，对模式互换性的对象范围、互换对象类型、自身特点、作用意义等内容进行以下论述。

15.3.1　模式互换性的对象范围

模式互换性的对象范围是一切具有输入输出关系的对象，这些对象有人造的产品对象和自然界生长的对象，其学科领域涉及机械、电器、电子、光学、化学、生物等学科。机械产品对象的输入和输出模式内容主要是液力参量的传递；电器产品对象的输入输出模式内容主要是电压、电流、功率等参量；电子产品对象的输入和输出模式内容主要是弱电压、电流、功率等信息参量；光学产品对象的输入和输出模式内容主要是图像、光信息参量、光辐射能量等；化学产品对象的输入和输出模式内容主要是化学物质及其效应（功能为氧化与还原、合成与分解、释放或吸收能量）等；生物对象的输入和输出模式内容主要是生物器官的处理功能，如心脏驱动血液循环、肝脏解毒和造血、肺脏吸氧和排除二氧化碳、肠胃将食物转化为营养吸收再排出废物等。模式互换性的输入输出内容可归为物质、能量、信息、流量等。

15.3.2　模式互换性对象的互换类型

模式互换性对象有五种互换类型：第一种互换对象类型是相同工作原理、结构形式、材料的互换，属于**同型**互换类型，如批量产品间的互换性；第二种互换对象类型是工作原理相同，结构形式相近，材料不同，属于**同原理不同材料**互换类型，如塑料镜片与玻璃镜片的互换性；第三种互换对象类型是工作原理相同，结构形式和材料不同，属于**同原理不同结构不同材料**互换类型，如集成电路代替混合电路的互换性、人工呼吸机替代人体肺的互换性等；第四种互换对象类型是工作原理相同，结构形式相近，材料相近，属于**同类**互换类型，如器官移植的互换性；第五种互换对象类型是工作原理不同，结构形式和材料不同，属于**异型**互换类型，如用电动力代替柴油机动力的互换性。模式互换性可以是对象的工作原理、结构形式、材料之一或多项不相同，只要对象间输出的功能和性能相同、反馈等价、相容或兼容即可，如器官移植、电路替换、软件替换等。模式互换性实现的重点是等输入时输出和反馈的等价性。

15.3.3　模式互换性的自身特点

模式互换性不同于几何互换性和功能互换性。模式互换性的对象可以是同材料的，也可以是不同材料的，可以是同原理的，也可以是不同原理的。模式互换性的控制点是输入输出的动态功能、性能、质量，比几何互换性和功能互换性的控制关系复杂得多，但互换对象的选择要灵活得多，如互换对象在原理、结构形式、材料等方面可以部分不同或完全不相同，只要互换对象间的输入输出关系控制在规定容许的范围内。几乎每一个互换关系都要涉及接口关系，接口互换性就要涉及几何互换性关系，因此，模式互换性通常也是以接口几何互换性为基础或前提的。尽管模式互换性需要接口互换性的支持，但其重点不在于连接，重点在其工作的运行效果。模式互换性与几何互换性和结构性功能互换性相比，模式的输入输出参量关系通常是人的感官难以直观感觉的。几何互换性的关系是机械尺寸的关系，人眼和触摸能直观感觉。结构功能互换性的关系主要是力学能力和结构尺寸的关系，用力的测试和用人眼观察也能直观感觉。模式互换性不同于几何互换性和结构性功能互换性的另一个方面是状态不同，模式互换性是动态功能的互换性，几何互换性是静态尺寸的互换性，结构性功能互换性一般也是静态功能的互换性。

模式互换性不仅能保证对等互换，还可以对互换的对象进行专门设计，以实现提高性能和增加扩展性的互换，如设计两挡性能，一挡为原性能的互换，另一挡为提高性能的替换，再如，设计具有扩展功能的互换对象，可以实现原功能互换，也可以在互换对象原功能上增加扩展功能。

模式互换性具有包括功能互换性的能力。功能互换性是模式互换性的一种简单形式，将其作为一个独立定律是不想让简单的功能互换性定律的应用复杂化，就像我们倒热水瓶中的开水不必都要通过有水泵的自动热水瓶。有了功能互换性定律，对于结构性功能的互换性只需控制单一或少数几种材料和形状即可。

15.3.4　模式互换性的作用意义

当今，大部分使用的系统都是模式系统，简单结构组成的系统是比较少的，这是自动化、信息化和智能化发展形势所促成的状态。模式互换性允许同类对象间的互换性和不同类对象间的互换性，只要它们能保持与被替换系统等价的输出和反馈关系且能相容或兼容即可。模式互换性主要有四方面的作用意义：一是用于解决同型模式产品的一致性问题，以保证产品的批质量水平；二是用于寻求产品新的替代品，以降低产品的制造和材料成本；三是用于替代稀缺对象资源，以解决需求对象资源的不足问题；四是用于扩大维修替代对象资源，以提高维修资源的保障性。以上四个作用可归纳为产品质量保证作用、产品设计改进替代的降低成本作用、扩展替代资源作用、扩充维修资源的保障作用。模式互换性的作用除以上作用外，需要时，还可以增加性能提高作用和功能扩展作用。模式互换性开辟了对象替代的多途径关系，是一种具有革命性意义的互换性。

15.4　模式互换性的维度表达

模式互换性关系用输入参量、输出参量、反馈参量、相容性四个主维度矢量进行表达，每个主维度矢量可以由多个分维度矢量组成，如输出主维度矢量可以由多个输出参数维度矢量组成，每个维度矢量都有实现互换性允许的偏差范围。维度矢量的模量及其允许偏差构成了模式互换性实现的条件。由于模式互换性的复杂性，不像几何互换性给出几何图形尺寸及其偏差就能直观地看清互换性的要求，也不像结构性功能互换性给出材料性能、形状及其偏差就能直观掌握其互换性要求，因此，模式互换性需要用特定的维度表格才能表达清互换性所要求的各类数据。模式互换的维度关系可以用表格进行四维空间关系的表达。设计特定的维度表格是模式互换性表达的关键。表达模式互换性的特定表格可设计为表 15-1 的形式。表 15-1 可方便地将模式互换性相关的各参数关系清楚表达出来，并可通过表的计算将评价结果列出来，可直观地做出能否互换的结论。

表 15-1　模式互换性多维度评价表

参量	实际参量值	参量的标称值	参量实际偏差	允许的偏差量	维度结果评价
输入参量	输入参量 X_1'	输入参量 X_1	ΔX_1	输入参量 X_1 允许的偏差$\pm A_1$	
	输入参量 X_2'	输入参量 X_2	ΔX_2	输入参量 X_2 允许的偏差$\pm A_2$	
	…	…	…	…	
	输入参量 X_L'	输入参量 X_L	ΔX_L	输入参量 X_L 允许的偏差$\pm A_L$	
输出参量	输出参量 Y_1'	输出参量 Y_1	ΔY_1	输出参量 Y_1 允许的偏差$\pm B_1$	
	输出参量 Y_2'	输出参量 Y_2	ΔY_2	输出参量 Y_2 允许的偏差$\pm B_2$	
	…	…	…	…	
	输出参量 Y_M'	输出参量 Y_M	ΔY_M	输出参量 Y_M 允许的偏差$\pm B_M$	

续表

参量	实际参量值	参量的标称值	参量实际偏差	允许的偏差量	维度结果评价
反馈参量	反馈参量 Z_1'	反馈参量 Z_1	ΔZ_1	反馈参量 Z_1 允许的偏差 $\pm C_1$	
	反馈参量 Z_2'	反馈参量 Z_2	ΔZ_2	反馈参量 Z_2 允许的偏差 $\pm C_2$	
	…	…	…	…	
	反馈参量 Z_N'	反馈参量 Z_N	ΔZ_N	反馈参量 Z_N 允许的偏差 $\pm C_N$	
相容要求	相容性参量 θ_1'	相容性参量 θ_1	$\Delta\theta_1$	相容性参量 允许的偏差 $\pm D_1$	
	相容性参量 θ_2'	相容性参量 θ_2	$\Delta\theta_2$	相容性参量 允许的偏差 $\pm D_2$	
	…	…	…	…	
	相容性参量 θ_P'	相容性参量 θ_P	$\Delta\theta_P$	相容性参量 允许的偏差 $\pm D_P$	
模式互换性结论意见					

表 15-1 给出了输入输出系统互换性多维度参量的实际值、标称值、实际偏差、允许量、维度结果评价和模式互换性结论意见。对于输入输出系统这种复杂对象的多维度关系，只有应用多维度表达表格才能完整和准确地进行表达、计算和给出互换性结论。表中的字母是量值的代数表示，其中的 L、M、N、P 可以相等，也可以不相等。偏差可以是双向的，即"±"的，也可以是单向的，即"＋"或"－"的。对于输入输出模式系统，如果能做出表 15-1 的关系，就可表达输入输出模式系统的互换性维度实际值、标称值、实际偏差、允许偏差、结果评价和互换性结论，也就能根据这个表来构建输入输出模式系统间的互换性要素。互换性实现的前提是表中的数值和要求是正确和有效的，实际数值是有效测试的结果。

15.5　模式互换性定律的验证与应用

模式互换性定律需要通过定律验证才能使人们信任，在信任的基础上，人们才会自觉地去使用。要使模式互换性定律的应用得到很好的推广，应给出模式互换性定律的应用方法指导和应用实例，以指导定律的实际应用。

15.5.1　模式互换性定律的验证

互换性定律的验证可采取逻辑验证或实践验证的方式。对于模式互换性定律，采用单一的逻辑关系进行验证是比较困难的，因此，模式互换性定律采取逻辑和实践联合验证的方式进行验证。

定律的成立按七个要素进行验证。定律的第一要素是要有定律题名,这已给出,即"模式互换性定律"(第十五定律)。定律的第二要素是要有定律命题内容,这在本章"模式互换性定律的创建"中已给出。定律的第三要素是定律命题是普遍性的标准化规律,不是某些具体事例和过程,从定律命题内容可看出表达的规律是普遍性的模式互换性规律,而不是具体事例和过程,并且是属于标准化的互换性内容。定律的第四要素在命题内容中可看出命题是用陈述判断句文字和数学模型表达的。定律的第五要素是定律规律的复现性和发生的必然性,大量实践已证明,控制输入输出系统的输入、输出、反馈性能偏差在规定限值内及兼容性,输入输出系统间的功能和性能的等价是必然的,同批生产产品的功能和性能等价关系和实际体验到的替代产品的等价关系等证明了模式互换性的复现性。定律的第六要素是可即时检验和单件证实,同设计和同偏差限的集成电路批量生产,按设计要求随时进行制造,它们之间必然是无选择可互换的,人体器官移植是单件互换性的证实,这就验证了第六要素。定律的第七要素是可应用性及有应用实例,这一项可结合下面的模式互换性的应用分析进行验证。

15.5.2 模式互换性定律的应用

模式互换性定律至少可应用于以下三个方面:一是用于保证输入输出系统批量生产产品的质量互换性,如电子、电器、光电产品等的批量生产;二是用于同类输入输出系统的替代,如器官移植等;三是用于异类输入输出系统的替代,如人工心脏移植等。

模式互换性定律的第一方面的应用是批量生产产品质量一致性保证的应用,应用的对象是同设计和同制造的产品,互换性控制的过程要素是产品的材料、设计尺寸、匹配关系、调试关系等,结果要求是使等输入时的输出性能、反馈性能和相容性在限值内。第二方面的应用是同类输入输出系统的替代应用,这类应用是同类对象替代的互换性,是材料相近、尺寸相近对象间的互换性,控制的要素是在相同输入下的输出性能、反馈性能和相容性在限值内。第三方面的应用是异类输入输出系统的替代应用,这类应用是异类对象替代的互换性,是对象间可能在原理、材料、尺寸中有一项以上不相同的互换性,控制的要素是在相同输入下的输出性能、反馈性能和相容性在限值内。

模式互换性定律是解决高科技输入输出产品互换性的需要,是解决相同资源缺乏而以同类资源替代的需要,是解决同类资源缺乏而以异类资源替代的需要。输入输出系统的有些资源通常是比较昂贵的或稀缺的,利用模式互换性定律可以很好地解决这类资源稀缺的替代问题。

第 16 章　标准化的行为互换性定律

16.1　行为不准现象

对于人们的行为，行为意识不同时，行为不一致是自然的事。但是，当人们的行为意识相同时，行为没有经过统一训练，行为的结果也是有明显差异的，这种差异是行为状态的不统一自然现象，或称为行为不准现象。相同行为意识的行为不准现象有三种情况：一是人群中不同人在同时间段同意识的行为不一致；二是同一个人在不同时间段同意识的行为不一致；三是人群中不同人在不同时间段同意识的行为不一致。相同行为意识不同人群体的行为同时不准现象的原因主要为：一是行为者接收行为意识的扰动，使行为像偏离原像；二是行为者行为能力的扰动，使行为结果偏离原像。相同意识像指令使不同接收者的行为不准现象的关系模型如图 16-1 所示。未经过训练的同一个体，在不同时刻有相同的行为意识，其行为重复的结果是存在差异的，这种现象称为个体行为重复不准现象。行为个体有相同行为意识在不同时刻的行为重复不准现象的原因主要为：一是行为个体在不同时刻对行为意识的扰动，使行为像偏离原像；二是行为个体在不同时刻的行为能力扰动，使行为结果偏离原像。行为个体相同意识像在不同时刻的行为重复不准现

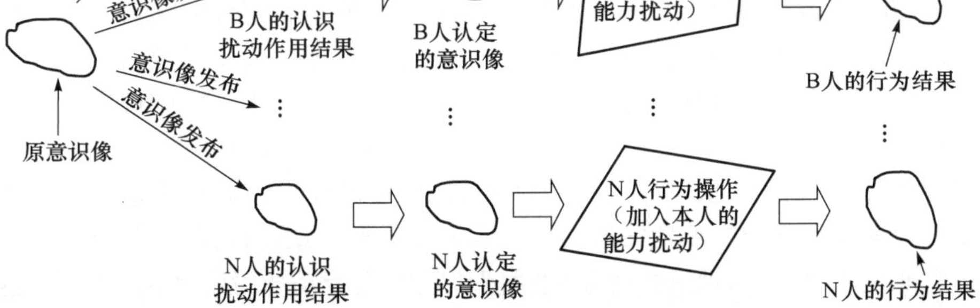

图 16-1　相同行为意识不同人群体的行为不准现象

象的关系模型如图 16-2 所示。人群中不同人在不同时间段同意识的行为不准现象,是第一种情况与第二种情况综合作用的结果。没有行为样板的行为不准现象是不可知的行为不准现象,即不可知行为的不准程度。有行为样板的行为不准现象是可知的行为不准现象,即可知行为的不准程度。

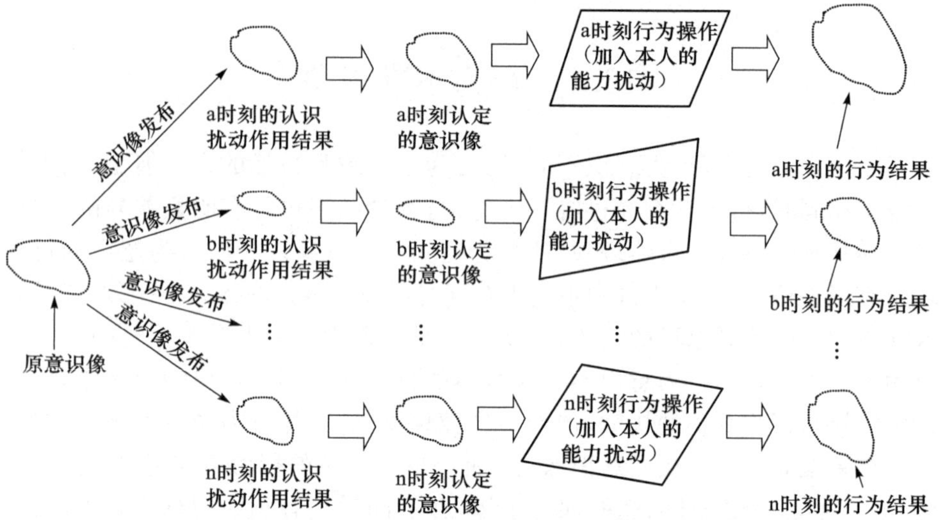

图 16-2　行为个体相同意识在不同时刻的行为重复不准现象

16.2　行为互换性规律的需求

产品和物品等的互换性问题可根据互换要素的不同,分别采用几何互换性定律、功能互换性定律、模式互换性定律来解决。互换性不仅仅是产品生产、使用和维修的需要,也是人们生活和工作中行为替代关系的需要。行为互换性的对象是人与人之间、其他动物之间或不同种类动物之间的行为互换性,需要有专门的规律来解决。

行为互换性的需求存在于生产、劳动、服务、讲课、唱歌、舞蹈、话剧、戏曲、团体操、仪仗队、马戏表演等方面。行为的互换性用于解决群体数量对象行为的一致性问题、个体或群体对象间行为轮换的一致性问题、个体对象不同时间段行为一致性问题、对象行为替代备份的一致性问题等,如工厂生产人员的轮班生产的一致性。行为互换性是保证行为重复质量一致性的需要,是保证行为分布质量一致性的需要,是行为重复和分布一致性的需要。行为重复质量一致性是保证工业生产、服务工作、农业生产、社会管理工作等不同时间段重复性劳动质量一致性的需要,这可以消除行为的不同时间质量差距。行为重复质量一致性的保证主要靠每个行为个体能力的稳定性和持续性，这种能力可通过培训和职业教育等来增强，靠责任意识来保证。行为重复质量一致性是行为稳定性的表现。行为分布质量一致性是保证不同地域工业生产、服务工作、农业生产、社会管理工作等不同地区劳动质量一致性的需要，这可以拉平地区质量差距。行为分布质量一致性的保证靠不同空间位置行为群体有一致性或相同行为的能力，并通过向新的行为对象指导和传授，扩散到多个地方去使用，形成同质量行为地域性的扩展和传播，使价值性和有益性行为广泛被使用。行为分布质量一致性是不同空间位置行为群体行为质量的一致性，是行为的扩散和传播要求。

本能的行为质量的持续保持，实际上是一种互换性能力的建立，靠一代代行为者传承保持的，因为动物行为个体对象会生病、衰老、死去，需要前辈向后生进行行为的传帮带，由新的行为替代者来延续。行为的持续保持使行为得以不断延续。

当今社会中，行为互换性的需求是突出的。行为互换性的实现，需要行为互换性规律的支持。有了行为的互换性规律，才能有效地构建行为的互换性，满足社会对行为互换性的需要。当找到行为互换性的定律时，行为互换性的规律就呈现出来了。行为互换性定律是解决建立批量化技能人员的需要，解决人员地区能力差距的需要，解决高要求技术、技能、才艺人员替补的需要，解决团体行为一致化的需要等。

16.3　行为互换性定律的创建(第十六定律)

在给出行为互换性定律之前，需要先解释行为互换性概念的内涵，以帮助对行为互换性定律命题和数学模型的理解。

16.3.1　行为互换性概念的内涵

行为互换性就是行为的可替代性，这种替代有对象同源的替代和对象不同源的替代，同源替代一般容易实现，不同源替代实现的难度要大一些。同源替代是指替代的行为者的行为是相同行为本源对象或在相同的培训和训练环境下建立的行为。不同源替代是指替代的行为者的行为不是来自同一行为传授源的。不同源的行为者间由于培训和教育的差异，相同指令行为会存在差异。在行为替代情况中，只有少数情况是同源替代的，大多数情况的行为替代是不同源替代的。因为，社会对各种职业劳动有大量的需求，职业的培训不可能由相同的老师、培训机构和教育机构来同时完成，这就需要大量的不同老师、培训机构和教育机构来满足同时培训和同时教育的需要。行为互换性是行为能力和行为效果的等价性互换。

行为的互换性是基于行为意识和行为动作的标准化，是行为过程和结果在规定容差内实现的统一化。行为统一化是通过行为约束控制来实现的，这种行为统一可用行为传递函数来评价。行为传递函数可用于评价相同行为意识人群的行为过程和结果以及同一个人相同行为意识不同时刻的行为过程和结果的差异，使这种差异可知化。行为传递函数使行为不准的程度能够被掌握。行为传递函数相当于建立了行为控制系统的评价尺子，使行为结果控制有依据。行为传递函数是通过标准构建的，有多种类型，如技术、服务、艺术、公共等行为传递函数。对于相同行为意识的行为，没有约束控制的行为将会是偏离允许量的。有了行为传递函数指导的约束控制，行为就可控制在允许的偏离范围内。有些复杂的行为和高要求的行为，不仅需要行为传递函数的指导，还需要进行专门的行为训练，才能保证行为的互换性或规范性，如技术行为、艺术行为等。

16.3.2 行为互换性定律

行为互换性定律(第十六定律)：**对象的形式、行为意识、程序、表现、操作结果偏差在允许范围内，可实现非选择行为互换**。

行为互换性定律的数学模型为

若

$$| f_h - F_h | \leqslant \Delta F_h \tag{16-1}$$

$$| c_i - C_i | \leqslant \Delta C_i \tag{16-2}$$

$$| p_j(t) - P_j(t) | \leqslant \Delta P_j(t) \tag{16-3}$$

$$| b_k(t) - B_k(t) | \leqslant \Delta B_k(t) \tag{16-4}$$

$$| v(x_1, x_2, \cdots, x_k) - V(X_1, X_2, \cdots, X_k) | \leqslant \Delta V \tag{16-5}$$

则

$$H_f \leftrightarrow H \tag{16-6}$$

式(16-1)～式(16-6)中，设 f_h 为对象形式(身高、体重、胖瘦、男女等)的第 h 个维度量($h=1,2,\cdots,m$)；F_h 为对象形式第 h 个维度量的标称量；ΔF_h 为对象形式第 h 个维度量的允许偏差；c_i 为对象行为意识的第 i 个维度量($i=1,2,\cdots,n$)；C_i 为对象行为意识的第 i 个维度量的标称量；ΔC_i 为对象行为意识的第 i 个维度量的允许偏差；t 为行为程序的时间；$p_j(t)$为行为对象的第 j 个部位(如右手、左脚、头等)在 t 时间的行为程序内容($j=1,2,\cdots,q$)；$P_j(t)$为行为对象的第 j 个部位在 t 时间的行为程序标称内容；$\Delta P_j(t)$为行为对象的第 j 个部位在 t 时间的行为程序内容允许的偏差；$b_k(t)$为行为对象的第 k 个部位(如右眼、左脸蛋、嘴巴等)在 t 时间的行为表现内容($k=1,2,\cdots,r$)；$B_k(t)$为行为对象的第 k 个部位在 t 时间的行为表现标称内容；$\Delta B_k(t)$为行为对象的第 k 个部位在 t 时间的行为表现内容允许的偏差；$v(x_1,x_2,\cdots,x_s)$为行为操作结果的维度矢量，或行为的实际传递函数；$x_1,x_2,\cdots,x_s$ 为表达行为结果的分指标，如技能表达指标；$V(x_1,x_2,\cdots,x_s)$为行为操作标称结果的维度矢量，或行为的理想传递函数；ΔV 为行为操作结果维度矢量的允许偏差；↔为等价符号。数学模型说明，当行为对象满足式(16-1)～式(16-5)时，第 f 个对象行为 H_f 和标准行为 H 等价($f=1,2,\cdots,g$)，对象行为 H_f 间具有行为互换性。实际上，不是所有的行为互换性都需要以上全部要素的控制，对于有些行为，行为的要素只有以上五种中的一项或两项，其行为互换性不需要用式(16-1)～式(16-5)的全部公式来表达，只需要五个式子中的之一、之二、之三或之四满足即可，尤其是操作行为，其表达元素是比较少的。但有些行为类型的表达，也许不止以上所列的五个方面，可以根据实际情况增加。

在行为互换性定律中，对象形式偏差是指对象外表(或)和结构的差异，如人的相貌、脸形、身高、胖瘦、体重等差异。对象形式偏差属于空间的静态差异，这种偏差可用度量衡和观察来判定，判定以均匀、对称、尺寸、重量、体积等量化指标为主，观察为辅。行为意识偏差是思考驱使行为的指令与标准指令的偏差，行为意识靠相关知识和要求来保证正确性。行为程序偏差是指行为动作序列中每个行为动作的启动时间、顺序关系、时间对应的行为空间位置和行为空间的延时关系等的差异。行为程序偏差属于时序、时间和时空差异，差异的断定主要是靠度量行为时空的差异，在度量分辨力以内的偏差可认为是无偏差的。行为表现偏差是指表情行为和内在行为的偏差。行为表现是行为内在质量的体现，如舞蹈的优美性、面部的表情、力度等，行为表现偏差属于品质差异或内涵差异，是一种感觉评价关系，无法用时空差异来评价。行为操作结果偏差是指行为传递或行为转换结果的偏差，评价的不是行为的过程，而是行为传递或转换的结果，本质是行为技能的偏差，是行为精细度和效果的差异，差异的断定以行为响应、操作力度、质感、传递或转换的结果差异来判定。定律中行为形式是无意识影响的内容。定律中行为意识、程序、表现、操作结果偏差都包含着意识的影响因素，意识有偏差，必导致相关行为的偏差，即使意识无偏差或极小偏差，行为可能也会有偏差(由于行为训练不够)。行为互换性要求的行为控制要素取决于行为互换性的类型，例如，芭蕾舞演员表演的行为互换性需要对象形式及行为意识、程序、表现四个要素的一致性，而车工、铣工的行为互换性只要求行为意识、操作结果的一致性。

16.4　行为互换性的特点

为了深化行为互换性的认识，对行为互换性的对象范围、互换对象类型、自身特点、作用意义等内容进行以下论述。

1. 行为互换性的对象范围

行为互换性的对象范围是人类行为和能够被驯化的动物行为。行为互换性对象是能执行统一行为指令的对象，因此，行为互换性的对象必须是具有执行统一行为指令能力的对象。这种统一行为指令执行的熟练度是训练建立的。只要是发育正常的人类都具有这种能力。动物的行为互换性只是在部分可驯化的动物中存在,如狗、马、驴、狗熊、大象、猩猩、猴子、鹦鹉、老鹰等。

2. 行为互换性的对象互换类型

行为互换性按行为类型可分为表达行为的互换性、表演行为的互换性、技能行为的互换性、服务行为的互换性等类型。表达行为的互换性有语言方面的互换性,如广播员、口语翻译、讲课等。表演行为的互换性主要是艺术表演方面的互换性,如舞蹈、戏曲等。技能行为的互换性主要是工作技能的互换性,工作技能又可分为生产操作技能、管理技能等,如车工操作技能、安全管理技能等。服务行为的互换性主要是服务业岗位服务的互换性,如宾馆服务、餐厅服务、银行服务等。行为互换性按行为互换应用的机会可分为行为的时间互换性、行为的空间互换性。行为互换性按互换的内容可分为行为形式的互换性和行为内涵的互换性类型。行为形式的互换性是指互换性的内容是外在的、以观察和感觉为主的,如演戏、唱歌等。行为内涵的互换性是指互换性的内容是内在的,主要是知识、技能的互换性内容。

3. 行为互换性的自身特点

行为互换性是动物(人属于高级动物)行为的互换性,而几何互换性、功能互换性、模式互换性是人造产品或自然物品的互换性,这些互换性对象主要是物体的和非生命的。行为互换性的对象是有生命体的对象,因此,行为互换性是生物的互换性。行为互换性通常是显现的,而其中的技能行为、知识行为互换性的可见性弱一些。行为互换性是有行为难度等级的,有些高难度的行为要求,只有很少的人能训练出互换性能力,对于低难度的行为要求,可有很大的人群体能训练出互换性的能力。其实人造产品的互换性,本质上也是基于行为互换性的,是行为作用的结果,属间接行为互换性。行为互换性的实现主要取决于对行为要素的把握。

4. 行为互换性的作用意义

行为互换性总体上是行为的替代作用,这种作用有以下具体的作用意义:一是行为轮换作用,通过建立行为互换的群体,使行为一直能一致性的连续进行,如工厂的轮班生产等,行为互换性为生产的连续性和生产质量的一致性提供了保障;二是行为的备份作用,通过对关键角色或岗位的行为进行可互换性的备份培训,作为关键角色或岗位行为在不能实施的特殊情况时有替代可使用;三是行为的群体效果作用,通过培训一群行为一致的人,形成规模化的生产、作战等群体能力;四是行为的整体效果应用,通过整体同时进行行为培训,可构建团体规模化和整齐性的表现等能力。

16.5　行为互换性定律的验证与应用

对行为互换性定律进行验证，以取得对定律科学性和有效性的信任。论述行为互换性定律应用的关系、方法和例子，可指导行为互换性定律的实际应用。

16.5.1　行为互换性定律的验证

行为互换性定律的验证适合采取实践验证的方式或实例验证的方式。行为互换性定律的成立按七个要素进行验证，按前述验证模式即可验证成立。

16.5.2　行为互换性定律的应用

行为互换性定律主要应用于五个方面：一是用于规模化的分布式生产和服务，使在不同地区的生产和服务保证相同的质量；二是用于人员不同时间的工作轮班，以保证轮班人员之间工作质量的一致性；三是用于人员行为应急替补等；四是用于群体性行为活动，形成规模化的能力和群体一致性效果；五是建立整齐、统一的团体行为，显示群体整齐行为的美感和人员素质。

行为互换性的实现需要靠建立行为互换性的能力来保证。行为互换性的能力可有三种途径来建立：一是对需要进行行为互换的对象，进行行为统一的教材学习和培训，再进行个体纠正来建立，这种情况适合复杂行为互换性的建立，如设计、高级技术加工等；二是对行为互换性对象采取同时参加行为培训活动，再进行个体纠正来建立，这种情况适合简单行为互换性的建立，如团体操等；三是对行为互换性对象采取师傅教徒弟传授，一对一或一对多传授，这种情况适合艺术行为互换性的建立，如戏曲等。建立行为互换性的能力，首先是要有行为互换性的能力标准，按标准内容培训，由此建立行为统一化能力，实现行为的互换性。

16.6　互换性定律的族系

互换性定律是标准化学科重要的定律之一，存在自身的定律族系。互换性定律的族系包括几何互换性定律、功能互换性定律、模式互换性定律、行为互换性定律，几何互换性定律中又包括动配合互换性定律、定位配合互换性定律、紧固配合互换性定律，互换性定律族系中共有六个定律。互换性定律为解决产品一致性、产品替代、生物品替换、人的行为替换和动物行为替换等提供了有效的科学规律，这些定律覆盖了人类目前认识到的所需要替换的各个方面。

第 17 章　标准化的熵[1,2]

17.1　标准化引入熵的思考

熵是热力学的概念，由德国物理学家克劳修斯 1865 年提出，用于表达系统的状态程度，表示能量在空间中分布的均匀程度，也可用于表达系统能量的可利用程度。熵的英文名词为 entropy。由于熵是描述系统状态的物理量，既有宏观表达的内涵，也有微观表达的内涵，并能对系统的状态进行科学的定量描述或表达，可指系统的混乱程度，因此，熵的概念受到了其他学科的青睐。熵在控制论、信息论、天体物理、生命科学等领域都有重要应用，被借用和延伸来说明或解释自己学科的某些系统状态或关系。信息论把熵借用来，延伸出表达信息可靠关系的概念。日本学者松浦四郎在《工业标准化原理》一书中，首次把熵概念引用在标准化中："我们会发现我们社会生活中知识或事物的增加趋势同宇宙中熵的增加的自然趋势极为相似。标准化活动就是我们为从无秩序状态恢复到有秩序状态而作出的努力，为从'丰富'简化为少数而作出的努力，为反对我们社会生活中熵的增加而作出的努力"[3]，他在书中构建了一个品种简化值 ΔS 及其公式，并认为这一公式和热力学熵的公式很像，但没有提出标准化熵的学术概念和数学模型。中国学者顾孟洁等在他们的标准化著作和文章中也引述了松浦四郎以熵来形容标准化状态的观点[4]。这些工作对标准化理论的研究确实是一个很好的启发且有引导作用。还有学者用热力学熵的一般数学模型套用来比喻为标准熵。遗憾的是，标准化学科对熵的概念的引用尽管始于 20 世纪 70 年代，但一直没有给出标准化熵自己的概念内涵和度量算法，仅仅是借用熵的概念来对标准化的状态加以形容。标准化的熵如果没有明确的学术内涵，这一概念的引用只能是一种比喻的作用，不能发挥学术上的实用价值，因此，标准化学科要引入熵的概念，必须要建立标准化熵的内涵和度量关系。标准化学科要把熵作为其学术理论的一部分，就必须建立熵在标准化中明确的概念，并且要建立标准化学科熵的数学模型，给出标准化熵应用的具体对象，说明标准化熵的运算关系和计算结果。

标准化学科一直没能建立自己的熵概念也是情有可原的。热力学中熵的概念本身就是很抽象的，一向以难懂闻名于世。即使是物理学大师美国著名物理学家 Atkin，也把熵称为"永远是难以透彻了解的"，他还慷慨而言："科学对解放人类精神的贡献没有任何部分像热力学第二定律那样大，同时科学的其他部分也几乎没有这样高深莫测。”因此，要真正吃透熵的内涵并不是一件容易的事。

为了使熵这一有价值的概念对标准化学科有实际意义，而不只是给标准化学科增加一个新的形容词，作者先从物理学中熵的概念开始深入研究和仔细“品味”，来理解熵的本质内涵，进而研究标准化中的熵该是什么？以什么样的数学模型来计算？解决标准化熵的内涵和数学模型问题一直是作者作为标准化研究工作者多年的夙愿。在借鉴热力学知识和多年标准化实践认识积累的基础上，作者历经多轮的建立与推翻，终于完成了这一命题的标准化学术研究成果，通过本书向读者介绍。

17.2　熵的概念和认识

熵的概念起源于热力学，热力学中的熵具有宏观定义和微观定义，宏观定义由克劳修斯提出，微观定义由玻尔兹曼提出，两个定义本质上是等价性的。

熵的克劳修斯宏观基本概念是，系统的热能除以系统的温度，即

$$S=\frac{Q}{T} \tag{17-1}$$

式中，S 为系统的熵；Q 为系统的热能；T 为系统温度。在热力学上，熵表示热量转化为功的程度，或者说是系统的强度关系 T 做功的尺度。

一个系统通过测定其全部消耗的能量，再根据系统的温度来计算系统熵的情况是极少的，也是不容易做的。度量系统熵的一个实用关系是熵的增量关系，熵的增量关系为

$$\mathrm{d}S=\frac{\mathrm{d}Q}{T} \tag{17-2}$$

式中，S 可看成系统能量释放的程度；$\mathrm{d}S$ 为系统能量释放的增量尺度，增量尺度对应释放出的能量增量 $\mathrm{d}Q$。熵是系统强度所做功或获得功的机会（或概率）尺度，是能量传递的机会度量，是差别能量的位移量或强度的位移量，或强度有效性放能或获能的行程，强度差的行程。熵度量的是系统失去做功的机会，或获得功的可能，而不是度量失去了做多大的功；一个能量大、强度大的系统与一个能量小、强度小的系统，它们的熵会相等，只要它们的能量与强度的比相等，如一个大石头从一米高处落下来和小石头从一米高处落下来，它们的熵相等。熵越大，失去做功的机会越大；熵是系统失去的能量或获得的能量比系统的强度，或者称为失去做功机会或获得做功机会的度量，熵可用增量关系表达，即 $\mathrm{d}S=\mathrm{d}Q/T$，也可用增量的积分表达。熵是系统间做功能力等级差异化状态的度量。

热力学熵的一个规律是在卡诺机循环（可逆循环系统）工作中，当卡诺机的工作物质从温度为 T_1 的高温热源吸收的热量为 Q_1，它在温度为 T_2 的低温热源释放

的热量为 Q_2，当 $T_1>T_2$ 时，Q_1 不可能等于 Q_2，而存在关系：

$$\frac{Q_1}{T_1}=\frac{Q_2}{T_2} \tag{17-3}$$

或

$$\frac{Q_1}{T_1}-\frac{Q_2}{T_2}=0$$

式(17-3)中的 Q_1 和 Q_2 都取正值，没有考虑热量 Q_1 吸收和热量 Q_2 释放的正负关系，取的是它们的绝对值关系。式(17-3)说明，在卡诺机循环工作中，吸收高温热源的热量比其温度等于释放给低温热源的热量比其温度，它们的比值是常数。这一规律也可看成是卡诺机对热源系统吸收热量的熵等于对冷源系统释放热量的熵是相等的。如果按照热源系统输出热量为正，输入热量为负，式(17-3)将为

$$\frac{Q_1}{T_1}+\frac{Q_2}{T_2}=0 \tag{17-4}$$

式(17-4)说明，卡诺机工作物质从热源到冷源的循环过程中，熵的代数和为零，即热源输出功的能力和冷源获得功的能力是相等的。

对热力学的绝热可逆系统，循环封闭过程的两个相反状态的熵的绝对值是相等的，系统的熵是不变的。对于不可逆的绝热系统，循环过程将使熵不断增加，或者说，孤立体系中实际发生的过程必然要使它的熵增加。

为了便于对熵的认识，可以用力做功的角度来理解熵的内涵。对于一个准静态过程的广义元功，有以下关系：

$$\mathrm{d}A=F\mathrm{d}x \tag{17-5}$$

式中，$\mathrm{d}A$ 为广义元功，对应能量；F 为广义力，对应强度量；$\mathrm{d}x$ 为广义位移，对应广延量。式(17-5)也可写成

$$\mathrm{d}x=\frac{\mathrm{d}A}{F} \tag{17-6}$$

式(17-6)与式(17-2)在力学关系上很相似。用气体力学的关系来表示式(17-5)，有以下关系：

$$\mathrm{d}A=p\mathrm{d}V \tag{17-7}$$

式中，p 为压强，是广义力的作用，是强度量；V 为体积，是广延量。式(17-7)和式(17-2)在力学关系上也很相似：$\mathrm{d}Q$ 可以看作 $\mathrm{d}A$，是系统做功或获得功；T 可以看作 p，是系统做功的强度；$\mathrm{d}S$ 可以看作 $\mathrm{d}V$，是系统强度作用的位移[5]。

玻尔兹曼从统计物理学的角度来研究熵。玻尔兹曼对熵的定义是，一定系统在任意宏观状态下，它的状态函数 S 与它在该宏观状态下所具有的微观状态数 W 的自然对数 $\ln W$ 成正比，其关系式为[5]

$$S=k\ln W \tag{17-8}$$

式中，k 为玻尔兹曼常数。熵的宏观定义和微观定义的等价性可通过以下关系证

明。在理想气体等温膨胀过程中,气体的温度 T 和气体分子总数 N 不变,任一分子在所考察的气体体积 V 中出现的概率 W_1 与气体体积 V 成正比,即 $W_1=CV$,C 为比例常数,对于 N 个分子同时出现在 V 中的概率为 $W=W_1^N=(CV)^N$,由于 $S=k\ln W=k\ln(CV)^N=kN\ln(CV)$,当系统体积变化 $\mathrm{d}V$ 时,式(17-8)中熵 S 的变化为

$$\mathrm{d}S=kN\frac{\mathrm{d}V}{V}=kNT\frac{\mathrm{d}V}{VT} \tag{17-9}$$

对于理想气体,有 $pV=kNT$,根据热力学第一定律,$\mathrm{d}Q=p\mathrm{d}V$,则式(17-9)为

$$\mathrm{d}S=kNT\frac{\mathrm{d}V}{VT}=pV\frac{\mathrm{d}Q}{VTp}=\frac{\mathrm{d}Q}{T} \tag{17-10}$$

推导过程证明了式(17-8)等价于式(17-10),即 $\mathrm{d}S=\mathrm{d}(k\ln W)$ 等价于 $\mathrm{d}S=\mathrm{d}Q/T$[5]。

从微观角度,熵度量了组成系统的大量微观粒子所处的状态,系统微观粒子分布越均匀、越混乱,熵就越大。熵是微观粒子从概率较小的状态趋于概率较大的状态。熵是已做功不可逆能量的总和的测定单位或增量的测定单位。

克劳德·艾尔伍德·香农作为信息论的创始人,提出了用概率统计模型度量信息关系,他把信息定义为"用来消除不确定性的东西",以熵表示信息的不确定性,信息论中的熵定义如下。

如果一个系统 S 内存在多个事件 $S=\{E_1,\cdots,E_n\}$,每个事件的概率分布 $P=\{p_1,\cdots,p_n\}$,则每个事件本身的信息为

$$I_{ei}=-\ln p_i \tag{17-11}$$

式(17-11)可用于表达一个事件的信息含量,如英语字母的信息量,英语有 26 个字母,假如每个字母在文章中出现次数平均的话,则每个字母的信息量为

$$I_E=-\ln\frac{1}{26}=4.7$$

而汉字常用的有 2500 个,假如每个汉字在文章中出现次数平均的话,则每个汉字的信息量为

$$I_E=-\ln\frac{1}{2500}=11.3$$

如果系统有 n 个事件,整个系统的平均信息量为

$$H_S=\sum_{i=1}^{n}p_iI_{ei}=-\sum_{i=1}^{n}p_i\ln p_i \tag{17-12}$$

式(17-12)[6]是 n 个事件系统的信息量计算公式,这个平均信息量就是信息熵。因为它和热力学中描述热力学熵的玻尔兹曼公式形式一样,所以也称为"熵"。当中文文章和英文文章含有的信息量相同时,即使一个汉字占两个字母的空间,中文文章也比英文文章的篇幅短,或中文文章比英文文章用纸少。实际上每个字母和每个汉字在文章中出现的次数并不平均,因此实际数值并不同以上所述,上述计算只

是说明信息关系的一个总体概念。使用书写单元越多的文字,每个单元所包含的信息量越大。$I(E_1)$为度量事件 E_1 发生所提供的信息量,称为事件 E_1 的自信息,$P(E_1)$为事件 E_1 发生的概率,则这些事件的自信息的平均值是整个系统的平均信息量[6]。

在生命科学中,熵的应用有自己特定的关系含义。生命科学把生命体看成是一个与物质、能量、信息交换的耗散体,用生命熵来表达生命体生长、衰老、病死的过程关系,生命熵的内容包含生命现象的时间序、空间结构序与功能序,生命的熵变就直接反映这三个序的程度变化之和[6]。社会和宇宙的发展,正如托马斯·品钦所说:大量人类制造的化工产品、能源产品一经使用,不可能再变成有利的东西,宇宙本身在物质的增殖中走向"热寂",走向一种缓慢的熵值不断增加的死亡。

17.3　标准化熵的概念及其数学模型的创建

在热力学中,熵是对系统中热量分布关系的度量,或者是对系统中做功能力的度量。在信息论中,熵是对系统信息量的度量,或者是对系统中有效信息的度量。把熵引入标准化中,首先要解决熵代表标准化的什么关系?然后要解决标准化熵的数学模型是什么?熵尽管出自热力学学科,但构建熵的思想超越了热力学,具有了哲学性的地位。熵本质上是系统状态的度量,具有普遍性。不同的系统有不同的特定状态,总存在相应熵的度量状态。当考虑一个系统的标准化状态时,一定可以用熵来度量系统的标准化状态,这个熵称为系统的"标准化熵"。由于标准化可以应用于方方面面,所以标准化熵对系统的类型应该是无选择的,或者说标准化熵适用于各种系统。标准化熵度量的事件在微观上可以是对立的,但在宏观上应该是统一的,即事件分别表达可以有差异,整体表达结果是一个。热力学主要关注能量的使用,是一种耗散或消耗的度量,标准化关注状态统一化和秩序化,是一种建设趋向的度量。以上是构建标准化熵的哲学思想。构建标准化熵只有哲学思想是不够的,还要有构建标准化熵的专业学术思想。

标准化熵构建的专业学术思想内容主要是:首先是要有一个系统对象,标准化熵是对系统状态的度量,熵度量的对象是系统;系统中是有事件的,事件存在自发关系,或存在任意关系;系统中存在与自发事件或任意事件相反的标准化事件,或存在人为的约束事件;系统中的标准化事件和自发事件或任意事件存在转化关系,事件能自发向概率大的关系转移;标准化事件和自发事件或任意事件发生转化时,将会引起熵的增加或减少;系统中的事件既是独立的,也是相关的;熵的关系可建立数学模型,模型能表达集合中单个事件的关系,也能表达集合总的关系。以上思考已建立了标准化熵的普遍关系。还需要确定的是标准化事件是什么?自发事件或任意事件是什么?标准化熵是什么?标准化事件就是用标准化关系约束了的事件，约束的程度存在量化差异，有范围约束程度差异（国际、国家、省市等）、内容约束程度差异（通用、特定，或强制、推荐、指导）、时间约束程度差异（月、年、几十年、长期等）、约束方式差异（合同、协议、规范、标准）等。自发事件或任意事件是无标准化约束的事件，是无标准化关系的事件。标准化熵是系统标准化约束状态、程度或概率的度量，也可以作为系统标准化作用价值的度量。标准化熵可以对系统进行整体度量，也可以用增量关系进行度量。设存在一个系统 A，系统 A 中的事件集合为 $H=\{h_1,h_2,\cdots,h_n\}$，单个事件或一种事件为 $h_i(i=1,2,\cdots)$，系统的标准化状态熵为

$$S=-\ln(p_1p_2\cdots p_n)=\sum_{i=1}^{n}-\ln p_i \tag{17-13}$$

式中，S 为系统的标准化状态熵，表达系统的标准化状态程度；p_i 为第 $i\,(i=1,2,\cdots,n)$ 个事件标准化状态的发生概率，也可以是标准状态形成的比例（百分比）、或标准化状态的程度等，数值范围为：$0\leqslant p_i\leqslant 100\%$，当事件 h_i 无标准化约束时，$p_i=0$，事件为自发性（或自由性）状态。当事件为强约束时，事件标准化发生的概率大，自发性发生的概率小；当系统无约束时，系统的熵为无穷大；当系统有标准化约束时，系统的标准化熵随标准化概率的增加而减小，100%标准化概率的熵为 0。式(17-13)的标准化熵是定量度量标准化非控制概率或约束系统自发性过程和趋势的概率或程度，系统自发概率越大，标准化熵越大。标准化熵是系统约束性或标准化程度的度量，系统被约束的概率或程度越高，熵值越低，约束概率或程度越低，熵值越高。系统事件的约束概率或程度是系统标准化熵评价的根据。一个系统无约束或无干涉时，熵最大；实施约束或干涉后，使熵减小或负向增加。当事件的标准化约束程度发生增量变化时，系统的标准化熵变化量关系为

$$\mathrm{d}S=-\sum_{i-1}^{n}\frac{\mathrm{d}p_i}{p_i} \tag{17-14}$$

式(17-14)是系统标准化约束发生变化时系统标准化熵的变化量关系和变化方向，当系统的标准化约束概率 p_i 增加时，标准化熵 $\mathrm{d}S$ 为负增加；当系统的标准化约束概率 p_i 减小时，标准化熵 $\mathrm{d}S$ 为正增加。

式(17-13)和式(17-14)是广义的，可以适用于任何有标准化约束关系的系统，系统中的事件也可以是任何标准化约束对象。式(17-13)和式(17-14)的事件 h_i 的 p_i 是事件标准化发生的概率。在对自发系统实施标准化时，标准化约束概率大、规范、有序，系统为小熵值；标准化约束概率低、随意或无序（自然状态）强，系统为大熵值。大熵值是事件自然性或自由性的倾向。

在现实中，不仅需要度量系统的标准化概率或程度，更希望度量标准化作用带来的价值，或者说通过标准化熵表达系统输入有用的标准化带来的价值。当系统中的事件被标准化后，相当于给系统输入了价值。标准化价值的增加使系统的熵

由大变小。标准化熵是系统优化程度的度量，也是系统效用价值的度量。标准化约束小，事件效用的增加就小，或者说，有效性存量小。标准化熵可以用于对系统标准化效能的度量，同时也是对系统无利用性、无为性或无序性的度量。实际上，只要是涉及系统中任意性事件集合的约束性、规范性或有序性关系，都能找到熵度量的价值关系。对于语言、文字，标准化熵是信息元素在系统中的互通能力或者说是流动能力的度量。信息元素的约束作用程度越强，信息元素的标准化概率就越大，信息元素的识别率越高，信息在系统中的流动性越强，这表示信息系统中的事件标准化约束概率越大，信息系统的标准化熵值越小。信息系统熵值的减小，意味着信息事件的一致性高，这不同于其他事件的关系。信息系统中的事件标准化约束概率越小，说明事件信息越多义，唯一性差，表达越不确切，可利用的价值越低，互通性差。系统中，标准化约束的元素是高信息确定性的，而非标准约束的元素是低信息确定性的。系统中，模糊(不清楚)的信息量少，系统状态的标准化熵值小；模糊(不清楚)的信息量多，系统状态的标准化熵值大。对于产品系统，这种熵的度量是针对产品系统组成部分的标准化价值的，标准化熵是产品组成部分价值利用程度的度量，也是产品组成部分无价值利用性的度量。对于交通系统，标准化熵是交通元素有序性关系的度量。标准化熵在不同系统中度量的内涵不同，标准化熵分别可以度量元素的可利用价值、元素分布的均匀性、元素的效用关系、元素的秩序关系等。系统中标准化熵的增加，通常意味着非标性、随意性、利用价值性减少、无生机性等。系统中的元素趋向自发性是在选择非约束性，当系统所有元素都无约束时，熵将达到最大值。

标准化的熵要度量系统的标准化价值，就要给事件赋予标准化价值系数。度量系统标准化价值的熵可表示为

$$S_v = -\ln(k_1 p_1 \cdot k_2 p_2 \cdot \cdots \cdot k_n p_n) = \sum_{i=1}^{n} -\ln k_i p_i \tag{17-15}$$

式中，S_v 为度量系统标准化价值的熵。由于不同的事件 h_i 的标准化带来的价值大小是不同的，所以每个事件有自己对应的标准化价值系数 $k_i(i=1,2,\cdots,n)$，将 k_i 乘以 p_i 作为式(17-13)中的 p_i 代入式(17-13)，可得出系统的标准化价值度量的熵 S_v。式(17-15)存在一个问题，对于不同大小的系统，它们的熵 S_v 是没有可比性的，或者说相同标准化价值比例的系统，它们的熵 S_v 是不相同的，或者说系统事件的多少或规模不同使同价值比例系统的熵度量值不相同。为了使事件数或规模不同的系统间标准化熵的评价具有可比性，需对事件及其标准化价值系数进行归一化，建立以下不同系统标准化熵的可比性公式：

$$S_{vu} = -\ln(c_1 p_1 \cdot c_2 p_2 \cdot \cdots \cdot c_n p_n) = \sum_{i=1}^{n} -\ln c_i p_i \tag{17-16}$$

式中，S_{vu} 为度量系统标准化价值的统一化熵；$c_i = k_i/(k_1 + k_2 + \cdots + k_n)$ 为事件价值

系数 k_i 的归一化系数，$i=1,2,\cdots,n$。式(17-16)是不同系统归一化的标准化价值度量的熵公式，S_{vu} 可称为标准化价值统一化评价熵。

17.4　标准化熵的应用

17.3 节研究建立了标准化熵的理论概念和数学模型，具有普遍适用性。熵在不同的领域、专业应用中，度量的关系可针对领域和专业的特点赋予各自特殊性的内涵。下面以产品系统、交通系统、服务系统、标准体系为对象，给出标准化熵应用的特定内涵，以示范标准化熵的应用，指导标准化熵的广泛应用推广。

产品系统是由组件、部件、零件组成的，这些组件、部件、零件是由设计确定的，产品系统的设计成本低、周期短、性能稳定可靠、使用维护方便等，可以看成产品设计的理想状态，是产品设计者追求的目标。产品降低研制成本、缩短研制周期、成熟可靠、保障性好都与标准化有密切的关系。在设计中，继承使用成熟的功能零部组件，尽量使用标准件、标准材料、标准工装、标准工艺等，能有效地降低成本、缩短研制生产周期、提高可靠性、方便使用维护、提高保障性。应用标准化熵可解决设计评价的难题，同时也可引导设计的改进。应用标准化熵评价设计的方法为：将系统中设计的组件、部件、零件等选一个层次按价格关系进行标识，给出价值系数 k_i，对事件价值系数 k_i 进行归一化，使 $c_i=k_i/(k_1+k_2+\cdots+k_n)$；确定某选定层次件的标准化约束概率 p_i，用 p_i 乘以 c_i 代入式(17-16)可得出产品系统设计的标准化熵 S_{vu}。这个标准化熵值代表了产品系统设计的标准化品质的定量关系。式(17-16)是不同件数的系统或者说复杂程度不同的系统的标准化价值熵的统一化评价。产品设计系统中的无标准化因素作用的件是任意设计的件，是无利用关系的。作用于产品件的标准化因素有“前标准化”因素和“后标准化”因素，“前标准化”因素是设计对已有标准和已有标准化产品等的使用，“后标准化”因素是产品设计时考虑未来利用的通用化或系列化等设计。“前标准化”因素的标准化统一化作用已体现，“后标准化”因素的标准化统一化作用取决于未来的复用程度高低。

对于交通系统，无论是公路交通、水路交通还是空中交通，都有交通系统运行秩序状态的评价问题。秩序状态好的交通系统是交通管理者和交通使用者的共同愿望。当能说清交通秩序状态的定量关系时，才能对不同时间和不同地点的交通秩序状态进行比较。标准化熵可应用于定量评价交通系统的秩序状态好坏。建立交通状态的标准化熵，就可进行交通状况的定量评价。应用标准化熵评价陆地交通秩序状态的方法为：陆地交通系统中的事件是马路上行驶的汽车，当汽车按交通规则行驶或不违章时，可看成受到标准化很好约束的汽车，违章的汽车可看成受标准化约束程度低的，或完全未受标准化约束的。设某汽车的标准化约束作用概率为 p_i；由于汽车大小不同，违章对交通影响的程度也不同，例如，设大客车和大卡车的影响等于4辆小轿车的影响，商务车等于2辆小轿车的影响，这就需要给每辆车一个权重系数k_i，对权重归一化，使$c_i=k_i/(k_1+k_2+\cdots+k_n)$；用$p_i$乘以$c_i$代入式(17-16)中可得到交通秩序状态的标准化熵S_{vu}。交通秩序状态评价的标准化熵S_{vu}可通过城市交通管理软件系统进行自动计算获得，因为，城市交通管理软件系统可方便地统计每天城市道路行驶的每辆车的标准化状态。由于交通系统状况进行了归一化，不同车辆组成状况的交通系统的秩序状态就可进行比较。有了交通秩序状态评价结果，可对交通状态进行改进。对于违章的汽车，应分析标准化约束弱化的原因，是属于规章遵守意识不强、马路标识不明显或马路管理不合理等的哪一种，或哪几种，由此，可采取相应的加强交通教育、明显标识、科学管理等措施来解决。

对于宾馆、餐馆、旅游等服务系统，服务系统的服务质量或顾客满意度评价也是一个困难的问题。顾客经常会针对个案服务问题投诉，由于服务机构没有服务整体质量的评价方法，导致了管理部门“头痛医头”、“脚痛医脚”，没有整体性说明服务系统服务质量问题的概念。标准化熵可应用于服务系统进行整体性服务质量水平的评价，因为，服务质量的问题是服务行为标准的建立和实施问题或者说是服务的标准化问题。标准化熵应用于评价服务系统的方法为：确定服务系统的评价事件，这些事件包括服务人员、服务事项等；确定每一服务人员和服务事项的标准化约束概率p_i；确定每一事件价值作用的系数k_i，对价值作用系数归一化，使$c_i=k_i/(k_1+k_2+\cdots+k_n)$；用$p_i$乘以$c_i$代入式(17-16)中，可得服务系统运行的服务质量的标准化熵S_{vu}。有了服务标准化熵的评价量，就能给服务问题改进和提高指明具体的内容和方向。

标准化熵还可用于评价标准体系中制定标准的质量。评价方法是：以每一项制定标准为一个事件；确定每项标准期望值p_i及每项事件的标准化价值作用系数k_i，k_i可以是标准制定的经济投入关系，对价值作用系数归一化，使$c_i=k_i/(k_1+k_2+\cdots+k_n)$；用$p_i$乘以$c_i$代入式(17-16)，得到标准体系的标准质量评价的标准化熵S。

以上标准化熵应用的例子只是为了示范和解释标准化熵的应用，实际上，标准化熵的应用是非常广的，只要理解了标准化熵的内涵和数学模型，标准化熵就可应用到任何领域和专业的标准化评价。

17.5　标准化熵进一步的工作

以上标准化熵应用中的定量方法采用的是离散式的等级数值方法，这种方法应用于相对关系的比较，可比出优劣关系，在基础数据积累不充分的情况下是很实用的。为了使标准化熵能广泛和深入地推广应用，可继续开展：

（1）标准化熵应用对象系统的梳理及分类；

（2）各类对象系统标准化熵评价的事项定位；

（3）评价事件标准化含义的定位。

为了使标准化熵的数值表达精确化，还需要进一步深化开展以下数据的关系研究和大量实践统计工作：

（1）对象系统事件的标准化状态概率、比例或程度数值的算法或统计法；

（2）对象系统事件价值作用的系数的算法或统计法。

标准化熵的建立将会把标准化学科的评价理论带入科学化、数值化的轨道，能定量掌握标准化状态的程度和价值程度，同时还能指导标准化状态的精益化改进。

参考文献

[1] 麦绿波. 标准化学科熵的概念及其数学模型的创建（上）[J]. 中国标准化，2012，(11)：78-82.

[2] 麦绿波. 标准化学科熵的概念及其数学模型的创建（下）[J]. 中国标准化，2012，(12)：79-82.

[3] 松浦四郎. 工业标准化原理[M]. 北京：技术标准出版社，1981.

[4] 顾孟洁. 憧憬与探索[M]. 3 版. 北京：中国标准出版社，2008.

[5] 王可达，张之翔. 熵的定义和物理意义[J]. 汕头大学学报（自然科学版），1997，(12)：88-93.

[6] 傅祖芸. 信息论[M]. 北京：电子工业出版社，2007.

第 18 章　相似标准化[1]

18.1　相似性与标准化的关系

标准化的本质形式是统一化，而且是广义的统一化，包含了数量的与非数量的、形状的与非形状的统一化。事物的标准化是以事物的统一化或一致化来认定的，统一化是标准化的本质关系，是确认标准化的根本依据。事物的统一化有量化关系的统一化，如大小尺寸的统一化，也有非量化的形式、形状关系的统一化，如统一化的圆形、方形等形状。实际中，除了有尺度统一化的现实和需求外，还有形状相似统一化的现实和需求。相似统一化是一种形式或形状关系的统一化，是对形式关系按比例缩放的统一化。当我们看到一系列相似关系时，会自然地与标准化关系相关联，或者说，使某种标准化的感觉油然而生。这就是形式统一化带来的标准化感觉。对于形式或形状统一化的状态，把这种相似统一化状态命名为相似标准化的状态或**相似标准化**，由此建立标准化的又一个新概念。相似标准化不是尺寸完全一致化的标准化，是形式一致化的标准化，如同相似三角形一样。相似标准化与分形有许多共同的属性，当看到分形时，就会联想到标准化，感觉到它与标准化有某些共同的特征。在分形数学的启示下，将相似标准化的概念与分形相关联，并借鉴分形理论来研究相似标准化的理论，建立相似标准化的类型和理论关系。为了使相似标准化的理论和方法得到很好的应用，本章还论述了相似标准化的应用方法，为相似标准化的推广应用提供指导。下面对分形和相似标准化的相关内容分别进行讨论。

18.2　分形的概念和算法

美国数学家曼德勃罗(B. B. Mandelbrot)于 1975 年在法兰西学院讲课时首次提出分形一词，并于 1977 年创立了分形几何，提出了研究不规则几何对象的思想、方法和技巧[2]。分形从其英文词 Fractal 可看出，原意是指不规则、支离破碎、分数。自然界中存在的许多现象是不规则的，如海岸线、山川、雪花等，用经典的几何关系是难以描述的。在自然科学的领域里，也存在许多非线性和非规则的问题，用经典几何处理也难以精确符合实际。从整体上看，山川、海岸等几何图形是处处不规则的，但近距离观察，其局部形状又和整体形态相似，它们从整体到局部，都是自相似的。当然，也有一些分形几何图形并不完全是自相似的。分形几何往往能为不规则现象问题提供很好的描述。分形作为一门新兴的学科，在数学、物理、化学、生物、医学、工程技术等学科得到了广泛的应用和发展，并对整个科学的发展起着重要的作用。分形对现代科学的影响和推动具有与熵相当的地位。物理学家惠勒说："谁不知道熵概念就不能被认为是科学上的文化人，将来谁不知道分形概念，也不能称为有知识。"

分形有两个关系的定义。定义 1 为："以非整数维形式充填空间的形态特征"。定义 2 为："分数维是大于拓扑维的几何性质"。由分形的定义可看出，分形是一种非整数维的形态。分形理论最重要的贡献在于引入了分数维的关系。人们习惯的维数概念是整数维的，对于分数维的关系很难直接构建和找到比喻对象。在欧氏几何中，点可认为是零维的，线是一维的，面是二维的，体是三维的，还可以引入高整数维。整数维的关系通常是有客观关系对应的、比较好理解的，而分数维是比较抽象的、难理解的。下面以线段和图形建立分数维的概念，以边长为 1 画一个线段、一个正方形和一个立方体，然后，将它们的边长二等分，使原图的线度缩小为原来的 1/2，线段、正方形、立方体分别被等分为 2^1、2^2 和 2^3 个相似的子图形，其中的指数 1、2、3 正好等于图形相应的维数。根据以上分析，存在一般规律，当原图缩小为 $1/a$ 尺度，图形维度为 D，分得 b 个相似图形时，有

$$a^D = b \tag{18-1}$$

或

$$D = \frac{\ln b}{\ln a} \tag{18-2}$$

式(18-1)和式(18-2)是等价的，是维度为 D 的图形缩小 $1/a$ 在原图形尺寸上可分得的相似图形数 b 的计算公式。对于一根直线，如果用点来度量它，结果为无穷大，因为直线中有无穷多个点；如果用一个平面来度量它，结果为 0，因为直线中没有平面；要想度量它的具体值，只有用与其同维数的线段来度量(直线的维数为 1，大于 0、小于 2)。同样是线型图形，用直线也未必能度量。用 Koch 曲线可说明这种情况，且可以给出分数维的关系。Koch 曲线图形如图 18-1 所示。现构造 Koch 曲线，将一条线段三等分，用一个无底的等边三角形替代三等分的中间部分，在每一条直线上，重复第二步，以此步骤无限重复，Koch 曲线的长度为无穷大。因为每变换一次，一条线段都变成四条线段，每一条线段的长度是上一级的 1/3，以此操作 n 步的总长度是 $(4/3)^n$，当 $n \to \infty$ 时，总长度趋于无穷。根据式(18-2)，Koch 曲线的分形

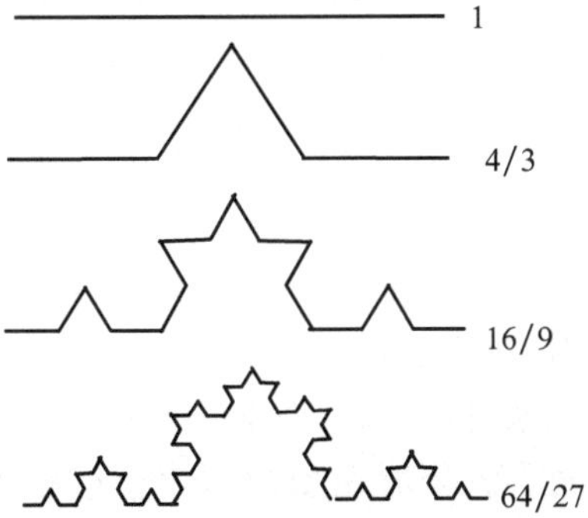

图 18-1　分形的 Koch 曲线

维数为

$$D=\frac{\ln b}{\ln a}=\frac{\ln 4}{\ln 3}\approx 1.26$$

Koch 曲线的维数大于 1，小于 2。Koch 曲线是由一条无限长的线折叠而成的，用小直线段和平面都无法度量其维数，只有找一个与 Koch 曲线维数相同的尺子度量，才会得到有限维数值。显然，这个维数大于 1、小于 2，那么只能是小数或分数值，所以存在分数维的图形。

分形的另一个重要关系是自相似。自相似是总体与部分，部分与部分间结构或性质的相似性，或局部体现整体特征的现象。自相似性既有空间的自相似，也有时间的自相似，是系统的某类结构或过程的特征在空间尺度或时间尺度都是相似的。自相似具有伸缩对应性。自相似性的数学表示为

$$f(\lambda r)=\lambda^{\alpha}f(r) \tag{18-3}$$

式中，λ 为标度因子；α 为标度指数或分维数；$f(r)$ 为自变量为 r 的分形函数，描述分形结构的空间性质[3]。$f(r)$ 可以是线段、面积、体积、质量等的函数，是量的性质的测度。分形的类型是各式各样的，只要你能想象，你就能构想出各种分形。下面介绍几种分形，以感受分形的奇妙和美感，帮助对分形的了解。图 18-2 为康托尔三分集，直线三等分，将中间线段拿走形成，是最简单的分形图。图 18-3 为 Koch 雪花，将 Koch 图案作为正六角形形成。图 18-4 为谢尔平斯基三角形，先作一个正三角形，挖去一个“中心三角形”，用黑色三角形代表挖去的面积，那么白三角形为剩下的面积，在剩下的小三角形中又挖去一个“中心三角形”，然后要以此不断往下挖，称白三角形为谢尔平斯基三角形。分形揭示了世界是非线性的，改变了人们对自然界的理解，给出了世界的本质关系，分形无处不在。分形几何是大自然的真实的几何学，它是科学与艺术的融合，是数学与艺术的统一。分形还给出了方法论的启示意义。

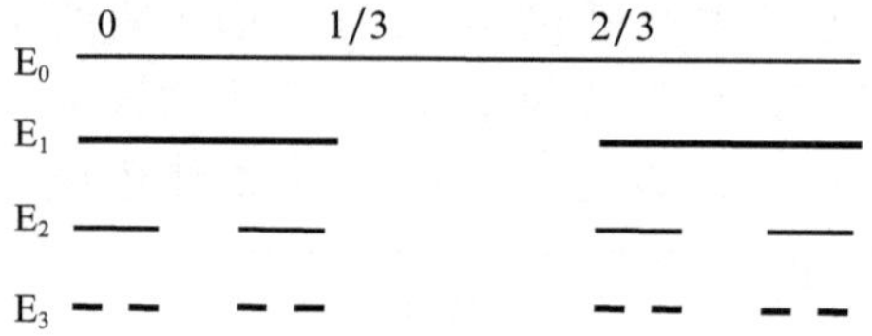

图 18-2　康托尔三分集

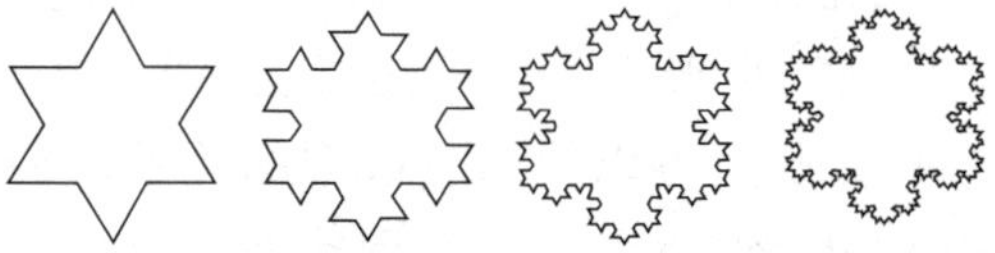

图 18-3　Koch 雪花

分形几何不仅仅是一种漂亮的图形关系，更重要的是它反映了某些自然规律的关系和可用于表达某些关系。分形几何在物理和信号处理领域得到了重要应用，对于晶体生长、蒸发沉积、化学反应、腐蚀、多孔介质液体流动、生物生长等形成关系可用自仿射分形来很好地描述，自仿射分形对应了界乎稳定状态的粗化界面[2]。分形在图像压缩上也有很好的应用，基于分形的图像编码压缩方法，即图像分形基编码压缩，是一种算法简单、实现容易的有效编码方法。

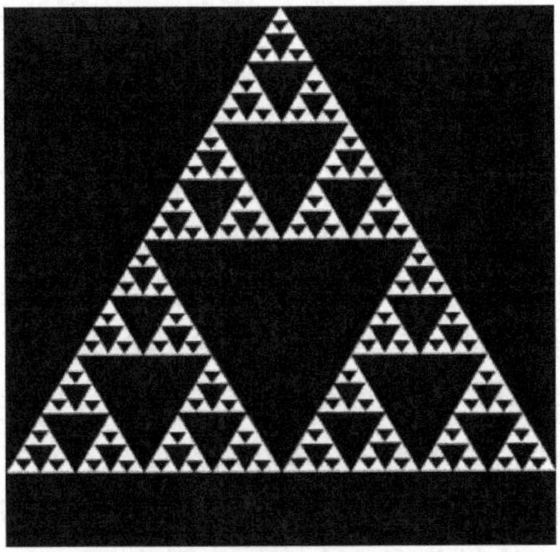

图 18-4　谢尔平斯基三角形

18.3　相似标准化的概念和理论

从以上分形关系可情不自禁地感觉到存在一种标准化关系，这种感觉来自于分形中存在的某种统一化因素，而统一化正是标准化的本质因素，这种统一化是形态的统一化。分形的统一化尽管不是完全一致性的统一化，是形相似的统一化，但它仍然激起了标准化的感觉。标准化是一种统一化的状态，这种状态是“在一定的时域和空域中，按约定范畴实现统一化的状态”。当统一化的状态与“约定”一致时，这种“状态”就是一种标准化的“状态”。当统一化的“约定”内容是形式或形状时，这种“约定”就是一种相似统一化的“约定”，统一化的结果等于形状相似关系。形式或形状关系的统一化称为相似标准化。相似标准化是一种形式或形状的统一化，不是尺寸严格一致的统一化。相似标准化的概念为：**“在一定的时域和空域中，按形式关系约定实现形式统一化的状态”**。相似标准化可以在时域中、空域中和时空域中。相似标准化的统一化目标是“形式关系约定”，这个约定是形式的或形状的，是非等值约定，是成比例约定。

相似标准化的形式数学模型为

$$f(kx)=k^{\alpha}f(x) \tag{18-4}$$

式中，f 为图形剖面表达函数；x 为图形函数的自变量；k 为图形的缩放比例系数；α 为变量 x 的维度数，表达的是形状的曲线形状。相似标准化的数学模型反映的是变量按某比例缩放的函数值等于函数按某比例的 α 维度数的缩放。例如，$f(x)$ 为一正方形面积函数，即 $f(x)=x^2$，当正方形的自变量 $x=4$，正方形函数的维度数为 2，图形的缩放比例系数 $k=1/2$ 时，$f(kx)=f(1/2\times4)=2^2=4$，$k^{\alpha}f(x)=(1/2)^2f(4)=1/4\times4^2=4$，则 $f(kx)=k^{\alpha}f(x)$；当 $x=5$，$k=3$ 时，$f(kx)=f(3\times5)=$

225，$k^{\alpha}f(x)=(3)^{2}f(5)=225$。式(18-4)表达的是图形相似性的关系，是对各维形状关系缩放的表达。式(18-4)的关系可容易证明，形状剖面的曲线函数一般表达关系为 $f(x)=x^{\alpha}$，$f(kx)=(kx)^{\alpha}=k^{\alpha}x^{\alpha}=k^{\alpha}f(x)$。证毕。

相似标准化是相对的统一化，不是绝对的统一化。相似标准化有一维相似标准化、二维相似标准化、三维相似标准化、高维相似标准化等。相似标准化表达相似性的维度可以是几何关系的维度，如线、面、体等，也可以是特性维度或参数维度，如第一维性能、第二维性能、第三维性能、第四维性能等。对于几何相似标准化关系：一维相似可以是各种线型或实体的截面轮廓线，这些线可以是几何线、自然景物轮廓线、自然线型、人造线型等，实体可以是型材、零件、产品结构等；二维相似可以是平面形状或平面图案的相似，如正方形、三角形、菱形、梯形、图案、照片等；三维相似可以是体形状或体结构的相似，如立方体、球体、三角体、产品结构体、雕塑体等。

当相似标准化的变量因素不是形状或形式，而是参数时，其数学模型不应采用式(18-4)，应采用等差系列、等比系列、模数系列、指数系列等数学模型。产品或实物对象参数系列化的结果实际上就是相似标准化，因为，产品主参数系列通常就是产品结构形式的缩放尺。多维度的实物对象，有时只需给出一维或二维的参数变化，就可带动几何多维度和性能多维度的相似变化，因为对象的各维度间通常存在关联匹配的比例关系，例如，某种类型的钻床，按其能加工的最大直径形成了系列钻床，系列中各钻床只是在加工直径上和功率上不同，钻床的整个设计结构相对关系没有必要改变，因此，钻床的直径系列是钻床整体形状和结构关系相似的系列，其相似性如图 18-5 所示。

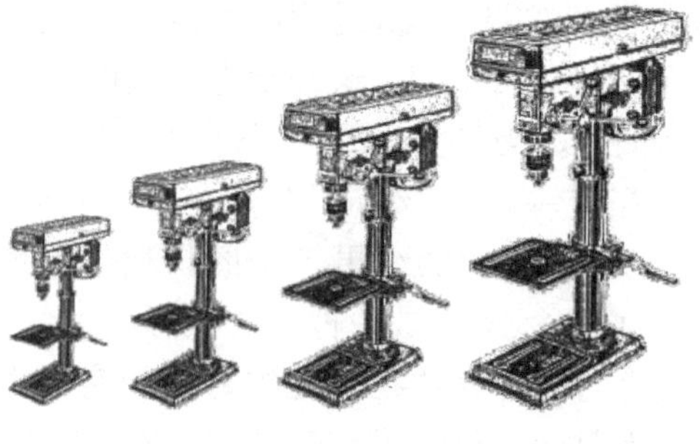

图 18-5　钻床系列相似关系

相似标准化是以重点要素的相似为基础的，不一定所有要素都是相似的，关键是重点要素或主要特征是相似的，而在其他特征上可以是完全相同的，如某激光器系列，其发射的激光波长为红光 6328nm，发射脉冲 5Hz，而激光的发射功率分别为 1mW、1.5mW、2mW、2.5mW、3mW 等，这些激光器在激光波长和发射脉冲频率上是一致性标准化的，但在激光发射功率上，它们是相似标准化的。既有相似标准化因素，又有相同标准化因素的情况，是对象相对和绝对因素标准化的混合。

相似标准化的类型可分为以下三种：

(1) 系列相似标准化；

(2) 自相似标准化；

(3) 遗传相似标准化。

系列相似标准化是指相似标准化对象间的差异关系是按一定的数值规律建立的，以系列数值对对象结构关系缩放形成系列相似事物，系列对象间是分离的，不是在一体上的相似关系，它们是一系列相互独立存在的相似对象，相似关系的形成是来自相同功能或形状对不同能力、规格或尺度的需求，如相同形式的不同直径的一系列钻头或图 18-5 中的一系列钻床等，它们是分离式的系列相似标准化形式。

自相似标准化来自于自相似[3]的启发，是相似关系发生在一体上，一体上的局部与整体的相似，局部的局部与局部的相似，如同图 18-1 的 Koch 曲线等。自相似的情况在海岸线、雪花上等都有体现。自相似标准化是一种新生长关系与母体关系的相似性，自相似现象如图 18-6 所示。图 18-6 是树生长的自相似关系，树上每一层次的树枝的生长是对其先前层次形态的自相似，这种自相似的生长在植物的生长中是一普遍关系。自相似标准化在晶体生长、植物生长、动物生长上都有普遍体现。自相似可以是空间的自相似，也可以是时间的自相似。空间自相似是事物空间分布的自相似，时间自相似是时间的重复自相似。

图 18-6　树生长自相似关系

遗传相似标准化是提供相似信息使分离生长对象相似的标准化，可以出自一体再分离生长的相似，也可给分离体提供相似信息长出相似形态，类似于赋予 DNA 遗传基因，如克隆，使分离体生长为相似关系。系列相似标准化对象和遗传相似标准化对象都存在着分离式的相似形态，而两者的差异在于前者的相似来自于对首件的模仿制作或对基型的缩放，后者的相似来自于相似信息支持的相似复制，或来自遗传基因支持的复制。

相似标准化也遵循标准化的四个基本公理。相似标准化的对象的形式或形状是容差性统一化的，形式或形状的差异只要在容许范围就是相似标准化的。相似标准化的对象的形式或形状统一化的结果是概率性关系的，形式或形状可能有局部或少量变异发生。相似标准化的对象的形式或形状的统一化是泛元性的，形式或形状的统一化关系可能有多个元素；相似标准化的对象的形式或形状的统一化是非量性的，形式或形状的统一化数量不是标准化标定的依据。

相似标准化为系列化的标准化属性提供了依据。通用化、系列化、模块化（组合化）（简称“三化”）的标准化属性一直是一个有争议的问题，问题出在对于“三化”学科归属缺乏支撑的理论依据。有理性标准化的概念、标准化形式的谱系和相似标准化的概念，“三化”的标准化属性问题有了全面、充分的理论支撑。通用化是普遍性统一化的标准化，系列化是形式或形状统一化的标准化（相似标准化），模块化是功能单元分布式统一化的标准化。

相似是对同形状的比例缩放感觉。相似在形式关系上是完全相等的或在形式关系上是大部分相等的，而在尺寸上是不相等的或在尺寸上是比例性差异的，尺寸相等或相同是相似的特殊情况。许多事物的类别划分是以相似为分类依据的，如动物的科目和植物的科目等。

标准化既是一种客观存在，也是一种思维存在，有客观形成的统一化关系，也有人类设计和构建的统一化关系。相似标准化是一种客观存在，也是一种思维存在。相似标准化的关系在自然界比比皆是，如同科的植物、动物、同类晶体、自然现象的雪花等。人们在材料规格、设备型号等方面设计了许多相似标准化的关系，以较少的品种满足了各种用途的需要，避免了大量的重复技术设计工作的投入，节省了时间和经费，且有效控制了不必要的品种规格的增长。

18.4 相似标准化的应用

相似标准化可以按三种类型来应用，它们分别是系列相似标准化、自相似标准化和遗传相似标准化。系列相似标准化可应用于指导工业产品的品种发展等；自相似标准化可应用于人工晶体生长、装饰图案设计、结构设计、建筑设计等；遗传相似标准化可应用于植物培育、动物培育、克隆需求体等。

系列相似标准化是在对象形式关系统一化的基础上，使对象的尺寸按一定的数值规律形成系列，由此形成形式统一化的不同对象尺寸系列。在工业设备、工具等的制造中，存在着设备、工具等功能相同，而做功能力、承受能力不同的需求。这种状况实际上是一种设备、工具等形式关系保持相同，尺寸大小按适合的使用能力大小改变的需求，这对应了系列相似标准化关系，或对应了设备、工具等的形式统一化而尺寸不同的需求。工厂使用的车床、铣床、钻床等机床都是按满足加工各种大小的工件要求设计、制造成系列的相似标准化关系的，尺寸的变化通常以主参数来确定。系列相似标准化中的主参数的变化规律一般选用具有等比关系的优先数系，主参数也可看成设备、工具等的缩放尺子因素。式(18-4)中的 k 相当于系列关系的形式或形状函数一维化后，系列中的优先数系值。日常生活中的螺丝刀、扳手等也是制造成系列相似标准化关系的。相似标准化的关系在紧固件、轴承、管路件、泵、支承件、齿轮、密封件、电器元件、电器接插件等标准件方面被广泛应用。系列相似标准化应用的内容是同一系列中的对象形式关系的统一化，同系列中的对象尺寸按规律化关系形成差异。系列相似标准化应用于产品的系列化发展，它使产品系列内的对象继承了统一化的优势形状或形式，使其系列中的不同能力对象的形式关系按尺寸比例缩放构成，有力地避免了重复设计，降低产品的设计和制造成本。系列相似标准化继承了设计的结构形式，只用标注缩放比例就能完成设计；

相似标准化简化了制造的工艺装备设计，继承工艺方案；相似标准化可继承试验方法，避免了试验方法的重新建立。

自相似标准化的实物形关系在自然界中有多种存在对象，如海岸线、植物生长状态等，在人造实物方面也大有应用前景。自相似标准化人为的应用目前比较典型的有人工生产晶体、产品结构设计、建筑设计、装饰图案设计等。自相似的图形往往能给人一种新奇的感觉，带来新的视觉效果，延伸人们对图形关系想象的无限空间。

遗传相似标准化是相似信息来自于母体或移植的方式，相似的形成有自然方式的和人为方式的。自然方式是繁殖方式进行的，人为方式是通过信息密码的注入进行的。对于培育相同的植物苗种，可选择一种母体，取其基因元素，植于培育苗体中进行培育，或在母体中进行苗体生长培育。对于动物的物种培育，可采用授精或克隆的方式，使生长出来的物种为遗传相似标准化的关系。遗传相似标准化是生命物种保持优化选择和不断延续的方式。产品、建筑的测绘、仿制的成果也是遗传相似的成果。

相似标准化对合理控制产品发展品种规格、培育优良品种、降低发展成本、保证品种质量、提高品种发展效率等都有重要的理论价值和实际的指导意义，将会是标准化未来发展的一个重要方面。

参考文献

[1]　麦绿波. 相似标准化概念和理论的构建[J]. 中国标准化，2013，(1)：48-51.
[2]　文志英. 分形几何理论与应用[M]. 杭州：浙江科学技术出版社，1998.
[3]　张济忠. 分形[M]. 2 版. 北京：清华大学出版社，2011.

第 19 章　标准控制方程[1]

19.1　标准控制方程的创建

标准最重要的功能就是约束功能，它对作用对象产生约束。标准是一种框框，具有限制、控制和规范的作用，实施标准的行为本身就是一种约束或施控的行为。不仅用于规范性的标准是约束性的，用于引领性的标准也是约束性的，前者是约束现状的，后者是约束未来的。由于标准约束的应用过去还没有定量的数学关系来指导和解析，因此标准约束作用的发挥不能实现科学化、系统化和精准化。要使标准约束的应用科学化、系统化和精准化，就需要使标准约束关系的应用数学化。标准约束应用的科学化首先要建立约束的理论化关系，理论关系的科学性需要使理论关系数学化。为了使标准的约束关系数学化，解决标准约束关系的应用定量化、精准化、系统化问题，需要建立标准约束的应用的数学化模型或方程，为复杂系统的标准控制提供数学工具。本章论述标准控制方程创建的思想和推导，为标准控制方程的应用提供认识基础。

一切与人有关的不期望的差异都是人在不同时间、不同空间、不同人之间行为差异的结果。这种行为包括人的直接行为以及人操作和利用设备、装置、仪器的间接行为。用标准进行控制，可使这种差异控制到期望的程度。标准的约束或控制，本质上是对人的行为的控制。这种控制也可用于对自然界环境进行调整和控制，但应是用于保护自然界生态的有益关系，如人工植树、筑坝防洪等。对于人造物(如自动设备等)行为的控制，即使行为控制的对象不是人，但对象背后的变化决定因素还是人的行为。例如，汽车排放控制的是发动机，但发动机的背后是人的设计和制造行为，是人对发动机的设计和制造的行为结果，在根本上控制了发动机的排放状态。当需要对不同时间、不同空间、不同人之间的人的行为进行统一时，标准是实现这些统一的有效约束手段。由于行为状态的复杂性和标准要素的复杂性，控制的关系难以表征和联系，解决这一问题的出路是将标准的控制关系应用数学化，这就需要创建一套标准控制的数学模型。标准控制关系的数学化可为标准控制建立起控制的理论关系，这种理论可用于对控制和被控制要素进行分析、匹配，用于指导和解决复杂系统的标准控制问题。行为系统是一个复杂的系统，其变化的数学模型和控制数学模型可借鉴大系统理论的数学思想和模型关系建立[2]。在现实中，做某件事是需要许多行为来完成的，如研制一种产品，或建设一项工程等。因此，完成一项复杂工作的行为结果状态变量一般是多元化的变量。设行为结果

状态变量为 $x_1, x_2, \cdots, x_n$，或称为行为结果状态变量系统。一个行为结果状态变量系统会随时间、空间或行为者等自变量的变化而变化，时间、空间或行为者间的变化带来的行为结果状态变量增量与行为结果状态变量符合一阶微分方程关系，见式(19-1)。标准对行为的约束可以看成是标准对行为的控制。标准的控制一般是针对变动的系统，这些系统往往是随系统某些变量关系的变化在发生改变，这些变量至少是会随时间、空间、行为者间的一种变化而变化。在式(19-1)中可加入控制变量，使变化得以控制。当用标准作为控制变量时，这种变化符合带有控制量的常微分方程，即行为结果状态随变化因素 h 的增量与行为结果状态变量及控制变量一起建立了常微分联立方程关系，这个方程建立了标准控制数学模型，或称标准控制方程，简称“标准方程”，见式(19-2)。把行为结果状态变量作为目标状态变量，可建立式(19-3)的目标状态关系。

$$\begin{cases} \dfrac{\mathrm{d}x_1}{\mathrm{d}h} = a_{11}x_1 + a_{12}x_2 + \cdots + a_{1n}x_n \\ \dfrac{\mathrm{d}x_2}{\mathrm{d}h} = a_{21}x_1 + a_{22}x_2 + \cdots + a_{2n}x_n \\ \qquad\vdots \\ \dfrac{\mathrm{d}x_n}{\mathrm{d}h} = a_{n1}x_1 + a_{n2}x_2 + \cdots + a_{nn}x_n \end{cases} \tag{19-1}$$

$$\begin{cases} \dfrac{\mathrm{d}x_1}{\mathrm{d}h} = a_{11}x_1 + a_{12}x_2 + \cdots + a_{1n}x_n + b_{11}r_1 + b_{12}r_2 + \cdots + b_{1u}r_u \\ \dfrac{\mathrm{d}x_2}{\mathrm{d}h} = a_{21}x_1 + a_{22}x_2 + \cdots + a_{2n}x_n + b_{21}r_1 + b_{22}r_2 + \cdots + b_{2u}r_u \\ \qquad\vdots \\ \dfrac{\mathrm{d}x_n}{\mathrm{d}h} = a_{n1}x_1 + a_{n2}x_2 + \cdots + a_{nn}x_n + b_{n1}r_1 + b_{n2}r_2 + \cdots + b_{nu}r_u \end{cases} \tag{19-2}$$

$$Y = c_1x_1 + c_2x_2 + \cdots + c_nx_n \tag{19-3}$$

给式(19-3)中加入标准控制变量，就建立目标控制方程

$$Y = c_1x_1 + c_2x_2 + \cdots + c_nx_n + d_1r_1 + d_2r_2 + \cdots + d_ur_u \tag{19-4}$$

式中，$x_1, x_2, \cdots, x_n$ 为诸行为结果状态变量，其本身是随时间变量 t、空间变量 s 和人的变量 p 之一的变化而变化；$\mathrm{d}x_1, \mathrm{d}x_2, \cdots, \mathrm{d}x_n$ 为诸行为结果状态变量的增量；$\mathrm{d}h$ 为行为实施条件时间、空间、人员之一变化的增量；$a_{11}, a_{12}, \cdots, a_{nn}$ 为行为结果状态变量矩阵的常系数；n 为正整数；$r_1, r_2, \cdots, r_u$ 为诸标准控制变量；$b_{11}, b_{12}, \cdots, b_{nu}$ 为标准控制变量的常系数矩阵；r 为正整数，$u<n$；$Y=(y_1, y_2, \cdots, y_m)^{\mathrm{T}}$ 为目标状态矢量，$m<n$；$(c_1, c_2, \cdots, c_n)$ 为目标观测量的常系数矩阵，$c_1, c_2, \cdots, c_n$ 为 m 维系数，$c_1=(c_{11}, c_{21}, \cdots, c_{m1})^{\mathrm{T}}$；$(d_1, d_2, \cdots, d_n)$ 为直接控制变量的常系数矩阵，$d_1=(d_{11}, d_{21}, \cdots, d_{m1})^{\mathrm{T}}$，$d_1, d_2, \cdots, d_n$ 为 m 维系数。

设行为结果状态变量的常系数矩阵为 A，行为结果状态变量矩阵为 X，标准控制变量的常系数矩阵为 B，标准控制变量矩阵为 R，目标状态矩阵为 Y(可看成可观测输出)，目标状态的行为结果状态变量的常系数矩阵为 C，目标状态的标准直接控制变量的常系数矩阵为 D，标准控制方程的矩阵表达式为

$$\dot{X} = AX + BR \tag{19-5}$$

$$Y = CX + DR \tag{19-6}$$

式中，$\dot{X}$ 为结果状态变量矢量的一阶微分。

式(19-2)和式(19-5)为标准控制的行为结果状态方程。式(19-4)和式(19-6)为标准控制的目标方程。

当式(19-5)中 $\dot{X}=0$ 时，行为状态不随时间、空间、人的变化而变化，行为系统处于静态，其状态方程为

$$0 = AX + BR \tag{19-7}$$

式(19-7)为行为结果状态的静态方程。式(19-7)所示状态的形成主要靠标准控制矢量 R 的作用，通过标准的控制使行为状态结果不再随时间、空间和人之一的变化而变化。

当式(19-5)中 $R=0$ 时，即未实施标准控制，方程为

$$\dot{X} = AX \tag{19-8}$$

式(19-8)为自由状态方程。式(19-8)中，由于无标准控制作用，系统状态处于无控制状态，形成自由状态，行为结果状态随时间、空间和人之一的变化而不断变化。

当式(19-6)中 $R=0$ 时，方程为

$$Y = CX \tag{19-9}$$

式(19-9)为无标准控制的目标方程，目标结果由 CX 决定。

式(19-2)、式(19-4)、式(19-5)、式(19-6)、式(19-7)的标准控制状态方程为线性常系数一阶微分方程。对于一般情况，标准控制的状态方程应为非线性、变系数、偏微分方程组，即变量 x 随时间变量 t、空间变量 s 和人的变量 p 的变化而变化，设 x 为 $x(t,s,p)$、h 为 $h(t,s,p)$，则偏微的标准方程为

$$\begin{cases} \dfrac{\mathrm{d}x_1}{\mathrm{d}h} = f_1(x_1, x_2, \cdots, x_n; r_1, r_2, \cdots, r_u, t, s, p) \\ \dfrac{\mathrm{d}x_2}{\mathrm{d}h} = f_2(x_1, x_2, \cdots, x_n; r_1, r_2, \cdots, r_u, t, s, p) \\ \vdots \\ \dfrac{\mathrm{d}x_n}{\mathrm{d}h} = f_n(x_1, x_2, \cdots, x_n; r_1, r_2, \cdots, r_u, t, s, p) \end{cases} \tag{19-10}$$

式中，f_1、f_2、…、f_n 为非线性状态函数。非线性、变系数、偏微分的数学模型是比

较复杂的，为简化数学运算关系，可对非线性、变系数、偏微分状态方程进行简化，简化的方式包括：状态方程线性化、系数定常化、集总化、降维数、摄动简化等[2]。

狭义的标准通常是文字性的规定、要求等约束，是通过人的阅读理解以行为实施控制的。标准只能约束主动系统，即人的行为系统，因此，标准的控制也是对人的行为这种主动系统的控制。标准的控制不同于计算机和传感器的控制，它们的控制主要是对机器和设备系统等被动系统的控制。标准也可用于控制被动系统，但需要通过第一控制因素——行为去实施对被动系统的控制，可通过人将标准控制内容转换为程序指令去进行设备、机器等被动系统的控制。

19.2　标准控制的状态维度关系

行为状态的变量是时间、空间、人的三维变量，状态变量的增量可作为第四维量，这样可建立一个四维空间关系，用四维空间关系可表达标准控制状态的关系。第四维量可看成是状态变量在第四维上的映射。以时间、空间、人为变量 $x(t,s,p)$ 的三维空间任意点变量 x_i，其增量 Δx_i 的尺度轴 Δx 可作为第四维量，变量 x 和增量尺度轴 Δx 的关系可用一个映射关系来表达，如图 19-1 所示。图中，在时间 t、空间 s、人 p 的三维空间中，变量 x_1、x_2、…、x_n 在第四维的映射增量在 Δx 轴上是不在同一位置的，此时变量增量处于自由的无控状态。当用标准对变量进行控制时，在时间 t、空间 s、人 p 的三维空间中，行为状态变量 x_1、x_2、…、x_n 的增量在第四维映射的增量在 Δx 轴是等位置的，且变量增量为零，即 $\Delta x_i=0$，或在允许的偏差范围内，变量的增量处于标准控制状态，如图 19-2 所示。

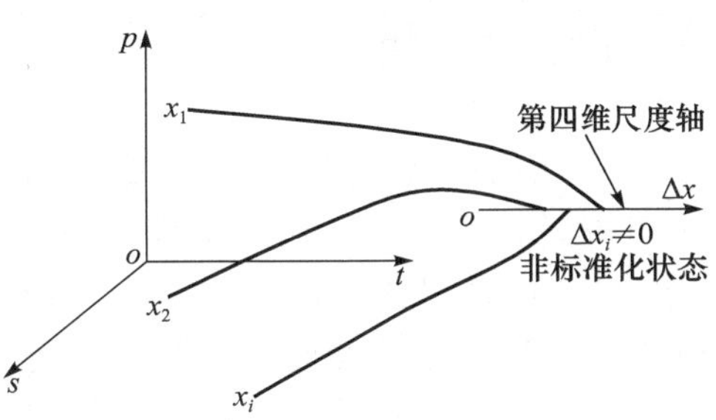

图 19-1　无标准控制的状态维度关系

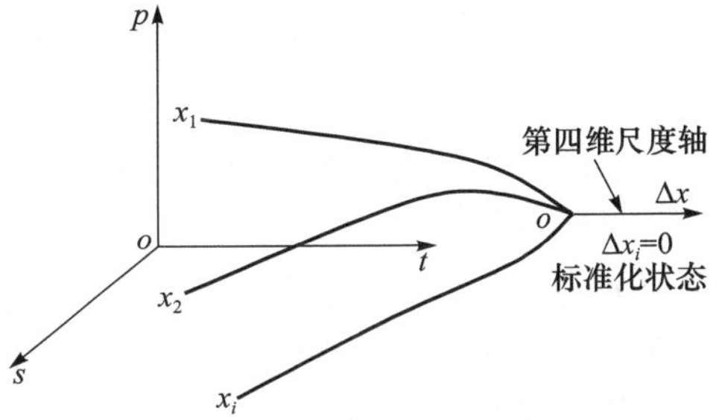

图 19-2　标准控制的状态维度关系

标准控制方程的数学模型提供了多变量系统应用标准作为控制手段的精确计算关系和量之间的相关关系。而状态维度关系给出了多变量系统应用标准进行控制的直观、形象的关系，方便对多变量系统控制关系的理解。

19.3 状态的目标关系

在标准控制方程式(19-3)、式(19-4)、式(19-6)、式(19-9)中，状态变量 x_i 可以作为目标分量，其系数 c 对目标分量 x_i 作用的和可以作为目标量。当变量系统可作为目标系统时，这些目标可以是服务行为的质量指标变量、产品生产的性能指标变量、交通管理的指标变量、生产操作的行为变量、生产排放指标控制变量、食品的质量指标变量等。目标系统的目标可以是优化的极值目标，或是结果目标，也可以是过程目标，这些目标可作为产品质量目标、服务质量目标、系统管理目标、保护限制目标等。

目标指标通常希望达到和保持在一个量值关系上，不希望它们随时间、空间和人的关系变化而变化。标准对目标控制的作用是使目标不会随时间、空间、人的变化而变化，许多目标是单限期望的，而不是双限期望的，也就是说是单向控制的，主要是控制目标量不要变坏，允许变好，因此，目标数值多数是单限值的关系，小于或大于某个数值。理论上，目标具有双向移动性。实际中，目标向好的一方移动是非自然的，是以成本付出为代价的，向坏的一方移动是自然的，因此，标准控制的作用主要是阻止目标向坏的方向移动。当目标行为或目标参数不随时间、空间、人的因素的变化而变化时，处于静态状态，等于标准的控制发挥了稳定随机变化的作用。

状态变量系统的各目标分量之间是不相关的(不等价的)，相关的状态变量可通过变量系数的变化来消除。

19.4 标准方程的自变量分析

标准方程的自变量有两个层面的自变量，一个层面是状态函数的自变量，如状态分量或目标分量 x_1、x_2、…、x_n，这些自变量可以是行为状态、指标、参数等，另一个层面是状态分量或目标分量 x_1、x_2、…、x_n 的自变量时间、空间、人(t,s,p)，目标状态最底层的变量关系还是自变量时间、空间、人，最根本的变化是行为的变化。目标状态或状态函数的自变量 x_1、x_2、…、x_n 表达的是分目标或分状态，当目标状态为产品性能时，函数的自变量或分目标为产品性能的各个指标量。

每一个分目标变量都是变量时间、空间、人的函数，时间、空间、人是“自变量”的自变量，所有目标分量都是行为的直接结果或间接结果。当行为在同一位置时，空间变量就没有变化，$s=0$，空间变量对目标分量不产生影响；当同一行为的人为同一人时，行为人变量就没有变化，$p=0$，人变量对目标分量不产生影响(假设同一人的行为是稳定不变的)；时间是不会停止的，目标分量始终要受到时间变量的影响,这样目标分量只有一个时间变量。当通过训练或培训使行为不随时间变化时,时间变化带来的是常数。为了减少影响目标分量的影响因素,可以通过对行为者用标准约定进行培训,消除行为者在不同地点行为的空间差异、时间差异和人与人之间的行为差异,用行为的合格者条件来消除行为变量随空间、时间和人的变化而变化,使目标变量的变化量为常数。

在以上联立方程中,系数有变量系数和定常系数,系数是平衡方程关系的,有时是人为设置的目标关系的分量加权系数,有时是客观规律的配置量,它们的确定与目标状态要求有密切关系。

19.5　标准方程的控制因素分析

标准控制方程中的控制因素主要有四个方面的内容:第一个方面是标准因素;第二个方面是标准实施因素;第三个方面是标准化方法因素;第四个方面是标准实施监督控制因素。标准的控制可分为技术控制和行政控制。标准、标准实施和标准化方法的控制为技术控制,标准实施监督为行政控制。为了增强目标优化的控制能力,控制矢量 r 应大量加入标准和标准化文件、标准实施、标准化技术("三化"设计、"三互"设计、品种压缩等)、标准实施监督等因素来控制,以实现目标最佳化。标准控制的方式首先是针对控制事项提出标准和标准化方法需求,然后是制定标准和寻找到所需标准,通过标准的实施和实施监督进行行为控制,由行为控制达到目标控制。标准中的控制关系由目标体系中的分目标决定,一个分目标有可能对应一个标准的多个标准使用点,甚至是多个标准,另外,一个标准也有可能对应多个分目标。标准控制的作用就是使目标状态中的自变量系统不随时间、空间、人的变化而变化,因此,对每一个自变量,要确定控制自变量对应的标准内容及内容对应的标准类型,或者确定控制自变量对应的标准化方法。在确定了自变量对应的标准控制内容和标准类型后,需要对这些内容进行汇总,即将这些内容按标准分门别类地列出来,为标准寻找、查寻内容和使用提供方便,对于没有现行标准的,可为标准的制定提供需求方向。

从数学角度上看,标准控制就是以标准作为控制变量,通过确定或选定标准的内容、实施标准和标准实施监督,使自变量随时间、空间、人变化的微分增量为零,让自变量保持在某个期望值的静态关系,或保持在某些期望值域下。标准的控制变量有数值型和要求型。数值型的标准控制是定量的,可能是一个准确值,也可能是单限值或双限值,如控制的内容可能是产品性能、尺寸、精度、服务时间、价格等数值。要求型标准控制变量是定性的,控制的内容可是产品功能、质量要求、服务质量、服务态度、器具配置等要求。

19.6　标准方程的应用和评价

标准控制方程是将传统上用管理或行政进行的标准化控制转化为数学的控制方式，实现标准控制的科学化、系统化、精准化和可评价化。标准控制关系的数学化，需要对标准的文本内容进行结构化、格式化、概念化、数元化的工作，使标准的内容转化成数学的控制变量，与目标体系的分目标相对应。

标准控制方程应用的对象可以是产品、过程、服务、管理等。对于产品的标准控制，应用对象可以是机械产品、化工产品、电子产品、光学产品、软件产品、农业产品、食品等，产品的性能指标或营养指标可为分目标量或自变量，例如，产品为望远镜时，目标状态为望远镜的性能，分目标或自变量分别为望远镜的放大倍率、视场角、入瞳孔径、出瞳孔径、出瞳距离、光轴平行度、光学传递函数、可靠性、维修性等。对于服务的标准控制，应用对象可以是宾馆服务、餐饮服务、商场服务、娱乐服务、医院服务、电信服务、银行服务、邮政服务、交通服务、旅游服务、家政服务等，服务的目标状态可为各自的服务指标量，例如，宾馆服务质量的分目标或自变量分别为宾馆服务的环境质量、客房卫生质量、客房配置水平、客房服务质量、前台服务质量、餐厅服务质量、消费物品质量等。对于管理的标准控制，应用对象可以是企业管理、环境管理、工商管理、交通管理、行政管理、安保管理、文化管理、卫生管理等，管理的目标状态可为各自管理的指标量，例如，制造业企业管理，目标状态为企业管理的总和，分目标或自变量分别为制造企业的战略管理、计划管理、生产管理、质量管理、安全管理、采购管理、营销管理、物资管理、人员管理、财务管理等。

有了目标状态的分目标关系后，根据分目标维度可确定标准控制系统的结构化、格式化、数元化等内容。根据目标内容、控制内容，设立各种内容的变量数学代数矩阵，由此，就可建立起标准控制的数学表达关系式。

标准控制的效果评价可通过标准控制实施后的结果来表达。标准控制的效果评价主要看目标值和目标分量随时间、空间、人的变化所带来的变化大小。标准控制效果的评价可以用超差比和超差量来评价。超差比是指在目标分量系统中，未控制住的超差目标数占所有目标数的比例。超差量评价是对超差的目标值，评价超差量的大小程度。超差程度可用超差等级来度量，如将超差等级定为以超差量占标称值比例的大小来分级等。

参 考 文 献

[1]　麦绿波. 标准控制方程的创建[J]. 中国标准化，2015，(8)：61-66.
[2]　涂序彦，王枞，郭燕慧. 大系统理论[M]. 北京：国防工业出版社，2003.

第三篇　方　法　篇

第 20 章　通用化的理论和设计方法[1,2]

20.1　通用化的概念和原理模型

通用化作为“三化”(通用化、系列化、模块化或组合化)之首,是表现标准化技术性的主要内容之一。要深入、系统地了解和掌握通用化,先要搞清四个主要问题:为什么要搞通用化?什么是通用化?通用化类型有哪些?通用化如何建立?在四个问题中,第一个是通用化的意义问题,第二个是通用化的概念和理论关系问题,第三个是通用化的类别划分问题,第四个是通用化构建和设计的方法问题。关于通用化的意义,已有书籍和文章进行过阐述[1~3],已形成了共识,本书不再赘述。第二至第四个问题是通用化理论和方法方面的薄弱内容,拖了通用化技术性发展的后腿。通用化的理论还需大量补充和理性化提升,通用化的概念也需理性化深化,应建立通用化的关系模型和数学模型等理论内容。通用化的分类需要系统性研究,提炼通用化的特点,科学划分通用化的各种形式。通用化的设计方法还是空缺,需研究建立各通用化形式的设计方法,为通用化的建立提供具体的技术方法。本章内容有两个重点:一是系统性地建立通用化的理论内容;二是提升通用化的科学性认识和表达方式。通用化的系统性理论包括通用化的概念、通用化的关系模型、通用化的数学模型、通用化对象的联系方式、通用化的形成方式、通用化对象的范围、对象通用的等级、通用化的设计方法、通用化的关系等内容。

通用化是对象的通用化,结果是形成一种“状态”,其特征概念是“普遍适用”,因此,通用化的概念为:**对象普遍适用的状态**。通用化的对象可以是产品、信息、软件、接口、功能、模式、行为、方法等实物和非实物的对象。通用化的状态有数值、几何、方法、功能、模式、行为等的统一化形态。

通用化的形成方式是,对产品共性和相似特征,经归并、优选、简化,找出其共同的物理特性或典型结构,最大限度地扩大产品或零部件使用范围的一种标准化方式。对象通用化的性质是通过“多用”来体现的,没有“多用”需求,就没有通用化需求。“多用”是多用途使用、多机会使用和多种对象应用等。通用化的状态是对象间能普遍匹配适用,这种匹配在结构尺寸方面是互换性的,在非结构的物理、化学、生物、信息等关系上是输入和输出能匹配和功能有普遍适用性的，例如，在电路方面是阻抗匹配的，光路方面是光束耦合的，化学方面是相容性的，生物方面是共生性的，信息格式和协议方面是可获取和可识别的等。

有一种说法“互换性是通用化的前提”，确切的关系应是接口互换性是通用产品连接的前提。互换性和通用化不是前提关系，而是等价关系。通用化也可看成是一种广义的互换性，广义的互换性是指能普遍替换的概念，广义互换性等价于通用化性质。结构的互换性是基于公差与配合关系的，互换性本身体现的就是尺寸关系的通用化性质。互换性单元要求单元不加任何改变或修整就能任意替换另一单元，满足同样使用要求或性质的一种能力，它包括功能互换性和接口互换性。通用化是对象的通用化，没有对象的通用化是无意义的通用化，或者是虚无缥缈的通用化。通用化的对象可以是有形的、无形的、概念的、表现的等。通用化的概念先是出自于硬件产品领域，现已延伸到了软件、方法、管理、行为等方面。通用产品给制造商和消费者都能带来利益，可避免多品种产品的再研制，节省了费用，它是一种全局性的公共利益。

通用化的深化认识需要通过其理论关系来推进。通用化的理论关系还需要通过构建通用化的原理、通用化关系模型、通用化数学模型来建立。通用化原理为：**“使一种对象拥有多种对象的使用要求因素，将使一种对象具有多种对象的适用范围”**。通用化原理中的“拥有”表示“具有”和“替代”两种含义，“多种对象的使用要求关系”是指同类多种预定被替代对象都需要的使用要求关系，“将具有多种对象的适用范围”赋予了对象通用化的本质性质，通用化就在于有宽广范围的适用性，单一性的利用就是专用化。通用化不是在绝对一致的条件下实现的，是以等效为准则实现的。通用化的实现是第一公理支持下的容差通用，通常不可能有绝对精确性的通用。

通用化是主观建立的客观关系，是人为建立的，不是客观形成的。而通用化的成果是客观存在的和客观使用的。通用化既然是人造的，就与“现状”和“未来”有关，通过对对象通用化的工作，改变现状，建立新的未来状态。通用化的形成，主要是“对象”、“现状”、“未来”三个要素的表达。通用化原理的关系模型可归纳为三种：第一种是基于对象间存在共性特征的通用化，如图 20-1 所示；第二种是基于对象间部分存在共性特征、部分没有共性特征的通用化，如图 20-2 所示；第三种是对象间无共性特征的通用化，如图 20-3 所示。通用化的关系体现在通用化方式上，通用化方式使抽象的通用化关系成为具体可实现的内容。图 20-1 所示的通用化，是多个对象有一定共同基础的通用化，在这种状况下建立通用化关系，是共同基础延伸的通用化。图 20-2 所示的通用化，是多个对象部分有共同基础、部分无共同基础的通用化，在这种状况下建立通用化关系，是共同基础延伸加包容的通用化。图 20-3 所示的通用化，是多个对象无共同基础的通用化，在这种状况下建立通用关系，是包容性的通用化。共同基础的状况、部分共同基础的状况和无共同基础的状况，这些“状况”可以是现状的状况，也可以是构想的，还可以是现状与构想都有的。状况为现状时，通用化的方式是品种压缩和归并的通用化。状况为构想时，通用化的方式是开发通用化。状况既有现状，也有构想时，通用化的方式是在品种压缩和归并基础上的开发通用化。

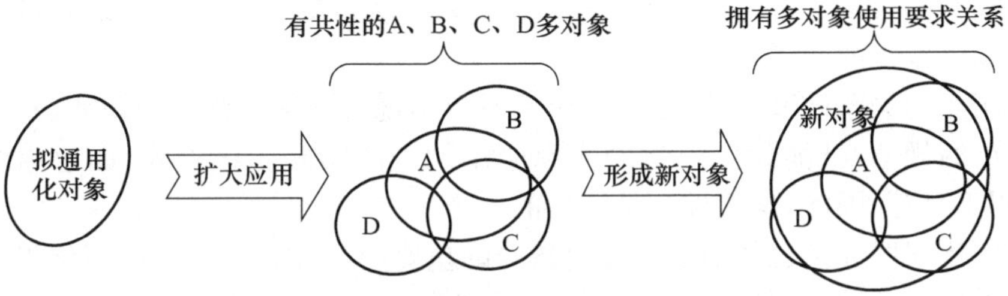

图 20-1　通用化原理图(对象间有共性关系的)

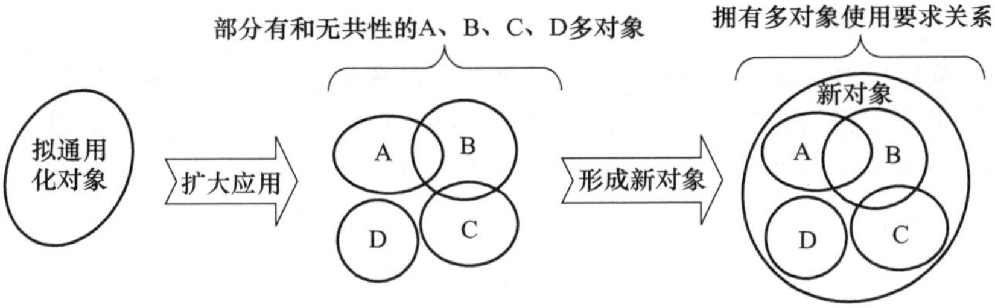

图 20-2　通用化原理图(对象间部分有和部分无共性关系的)

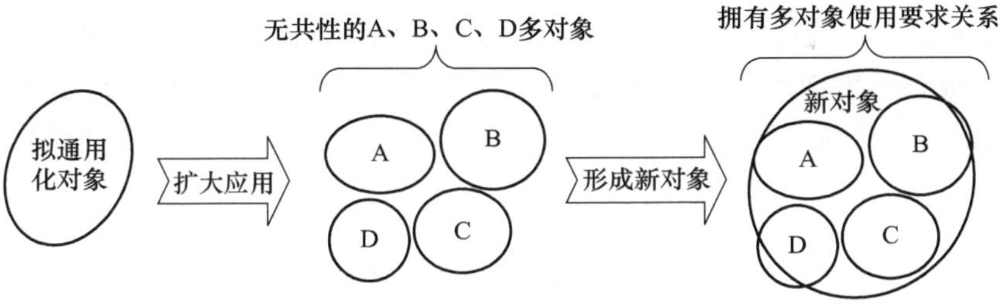

图 20-3　通用化原理图(对象间无共性关系的)

通用化的数学关系是多个使用关系或对象集合的归属化关系，通用化的数学模型为

$$x_i \in A \tag{20-1}$$

式中，x_i 为第 i 种使用关系或对象($i=1,2,\cdots,n,n$ 为自然数)；A 为通用使用关系或对象的集合。式(20-1)的通用化数学模型的含义是，通用化是一种包含性的使用集合关系，它能包含多种不同的使用关系或对象进入其关系中。这个通用化使用关系或对象的集合 A 既可以是现状的关系或对象，也可以是构想的关系或对象，同样，i 种使用关系或对象 x_i 既可以是现状的关系或对象，也可以是构想的关系或对象。

通用化表达的第二种数学模型是基于使用关系或对象特征的求和通用化，其数学模型为

$$F \geqslant \sum f_i \tag{20-2}$$

式中，F 为通用化的使用范围；f_i 为第 i 种使用关系或对象特征。式(20-2)的通用化数学模型的含义是，使用范围大于或等于其所涵盖的每个使用关系或对象特征的和即为该范围的通用化。

通用化的关系模型、数学模型给出了对象实现通用化的普遍性规律，是可实现和可验证的规律，已能找到大量的实际应用例子的实践验证检验，如通用电源插座、通用工具等，因此，这些理论是科学的。

通用化程度评价也是通用化理论建设的重要内容，因此，建立通用化程度的评估数学模型。通用化程度的评估采用通用程度的反向特性进行评估，这个特性用**特别度**表示，其数学模型为

$$\tau = -\ln p_{\mathrm{t}} \tag{20-3}$$

式中，τ 为事项的特别度；p_{t} 为事项的普适率(普遍适用率)或通用率，这个"率"可以是比例，也可以是概率，即通用化的比例或能通用的概率。例如，某种手机充电器在手机中的普适率为 20%，即有 20%的通用可能性，其特别度为 1.61，当手机充电器的普适率为 80%时，即有 80%的通用可能性，其特别度为 0.22。由计算可看出，普适率为 20%的特别度是 1.16，普适率为 80%的特别度是 0.22，普适率越高时特别度越低。特别度是事项个性程度的表达，在有些情况特别度低是好事，即事项的普适率高、通用性强或适用范围广，在有些情况特别度高是好事，即事项新增特性多或创新性多。特别性指标的高低意义取决于用其评价什么对象的什么内容。

实际中一个事项的普适率或通用率是需要多个指标或多个分项内容表达的，如接口通用、功能通用、外形尺寸通用、颜色通用等，此时特别度的数学模型为

$$\tau_{\mathrm{g}} = -\sum_{i=1}^{n} \ln p_{\mathrm{t}i} \tag{20-4}$$

式中，τ_{g} 为具有分事项的事项总的特别度；$p_{\mathrm{t}i}$ 为事项中每个分项的普适率或通用率；i 为分事项的序数，$i=1,2,\cdots,n$，n 为自然数。式(20-4)既可用于计算一个事项的特别度，也可用于计算多个事项组成的特别度。为了使由多事项组成的事项总特别度间具有可比性，可对式(20-4)除以 n，使其归一化。事项特别度计算模型是通用化深化理论研究和工作有效开展的一把重要评价尺子。

20.2 通用化的方式及范围

20.2.1 通用化对象的联系方式

通用化对象要与应用的对象相关联，因此将形成某些联系方式。从物理连接

角度，联系方式有结构性单端配合、结构性多端配合；从内容传输角度，联系方式有单向输入输出、双向输入输出。

通用化对象与其连接对象无论是何种方式连接，接口的结构和尺寸应具有互换性和连接通用化，材料的化学特性与配合对象应是相容的，能符合匹配要求，输入或输出的内容能满足预定的物质、能量、信息的传输需要，接口连接具有适合性、有效性、可靠性。

同时拥有输入和输出的系统，是比较复杂的连接情况，通常要将通用对象和与之匹配的连接对象作为一个系统一并进行分析和设计，特别是不能忽略反馈量的影响，否则，输入或输出的匹配将会出现问题。输入和输出的通道可以是分开的，也可以共用一个通道，分开和共用取决于输入和输出内容之间是否存在干扰关系和满足传输性能的要求。

20.2.2　通用化的形成方式

通用化原理只给出了通用化形成的普遍规律，没有通用化具体的形成方式。了解通用化的具体形成方式，对建立和应用通用化是很有指导意义的。对象通用化形成的具体方式主要有：借用通用化、继承通用化、压缩通用化、开发通用化、编号通用化、定标通用化等，现将每种通用化形成方式的内涵论述如下。

1）借用通用化

借用通用化是对已有产品中具有通用属性的单元借用到新研制产品中的通用化方式。被借用的产品通过借用以后，积累了通用化的经历。被借用产品的被借用单元通常仍用原产品的图样代号，不采用借方的产品编图样代号。借用通用化是利用现有资源的通用化。借用的关系可以是同类产品间借用和非同类产品间借用，由此，被借用产品形成了在同类产品中的通用化和在非同类产品中的通用化。能在非同类产品中借用的单元，其通用化程度将处于更高的通用化等级。

2）继承通用化

继承通用化是同类产品在进行下一型研制或下一代发展时，继承使用上一期研制的产品，使这些被继承使用的组部零件被赋予了前期与后期共用的性质，共用的组部零件按这种方式在以后产品发展的“型”和/或“代”中继续共用，积累数次通用的经历，成为“事实”的通用组部零件。继承通用化是对同类和相近系统或产品的大部分直接利用，在本质上属于借用通用化，经多次借用的积累共用经历，形成通用化。继承通用化有三种利用积累方式形成通用化：一是在同类产品中多次继承使用的通用化，称为时间域继承通用化；二是在多种不同类产品中继承使用的通用化，称为空间域继承通用化；三是在多种不同产品多次继承使用的通用化，称为时空域继承通用化。

3）压缩通用化

压缩通用化是将多个品种进行归并，形成品种集中而扩展适用范围的通用化。压缩通用化是在现有产品品种基础上开展的通用化，通用化的工作一方面是优选适用面广的品种，一方面是淘汰过于专用和不必要的品种。压缩通用化工作是产品品种集中而用途扩展的通用化工作。产品通用化统型属于压缩通用化范畴。

4）开发通用化

开发通用化是在产品设计开发时，按广泛适用要求，设计形成通用化产品。开发通用化不是利用现有产品资源形成通用化关系，而是专门设计的通用化关系。开发通用化有两种形式：一种是专门开发的通用化产品，不附属于某个特定产品；另一种是设计专用产品时，有意识考虑将其中某些组成部分或整机设计为通用化的，它既是本产品的设计对象，也是未来其他产品的使用对象。开发通用化要重视产品主体通用化，或开发基本型产品，即将产品的主体按基本型进行研制，使其主体有很宽的适用性、延伸性、易于变型发展性，使主体只需作很少的变动就能广泛使用和可派生新的功能。开发通用化是技术难度较大的通用化技术工作。

5）编号通用化

编号通用化是通过对产品进行编制通用件代号形成的通用化对象。选择编制为通用件的产品，通常是被多次借用或多次继承使用的产品，这种产品显示出好的通用性特点。将这种产品编制为专门的通用件号，使其脱离原来的隶属关系，免去了办借用手续的麻烦。产品编制通用件号，还有利于产品通用信息的公布，方便设计时选用。编号通用化在编号上不同于借用通用化，编号直接使用通用件的编号而不使用借用件代号。编号通用化对象也不一定是借用件原来的技术状态，可在原件上进行通用化提升修改，形成源于借用件的通用件。因此，编号通用化对象可有两种技术状态，一种是原借用件的技术状态，另一种是改进修改的通用件的技术状态。

6）定标通用化

定标通用化是将通用性强、适用面广的通用化对象制定为标准而形成的标准的通用化对象。定标通用化的对象主要有两类：第一类是广泛应用的基础件，如紧固件、管件、密封件、齿轮、轴承、电子元器件等；第二类是将长期使用证明通用性强的通用化功能对象提升为标准的通用化对象。第二类通用化对象通常是比较复杂或集成的通用化对象，如通用功能部件、通用组件、通用分系统等。定标通用化使通用化对象不附随隶属关系，方便设计者从公开渠道选用，并可从市场或货架上获得。

20.2.3 通用化的对象范围及其等级

通用化的对象范围已从硬件对象广泛延伸，延伸到了软件、行为、方法、管理等对象，从有形对象延伸到了无形对象，只要能获得通用化利益的地方，都能应用通用化的概念和方法。目前，通用化的对象范围主要为以下六个方面。通用化不仅落实到对象的类型上，更具体的是落实到了对象类型的各个层次上。通用化等级是通用化对象适用范围程度的划分。

1. 通用化的对象

1）硬件通用化

硬件通用化是实物对象或产品的通用化。硬件通用化的对象主要有材料通用化、辅料通用化、基础件通用化、元器件通用化、接口通用化、零部组件通用化、产品主体通用化（基本型）、整机通用化等。硬件的通用化涉及各个专业，有机械产品、电子产品、光学产品、化工产品、综合产品等。硬件通用化对象的层次关系包括：通用零件、通用部件、通用分组件、通用组件、通用分系统、通用系统总体等，通用化可以在硬件的各个层次上形成。

2）软件通用化

软件通用化是计算机软件构件的通用化。软件通用化的对象是计算机语言编程产品。软件构件通用化内容可以按常用功能或需要大量重复使用的功能来定制。软件通用化的对象内容主要有常用数学模型通用模块、工程典型算法通用模块、驱动通用模块、信息交换通用模块、应用平台通用模块、典型管理通用模块等（包含大的和小的各种模块）。软件通用化的通用层次有软件通用功能单元、软件通用模块、软件通用构件、软件通用系统等。通用化建立的时机主要在软件开发时复用和软件用户使用时复用，也可以专门开发通用化的软件功能模块产品。

3）软硬件通用化

软硬件通用化是由硬件和软件功能对象组成的通用化体。软硬件通用化的对象通常是硬件结构形式的，它具有输入、存储和输出信息功能，或具有输入、存储、处理、输出信息功能。具有通用信息交换和处理能力的电子产品属于软硬件通用化产品。软硬件通用化对象一定具有信息接口和接口结构的互换性。软硬件通用化产品的例子有信息存储 U 盘、计算机光驱、计算机显卡、可编程控制器（PLC）、可编程逻辑器件（PLD）等。

4）行为通用化

行为通用化是社会相关的重复性行为的通用化。行为通用化主要包括服务行为、生产行为、交流行为、生活行为、交通行为、表演行为、体育行为等。通用化的服务行为包括通用化餐饮服务、通用化酒店服务、通用化旅游服务、通用化商场服务等。通用化生产行为包括通用化加工行为、通用化试验行为、通用化货物转运行为等。交流行为的通用化有旗语通用化、肢体语言通用化等。

5）方法通用化

方法通用化是知识、技术和程序的通用化。方法通用化有设计方法通用化、工艺方法通用化、试验方法通用化、评价方法通用化、计算方法通用化、管理方法通用化。知识方法和技术方法的通用化主要是知识和技术要素及其关系的通用化，评价方法和管理方法的通用化主要是程序通用化。技术的通用化往往能带动产品的通用化。

6）信息通用化

信息通用化是信息表达关系的通用化。表达关系包括表达的形式和表达的概念，表达形式是信息的外在关系，表达概念是信息的内涵关系。信息通用化是信息表达形式及其含义的通用化。信息通用化包括语言通用化、文字通用化、代码通用化、图形符号通用化、术语及其概念通用化、语法关系通用化等。

2. 对象通用化的等级

对象通用化的等级是通用化对象通用程度的划分级别，简称通用等级。通用等级标定了对象通用化的适用范围。对象通用化的等级是通用化设计的依据和结果，也是提炼已有对象的通用化程度的依据，还是对象通用化程度评价的依据和标定的“身份”。对象通用化的等级可设定为以下四个等级：

（1）一级通用对象；

（2）二级通用对象；

（3）三级通用对象；

（4）四级通用对象。

一级通用是指对象能在同一产品体系中普遍通用，具有体系级的通用性，是最高级别的通用化。一级通用对象一般具有跨原理通用、跨系列通用、跨结构主体通用等能力。二级通用是对象能在不同功能的产品中通用，对象一般具有跨用途通用的能力，是次高级别的通用。三级通用是对象能在同功能不同代别的产品中通用，对象具有跨代通用的能力，是中下级别的通用。四级通用是对象能在同功能同代别不同型号的产品中通用，是最基本的通用。当对象实现三级通用的适用面宽于二级通用时，可以对换调整它们的通用级别。

20.3 通用化设计方法

通用化的关系是设计出来的，无论是直接目的性的设计还是间接目的性的设计。通用化设计属于开发通用化形式中的内容，属于没有现有资源直接利用的通用化设计。通用化设计主要是通过分析对象的共性关系与个性关系，从中优化并充分考虑纳入共性特征，以实现最大的适用能力。通用化的设计是专业性的，有专门的通用化设计技术性路径和方法。产品对象的通用化设计方法主要有以下几种。

1）本征式通用化设计

本征式通用化设计是跨产品类型、甚至是跨产品功能广泛使用对象的设计。本征式通用化设计不是针对某类产品对象应用进行的设计，而是按有广泛需要的基本功能和基本规格进行的设计。本征通用化设计的方法是，广泛提炼相关的不同类型产品和不同功能产品的共性功能需求，并进行功能性能科学的规格规律分析，研究提出规格合理分布的设计方案，再对每一规格对象进行优化设计和验证考核，由此形成本征式通用化单元。本征式的通用化对象通常是产品的基本单元或基础件，具有跨产品类型广泛使用的共同需求，如建筑材料的基本模数单元砖头、机械产品中的紧固件等。标准砖头是各类建筑物的通用单元，不属于某类建筑物特有的。标准件也是如此，被各类产品广泛使用。本征式通用化对象通常是规格系列的，具有备选性特征，以系列规格形式提供选择，使得这些规格对象被同类型或不同类型的使用体利用，以形成跨类型交叉多次利用的通用状态，如紧固件、管件、密封件、轴承等标准件就是备选性地被通用。本征式通用化是专门设计成不需要附加专门对象，能适用各种相关使用功能的通用化关系。本征通用化的范围有大有小，只要是按基础通用化关系进行的设计，就属本征通用化设计。

2）冗余式通用化设计

冗余式通用化设计是通过留有多余适用范围构成宽适用性状态的设计。冗余式通用化设计的方法是以大代小通用化或以小托大通用化。以小托大通用化是将通用单元的名义参数的实际能力设计为向上延伸一段使承受能力符合要求，但名义参数却是小的。通用化单元设计的延伸需多少，取决于结构大小允许程度和经济性利益，需要通过结构影响评价和经济性分析来决定。当通用化对象是系列化关系时，对象参数的设计适用范围为：名义参数－（下间隔数）/2～名义参数＋（上间隔数）/2。例如，一车辆底盘的承重参数为 1.6t，其系列相邻的下参数为 1.0t，上参数为 2.5t，通用化设计的承重能力适用范围应为 1.6－（1.6－1.0）/2＝1.6－0.3＝1.3（t）和 1.6＋（2.5－1.6）/2＝1.6＋0.45＝2.05（t），1.6t 底盘的通用能力范围为1.3～2.05t。以大代小通用化方法是以大的对象的能力完成小的对象所要承担的能力，如以相同型式的粗螺栓代替细螺栓完成紧固任务，只要尺寸大小不是使用的主要限制因素。以上 1.6t 的底盘用于 1.3t 的承重能力时，是以大代小，用于 2.05t 的承重能力时，是以小托大。

3）变量式通用化设计

变量式通用化设计是将固定适用范围的量设计为可调节改变的。这种通用化设计只适用于只要改变某个量或某些量，就能扩大使用范围的对象。变量式通用化对象的变量设计有连续变量设计和步进变量设计，连续变量通常采用螺纹、齿轮、旋转轨迹或凸轮等调节变化的方式，步进变量通常采用间隔挡位孔定位的方式。变量式通用化设计的通用化因素一般是与规格有关的，通过改变覆盖使用规格关系，使其有更广的使用范围，例如，活动扳手改变扳手的卡间距，就能用于紧固多种尺寸规格的螺母，代替许多规格的固定形状扳手，成为在一定范围通用的紧固工具。再如，变焦镜头通用化就是设计焦距连续变化的镜头，可替代多个固定焦距镜头完成预定使用目的。变量式通用化不仅只有机械关系对象，同时也有物理量的变量通用化，例如，通过将变压器的感应线圈使用数量设计为可用压片旋转选择的，就能提供不同规格电压的输出，形成了一定范围电压通用的电源。变量式通用对象在获得宽通用范围时，将会使通用化对象的变动量部分的使用质量(使用稳定性等)弱于固定量的。因此，变量式通用化设计时，要评估变动部分是否会对使用带来实质影响，或采取措施保证变动部分不影响使用质量。

4) 扩展式通用化设计

扩展式通用化设计是通过增加用途内容或使用规格来扩大使用范围的设计。扩展式通用化设计有接口通用化扩展设计和功能通用化扩展设计。接口通用化扩展设计的方法有原位扩展通用化设计、横向扩展通用化设计、纵向扩展通用化设计等。接口原位扩展通用化设计是在对象原来只适用于一种规格的接口位置上，通过扩大适用范围重新设计，使原接口位置可增加接插对象，例如，将电源两相的扁头插座经过插口形状和插口数的重新设计，使其能适用于两相扁头插头、两相圆头插头、三相扁头插头、三相圆头插头等，由此，使原来专用插座成为通用的插座。接口横向扩展通用化设计是在对象相邻的位置上，增加设计其他接口，以扩大通用化对象的适用范围，例如，将电视机的信号输入接口分别设置为三端口、二端口、单端口的信号输入接口，使电视机对信号的接入是通用化的；再如，将眼镜的近视镜片做在眼镜框的上方，把远视镜片做在眼镜框的下方，使眼镜具有近视和远视的使用功能，形成了眼睛矫正的通用化。接口纵向扩展通用化设计是在对象串联方向上，增加设计关系，以扩大通用化对象的适用范围，例如，火炮炮弹的射程，通过设计纵向模块化装药方式，根据射程的需要，选择纵向放入药包的数量，以满足同一炮弹的多种射程和多种弹道关系的使用需要，否则，要准备多种射程的炮弹才能满足需要。横向扩展通用化是对象横向布置形成的通用化能力；纵向扩展通用化是对象纵向布置形成的通用化能力。功能通用化设计一般不是将几个功能简单地放在一体上的设计，而是充分利用共用部分、增加专用部分的设计，例如，多功能收音机，它具有收音的功能，也有 MP3 播放机的功能，还有计时器的功能等，设计时，喇叭、音频信号放大和输出电路、电源、显示屏、耳机等都是共用的。

5) 代理式通用化设计

代理式通用化设计是通过为原对象设计一个连接其多规格转换功能模块来

扩大使用范围的设计。代理通用化的模块有机械式的和智能式的。机械式的通用化代理模块设计主要是在代理体上设计多种转换适用的功能和接口，使通过代理体形成对原体的通用化，例如，设计一个多功能转换插座盘，在其上设计有两相扁头插头、两相圆头插头、三相扁头插头、三相圆头插头等各种规格的插座，将插入插头的座盘转到连接位置时，能满足插头接入的使用。智能式的通用化代理模块设计，主要是在代理体（或包）上设计适用多种格式转换或功能转换的功能，使代理体（或包）能自动地进行适用性的转换，形成原体对各种接入对象的通用化。智能式的代理通用化体（或包）一般都有软件植入，智能化部分主要是通过软件控制来实现，其代理的对象有功能的，也有信息格式的等。凡是代理关系有信息接口的通用化代理模块，设计时，要考虑对各种常用软件语言和信息格式的兼容性和转换能力。代理式通用化是属于转换通用化，结构类型的主要是体外扩展的通用化，信息类型的主要是软件扩展的通用化。代理通用化的高级阶段是自适应式通用化。

6）保障式通用化设计

保障式通用化设计是通过设计能适用多种用途的备用装置实现提高原对象通用化能力的设计。保障式通用化设计有体内保障设计和体外保障设计。体内保障通用化设计是将适用各种情况功能设计在系统内部，以系统内部的连接或组合实现不同用途的保障，例如，通用化的工具箱设计就是保障式通用化的，在工具箱内为各种工具的放置预留了特定形状的位置，使钳子、螺丝刀、榔头、锯子等都能放进去，提供完备的工具保障。体外保障通用化设计是将适用各种情况的功能设计在系统外部，以系统外部的连接或组合实现不同用途的保障，例如，在近视眼镜的外面设计一副由眼镜框上方铰链连接的墨镜，当在强日光下时，可将墨镜放下来遮住近视镜，实现减光作用，当进屋里或在弱光下时，将墨镜翻上去，增加近视镜的进光量，由此构成了通用亮暗光线的眼镜。保障式通用化是附加式通用化和备选式通用化。保障通用化设计在设计方案上相对简单，可以尽量利用现有的各种用途的设计成果，调用需要保障的通用化功能。保障式通用化在设计方案上尽管简单一些，但在制造成本上是比较高的，因为它要增加许多用途装置来保障原对象的通用化，当这种保障装置或预留没有被用上时，就形成了闲置的多余浪费。

7）软件通用化设计

软件通用化设计是计算机语言组成的表达关系的通用化设计。软件的通用化设计的基础设计是，要选择通用性好、功能强的软件语言来表达，确定广泛使用的标准代码及其对应的语言关系，划分软件共用性的模块。软件模块通用化设计的技术内容主要是：进行平台无关性设计；对异构系统的互联互通设计；协同互操作工作设计等。通用化的软件模块设计要考虑模块有很好的重用性和可靠性。软件模块通用化是未来通用化发展的一个重点领域。

以上建立的几种通用化的设计方法是针对硬件和软件产品对象的，不包括行为、方法、管理等通用化的设计。产品通用化能力的设计产生，主要可归纳为三种类型：①改变现有关系产生；②针对通用目的专门产生；③构建储备条件产生。改变现有关系产生的通用化主要有冗余式通用化、扩展式通用化。针对通用目的专门产生的通用化关系主要有本征式通用化、变量式通用化、代理式通用化。构建储备条件产生的通用关系主要有保障式通用化。

20.4 通用化关系分析

通用化是用途的归一化或集中收敛，系列化是用途的离散收敛，两者有不同之处，也有相同之处。通用化的出发点解决的是方便性和/或经济性问题。通用化形成在形式匹配关系上有三种类型，一种是一对一形式匹配通用化，另一种是一对多形式匹配通用化，再一种是多对多形式匹配通用化。一对一形式匹配通用化是通用化统一状态最好的，其次分别为一对多和多对多形式匹配。包容多形式形成的通用化将可能以一定程度的结构不牢固、不可靠为让步，如方头和圆头多用插座等。一对一形式匹配通用化匹配相联双方的形式都高度集中统一，没有以包容多形式形成通用化的隐患。通用化的通用性是相对的，没有绝对的通用性，通用性只表现在一定范围内，超出一定范围，通用性就不存在了。当同类不同规格产品按科学离散规律分别形成通用化，这个通用化的集合将会构成系列化，通用化只分别是系列化上的一个个值。通用化具有空间通用化和时间通用化，它表现为对适用对象的共同通用和对适用对象的重复通用。

通用化也存在利弊关系，并不是百分百的绝对有利。对于一对多和多对多形式匹配的通用化，通用化不是优点的绝对增加，是优点和缺点的交换和平衡的结果，如获得广泛适用性优点时，可能失去稳固性和耐用性等优点。对于这些形式的通用化对象，通用化的范围增加时，通用化对象的稳固性和耐用性降低，它们的曲线关系如图 20-4 所示。采取通用化还是专用化，取决于产品使用目的的倾向重点，对象用于多品种的机会多时应采取通用化，对象明确只用于单品种时应采取专用化。通用化不当，也会造成浪费或提高经济成本。

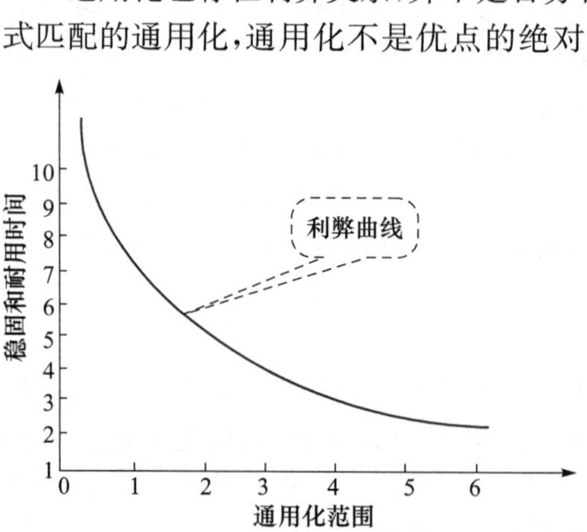

图 20-4 通用化范围与稳固性

通常，通用化产品的设计成本和材料成本要高于专用产品的成本，但通用化产品的制造成本一般要低于专用化产品，因为，通用化产品的生产批量通常要远大于专用化产品的生产量，它们之间成本的差距取决于产品批量大小的差距。一般，成本综合后，通用化产品的成本要低于专用化产品的。通用化产品如果不存在设计上的技术本征让步关系，通用化产品的性能和功能可做得不低于专用化产品的。在技术上，通用和精准是一对矛盾关系，当通用化产品存在技术本征让步时，通用化产品在同等设计制造情况下的性能要低于专用产品的。通用化与政策和技术密切相关，政策是通用化的推手，技术是通用化的帮手，两者结合构成了通用化发展的强大动力。

参 考 文 献

[1]　麦绿波. 通用化的理论和设计方法(上)[J]. 中国标准化，2014，(1)：49-53.
[2]　麦绿波. 通用化的理论和设计方法(下)[J]. 中国标准化，2014，(2)：38-42.
[3]　金烈元. 武器装备的通用化、系列化、组合化[M]. 北京：国防工业出版社，2008.

第 21 章　系列化的理论和设计方法[1~3]

21.1　系列化的概念和关系模型

系列化作为标准化的一种形式，可应用于规划产品品种和规格的合理发展，控制不必要品种的产生。系列化的技术价值受到了产品设计师的关注和重视。由于鲜有系列化深化论述的理论和设计方法著作，人们对系列化数值的含义和合理性了解得不透彻，且不掌握系列化设计的方法，影响了对系列化作用的发挥和正确使用。有些人感到系列化的理论不易搞清，为了把稳起见，用粗放的数值经验代替科学数值规律，使系列化的应用不尽如人意，例如，习惯于用等差系列代替等比系列；对现有品种的简化以罗列代替系列化；系列化数值的选择未严格按照科学规律等。因此，系列化需要给出深入、系统的理论和设计方法，为系列化的应用提供理性指导。

系列化的理论研究主要用于支持产品系列化设计、系列数值的合理选择、系列化关系的成本分析、产品发展规划等。系列化需要研究的理论问题主要有：系列化的概念、数值系列的类型、数值系列的关系模型、数学模型及规律、系列数值间隔的含义、系列化的设计、系列化的经济分析等。

系列化是对象的系列化，"系列"反映的是数值的规律化离散，"化"的表征是一种状态。系列化的概念为**相似性对象特征的规律性离散的状态**。系列化的形成方法是把一类产品的主参数或规格按科学规律进行分档、分级形成产品系列。在标准化的统一化内涵上，系列化是规律性离散值的分立统一化，是同类或相似关系的数值分立集中，符合泛元性公理对标准化的认定，系列化形态关系（或关系模型）如图 21-1 所示，其中图(a)为连续数值的系列化离散，图(b)为非连续数值的系列化离散。系列化是数值离散的统一化，属于数值状态的标准化。在理论关系上，产品系列化的形态是相似标准化的一种类型。系列化主要是用于对产品主参数关系的离散，避免主参数数值连续化、不合理紧密离散或不合理疏松离散带来的多品种或少品种问题。其合理的离散关系一般用科学的数学关系进行规律性离散，如 $R5$、$R10$ 等系列。系列化的意义是以较少的品种规格覆盖较大的应用范围，减少多品种规格发展给研制、生产、使用带来的成本费用。系列化是将数值关系的连续化转换到离散化，或将数值关系的任意离散转换到规律化的科学离散。系列化的价值效果基于以离散值的用途延伸替代相邻局部连续值的用途，以此减少连续数值使用产生的大量品种规格。系列化既可以用于产品发展的数值关系的规划，也可用于对现有产品品种规格关系进行优化和简化。系列化的对象可以是产品系统、组件、部件、零件等，也可以是非产品的方案关系等。

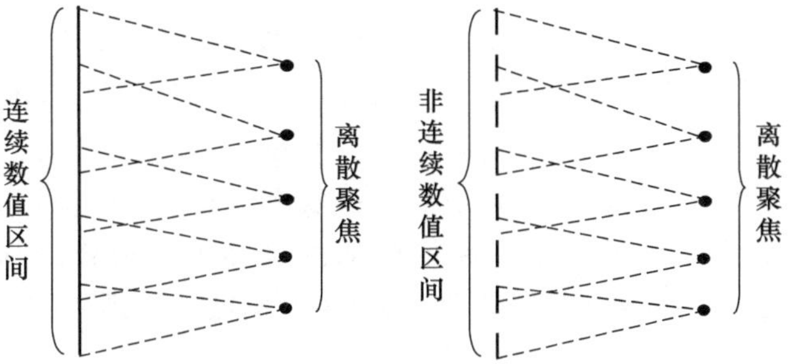

图 21-1　系列化关系模型

21.2　系列化的类型及数学模型

系列化根据使用目的的不同，有不同的数值关系系列或数学关系系列，主要的系列有感觉系列、组数系列、等差数值系列、等比数值系列、模数系列、指数系列等。系列化种类的不同是基于其系列化建立的特定关系不同、数学模型类别的不同、数值规律的不同，例如，感觉系列按特定关系，组数系列、等差系列、等比系列按数学类别，$R5$、$R10$ 系列按数值规律。

21.2.1　感觉系列

感觉系列是人体对物理量或化学量刺激反应的敏感量值规律，是人生理平均的感觉系列。这些感觉主要有视觉、听觉、味觉、嗅觉、压觉、称觉（掂重）等，是人体器官的感觉能力。人体对这些感觉的反应是相对的，不是绝对的，因此，感觉系列是等比系列。人体对敏感的物理量或化学量的变化感觉不是连续的，是离散的。对于一个感觉刺激强度 I，当其增量达到一定值 ΔI 时，人体才能感觉到强度 $I+\Delta I$ 相对于 I 有变化；当增量大于零且小于 ΔI 时，人体是不能感觉到刺激量的增加的。经研究证明，人体对某种感觉的相对增量 $\Delta I/I$ 通常是一固定值，如视觉的为 0.01，听觉的为 0.1，味觉和嗅觉的为 0.25，压觉的为 0.05，称觉的为 0.03[4]。感觉的分辨关系是一系列数值，符合等比系列规律，这个规律是基于人体感觉细胞和神经系统能力的。感觉系列的数学模型为

$$S_{gn}=s_0(1+k)^{n-1} \tag{21-1}$$

式中，S_{gn} 为感觉系列数值；s_0 为系列的初值；k 为感觉分辨系数（$k=\Delta I/I$）；n 为系

列值的项数序号，取自然数 1、2、3、…。感觉系列在数学形式上是等比系列，但不是任选公比值的等比系列，是特定公比值的等比系列。感觉系列的公比值主要来自于对人群感觉公比的统计平均值。感觉系列的公比值是由人体生理能力决定的，不是数学的，因此，它不是广义的数学等比系列，是特定的等比系列。感觉公比值是感觉的分辨能力要素。有了感觉公比值后，系列的建立还需获得系列的初值，或最低感觉值。例如，视觉系列初值与人眼视分辨力有关，设计字体或符号大小系列时，最小字体的字笔画之间的间距和笔画的宽度不能小于 0.0727mm（眼睛离字 250mm 处）；听觉系列初值与人耳能听到的最低声音有关，人耳能听到的最低声音压强为 20μPa。感觉系列的覆盖是离散数值的延伸覆盖模式。感觉系列根据需要，也可以在感觉分辨系数上乘倍数值，以规律性倍数疏松系列的间隔。

21.2.2 组数系列

组数系列是用最少的整数种数和最少的整数种数的使用数量，组合覆盖进位值域内所有的正整数，或能组成所有可能的整数。组数系列是一种近等比的系列，公比为 1/2。组数系列要求整数取整，使系列的数值失去了严格的等比关系。组数系列数值组合覆盖的数值关系属于精确性的整数，如组合数为 3，覆盖的就是 3，而不是 2.8，也不是 3.1 等。组数系列主要用于货币面值设定、量规、砝码等规格数设置。组数系列是在进位内的系列整数组数，每一级进位关系按同样的关系组成系列数。10 进制的组数系列为 1、2、5。组数系列的数学模型为

$$S_n=[s_0 m(1/2)^{n-1}] \tag{21-2}$$

式中，S_n 为组数系列数值（取整数，可向小取或向大取）；s_0 为系列初始值（通常为 1）；m 为系列数的进制数，分别为 10、100、1000 等；n 为系列值的项数序号，取自然数 1、2、3、…。式(21-2)中，当系列数的进制 $m=10$ 时，系列值应分别为 10、5、2.5、1.25，数字取整时，1.25 取整为 1，因为 1 是基本数，是必须要的，2.5 可取整为 2 或 3、5 保留，组数系列为 1、2、5 或 1、3、5。如果组数系列为 1、2、5，数 1～9 用最少数字组成的关系为：1=1；2=2；3=1+2；4=2+2；5=5；6=5+1；7=5+2；8=5+2+1；9=5+2+2。如果组数系列为 1、3、5，数 1～9 用最少数字组成的关系为：1=1；2=1+1；3=3；4=1+3；5=5；6=3+3；7=3+3+1；8=5+3；9=5+3+1。用组数系列 1、2、5 组合数 1～9 时，1 用了 4 次，2 用了 8 次，5 用了 5 次，共 17 次。用组数系列 1、3、5 组合数 1～9 时，1 用了 6 次，3 用了 8 次，5 用了 3 次，共 17 次。虽然两个系列用数字的次数总和相等，但用系列 1、2、5 来组合数字 1～9 的均衡性比用系列 1、3、5 要好，且系列 1、2、5 使用大数值 5 的次数比系列 1、3、5 的多，因此，10 进制组数系列应采用系列数 1、2、5，其上一级的系列数为 10、20、50。因此，式(21-2)中的数学符号“[ ]”为对方括号中的数向小方向取整数。组数系列不仅要求系列中数字的种类少，而且，数字的使用量也要少和均衡。如果不限数字使用的次

数，用数字 1 作为系列数，就可组成任何数，但组数时的数字用量太大；如果用数字 1～9 作为系列，每个数的组数数字种类只有一个，但系列中数字种类太多，多达 9 个。因此，组数系列以进制数每次除以 2 获得的数值系列(需取整)是比较合理的，因为，这可以用较少的数字种类(不同数字)和数字使用数量组成任何整数。

组数系列是以较少离散整数覆盖连续整数，是整数的精确式覆盖，不是延伸式的连续数覆盖。组数系列只适合应用于数值关系需求的对象，不是能力需求的对象。应用组数系列只需准备很少的数值种类就能满足各种组合数值的需要，可以避免准备全面的数值种类来满足对各种数额的需求。

21.2.3　等差系列

等差系列是系列中相邻数之差相等的系列，即系列中后项与前项的差保持为常数的数列。等差系列属于算术系列，是数值绝对增量相等的系列，应用于数值系列绝对增量需求的情况。等差系列的数学模型为

$$S_n = s_0 + d(n-1) \tag{21-3}$$

式中，S_n 为等差系列数值；s_0 为等差系列初始值；d 为等差系列数的公差值；n 为系列值的项数序号，取自然数 1、2、3、…。根据式(21-3)，$S_{n+1}-S_n=(s_0+dn)-[s_0+d(n-1)]=d$，即等差系列的相邻两项之差为常数 d，例如，等差系列的初始项为 30，公差为 15，该等差系列为 30、45、60，75，90，105、…。等差系列的一列值为一维尺寸的算术系列，用二列及以上算术系列表达的等差系列为多维度等差系列。

等差系列的数值增长关系是线性增长的，如图 21-2 所示。等差系列是数值绝对量增加或减少形成的系列，是数值延伸覆盖的系列。等差系列应用的对象一般是配合性或资源消耗性的尺寸关系、结构关系的对象，因为，通常配合性或资源消耗性的尺寸关系要求的是绝对增量或减量的关系。等差系列适用的对象有鞋子、袜子、衣服、裤子、帽子、锅直径、电视屏幕、自行车车轮直径等。

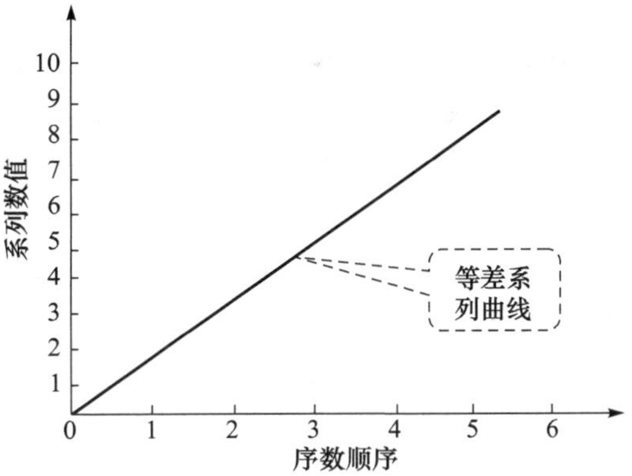

图 21-2　等差系列数值增长曲线

当尺寸双向大小有严格限制，且属于配合性或资源消耗性的关系时，适合用等差系列。等差系列数值设计是尺寸关系的离散设计，主要是选好系列数值间的间隔或尺寸的步长。等差系列有单值系列和多值复合系列。单值系列是对象只有一个数值关系的系列，如鞋子的尺寸系列就是单值系列，系列值为 22cm、22.5cm、23cm、23.5cm、24cm、24.5cm、25cm、25.5cm、26cm、26.5cm、27cm 等尺寸。多值复合系列

是对象的尺寸关系由多个尺寸系列组合形成的，如衣服的尺寸系列就是多值复合尺寸系列，它是由衣长尺寸系列、胸围尺寸系列、袖长尺寸系列等复合而成的系列。

21.2.4　模数系列

模数是一种基准数或尺寸单位，基本模数用 M 表示，通常 $M=100\text{mm}$[5]。模数基本系列通常是用 M 乘以一个系列数形成，如以 M 乘以 1、2、3、4、…形成模数基本系列。模数的基 M 可以增大形成扩大模数，也可以缩小形成分模数。扩大模数为 $3M$、$6M$、$12M$、$15M$、$30M$、$60M$；分模数为 $M/2$、$M/5$、$M/10$。模数的系列主要有三种：一是模数基的基本系列，由模数基乘以自然数形成；二是模数的扩大模数系列，由某些倍数系列乘基本模数形成；三是模数的分模数系列，由某些分数系列乘基本模数形成。基本模数分为水平基本模数和竖向基本模数。水平基本模数的幅度为 $1M\sim20M$；竖向基本模数的幅度为 $1M\sim36M$。水平扩大模数的幅度为：$3M$ 的为 $3M\sim75M$；$6M$ 的为 $6M\sim96M$；$12M$ 的为 $12M\sim120M$；$15M$ 的为 $15M\sim120M$；$30M$ 的为 $30M\sim360M$；$60M$ 的为 $60M\sim360M$，必要时 $60M$ 模数的幅度不限制。竖向扩大模数的幅度为：$3M$ 的不限制；$6M$ 的不限制。分模数的幅度为：$(1/10)M$ 的为 $(1/10)M\sim2M$，$(1/5)M$ 的为 $(1/5)M\sim4M$，$(1/2)M$ 的为 $(1/2)M\sim10M$[5]。模数系列的建立是面积或体积实物科学组合或分割的需要。通常，分割系列的数值关系是从大到小的方向，组合系列的数值关系是从小到大的方向。

模数系列可以是二维或三维的尺寸系列，即面积系列或体积系列。面积系列是由长、宽两个维度方向的尺寸系列来表达的。体积系列是由长、宽、高三个维度方向的尺寸系列来表达的。模数系列的数学模型为

$$S_n = x_n \times y_n \times z_n \tag{21-4}$$

式中，S_n 为模型系列数值；x_n 为模数系列的 x 维值；y_n 为模数系列的 y 维值；z_n 为模数系列的 z 维值；n 为系列值的项数序号，取自然数 1、2、3、…。式(21-4)中的 S_n 可以用三维或二维关系表示，也可以用维度尺寸乘积后的体积大小或面积大小表示。式中，当 x_n、y_n、z_n 维度之一尺寸不存在时，模数系列是二维的面积系列；模数中的维度 x_n、y_n、z_n 可以是等差系列，也可以是等比系列；模数中的 x_n、y_n、z_n 维度应是相同类型的系列数学关系，当 x_n、y_n、z_n 维度之一为等差系列时，如 x_n 维度是等差系列 $x_n=x_0+d_x(n-1)$，y_n、z_n 维度也分别是等差系列，$y_n=y_0+d_y(n-1)$，$z_n=z_0+d_z(n-1)$，当 x_n、y_n、z_n 维度之一为等比系列时，如 x_n 维度是等比系列 $x_n=x_0r_x^{n-1}$，y_n、z_n 维度也分别是等比系列，$y_n=y_0r_y^{n-1}$，$z_n=z_0r_z^{n-1}$（x_0、y_0、z_0 分别是各维度系列的初始值，d_x、d_y、d_z 分别是各维度系列的公差值，r_x、r_y、r_z 分别是各维度系列的公比值，n 为表示系列项数的自然数）。x_n、y_n、z_n 之间通常存在倍数关系，如果 x_n 为长，y_n 为宽，z_n 为高，则 $x_n=2y_n$，$y_n=2z_n$，这有利于模块间以各种组合方式进行整齐组合。模数系列有一种典型的系列，各维度系列是等比系列，系列

数值增加方向的等比值为 2，显然系列数值减少方向的等比值为 1/2。例如，印刷品的纸张面积系列是减少方向每个维度公比为 1/2 的系列，系列上两个相邻面积值的大面积值是小面积值的 2 倍(裁一维)或 4 倍(裁二维)；建筑材料的体积系列是增加方向每个维度公比为 2 的系列，系列上两个相邻体积值的大体积值是小体积值的 8 倍(三维增)。典型的面积系列使纸张材料不浪费，还可以满足不同幅面的需要。典型的体积系列使建筑材料的系列容易组合整齐，同时还可以满足不同体积大小的需要。以内件为基准的结构，采用组合模数；以外件为基准的结构，采用分割模数[4]。对于组合或拼接而成的对象适合采用内件基准；对于分割或裁剪利用的对象适合采用外件基准。模数各维度数值系列间的相关性，有利于实物的组合，可避免为组合整齐性所作的切割操作，避免材料的浪费和工作量耗费等。

21.2.5　等比系列

等比系列属于几何系列，是数值相对增量相等的系列，即系列数中的后项与前项之比为常数，主要应用于数值相对增量相等的情况。等比系列的数学模型为

$$S_n = s_0 r^{n-1} \tag{21-5}$$

式中，S_n 为等比系列数值；s_0 为等比系列初始值；r 为等比系列的公比数；n 为等比系列值的项数序号，取自然数 1、2、3、…。制定为标准的等比系列有 R 系列[6]和 E 系列[7]。R 系列是基于系列中的数值增大 10 倍需要公比 r 乘的次数为 5 的倍数，如 5 次、10 次、20 次、40 次、80 次，由此分别建立了不同公比大小的数值系列，或者说将数列的 10 倍增长关系分别分为了 5 个间隔、10 个间隔、20 个间隔、40 个间隔、80 个间隔数组成的系列，并分别用 $R5$、$R10$、$R20$、$R40$、$R80$ 表示这些系列类型。实现 R 系列的数学关系是使公比为对 10 开 m 次方，如果需要系列以 5 个间隔数增大到 10 倍，m 取 5，如果需要系列以 10 个间隔数增大到 10 倍，m 取 10。$R5$ 系列的公比为 $\sqrt[5]{10}\approx 1.60$，系列数值为：1.0，1.6，2.5，4.0，6.3，10.0。$R10$ 系列的公比为 $\sqrt[10]{10}\approx 1.25$，系列数值为 1.0，1.25，1.6，2.0，2.5，3.15，4.0，5.0，6.3，8.0，10.0。$R20$ 系列的公比为 $\sqrt[20]{10}\approx 1.12$，$R40$ 系列的公比为 $\sqrt[40]{10}\approx 1.06$，$R80$ 系列的公比为 $\sqrt[80]{10}\approx 1.03$，关于它们的系列数值这儿不一一罗列，可查相关标准[6]获取。R 系列的特点是：每个系列一个增大周期的放大倍数为 10 倍；系列一个周期所乘公比数的次数为开方次数，如 $R10$ 系列(公比为 $\sqrt[10]{10}$)一个周期所乘公比数的次数为 10，$R5$ 系列(公比为 $\sqrt[5]{10}$)一个周期所乘公比数的次数为 5，$R20$ 系列(公比为 $\sqrt[20]{10}$)一个周期所乘公比数的次数为 20；系列之间的系列数是包含与被包含的关系，如 $R5$ 系列的数包含于 $R10$ 系列中，$R10$ 系列的数包含于 $R20$ 系列中，系列数值体系使细间隔系列包含有粗间隔系列，这有利于系列间数值关系的协调。

E 系列是基于系列中的数值增大 10 倍需要公比 r 乘的次数为 3 的倍数，如 3

次、6次、12次、24次、48次、96次、192次，由此分别建立了不同公比大小的数值系列，或者说系列数增到10倍的一个周期公比乘的次数分别为3个、6个、12个、24个、48个、96个、192个。*E*系列分别用*E*3、*E*6、*E*12、*E*24、*E*48、*E*96、*E*192表示[7]。建立*E*系列的数学方法与*R*系列的是类似的，区别在于系列公比数和系列周期数值的选取上。例如，*E*6系列的公比为$\sqrt[6]{10}\approx1.50$，系列数值为：1.0，1.5，2.2，3.3，4.7，6.8，10.0；*E*12系列的公比为$\sqrt[12]{10}\approx1.20$，系列数值为1.0，1.2，1.5，1.8，2.2，2.7，3.3，3.9，4.7，5.6，6.8，8.2，10.0；*E*24系列的公比为$\sqrt[24]{10}\approx1.10$，*E*48系列的公比为$\sqrt[48]{10}\approx1.05$，*E*96系列的公比为$\sqrt[96]{10}\approx1.02$，*E*192系列的公比为$\sqrt[192]{10}\approx1.01$[7]；*E*24、*E*48、*E*96、*E*192等系列数值这儿不一一罗列。*E*系列一个周期所乘公比数的次数是以3的倍数增大的，*E*系列之间的周期项数是倍数关系，如*E*12系列的周期项数比*E*6系列的多一倍，*E*24系列的周期项数比*E*12系列的多一倍，系列体系中的系列间是包含与被包含的关系。

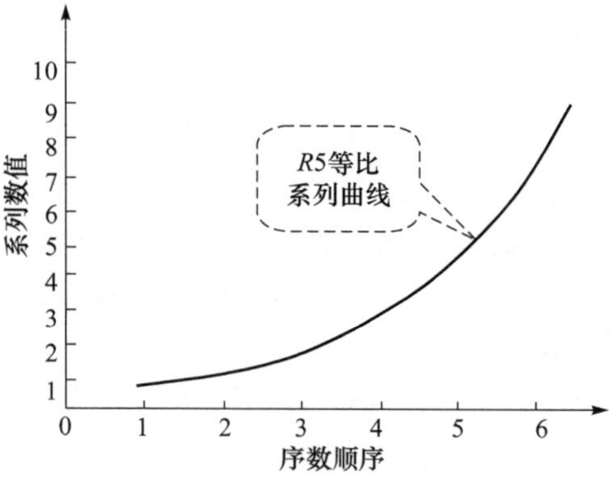

图21-3　等比系列数值增长曲线

*R*系列是基于10的指数最大为1/5，*E*系列是基于10的指数最大为1/3。*R*系列和*E*系列中的系列数值除通过数学关系计算外，系列数值还有通过数值取整建立的取整系列。取整系列的表示，在其相应系列的表示符号上，根据取整程度的多少，加一撇或两撇，如取整系列*R*′10或*R*″10[6]。等比系列的增长是非线性的，增长曲线为指数曲线，增长关系如图21-3所示。

等比系列是一个增大或减小的相对量不变的系列，如果系列公比为1.15，下一个增大数相对于其前一个数的增大量都是15%。等比系列适用于能力性质的参数系列化，不适用于连续性绝对尺寸变化需求的系列化(如鞋子、衣服等)。对于连续性相对尺寸变化需求的对象，可采用等比系列，如绳子长度的系列化等。

21.2.6　指数系列

指数系列是以指数数值为基础建立的数学关系的数值系列。指数系列看起来与等比系列有些类似，虽然都有指数关系，实际上它不同于等比系列。等比系列的系列数值形成于指数作用的底数，而指数系列的数值系列就是指数本身。等比系列的指数是公比的指数的自然数。指数系列的指数通常是一个等差系列数，指数公差数不一定是1，也就是说，指数系列不一定是自然数。指数系列的本质也是等比系列关系，或者说指数系列映射的实际物理参量是等比关系的，如声音的响度的分贝（dB）系列就是按音强比的增长指数确定的系列。指数系列往往是将隐藏的系列底数的乘倍关系变换为显现的指数差倍关系，如 40dB 比 30dB 的指数只大了 1，而实际 40dB 比 30dB 的数值大了 10 倍（以 10 为底的对数），这是以对数关系进行了一种数学变换。指数系列的数学模型为

$$S_n = k\log_a y_n = k[s_{z0} + d_z(n-1)] \tag{21-6}$$

式中，S_n 为指数系列数值；k 为指数系列的系数值；a 为对数的底数；y_n 为指数系列的原值变量；s_{z0} 为指数系列初始值；d_z 为指数系列数的公差值；n 为系列值的项数序号，取自然数 1、2、3、…。指数系列所表达的是原值数值增长的倍数系列关系，而表现形式是原值指数算术差值系列关系，对象是用指数关系表达的物理量，如声音、电信号等物理量。式（21-6）中，对数 log 可以是以 10 为底的，也可以是以 e 为底的；指数系列系数 k 对功率的情况取为 10（如声音、电信号等的功率），对于电压、电流强度时取 20（将测量值与基准值相比后求常用对数再乘以 20）；指数系列的原值变量 y_n 通常是一相对变量，由相应的物理变量比基准值获得，如声压与基准声压的比值（基准声压为 20μPa，这个声压水平为 0dB）。人类对声音的听觉是相对变化的，不是绝对变化的，这符合了对数的表达关系。声压刺激按指数变化时，人心理感受的是线性变化的。对于电学关系，功率基准为 1mW，是在 600Ω 电阻上耗散 1mW 功率，此时电阻上的电压有效值为 0.775V，所流过的电流为 1.291mA，1mW、0.775V、1.291mA 分别称为零电平功率、零电平电压和零电平电流。用对数关系表达的好处是可用较小的数描述较大的动态范围。

指数系列在数列的数值间通常是等差关系，而在数值相应的物理量上的变化就是等比关系的。在设计指数系列时，要考虑相应物理量等比增长关系，如指数作了乘 10 处理后，指数增加 20 和 30 对基准值是 100 倍增长和 1000 倍增长，而指数不乘系数 10 的数值分别为 2 和 3。

21.3　系列化设计

本节所指的系列化设计是指对对象应用系列化进行的设计，不是数值系列自身的数学关系设计。系列化的设计主要有四个方面的内容：一是系列化的方式设计；二是系列化对象主参数的选取；三是系列化对象数学模型的选择设计；四是系列化数值离散步长的设计。

21.3.1　系列化方式设计

系列化方式设计是研究选择对象开展系列化的方式。方式的选择基于对象品种规格发展的当期需求和对未来品种规格发展的布局。系列化的方式设计是系列

化发展的宏观路径的设计，有严格的系列化路径方式，也有非严格的系列化路径方式。系列化的方式设计主要有以下方面。

1）压缩精干方式

对于经过长期发展、并形成了多品种规格的产品对象，对其系列化的方式适合在原有基础上进行品种规格的压缩，形成精干的品种规格系列。这种情况的系列化不能对历史形成的现状进行全面否定，而是要对存在的品种进行有益性的选取和淘汰。在对原品种进行压缩时，尽量在规格中寻找系列化规律数学关系的痕迹，使压缩关系靠上系列化规律的数学模型。压缩精干方式的系列化不一定是严格的系列化路径，在系列数值和步长上不一定是完全一致的数值规律，因数值和步长已被现有产品使其事实化，但可起到控制不必要品种规格发展的积极作用。压缩精干方式是现状基础上的优化，不是全新规划。

2）全新规划方式

对于产品的品种规格还没有开始发展或刚开始发展的系列化对象，应采用全新规划方式进行系列化设计。全新规划系列化是对产品开展系列化的最好时机，此时可以按合理的数学模型进行系列化的全新规划，使产品的品种规格严格按科学规律的系列化关系进行发展。系列化的全新规划方式属于严格数值系列的系列化路径。

3）混合方式

当系列化对象的品种规格发展了一定数量，还有相当的品种需要发展，适合采用压缩和规划混合的方式进行系列化设计。这种情况可采用分段系列化路径设计，对于已有品种规格段，采用压缩精干的方式进行系列化，对于尚未发展的品种段，采用全新规划的方式进行系列化。压缩段的系列化和全新规划段的系列化最好要统一到同一规律的数值系列中，以形成同类产品系列化的一体化。混合方式的系列化可能是严格的系列化路径，也可能是半严格的系列化路径。

21.3.2　系列化对象主参数的选择

产品的品种规格的发展，通常是在产品主参数使用变化的引导下进行发展的。系列化的设计，本质上是对象主参数的系列化设计。系列化的建立首先要确定对象需要发展变化的主参数。主参数通常是决定产品使用性能或主体结构关系的重要参数，如车辆底盘的主参数为承载能力的吨位关系，激光测距机的主参数是有关最大测程的激光辐射功率或测程。系列化的主参数一般是主要的性能参数、能力参数或重要结构尺寸参数等。重要尺寸参数一般是涉及产品能力性质的尺寸，它不是一般性的尺寸，如火炮口径尺寸等。例如，钻床的系列化的主参数是最大钻孔直径或钻孔直径范围，不是钻床的高度尺寸，因为钻孔直径是钻床最主要的工作内容，是钻床的能力内容，也是影响钻床能力配置（电机功率、钻头夹持头尺寸等）的因素。

对象系列化主参数的选择有两种方法，一种是直选法，另一种是归纳法。直选法是瞄准与对象用途相关的主要参数，直接选择其为系列化的主参数。归纳法是对对象发展的品种规格进行发展规律分析，提炼出引导对象品种规格发展的主要参数，作为系列化的主参数。对象的主参数一般都与产品的主要用途有关，同时还存在着扩展变化需要的辅参数，这种辅参数使对象的用途得以拓宽。感觉系列是典型的以对象特征确定主参数的，例如，对印刷字体字号大小、声音播放装置音量、气味释放装置、热疗温度调节器、人穿戴品等，其主参数选取为视觉、听觉、嗅觉、触觉、承重等。

21.3.3　系列化数学模型选择

系列化数学模型的选择与对象的类型有关，有些对象类型的系列化数学模型是固定的，如感觉系列的数学模型是特定公比的等比系列。

对象主参数的性质也决定系列化数学模型的选择：整数的组合数字系列适合选择严格整数关系的组数系列；能力性质的参数系列适合选择相对增长的系列，即等比系列数学模型，如选 R 系列、E 系列等；严格尺寸约束的参数系列适合选择绝对增长的系列，即等差系列数学模型；面积、体积的布局和分割，适合选择模数系列数学模型；声音、电信号功率系列，适合选择指数系列数学模型。

组数系列所选的数值是用“二分之一原理”选取并取整的，系列的基本数为 1、2、5。组数系列的数值设计时，为了减少数种使用的数量，通常按数值进制的层次分别设计组数关系，例如，货币 10 以下的数，采用组数关系 1、2、5；10 到 100 的数，采用组数关系 10、20、50；100 到 1000 的数，采用组数关系 100、200、500 等。组数系列的数值关系是比较固定的，剩下的是赋予数值的单位关系。组数系列的设计对象主要有货币面值设计、量规尺寸规格设计、天平砝码重量设计、台称配重设计等。组数系列有真值型的和名义值型的，如货币的面值和台称的配重是名义值型的，黄金面值、天平重量、量规的尺寸都是真值型的。采用真值型或名义值型是由使用对象的使用原理决定的。无论是真值型还是名义值型，它们的法律地位是相等的，只是名义的表达与对象的真实拥有不等价，如台称的 20 公斤配重没有 20 公斤重，100 元面值的货币价值不是 100 元。

模数系列的设计有从大到小的设计，也有从小到大的设计。从大到小的系列是减系列，主要基于实施系列化的对象有最大上限关系或基于对象是从上限关系开始使用，如纸张系列就是减系列，从最大纸张基准开始减小尺寸，如 8 开、16 开、32 开等纸的幅面。从小到大的系列为增系列，主要基于限定最小使用尺寸，以保证组合使用要求，减少材料浪费和使用工时的耗费，有利存放等，如砖头尺寸系列、包装箱尺寸系列等。模数系列从尺寸关系上有面积系列和体积系列：模数的面积系列有印刷的纸张的幅面系列、显示面板幅面系列、网格系列[8]等;模数的体积系列有建筑材料尺寸系列、包装尺寸系列、单元货物尺寸系列、运输包装件尺寸系列等[5,9~12]。在设计模数系列维度数值关系时,通常要考虑维度数值间的相关性,如某一维度的数值是另一维度数值的倍数。模数系列设计的主要因素为:模数系列的限定端点的确定,是上限端点,还是下限端点;模数维度间尺寸关系的设计,这个关系要有利于组合、摆放、省料等,如维度间采用两倍关系等;模数(面积、体积)尺寸值系列的设计,这个关系要有利于模块间的组合、运输、移动等,模数的尺寸系列关系可以是等差的,也可以是等比的。

尺寸有绝对性限制关系的事物适合用等差系列,其系统设计时要考虑合理的等差间隔,既要满足对象的适合性或舒适性,又要实现以最少的规格满足最大的使用范围。绝对尺寸系列一般适合用于需严格尺寸配合对象的情况,这类对象有鞋子、袜子、帽子、衣服等。

能力性的和相对增长系列适合应用等比系列,其系列设计要考虑选择合理的相对增加百分比或公比,必要时可对等比系列的数值按规定进行取整。能力性的和相对增长的系列适合引导对象的发展关系,如产品的参数系列等。

指数系列适合的对象是数值增长关系按数量级增长的对象,如声音音量、电信号强度等。指数系列可使大数量级增长的对象量的系列关系的表达更符合实际感觉和容易计算。

21.3.4 数值离散步长设计

系列化的数值离散步长设计有四种设计方式,分别为定值使用设计、向上兼顾使用设计、向下兼顾使用设计、左右兼顾使用设计。系列数值的定值使用设计是精确离散数值的设计,不考虑兼顾数例旁边或附近的使用需要,例如,组数系列的数值 1、2、5 是精确数例的,1 不兼顾 1.3 的需要,也不兼顾 2.2 的需要。系列数值的向上兼顾使用设计,是设计的离散系列数值不仅适用于本数值的使用,而且也适用于本数值至其相邻的上一个系列数值以内范围的使用。声音感觉系列符合向上兼顾使用设计的情况,感觉在一个刺激分辨值(或系列值)增加刺激时,直到相邻的上一个分辨值前,是没有刺激增加的感觉的,这一范围是同感觉的范围,如音量分档的设计范围。系列数值的向下兼顾使用设计,是设计的离散系列数值既适用于本数值的使用,也适用于本数值至其相邻的下一个系列数值以上范围的使用,例如,$R5$ 等比系列的绳子,25m 长的绳子适用于 16～25m 以上长度的使用。系列数值左右兼顾使用设计,是设计的离散系列数值考虑了本数值及其上间隔 1/2 至下间隔 1/2 范围的使用。左右兼顾使用设计的内涵是,对象主参数离散后,离散的主参数点不只承担本点的使用,而且也要担负其附近参数的使用,即“以大代小”和“以小托大”,具有覆盖下间隔 1/2 的能力和承担上间隔 1/2 的能力。“以大代小”是一个经济性问题,即以多余的能力服务小的需求。“以小托大”是一个承受能力问题,即以小的名分承担“超量”(名义超量)负荷。例如,车辆基型底盘的系列化,为了保证基型底盘两端边界的适用,基型底盘的适用范围应为:(参数 A 的上间隔)/2+主参数 A～主参数 A−(参数 A 的下间隔)/2;当底盘吨位参数系列化采用 $R10$ 系列,在底盘参数为 20t 时,20t 底盘向上兼顾的承载能力应设计为参数 20+5/2=22.5(t),其能兼顾的下端为 20−4/2=18(t)。

视差系列的步长是人眼裸视观察 250mm(眼在放松情况下)距离处符号,能感觉符号大小差异的系列,这是为印刷和显示字体建立符号大小尺寸的系列。眼睛裸视观察 250mm 距离处的最小分辨间距为 0.0727mm,由公式 $250\pi/(180\times 60')$ 算得。视差系列是基于视觉科学建立的系列,如果没有视觉的科学数值计算依据,字体笔画间的设定要么靠得很近,难以分辨,要么字体笔画间的设定离得很开,字的尺寸做不小。视差系列可用于建立分辨字体、符号大小的系列。这种系列一般用于印刷字体大小的设定[4],如图 21-4 所示。视觉差异系列属于视角数值系列,其数学模型是视角等比系列,不是尺寸等比系列。视觉差异系列是基于人眼的分辨能力建立的系列。人眼的平均视角分辨力极限为 60″视角,这是由人眼视杆细胞的平均间隔确定的。60″视角是人眼区别两物体最小间隔的视角,是物体靠近时的最小区分能力。靠观察记忆区分物体大小时,分辨物体大小的视角需要比极限分辨力视角大得多,视差系列的离散间隔应是人眼分辨力极限的数倍关系,因为若采用人眼分辨力极限设置间隔,人眼很快就会疲劳,难以持续。

标准化字号 123
标准化字号 123
标准化字号 123
标准化字号 123
标准化字号 123
标准化字号 123
标准化字号 123
标准化字号 123

图 21-4　字体视差系列

系列化参数间隔的选择有三个考虑角度:一是对象发展品种规格疏密的经济性问题;二是参数间隔疏密关系的好用性问题;三是参数间隔疏密关系的美观性问题。尺寸步长过大时,会带来“以大代小”的成本,会影响使用的舒适性、美观性,例如,22cm 直径的锅适合三口人用,三口人用 25cm 的锅将导致制造材料的浪费、操作不便、多占用放置空间、多耗费能源等问题。尺寸步长过小时,会带来新品种增加的开发和制造成本,带来多品种规格的保障负担。

21.4　系列化的经济关系分析

参数系列化的方法是对主参数数值的科学离散,避免主参数连续化使用或不合理紧密离散带来的多品种问题。多品种的问题本质上是增加经济负担的问题,这个经济负担可分为新品种开发和制造费用、维护保障费用、分类仓储费用、管理费用等新增费用。只要品种规格增加,必将会导致开发和制造费用、维护保障费用、分类仓储费用、管理费用等的绝对增加。开发新品种和用原品种代替都有各自的成本问题，开发新品种的成本主要是开发费用，用原品种代替主要是多余材料和能力的浪费，至于采取开发新品种还是用原品种代替哪个方案，要进行仔细的经济核算和权衡。因为，对于新品种开发可能会有两种经济结果：一种是新品种开发导致费用增加；另一种是开发新品种比用原品种替代要节省费用。关于新品种的开发是节省费用还是增加费用，是一个复杂的计算分析问题，需要通过具体分析来决定。增加新品种将会增加产品开发、制造、供给保障的新存储设备/设施、维修工具和管理等费用是肯定的，例如，车辆增加新油料品种，将会增加新油料开发费用、生产和存储的新设备/设施等费用；车辆增加新的标准件，将要增加新的维修工具和新标准件品种的备用费用。

当新品种是为精确使用材料和减少多余消耗而增加时，也有可能通过减少材料费用和使用消耗费用（如燃油）而降低成本。用原品种代替省钱还是开发新品种省钱，取决于新品种需要的批量，这一问题需要用数学关系来分析。为了权衡用原品种代替还是开发新品种，需要建立相应的数学分析关系。增加一个新产品品种，主要增加的成本是新产品品种的设计费、工艺工装费和工装配置费等。设原品种以多余能力百分数 y 代替需求品种，原品种的材料费为 c_0，原加工费为 j_0，原利润为 r_0，原产品单价为 p_0（$p_0=c_0+j_0+r_0$，老品种已不需考虑开发费的分担），原研制费为 d_0，原研制费与原产品价格比为 $t_0=d_0/p_0$，新品种开发的材料费为 c，新加工费为 j，新利润为 r，新品种单价为 p（$p=c+j+r+d/n$），新研制费为 d，新研制费与产品价格比为 $t=d/p$（同类产品中 $t_0=t$），收回研制成本需生产销售的新品种件数为 n。用多余的能力代替新品种相当于多花费了同等比例的材料、加工和利润，即同等比例的产品价格，这个代价是由购买方出的，买一件原品种购买方要多花 $f_0=p_0y$ 的钱。当买方需要的产品数量满足 $np_0y=d$ 时，卖方可以考虑开发新品种，此时买富余量省的钱能与开发费持平，除经济利益外，还有节省资源的意义，经济权衡的数学关系为

$$n=\frac{d}{p_0y}=\frac{tp}{p_0y}=\frac{t(c+j+r+p_0y)}{y(c_0+j_0+r_0)} \tag{21-7}$$

对于机械等制造业，工料成本对半，即 $c_0=j_0$，$c=j$，利润 r_0 占产品价格的 10%，$p_0=2c_0+0.1p_0$，$p_0=(20/9)c_0$；$p=2c+0.1p+y(20/9)c_0=(20/9)c+y(200/81)c_0$；式(21-7)为 $n=t[(20/9)c+y(200/81)c_0]/y(20/9)c_0$，由于原产品和新开发产品材料相同，材料费 $c=c_0/(1+y)$，$n=t[1/(y+y^2)+10/9]$。当需要的产品数是 $n<t[1/(y+y^2)+10/9]$ 时，新品研制费用不能收回；当 $n>t[1/(y+y^2)+10/9]$ 时，能收回新品研制费用，卖方开始获得利益。式(21-7)的含义用例子可清楚地说明。例如，一个车辆的底盘系列为 $R5$，即 1.60t、2.50t、4.00t、6.30t、10.00t，当有一个 9t 底盘的需求用 10t 底盘代替时，多余能力百分数 $y=10\%$，对

于机械加工业，假如机械产品的研发费与产品价格比 $t_0=100$，$n=t[(1/(y+y^2)+10/9)]=100(1/0.11+10/9)=100(9.09+1.11)=100\times10.2=1020$，买方买 1020 个底盘时，开发 9t 底盘是不亏损的，当需要的底盘数超过 1020 个时，买方可节省购买费用。以上情况除了经济利益外，新研品种还要增加时间周期的代价，还有可能会增加制造设备的添置费用，当然新开发品种有可能会减少补给消耗的使用费用。根据以上计算例子可得出结论，以原品种替代新品种的步长越大，开发新品种赢利所需要生产的批量将减少，反之，以原品种替代新品种的步长越小，开发新品种赢利所需要生产的批量将增加，例如，为实现赢利，开发步长为 20%品种是开发步长为 10%品种所需生产数的一半多一点(526 个)，而开发步长为 5%品种是开发步长为 10%品种所需生产数的两倍少一点(2015 个)。因此，相对系列中的参数代替其附近小的增加或小的减少的参数时，重新开发新品种的意义不大，只有代替的参数增加或减少的幅度大时，开发新品种的意义才突出，具体数值需要通过计算决定。当开发新品费用与产品价格的比值增减时，所需生产的产品数将呈比例增减；开发新品费用与产品价格的比减少一半时，所需生产的产品数将可减少一半。

21.5　系列化的应用

系列化是用数学理论建立的科学方法，是值得信任的。系列化以离散数值覆盖连续数值的需求，是简化品种的科学手段。在使用系列化时，需要深入了解系列化的理论关系，掌握其精髓，应用对象与应用系列要合理匹配，系列间隔的选择要满足好用和带来经济利益两个因素。系列化应尽量严格使用数学计算结果，以避免数值偏离的不合理关系。当面临用多余量代替新需求时，要做好经济权衡的分析，以便科学地把握品种发展的利弊关系。

系列化的推行最好不采用“破旧立新”的方式，应该采取“老产品老办法”、“新产品新办法”，重点在于引导未来发展和老品种的改造。“老产品老办法”有利于充分利用原设计和原制造的投入，除非产品已过时或无市场需求。

系列化是一种数值制式，使用的效果与使用范围成正比，应用面越广，效果越突出。系列数值的离散统一和集中统一，都是精减品种规格的作用。

系列化是产品顶层设计的有效方法，应在产品顶层设计中大胆应用，它对产品的发展会带来长远性、全局性、重要性的影响。系列化的应用将发挥精干体系、压缩品种规格、优化未来发展、降低研制成本、提高保障能力、缩短研制周期等有益作用。

参 考 文 献

[1]　麦绿波. 系列化的理论和设计研究(上)[J]. 中国标准化，2014，(3)：45-49.

[2] 麦绿波.系列化的理论和设计研究(中)[J].中国标准化,2014,(4):57-60.
[3] 麦绿波.系列化的理论和设计研究(下)[J].中国标准化,2014,(5):81-84.
[4] 李春田.标准化概论[M].5版.北京:中国人民大学出版社,2010.
[5] 国家质量监督检验检疫总局,中国国家标准化管理委员会.建筑模数协调标准(GB/T 50002—2013)[S].北京:中国标准出版社,2013.
[6] 国家质量监督检验检疫总局,中国国家标准化管理委员会.优先数和优先数系(GB/T 321—2005)[S].北京:中国标准出版社,2005.
[7] 国家质量监督检验检疫总局,中国国家标准化管理委员会.电阻器和电容器优先数系(GB/T 2471—1995)[S].北京:中国标准出版社,1995.
[8] 国家质量监督检验检疫总局,中国国家标准化管理委员会.印制电路网格体系(GB/T 1360—1998)[S].北京:中国标准出版社,1998.
[9] 国家质量监督检验检疫总局,中国国家标准化管理委员会.硬质直方体运输包装尺寸系列(GB/T 4892—2008)[S].北京:中国标准出版社,2008.
[10] 国家质量监督检验检疫总局,中国国家标准化管理委员会.包装 单元货物尺寸(GB/T 15233—2008)[S].北京:中国标准出版社,2008.
[11] 国家质量监督检验检疫总局,中国国家标准化管理委员会.运输包装件尺寸与质量界限(GB/T 16471—2008)[S].北京:中国标准出版社,2008.
[12] 国家质量监督检验检疫总局,中国国家标准化管理委员会.圆柱体运输包装尺寸系列(GB/T 13201—1997)[S].北京:中国标准出版社,1997.

第 22 章　模块化的理论和设计方法

22.1　模块化的概念及其属性

模块化是“三化”(通用化、系列化、模块化(组合化))中的第三“化”,是学术论著[1~3]和论文[4]讨论最多的一“化”。尽管如此,但总感到模块化在概念、理论模型、标准化属性、设计方法等方面还有许多需要深化研究和建设的内容,尤其是在理性的概念、理论关系和设计的具体方法方面,应该继续深入研究。有些资料将模块化和组合化看成是等价的。从推动“三化”开展的角度,这也是无可非议的,但从学术角度,两者还是应该被区分开来。有些书籍以组合化的名论模块化的实,组合化中的实质内容基本上是以模块化作为支撑的。模块化是一个既有形态关系又有实在对象关系的概念,而组合化主要是形态关系的概念。

模块化和组合化的概念谁先谁后难以查清,而且也不重要。在术语和概念的应用上,国外主要是用模块化的名称和概念,国内既有模块化也有组合化的名称和概念,还有将模块化和组合化合并使用的概念,如组合化(模块化)。实际上,模块化包含组合化的特征,除此之外,它还有许多超出组合化的内容,因此,模块化的概念内涵将多于组合化的。模块化是在物理量传递系统中,按可集成装配(简称集装)的具有特定功能的基本单元进行的分解与合成[4]。模块化概念针对的是对象,落脚点是一种状态,所以,模块化的概念应是用对象的状态表达的。模块化的概念为:**将系统按独立功能分解为有连接关系的分立体的状态**。模块化的形成方法是,将系统按独立功能进行分解,构建成具有互换性接口并可传递功能性能量的集装工程化单元体的标准化方法。模块化的概念有以下内涵:模块化的对象是按独立功能分解出来的或集成为固化独立功能体的,可以是大系统,也可以是小单元;模块化系统分解的独立功能单元是模块,通常是集装黑箱式的,难以从外观看清其内容,“模”字有成为设定形的含义;模块化的几何空间关系需要符合标准化的尺寸系列关系;模块化分解形成的模块具有互换性和通用性的接口,接口能保证集成体功能性能的有效传递;模块传递的功能性能量可以是物质的、能量的、信息的,涉及的学科包括物理的、化学的、生物的等,也就是说模块可以是物理模块、化学模块、生物模块等,例如,物理模块传递的有电流、电压、光束、液力、气流等,化学模块传递单质的氧、氢或合成的盐水、葡萄糖等化学气体、液体,生物模块传递血液等生物剂;模块应该是工程化水平的,具有规定的高温、低温、振动、冲击等环境的适应能力，满足规定的可靠性、维修性、安全性、保障性、测试性、电磁兼容性等要求；高级模块化的单元具有传递功能性能量的能力，传递功能性能量是模块化的重要特征，不能传递功能性能量的模块就成了真的积木了，失去了高级模块化单元的意义。计算机是典型的模块化系统，其物理传递量为用电、磁关系表达的信息量，它的模块为CPU、总线主板、存储器、光盘驱动器、电源等，它们集装成方形体或近方形体，接插方便。模块化是组合化的高级形式，因为它不仅具有组合化的内涵，而且其组合单元是接口连接的、非依赖性的独立功能单元。

模块化的概念要素可归纳如下：

(1) 组成单元的模块具有可分解性和可组合性；

(2) 各模块是具有独立功能的结构集装单元；

(3) 各模块的几何尺寸符合标准化的模数系列；

(4) 各模块具有方便拆装的互换性的接口；

(5) 连接好的模块能有效传递功能性能量；

(6) 各模块具有规定的工程化能力。

模块化不像通用化和系列化那样，被公认为是标准化学科的范畴。关于模块化的学科属性，一直存在着不同的观点，经过理论论证，模块化应属于标准化科学(见第10章)。模块化最早的概念是来自建筑材料的砖头，砖头的思想是一种尺寸统一和方便组合的标准化思想。标准化的理性概念是统一化，当对象的形态呈现出统一化的状态时，对象的状态是标准化的。模块化是体分立的统一化状态，是实体空间及其功能的分布式的统一化，且符合泛元性公理对标准化的认定。模块化是标准化的形式，在标准化形式谱系中，其谱系代码为BⅡ等，属于几何的体分立统一化，其统一化形态关系如图22-1所示。模块化是体分立的统一化，属于体形态的标准化。模块化的统一化是多体、分布的集成关系统一化，其标准化形态表现为分立性的规律性统一化状态，具体的标准化形式是具有互换性接口的独立功能单元，标准化程度高的模块单元为通用化单元。

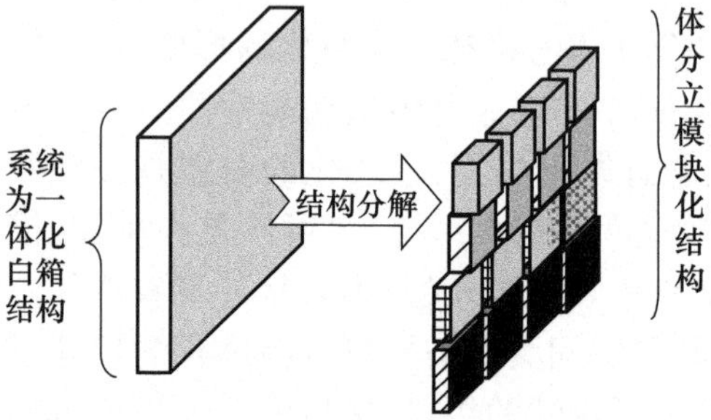

图22-1　模块化的统一化形态关系

论述模块化时，离不开组合化。组合化和模块化都表达系统的分解合成关系，是从不同角度表达同类系统的关系，从系统的结构形态角度称为模块化，如模块化计算机，从系统的集成关系角度称为组合化，如计算机的组合化。

22.2　模块化的理论关系

模块化的理论关系包括模块化的设计思想、模块化的形成原理、模块化的关系模型、模块化的数学模型等。模块化是设计理念转变的新模式，是一种由一体化原理透明的白箱设计方法向不透明的功能黑箱分解设计的转变。模块化的核心价值是分解系统的组成关系，简化总体设计的要求，对整系统的组成部分进行标准化属性的细分，建立通用的连接关系，使研制系统功能单元的社会化协作设计和协作制造成为可能。黑箱法的模块化可实现并行设计和并行制造，构建更细的专业分工关系，为产品系统建立了灵活的变型发展关系，使最大程度地继承使用已有成果成为可能。模块化使系统总设计师的全原理透明设计变成了功能的框架式设计，不需要对系统设计的每一环节从头认识到底(对于复杂大系统实际上是做不到的)。总设计师的能力可转换为确定总体功能和性能、分割系统功能、验收模块和集成系统的能力。总设计师技术工作的重点更多地聚焦于功能单元的合理划分、功能单元"三化"性质的确定、集成总体的功能性能和设计资源的充分利用上。模块化的设计改变了设计的时序逻辑关系，使系统的各逻辑组成部分可以并行进行设计，不需要等着上层设计或下层设计完成提供了联系依据后，再进行关联层次对象的设计，大大提高了设计的效率。模块化设计改变了系统密切关联的那种触一发而动全身的时时技术协调的依赖式设计，建立了分立部分的独立设计关系和制造关系。

模块化的形成原理为：**将系统按独立功能和结构关系分解成能并行设计和制造的功能分立体，且分立体集成的系统能复制和还原一体化系统的能力**。模块化系统按复制一体化系统的运行能力进行分解和集成，同时，模块化集成系统能还原一体化系统的运行能力，模块化的原理关系如图 11-7 所示。模块化前的一体化系统是指，系统的各组成部分在结构、功能、性能方面具有不同程度的相互依赖性。模块化以黑箱状态拥有白箱系统的运行能力或建立与白箱等价的运行能力，使模块化系统拥有了超出白箱一体化系统的优势，这一优势在设计、制造和使用维护方面得到了有益的体现，如模块化系统可采用并行工程研制和生产，可实现快捷、方便的维修。

系统模块化的形态也可归纳出其数学模型，设一体化的系统为 A，可将其分为 m 个组件模块 a_1、a_2、…、a_m，每个组件模块又可细分为部件子模块：a_{11}、a_{12}、…、a_{1n}，a_{21}、a_{22}、…、a_{2n}，…，a_{m1}、a_{m2}、…、a_{mn}。每个组件模块的子模块数不一定是相等的，组件的子模块数不到 n 个时，$a_{ji}=0$，$j=1,2,\cdots,m$，$i=1,2,\cdots,n$。系统模块化的数学模型为

$$A \Rightarrow \begin{vmatrix} a_{11} & a_{12} & \cdots & a_{1n} \\ a_{21} & a_{22} & \cdots & a_{2n} \\ \vdots & \vdots & & \vdots \\ a_{m1} & a_{m2} & \cdots & a_{mn} \end{vmatrix} \Rightarrow \sum_{j=1}^{m}\sum_{i=1}^{n} a_{ji} \tag{22-1}$$

式(22-1)的数学模型说明，一体化系统 A 可以分解为由子模块 a_{ji} 组成的矩阵，子模块又可组合起来合成为由子模块组成的模块化系统。模块化系统使组成模块在结构、功能、性能方面相互独立，解除了各组成部分在一体化系统中的相互依赖性。

一体化系统分解为组成模块和实体模块的关系如图 22-2 所示。图中，白色方形为一体化系统，网格点底方形为合成模块，黑色方形为单体实体模块。合成模块是由单体实体模块组成的模块，它们可以是分系统模块、组件模块、分组件模块等，是由模块组成的模块或是可再分的模块。单体实体模块是本系统中不再下分的独立整体模块单元，它是模块分解路径上的最底层模块，是同层次中的终端模块。合成模块在模块树中是一种路径模块，由它给出了所属模块的路径，同时也是所属模块的集成模块。单体实体模块可以属于各个层次，可以直接属于系统总体，属于分系统、组件、分组件等，是所属层次的最底层模块。

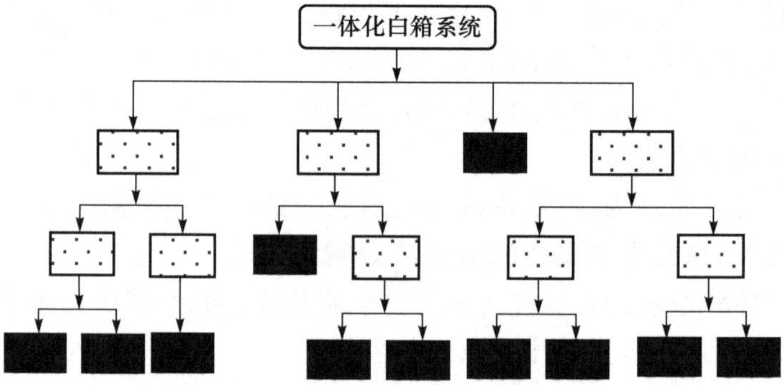

图 22-2　一体化系统模块的分解关系

模块的连接方式有单端接口、双端接口、多端接口，接口对量的传递有单向的，也有多向的，其关系如图 22-3 所示。图 22-3(a)为模块单端接口的单向输入或输出，或单端接口的双向输入输出关系；图 22-3(b)为模块双端接口的单向输入或输出，或双端接口的双向输入输出关系；图 22-3(c)为模块多端接口的单向输入或输出，或多端接口的双向输入输出关系。图 22-3 中的实线单箭头为接口单向的输入或输入关系，虚线双箭头为接口的双向输入输出关系。

模块化系统的功能分立体的接口应具有互换性，可进行对应接口无选择的集成装配和维修更换。模块化系统的同一接口位置接入的模块功能通常是同功能互

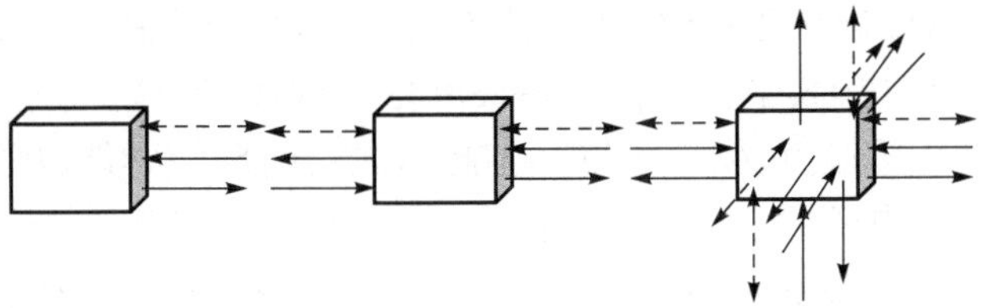

图 22-3　模块的接口关系图

换性的，如计算机内存模块接口可更换各种存储量的内存条，也可以是不同功能的替换，以支持功能升级或多功能用途，如数控机床的加工头可更换为钻、镗、铣等多种加工功能的加工头。模块化的讨论还应关注模块化系统，以掌握模块化系统的整体关系。从模块化系统的角度看，一般都包括通用化、系列化和组合化三方面内容。模块化系统一定是组合化的，这是模块化系统集成和拆分的条件，通用化模块是模块化系统最重要的价值单元，系列化模块是延伸模块化系统能力的重要单元，因此，包含了通用化、系列化、组合化的模块化系统才是理想的和完善的标准化特征的模块化系统。如果称通用化、系列化、组合化为“三化”，模块化就是“三化”的高级形式，因为它集中体现了“三化”的各项价值特点。模块化系统与通用化、系列化、组合化的关系如图 22-4 所示。图 22-4 表达出模块化系统包含通用化、系列化、组合化，但不等于有通用化、系列化、组合化的都是模块化的，还有不是模块化的通用化、系列化、组合化部分。对于组合化，模块化形式的组合化在组合化的对象中所占的比例是比较大的。如果组合化对象中的件广义上都称为模块，所有组合化对象的组成元素都是模块化的，如果这样，模块化就包含了组合化。如果组合化中的集成体单元才能称为模块，有些组合化的非集成体单元就不是模块化的，按这个概念，组合化中有非模块化的部分。

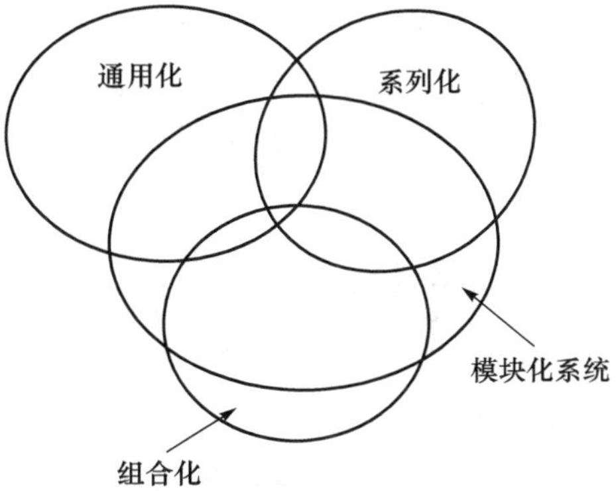

图 22-4　模块化系统与“三化”的关系

22.3　模块化的类型

模块可以用多种属性分类，从技术专业属性分，可以分为机械模块、机电模块、机械液压模块、电子模块、光学模块、光电模块、化学模块、生物模块等；从系统的层次属性关系分，可以分为系统模块、分系统模块、组件模块、分组件模块、部件模块、集成器件模块、器件模块等；从模块的传递关系分，可分为物质传递模块、能量传递模块和信息传递模块，其中物质传递模块可分为固体、液体、气体物质传递模块，能量传递模块可分为机械力、液力、气能、电能、光能、声能、化学能、热能等传递模块，信息传递模块可分为电子信息、光子信息、声信息、电磁波信息、磁场信息等传递模块；从模块的标准化属性关系分，可以分为标准模块、通用模块、系列模块、专用模块、扩展模块(增加功能用的)等。按标准化属性分的模块更具有普遍性价值关系，值得专门研究。下面分别讨论标准化属性模块的概念和特点，以指导模块的构建和应用。

1. 标准模块

标准模块是具有跨产品类别普遍适用的模块，如标准电源模块、标准存储模块等。标准模块通常是为广泛通用化专门设计的模块，性能和质量经过专门的验证，并制定成产品标准。标准模块是高通用性的通用模块。标准模块是具有同类产品制造能力的企业按其标准就能制造出的符合标准规定的模块，就像紧固件标准件一样，机械加工企业根据标准件的标准就能制造出来，只是制造成本因企业而异。标准模块一般是市场上的普遍性商品，在市场可随时购买，如 USB 存储器等。凡是能跨产品类别普遍通用的独立功能对象，都可以考虑发展成标准模块。标准模块的发展可避免专用设计和制造带来的浪费，且有利于一物多用。标准模块具有易获得性的优点，是货架性产品。标准模块的成本通常比同类专用模块的低，工程化能力比同类专用模块的强。标准模块具有很强的通用性，具有行业范围或国家范围的通用性。

2. 通用模块

通用模块是在同类产品中适用面广的模块，至少在两种及其以上产品中通用，当然也可以是跨种类通用的。通用模块通常是在模块第一次设计时，就规划了其通用性的属性，并在设计时充分考虑赋予通用性技术特征，如被再利用的适用性、接口互换性等。通用模块的再利用，是以通用件代号或借用图样的方式纳入新设计的产品中的。当通用模块的适用面宽到一定程度时，可通过制定标准升级为标准模块。通用模块的地位类似于通用件的地位，至少有企业范围或团体范围以上的通用性。

3. 系列模块

系列模块是同类产品中符合系列化规律的不同品种规格的模块。每种模块只是一组系列模块中的一种规格模块，它通常只提供产品系统的一种使用规格，产品系统的其他使用规格只能使用另外相应规格的系列模块。系列模块最好是在产品整体发展需求规划时进行考虑，不要随意性地确定模块的品种规格。系列模块的建立,可防止不必要的多品种个性模块的产生。系列模块属于个性模块,但它是有规律性的个性模块。在产品母体能力能承受系列功能性能的情况下,系列模块也可以是适用于同一种产品的一系列模块,如照相机的系列镜头。产品母体能力不能承受系列功能性能的情况下,系列模块分别适用于不同规格产品的一种规格,如系列钻床的系列电机。系列模块的规格具有同规格范围的通用性,是离散集中的通用性。

4. 专用模块

专用模块是只能在一种产品型号中使用的个性模块。专用模块一般是具有性能调整价值的个性模块。由于专用模块在产品系统中通常具有改变产品系统性能的作用,如果很好地规划,专用模块可按系列化模块的关系去发展,将其发展为系列模块。专用模块的专用一般有三种产生情况:一种是设计时缺乏再利用考虑,如忽略了接口互换性或接口通用性等,将模块设计成了只能用于某种产品的模块;另一种是有意将模块设计成排他性的专用模块,以满足特定功能的需要,如密钥模块,以满足系统保密的要求;有的情况为了突出个性或防止仿制,将模块设计成专用模块。专用模块是非标准化属性的模块。

5. 扩展模块

扩展模块是产品系统增加额外功能的模块,通常不是产品系统的必配模块。扩展模块是寄生的模块,它可为非其专属的系统增加额外功能,为充分利用系统的基础能力专门再开发的特配模块。扩展模块的设计是为产品系统增加附加功能考虑的,如计算机的外置手写板模块、外置音响模块等。扩展模块首先是要求与产品系统的接口具有互换性,同时要求输入、输出满足与系统的匹配关系。扩展模块要求具有一定程度的标准化属性,否则无法使扩展模块连接使用。扩展模块最好是设计成通用化的或标准的模块,以便广泛利用。

以上模块是按标准化属性划分的模块,可以看出它们的标准化关系,但各种模块的标准化程度是不一样的,这些模块按标准化程度从强到弱顺序排序,可排为:标准模块→通用模块→系列模块→扩展模块→专用模块。

22.4　模块化的设计方法

模块化设计是一种基于黑箱单元的设计思想。模块化的设计是产品系统模块分解与合成关系、连接关系、功效关系等的设计技术方法,主要包括总体设计、接口设计、单体模块设计、集成关系设计、试验考核设计等设计方法。

22.4.1　总体设计

产品系统模块化的总体设计主要是进行系统的功能组成和相关利弊关系的权衡设计。模块化总体设计的方法有从上到下的分解法总体设计和从下到上的集成法总体设计。

从上到下的模块化总体设计方法或从顶层到底层的设计方法是，先将产品系统分解成最大功能单元的组成关系，然后从第一层的功能单元逐个进行层层分解，直到单体功能模块。模块的分解应按独立功能进行划分，不具备独立功能的单元不应作为模块单元。功能模块的分解一直要分解到可集成的单体功能模块，它是一个可独立设计和加工的黑箱单元，并具有与相关模块连接的互换性接口。模块化的分解法设计是对产品系统的“锯开式”设计，即将一个一体化的产品系统按功能关系“锯”开来，形成功能拼接的系统，不是一体化的“融接”系统。模块化的分解法总体设计，先要确定总体的功能和性能，然后按层分解功能和性能，形成功能和性能的组合体。模块化分解法的总体设计是框定了总体功能界限关系下的拆分设计，设计的重点在拆分的合理性上，在某种程度上是模块资源建设的设计工作，因为这些模块的划分来自于某特定系统，拆分的模块不一定具有广泛适用性，但应考虑将模块设计为未来可再利用的资源。当模块资源在市场上积累还不充分时，从上到下的模块化总体设计方法可为模块资源建设积累资源，特别是在模块化早期发展阶段。从上到下的模块化总体设计不是总体系统功能的组建性工作，是总体系统功能的分解性工作。

从下到上的模块化集成法总体设计方法是，先构思一个初步的总体功能和性能概念，然后从底层开始考虑应有哪些功能模块，将模块的组成关系逐层向上收敛，最终形成系统的总体组成关系。集成法或从下到上的模块化总体设计方法，是搭积木式的设计方法，用模块基本单元逐步搭建出模块化的产品系统。集成法的模块化总体设计方法主要适用于设计对象有丰富的市场化模块产品资源的情况，在这种情况下，可充分利用已有的模块资源，再设计部分没有的模块，按此设计的系统将会大大提高模块化系统的设计效率和制造效率。因为，这样设计模块化系统可以省去许多单体黑箱模块的设计时间和设计效果的验证考核时间；从制造角度，可大量节省模块的工艺设计、生产准备、加工制造的时间和费用。模块化的集成法总体设计，是创新驱动性强的总体设计，因为这种设计方法利用各种现成模块，提供了以“搭积木”或“拼接”方式构建系统的想象性、多变性和灵活性，使设计更富有创造性，在某种程度上是总体系统功能的创建性工作。当有条件采用集成法进行模块化系统的总体设计时，设计出的系统还有一个突出的优点，就是模块化系统的标准化程度高，因为选择的模块多数会是市场上的标准模块或货架模块，只有少数是自己开发的模块，系统应用的模块具有很好的通用性和互换性。除以上两种总体设计方法外，还有分解法和集成法综合的总体设计方法，总体设计时，既有从上到下，又有从下到上的设计。

在进行模块化功能分解设计或集成设计的同时，要考虑模块化系统的布局设计。布局设计主要是应用模数和网格设计技术。模数是网格的基准尺寸，网格是模块布局的尺度平面或尺度空间，网格为模块在平面或空间的布置提供了精确的尺度坐标位置。模块化系统中模块的布局设计，旨在使模块间的相互关系保持合理性和可靠性，使无效和无意义的面积和空间占用最小化，支持模块化系统的小型化。模块的布局设计要避免模块间的接触性和非接触性的干扰问题。模块间的间隔要能保证模块间无接触性的干扰或干涉（如自然性杂质附着造成的电路短路、模块振动干扰、电磁干扰等），能保证模块的自然散热，能保证同面板或同箱体尺寸关系的协调性等。模块化系统的布局主要是在二维网格系或三维网格系中设计，网格系中的格距是网格系中的最小尺寸基准，通常以模数关系来确定。在同一网格系中，为了方便布局不同大小尺度模块的需要，可以有不同的格距，但这些格距的大小一定是基准格距的整数倍数。这种模数整数倍数的格距关系使网格系中的尺寸关系能保持协调性。不同的领域，模数或基准数是不一样的，在建筑领域里，其模数为 100mm，在电子学领域里，其模数为 0.5mm，大于基本模数的基准数可用组合模数，它是基本模数的整数倍数，是组合尺寸的基准。在模数的确定方面有两种方式，以内件为基准的尺寸系统，采用组合模数，以外件为基准的尺寸系统，采用分割模数。外件基准是将外件的尺寸作为 1，其模数采用分数形式，如 1/2、1/3、2/3、1/4 等。网格系是模块化布局的设计平台，当搭建了网格系、制定了组合模数或分割模数后，布局的具体设计主要依靠模块特性知识和专业经验来实施。

模块化系统中模块功能的分解要做好模块粒度粗细的定位和权衡。模块粒度粗细，将会涉及复杂程度、精度高低、成本高低、可靠性高低等方面的问题。当单个模块的定位粒度太粗时，模块自身的复杂程度就高，且模块的灵活性就小，模块的通用性就弱，但模块化系统的复杂度低、输出性能精度高、可靠性高、接口成本低。当单个模块的定位粒度太细时，系统的复杂程度提高，系统的接口数量增加，系统装配的复杂性高，系统接口成本提高，系统的可靠性降低，精度降低，但模块的通用性能力提高，系统的变型发展能力提高，系统的维修成本降低（哪部分坏换哪部分，较少牵连好的部分）。模块的数量及集成度与复杂程度及成本的关系符合一定规律的曲线关系。这种规律对于单体模块和系统是不一样的，其规律正好是相反的，利用这种规律的曲线关系，可以找到模块粒度/单体集成度大小选择的合理定位，它们的对比关系曲线如图 22-5 所示。当单体模块粒度粗时，模块复杂程度高，系统组成关系简单，此时，模块设计难度和制造难度都大，系统的集成难度降低，系统的变型灵活性小。系统模块接口的数量与系统的精度及可靠性成反比，它们的关系曲线如图 22-6 所示。当模块化系统的接口数量增加时，模块化系统的精度和可靠性就会降低，因为接口是方便可拆卸的互换性连接关系，其配合的紧密性和间隙要大于非活动性的一体连接关系，故模块接口传递的精度降低，且接口的易松动性也降低了连接部分的可靠性。各接口可靠度的乘积是系统的可靠度，大量数值小于 1 的接口可靠度乘积的结果，是系统的总可靠度的结果数值，它与接口的数量成反比，由此，系统的可靠性随接口数的增加而下降。系统接口数量的增加还增加了系统的接口成本和单体模块的独立结构成本，其关系曲线如图 22-6 所示。

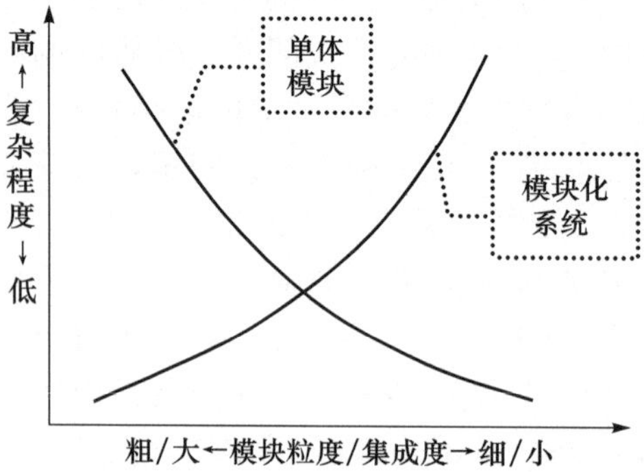

图 22-5　复杂性与模块大小的关系

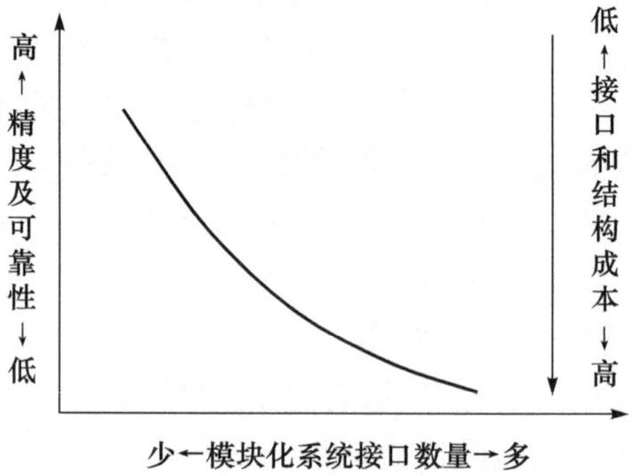

图 22-6　接口数量与可靠性和成本的关系

模块化总体设计的另一重要内容是，在模块功能分解时，要定位模块的标准化属性。对于一般产品系统，功能模块的标准化属性可分为标准模块、通用模块、系列模块、扩展模块。对于有特殊性要求的产品系统，功能模块的标准化属性可分为标准模块、通用模块、系列模块、扩展模块、专用模块。在产品系统总体设计时，对于决定性能关系的核心模块和高价值的模块，应尽量设计为通用模块，甚至是标准模块；对于其性能变化能明显改变系统性能的模块，应设计为系列模块，使其形成规格系列，以满足系统对不同规格的需要；对于非系统完整性必需的功能模块，可设计为扩展模块。例如，照相机的 CCD 图像探测器和相机座应设计为通用模块，而照相镜头设计为系列模块，滤色镜可设计为扩展模块，更换镜头组件时，照相机可获得新的成像功能和性能，加上滤色镜时，可获得特别的图像效果。在一个系统中，标准模块和通用模块不一定同时存在。模块化系统开始研制时，可能只有通用模块，当一类产品及其相关的产品品种发展得很多时，标准模块产生的条件才突显出来。模块化划分出来的独立功能模块的通用和系列属性的确定，还应通过模块化系统品种组合的分析来支持，对于组合多种用途系统共用度高的模块，应设计为通用模块，对于相似度高且性能分级的模块，应设计为系列模块。

产品完成了模块化的划分和标准化属性规划后，应进行模块化产品系统的型谱规划设计。型谱规划设计的内容是，从满足产品各种用途的角度构思各种规格和功能性能的模块资源，组合构建各种用途的模块化产品系统。模块化产品系统主要由通用模块(含标准模块)、系列模块、专用模块和扩展模块组成,产品品种的产生来自于模块的组合变化,变化的主要支持因素是系列模块和扩展模块,产品系统的组成关系如图 22-7 所示。图中,抽象了一个六单元模块组成的系统,模块间的虚线连接关系是指一个系统选择多条可能连线中的一条连线,模块间的实线连接关系是指一个系统可同时选择一条或多条可能的连线。模块化产品总体设计时,应该对模块化产品可能组成的不同功能和能力的产品种类进行分析,列出模块化的各种组成方案,算出模块化产品可能组成的不同功能和能力的产品种类数量。产品品种可能组成的数量可用组合数学关系进行计算。设模块化产品系统由 N 个必要模块组成,通用模块为 T_1、T_2、…、T_L,有 L 种,系列模块为 X_1、X_2、…、X_I,有 I 种,每种系列模块分别有 J_1、J_2、…、J_I 种规格,扩展模块为 K_M,有 M 种,如扩展模块之间没有固定的使用数量,模块组成系统可能的种类数为 P:

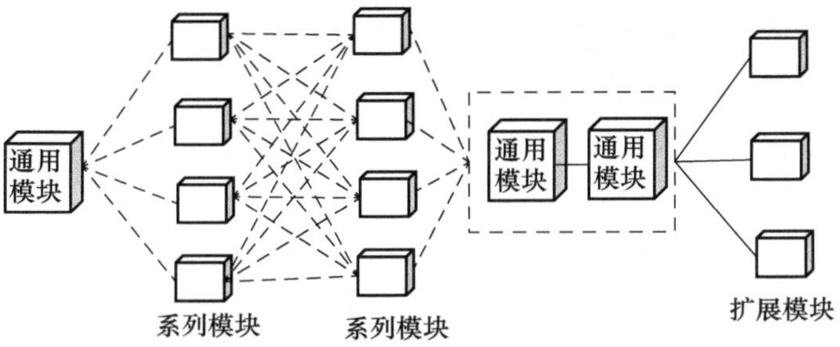

图 22-7　模块化系统组成的可能性关系

$$P=\left(\prod_{i=1}^{I}J_i\right)\left(\sum_{i=1}^{M}C_M^i\right) \tag{22-2}$$

式中,系统组成的必备模块数为 $L+I=N$,扩展模块可以任意加入必要模块中组成扩展的产品系统,如 1 块、2 块或 M 块。式(22-2)是模块化系统所有可能组成的种数,只考虑模块组成系统的状态,不考虑连接方式。例如,一个模块化系统的通用模块有 $L=3$ 种,系列化模块有 $I=3$ 种,每种系列模块的规格数分别为 $J_1=3$、$J_2=2$、$J_3=4$,扩展模块数有 $M=2$ 种,其中一个组合品种的表达为:$T_1+T_2+T_3+X_{1(3)}+X_{2(1)}+X_{3(3)}+K_2$,$X_{1(3)}$为第一个系列模块中的第 3 块,$X_{2(1)}$为第二个系列模块中的第 1 块,$X_{3(3)}$为第三个系列模块中的第 3 块。产品系统的组成可能种类数 P 应用式(22-2)进行以下计算:

$$P=\left(\prod_{i=1}^{3}J_i\right)\left(\sum_{i=1}^{2}C_2^i\right)=3\times2\times4\times(2+1)=72$$

该模块系统的组成关系是:3 种通用模块是必用的,只有一种可能;3 块系列模块有 24 种组成可能;2 种扩展模块有 3 种使用可能,即使用 1 块有 2 种可能,使用

2 块只有 1 种可能；这个模块化系统必需的模块数为 6，增加的扩展模块数为 1～2；这个模块化系统可能组成的系统种类数为 72。

产品模块化总体设计的主要内容为：产品功能模块组成关系、功能模块布局、功能模块间相互匹配关系、功能模块标准化属性设计（再利用关系）等。功能模块组成关系的设计解决产品系统由多少种组合功能模块组成、组合功能模块由哪些单体模块组成的问题。功能模块的布局关系的设计是解决模块化系统尺寸合理性和模块间摆放合理性问题。功能模块间的匹配关系设计是解决模块间如何连接，模块间物理、化学或生物量如何有效传递和作用的问题。功能模块标准化属性设计是解决模块的标准化属性定位、开发和采购等问题，也是解决模块化系统成本估算和标准化程度评估的问题；通过模块的标准化属性设计，提升模块化系统的再利用潜质。模块化的总体设计方法，简化了总体设计技术掌握全面性的要求，总设计师不需要完全掌握模块内部的具体技术关系，只需要掌握模块的功能、性能、接口和输入输出匹配技术关系，最重要的是要掌握模块组合成系统后可实现的功能、性能、工程化水平的结果和效果。

22.4.2 接口设计

产品系统分解为模块独立功能体后，需要解决的问题是连接问题。模块的连接不同于一体化系统的连接，它不是刚性的一体性的连接关系，而是快速可插入和拆卸的“柔性”连接关系，并且是要能方便安装和拆卸的连接。模块连接口的设计要求应有很好的互换性，一方面是为模块批量化生产实现模块分发到多个厂商生产后能无选择地合格安装，另一方面是要为模块接口能连接非原定使用的其他系统留有可能性。模块接口的设计更重要的是要满足模块间物质、能量、信息传递的要求，这是模块连接的本质内容。模块接口的设计还要考虑无缝性连接问题。无缝性连接是指，模块间的连接在规定的使用环境中是牢固的和可靠的，它们之间需要传递的物理、能量、信息量能按要求顺畅传到，不需要的物理、能量、信息量不能进入和传递。有缝连接属于连接的缺陷问题。无缝连接有三种内涵：第一种是接口间连接的物理关系是无缝的，物理的无缝表现为物理传导的联通性和物理密闭的密封性，例如，热像仪制冷气瓶与制冷器接口连接的无缝性就是两者连接通气后，高压气不会泄漏，再如，二相电源插座与插头连接的物理无缝性是两个金属接头都是良好接触的，没有一个是虚空或不能良好接触的；第二种是连接的信息通道是无缝的，例如，光纤通信接口传输的是多光波频段承载的信息，当其中一个光波频段的光信号耦合过程中泄漏导出，形成了光传递的有缝泄漏，或被外来信息耦合进入；第三种是非法的信息是不能侵入或植入的，例如，无线信息和有线信息接口在接收预定信息时，输入接口能防范非法信息或危险代码的侵入或植入。模块接口间连接的无缝性是相对的，绝对无缝的连接是不存在的，只要连接不期望的问题对使用的影响是个极小的概率事件，就可将这种连接看成是无缝的。接口设计主要有以下设计内容。

(1) 连接接口的结构设计。它是几何匹配关系的结构设计，主要解决接口的机械紧固和可靠连接以及接触导通问题，连接结构采用典型的紧固方式结构。这些典型结构主要有插入式弹性夹紧结构（如电源接口、USB 接口等）、插入式紧固件紧固结构（如打印机、投影仪螺栓紧固接口等）、端面密封接触紧固件紧固结构（如液体管路法兰盘连接接口等）、插入卡勾卡紧结构（计算机声卡等接口等）和螺纹扣拧紧结构（水管软管接口等）等形式。在电子产品中，接口用得最普遍的结构是插入式弹性夹紧结构，这种结构接口一方为插座，另一方为插头，或者说，一方是阳性头，另一方是阴性头，也有连接的两边都有阴阳头的连接方式，弹性件一般设计在插座方，插头方为被夹紧方。

(2) 互换性设计。该设计是包含允许偏差（容差）的设计，指用同样的图样在不同时间、不同制造商制造出的产品可无选择地合格安装。互换性设计主要设计两个内容：一是接口连接结构的互换性，二是模块功能或模式的互换性。互换性的设计本质是公差关系的设计，对于机械接口的互换性是尺寸公差的设计，对于功能或模式互换性是性能公差的设计，当公差控制到规定的允许公差内时，它们之间就具有了互换性，或者说这样的偏差就不会带来实质性影响。

(3) 通用化设计。它是基于接口互换性的设计，接口互换性是通用化使用的前提，但不等价于通用化。接口互换性只是同类产品间接口的无差别性，接口通用化是不同类产品间接口的无选择性连接。接口的通用化设计首先是要规划接口可能要接入的各种模块类型，然后应用通用化设计技术进行设计。通用化技术设计主要是功能或模式的通用化设计。对于信息接口的通用化设计，除实现结构通用化外，还要通过统一信息传输协议和信息格式来解决传输接口的通用性，当接口间信息协议和格式无法统一时，可在接口中植入代理软件来实现通用化。

(4) 量传递性设计。它是对模块接口性能和功能输入输出能力及效果的设计。量传递的接口有接触性接口和非接触性接口。机械动能接口是接触性的量传递接口，接口设计的要点是动能传递的稳定性和低损耗性；热力接口是接触性的量传递接口，接口设计的要点是密封性、保温性和流通性；电气接口是接触性的量传递接口，设计的要点是接触性、稳定性、电参数的匹配性；无线电信号接口是非接触性的量传递接口，设计的要点是信号的搜集、过滤、放大等能力，如微波天线接口等；光辐射通信接口是非接触的量传递接口，设计的要点是光对准适应性、光束耦合性、光能的减损性等。

(5) 无缝性设计。接口的无缝性设计是一种保护性的设计，设计的内容包括接触可靠性、密封性、侵入防护性、抗干扰性、完好性检测等设计。

22.4.3　单体功能模块设计

单体功能模块的设计主要是模块的功能、性能、输入输出关系的设计。单体功能模块的设计不同于模块化系统的设计，它是白箱式的设计，是模块技术原理透明式的设计，而模块化系统的总体设计是黑箱式的设计。单体功能模块设计既是一种专业技术设计，也是一种模块共性要求的设计，对于模块的专业技术设计，留给专业技术人员去考虑，这儿只给出模块共性技术要求的设计内容。在单体功能模块设计时，要注意模块的拆分和合成工作，因为，在总体设计时，注意力在独立功能的分解上或组合上，对模块间配合的合理性并没有进行仔细分析。对于具有配合关系的功能间，一个功能与另一功能的配合在性能上是 1 对 1 的，这两个匹配性功能可集成为一个功能模块。在一个功能间，其中一个独立功能与另一个独立功能的配合在性能上是 1 对多的，可按两个独立功能建立模块，性能是 1 的那个功能可定为通用模块，性能是多的那个功能可定为系列模块或专用模块，由此可扩大它们组合的性能范围。单体功能模块共性要求的设计内容主要有功能独立性设计、环境适应性设计、可靠性设计、维修性设计、安全性设计、测试性设计、保障性设计、电磁兼容性设计、加固设计等。单体模块环境适应性的设计包括模块承受高温、低温、温度冲击、振动、冲击、湿热、霉菌等方面环境的能力，即适应气候、力学和电磁环境的能力。加固设计有外加固设计和内加固设计，外加固设计主要是壳体结构的加固设计，内加固设计通常可设计为采用填充物（如泡沫）灌封等方式来加固。单体模块设计除以上内容外，在技术上还应进行典型性提炼和通用性提炼设计，剔除功能模块非必要性的个性关系，使模块技术具有典型化，使功能和性能具有较宽的适用性和承接性。单体模块性能设计时，还要考虑性能相关性模块的性能割分，割分的方法可采用矩阵法[5]。该方法是利用矩阵关系找出模块间外部关联性能，利用规则把性能的关联性推到一种模块上，由此制定单体模块性能的独立设计方案，消除性能在模块间的依赖性，割断同一性能在两种及以上模块的相关性或依赖性。

22.4.4　集成关系设计

集成关系设计是指系统集成的总体结构设计，主要包括模块化系统集成的总体结构形式设计、模块集成装配的程序设计、装配安装工装设计、调试工装设计、性能匹配设计、集成仿真设计等。在模块化系统总体设计时，设计的重点是系统的功能分解和初步的模块布局，那时的模块布局主要是平面的布局。模块化系统集成的总体结构设计时，结构关系要从立体角度考虑，此时的布局设计是产品系统的实际形状布局。模块化系统集成的总体结构形式的设计，依据集成体的功能和性能包容能力，设计集成体的空间占用性、牢固性、外观颜色、搬运方便性、商品美观性、运输和储存的易码放性等。在总体结构形式设计时,特别要注意模块化产品的外形竞争性设计,这种竞争性有的是来自于现代的时尚形状,有的是来自于时尚的颜色。模块集成装配的程序设计是模块安装的先后顺序设计,通常是按组件隶属关系,从最底层模块向上层模块安装的顺序,先纵向顺序后横向顺序安装。集成顺序的设计主要是围绕有利于调试、有利于检测、有利于提高安装效率等。模块装配安装工装的设计主要是模块装配所需夹具、量具、工具的设计,这种设计既包括对尚无所需工装的设计,也包括对现有工装的选择。调试工装设计主要是调试设备、装置、工具的设计或选择,调试设备的布置。性能匹配设计是对模块间连接的性能匹配关系的合理性设计,设计的结果要给出模块间的性能匹配表,并给出性能匹配调试的工艺方法。对于有条件的情况,可将以上设计内容通过仿真软件先进行仿真,再看设计效果是否达到预期的设计目的,对不满意和不符合的关系进行调整和改进。

22.4.5　试验考核设计

模块化系统的试验考核设计包括单体模块的试验考核设计和集成模块化系统的试验考核设计。模块试验考核设计的内容是模块试验的项目设计、试验方法设计、试验合格判据的设计。模块试验的项目有模块的功能、输入输出性能、接口的可靠性、接口牢固性、接口无缝性、环境适应性、可靠性、维修性、安全性、测试性、保障性、电磁兼容性、人机适应性、长储性、运输性等。试验方法的设计主要是对已有适用试验方法标准的选择。对于没有现行试验方法标准的试验项目,要设计试验项目的试验原理、条件、程序、结果处理等内容。模块试验合格判据的设计依据是模块的性能指标要求、模块满足使用环境条件的指标要求(如高温＋60℃、低温－40℃、相对湿度 85％等)、模块可靠性水平的要求(1 万小时的平均故障间隔时间等)及其允许偏差范围。如果模块考核项设计不全,不能充分暴露问题隐患,会给未来模块提交或投放市场带来麻烦或造成经济损失,如导致产品召回的经济损失和社会影响等。

以上的设计工作不一定全都是总设计师要亲自操作的,但全是总设计师要规划和考虑的。总体设计、接口设计、单体模块设计、集成设计、试验考核设计等具体设计工作都是产品设计师的工作,集成设计方面工艺师应该参加。

22.5　模块化的应用

模块化的应用是从直觉使用到自觉使用的,从感性认识到理性认识的,从低级形式到高级形式的。实物模块化开始使用时并不叫模块化,而是基于一种基准实物单元组合的概念,模块化概念是在理性认识达到一定水平后提出来的。今天,模块化的应用已在实物领域里广泛应用，而且超出了实物领域，还可应用于软件、行为关系、方法关系、管理关系等方面。

22.5.1 模块化在硬件方面的应用

模块化在硬件(或实物)领域中的应用是始于建筑领域，建筑中的砖头就是建筑领域中的结构组成的基本单元模块。精密结构模块化的发展是始于机床领域，早期阶段是组合夹具模块化，随后是机床模块化，如将摇臂铣床分为8个模块：升降台、工作台、摇臂、铣头、摇头、床身、电气装置、冷却装置模块。组合夹具的模块化，可以用较少的组合夹具单元组装大量的各种功能的夹具。西门子公司将工业汽轮机设计为模块化的，进气段模块2种，中段模块2种，出气段模块4种，这些模块的组合可组成不同容积和压力的16(2×2×4)种汽轮机[3]。机械系统模块化，使许多模块功能单元可在多种机械系统品种中再利用，大大提高了设计和制造成果的利用率。如果设计的系统是一体化系统，应用方式将是一次设计、一次制造、一种应用能力。系统设计采用模块化模式，应用方式将是一次设计、一次制造、多种应用能力和多次应用机会。计算机的模块化，把模块化发展推到了高级阶段。计算机领域的模块化不仅是物理结构的划分和分立，还是功能和模式的划分和分立，更重要的是建立了跨型号和跨功能通用化的模块接口，提高了模块功能的通用性，使模块向广泛适用的标准型方向发展。

22.5.2 模块化在软件方面的应用

计算机软件是由计算机指令语言所组成，这些语言都是用于完成某些特定的计算、分析、驱动、传输、存储、显示等计算机指令行为。随着用计算机完成的工作越来越多和复杂性越来越高，每项使用软件的工作都要自己编制专门软件的必要性越来越小，一个人从头到尾编制完成复杂软件的可能性越来越小，所以软件需要模块化来简化组成关系，需要模块化来分解软件功能和工作量，需要模块化来建立重复使用的成熟标准资源，以便可以直接利用成熟、可靠、通用的软件模块成果。软件功能模块化已逐渐在软件编程中应用，但软件模块化的工作还是一种企业各自封闭体系的模块化，还未使模块化的资源能公开获得利用。当大量软件模块资源能成为通用、优化、可靠的标准资源，并能在社会广泛、公开可获取时，软件编制才真正进入模块化的时代。软件模块化应解决好相关的标准化问题，一是软件语言的统一化问题，二是软件接口的通用性问题，三是软件模块功能的通用性问题，四是软件的可靠性和牢固性问题等。软件模块化的意义是：可避免软件编程的大量重复性劳动；可简化大规模软件开发的难度和工作量，使复杂大型软件的设计成为可能；可降低软件的开发成本；可缩短软件的开发周期；保证软件的开发质量。

22.5.3　模块化应用的意义

模块化的意义归纳起来主要有以下方面。

(1) 简化系统的组成或表达关系，如产品系统、软件系统、方法系统、管理系统等，降低对系统整体认识的复杂性。

(2) 分解系统的设计和制造工作，有利于形成专业化设计与制造，以提高工作效率、设计和制造的专业化及精细化水平。

(3) 适合用于多品种、小批量定制模式，也适合用于大批量专门生产模式。

(4) 有利于继承使用已有的模块成果，充分发挥模块的投资效益。

(5) 方便系统的变型发展或功能扩展，提高系统功能的灵活性。

(6) 系统拆卸方便，有利于系统的问题诊断和维修拆换，降低维修难度，有利于系统的分解搬运。

(7) 产品系统细分为模块后，产品加工错误的报废单元被缩小，可减少制造过程失误的损失量。

(8) 模块单元具有较高的通用性，使模块的技术成果具有很高的再利用率，减少专用化利用低的浪费，同时缩短产品的研制周期。

模块化是一种先进的方法学，由事物发展的需要所催生。模块化是满足多样化和灵活化的需要，是应对“复杂灾难”的需要，是人们解决复杂化关系的有效途径和挑战日趋复杂化问题的必然选择。

参考文献

[1]　童时中. 模块化原理设计方法及应用[M]. 北京：中国标准出版社，2000.

[2]　李春田. 模块化研究[M]. 北京：中国标准出版社，2008.

[3]　贾延林. 模块化设计[M]. 北京：机械工业出版社，1993.

[4]　麦绿波. 通用化、系列化、组合化(模块化)[J]. 军用标准化，1996，(1)：2-5.

[5]　卡丽斯・鲍德温，金・克拉克. 设计规则：模块化的力量[M]. 张传良，等译. 北京：中信出版社，2006.

第 23 章　组合化的理论和设计方法

23.1　组合化的概念

在许多书籍和文章中，组合化经常被作为模块化的代名词，并将两个概念等同起来。从学术角度，组合化和模块化是不一样的。厘清组合化和模块化的概念，可正确引导两个重要概念的应用，还可避免两个概念混用和误用的尴尬。研究组合化，需要从多个角度来阐述，才能把它与模块化区分开。组合化的研究内容包括组合化起源、组合化的概念、组合化的要义、组合化的标准化属性、组合化的构成方式、组合化的连接关系、组合化的对象、组合化的应用等。

有些对象在应用组合化的关系时，还没有出现组合化这个词，如文字的组合化、建筑的组合化等。组合化这个词的使用，起源于组合夹具和组合机床，从此，组合化作为一种学术概念在国内广泛传播。从国外的资料中，没有发现和找到组合化的学术词汇和学术概念，组合化的英文单词是中国人按相近意思选择的。我国有些领域在用组合化的概念时，等同于国外的模块化概念。就组合化词汇产生时的初衷内涵及其所用文字，组合化不应该等同于模块化。组合化与模块化从概念角度相比，组合化是高一个层次的概念，内涵相对较窄，而外延较宽。模块化是低一层次的概念，内涵较宽，而外延较窄，例如，屈光度与眼镜相比，屈光度是高一层的概念，其内涵只表示聚焦距离，其外延不仅用于表达眼镜的度数，也用于表达眼睛、各种透镜等的聚焦能力；眼镜是低一层的概念，其内涵既有屈光度，还有透射比、形状、材料、重量等内涵因素，屈光度只是其内涵因素之一。在概念上，组合化是一种连接方式，这种连接方式是基于分立单元体的或元素的。组合化的概念首先是从机械行业提出的，并由机械行业推广到了其他行业，并延伸到其他产品的应用，因此，组合化的概念是出于机械结构关系的概念。组合化的概念为：**具有方便装拆和更换特征的分立单元的合成方式**。组合化是用于表达连接体的一种连接方式，这种方式不同于常规的一劳永逸的连接方式。组合化关注的是连接的灵活性和方便性，不限定靠什么连接。组合化强调连接体由方便装拆和更换的分立单元或基本元素构成，不是一体化物体造型构成，其合成关系如图 23-1 所示。组合化是一种合成的形态，这种合成的形态是用一般技能和手段能操作的，不需要特殊的技能和手段。组合化的概念之所以提出来，是因为其合成与分解不同于一体化系统中零部组件的装拆。一体化系统的装拆是专业技术的装拆、专用设备和工具的装拆、长时间性的装拆、容易损坏和有影响的装拆、复杂性的装拆。组合化的装拆是无损性的装拆、用简易工具的装拆、一般技能的装拆、短时间性的装拆。如果只考虑分立体关系，不考虑方便装拆，合成的结果就是“零件化”的，而不是“组合化”的。产品“零件化”的组合不称其为组合化，是因为这种组合是最底层元素的组合，要求专门环境、专业条件、专业设备和专业人员来完成，而且这种组合是一体化组合，是难以拆卸的。组合化除了方便装拆外，其另一个重要意义在于方便更换和扩展，这种更换具有灵活性和多变性，要求分立体满足互换性要求，这种更换既要适用于同种件，也要适用于不同种件。**方便装拆和更换**是组合化的精要内容，没有这一点，组合化就失去了其价值意义。当几个分立体零件焊接连接在一起做成一个夹具时，这种合成不能称为是组合化的，因为它的拆卸是很困难的，而且是破坏性的。当用移位安装底座、支承件、导向件、紧固件组装一个功能夹具时，只要用简单工具松开紧固件和更换部分的件，又可组装成另一功能的夹具，这种夹具就是组合化的。实现方便装拆和更换是组合化设计的核心内容。组合化如果没有方便装拆和更换的关系，它就等同于传统的组装或装配，就没有单独建立其概念的必要性。

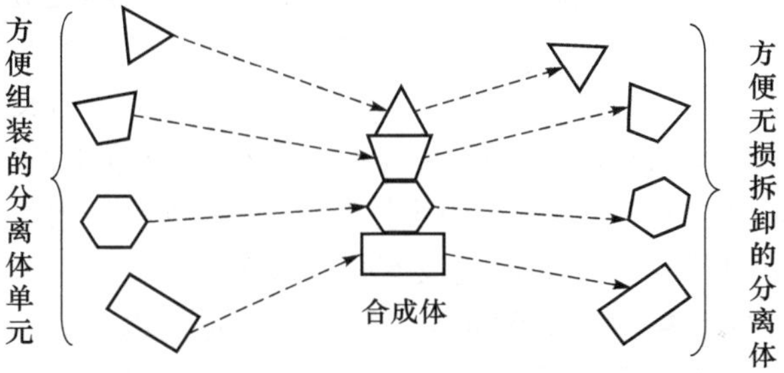

图 23-1　组合化的形态关系

组合化的连接关系是要专门设计的，它积累了一些方便装拆和更换的典型形式。方便装拆和更换体现在这些连接可直接用手工装拆(如枪械装拆等)，或用简单工具(螺丝刀、扳手等)装拆(如计算机装拆等)。因此，组合化连接的设计要符合直接用手和简单工具可以装拆的情形。组合化的组合单元可以设计成使用时可调整，也可以设计成使用时不可调整。组合化有全系统的组合化和局部的组合化，如机床组合夹具的组合化就是局部组合化，计算机的组合化是全系统的组合化。

23.2　组合化的标准化属性

组合化是对合成对象连接方式的表达，不是对合成对象统一化状态的表达。通用化表达的是对象跨类的尺寸和功能的统一化状态，系列化表达的是相似对象的离散统一化状态，模块化表达的是对象分立体的空间和功能的统一化状态，这三种统一化形态形成了三种标准化的形式。组合化从概念上没有显示出实体统一化的状态，或者说没有充分的理论支撑，因此，组合化不是一种直接的标准化形态。尽管组合化本身不是一种直接的标准化形态，但组合化与标准化密切相关，它是标准化元素使用的一种重要方式，组合化的组成元素一般都是标准化的元素。这一关系可从还没有称作组合化时的最早的组合化事例——文字能看出。最早的组合化应用不是在实物领域里，而是在文字表达领域里。无论哪国的语言，都采用了组合化的文字组成方式，如汉字由标准化的笔画元素所组成，句子由标准化的汉字元素所组成，再如，英语的单词由标准化的字母元素所组成，句子由标准化的单词元素所组成。如果语言不采用少量的标准化元素来组合表达，而是一个字或一个词用一种符号表达，那人们就需要孤立地记几千甚至几万个的字词符号才能自如表达，这是一个多么沉重的记忆负担。采用了标准化元素的文字组合表达方式，人们只要用二十几个标准化笔画或 26 个标准化字母，就能组成大量的汉字或英文单词，然后需 2000 个左右标准化汉字元素或 8000 个左右的标准化英语单词元素，就可组成满足基本使用的无数语言表达句子，由此简化了语言的表达方式。

组合化属于标准化的范畴，但它不是标准化的直接形态，它是标准化元素的应用方式。组合化能实现方便装拆和更换，主要是依靠了合成元素是标准化的元素，这些标准化元素是具有互换性或通用性特点的基本单元，有方便装拆的统一性内容。标准化元素是组合化实现的前提条件和组合化价值意义的所在，使得用很少的基本元素可组成大量的各种功能和用途，并能轻易更换。组合化的标准化是基于标准化元素应用的标准化。组合化没有标准化元素的应用，就不可能用很少的元素组合出对象大量的各种功能和用途，也不可能简化组装和拆卸方式。非标准化元素的组合是无规律的组合，没有可再利用性，是耗费的组合。

组合化的重点含义是如何合成和如何拆分。组合化表达的是一种构建关系，并不表达用于构建的单元或元素如何产生，方便装拆的标准化单元或元素不是现成就有的，需要围绕组合特点进行专门设计。要方便装拆，就先要设计构建单元或元素的方便装拆的标准化关系，装拆处通常是单元或元素间的连接处或接口处，组合化标准化因素的设计主要是在这些连接处。

23.3 组合化的合成方式和对象

组合化的组合方式主要有四种，第一种是摆放式组合，第二种是端面粘接式组合，第三种是互换性配合式组合，第四种是接口式组合。摆放式组合是将无连接机构和无物质作用的基本元素放在一起或拼在一起，如汉字笔画组合文字、英文字母组合单词、积木搭放在一起、组合柜摆放在一起等。端面粘接式组合是将组合的元素对象的接合端面用黏结物质粘合在一起，如建筑物的砌砖等。互换性配合式组合是将具有互换性的配合元素对象按组装的顺序组装在一起，如枪械零部件的组合、组合夹具的组合等。接口式组合是将具有机构或结构接口的独立功能单元用接口连接在一起的组合，如组合机床、组合计算机等。

以上四种组合方式应用的是两种组合元素，一种是无机构或结构接口的基本元素，另一种是有机构或结构接口的单元。第一、二、三种组合方式的组合元素是无机构或结构接口的基本元素，第四种组合方式的组合单元是有机构或结构接口的单元。第四种组合方式和组合单元现在成为新的发展主流。无机构或结构接口的组合化基本元素主要有文字的笔画、建筑的砖头、配合式零部件等。有接口机构或结构的单元主要有机械、电子、机电、光电等模块单元。

组合化的元素或单元有两种性质：一种是元素或单元间的功能和性能有依赖关系的，或者说元素或单元间的功能和性能是相关的，会受到其他元素或单元的影响或需要依赖它们的作用，如组合枪械和组合夹具的组合单元（枪的撞针要依靠弹簧才有撞击功能；夹具的夹板要依靠螺栓才有夹紧功能）；另一种是元素或单元间的功能和性能是无依赖关系的，它们间的功能和性能是独立的。单元功能和性能的无依赖性或独立性是通过专门设计的结果，如模块化系统中的独立功能模块。

组合化的对象可以是产品、表达性符号、行为关系、方法关系等。产品对象可分为硬件产品和软件产品。硬件的组合化对象有机械、电子、电气、机电、光电、光学、化工等产品的组合化。硬件产品零件性的组合化一般是没有接口关系的，模块产品的组合化一般都有接口关系。软件的组合化对象主要是软件构件的组合化，它们的组合涉及软件语言的接口关系，不同语言编制的软件组合需要标准化的代码接口。表达性符号、行为关系、方法关系的组合化，组合化的对象单元一般无机构或结构接口，它们通常是摆放式组合。组合化的组合对象已从最初的简单基本元素发展到了内部关系复杂的模块单元。

组合化按组合对象的透明程度分，组合单元可分为白箱单元对象组合和黑箱单元对象组合。组合化的白箱单元通常是产品形式较简单的机械零部件的组合单元、结构搭建单元（如砖头等）、摆放拼接单元（文字笔画或字母等）等，它们的组成结构形态关系一般是比较透明的，它们间的功能和性能一般都有相互依赖性。组合化的黑箱单元通常是较复杂的机电、电子、光电等模块产品，它们的内部组成关系一般是不透明的，它们的功能和性能一般是独立性的。

组合化有空间组合化和时间组合化。硬件产品、软件产品、建筑、文字等的组合化是空间组合化，组合元素是以空间分布形成的组合成果。语言的组合化是时间组合化，说话的每个标准化元素的字、词是按时间顺序拼接起来的，由时间期间承载了完整的表达内容，组合元素是以时间分布形成的组合成果。时间组合化是用时间顺序来摆放组合元素的，元素不同的摆放时序形成了不同的表达结果。除空间组合化和时间组合化外，还有时间空间组合化，如扫描显示器就是时间空间组合化。

23.4 组合化的应用

组合化可应用于有方便装拆和更换需求的任何对象。组合化的典型应用是组合夹具、组合机床、组合枪械、组合建筑、组合计算机等。组合化的组合从最早的对象透明组成关系逐步发展到半透明、不透明,从简单的基本元素、零件、部件到复杂的模块,从结构组合关系发展到物质、能量、信息传递的组合,简言之,从低级对象组合发展到高级对象组合。从组合夹具、组合枪械等机械组合化到电子产品的组合化,组合接口的设计难度在降低(接口标准化),但组合对象(模块)的设计难度在提高。组合化最初应用的思想和设计内容可从组合夹具的组合元素结构形式、用途和拼接关系等看出。组合化元素的设计是努力将结构形式优化成标准化的关系。

组合夹具是机械组合化早期的应用和典型应用,分析组合夹具可深化了解机械组合化的特点。组合夹具主要由八大类元件组成:一是夹具底座的基础件,二是垫高度和定位的支承件,三是固定元件间位置的定位件,四是确定刀具与工件相对位置的导向件,五是将工件压紧在夹具上的压紧件,六是连接元件成一个整体的紧固件,七是除六类用途外的其他单件元件,八是不拆散使用的独立合件。基础件包括方形、长方形、圆形基础板和基础角铁等;支承件包括垫片、垫板、支承、角铁、V形角铁、伸长板和菱形板等;定位件包括键、定位销、定位盘、对位轴、顶尖、支座、定位支承、定位板和镗孔支承等;导向件包括钻模板、钻套、铰套和导向支承等;紧固件包括螺栓、螺钉、螺母和垫圈等;其他件包括连接板、回转压板、摇板、滚花手柄、支钉、支承帽、支承环、弹簧、二爪支承、三爪支承和平衡块等;合件包括定位合件(顶尖座、回转顶尖、可调V形铁、可调定位盘)、导向合件(折合板)、分度合件(端面齿分度台)、支承合件(正弦规、可调角度转盘、可调角度支承、可调支承、角度调整关节)和夹紧合件(关节板、侧支钉、关节叉头、压紧摆动头)[1]。组合夹具的优点主要为:夹具准备周期短、多种用途重复使用、节省费用和物料、优化工艺装备系数、保证产品质量、减少夹具库存占用空间等。

23.5 组合化与模块化的关系

当要求某些系统是组合化时,只是要求系统具有一种特别的合成关系(方便装拆和更换的关系)。要求某些系统是模块化时,不仅要求系统有特别的合成关系,同时要求系统由独立功能模块所组成、连接关系是接口式的等。模块化中有组合化,组合化不一定都是模块化的,组合化是模块化必须具有的一种性质。复杂产品的模块化一定要考虑组成单元的接口通用化和互换性。组合化不一定要考虑组成单元是有接口的，但要考虑单元间是互换性配合的。组合化是一种合成关系状态，模块化是一种实体状态。组合化和模块化的同异可通过因素对比看出，它们的对比关系如表 23-1 所示。

表 23-1　组合化与模块化关系对比表

对比因素	组合化	模块化	对比结果
概念要义	一种特定的合成方式	一种集成的结构形式	概念不同
产品组合单元	系统、组件、部件、零件、器件、元件	系统、组件、部件、器件	如果模块定义为集成体，就没有零件和元件
合成特点	方便装拆和更换	方便装拆和更换	相同
产品连接方式	接口连接、非接口连接和互换性配合	主要是接口连接的	有一些差别
单元的性质	白箱单元、黑箱单元	主要是黑箱单元	有一些差别
单元相关性	依赖性单元和独立功能单元	独立功能单元	有一些差别
合成体变更	可更换同功能和不同功能单元	可更换同功能和不同功能单元	相同
适用的对象范围	硬件、软件、行为、方法、基本元素	硬件、软件、行为、方法	模块化没有基本元素

组合化与模块化对比，主要的差别是涉及组合化的概念、对象等方面，模块化的组成单元是较复杂的集成体，且功能是独立的。但在组合关系上，组合化与模块化没有差别。模块化是受组合化的影响发展的，它发展的重点是组合对象(模块)，模块是组合化对象的高级发展成果。组合化不仅有模块的组合化，还有零件和基本元素的组合化；不仅有独立黑箱单元的组合化，还有依赖性透明单元的组合化。因此，组合化是高一个层次的概念，超出了模块化的组合范畴，不能用模块化的组合来代替。

参考文献

[1]　天津市组合夹具组装站.组合夹具组装与使用[M].北京：机械工业出版社，1971.

第 24 章　通用化、系列化、模块化、组合化的属性及其相互关系

24.1　各“化”的概念及标准化属性

通用化、系列化、模块化、组合化所组成的“三化”版本有很多个，有“通用化、系列化、组合化”的，有“通用化、系列化、模块化”的，还有“通用化、系列化、组合化(模块化)”的以及“通用化、系列化、模块化(组合化)”的等，这说明它们之间有许多共同之处，又有不同之处。当谈到模块化时，会涉及谈通用化、系列化、组合化；当谈组合化时，会涉及谈模块化；当谈系列化时，会涉及谈通用化；还经常出现谈组合化时，借用模块化来解释。这几“化”的关系经常让人们感觉纠缠在一起，不宜清晰地分开。特别是组合化和模块化，有些领域几乎把它们当成同一概念来看待，但有些领域认为两者是不同的。这种状况的存在，致使学术讨论缺乏共识，难以交流。因此，分清这几“化”的关系是非常必要的，这是标准化理论发展的需要，也是学术交流的需要。在讨论通用化、系列化、模块化、组合化时，需简要回顾一下各“化”的概念和它们的标准化属性，才好进行这两项内容的比较。

通用化的概念为：**对象普遍适用的状态**。对象普遍适用是通过“多用”来体现的，没有“多用”的可能性，就没有通用化的关系。“多用”是多用途使用、多机会使用和多种对象应用。实现“多用”是基于对象使用关系的统一化，是多对象使用关系向一个对象集中的统一。通用化是“点”统一化的形态，是典型的标准化状态。通用化是标准化形式中最突出的一“化”。

系列化的概念为：**相似性对象特征的规律性离散的状态**。在标准化的统一化内涵上，系列化是规律性离散值的分立统一化，是同类关系的数值分立集中，是标准化的形式。系列化是“线”离散统一化的形态。在理论关系上，产品系列化的形态是相似标准化的一种类型。系列化是标准化的另一个主要形式。

模块化的概念为：**将系统按独立功能分解为有连接关系的分立体的状态**。模块化的形成方式是，“将对象按独立功能进行分解，构建成具有互换性接口并可传递功能性能量的集装工程化单元体”的标准化方式。模块化是对象面或体分立的统一化状态，是实体空间及其功能的分布式的统一化，是标准化的形式。模块化是多体、分布集成关系的统一化。模块化中包含通用化、系列化、组合化因素，属于高级形式的“三化”。

组合化的概念为：**具有方便装拆和更换特征的分立单元的合成方式**。组合化是用于表达连接体的一种合成方式。组合化的合成方式本身未表征出标准化的统一化状态，因此，组合化不是一种标准化形态。由于组合化合成的要素通常是标准化的，因此，组合化属于标准化的范畴。

通用化是点形态的统一化，系列化是线形态的统一化，模块化是面或体形态的统一化，三个“化”的标准化形态或形式如图 24-1 所示[1]，图中的黑点为统一化的单元。图 24-1(a)表达通用化，是对象统一为一个单元的点形态；图 24-1(b)表达系列化，是对象统一为一系列单元的线形态；图 24-1(c)表达模块化，是对象统一为一个面阵单元的面形态或体阵单元的体形态，这个面阵或体阵不一定是正方形或长方形的，可以是无规则的面形状或体形状。组合化是统一化元素的应用方式，无对象的统一化形态的表达，但可属于标准化的范畴，不是对象的一种标准化形态。组合化是标准化资源的建设和应用方法，通用化、系列化、模块化是标准化资源的建设成果。因此，标准化资源利用的组合化不是一种标准化的形态，但可以算作标准化的一种应用方式。

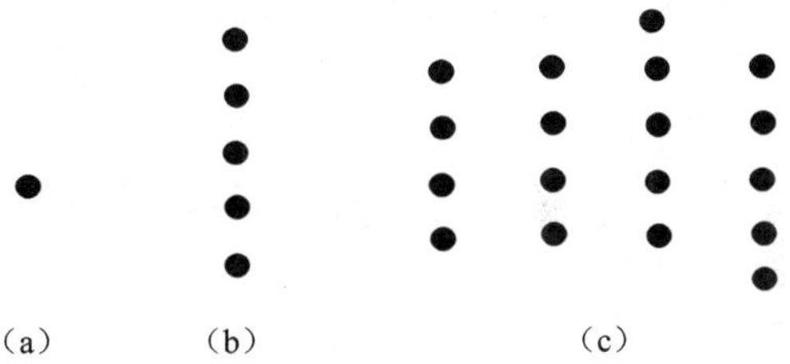

图 24-1　通用化、系列化、模块化的标准化形态

24.2　各“化”的对象

建立通用化的对象是无选择的，几乎任何人造对象都可以建立通用化特征。对象在纵向(产品层次)关系方面，每个层次的对象都可以有通用化；对象在横向(范围)关系方面，硬件、软件、表达符号、行为关系、方法关系、管理关系都可以有通用化。从硬件产品角度分析，硬件的各个层次，从系统到分系统、组件、分组件、部件、器件、零件、元件的各个层次的对象都可以是通用化的对象，即可以有通用系统、通用组件、通用分组件、通用部件、通用器件、通用零件、通用元件等。除了硬件通用化外，软件、符号、服务、方法等也都可以有通用化。

系列化与通用化不同，系列化的对象是有一定选择性的。系列化选择的一般是有数值规格表达关系的对象和相似性的对象，如参数系列、产品系列、配方系列、软件版本系列、服务系列等。非参数值表达的系列，不是严格意义的系列化，可以看成是相似标准化，因为它们没有科学的间隔规律关系。对于有数值规格表达关系的硬件对象，其每个层次的对象都可以建立系列化关系，可以有元件系列、零件系列、器件系列、部件系列、分组件系列、组件系列、分系统系列、整机系列等。

模块化对象在纵向(产品层次)关系有一定的选择性，元件、零件、简单元素不是模块化的对象。但在对象的横向(范围)关系上是无选择性的,都可以有模块化,无论对象是硬件、软件、行为关系、方法关系等。

组合化对象在纵向关系和横向关系都是无选择的,分系统、组件、部件、器件、零件、元件各个层次都可以是组合化的对象,横向角度的硬件、软件、符号、行为关系、方法关系等也可以是组合化的对象。

从以上通用化、系列化、模块化、组合化的对象选择性分析可看出:通用化的对象是无选择性的,即什么对象都有通用化的可能性;当系列化内涵可包括相似性关系时,系列化的对象基本上也是无选择的,如果系列化的内涵仅含数值系列,系列化的对象是有选择的;模块化的对象是纵向有选择性的,不选择最底层的零件和简单元素对象;组合化的对象是无选择的。通用化、系列化、模块化、组合化的对象的选择关系对比如表 24-1 所示。

表 24-1 通用化、系列化、模块化、组合化的对象的选择关系对比

对象关系	通用化	系列化	模块化	组合化
横向(范围)	所有对象	数值对象;相似标准化对象	所有对象	所有对象
纵向(产品层次)	所有对象	所有有数值规格的对象	除零件和简单元素外的其他对象	所有对象

24.3 各"化"的特点

通用化是最直观体现标准化特点的一"化",并且具有广泛的渗透性,可以渗透到其他"化"中,系列化、模块化、组合化中都可以有通用化。系列化是比通用化弱一些的标准化,但它也可渗透到除通用化以外的模块化、组合化中。

模块化是将系统分解成标准化单元,其中一般包括通用化单元、系列化单元,模块化的组成是组合化的,模块化集通用化、系列化、组合化于一体,是一个多"化"体。

组合化是用标准化元素构建系统的方法,使系统的组成具有显著的标准化特征,组合化需要通用化、系列化、模块化元素的支持。

模块化一定是组合化构建的,组合化不一定是模块化的。组合化可以有非集装的依赖性白箱单元组成的组合化,如组合枪。

通用化、系列化、模块化属于抽象性的统一化,**是约定统一化向形态抽象统一化的跃升**。约定统一化是先给出约定,以约定规范形成统一化,例如,通过实施标准建立的统一化,就是以约定建立的统一化状态。形态抽象统一化是以形态推论形态统一化的必要性、有效性和可能性,以统一化方案先行实施,制定相应的"三化"标准,作为未来和长期的统一化的依据。约定统一化是有形化的和有依据的,抽象形态统一化是抽象化的和概念化的,"三化"是约定统一化向抽象统一化的升级。

24.4　各“化”的相互关系

通用化、系列化、模块化、组合化的标准化属性、相互关联关系可用图形和数学的逻辑关系清楚地进行表达。通用化、系列化、模块化、组合化间的相互关系如图 24-2 所示。图中各区域间的关系可用数学逻辑来表达。设标准化区域为 B，通用化区域为 T，系列化区域为 X，模块化区域为 M，组合化区域为 Z，它们之间存在以下关系。

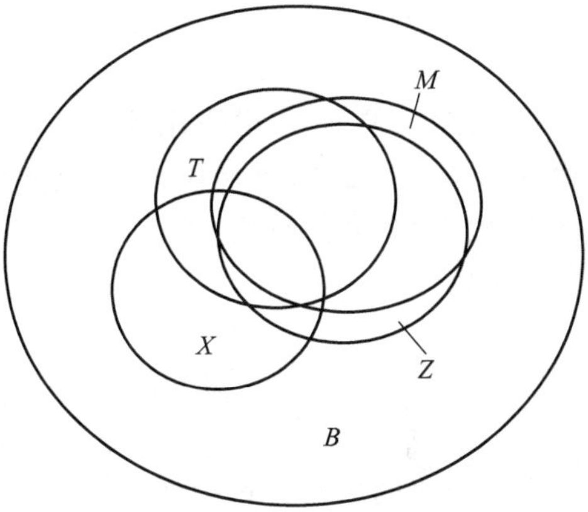

图 24-2　各“化”间的关系

通用化、系列化、模块化、组合化的“并”属于标准化领域，是抽象的标准化区域，如式(24-1)所示；通用化、系列化、模块化、组合化的“并”之外的标准化区域为其他约定的标准化区域，如式(24-2)所示：

$$T \cup X \cup M \cup Z \in B \tag{24-1}$$

$$B-(T \cup X \cup Z \cup M)=\text{其他约定的标准化区域} \tag{24-2}$$

通用化 T 和系列化 X 所“交”的重叠区域，是系列化中的系列值具有通用性的收敛作用的区域，形成了通用系列关系，其数学模型如式(24-3)所示，如车辆底盘系列中的每挡吨位值都是一个通用底盘，由此形成了底盘的通用系列。

$$T \cap X \tag{24-3}$$

通用化 T 和模块化 M 所“交”的重叠区域，是通用模块区域，其数学模型如式(24-4)所示，如计算机中的通用存储模块。

$$T \cap M \tag{24-4}$$

通用化 T 和组合化 Z 所“交”的重叠区域，是组合化的通用单元区域，其数学模型如式(24-5)所示，如组合机床的通用动力头。

$$T \cap Z \tag{24-5}$$

系列化 X 和模块化 M 所“交”的重叠区域，是系列模块区域，其数学模型如式(24-6)所示，如照相机的镜头系列模块。

$$X \cap M \tag{24-6}$$

系列化 X 和组合化 Z 所“交”的重叠区域，是组合化的系列单元区域，其数学模型如式(24-7)所示，如组合夹具的系列夹具。

$$X \cap Z \tag{24-7}$$

模块化 M 和组合化 Z 有很大的重叠区域，说明两者有很多共同性，两者相交的区域是模块的组合化区域，其数学模型如式(24-8)所示，如计算机模块的组成模式。

$$M \cap Z \tag{24-8}$$

组合化 Z 和模块化 M 相交区域之外的组合化区域是非模块的组合元素区域，其数学模型如式(24-9)所示，如组合化系统中有一部分的组成对象不适合制成模块化关系，只是零件的配合关系，或文字元素的组合化。

$$Z-(M \cap Z) \tag{24-9}$$

通用化、系列化、模块化、组合化四个概念既相互独立和区别，又有相互渗透和相容关系。通用化、系列化、模块化分别有不同的标准化形式，因此，它们是标准化的形态。而组合化不是一种标准化形式，但它属于标准化的范畴，是服务标准化的一种重要方式。

24.5　各“化”的存在与表述

通用化的形式是可以单独存在的。系列化的形式可以单独存在，也可以与通用化形式共同存在，系列化与通用化共同存在将提高系列化对象的重复利用机会。组合化的形式不能单独存在，必须与通用化、系列化和模块化元素的部分或全部一起存在。模块化可以单独存在，也可分别与通用化、系列化共同存在，结果是通用模块和系列模块。模块和组合化共同存在的系统就是模块化系统，如果这个系统中有通用模块和系列模块就是高标准化程度的模块化系统，是“三化”的高级状态。通用化、系列化、模块化是抽象的标准化关系，属于标准化的高级形式。如果按曾经的习惯说法，将通用化、系列化、标准化称为“老三化”，将通用化、系列化和组合化称为“三化”，而从“三化”的发展角度，可将通用化、系列化和模块化称为“新三化”，因为模块化已对组合化具有包含性和价值的提升性。“新三化”中具有通用化、系列化这类原“三化”的保留形式，也有模块化这类复合了组合化的统一化形式，它既不会丢失原“三化”的意义，又是三个统一化的标准化形态，还增加了新的更丰富和更深刻的标准化意义。

参考文献

[1]　金烈元.武器装备的通用化、系列化、组合化[M].北京:国防工业出版社,2008.

第 25 章　产品型谱和族系的理论和设计方法

25.1　产品型谱和族系的概念及其关系模型

产品型谱化发展是产品优化发展的方式，是产品科学化发展的布局，受到了广泛的重视。产品型谱化是基于产品型谱概念的。在产品型谱的概念和理论方面，鲜有系统性和深入性的论著和论文。在产品型谱相关概念的应用上，通常比较杂乱，应用的概念有产品型谱、产品系列型谱、产品型谱系列、产品族、产品谱系等，经常是同一名词不同人应用表达的概念是不相同的，同一概念内涵不同人应用了不同的名词。另外，还存在着有些概念被应用时，使用者也不是很清楚概念的准确内涵，使得这些标准化理论关系不能很好地发挥其应有的科学性作用，也难以进行这方面的学术交流。系统性地梳理和建立产品型谱相关概念，研究提出型谱的理论关系和设计方法，对产品型谱化发展将会提供很好的指导。

产品型谱、基型等需要一组表达各种基型和型谱组合关系的概念，以便对基型和型谱等相关概念进行准确和清晰表达。本章应用**产品型谱、产品基型、产品系列型谱、产品代系型谱、产品代系系列基型谱、产品族系型谱**六个具有相关性和不同内涵的概念来表达产品基型和型谱的组成关系。

理论上，产品型谱是产品系列化发展的延伸，产品型谱建立包含了通用化、系列化、模块化等标准化要素，属于标准化的范畴。**产品型谱是以产品合理精干的型式组成覆盖产品全面使用范围的产品型式集合**。产品型谱是以产品的基本型(以下简称基型)部分与变型部分或基本关系与变型关系组合形成的同类产品型式的集合。产品型谱是以基型为核心要素的，没有共同基型的产品群组不能称为产品型谱群组。产品型谱中的“型”是指产品的型式或型号，“谱”是一类事物的多种型式的有序排列或规律排列的集合，如光谱是按光的波长顺序排列的展示或集合。产品型谱是产品型式的有序排列集合。产品型谱不是产品的集合，是产品型式的表达关系集合，如同乐谱不是音乐、菜谱不是菜一样。产品型谱是人为规划和人为设计的，不像光谱那样是自然形成的。产品型谱的实体对象是产品，可以是整机产品、组件产品、装置产品、部件产品、零件产品、元器件产品、材料产品等。产品型谱的产品是基于基型关系的，是具有共同基型关系的一系列产品的集合。产品型谱的基型关系可以是基本结构、基本形状、基本能力、基本成分、基本功能等。产品型谱中的产品对象功能可以不同，也可以相同，但一定是有相同的基型关系。功能相同的产品型谱是指其主功能相同，其辅助功能可以是不同的。产品型谱的派生往往来自于不同辅助功能需求或扩展功能的需求。

产品基型是产品的基本型号或母体型号，基型有参数系列基型、代系基型、改进基型等。**产品型谱是产品基型变型、派生、演生或遗传产生的产品**，其主体仍是基型的，是基型部分或局部的改变或增减的结果。产品型谱有功能型谱、改进型谱等。

产品系列型谱是一个代的系列化基型产品及其派生型谱的集合，是产品一个代的基型规格系列化的各规格基型及其派生型谱的总和，或是一个代的产品基型规格化并派生不同功能产品型谱的集合，如图 25-1 所示。产品系列型谱中系列化基型是同代的规格系列化的基型，每个基型可在其基础上根据功能、性能、结构、款式等需求的不同形成或变型成多个型式的型谱产品。产品系列型谱就是由基型系列和每个基型所派生的产品型谱构成。产品系列型谱中的基型系列是同辈的“兄弟姐妹”基型。

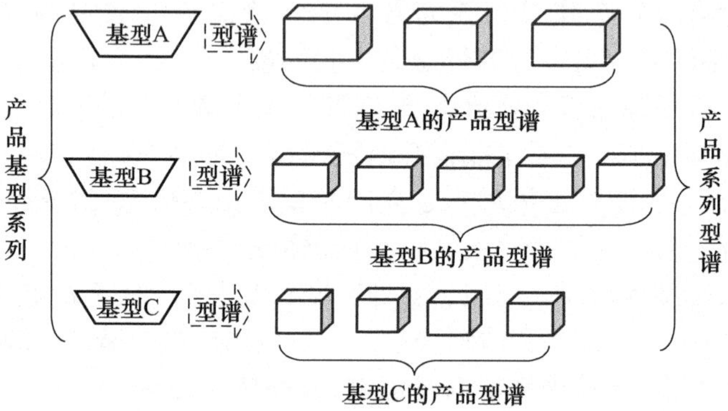

图 25-1　产品基型系列及其型谱的关系

产品代系型谱是一种主规格基型及其升代基型和各代基型派生型谱的集合，或是某主规格各代基型及其基型变型形成的产品型谱的总和，如图 25-2 所示。产品代系型谱的基型一般是指某种规格各代的基型，如 20t 车的各代基型，不是指所有规格的各代基型的集合。产品基型升代主要是由于基型组成技术或主体结构的重大变化。基型升代时，其主规格、主参数或能力是保持不变的，也可以改变，不变的仍在同一主规格系中，改变的可进入另一主规格系中，如 20t 能力规格的一代基型车将柴油动力改为电动力，将机电控制改为综合电子控制，升代为二代基型车，能力规格仍是 20t，此时二代基型车的能力规格未变。这个概念中的基型是包括不同代的同规格基型，不包括不同规格的兄弟姐妹的基型及其型谱。

产品代系系列基型谱是基型升代及其基型系列的基型集合，是各代基型及其基型规格系列的总和，如图 25-2 所示。产品代系系列基型谱展示的是基型横向扩展和纵向升代发展的框架结构关系，是产品型谱发展的主杆体系框架。产品代系系列基型谱不包括每个基型派生的产品型谱，只是基型部分，它是产品整个发展关系中所有基型的集合，这个关系是**产品型谱产生源的结构框架**，是产品族系型谱设计的核心结构。

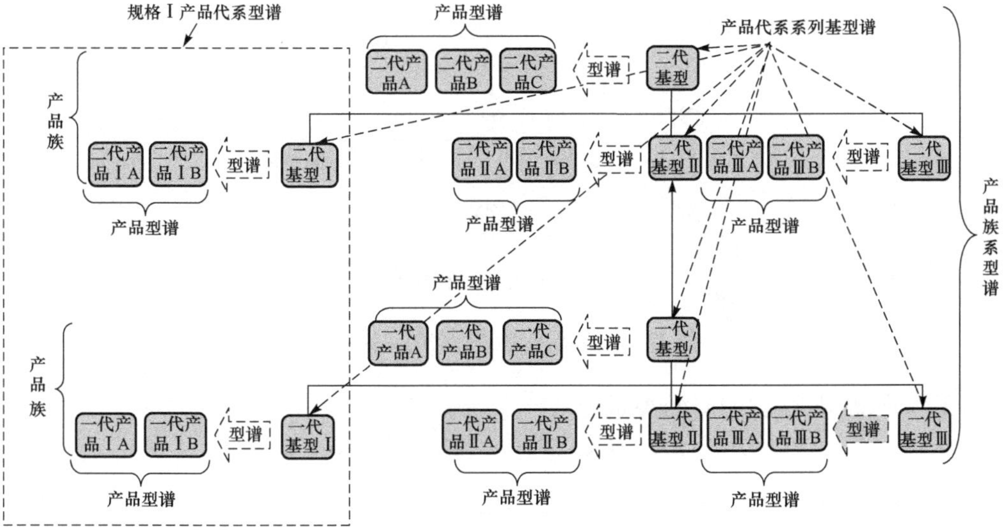

图 25-2　产品代系和族系的关系图

产品族系型谱是产品代系系列基型谱及其派生型谱的集合，是所有基型产品和基型派生的所有产品型谱的总和，如图 25-2 所示。产品族系型谱是产品全面的派生或演生关系，是产品基型及其派生型谱的大家族关系，它反映了产品基型的祖辈、父辈、子辈等辈分关系（基型代系），基型的兄弟姐妹关系（基型系列），基型派生的产品型谱关系。产品族形象地表达了产品之间的根源和“血脉”关系，其英文词是 product family。产品族系的发展可用“左手螺旋”关系表示。

以产品的基型系列、基型代系和型谱为三个维度，建立一个由这三个维度表达的三维空间，可清楚地表达产品基型和型谱的许多重要关系。设 x 坐标为产品基型系列，y 坐标为产品基型代系，z 坐标为产品型谱，如图 25-3 所示。产品系列型谱是产品基型系列化和各基型派生产品型谱的集合，为图 25-3 中(x,z)平面组成的关系。产品代系型谱是产品基型代系和各代基型派生产品型谱的集合，为图 25-3 中(y,z)平面组成的关系。产品代系系列基型谱是产品各代基型和基型系列化构成的基型谱集合，为图 25-3 中(x,y)平面组成的关系。产品族系型谱是由产品基型系列、产品基型代系和产品型谱三个维度定位的所有产品的集合，为图 25-3 中(x,y,z)空间存在的全部产品。

为了把基型和型谱间的关系表达得更清楚，给出以下它们之间的表达公式，设 F 为产品族系型谱，S 为产品系列型谱，G 为产品代系型谱，B 为产品代系系列基型

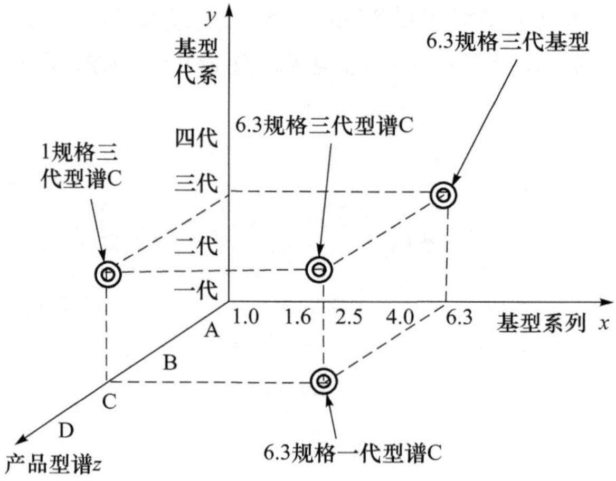

图 25-3　产品基型和型谱的关系空间

谱，T 为产品型谱，它们间的关系为

$$F=B+\sum T=\sum S=\sum G \tag{25-1}$$

式(25-1)表达关系是，产品族系型谱由产品代系系列基型谱和所有产品型谱组成；产品族系型谱也由产品所有代的产品系列型谱组成；产品族系型谱还可以由产品所有规格的产品代系型谱组成。一般情况，产品同代的母基型可放在其演生的基型系列中。当需要区别母基型时，才会将母基型从其演生的基型系列中单独分离出来。产品代系型谱不是必有内容，无代系时的族系为产品系列型谱。

25.2　型谱的分类

产品型谱类别从型谱的理论关系角度分，可分为产品型谱、产品基型、产品系列型谱、产品代系型谱、产品代系系列基型谱、产品族系型谱等。这些型谱类别的含义已在前节叙述。

产品型谱从产品专业角度分，可分为平台产品型谱、机械产品型谱、机电产品型谱、电子产品型谱、电气产品型谱、光电产品型谱、智能产品型谱、化工产品型谱、生物产品型谱、材料产品型谱、家电产品型谱等。以上每一专业还可按其下层次各专业再继续细分类别，如平台产品型谱可分为陆地、水面、航空、航天等平台。

产品型谱从产品系统层次的角度分，可以分为整机产品型谱、分系统产品型谱、组件产品型谱、分组件产品型谱、装置产品型谱、部件产品型谱、零件产品型谱、器件产品型谱、元件产品型谱、材料产品型谱等。

产品型谱从规律化和非规律化角度分，可分为产品系列型谱和产品非系列型谱。产品系列型谱是产品型谱的基型之间具有系列化关系，如图 25-1 所示的产品型谱类型。产品非系列型谱是产品随意发展形成的非系列化产品型谱关系。

产品型谱从派生关系的定量和定性性质分,可分为数值型产品型谱和非数值型产品型谱。数值型产品型谱主要是由产品主参数、辅参数等数值关系派生出的产品型谱,非数值型产品型谱主要是由结构、形式、成分、颜色等非数值关系派生出的产品型谱。前者多为功能和性能型谱,后者多为形态和款式型谱。

产品型谱按派生关系分,可分为性能型谱、功能型谱、形状型谱、辅参数型谱、结构型谱、款式型谱、成分型谱、颜色型谱等。产品型谱派生关系的分类,给出了产品型谱形成的特点,有利于指导产品型谱的发展,为产品型谱的形成提供技术思路的支持,满足市场的各种需求。

25.3　型谱的设计方法

产品型谱的设计主要包括六类设计:一是产品基型关系的设计;二是产品模块化关系设计;三是产品系列和代系型谱的发展关系设计;四是产品型谱派生关系的设计;五是产品型谱对象的成熟度设计;六是产品型谱的集成关系设计。

产品型谱设计是基于通用基型满足不同用途的产品派生方案。基型设计是产品型谱构建的前提和第一要素。产品基型关系的设计是产品基型的合理选择和确定设计。产品的基型通常是选择产品的主体结构、产品核心功能部分或产品的高价值部分等内容为支撑,如车辆的基型选择底盘、数码照相机的基型选择包含探测器的相机机体等。产品基型关系的设计在选定了基型对象后,重点要设计具有通用性的产品基型的功能、性能、结构、接口等关系。产品基型的接口设计要设计成通用性强的接口,充分考虑接口对各种用途变化的需要,它是基型关系设计的重要内容之一。

产品模块化是产品型谱化的重要支持条件,模块化的产品其产品型谱的形成才能是方便的、快捷的和变形能力强的。产品的模块化设计主要是对产品进行功能分解设计,并且对分解的功能模块还要进行功能的独立化设计,尽量消除功能模块间的相互依赖关系,使功能模块具有可独立应用状态。功能模块设计,要考虑功能模块的拆分大小关系,模块的拆分大小关系涉及产品型谱可构成型式的多少和产品的成本。当模块大而少时,产品型谱的生成型式少、接口总成本低;当模块小而多时,产品型谱的生成型式多、接口总成本高。模块设计要尽量利用现有资源,优先选用成熟的和通用性强的模块。新设计的模块要注重模块的通用性和可扩展性。

产品系列和代系型谱的发展关系设计是增强产品型谱生成能力的重要设计。单一的产品基型只能生成较窄的产品型谱范围,只有体现参数系列和代系的多基型才能建立较宽的产品型谱范围。产品基型的发展关系可以按图 25-2 的布局方式设计产品代系系列基型谱。产品基型发展关系设计的内容有四个方面:一是基型的系列化设计或参数系列设计；二是系列基型设计；三是基型的升级代的设计；四是基型的型谱派生和型谱的派生方案设计。通常，一个基型是难以满足全用途要求的，要建立基型的系列和代系，才能满足宽范围的用途要求。基型系列是通过基型的系列化设计建立的，基型系列化是通过设计基型主参数系列化建立的，如表 25-1 所示。基型主参数的系列化是根据主参数的合理变化关系选择应用适合的系列化数学模型，数学模型通常有等比系列、等差系列、模数系列、指数系列等数学模型。主参数系列化设计时，要考虑用基型主参数系列化间隔的有缝性来覆盖用途的无缝性，即给主参数间留出合理的缝间隔，但要保证离散主参数对用途的覆盖是全面的。基型的用途无缝和参数系列的有缝，是靠设计基型对上能力和下能力（或上性能和下性能）范围的兼容性来实现的，因此，基型主参数不能设计成“点对点”用途关系，是“点对线”用途关系。一个主参数可能会因技术模式或技术体制不同而有多个基型，而不是单个基型。产品系列基型设计是围绕系列参数开展可能需要的发展基型的设计，如表 25-1 所示。产品基型的升级代设计是根据新技术的发展，对产品的基型进行技术升级的升代设计，以提高基型性能水平、功能能力，降低基型的消耗、重量和体积等，如表 25-1 所示。产品系列型谱和代系型谱的发展关系可用表 25-1 进行设计，表中内容为参考示例。

表 25-1　产品系列和代系基型及型谱发展关系设计表

<table>
<tr><th>参数系列</th><th>系列基型</th><th>代系基型</th><th>基型派生型谱</th><th>型谱派生型谱</th></tr>
<tr><td rowspan="10">参数 1.6</td><td rowspan="6">参数 1.6 基型Ⅰ型</td><td rowspan="4">一代基型Ⅰ型</td><td rowspan="2">型谱 A</td><td>型谱 A1</td></tr>
<tr><td>型谱 A2</td></tr>
<tr><td rowspan="2">型谱 B</td><td>型谱 B1</td></tr>
<tr><td>型谱 B2</td></tr>
<tr><td rowspan="2">二代基型Ⅰ型</td><td rowspan="2">型谱 A</td><td>型谱 A1</td></tr>
<tr><td>型谱 A2</td></tr>
<tr><td rowspan="4">参数 1.6 基型Ⅱ型</td><td>一代基型Ⅱ型</td><td>型谱 A</td><td>型谱 A1</td></tr>
<tr><td rowspan="3">二代基型Ⅱ型</td><td>型谱 A</td><td>型谱 A1</td></tr>
<tr><td>型谱 B</td><td>型谱 B1</td></tr>
<tr><td>型谱 C</td><td>型谱 C1</td></tr>
<tr><td rowspan="3">参数 2.5</td><td>参数 2.5 基型Ⅰ型</td><td>一代基型Ⅰ型</td><td>型谱 A</td><td>型谱 A1</td></tr>
<tr><td>参数 2.5 基型Ⅱ型</td><td>一代基型Ⅱ型</td><td>型谱 A</td><td>型谱 A1</td></tr>
<tr><td>参数 2.5 基型Ⅲ型</td><td>一代基型Ⅲ型</td><td>型谱 A</td><td>型谱 A1</td></tr>
<tr><td>…</td><td>…</td><td>…</td><td>…</td><td>…</td></tr>
</table>

产品型谱派生关系的设计是产品基型主体与产品其他组成部分的组合关系设计，是 B_m+F_m 模型的设计，其实就是产品型谱生成模式和生成组合的设计。B_m+F_m 模型是基型模型加功能模块的模型，其中 B_m 为 basic model，F_m 为 function module。产品型谱的生成模式分别有性能型、功能型、形状型、辅参数型、结构型、

款式型、成分型、颜色型、材料型等。产品型谱的生成组合是产品基型与非基型功能模块的组成关系，有同类功能模块的增减变化和不同类功能模块的增减变化形成的组合关系。组合的类型维度可以是一维、二维、多维等，一个维度代表一种类型关系的变化。产品型谱可再变化成为型谱的派生，产品型谱的派生关系设计也是产品型谱发展的规划设计，规划要齐全，不遗漏，不重复，有前瞻性，满足未来使用，既能满足当期使用，也能指导未来发展；型谱派生设计不要简单罗列现状，要用科学的方法进行看见设计和预见设计。一种产品规划对象不一定拥有表 25-1 中全部 5 种设计内容，但也可以超出表中的 5 种内容，内容增加或减少应根据实际需要决定。

产品型谱对象的可用性要落在解决产品的实物化、商品化上。产品型谱对象的实物化和商品化应用成熟度来推进和评价。产品型谱的成熟度取决于其模块的成熟度，模块的成熟度可分为使用模块、定型模块、工程样机模块、原理样机模块、演示验证模块、图样模块、概念模块等，最成熟的模块是使用模块，模块成熟度按以上顺序下降。产品型谱对象的成熟度设计就是按使用需要，综合确定产品型谱总的成熟度，然后分别定位产品型谱组成模块的成熟度关系，在产品型谱图中可用不同颜色标注模块的成熟度。提高产品模块的成熟度主要是提高模块的气候、力学、电磁等环境适应能力，以及模块的可靠性、维修性、安全性、保障性、测试性、人机工程、寿命等的工程化水平。

产品型谱的组成关系设计有两种设计方法：一是产品型谱树图表达关系设计；二是产品型谱表格表达关系设计。应用产品型谱树图表达关系来设计产品型谱的组成关系的程序是：将产品系统按其组成的独立功能模块以图形方式进行层级展开；从最底层模块开始，分析每个模块自身可能具有的产品型谱，并在其旁边以图形标示出其产品型谱的组成数和型号；根据下层模块的产品型谱，组合确定上层模块的产品型谱数和型号，并在其旁边标示出；以此从下至上进行层层分析，直至将产品系统各层的产品型谱关系标示出来，如图 25-4 所示。应用产品型谱表格关系来设计产品型谱的组成关系的方法是：首先是设计产品模块的产品型谱信息表达表，信息表的信息主要包括模块编号、模块名称、模块所属层次、模块上层隶属关系、模块的型谱构成关系、模块包含的型谱数和型号、模块的下层隶属关系、模块用途等，如表 25-2 所示。填表从最底层模块开始，分析每个模块自身可能具有的产品型谱，并在表中标示出表中所列信息项；根据下层模块的产品型谱信息，确定和填写上层模块的产品型谱信息；以此从下至上进行层层分析和填写，直至将产品系统所有层的产品型谱信息填写出来。产品型谱的树图表示和表格表示各有优缺点。树图表达的优点是表达直观，产品的组成关系和产品各级型谱的组成数一目了然，缺点是信息表达不够充分。表格表达的优点是信息表达充分，但缺乏产品型谱整体组成关系的直观展示性。产品型谱组成关系设计可分别应用树图法和表格法，也可将两者同时并用。

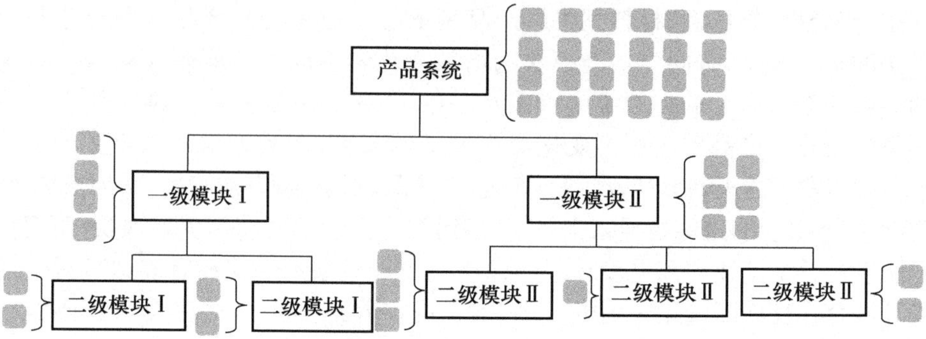

图 25-4　产品型谱树图表达关系

图中的灰色实心方块为相应层次产品的型谱对象；罗马数字为模块的隶属关系

表 25-2　产品型谱表格关系表达表

模块编号	模块名称	所属层次	上层隶属关系	模块的型谱构成关系	模块包含的型谱数和型号	下层隶属关系	模块用途

产品型谱是产品基于模块化、通用化、系列化关系[1]应用的产品多样化型式的表达集合，通用化是产品型谱关系建立的核心，模块化是基础，系列化是延伸。无论产品对象是实体产品还是软件产品，产品型谱方便构建的前提是，产品的结构关系是模块化的，模块化的产品关系使产品型谱的形成非常方便。在产品型谱中，型谱和基型是相互作用的，通常是从基型派生型谱，由型谱推动新基型的发展。

25.4　建立产品型谱的价值

建立产品型谱的价值有：建立科学的产品品种发展关系，避免品种杂乱发展；预测未来需求，引导产品新需求和品种的合理发展；增强产品科学化的多品种发展能力，满足产品多用途的需求；支持已有产品成果的继承使用，使技术资源得到充分利用；缩短产品研发周期；节省产品开发费用；减轻产品保障负担。产品的型谱发展模式，改变了产品传统的研制模式：由 1 对 1 型号从头到尾的全面研制模式向利用成熟资源配置研制模式转变，即利用货架产品和成熟产品进行研制，有利于将技术设计聚焦于技术创新上，同时能减少新研比例，降低研制风险；由“一次研制一次使用”向“一次研制重复利用”转变，建立了优化的研制模式；技术设计由专用设计向通用设计转变，提高了产品设计的利用价值。产品型谱的发展关系具有基型主体性能稳定、核心技术重复利用、多功能需求响应快捷等优点，适应多样化用途需求，有利于短周期的高效研制。产品型谱发展模式能增强研制方对产品发展的引导能力和满足用户使用多样化需求的研发能力,可扩大用户对产品需求的选用范围。

产品型谱模式的发展,最大的效果在于建立了科学化和有序化的优化发展关系,并充分利用产品的设计和研制成果,避免了大量的无意义的产品重复设计、工艺工装重复设计与制造、工艺重复设计、试验重复考核等经费和时间的耗费,同时减少了产品无序化发展的多品种带来的使用保障负担。产品研制生产的经济效益是随重复利用的技术成果在产品中所占的比例的增加和利用次数的增加而快速增加的,这一规律关系如图 25-5 所示。采用产品型谱的发展模式,无论是大批量的产品还是小批量的产品,都能带来显著的经济效益,特别是小批量多品种需求的产品,技术利用的意义更为突出。

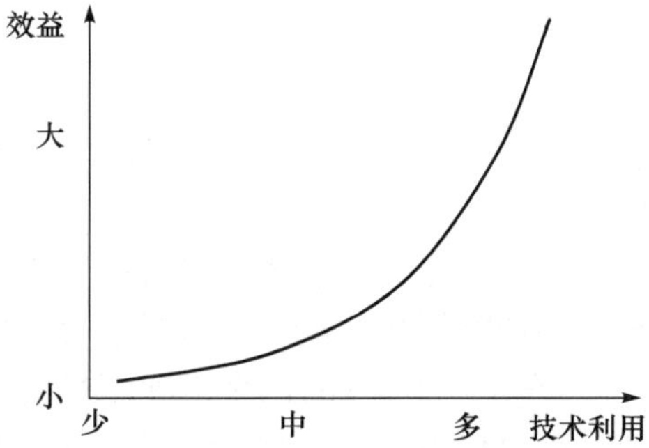

图 25-5　技术利用与经济效益的关系

参考文献

[1]　麦绿波.通用化、系列化、组合化(模块化)[J].军用标准化,1996,(1):2-4.

第 26 章　统型的理论和方法[1]

26.1　统型的概念

统型是标准化领域出现的一个新名词，是针对产品品种、规格和型号杂乱的一种梳理和整顿行动，属于“后标准化”的概念。所谓的“后标准化”是指事后的标准化，即在出现产品品种、规格和型号混乱后，开始进行的标准化规范性工作。通常的标准化行为应是“前标准化”行为，即在事前制定标准，通过实施标准来规范发展。产品品种、规格和型号的繁多及杂乱给产品用户带来了沉重负担。开展统型工作往往是产品用户的需要，是产品全局利益代表者的责任。统型的行为尽管属于事后补救，但“亡羊补牢”为时不晚。开展统型工作需要对统型的概念、原理和方法有深入的了解，方能理性地指导统型工作的有效开展。

统型的概念是，**对现有杂乱的产品品种、规格和型号进行的统一集中清理和标准化整顿优化的行为**。统型也是，**应用通用化、系列化、模块化的思想，对产品的品种、规格和型号进行统一化规范的活动**。顾名思义，统型工作就是对现有产品品种、规格和型号进行精干性的统一化工作。统型的概念有以下内涵：统型是一种行为或活动，是一种理顺产品品种、规格和型号的行为或活动；统型的对象是产品，这种产品不仅仅是硬件产品，也可以是软件产品和其他产品；统型的内容是产品品种、规格和型号，通常产品品种包含产品的功能性内容，产品规格包含产品的性能性和尺寸性内容，产品型号包括功能、性能、尺寸、形状和制造厂商等综合性内容；统型的前提是有大量随意发展的杂乱产品品种、规格和型号的存在；统型的工作需要全局性地考虑和协调才能有突出效果，应集中清理，整体考虑和规划；统型的行动是应用标准化技术的整顿和重构，通过整顿删除无意义的品种，重构产品新的合理品种、规格和型号关系。

产品品种、规格和型号发展杂乱，主要有五个方面的原因：一是为了解决产品的有无问题，从多国引进产品技术进行合作研制或仿制各种产品品种、规格和型号，形成了多种产品品种、规格和型号不合理并存的现状；二是为了创新而创新，无价值增值性和标新立异地重复设计，形成高密度产品品种规格；三是垄断利益驱使，有意将产品品种、规格和型号设计为专用的，使其他厂商难以仿制、渗透和加入其产业链中，由此增加了专用化的品种规格；四是忽视或没有及时、科学地规划产品品种、规格和型号的发展，放任了产品品种、规格和型号的随意性发展；五是在产品发展的初期，有规划意识，但规划的时机和条件不成熟(还不能看清产品品种、规格和型号合理发展的方向)，任由产品品种、规格和型号自由发展。

统型是治理产品品种杂乱的一种技术措施。统型在技术上基于应用通用化、系列化和模块化(简称“三化”)的技术，工作内容属于“三化”的内容。这里所说的“三化”是指“新三化”，模块化基本包含了组合化的内容，本章不再单独叙述组合化的情况。统型既然是标准化行为，它就表现为是统一化的行为。统型的统一化体现在离散收敛统一化和/或集中收敛统一化，离散收敛统一化表现为系列化和模块化，集中收敛统一化表现为通用化。统型的目的是简化，是对存在的品种规格现状的治理归整。没有乱的现状就不会有统型的意图和行动。统型是清理、整顿产品品种、规格和型号的杂乱现状，规划未来合理的品种规格发展关系的行为或活动。

26.2　统型的原理

统型的原理是综合应用通用化、系列化和模块化的原理，原理关系如图 26-1 所示。统型工作内容是通用化、系列化、模块化的工作，且在“三化”的工作时机方面，属于后通用化、后系列化、后模块化，即“后三化”工作。相对“后三化”而言，事前对产品进行的通用化、系列化和模块化的规划或设计工作称为“前三化”工作，即品种规格发展事前进行的“三化”工作。产品品种、规格和型号发展的客观现实不乏先有“后三化”，然后才有“前三化”，即从“乱”到“治”的过程。对产品品种、规格和型号治理的自觉性，通常是在品种规格发展不利的基础上建立起来的。由于

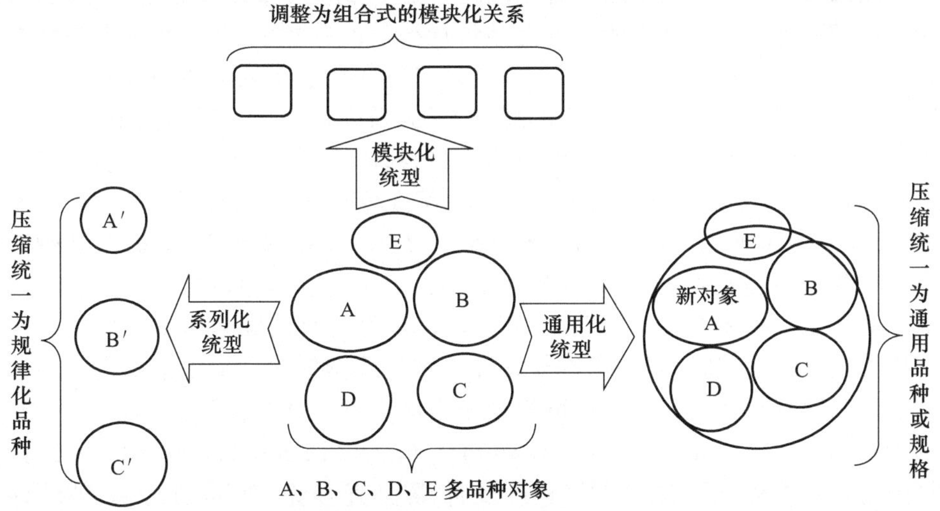

图 26-1　统型原理图

统型应用的是“三化”原理，因此，统型的原理类型是按通用化统型、系列化统型、模块化统型进行划分的。

1. 通用化统型

通用化统型的方法是，对现有的产品品种、规格和型号进行归并、优选、简化，选择能最大限度地覆盖产品或零部件使用范围并具有共同的物理特性或典型结构的对象，作为通用化对象。通用化统型可利用现有品种进行统型或重新设计统型的品种。利用现有品种的通用化统型是，将现有的相近多品种压缩或归并为一种的通用化，是“多成一”的通用化。例如，将直径为 2.8mm、2.9mm、3.0mm、3.23mm、3.35mm 的螺钉统型为直径为 3.0mm 的螺钉，取消另外四种规格的螺钉，以一种规格替代其他四种规格的使用。利用现有品种进行通用化统型尽管有工作难度和工作量比较小的优点，但存在统型能力比较弱的缺点，很难有很大的通用化覆盖范围。重新设计的通用化统型是针对需要覆盖的使用范围，重新设计产品结构和物理性能等，使其具有较强的统型能力。例如，对手机充电器进行通用化统型，需要重新设计在接口和性能上具有通用性的充电器，而不是利用现有的某个充电器就能替代其他充电器实现通用化。采取重新设计通用化品种的统型的情况，往往是用现有品种的归并不能实现通用化目的。通用化统型的内容主要是功能通用化、接口通用化、结构通用化等。

2. 系列化统型

系列化统型的方法是，把一类产品的主参数或规格按科学规律进行分档、分级形成产品系列。系列化统型同样有利用现有品种统型和重新设计统型两种情况。利用现有品种进行系列化统型是现有品种规格数值非常紧密时，且现有品种规格的数值在科学系列数值中有相应存在，通过将符合科学系列数值的现有品种规格保留下来，取消掉不在科学系列上的规格，形成系列化统型。系列化统型是使“多成少”的系列化，即使大量相近品种成为少量合理化品种的系列化。例如，某灯具制造商研制的灯具功率分别为 0.7W、0.9W、**1.0**W、1.2W、**1.6**W、1.8W、**2.5**W、2.8W、3.5W、**4.0**W、4.7W、5.6W 、**6.3**W、7.2W、8.8W、9.5W、**10.0**W，其中黑体数字的功率是在优先数系上的功率，保留优先数系上的功率，取消其他功率，统型形成 **1.0**W、**1.6**W、**2.5**W、**4.0**W、**6.3**W、**10.0**W 的系列化灯具功率。当现有产品的规格不全且不规范时，可采用重新设计系列化统型模式。采用重新设计系列化统型，可纠正当前的混乱状况，还可规划未来的合理发展。例如，某类螺栓的直径分别为 0.95mm、1.1mm、1.2mm、1.4mm、1.6mm、2.1mm、2.6mm、3.5mm，品种规格杂乱，既紧密又空缺，需要重新设计螺栓直径系列，将直径系列设计为 1.0mm、1.5mm、2.5mm、4.0mm、6.0mm、10.0mm 的规整系列，以实现系列化统型。新的系列化设计方案，既合理离散了现有的品种规格，也填补了空缺的品种规格。系列化统型的主要内容通常是与产品主要使用性能密切相关的参数内容，对这些参数开展系列化的工作就等于是对产品开展研制和使用科学化的工作。

3. 模块化统型

模块化统型的方法是，将对象按独立功能进行分解，构建成具有互换性接口并可传递功能和性能的集装工程化单元体。模块化统型是重新设计的统型情况，是对现产品组成关系的重新规划和构建。模块化统型不仅仅是对现状的一项合理化的工作，更主要的是对现状的升级改造工作。模块化统型是一种复合性的统型工作，它包含了组合化、通用化、系列化的统型内容。模块化统型主要包括四个方面的技术内容：一是对系统进行独立功能的分解和集成设计；二是模块的接口标准化设计；三是模块的功能及固态化设计；四是系统的集成调试和验证考核。模块独立功能的分解设计包括一项重要的设计内容，是模块通用化、系列化属性的确定和设计。模块化统型的有效性取决于产品系统模块的标准化属性以及模块的横向和纵向的适用性与协调性。模块的横向适用性和协调性赋予的是模块对其他系统的通用性，模块的纵向适用性和协调性赋予的是模块对本系统的通用性和变更能力。模块化统型的对象应是其组成关系可拆分的系统。例如，一体化车床多规格需求导致多型号车床研制，使车床的许多组成部分重复研制。假如将车床设计为模块化形式，可充分利用共同的已研制资源，只需研制专用部分，就可快速、低成本地研制出各种需求型号的模块化车床完整产品。模块化统型是产品系统分立体分布空间的统一化、接口关系的统一化和核心功能的统一化。

26.3　统型的对象及其层次

目前，统型的对象还主要是产品对象，是硬件产品和软件产品，其他对象的统型需求还没有突显出来，将来也许会出现。统型的对象及其层次关系将决定统型工作开展的范围。

1. 硬件统型

硬件统型是对机械、电子、电力、机电、光电、化工、材料等硬件产品的统型。硬件统型的对象可以是元件、零件、器件、部件、组件、分系统、系统各个层次的。硬件各个层次都可以有通用化统型和系列化统型，模块化统型一般是在部件、分组件、组件、分系统、总系统层面。统型实施的层次越高，获得的效益越高。

统型可以是针对单体对象统型，也可以是针对群体对象统型。单体对象统型是对一个硬件品种对象的统型，如对车辆的轮胎进行统型等。群体对象统型是对多个不同种类对象的统型，如对车辆的轮胎、动力、综合电子系统等同时进行统型。统型的范围越大，统型的意义越大，如对产品体系、产品领域进行统型，比对产品系统统型的意义要大得多。

2. 软件统型

软件统型的内容是软件的接口统型、软件构件统型、软件的操作系统统型、软件的基础代码统型等。软件统型的技术方法有通用化统型、模块化统型。对于软件系列化统型，目前还没有明确的内涵。软件统型的重点是接口标准化、构件通用化、操作系统统一化、基础代码统一化等。软件统型的重点在通用化上。

26.4 统型的方式

统型从方式上可分为行政统型、采购统型和标准统型等。不同的统型方式，统型的作用效果不完全一样，各有其优缺点。

26.4.1 行政统型

行政统型是站在整体利益责任的角度，运用行政权力，对管辖范围的杂乱产品品种、规格和型号以行政管理制度和文件进行治理。行政统型包括应用管理制度统型、管理文件统型、产品目录统型(含合格产品及合格厂商目录)。

1. 管理制度统型

管理制度统型是应用行政管理制度，提出产品品种、规格和型号的发展原则，规定产品品种、规格和型号发展的管理程序和要求，规定违反产品品种、规格和型号发展要求造成有害后果的处罚等。统型的管理制度一般不规定产品品种、规格和型号的具体技术内容，主要是规定产品品种、规格和型号发展的审批程序和要求。管理制度统型强制力度大。

2. 管理文件统型

管理文件统型是针对某一或某些品种杂乱的现状问题，用专门的文件规定产品品种中哪些保留、哪些淘汰的内容，以实现对产品现状品种的选优淘劣。管理文件统型属于“一事一办”的方式，不能发挥全局性作用的效果，但其具有针对性强和见效快的优点。

3. 产品目录统型

产品目录统型是针对产品中大量普遍存在的零部件、易损件品种、规格和型号杂乱的问题，通过对产品的品种、规格和型号进行分析，提出产品的品种、规格和型号的优选方案，以文件的方式下发产品优选目录，作为治理杂乱现状和引导未来产品设计的依据。这种产品目录除了产品品种、规格和型号的优选信息外，也可包含合格产品和合格厂商的选择信息。这种目录既可以作为设计的依据，也可以作为采购的依据。例如，某集团公司有几十个子集团公司，为解决各子集团间数字化设计的协同和信息交换问题，规定了计算机操作系统和 CAD 等软件购买的规格和型号目录，以实施软件统型。

行政统型具有工作启动快、强制性力度大、监督性强等优点，但行政统型由于动作迅速，技术性准备一般不太充分。行政统型还存在当行政领导和机构变化时，事情会随之改变，很难保证长期有效性。行政统型如果对技术重视不够，会出现以长官意志代替科学规律的问题。

26.4.2　采购统型

采购统型是利用产品采购的机会所进行的统型工作。采购统型包括产品采购目录统型、产品集中采购统型。

1. 产品采购目录统型

产品采购目录统型首先是选择合理的产品品种、规格和型号，对优选的产品品种、规格和型号进行质量评价、厂商评价，确定合格产品和合格厂商，将优选的对象及其主要信息列入产品采购目录，作为采购的依据。当产品品种、规格和型号按目录进行采购和使用后，这个操作就是一个统型的行为。产品的采购目录统型可以是技术机构提出的目录，也可以是行政文件规定的目录。

2. 产品集中采购统型

产品集中采购统型是针对一个较宽使用面的通用产品，通过对通用产品品种、规格和型号进行集中分析、考核和优选，提出优选的产品品种、规格和型号的采购方案，通过集中采购的方式提供给各用户，以避免通用产品品种、规格和型号杂乱和质量参差不齐的问题。产品集中采购统型比较适合保障量大的产品，可减轻保障负担和提高产品使用的可保障性。

采购统型是针对具体问题具体解决，属于“立竿见影”、见效最快的统型方式。采购统型适合解决浅显的品种杂乱问题。采购统型如果基于深入的品种问题研究的支持，也可以解决产品品种、规格和型号较深入的不合理现象问题。

26.4.3　标准统型

标准统型是应用标准规定作为统型的依据，进行产品统型的方式。标准统型包括管理标准统型、产品标准统型、技术要求标准统型、型谱系列标准统型等。由于产品标准统型、技术要求标准统型、型谱系列标准统型属于技术标准统型，因此，标准统型可分为管理标准统型和技术标准统型两大类。在标准的分类中，没有统型标准的类别，统型只是一种目的，不是标准的一种编写方式，统型标准是指能发挥统型作用的相关类别的标准，这些标准主要是品种规格要求标准、参数系列标准、接口标准、通用件标准、模块规范、通用协议、数据格式等具有“三化”特征的标准。

1. 管理标准统型

管理标准统型是应用管理标准，对产品研制和改进等工作进行品种、规格和型号控制，避免产品品种、规格和型号的随意发展。管理标准统型与行政管理制度统型有些类似，区别在于管理标准统型侧重程序和技术层面的内容，行政管理制度统型侧重工作原则和要求方面的内容。统型的管理标准还可制定为对产品零部件的设计进行控制和已有零部件进行利用的标准，它可以涉及具体的产品技术事项。

2. 产品标准统型

产品标准统型是将精心设计或优选，并考核验证的通用性产品技术关系制定为产品规范、图样标准等，以确立通用化对象的标准地位，为统型工作提供依据，保证优选产品的使用优先权、制造质量的一致性和功能性能的统一性。产品规范适合较复杂的统型产品对象，图样标准适合基础零部件级的统型产品对象。

3. 技术要求标准统型

技术要求标准统型是针对产品的通用技术关系进行规定，以实现统一结构形式、统一品种规格、统一接口、互联互通、统一质量特性等的效果。技术要求标准统型的对象主要有产品接口(含有输入输出关系的)、结构形式、技术体制、技术制式、品种规格等。技术要求标准统型不像产品标准统型那样系统、完整，它只控制关键性因素，给产品的技术创新留有发展空间。

4. 型谱系列标准统型

型谱系列标准统型是通过规定产品参数系列、规格系列、型谱种类作为产品品种和规格控制的依据，以实现对产品品种、规格和型号的统型。这类标准的制定通常需要依靠广泛、深入的调研和产品用途的顶层设计为支撑。这类标准既是控制当期产品品种和规格的依据，又是指导未来发展的依据。

管理标准统型起到的是做事原则和方法的约束和引导作用，技术标准统型起到的是品种规格对象的技术定位作用。从规范行为的角度需要管理统型，从解决产品具体技术问题的角度需要技术统型。将优质的“三化”技术资源制定为标准提供使用,可避免产品品种规格重复性研究开发的资金和时间投入,同时有利于“三化”资源的重复使用,形成事实性的统型。

行政统型、采购统型和标准统型各有其优缺点,要想获得全局性、系统性、长期性、有效性的统型作用,最好的方式是将行政统型、采购统型和标准统型综合运用,使它们之间各自发挥取长补短的作用。

26.5 统型的实施

统型工作的开展,在管理方面应有原则、规划、手段、步骤、保障条件,在技术方面应有统型的技术资源以及统型的影响分析和效果预测的技术方法。

统型的原则应为:问题突出、关联范围小和见效快的对象优先开展统型;哪儿有问题就统型到哪儿,条件不成熟时不要体系化、全面化统型,条件成熟一项开展一项,不搞一刀切;先试点,再扩展。统型工作的开展,不是主观要规划美好未来的动机所驱使的,是客观现状品种规格的问题逼迫所驱使的,统型是解决问题,不是展望未来。统型是迫于对现状的不满,有统型的必要意义时才统型。统型应始于问题,终于理顺,不要为统型而统型,处处统型,事事统型,得不偿失。

统型的步骤应为:由表及里、由外部到内部、由易到难、由简到繁、由小到大、由有形到无形。统型的方式可根据问题实际情况进行选择:对于浅显的品种规格突出问题,通过整顿现状即可马上见效,可采用行政统型方式;对于马上要统一使用的产品或量大面广的通用产品,可采用采购统型方式;对于短期难以完成、技术关联性强、技术难度大、有重要技术影响的产品品种和规格问题,可采用标准统型的方式。

统型是有方法可寻的,开展统型工作时,一定要深入掌握统型的理论和方法,才能正确地运用合适的统型技术取得实效。零部件层次的统型主要是应用科学规律压缩对象的品种规格;设备/组件/系统层次的统型主要是对象的功能和性能的归并、优化与集中以及实现通用化、基型化、型谱化。

统型的目的起于控制品种规格,但应拓展其价值利益,延伸到提高产品质量和优化产品内容上。有些产品的规格、形式和参数问题小,但产品功能性能使用效果差和质量差,需要进行质量的提升和功能性能使用效果的改进工作。有些产品设计用途狭窄,只能一用,应扩大用途范围;还有的产品使用会造成作用对象的损坏,如无力矩固定板手将会拧断螺栓,应优化设计为有力矩控制的板手,以保证使用的可靠性。

统型工作不仅仅是“做减法”的工作,也是一项“做加法”的工作,“做减法”是减去不必要的产品品种规格,“做加法”是提高优选品种的质量和功能性能使用效果水平。统型不是一种浅显的品种规格筛选工作，是需要以深入的技术分析和技术研究为支撑方能做好的。统型要着眼当期，也要兼顾未来，既要规范现状，也要引导未来，使统型工作既发挥好“后三化”的作用，也要延伸到发挥“前三化”的作用。统型的概念尽管是始于产品对象，但这一概念也可推广应用于非产品对象，如医院等服务机构的设施、器具、用品等的配置。从局部角度，统型会影响某些个体利益，从全局和长期角度，统型获益是肯定的。

参考文献

[1] 麦绿波. 统型的理论和方法[J]. 中国标准化，2015，(7)：68-78.

第 27 章　协同互操作性的理论和设计方法

通常，在进行产品性能设计时，人们主要考虑的是使用性能和通用质量性能。面对产品系统化、体系化和网络化的发展趋势，传统的产品性能已不能满足产品系统化、体系化、网络化的需要，需重新构建产品性能的组成关系，使产品的某些重要性能能够被专门设计和应用，以满足产品发展的新趋势和新要求。协同互操作性就是这样的性能，而且是系统化、体系化、网络化产品的一项至关重要的性能。

协同互操作性是作者基于网络化系统需求和标准化综合应用分析提出来的一项产品新性能，因为它是高级标准化形式带来的，且只有通过标准化才能产生的一个新的、重要的功能，所以将其纳入本书，以使标准化学的理论更加丰富，与时代的需求响应得更加及时。

27.1　产品性能组成的调整

27.1.1　产品性能组成的传统关系

产品传统的性能组成关系是由产品使用性能、通用质量性能组成的。使用性能是指产品使用直接相关的性能，是满足产品使用目的的性能，如数码照相机的焦距、光圈、镜头透射比、像素、响应灵敏度、快门响应时间等。产品的使用性能一般由多个参数组成，如 A 性能、B 性能、C 性能等，性能参数组成的多少由产品的复杂程度决定，复杂程度越高的产品，性能的参数就越多，反之，就越少。产品的使用性能是体现产品个性的性能，不同的产品有不同的使用性能。通用质量性能不是直接使用的性能，是用于保障使用的性能，这一性能的类型比较固定，主要由可靠性、维修性、保障性、测试性、安全性、环境适应性、电磁兼容性等组成。可靠性是保障产品使用过程稳定不易出故障和保障使用寿命的性能。维修性是保障产品出故障时方便维修和限定时间内能修复的性能。保障性是为产品使用提供补给和为维修提供备品的支持能力，即供应保障和维修保障，供应保障涉及消耗补给，维修保障涉及备件和工具准备，如汽车的汽油是汽车的消耗补给，轮胎是维修备件。测试性是保障产品的健康状态可自检和故障可发现的性能，通过设置状态传感器、状态分析软件、测试接口等实现。安全性是用于避免产品使用带来人身伤害、产品损坏的性能。提高产品安全性的设计措施主要有防止误操作危害的措施、安全报警装置、保护的保险装置等。环境适应性是保障产品在预定的工作环境能够正常工作和经储存环境存放后能正常工作的性能。环境适应性主要由气候环境适应性和力学环境适应性组成。气候环境主要包括温度、湿热、气压、沙尘、盐雾、霉菌、辐射等。力学环境主要包括振动、冲击、加速度等。电磁兼容性是保障产品工作时对周围的电磁环境有一定的抗干扰能力和对所在环境产生的电磁干扰不能超过一定的限度的性能。电磁兼容有电磁干扰(EMI)和电磁耐受(EMS)两个方面。电磁干扰有传导干扰(CE)和辐射干扰(RE)两大类型。电磁耐受有耐受静电放电(ESD)、辐射耐受(RS)、快速脉冲耐受(EFT/B)、雷击(surge)、传导耐受(CS)等。电磁兼容性能不是每种产品都需要的,它是电器及电子产品的性能和拥有电器及电子部分的产品的性能。电磁兼容性也可作为电磁环境适应性内容,归入环境适应性中,这时的环境适应性为三大环境的适应性(气候、力学、电磁)。产品性能的传统组成关系如图 27-1 所示,主要由使用性能和通用质量性能组成。7 个通用质量性能(也有将电磁兼容性放入环境适应性中,称为 6 性)的每个都有下一级的多个指标。例如,可靠性指标可由基本可靠性、任务可靠性、耐久性、储存可靠性指标组成,基本可靠性指标由平均故障前时间、平均故障间隔时间、可靠度、故障率等组成。对有些产品,通用质量性能是全部 7 个性能,但有些产品可能只有 3～6 种质量性能。通用质量性能中的可靠性、安全性和环境适应性是每种产品都应考虑拥有的。对于维修性、保障性、测试性、电磁兼容性,要根据产品的特点确定是否存在或需要这些性能。例如,一次性使用的产品就没有保障性和维修性,直观的简单产品无需测试性,非电产品无电磁兼容性等。

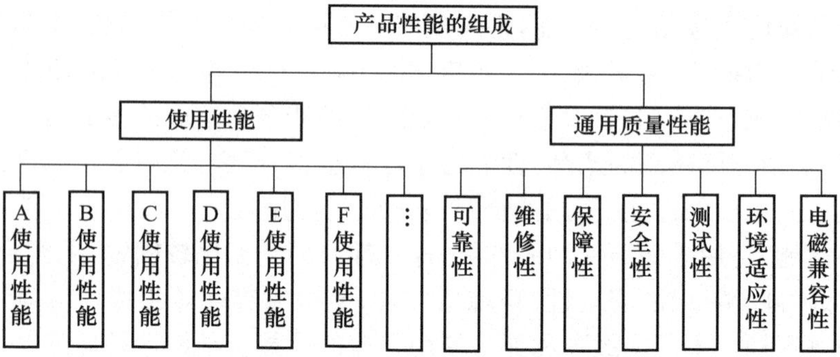

图 27-1　产品传统的性能组成关系图

27.1.2　产品性能组成的新关系

由使用性能和通用质量性能组成的产品性能是传统的产品性能组成关系,适合单机孤立使用的情况。产品的使用性能和通用质量性能可满足产品最基本的性能要求,但对于复杂的产品系统或需要体系化和联合化使用的产品,这种性能组成关系是不完备的。面对产品系统化应用、复杂化组成、信息化功能的发展等特点及网络化产品的体系化和联合化使用的发展形势，需要有一种新的性能组成关系支持产品新能力的需要。通过从哲学和技术角度思考支持产品体系化和联合化使用性能需求，经过归纳、提炼和综合，创建了一个能反映这一要求的性能，命名为“协同互操作性”，以“synergetics interoperability”命名其英文名。产品要拥有体系化和联合化的使用性能，需要统一化的技术途径来实现，只有统一化才能让系统间实现相互交换和识别。统一化是标准化的本质，因此，这一性能需求是基于标准化的基础，只有标准化的支持才能胜任，并且是高级形式的标准化才能满足。协同互操作性如此重要，应作为产品的一项重要性能放入产品的性能组成关系中。在产品的性能组成中，还应该放入一个性能，就是“人机适应性”。随着人工智能的深化应用，人和机器的互动和融合将关系到产品的使用效能和工效，这个重要趋势也应纳入产品的设计关系中。人机适应性包括两个内涵：一是人对机器的适应性，以考虑人与机器的配合效率和人工作的机器环境舒适性；二是机器对人的适应性，以考虑机器对人行为和动作的正确理解，降低人操作机器的知识要求、提高效率和避免操作错误。人机适应性的第二个内涵是对机器智能化的要求。例如，当对自己所编的 EXCEL 表中的序号重新修改时，机器会自动提供一个排序号的指令键，一点该键序号自动排好。因此，系统性的复杂产品和体系化的产品的性能应重新构建，应在传统性能关系的基础上增加协同互操作性和人机适应性，产品性能组成的新关系如图 27-2 所示。图中的四个性能各有自己的属性。使用性能是产品使用直接完成任务使命的属性。通用质量性能是产品使用的保障属性，它保障使用性能的可靠使用、持续使用、安全使用和各种环境条件下的有效使用等。协同互操作性在学科上是标准化属性的性能，在功能上，它既有产品的使用属性，又有产品的保障属性。从产品的使用属性方面协同互操作性为产品提供了其性能在内部和外部的系统性协调和应用的能力。从产品的保障属性方面协同互操作性提供了产品体系化和联合化使用的条件和基础。人机适应性在学科上是人机功效的性能，在功能上，它也是具有产品的使用和保障属性。在产品的使用属性方面，它提高了性能使用的效果、准确性等。在产品的保障属性方面，它保障了使用的效率、持续性等。图 27-2 中，产品的四种性能的每一种都有各自向下展开的一级、二级性能，有的甚至有三级性能等。

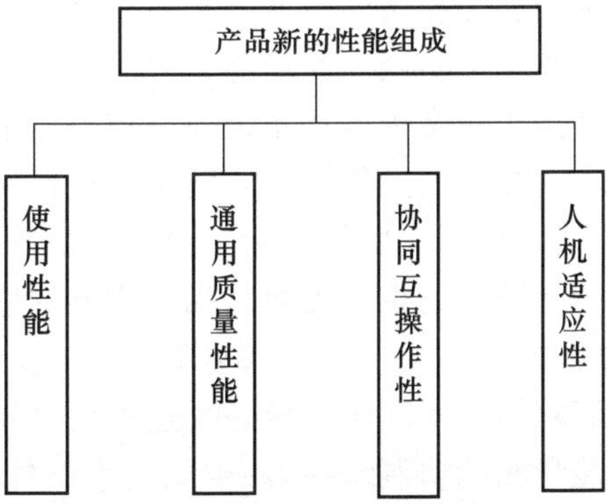

图 27-2　产品新的性能组成关系图

对于产品新增加的协同互操作性和人机适应性，本书只深入讨论协同互操作性，因为它是基于标准化的新性能，而人机适应性在此不做深究。协同互操作性是从考虑支持产品体系化使用和联合化使用的性能需求而建立的产品新性能，要给它赋予支持体系化和联合化使用全面、准确的内涵。体系化与联合化使用是不同的。体系化使用是指产品工作的范围，这一范围是系统的系统，产品要在系统的系统中相互联系地工作，而不是孤立地单体工作。联合化使用是指产品系统间或体系间的功能性能的协同和配合状态。体系化使用是指工作对象的相关性，联合化使用是指工作能力的相关性和配合性。

协同互操作性的内容也许在产品使用性能设计时会有部分考虑，但如果这一性能不作为专门的性能列出、给出专门的理论、方法、指标和实现条件，设计的结果就很难实现期望赋予协同互操作性应具有的特性，也不会给这方面的问题解决提供满意的方案。就像可靠性没有作为一种专门指标列出来时，产品设计时虽然也考虑了可靠性的设计内容，这种考虑是经验的、非理论性的和系统性的。当将可靠性作为专门指标列出来时，可靠性的理论快速发展，可靠性的设计和试验科学化、定量化，并建立了可靠性设计、试验和评价系统性的理论和方法，使产品的可靠性成为可掌控的性能，在产品中有效体现。

27.2 协同互操作性的概念和原理模型

27.2.1 协同互操作性的概念

协同互操作性是响应产品发展的新形态和新形势需求而提出来的，因此，要赋予它满足产品新形态要求的内涵。协同互操作性由两个词组成，一个是协同，一个是互操作性，它们分别有自己的含义，同时也有结合的含义，由此构成了协同互操作性的概念。协同本身字面的含义有：协调、团结、协助、协作、合作、同步、和谐、相互配合等，协同互操作性中的协同更多的是指协调一致、相互合作、共同作用的含义。协同是两个或两个以上相联系的系统，协调一致、相互合作、共同完成任务目标的能力。协同本质上是系统间各相关部分能共同协调工作的能力，强调相互配合和相互协调。互操作的字面含义有：一起工作并共享信息、互用、互助的能力。互操作通常指信息系统在一定条件下单元间能相互通信、执行程序、传递信息的能力。协同互操作性是协同和互操作性两个内涵围绕体系化和联合化的要求深入融合、延伸和扩展的内涵。作者将协同互操作性的概念定义为：**系统间和/或体系间协调统一的相互配合和相互支持的联合工作特性**。定义中的“系统间和/或体系间协调统一”是指产品基本单元、部件、组件、系统、体系同层次间的协调统一，以及它们跨层次间的协调统一。这种协调统一是全相维的、全要素的，即物质相、信息相、能量相的协调统一，从单元要素到体系要素的协调统一。协同互操作性追求系统间和/或体系间实现共同目标合力最大化、障碍最小化的状态。协调是多元对象的配合形成科学合理以及和谐共处的关系，构成相互帮助、相互支持及和谐一致的状态。统一是系统间和/或体系间识别元素、连接关系、交换关系、互换关系、目标的一致性，以消除信息识别、接口连接、信息交换、功能互换、完成任务目标的障碍。系统间和/或体系间协调统一是协同互操作性的基础和条件。系统间和/或体系间的"相互配合和相互支持"是在协调统一基础上的，如果没有协调统一这个基础，相互配合和相互支持就不可能实现。相互配合是共同承担同一目标任务的各子任务方(工作单元)之间合作和协助工作的关系。相互支持是承担不同目标任务的各方(工作单元)之间给对方提供工作帮助的关系。"联合工作"是系统或体系集中调配的共同工作。协同互操作性使系统间和/或体系间具有相互配合和相互支持的联合工作特性，相互配合和相互支持的联合工作是协同互操作性赋予系统间和/或体系间的功能或能力。系统和/或体系间协调统一的联合工作是协同互操作性的核心状态。系统和/或体系间的联合工作是物质相、信息相、能量相的各层级对象的同层级联合工作和跨层级联合工作以及跨体系联合工作。"协调统一"、"相互配合和相互支持"和"联合工作"是协同互操作性的典型特征和核心内涵。协同互操作性中的"协同"不仅仅是词典中赋予的内涵，其内涵已经过其目的和技术升华，这儿的"协同"的内涵是统一化、合理匹配、互联互通、相互配合、有效交换和优化等，协同的这些作用是基于建立了统一化的环境实现的。协同互操作性中的"互操作性"也不仅仅是词典中赋予的内涵，其内涵也经过其目的和技术升华，这儿的"互操作性"的内涵是互供资源、互用、相互支持、共同合作、相互帮助工作等。协同互操作性中的协同和互操作分别构成了这一性能不同方面的两种特征和能力。两个词结合的含义为**"协调的联合共同工作"**，这是协同互操作性的总能力。协同是依靠统一来实现的，是统一带来的协同；互操作性也是依靠统一来实现的，是系统间或/和体系间的资源、功能和性能可跨界主动、被动使用的能力。

"协同互操作性"不仅是信息化产品方面的性能，也是物理相、信息相、能量相整个对象维度的"协同互操作性"。产品体系化和联合化使用所要求的性能不仅仅是依靠互联、互通、互操作条件，还要依靠技术体制统一、"三化"和软件智能化的支持，使整个技术维度协调统一，以统一、优化、协调、交换、互通、联合、体系化协同整个价值作用维度来实现。协同互操作性包括了产品的技术体制协同性、"三化"、"三互"(互联、互通、互操作的简称)、软件协同性等技术内涵，实现产品系统间和/或体系间的物理交换、信息交换和能量交换。协同互操作性是一个全面的协同和联合能力，既要有体系化的协同和联合，又要有系统间的协同和联合，这样的协同和联合才是一个全方位的和期望的。

协同互操作性是基于硬件、网络、操作系统、数据库系统、应用软件、数据格式、数据协议等要素的统一化，或对于异构系统间以适配系统进行的统一化，它不能离开标准化而存在，它是多维度标准化的一种高级性能状态。没有标准化就没有协同互操作性，标准化是协同互操作性的灵魂。协同互操作性不仅仅是一个技术性能，也是一个包含着哲学思想的功能。在哲学层面，协同互操作性是系统全相维统一化的一体化时空协同规律。在技术层面，协同互操作性是技术指标体系表达的、设计方法实现的系统联合工作的能力。哲学思想给协同互操作性提供了建立的方法论，技术给协同互操作性提供了指标建立和设计的具体解决方案。

协同互操作性需求最迫切的领域也许是电子信息领域，但对协同互操作性需求的不能仅仅限于0、1编码的电子信息领域。因为，现代产品通常是一个多相(物质相、信息相、能相)合一的产品，协同互操作性已成为网络化和体系化产品发展的普遍需求，而且产品的物质相和能量相的协同互操作性带来的价值和意义也是非常大的。所以，协同互操作性是一个适用于多相的广义概念，不应是信息相仅有的。

协同互操作性可分为系统内的协同互操作性、系统间的协同互操作性、体系间的协同互操作性，如图27-3(a)、(b)、(c)所示。当产品是一个复杂系统，其内部涉及要相互配合，有物理量、信息量或/和能量传递和交换要求时，即使其不直接与外部联合使用，也应设计协同互操作性的性能，这种情况属于系统内的协同互操作性。对于有相互交换、相互支持和联合工作的系统和/或体系，协同互操作性更是必需的。协同互操作性不仅可以在产品间建立，也可以在组织机构间、人员间等建立，或者说协同互操作性除了有产品间的协同互操作性外，也有组织机构间、人员间等的协同互操作性，如企业间的协同互操作性、多国部队间的协同互操作性等。

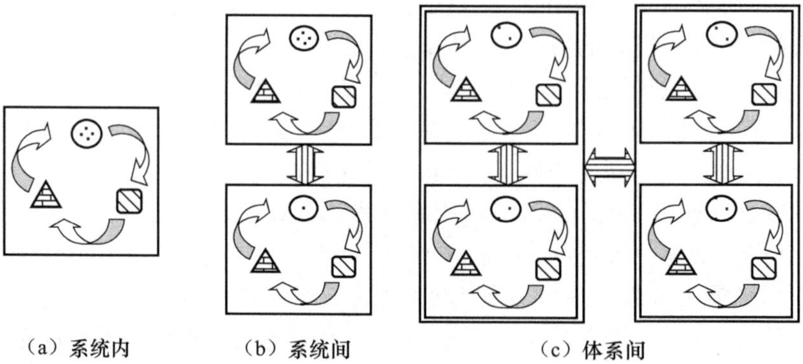

(a) 系统内　　(b) 系统间　　(c) 体系间

图27-3　产品协同互操作性的情况图

尽管协同互操作性是产品的一个重要性能，但不是所有产品都要拥有这个性能。产品开展协同互操作性设计的前提是这个产品需要在系统内联合工作和/或跨系统联合工作。产品若是单机孤立使用的简单产品，就不需要为其专门进行协同互操作性的设计。

产品的协同互操作性体现在拥有"协调统一"、"相互配合和相互支持"和"联合工作"等典型特征和核心内涵上。仅凭协同互操作性的这些典型特征的概念，无法设计出协同互操作性的性能。协同互操作性的设计，首先需要给出原理关系，构建出其表征指标，并建立其设计方法，方能实施设计。

27.2.2　协同互操作性的原理模型

协同互操作性的典型特征和核心内涵是"协调统一"、"相互配合和相互支持"和"联合工作"。由于协同互操作性的典型特征、核心内涵的实现是基于统一化的协调这一根本基础和根本支撑，因此，协同互操作性建立的原理必定是基于统一化这个大基础上的原理。统一是标准化的本质，协同互操作性以标准化状态保证统一、保证交换、保证协同。

协同互操作性的载体相维一般是全相维的，因此，协同互操作性有物质相、信息相、能相。协同互操作性不仅是电子信息产品或系统的需要，只要涉及连接、传递、交换、相互支持和联合工作的其他技术专业的产品或系统也都需要协同互操作性这个性能，如电力系统、交通系统、供气系统、供水系统、液力系统、光电系统、机械系统、机电系统、化学系统、生物系统或混合系统等，因此，协同互操作性是各类具有相互传输和交换内容的系统或体系普遍需要的。

协同互操作性需要技术来实现，这些技术应能解决体系层和具体单元的协同和互操作。实现协同互操作性不是个别技术能完成的，需要一个从不同角度支持产品或系统形成协同互操作性的技术群。协同互操作性需要能解决产品或系统间的协调、统一、通用、互通、交换、连接、相互作用等方面问题的技术来支撑形成。具有这些能力的技术主要有：技术体制协同性、"三化"、"三互"、软件等技术，这八方面的技术是建立产品或系统协同互操作性的核心技术群。因此，协同互操作性的原理是核心技术群作用三相形成协同互操作性的原理，原理模型如图 27-4 所示。图中，不同相维载体支持实现协同互操作性的技术组成是不同的。物质相包括物理物质、化学物质、生物物质等。产品中，通常物质相的绝大部分是物理的。物理物质主要由力学结构件、电气/电器功能件、光学功能件、光电功能件、电子功能件、磁功能件等组成。信息相包括电压信号、电流信号、电子信号、光波信号、太赫兹信号、微波信号、无线电信号等。能相包括电能、磁能、辐射能（含射线、光辐射、微波辐射等）、动能、化学能、热能、声能等。对于物质相，组成的成分可以是只有物理的、化学的和生物的物质，而没有信息相和能相的成分。对于信息相，必定需要物质相和能相支持，物质相为信息相提供信息产生、传输、存储、处理的物质条件，能相为信息提供传输驱动和表达信号。对于能相，必定有能量储备、产生、传输、使用的物质条件。三个相从功能输出的关系看（不从相的纯状态角度）：物质相可独立存在，其协同互操作性支撑技术为技术体制协同性、"三化"、"三互"；信息相不可能没有物质相和能相而独立存在，其协同互操作性支撑技术为技术体制协同性、“三化”、“三互”、软件；能相不可能没有物质相而独立存在，其协同互操作性支撑技术为技术体制协同性、“三化”、“三互”。这种多相维的依存关系就是产品系统的实际情况。尽管物质相可独立存在，能相也可以不需要信息相，但需要协同互操作性的产品一般都是由物质相、信息相和能相组成的系统，所以，这种系统是一个三相系统，单相的情况只会在产品的某个局部出现。产品系统的协同互操作性需要技术体制协同性、“三化”、“三互”、软件八个类型的技术来支持。技术体制协同、“三化”、“三互”、软件协同是高境界的标准化状态，四个关系在同一体系中协调建立，可形成体系或系统协同互操作性的能力。协同互操作性的应用除了有概念和原理外，还需要有可表达的指标、指标的设计方法和应用方法。

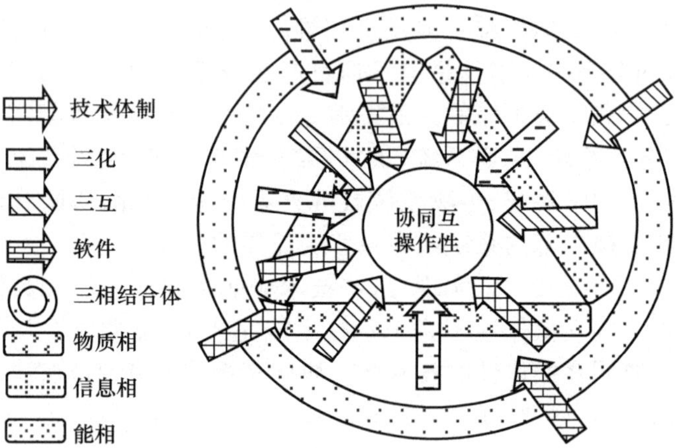

图 27-4　产品协同互操作性的原理模型图

27.3　协同互操作性的表征指标

协同互操作性可用产品协同的水平和互操作的能力来表征。协同的水平用四个方面的水平来表征：一是技术体制标准化的水平；二是系统各组成部分的“三化”水平；三是系统间“三互”水平；四是软件标准化的水平。互操作的能力为一个能力的三种选择，即正作用能力、零作用能力、负作用能力。协同互操作性的表征指标是用于表征支持产品协同互操作性实现的技术指标，它们是协同互操作性设计的对象。协同互操作性的表征是一个复杂的组成关系，难以做到指标的全定量数值化，需要采用定性与定量结合、清晰与模糊结合、离散与连续结合的方式方能全面表达。指标的定性部分是功能的，定量部分是性能的。指标以指标名称、概念内涵、数值属性、量、单位等元素的全部或大部分来表达。指标由支持协同互操作性实现的技术体制协同性、"三化"、"三互"、软件八类指标组成。

27.3.1　技术体制协同性表征指标

技术体制是产品的顶层的技术特性，对产品的性能和能力具有决定性的技术地位。技术体制是决定产品能力和性能的核心参数，是产品间用途范围和能力协调与协同的关键特性，是产品各组成部分设计的核心技术依据。技术体制是一种全局性的技术关系，通常与产品的大部分组成单元有关联。产品技术体制的统一化和标准化，是产品间协调、协同、广泛可使用和相互联系的基础和前提。

技术体制的范围很宽，不同的技术专业有不同的技术体制。与技术体制相关的技术专业有机械产品、电气和电器产品、电子产品、光电产品、声学产品等。技术体制的类型主要有结构技术体制、电力技术体制、通信技术体制、频谱探测技术体制等。一种产品可以只有一种技术体制，也可以有多种技术体制，尤其是多专业技术组成的产品，通常集多种技术体制于一体。技术体制不是高层次的产品才有，不同层次的产品有不同层次的技术体制。技术体制的层次越高，对产品的影响越大，其技术地位也越重要。不同技术专业的技术体制有各自不同的概念内涵、表征指标等。

1. 结构技术体制

产品结构技术体制是决定产品性能的重要结构关系，通常关系到产品的主要能力等。结构技术体制通常为产品的承载能力、重要尺寸、原理关系、要素布置、形状关系等，如车辆的底盘承载吨位、发动机的汽缸直径和缸数、身管火炮的口径和管长度、导航卫星星座布置等。结构技术体制的表达指标名称、内涵、数值属性、量、单位、符号等如表 27-1 所示。

表 27-1　结构技术体制表征指标

技术体制指标名称	技术体制指标内涵	数值属性	量	单位名称	单位符号
承载能力	承载全重的能力或承载货物的能力	数值	质量	吨/千克	t/kg
重要尺寸	决定产品主要性能的尺寸	数值	长度	米/毫米	m/mm
原理关系	决定产品主要性能的原理	非数值	—	—	—
要素布置	决定产品主要性能的布置	非数值	—	—	—
形状关系	决定产品主要性能的形状	数值/非数值	体积/—	升/—	L/—
…	…	…	…	…	…

2. 电力技术体制

电力技术体制是关系电力提供的能力，通常关系到产品用电设备的安全性和驱动能力等。电力技术体制的内容主要是电源模式(直流、交流)、电压、频率等。电力技术体制的表征指标如表 27-2 所示。

表 27-2　电力技术体制表征指标

技术体制指标名称	技术体制指标内涵	数值属性	量	单位名称	单位符号
交流电源	特定频率的交变电压的供电	数值	电压、周期	伏特、赫兹	V、Hz
直流电源	恒定电压的供电	数值	电压	伏特	V

3. 通信技术体制

产品通信技术体制是关系产品间联通的技术，支持产品间的信息交换等。通信产品主要有电话、电台、网络等，通信技术体制的内容主要是通信频道、传输模式、分址方式、传输协议、传输速率等。通信技术体制的表征指标如表 27-3 所示。

表 27-3　通信技术体制表征指标

技术体制指标名称	技术体制指标内涵	数值属性	量	单位名称	单位符号
通信频道	传输信息的载波频率	数值	频率、波长	赫兹、米	Hz、m
传输模式	单工或双工、同步或异步的方式	非数值	—	—	—
分址方式	码分多址、频分多址或时分多址	非数值	—	—	—
传输协议	信息传输的语义、语法和时序规则	非数值	—	—	—
传输速率	每秒传输信息的比特数或波特数	数值	速率	比特率、波特率	bit/s、Baud
…	…	…	…	…	…

4. 频谱探测技术体制

产品频谱探测技术体制是关于电磁波的发射和探测的频谱技术，它支持产品对相应的频谱段的信息进行主动探测和被动探测。采用频谱探测的产品主要有 X 射线仪、紫外成像仪、可见光观瞄仪器、微光仪器、激光仪器、热成像仪、太赫兹探测仪、雷达等产品。频谱探测技术体制的频谱探测技术范围主要有 γ 射线、X 射线、紫外光、可见光、微光、激光、红外辐射、太赫兹辐射、微波、无线电波等的主动探测和被动探测技术。频谱探测技术体制的表征指标如表 27-4 所示。

表 27-4　频谱探测技术体制表征指标

技术体制指标名称	技术体制指标内涵	数值属性	量	单位名称	单位符号
γ射线频谱探测	采用主动或被动方式探测特定γ射线谱目标并转换成预定观察信息的技术	数值	频率、波长	赫兹、皮米	Hz、pm
X射线频谱探测	采用主动或被动方式探测特定X射线谱目标并转换成预定观察信息的技术	数值	频率、波长	赫兹、纳米	Hz、nm
紫外光频谱探测	采用主动或被动方式探测特定紫外光谱目标并转换成预定观察信息的技术	数值	频率、波长	赫兹、纳米	Hz、nm
可见光频谱探测	采用主动或被动方式目视直接观察或探测特定可见光谱目标并转换成预定观察信息的技术	数值	频率、波长	赫兹、纳米	Hz、nm
微光频谱探测	采用主动或被动方式探测低照度光目标并转换成预定观察信息的技术	数值	频率、波长	赫兹、纳米	Hz、nm
激光频谱探测	采用主动或被动方式探测激光辐射目标并转换成预定观察信息的技术	数值	频率、波长	赫兹、微米	Hz、μm
红外辐射频谱探测	采用主动或被动方式探测红外辐射目标并转换成预定观察信息的技术	数值	频率、波长	赫兹、微米	Hz、μm
太赫兹辐射频谱探测	采用主动或被动方式探测太赫兹辐射目标并转换成预定观察信息的技术	数值	频率、波长	赫兹、微米	Hz、μm
微波频谱探测	采用主动或被动方式探测微波辐射目标并转换成预定观察信息的技术	数值	频率、波长	赫兹、毫米	Hz、mm
无线电波频谱探测	采用主动或被动方式探测无线电辐射目标并转换成预定观察信息的技术	数值	频率、波长	赫兹、米	Hz、m
…	…	…	…	…	…

27.3.2　“三化”表征指标

“三化”的表征指标由通用化、系列化和模块化组成，通用化、系列化和模块化是产品组成单元结构属性和组合关系优化的状态。在产品系统中，通用化、系列化和模块化单元占的比例越高（“三化”率越高），产品系统组成单元的重复利用和广泛利用的机会就越多，产品系统组成单元对外交换的能力就越强，有利于产品系统中结构件间的相互支持，有利于减少产品零部件的品种规格，有利于降低成本，有利于减轻保障负担，有利于提升产品“三化”单元的质量。

1. 通用化

通用化的表征指标为通用化率。通用化率为产品同层次件中，通用化单元

(件)所占该层次所有单元(件)的百分比,如部件通用化率为产品通用化部件占产品部件总数的百分比。产品系统的通用化率以组成部分的层次表示,即组件通用化率、分组件通用化率、部件通用化率、零件通用化率。产品通用化是产品具有除本类产品以外还能在其他类产品适用的状态。通用化的表征指标如表 27-5 所示。

表 27-5　通用化表征指标

通用化指标名称	通用化指标内涵	数值属性	算法	量
组件通用化率	产品中通用化组件占组件总数的比例	数值	通用化组件数/组件总数	百分数
分组件通用化率	产品中通用化分组件占分组件总数的比例	数值	通用化分组件数/分组件总数	百分数
部件通用化率	产品中通用化部件占部件总数的比例	数值	通用化部件数/部件总数	百分数
零件通用化率	产品中通用化零件占零件总数的比例	数值	通用化零件数/零件总数	百分数

2. 系列化

系列化的表征指标为系列化率。系列化率是产品同层次件中,系列化单元(件)所占该层次单元(件)的百分比,如零件系列化率。产品系统的系列化率以组成部分的层次表示,即产品系统的组件系列化率、分组件系列化率、部件系列化率、零件系列化率。产品系列化是产品按科学的数值规律建立的产品主参数数列,以建立有利于系统和/或体系间的性能协调匹配的规律化性能等级,建立合理的产品品种发展关系。系列化主要是针对产品的品种规格建立的,通常采用优先数系进行品种规格划分。系列化的表征指标如表 27-6 所示。

表 27-6　系列化表征指标

系列化指标名称	系列化指标内涵	数值属性	算法	量
组件系列化率	产品中系列化组件占组件总数的比例	数值	系列化组件数/组件总数	百分数
分组件系列化率	产品中系列化分组件占分组件总数的比例	数值	系列化分组件数/分组件总数	百分数
部件系列化率	产品中系列化部件占部件总数的比例	数值	系列化部件数/部件总数	百分数
零件系列化率	产品中系列化零件占零件总数的比例	数值	系列化零件数/零件总数	百分数

3. 模块化

模块化的表征指标为模块化率。模块化率是产品同层次件中,模块化单元(件)所占该层次单元(件)的百分比,如组件模块化率。产品系统的模块化率以组成部分的层次表示,即产品系统的组件模块化率、分组件模块化率、部件模块化率。

产品模块化是将产品按独立功能划分形成可方便分解合成的功能单元，以增强系统和/或体系间功能单元的互操作性，并有利于产品的变型发展和功能扩展。模块化的表征指标如表 27-7 所示。

表 27-7　模块化表征指标

模块化指标名称	模块化指标内涵	数值属性	算法	量
组件模块化率	产品中模块化组件占组件总数的比例	数值	模块化组件数/组件总数	百分数
分组件模块化率	产品中模块化分组件占分组件总数的比例	数值	模块化分组件数/分组件总数	百分数
部件模块化率	产品中模块化部件占部件总数的比例	数值	模块化部件数/部件总数	百分数

27.3.3　“三互”表征指标

“三互”的表征指标由互联性、互通性和互操作性组成，互联、互通和互操作是产品系统内和系统间物理量、信息量和能量交换、传递的条件和能力。互联为系统相互之间的联系建立通道，是互通的物理基础。互联为互通建立链路，互通是两端能有效传递和交换的能力。物质相和能相的互通主要依靠物理量作用，如压强、力矩、电压、气压等。信息相的互通主要依靠软件条件，如软件协议、数据格式等。互通是互操作的信息交换保障，互操作是相互间互不干扰、共享、相互支持、共同合作工作和在他方独立行使功能。互联、互通、互操作的广泛适用性、持续有效性和可靠性取决于其标准化的程度，“三互”的标准化程度越高，对外联系、传递和交换的能力越强、可保持的寿命周期越长和成熟度越高。

1. 互联性

互联性的表征指标为互联标准化率，如信息互联指标采用线缆、通道、接口、连接器等的标准化程度表示。互联的内容包括物质相、信息相和能相。互联标准化率是产品同层次件中，在三相传递的产品体系中，按标准规定的技术关系进行互联的节点数占所有互联节点数的百分数，如模块互联标准化率。产品系统的互联标准化率以组成部分的层次表示，即产品系统的组件互联标准化率、分组件互联标准化率、模块互联标准化率、部件互联标准化率。此处的模块是一种形态不是层次，其层次不一定比分组件或组件低。互联节点的层级属性划分原则为，同层级的互联节点是指本层级对象间的外部互联，该层级的内联节点为下面层级的互联节点。产品互联标准化率不是单体产品的指标，是体系化产品的指标，这个指标只适用于有“三互”内容的产品。互联标准化是产品间物理上和传输上的标准化连接。互联的表征指标如表 27-8 所示。

表 27-8 互联性表征指标

互联性指标名称	互联性指标内涵	数值属性	算法	量
产品总体外部输入输出接口标准化率	产品总体外部标准化的输入和输出接口数占外部总接口数的比例	数值	产品总体外部标准化接口数/外部接口总数	百分数
组件互联标准化率	产品组件间标准化连接的节点数占组件间连接节点总数的比例	数值	组件间标准化连接节点数/组件间节点总数	百分数
分组件互联标准化率	产品分组件间标准化连接的节点数占分组件间连接节点总数的比例	数值	分组件间标准化连接节点数/分组件间节点总数	百分数
模块互联标准化率	产品模块间标准化连接的节点数占模块间连接节点总数的比例	数值	模块间标准化连接节点数/模块间节点总数	百分数
部件互联标准化率	产品部件间标准化连接的节点数占部件间连接节点总数的比例	数值	部件间标准化连接节点数/部件间节点总数	百分数

2. 互通性

互通性的表征指标为互通标准化率，如信息互通采用协议、数据格式、信息元等的标准化程度表示。互通标准化率是产品同层次件中，按标准规定的技术关系进行互通的要素数占所有互通要素数的百分数，如模块互通标准化率。互通的内容包括物质相、信息相和能相。产品系统的互通标准化率以组成部分的层次关系来表示，即产品总体互通标准化率、组件互通标准化率、分组件互通标准化率、模块互通标准化率、部件互通标准化率。产品互通标准化率与互联标准化率一样是产品体系化指标，是只适用于有“三互”内容的产品。物质、信息、能量互通标准化是表征传递、交换具有广泛联通能力的状态、成熟性状态、有效性状态。信息系统中互通的标准化率为采用标准化的协议、数据格式、信息元占协议、数据格式、信息元总数的百分比。机械、电力、光电系统的互通标准化率为驱动物理量流通的参数标准化的数量占总参数总数量的百分比，如力矩参数标准化、电压参数标准化、液压参数标准化、光学参数标准化等。互通性的表征指标如表 27-9 所示。

表 27-9 互通性表征指标

互通性指标名称	互通性指标内涵	数值属性	算法	量
产品总体外部互通标准化率	产品总体外部标准化互通要素数占外部互通要素总数的比例	数值	产品总体外部标准化互通要素数/外部互通要素总数	百分数
组件互通标准化率	产品中组件标准化互通的要素数占组件互通要素总数的比例	数值	组件标准化互通要素数/组件互通要素总数	百分数
分组件互通标准化率	产品中分组件标准化互通的要素数占分组件互通要素总数的比例	数值	分组件标准化互通要素数/分组件互通要素总数	百分数

续表

互通性指标名称	互通性指标内涵	数值属性	算法	量
模块互通标准化率	产品中模块标准化互通的要素数占模块互通要素总数的比例	数值	模块标准化互通要素数/模块互通要素总数	百分数
部件互通标准化率	产品中部件标准化互通的要素数占部件互通要素总数的比例	数值	部件标准化互通要素数/部件互通要素总数	百分数

3. 互操作性

互操作性是系统或体系间相互作用可能性的度量，或者说是互操作的通用性能力，也可看成是互操作的标准化程度，具体的互操作的事项属于使用性能，放到使用性能中去考核。互操作性是反映系统间和/或体系间以标准化环境为基础的相互作用程度，这种作用有负支持、零支持、正支持，相互作用的程度取决于系统和/或体系的标准化程度或水平。互操作性的表征指标用三类七级指标构成。三类互操作性为：负的互操作作用、零互操作作用、正的互操作作用。负的互操作作用有二级指标，零互操作作用有一级指标，正的互操作作用有四级指标。七级指标分别为：负二级互操作性指标（相互危害等级）、负一级互操作性指标（相互干扰等级）、零级互操作性指标（互不影响等级）、正一级互操作性指标（相互提供资源等级）、正二级互操作性指标（同功能相互增强或支持等级）、正三级互操作性指标（额外功能相互提供等级）、正四级互操作性指标（相互代（帮）处理功能等级）。互操作性不仅是信息相的，还包括物质相和能相的。互操作性的表征指标如表 27-10 所示。

表 27-10　互操作性表征指标

互操作性指标名称	互操作性指标内涵	数值属性	算法	量
负二级互操作性	一个系统或体系的工作对另一个系统或体系能实施破坏的能力	非数值、数值	被破坏的程度分析	轻、中、重
负一级互操作性	一个系统或体系的工作对另一个系统或体系能实施干扰的能力	非数值、数值	被干扰的程度分析	轻、中、重
零级互操作性	一个系统或体系的工作对另一个系统或体系不起负作用或正作用	非数值、数值	作用影响分析	无影响
正一级互操作性	一个系统或体系对另一个系统或体系提供资源支持的能力	非数值、数值	相互间提供资源支持的能力分析	小、中、大
正二级互操作性	一个系统或体系对另一个系统或体系提供同功能支持的能力	非数值、数值	相互间提供同功能支持的能力分析	小、中、大
正三级互操作性	一个系统或体系对另一个系统或体系提供额外功能支持的能力	非数值、数值	相互间提供额外功能的能力分析	小、中、大
正四级互操作性	一个系统或体系代替或帮助另一个系统或体系工作的能力	非数值、数值	代替或帮助工作的能力分析	小、中、大

27.3.4 软件协同性

信息相的互操作性是互操作性的主体内容，它主要由软件协同性来实现。软件协同性反映系统间和/或体系间的相互支持、相互配合、相互调用等能力，是系统间和/或体系间互操作的基础。软件协同性的能力应是正向支持的。软件协同性的表征指标由软件语言、软件接口、软件构件、软件功能模块、操作系统等的标准化率来表示。软件协同性只有信息相才有。软件协同性的表征指标如表 27-11 所示。

表 27-11 软件协同性表征指标

软件协同性指标名称	软件协同性指标内涵	数值属性	算法	量
软件语言标准化率	软件中语言标准化的种类数占软件语言种类总数的百分比	数值	语言标准化的种类数/语言种类总数	百分数
软件接口标准化率	软件中接口标准化数占软件接口总数的百分比	数值	软件接口标准化数/软件接口总数	百分数
软件构件标准化率	软件中构件标准化数占软件构件总数的百分比	数值	软件构件标准化数/软件构件总数	百分数
软件功能模块化率	软件中功能模块化数占软件功能总数的百分比	数值	软件功能模块化数/软件功能总数	百分数
软件操作系统统一化率	软件中操作系统统一数占软件操作系统总数的百分比	数值	软件操作系统统一化数/软件操作系统总数	百分数

从以上八类指标可看出，这些指标是用标准化来标定的。只有标准化才能实现产品系统或/和体系的技术统一、通用、共通、传递、交换、能力一体化。由于标准化的成果是专家集体智慧的结晶、试验验证有效的技术精华和广泛协调认同的约定，所以标准化状态是技术实现的满意追求。非标准化的技术和方法的有效性是没有保证的，具有很高故障和障碍的风险率。非标准化的东西难以被广泛使用，未被广泛使用的东西就不能形成大范围的统一，不统一的东西就难以实现协同。因此，标准化是协同互操作性的有效途径，是技术追求的理想目标。

协同互操作性的能力需要相应的支持条件，这些条件的建立需要技术和费用的支持才能完成，因此，协同互操作的能力是有等级的，是逐步提升起来的。为了方便对协同互操作性能力的评价，对协同互操作的能力进行等级划分，根据协同互操作性建设的条件和作用程度，分为以下七个等级：1 级为共享级；2 级为互换级；3 级为交换级；4 级为互通级；5 级为功能级；6 级为大数据和云计算级；7 级为人工智能级。

以上协同互操作性能力等级的实现，需要相应条件的支持，高等级的能力需要高等级的支持条件。协同互操作性能力等级由数字小的低级别到数字大的高级别逐步提高，其等级关系如图 27-5 所示。1 级——共享级，为系统间或/和体系间能相互提供资源支持和共用的协同互操作性能力。2 级——互换级，为系统间或/和体系间能相互交换物理结构件和软件构件的协同互操作性能力。3 级——交换级，为系统间或/和体系间能进行数据交换、能量交换或/和物质交换的协同互操作性能力。4 级——互通级，为系统间或/和体系间能实现数据交换的识别和理解性对话的协同互操作性能力。5 级——功能级，为系统间或/和体系间能提供指定信息和功能互助处理的协同互操作性能力。6 级——大数据级和云计算级，为系统间或/和体系间能提供超越系统能力的信息和功能互助处理的协同互操作性能力。7 级——人工智能级，为系统间或/和体系间能自主判断和自主实施信息和功能互助处理的协同互操作性能力。以上七个协同互操作性能力等级间一般会具有高级能力对低级能力的包含或兼容，即高级能力不仅能支持本级能力，同时也能支持低级能力，如功能级能力包含了互通级的能力。

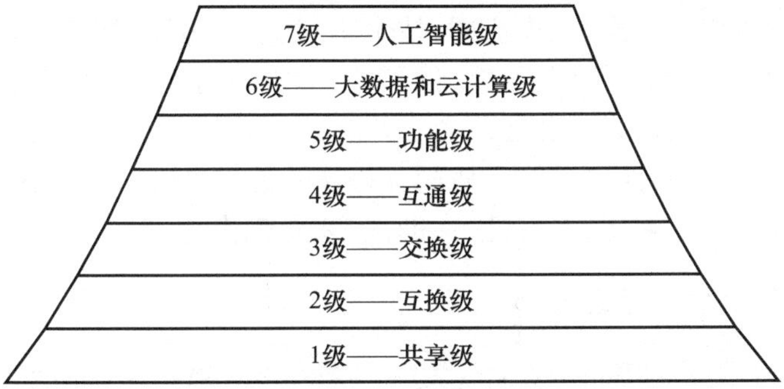

图 27-5　支持协同互操作性的条件等级关系

27.4　协同互操作性的设计方法

协同互操作性的设计工作是一项涉及哲学、科学和技术的设计工作。它需要从哲学层面提炼共性和通用的统一关系，从科学层面提供基础理论和原理的指导，从技术层面提出协同互操作性设计的理念、思路、程序和要素等。由于不同专业领域产品（如机械、电器、电子、光电、化工、光机电等专业）的协同互操作性设计技术差别很大，因此，以下的协同互操作性设计方法的内容主要是协同互操作性设计的方法论内容，关于具体的详细技术设计由专业技术设计去落实。下面从方法论的角度，对协同互操作性的总体设计、技术体制协同性设计、“三化”设计、“三互”设计、总体综合协调设计的设计理念、思路、程序、要素等进行具体论述。

27.4.1 协同互操作性的总体设计

协同互操作性这一性能最重要的价值是解决系统间或/和体系间联合使用和协调工作的问题。一体化联合的问题首先是一个顶层设计和体系建设的问题，要设计系统或/和体系的顶层的用途关系、顶层的功能结构、顶层的信息架构（神经中枢和神经网络布设，如 C4ISR）、物理结构和信息结构的融合、能力倍增方式（协同和互操作方式或途径）等。协同互操作性总体设计是在以上顶层设计的基础上，提出系统或/和体系的技术体制协同性、“三化”、“三互”、软件的设计指标体系，为系统或/和体系各组成部分的技术体制协同性、“三化”、“三互”、软件的设计提供目标和任务。总体设计的目标和任务可以是定性和定量结合的，定量和定性的比重谁大谁小可根据实际情况而定。

协同互操作性的设计流程是从上→下→上→下，即先进行总体设计提出设计指标体系，然后对各组成部分分层开展八个内容的设计，对各组成部分的设计结果进行上层的综合协调设计，按综合协调的要求修改各组成部分的设计。总体设计重点考虑：产品间交换协同、工作协同、技术协同（技术体制、制式）、接口协同、信息协同（传输、数据等）、能源协同（供电、供油等）。协同功能实现的评判要素为：系统间或/和体系间，物相、信息相和能相各自能有效相互传递、交换、共享和支持等，并在一定条件下能相互交换和转换。协同互操作性的总体设计要考虑体系间的同构性、关联性、联通性、交互性、互补性、互助性、联合工作性等。

27.4.2 技术体制协同性设计

产品系统技术体制协同性设计主要有三个步骤：第一步是分析提出产品系统技术体制协同性的指标体系；第二步是初步确定产品系统技术体制协同性的指标体系中各指标的参数值；第三步是对初步确定的指标参数值从产品系统或体系的层面进行综合平衡和优化协调。

技术体制协同性指标体系的建立，要从产品系统与其他产品系统联合应用、协同工作的需要以及产品系统的组成关系、工作原理和主要用途来考虑。对产品系统，分别从结构技术体制、电力技术体制、通信技术体制、频谱探测技术体制等方面分析提出技术体制协同性的指标组成。产品的结构技术体制从承载能力、重要尺寸、原理关系、要素布置、形状关系等方面来分析哪些属于决定产品主体架构的技术体制指标；电力技术体制从用电设备的安全性和驱动能力要求来分析采用的电源模式（直流、交流）、电压、频率等指标；通信技术体制从支持产品间的信息交换要求来分析采用的通信频道、传输模式、分址方式、传输协议、传输速率等指标；频谱探测技术体制从产品探测对象的频谱范围、探测能力要求来分析决定那些频谱段的主动或被动探测目标的技术体制指标。不是每种产品都拥有全部类型的技术体制指标,产品系统有多少种技术体制协同性指标由产品系统的技术组成关系决定,如无探测功能的产品系统就没有频谱探测技术体制指标。

技术体制协同性指标参数值的设计,首先是根据建立的产品系统的技术体制协同性指标体系,检索是否有相关的技术体制标准,从相关的技术体制标准中选择与产品用途相符合的技术体制参数值。如果不能检索到相关的技术体制标准,就要对产品系统进行体系化规划和顶层设计,规划出该类产品的技术体制、系列或谱系[1],选择设计对象用途对应的技术体制参数。对于新规划的技术体制,最好将其制定为标准,供业内广泛使用和重复使用。通常从标准中获取的技术体制参数具有合理性和科学性,因为它们是用专家集体的经验和智慧对技术体制内容进行的完善和升华。技术体制指标参数值采用标准中的规定,可使产品系统的技术体制进入本专业大范围的体系中,有利于产品系统技术体制的统一和协调,有利于扩大产品系统的使用范围,将提高产品系统受到其他产品系统援助的可能性。采用标准确定的技术体制是技术体制的标准化,这是产品系统技术体制指标参数值确定首选的技术途径。产品结构技术体制标准化将为同技术体制的产品间建立起重要结构的统一关系和组成部分的相互联系关系,有利于产品使用的统一保障、产品间零部件的互换和互用。结构技术体制的标准化,为产品间建立了结构间的协调性和统一性。产品系统电力技术体制的标准化,将保证产品系统能在广泛的使用环境工作和用电产品的安全性工作。如果用电产品系统的电力技术体制未按标准规定设计,产品就不能在标准的电力技术体制环境下工作,失去普遍使用的基础,并且产品系统构建和维护维修时也难获得市场采购的货架电气零部件,将大大提高产品系统的成本,削弱产品系统的维护和维修保障能力。电力技术体制的内容涉及电力基础设施的利用,必须符合电力基础设施提供的技术体制关系。电力基础设施建设的投资大和周期长,必须按标准化的统一关系来建立,才能降低成本和保障使用的普遍性。产品系统研制采用标准规定的通信技术体制,如通信频道、网络通信协议等,是产品间广泛相互连接和联通的必要条件。

对初步确定的指标参数值,应在满足系统内部指标间协调性的条件下,兼顾当前使用和未来使用、兼顾自身独立工作和与其他系统共同工作的需要,对技术体制指标体系参数值进行综合平衡和优化分析,确定产品系统的技术体制协同性指标值。技术体制指标参数的综合平衡和优化分析确定的值应是相关标准中规定的值。如果经深入研究和周密分析确定的值在标准中没有,且能证明这些值是科学、合理的,这样的值可作为标准的技术体制指标参数值,并在标准制修订时将其纳入标准中。

27.4.3　“三化”设计

“三化”设计主要是针对产品系统进行通用化、系列化、模块化设计,包括硬件和软件两个方面。“三化”设计起源于硬件结构，但它能服务于三个相维，即服务于物质相、信息相、能相，因为，每个相维都要有物质基础为支撑。“三化”设计主要有三个步骤：第一步是对产品系统按功能进行模块化分解，功能模块可按组件层、分组件层和部件层进行细分；第二步是分析确定各功能模块和零件的通用化、系列化和专用化属性（专用化单元为产品专门用途的单元，不具有普遍使用性）；第三步是对各层次单元分别进行通用化、系列化和模块化的具体设计。

通常的“三化”设计是物质相的，这方面已有一些研究和经验积累，而信息相和能相的“三化”设计研究不多，在以下的具体“三化”设计时，要全面考虑产品系统各相“三化”的意义和需求，还要考虑物化信息相和物化能相的“三化”。物化信息相的“三化”能提高系统间和体系间的信息物理协同能力，提升维修的方便性和快捷性。物化能相（燃料、储能材料等）的“三化”能提高系统间和体系间的能源协同能力，提高保障的有效性，减少供应和保障的品种，减轻保障负担和保障成本。

1. 通用化设计

通用化设计包括功能模块通用化、零件通用化、软件构件通用化和能相通用化的设计等。通用化设计是在产品系统“三化”总体设计的基础上，针对产品系统结构分解确定的通用化硬件功能模块、通用化零件和软件通用化构件对象来开展的。对于每个拟通用化的单元（模块和零件），首先要分析拟通用化对象应用的共性关系与个性关系，从中尽量考虑纳入共性特征，将个性的需求包进共性中，以建立对象最宽的适用能力。通用化的设计主要是功能通用化设计和接口通用化设计。对拟通用化的对象，可根据对象的用途、成本、尺寸、使用范围等要求，选择采用本征式通用化、冗余式通用化、变量式通用化、扩展式通用化、代理式通用化、保障式通用化、软件通用化等方法进行设计[2,3]。当产品系统中的功能单元和接口已有相应标准时，应优先采用标准规定内容，不要再另行设计。产品单元的适用范围越广，通用化程度就越高。从产品系统协同互操作性角度，通用化设计要考虑组部零件在系统间和体系间的互换协同、物理交换，以提高产品的完好性概率和损坏再利用率。产品通用化程度差将会降低产品的保障能力和互换完好性，并将增大产品的研制成本和增长研制周期。通用化率指标将推动产品由“1 对 1”设计向“1 对多”设计的转变。

2. 系列化设计

系列化设计包括功能模块系列化、零件系列化、软件构件系列化和能相系列化的设计等。系列化设计也是在产品系统“三化”总体设计的基础上，针对确定的系列化硬件功能模块、系列化零件和软件系列化构件对象来开展的。各单元系列化的设计就是其主参数系列的设计。产品系列化设计要兼顾考虑对象品种规格当期的使用要求和对未来品种规格发展的合理布局，以产品合理的参数间隔协同产品的用途范围，以最少的品种实现用途范围的全覆盖。产品主参数设计时，如果只孤立地考虑当期对象的使用，没有系统性地考虑产品的其他品种发展关系，将会导致产品品种规格的无序化发展，增加大量不合理的产品品种规格。产品系列化程度差将会增加无意义的产品品种，加大产品保障负担。品种过多也将提高产品的成本，加大产品的质量风险。拟系列化的单元的系列化设计要根据产品品种发展的现状，从压缩精干方式、全新规划方式、混合方式等系列化设计方式中选择合适的设计方式，关键点是系列化数学模型的选择和数列间隔的确定。系列化的数学模型分别有等差系列、等比系列、指数系列等，数系数值间隔的大小决定品种规格间隔的合理性和科学性，需要经过经济性分析来确定[4~6]。系列化单元的品种规格间隔过密将带来品种过多的保障负担和经济成本，间隔过疏也会因过大兼顾使用设计带来制造和使用成本的上升。

3. 模块化设计

模块化的设计是针对集成单元的，不包括零件，只是部件级、分组件、组件级、分系统级功能模块的设计，设计覆盖物理相、信息相和能相。信息相的模块有软件模块和信息物化模块，能相模块是物化的能相模块。模块以“三化”总体设计所确定的功能模块为对象。模块化的具体设计内容主要为功能隔离设计、集成体设计、组合方式设计、接口设计、试验设计等。模块化的功能隔离设计是要实现模块预定功能的产生不依赖于其他功能模块的作用影响，即划清独立功能的边界，隔离出独立功能的部分。集成体设计是对独立功能单元进行白箱式的组成关系设计，使这些组成能完成功能模块的独立功能，并设计集成组成部分的固化和封装方式，使模块成为牢固、拆装方便、一体化的独立功能体。组合方式设计是模块间组成关系的设计，重点考虑模块间组成的各种可能关系、形成的功能、外部连接耦合方式和模块间参数的匹配等。接口设计是为模块设计接触或非接触连接方式和传输的输入输出接口，要点是接口的通用化、传输效率和防止错误连接等设计。试验设计是将模块作为一个独立产品进行制造和验收所考虑验证内容的设计，这些验证内容应包括外观、尺寸、重量、功能、性能、可靠性、安全性、测试性、环境适应性、电磁兼容性(电器产品)、接口性能等。非模块的单元的验证通常是随其上层单元或产品系统进行验证。模块的具体设计可参见第 22 章的内容。模块化具有组合化的性质，模块化的系统都是组合化的系统。模块具有通用化模块、系列化模块、扩展模块和专用模块属性。模块是通用化、系列化的载体，也是组合化的载体，实物模块化是组合化的物理形式。模块尽量设计为通用化模块和系列化模块，以提高模块的利用率。模块能支持产品功能扩展和快速重组，提升产品的使用灵活性，增强产品多功能使用的能力。模块化将增强系统或体系的物理协同能力。

27.4.4 “三互”设计

“三互”设计主要是针对产品系统与其他系统或体系间交换和传输需要进行的互联、互通、互操作设计，包括物理量、信息量和能量的传输与交换。虽然“三互”提法起源于信息领域，但在物质相和能相方面也存在传输和交换内容。“三互”是系统间的事，只要有物理量、能量、信息传递、交换的系统，如有机械力、电力、光电、信息、声、液、气、热量、物质等量传递与交换的系统，都有“三互”的事，不仅仅是在 0 和 1 编码信息的系统。因此，“三互”设计的对象是覆盖全相维的设计。“三互”在逻辑上是互联→互通→互操作，互联是互通的条件，互通是互操作的条件。“三互”设计主要有三个步骤：第一步是设计互联，为互通提供基础；第二步是设计互通，为互操作提供基础；第三步是设计互操作，实现系统间或/和体系间的互不干扰、共同工作和相互支持。“三互”设计主要是设计系统间或/和体系间的通道、连接、传输、交换等功能，设计系统间或/和体系间的共享、共用、互助、互补和联合工作能力。

1. 互联设计

互联是为互通提供基础，解决传输物理量、信息量、能量的路径和出口、入口问题。互联设计主要是设计连接传输通道或链路和接口。产品系统针对不同技术专业的传输和交换内容，设计相应技术专业的连接路径和接口。一些主要技术专业互联设计的内容为：机械系统方面，设计静力和动力传递的传递链路和接口等，如皮带、齿轮等；电力系统方面，设计电力传导的线路和接口等，如电力电缆、连接件、插头插座等；光电系统方面，设计连接结构和光耦合有线和无线传输通道、接口等，如光通信光缆和接口等；信息系统方面，设计信号软硬件连接的有线和无线传输通道、接口，如无线信号收发方式、信号载波、信号接口等；液压系统方面，设计连接管路的传输液体的管路、密封接口等，如油液传输的油液管路和密封接口等。互联的路径和接口设计，优先方案是采用标准传输路径和接口。在没有适合的标准可选时，再考虑自行设计。采用标准的路径和接口，将使产品系统具有更广泛的外联能力。产品互联关系设计时，如果只从两个端点连接考虑互联，没有从多产品系统联合使用建立符合标准规定的体系化互联关系，将会导致产品系统不具有对其他产品广泛互联的可能性。产品不具备标准化的体系化互联，就有可能只能在少数产品中可以连通，使产品处于相对孤立的使用状态。

2. 互通设计

互通是为互操作提供基础，解决物理量、信息量、能量的流通问题。互通设计是设计物理量、信息量、能量传输和交换的技术措施，主要设计流通量的驱动方式、驱动参数、传输(或传递)方式、接收位置(或地址)、接收能力(或效果)等。一些主要技术专业互通设计的内容为：机械系统方面，设计驱动力矩、功率、传递方式、接受部位、接受效果等，如电机力矩、功率、皮带和齿轮传递方式、接受位置、接受力矩（或推力、拉力）等；电力系统方面，设计电力压力模式（直流或交流电压）、电压参数、传输方式、用电地址、接收效果（降压、功率因素等）等，如交流电、电压及交变频率、高压传输、用电位置、接收的电压及功率因素等；光电系统方面，设计光源、功率、光路、接收位置、接收的能量或信息等，如光通信激光光源、功率、波导传输光路、接收部位、接收信息质量等；信息系统方面，设计信号电源、电平、传输模式（单功或双功、同步或异步、并行或串行等）、信号调制方式（调幅、调频、调相）、传输协议、数据格式、IP 地址、传输速率及校验算法等；液压系统方面，设计压力传输、压强、管路传递、受力部位、接受力及控制的动作等，如空压机提供压力、压强、油路传递、升降杆、接受力及开阀。互通设计，优先方案是采用标准规定的方式、参数、产品等。在没有适合的标准可选时，再考虑自行设计。采用标准规定的方式、参数、产品等，将使产品系统具有更广泛的联通能力。对于信息系统的互通，统一传输协议、数据格式等是信息广泛传输和交换的重要互通因素。没有统一的协议，就不能正确接收传输信号，没有统一的数据格式，接收的信息就无法转换识别。

3. 互操作设计

互操作设计一方面是系统内和系统间的干扰规避设计和干扰隔离设计；另一方面是系统内和系统间的目标功能和性能的互支持、互帮助、互补、互加强、联合工作等设计。互操作是基于互联、互通基础上的，跨系统或/和跨体系的互相支持、帮助和联合的功能和能力。互操作解决系统间共同工作、互支持工作、互帮助工作和联合工作的问题。共同工作是在一起不干扰的工作，互支持工作是系统间相互提供服务和利用，互帮助工作是系统间相互协助和提供功能，联合工作是系统间形成针对共同目标的配合、加强、互补工作状态。互操作设计是设计系统间或/和体系间联合工作模式，设计跨系统或/和跨体系的共享和互相支持的功能和性能。互操作智能的或高级的功能和性能主要是通过软件来实现，软件互操作的设计更多的是算法设计和程序功能的设计。信息层面的互操作包括信息访问、获取、存储、处理、更改、发送指令、执行指令等。行为、运动、操纵、做功等实体的互操作主要是通过信息层面的互操作来实现的。互操作的设计主要步骤为：第一步是互操作的任务设计，设计执行什么任务和互操作的等级；第二步是实施互操作的条件设计，规定互操作“施”和“受”的条件；第三步是互操作的功能和性能设计及软件编程；第四步是互操作执行和响应单元的设计。互操作设计时，要考虑兼容性设计。在信息相中，高版本软件应设计为能兼容低版本软件。而在物质相和能相中，往往高品质系统不能兼容低品质系统单元，低品质系统能兼容高品质系统单元，如高精密度系统的件不能用低精度件互换，而低精度系统中的件可用高精度件互换；高品油系统不能用低品油，而低品油系统可用高品油。互操作可设计为正功能、零功能、负功能的互操作。通常，将互操作设计为正功能的，是互相支持的、正响应的互操作。负互操作有有意设计的和无意设计的，有意设计的负操作就是一种对外破坏功能或攻击武器，无意设计主要是经验不足或知识不够带来的设计失误。

27.4.5 总体综合协调设计

协同互操作性的设计不只是产品单元八个内容的自身设计，更重要的是要在总体层面进行体系间或系统间八个内容的顶层设计和联合设计。按照总体设计，在单元层面分别进行了技术体制协同性、“三化”、“三互”、软件（软件设计本章略）设计后，需要对指标设计结果进行评估和总体的综合与协调，使设计结果更加优化和协调。总体综合协调设计不是功能和性能实现的具体技术设计，而是对设计内容的交集部分进行协调统一，对非交集部分进行整体性协调的设计。总体综合协调设计是全相的协调设计和八项技术的单体协调设计，要将各分离设计要素进行联系、结合和协调，使整个系统成为一个有机联系的体系，并进行体系效能最大化的综合优化设计，形成单体优化与总体优化合理匹配的指标分配方案。总体的综合协调要实现：技术体制协同性、资源协同、能量协同；系统内运行的协同、系统间联合的协同、体系间联合的协同、使用与保障的协同；软件协同、硬件协同、软硬件协同；物相协同、信息相协同、能相协同、三相协同。为了保证单元间的协同，对每个单元要设计协作要素。协作要素是使单元能共同工作和提供支持、帮助的关联的要素。对于物理单元，协作要素为同一科学系列的参数、通用接口、互换性。对于信息数据，协作要素为标准化的代码、编程语言、数据格式、通信协议等。协同的认定是系统间或/和体系间，物理结构大量可互换、互用，信息、能量和资源可传递、可交换和可共享，功能和性能互相支持、相互帮助、联合工作等。

综合设计要：建立通用操作环境；标准化的软件和硬件基础结构；传递、交换的支撑主体同构化；以通用为基础，以系列化配置形成专用功能；内部一体、外部融合的从传感器到操作者的信息无缝连接；网络是安全、无缝支持、共享信息、快速能力开发、有效率、有效果的；采用体系结构、高效扁平化系统、结构关系简化；通用信息处理平台、可灵活重构各级各类节点，能够与系统控制有机融合、形成物理分散、逻辑集中的一体化链路、资源高效利用、效能大幅度提升、网络栅格化关系、“即插即用”的体系结构。

27.5 协同互操作性的作用和价值

协同互操作性的作用和价值是统一化和标准化带来的价值，或是不同形式标准化应用的作用产生的价值。协同互操作性的标准化形式的作用包括每种标准化形式单独产生的作用和它们综合产生的作用，主要有技术体制协同性的作用、"三化"的作用、"三互"的作用、软件协同性作用和协同互操作性的综合作用。系统内和系统间的统一化和标准化是系统状态的高级境界，这种境界使系统各组成部分形成相互支持的状态，使系统的能力和价值大大增强。

27.5.1　技术体制协同性的作用

系统内和系统间技术体制的协同有两个方面的协同作用：一是使系统内和系统间技术体制的同构部分能形成统一关系，实现技术体制承载要素在系统内和系统间物理、信息、能量元素畅通无阻地导通、传递、交换、流动、互换、对接、通用或无缝连接等，形成系统技术体制关联要素一体化，建立系统间作用相加求和的共同能力；二是使系统内和系统间技术体制的异构组成部分能形成系列化关系，实现系统内和系统间技术体制合理布局、参数匹配、补缺配套、填补空白、关系优化等，形成系统技术体制要素的基型化、系列化和型谱化，建立系统间作用互补和相互支持的协同能力。技术体制协同性是通过系统科学规划的顶层设计、派生发展的系列型谱布局、产品体系结构优化、技术体制统一等标准化建立的。技术体制协同性的综合作用表现为系统发展有序化、系统间联系畅通化、系统间相互支持效益溢出、系统能力（功能、性能等）超越、系统效应增强、系统功能保障增强等。

27.5.2　"三化"的作用

"三化"是标准化的高级形式之一，它的作用是通过通用化、系列化、模块化体现的。通用化的作用主要有：提高产品及其组成部分广泛可使用能力；提高产品组成部分重复使用和继承性使用的机会；提高产品组成部分共同使用的可能性；避免重复设计制造的费用浪费和时间耗费。系列化的作用主要有：用科学的数值规律合理规划品种规格分布关系，以最少的品种覆盖最大的用途范围，使品种规格有序发展；压缩或精干品种规格，减少成本费用，减轻保障负担；建立合理的系列型谱派生关系，满足多样化功能性能需求。模块化的作用主要有：使系统能灵活分解和合成，方便系统的并行设计与制造，提高产品研发和生产效率；按独立功能划分产品模块，增强产品重构功能的可能性，能快速满足新功能产品的需求；模块的"即插即用"，使产品的功能组成和使用更加灵活、快捷，提高产品功能扩展能力；使产品故障检测和消除简单化，方便维修，并缩短维修时间；模块功能的独立性和接口的互换性，有利于功能模块的充分利用。

通用化使产品系统间或/和体系间的硬件交换、软件交换、信息交换、能量交换成为可能，提升了系统间或/和体系间功能、资源的互用性能力。系列化是产品品种间或参数间关系的合理协调，避免了多品种集中于某些用途区带来的同一用途区的重复覆盖，也避免了有些用途区无品种覆盖形成的用途空白区，是对产品整个用途范围的合理协调，以系列谱系满足全部的使用需求，保证了产品用途覆盖的全域化。模块化带来了功能重构和扩展的灵活性，避免了考核整体性系统（一体设计的）中某个单元部分要迫使其他部分"陪同"进行的耗费，简化了系统的组成、设计、制造、试验考核关系。

27.5.3 "三互"的作用

"三互"是标准化的另一个高级形式，它的作用是通过互联、互通、互操作体现的。"三互"是系统间的一种相互关系状态，这种关系状态只有在统一化和标准化的状态下才能建立。互联的作用主要有：系统内和系统间物理量、信息量、能量传递路径的建立；为系统内和系统间物理量、信息量、能量的联通提供必要基础。互通的作用主要有：在驱动物理量、信息量、能量的作用下，系统内和系统间具有传递物理量、信息量、能量的能力。互操作的主要作用有：避免系统内和系统间的相互干扰；为系统内和系统间提供资源共享条件；建立系统内和系统间相互支持的能力；建立系统内和系统间的相互帮助和联合工作能力。

互联是在通道统一、接口统一条件下实现的，互通是在驱动物理量统一、软件统一和驱动指令统一条件下实现的。机械结构系统"三互"支持物理量的传递、储存、使用等，信息系统"三互"支持信息的收集、处理、存储、分发和管理等，能量系统的"三互"支持能量传输、储存、使用等。

27.5.4 协同互操作性的系统性作用

赋予产品协同互操作性，将带来质的飞跃。协同互操作性除了以上单项作用外，发挥更突出的是系统性作用：系统或体系能实现技术体制协同性（各种技术体制）、结构协同（通用化、模块化、互换性、互联）、参数协同（系列化参数）、功能协同（互通、互操作）、性能协同（互通、互操作）、信息协同（互通、互操作）、保障协同（供应、维修）、能源协同（电能、力能、热能、辐射能、化学能等）等全领域、全维能力协同，各构成要素能以全域化的姿态迅速地相互合成；整合各领域、层次、地域、体系内力量，形成优势整体，大范围的联合相互依存、优势互补、持续稳定的能力存在、全面的恢复能力（结构件、信息系统、数据等）；多样化的时间、空间元素组合、集合、发展、分解和改进，形成时间、空间的灵活和能力优势；规划、协作、集成、同步和执行各种行动；网络空间能力融合到产品的功能和性能中，不互扰自扰，同步感知，功能快速调整、扩展、变型，提高系统的联合协调能力和控制能力；联合协同→跨越协同（工作中通过互补、叠加使用不同领域的能力；领域互补、能力提升、建立复合域优势）；能力叠加→能力集成再生。

协同互操作性可使松散、延时、低效联合提升到紧密、准时、高效的联合水平，展现精确（产品工作性能精确）、高效（系统运行单位时间工作成果多、效率高）、低耗(消耗低、浪费少)、低险(工作安全风险、任务完成风险低)、增强效果(系统运行能力高于设计能力),形成以优补劣、优优增强的局面。协同互操作性是时间、空间、物理、信息、能、认知维度的协同与统一,带来价值溢出和增值。协同互操作性是系统性和体系化产品未来提升价值和竞争的重要性能。

在军用系统和体系中,协同互操作性的意义更为突出。构建一体化和协同互操作性的体系,能从平台级到企业级的无缝集成,实现对多种信息源的整合,把行动融入联合框架,优化作战要素,能部署建立、演变、解体、重建一系列过程,实现空间、赛博空间和作战空间深度融合等。

27.5.5　协同互操作性的价值规律

协同互操作性在空间侧、时间侧、相维侧形成了价值规律,它发挥着消除内外因阻碍及聚集内部和外部能力的作用,就像一种阻碍消除器和聚能器,必然增强系统效能。

协同互操作性的空间价值规律为:产品协同互操作性的层面越多、外部相关对象范围越宽,产品的现时价值和潜在价值要明显高于协同互操作性层面少和外部相关范围窄的产品。通道资源合理分配,空间资源合理分配和联合使用,提高了系统或体系的空间资源利用机会和空间联合作用能力。

协同互操作性的时间价值规律为:时间指令秩序化,分别消除信息流、物理流、能量流各自无序流动造成的阻碍,也可消除相关流动交叉干扰的阻碍。时间的综合调度和分配,可使系统或体系多方的功能能有效集中使用,形成最佳的作用时机和最佳的结合关系。

协同互操作性的相维价值规律:物质相、信息相、能相的共同协同互操作性的作用将远远大于仅物质相、信息相、能相分别的作用。这一规律说明,协同维度与体系效能成正比,协同的维度越多,体系的效能越高。

由于协同互操作性转化内部层面和外部层面的阻力为合力,使协同互操作性系统成为一个消耗降低、效能增强的统一系统。从空间侧、时间侧、相维侧增加价值,必然增强能力,这就是协同互操作性的相维价值和时空价值增效的规律原理。协同互操作性这一性能是体系化的性能,发挥的是协同联合工作带来的体系贡献率的作用。

27.6　协同互操作性的应用

协同互操作性作为多专业技术复合性系统和体系化产品的重要性能,将成为产品的重要设计指标之一,无论产品的主体是机械的还是信息化的。对于信息化复合的产品,协同互操作性的性能更是必不可少的。由于协同互操作性是新提出的复杂产品性能，如何应用协同互操作性，尤其是用好这一性能，还需要一些专业性技术的融合。协同互操作性的应用，涉及应用的范围及对象、应用依据、应用内容、应用实施策略等。详细论述了这些应用要素后，就可为协同互操作性的应用建立起完整的实施概念。

27.6.1 应用的范围及分类

协同互操作性的应用范围不仅是信息技术范围，只要是网络化控制的系统，都是协同互操作性的应用范围。从技术专业领域角度，协同互操作性的应用范围包括电子、电力、光电、光机电、机械、化工、生物等专业领域。从应用对象的角度，协同互操作性的应用范围包括产品、生产系统、通信系统、能源系统、交通系统、基础设施、公共服务系统、军事等。协同互操作性的应用范围是一个比较大的应用概念，具体的应用是针对应用对象的。协同互操作性的应用对象包括：

(1) 数字化或智能化设计和制造系统；

(2) 通信网络系统；

(3) 电力网络系统；

(4) 交通网络系统；

(5) 燃气供应网络系统；

(6) 电子商务系统；

(7) 远程诊疗系统；

(8) 武器系统等。

协同互操作性的应用范围及对象非常广，无法一一列举。协同互操作性的应用可归纳为以网络系统为主的应用对象，是网络系统的一项重要性能，应用的网络类型可分类为：

(1) 信息网络(电子信息、无线电信息、光电信息、声信息等)；

(2) 电力网络(发电、输电、供电等)；

(3) 管路网络(燃气管路、自来水管路、排水管路、化工管路等)；

(4) 交通网络(公路网络、铁路网络、水路网络、航空网络等)；

(5) 神经网络(生物神经网络、人造神经网络等)；

(6) 物流网络(运输物流网络、非运输物流网络等)；

(7) 服务网络(广播网络、电视网络、电子商务网络、银行网络、旅行服务网络、教育网络等)；

(8) 组织网络(政府机构网络、公共安全网络)；

(9) 行动网络(生产组织网络、应急网络、军事行动网络等)；

(10) 综合网络(以上网络混合形成的网络)。

以上网络分类是基于网络承载对象不同进行划分的，网络中的传递有接触传递和非接触传递，传递内容有物质的、信息的、能量的，这些关系定位了协同互操作性应用的路径、方式和内容等。

27.6.2　应用实施的策略

协同互操作性是新提出的概念，没有现成的方法可继承和实践的经验可借鉴，因此，在产品和工程项目中建立协同互操作性并不是一件容易的事，需要相关专业的技术支持和相应经费投入的支持。为了让协同互操作性在网络系统和体系产品中发挥突出的效能、解决体系作用发挥不佳的问题，需要有策略性地开展协同互操作性的设计和建立工作。应用协同互操作性的实施策略，旨在于使协同互操作性的投入和产生的效果呈合理的比例关系，使这项工作能持续不断地深入开展和广泛开展，逐步成为人们自觉要开展或建立的一项重要性能。如果协同互操作性的应用实施不制定策略，想一蹴而就，可能会欲速而不达。

协同互操作性应用实施的策略可为：先易后难；先明确后模糊；先定量后定性；先硬后软等。先易后难是指协同互操作性的建立不要一开始就在很复杂的系统中开展，可先选择不太复杂的系统尝试开展，积累有效经验后，再向复杂程度高的项目中推行。先明确后模糊是指选择开展协同互操作性的分项，应先从基础资源充分和内容清楚的分项开始，如先开展基础好且内容清楚的“三化”、“互联互通”的设计和建立工作，后开展资源不充分、基础差、内容不太清楚的技术体制及互操作性的设计和建立工作。先定量后定性是指在开展协同互操作性分项的设计时，应先选择设计定量性指标，以便设计的结果可考核和验证，而定性内容的设计可放到后一步考虑。先硬后软是指进行协同互操作性指标设计时，可先选择硬件或固件以及一般软件的指标先设计，以便于考核和验证，而复杂的互操作性软件指标可放到其他指标成熟后设计。但对通信协议和数据格式这种解决互通的软件是可以先设计的。“后软”指的是高级互操作内容的软件设计排后。

总之，协同互操作性应用实施的策略应在论证、设计、试验、评价等工作中系统开展，形成闭环；应先对容易的对象开展，内容逐步覆盖，水平逐步提高，总结经验系统开展；应将协同互操作性确立成复杂系统或体系必须建立的性能。

27.6.3　应用的依据

尽管协同互操作性给产品或系统带来重要利益，但不是所有的产品和系统都需要开展协同互操作性的设计和建立工作。哪些产品或系统需要有协同互操作性的性能？这些依据是什么？产品或系统开展协同互操作性设计和建立的依据主要来自两种情况：一种是产品或系统的订购方或合同甲方向承制方或建设方提出的；另一种是来自于对自行开发的产品或系统的自觉认识。第一种情况，协同互操作性应用于产品或系统中的依据主要是来自于合同、研制任务书或研制总要求等文件中的要求。第二种情况，协同互操作性应用于产品或系统中的依据主要是来自于对自行研制项目论证的分析，认识到产品或系统建立协同互操作性能给产品或系统带来突出的能力提升和突出的利益。开展协同互操作性设计和建立也可以有第三种情况，就是在订购方或甲方的合同等文件中没有提出，而研制方看到了这一性能的价值，向订购方或甲方提出，经认定后纳入合同等文件中。

开展协同互操作性的设计和建立，都应基于充分的需求论证，无论是由订购方或甲方论证还是研制方自行论证。论证是要论清协同互操作性对产品或系统带来的价值利益，并核算开展协同互操作性设计和建立所需的费用。只有这两方面的事情清楚了，才能为开展协同互操作性设计和实施工作下定决心，并列入相关文件，作为实施要求，为协同互操作性开展提供依据。

由订购方或甲方提出协同互操作性的依据可以是详细的，也可以是简单的。如果提出的依据是简单的，研制方就应该根据要求进行详细论证，提出协同互操作性的作用效果（价值贡献）、技术指标、费用需求等，提交评审以及订购方或甲方认定。对于自行研制项目的协同互操作性的依据，也不应该是简单的，应该是详细的，应包括协同互操作性的作用效果（价值贡献）、技术指标、费用需求等内容。

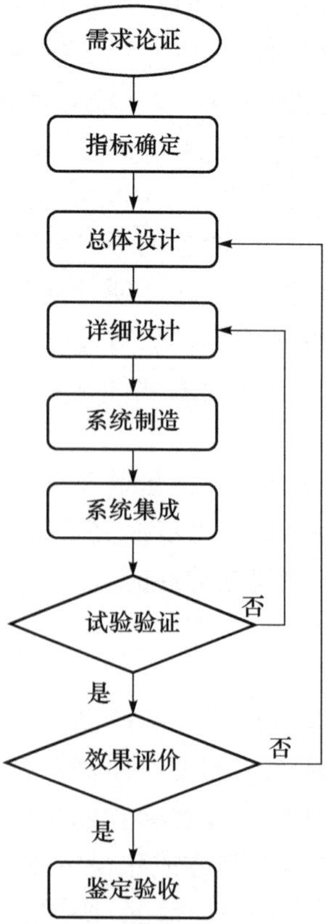

图 27-6 协同互操作性应用的程序

27.6.4 应用的程序和方法

协同互操作性的应用是一项高技术、高管理的复杂行动，需要有科学的程序和专业的方法来保障。协同互操作性的应用程序环节主要有需求论证、指标确定、总体设计、详细设计、系统制造、系统集成、试验验证、效果评价、鉴定验收等，应用流程如图 27-6 所示。协同互操作性应用程序主要有九个环节，每个环节分别有各自的含义。

有了应用程序只是有了协同互操作性建立开展的步骤，还需要通过协同互操作性建立的每个程序环节的实施来落实其内容，这些内容主要是：需求论证的内容是确定协同互操作性带来的作用和价值，由此判断研制系统是否有必要建立协同互操作性；当论证的结论需要建立协同互操作性时，要确定研制系统或建设工程在技术体制、“三化”和“三互”、软件等方面建立哪些协同互操作性指标，并构建出研制系统或建设工程的协同互操作性指标体系；根据协同互操作性的指标体系，开展研制系统或建设工程的总体设计，设计系统总体的组成、功能和性能等；根据总体设计确定的组成单元及总体的功能和性能，进行各单元功能和性能的分配，分别进行各单元功能和性能指标的具体设计，尽量做到定性和定量内容的全标准化；按设计的图样或模型、加工工艺进行单元的制造；按照设计的装配图、产品规范、技术条件等开展系统的装配或集成；根据编制的试验大纲开展单元和系统的试验验证，试验应包括单体考核的试验和系统协同互操作性的试验，验证设计的功能和性能是否达到设计要求，如果未达到，检查原因，返回重新进行详细设计；如果设计验证达到设计要求，进行效果评价，评价系统的协同互操作性是否到达论证和总体设计预期的效果目标，如果未达到，返回重新进行总体设计协调和修改；如果效果评价达到设计要求，可提交进行鉴定验收；按项目研制或工程建设的验收要求，提交试验报告、各类技术状态文档等，提交专家评审会进行验收。

本书对协同互操作性的贡献是：创建了协同互操作性的名称和概念；给出了协同互操作性的定义及内涵；建立了协同互操作性的原理和支持要素架构；建立了协同互操作性表征的指标体系；提出了协同互操作性的基本设计方法；归纳了协同互操作性的作用和价值；给出了协同互操作性应用的要素；构建了协同互操作性工作开展的程序等。这些内容将会有力地支持协同互操作性这一重要性能在产品系统中建立、设计、应用和发展。

参考文献

[1]　麦绿波. 产品顶层设计的标准化理论和方法[J]. 中国标准化，2013，(3)：73-78.
[2]　麦绿波. 通用化的理论和设计方法(上)[J]. 中国标准化，2014，(1)：49-53.
[3]　麦绿波. 通用化的理论和设计方法(下)[J]. 中国标准化，2014，(2)：38-42.
[4]　麦绿波. 系列化的理论和设计研究(上)[J]. 中国标准化，2014，(3)：45-49.
[5]　麦绿波. 系列化的理论和设计研究(中)[J]. 中国标准化，2014，(4)：57-60.
[6]　麦绿波. 系列化的理论和设计研究(下)[J]. 中国标准化，2014，(5)：81-84.

第 28 章　产品顶层设计的标准化理论和方法[1]

28.1　顶层设计的理论依据

产品顶层设计方法是产品体系化规划和优化发展的方法，由于缺乏顶层设计的理论和方法的指导，这一项重要的技术工作难以实施。建立产品顶层设计的方法是推进产品顶层设计工作有效开展的关键。何为产品的顶层设计？**产品的顶层设计就是科学、合理地设计产品使用可能的需求类型、产品的组成体系、产品间的相互关系、产品的优化发展模式**，本质上是**产品体系化的优化发展设计**。对于产品性能关系的优化，优化对象通常是函数化和连续化，通过数学极值求解和迭代逼近可求得最佳解。但对于产品顶层设计、系统集成等方面的优化问题，由于对象的离散性、模糊性、非定量性，难以通过数学关系直接求解，而标准化对这方面的优化具有独到之处。应用标准化的理论和方法，可为离散性、模糊性、非定量性问题的优化提供一条有效的解决途径。产品的顶层设计在注入了标准化的元素后，使产品体系的发展具有了“遗传”和“血脉”关系，拥有了发展的“灵魂”。

顶层设计不只是为了全面规划发展对象，最重要的是要能建立发展对象之间可相互配合和利用的内在联系。从产品最大可能的用途范围来考虑和规划产品发展、充分考虑各产品间相互协同、匹配和支持的体系化能力、构建技术资源充分利用的合理关系、以最少的研制投入覆盖最大的用途范围是顶层设计的核心价值内容。产品顶层设计采用标准化的理论和方法是实现顶层设计核心价值内容的一条有效途径。基于标准化理论和方法的顶层设计是以基型化、通用化、系列化、模块化、型谱化、族系化、体系化为设计技术要点的，以此构建六维八要素的“顶层设计体系空间”(简称体系空间)，如图 28-1 和图 28-2 所示。基型化是对象主体或平台的通用化；通用化是对对象共性和相似特征，经归并、优选、简化，找出其共同的特性或典型结构，最大限度地扩大同一单元的使用范围[2]；系列化是同类对象的主参数按一定科学规律离散形成的相似对象集合，建立一个分布合理、能以较少品种满足大部分需要的数值系列关系[2]；模块化是对系统按特定功能单元进行的结构分解与合成[2]；型谱化是对象主体不变，对象功能、性能或结构显著改变或非明显改变，形成以合理成本快速满足多用途需求的功能基型谱和改进型谱；族系化是对象具有相似主体及其派生型的集合，或具有相同遗传主体对象及其派生型的品种规

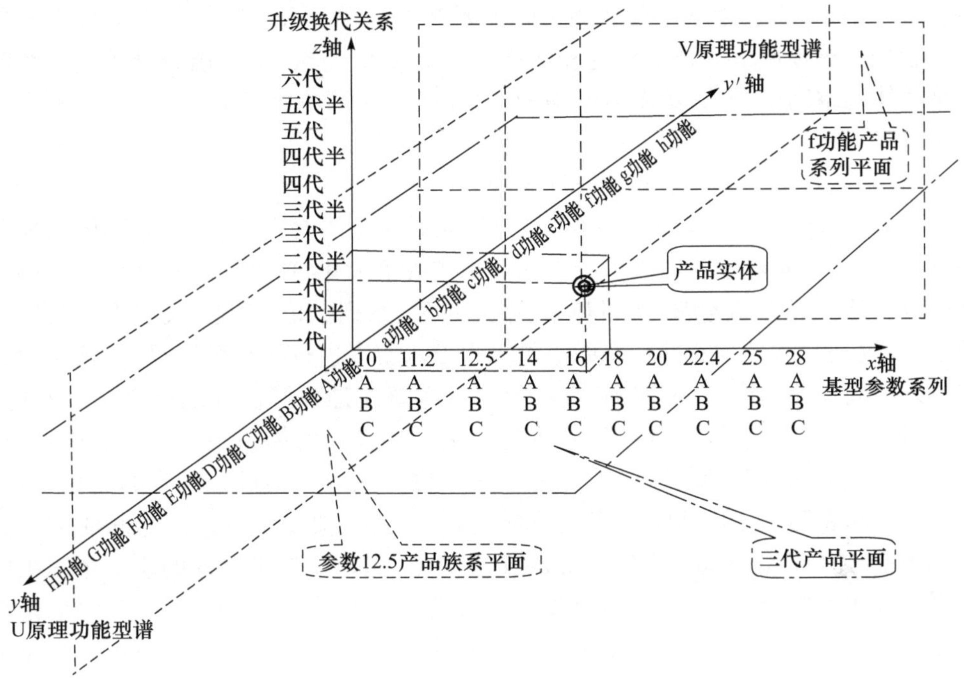

图 28-1　顶层设计的体系空间一

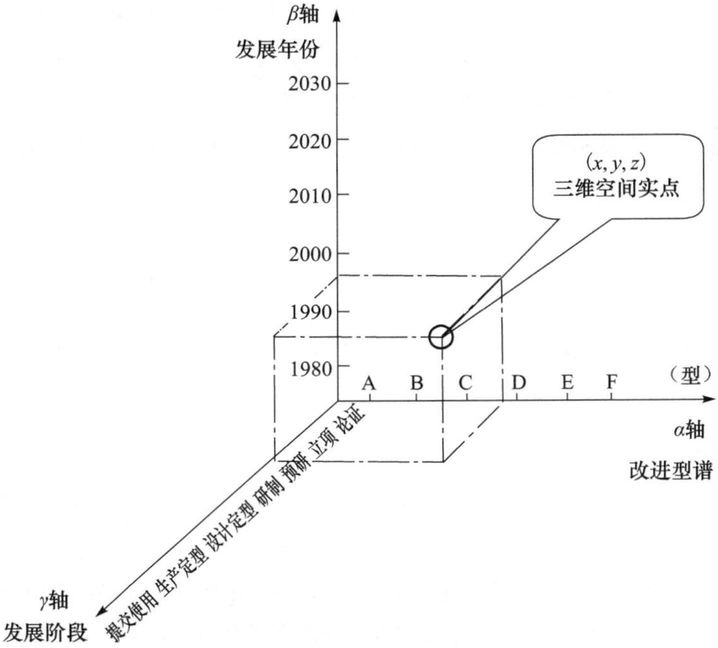

图 28-2　顶层设计的体系空间二

格和型号集合;体系化是具有某些关联关系对象分类和分层次的集合。以上标准化概念是支撑顶层设计要素确定和优化的理论关系。产品的顶层设计可用一个超三维的体系空间来表达,体系空间中的产品发展关系是按对象出自需求、资源合理利用、数值科学计算等思路一体化思考设计的,使体系空间的产品类别既能相互独立,又有相互联系。体系空间的设计充分考虑了产品"一"和"多"、"同"和"异"的对立统一关系,即"一个平台多个负载"、"一个负载多个平台"、"同一基型不同功能"、"同样功能有不同基型",使技术资源的利用实现最大化,功能需求全面化。产品的顶层设计从发展全局考虑,按照基型、系列对象、系列数值、功能(或用途)型谱、升级换代、改进型谱、发展阶段、发展年份等六维八要素进行产品顶层设计,顶层设计的体系空间关系如图 28-1 和图 28-2 所示。八要素是顶层设计的要素,其中基型化、系列化和型谱化是优化因素,六维空间是顶层设计的体系空间。顶层设计时,要从时间和空间(用途)的跨度上充分考虑六维关系每一维最大尺度的利用,对每个需求产品要明确给出八个要素的具体内容和指标,要尽量考虑产品间能拥有尽可能多的"遗传"和"关联"关系。图 28-1 中的(x,y,z)坐标系构建的是一个三维的顶层设计体系空间一,是产品发展的产品基型空间。图 28-2 中的(α,β,γ)坐标系构建的是一个关联(x,y,z)坐标系的三维的顶层设计体系空间二,是基型变形型谱和发展时机空间。图 28-1 中的参数系列是一个示例,可根据顶层设计对象的适用情况自行设置参数系列。

标准化理论的顶层设计方法是从上到下的设计逻辑,是从全局到具体的设计,是预测性和现实需求性结合的设计。标准化的顶层设计是产品全用途关系的基型化、系列化、功能化、升级换代、变型发展的布局。这种设计将个体与整体联系起来,避免一对一孤立研制造成的产品用途孤立、产品关系孤立、技术资源重建的浪费及使用保障资源专用性和不可互换等问题。

28.2 体系空间设计和平面内涵分析

产品顶层设计空间的设计从基型化设计入手,进而对基型进行系列化设计,然后,按体系空间的维数关系和要素一一进行设计。

28.2.1 基型关系设计

图 28-1 中体系空间的第一维(x 维)技术关系包括三个设计要素。第一个设计要素是确定基型的主体对象,这是顶层设计的基本点。基型主体对象通常选择产品的平台主体或主功能体,如车辆产品的基型主体选择底盘、船舶的基型主体为船体等。基型可以是产品的主体,也可以是完整的母体产品。第二个设计要素是基型主体的系列化关系设计。基型系列化设计首先是确定基型主体的主参数关系。

主参数通常是决定产品使用性能或主体结构关系的重要参数，如车辆基型主体的主参数为承载能力的吨位关系、火炮基型主体的主参数为火炮身管结构尺寸关系等。主参数系列化的意义在于对主参数数值的科学离散，避免主参数连续化使用或不合理紧密离散带来的多品种问题。合理的离散规律通常使用等比、等差、模数、组数、指数等系列。等比系列适用于能力关系的离散，如功率、重量等；等差系列适用于使用绝对尺寸配合关系的离散，如鞋子、服装等。等比系列有规律性数学关系供选择，如可选用 $R5$、$R10$、$R20$ 等系列。本章以车辆为例进行顶层设计的说明。对于车辆，其基型应选择底盘，底盘属于承载能力关系，适用于等比系列，基型系列数值单位可用吨位表示。基型主体的承载能力通常是“以大代小”和“以小托大”，即具有覆盖下间隔 1/2 的能力和承担上间隔 1/2 的能力。“以大代小”是一个经济性问题，即以多余的能力服务需求。“以小托大”是一个承受能力问题，即以小的名分承担超量负荷。为了保证基型主体的两端边界适用，基型主体的适用范围应为：基型参数－下间隔数/2～基型参数＋上间隔数/2，底盘设计的能力应为：基型参数＋上间隔数/2，如 $R10$ 系列的 20t 的车辆基型底盘设计的承载能力应为 22.5t 以上。第三个设计要素是基型系列采用单一性或多样性的问题，即采用一个基型系列，还是采用两个基型系列或两个以上基型系列的问题，基型系列数的多少要按产品的特点确定。车辆基型可以按结构特点分为两个系列或多个系列，如车辆产品有轮式系列基型和履带式系列基型（由于履带式车辆底盘结构及重量与轮式车辆显著不同，需要分为两个系列基型系列）。没有特殊情况的产品，其基型可以用一个系列。对于需要有两个系列的，如两个系列数值重复和相互覆盖的，也可合并为一个系列。在基型的系列确定后，还要考虑每一个基型的变形关系，基型的变形是指基型保持本主体主参数和基本状态不变的非显著改变，通过给基型附加 A、B、C 等标志来表示基型的变型关系。基型变形的结果仍然是基型，变型的基型以变型标志 A、B、C 等区别于主基型。基型变型不是必要的发展对象，可以只有主基型系列而没有基型的变型系列。需要建立基型变型系列时，一定要有充分理由，避免不必要的品种产生。

28.2.2　功能基型谱关系设计

图 28-1 中第二维（y 维）设计关系是产品的承载功能或用途关系，是产品功能基型谱的设计，主要是按产品可能所需的功能或用途全面规划。功能或用途有时还需按工作原理分别规划功能基型谱系列，如图 28-1 的 y 轴和 y' 轴所示，如 U 原理功能基型谱和 V 原理功能基型谱，这是设计的第四要素。例如，车辆产品按行走原理分为轮式车和履带式车功能，轮式车的功能（或用途）A、B、C、…对应的车分别为：客车、卡车、抢修车、吊车、装卸车、推土车、洒水车、运钞车、救护车、救火车、邮电车等；履带式车的功能（或用途）a、b、c、…对应的车分别为：挖掘车、吊车、装卸

车、推土车、开采车、抢救车、收割车、雪地车等。

28.2.3　三四五六维关系设计

图 28-1 中第三维(z 维)设计关系是产品的升级换代的发展关系，主要是根据产品技术和结构关系的重大变化确定各代产品的标志性特点，如智能化、全电式、重要新概念技术等。升级换代一定是以产品的技术和性能的重大改进为特征，这是第五设计要素。图 28-2 中第四维(α 维)设计关系是各功能产品改进的型谱关系设计，改进型谱是对其原型产品的体制或主体结构无明显改变、不引起使用性能显著变化的改进，改型型谱是第六设计要素。图 28-2 中第五维(β 维)设计关系是产品发展的工作阶段关系规划，内容主要是论证、预研、型号研制、设计定型、生产定型、提交使用等，这是第七设计要素。图 28-2 中第六维(γ 维)设计关系是体系空间中各产品发展工作阶段的时间关系规划，以年份作标记数，这是第八设计要素。第七设计要素和第八设计要素是产品发展阶段和发展时机的设计要素，是产品发展对象的实现性时机和时间安排设计。

28.2.4　体系空间及平面的内涵分析

在产品顶层设计空间中，图 28-2 中(α,β,γ)空间给出了(x,y,z)空间每种基型产品的变型产品型谱、发展阶段和时机；过 x 轴每一节点的平面(y,z)，给出了在同参数规格上的各功能产品代系基型谱(功能产品父子孙等辈分)；过 z 轴每一节点的平面(x,y)，给出了同代的系列功能产品基型谱的关系；过 y 轴每一节点的平面(x,z)，给出了同功能产品的系列代系基型谱的关系。要注意区分产品顶层设计的体系空间一所规划的基型可能有两种：一种是主体基型；另一种是产品基型。主体基型是产品形成基型的主要根据，是产品的主要部分，不是完整的产品，基型的内容是主体关系(如车辆底盘)，是高层次的基型，该基型的数量比较少。产品基型是在主体基型的基础上按功能形成的完整基型产品，基型的内容是功能(如推土功能)，不是主体，该基型是完整的产品，其数量会比较多，有多少种功能就有可能有多少种产品基型。功能产品基型也可以看成是主体基型的派生型谱。产品型谱是在功能产品基型的基础上变型或派生形成的。产品顶层设计体系空间将产品型谱和发展时机划分到了产品顶层设计的体系空间二中。

28.3　设计的表格表达

28.3.1　设计维的矢量表达

在建立了顶层设计的体系空间后，就可在体系空间中进行产品发展对象的规划。尽管在顶层设计的体系空间标注设计对象具有直观性和形象性的效果，但也存在两个方面的问题：一方面是体系空间由两个三维空间关系组成，空间位置表达和文字表达有限，难以在三维空间中标注大量发展对象而不发生重叠干涉；另一方面是难以对一个三维体系空间中的不同点在另一个三维体系空间的同一点清楚表明关系。解决产品六维数据明确标注的有效方式是用表格方式。为了方便顶层设计的六维元素的匹配，需要制作六维元素关系表，六维关系表的形式如表 28-1 所示，表中的每一行代表一个维度，分别为基型系列维(x)、功能基型谱维(y)、发展代别维(z)、改进型谱维(α)、工作阶段维(β)、发展年代维(γ)。理论上，表 28-1 中每一维的元素都可以对应匹配其他维的每一个元素，维元素间的匹配关系是每个维元素对其他维元素的全匹配，六维空间元素匹配的可能结果数量至少是各维矢量元素数量相乘的结果，即 $x \cdot y \cdot z \cdot \alpha \cdot \beta \cdot \gamma$。这是理论上可能发展的产品匹配关系，各维矢量元素数量的乘积是产品发展可能的元素组合结果。实际上，不是每一维的每一个元素都能适合与其他维的每一个元素一一匹配，例如，不是每一功能的车都有各种吨位，每一年都要研制各种车型，所以维矢量的匹配是选择性的。为了定位元素匹配，需要制作元素匹配关系表。

表 28-1　顶层设计体系空间六维关系表

顶层设计的维数	顶层设计的维元素								
	基型系列(x)	10	11.2	12.5	14	16	18	20	…
	功能基型谱(y)	A 功能	B 功能	C 功能	D 功能	E 功能	F 功能	G 功能	…
	发展代别(z)	第一代	一代半	第二代	二代半	第三代	三代半	第四代	…
	改进型谱(α)	A 型	B 型	C 型	D 型	E 型	F 型	G 型	…
	工作阶段(β)	论证	预研	型号研制	设计定型	生产定型	批量生产	产品使用	…
	发展年代(γ)	1980	1990	2000	2010	2020	2030	2040	…

28.3.2　产品发展对象的元素匹配表达

体系空间建立了产品顶层设计的要素关系和优化发展关系。发展对象的具体规划设计就是根据发展需求确定对象顶层设计的元素及其匹配关系。表 28-1 是设计维矢量矩阵表。产品实际顶层设计要根据表 28-1 的设计维矢量关系进行每维元素的逐个适合性匹配，确定产品发展对象的六维($x,y,z,\alpha,\beta,\gamma$)八元素，并制作成产品发展的对象信息表，信息表结构关系如表 28-2 所示，表中的每一行为一个对象。其中，基型参数是基型的系列数值；基型变形是基型的改变状态，基型没有改型基型时填 0，有改变基型时填 A 或 B 等相应字母；系列属性填基型所属的系列关系，如轮式系列或履带式系列等，系列属性一般与功能基型谱的原理有对应关系；产品功能填产品对应功能基型谱的类型或用途；产品代别填产品所属的发展代别;改进型谱填功能产品改进对应的改进型谱,无改进时填 0,有改进的填相应改型标志 A 或 B 等;发展阶段填论证、预研、型号研制、设计定型、生产定型、产品提交使用等选项,有时可能要填多个选项(某年有多个阶段),并与发展年份对应起来填;发展年份对应某发展阶段也可填写多年份。尽管顶层设计的体系空间是六维的,而产品发展对象的信息表达是八维的或以上。填表的方法可采取表左边信息固定,表右边信息从最右项开始从右向左逐项随内容改变展开。

表 28-2　产品发展对象信息结构表

序号	基型参数	基型变形	系列属性	产品功能	产品代别	改进型谱	发展阶段	发展年份
1								
2								
…	…	…	…	…	…	…	…	…

28.3.3　发展对象的系列关系表达

表 28-2 信息表达的产品对象是孤立的,难以看出体系空间中产品对象间的相互关系,需要应用特定的表格将它们的相互关系表达出来。产品间的相互关系至少有三个表达角度:一是产品规格的代系功能基型谱关系的表达;二是产品代别的功能基型系列型谱关系的表达;三是产品功能的代系系列基型谱的表达。产品同系列参数的代系功能基型谱关系的表达就是体系空间(y,z)平面关系的表达,如表 28-3 所示。产品同代的功能基型系列型谱关系的表达就是体系空间(x,y)平面关系的表达,如表 28-4 所示。产品同功能的代系系列基型谱关系的表达就是体系空间(x,z)平面关系的表达,如表 28-5 所示。表 28-3～表 28-5 中的空格填相应的产品对象(名称和型号等),无相应产品对象的空格以横线填入,以上表括号中的内容为示例。这些表格清晰地展现了每个产品发展具体功能基型、系列参数、代别的信息,使产品顶层设计体系中每个规划的产品对象能用充分和详细的信息项表达出来,为产品顶层设计提供了详细的描述表达。表 28-3～表 28-5 是表达体系空间一中产品基型的表格,体系空间二中的内容表达可参照这三个表设计。

表 28-3　产品代系功能基型谱关系表

	功能 代别	A 功能产品 (运输车)	B 功能产品 (装卸车)	C 功能产品 (工程车)	…
某参数 (如 10t)	一代	(一代运输车)	(一代装卸车)	(一代工程车)	…
	二代	…	…	…	…
	…	…	…	…	…

表 28-4　产品功能基型系列型谱关系表

	参数 功能	基型参数 1 (10t)	基型参数 2 (12.5t)	基型参数 3 (14t)	…
某代 (如第二代)	功能 A	(10t 运输车)	(12.5t 运输车)	(14t 运输车)	…
	功能 B	…	…	…	…
	…	…	…	…	…

表 28-5　产品代系系列基型谱关系表

	参数 代别	基型参数 1 (10t)	基型参数 2 (12.5t)	基型参数 3 (14t)	…
某功能 (如装卸车)	一代	(一代 10t 装卸车)	(一代 12.5t 装卸车)	(一代 14t 装卸车)	…
	二代	…	…	…	…
	…	…	…	…	…

28.4　设计的图谱表达

表 28-3～表 28-5 反映了产品顶层设计建立的基型及其相互联系，这些关系详细描述了产品优化发展的关联性。虽然表格的表达可以把很多信息和关系表达得很详细，但表格的表达缺乏直观性和整体性，不像图那样能一目了然地看清产品基型和型谱的整体发展格局。图 28-1 和图 28-2 对产品基型和型谱的表达尽管具有整体直观的效果，但它正如以上所论，难以对每个基型和型谱进行详细表达。因此，需要设计几种图谱表达形式，用于对各种基型及其型谱关系进行表达。本章给出两种表达基型及其型谱的图谱形式，分别为图 28-3 和图 28-4，用于表达最常用的两种基型和型谱关系。除了这两种表达形式外，还可以建立其他表达形式。

图 28-3 的图谱表达的是由参数系列基型谱、功能基型谱、功能基型谱派生型谱组成的基型和型谱关系。图 28-3 的最左列为主体基型按系列化参数设计的基型，每个主体基型的参数用科学规划的参数系列中的一个参数定位，如底盘参数 10t 或 12t 等，图中共有四个主体基型，组成一个基型系列。图 28-3 中，从左数第二列为每个主体基型支持形成的产品功能基型谱，如形成装卸车基型、推土车基型、洒水车基型等功能基型谱。图 28-3 中，从左数第三列为每个功能基型谱派生形成的产品功能型谱，如装卸车、推土车、洒水车等功能基型谱派生形成的装卸车 A 型、装卸车 B 型、…、推土车 A 型、推土车 B 型、…、洒水车 A 型、洒水车 B 型等派生型谱。图 28-3 的表达方式是一种表达基型和型谱关系比较系统的方式，表达的类型和层次关系比较清楚，表达的空间可根据需要能方便扩大，可容纳所需要的各种基型和型谱的表达，只要纸张足够大。但图 28-3 的表达方式还没有把基型和型谱升级换代的关系表达出来，因此，需要另一种能表达基型和型谱升级换代关

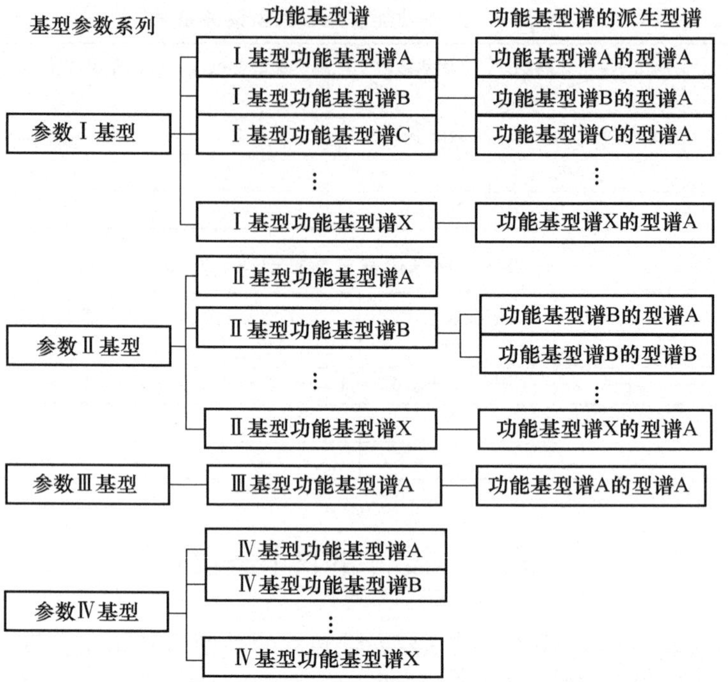

图 28-3　基型系列及型谱的关系

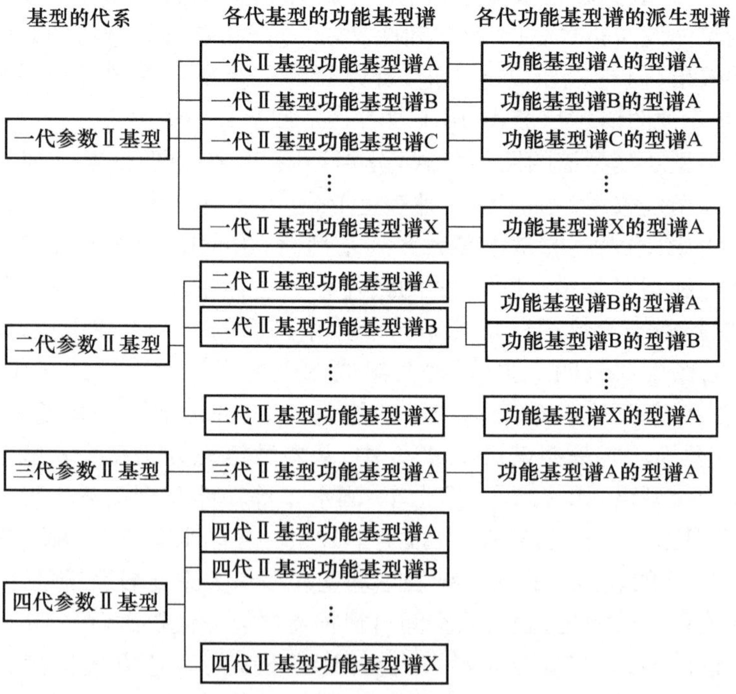

图 28-4　代系基型及型谱的关系

系的图谱。图 28-4 的图谱表达的是参数系列的某个参数基型的功能基型谱、功能基型谱派生型谱的升级换代关系。图 28-4 的最左列为基型参数系列为Ⅱ的基型升级换代的各代基型，从第一代基型到第四代基型，图中共有四代基型。图 28-4 中，从左数第二列为同一参数主体基型的每代基型形成的产品功能基型谱，如形成二代装卸车基型、二代推土车基型、二代洒水车基型等功能基型谱。图 28-4 中，从左数第三列为每代功能基型谱派生形成的产品功能型谱，如二代装卸车、二代推土车、二代洒水车等功能基型谱派生形成的二代装卸车 A 型、二代装卸车 B 型等二代功能基型谱派生型谱。图 28-3 和图 28-4 尽管很好地表达了基型及其型谱实体的关联和生成关系，但还没能表达出各实体在顶层设计体系空间中的发展阶段和年代要素。解决基型及其型谱发展阶段和年代的表达，比较简洁、清楚的表达方式是，将图 28-3 和图 28-4 中的每个基型和型谱的线框加宽并分成两个区，一个区域表达基型或型谱实体型号的信息，另一个区域表达实体对应的发展阶段和年代的信息，这样整个图谱表达的要素会很全面、很紧密，而且又不杂乱。既反映基型及其型谱，同时又能反映它们的发展阶段和年代，图谱形式如图 28-5 所示。图中，每个实体产品框的上区表达的是产品的主体基型、功能基型型谱或派生型谱，下区左边表达年代，下区右边表达发展阶段。年代可表达为准确年方式和区间年方式，准确年表达的是完成的时间，区间年表达的是完成的年期间，如 2013 年完成设计定型，或 2008～2012 年完成工程研制等。图 28-5 表达的是图 28-4 所示的代系基型

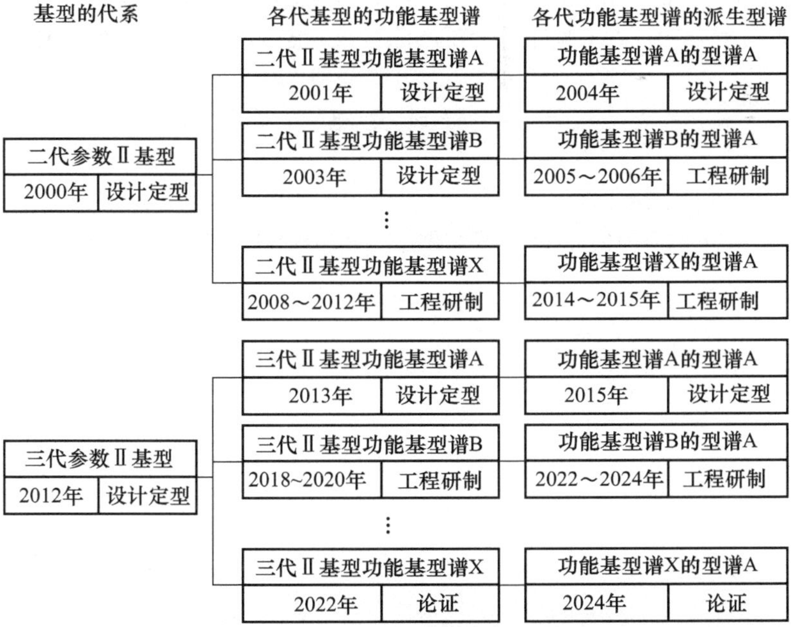

图 28-5　代系基型及型谱和发展阶段及年代关系

及型谱的发展阶段和年代关系。图 28-5 的表达方式也可应用于表达图 28-3 所示的参数系列基型及型谱的发展阶段和年代关系。这种图谱不仅可用于表达产品发展需求的顶层设计，又可用于表达在研和已研产品的发展时间和阶段，是能够表达产品发展关系更多信息的图谱。

28.5　方法的特点和应用

本章的顶层设计效果可以用发展的实例来引证其意义和效果，这类实例是比较多的，如汽车、家电的发展都有主体基型系列、功能基型、派生型谱、代系等关系，现实中的基型化和型谱化发展案例的突出效果证实了这种发展模型的意义和价值。本章的产品顶层设计的方法是理论性、系统性、完备性的。通常，产品实际发展建立的族系是达不到本章所述的系统性和完备性水平的，它们可以应用本章的方法进一步改进和提升产品体系化发展的顶层设计水平。

顶层设计的体系空间是集专业知识、标准化知识、科技知识为一体的空间。产品优化发展的标准化模式可归纳为：平台基型化、基型系列化、功能模块化、派生型谱化等，使产品的发展形成体系化和相关化，形成有“遗传基因”、“血脉”的产品族系，体现了系统性、目标性、超前性、优化性、协调性、动态性等特点关系。本章的产品顶层设计的理论和方法具有普遍适用性，既可用于车辆、船舶、飞机、卫星等运载平台的顶层设计，也可用于探测、控制、导航等功能系统的顶层设计；既适用于民用产品，也适用于军用产品；既可用于新产品发展，也可用于产品的统型和改造。

参考文献

[1]　麦绿波. 产品顶层设计的标准化理论和方法[J]. 中国标准化，2013，(3)：73-78.
[2]　麦绿波. 通用化、系列化、组合化(模块化)[J]. 军用标准化，1996，(1)：2-4.

第 29 章　产品集成优化的标准化理论和方法

29.1　标准化的集成关系优化原理

标准化的集成关系优化不同于产品性能的优化，它是在产品的整个应用范围综合考虑产品系统组成关系合理化和对设计、制造和使用成本的最佳化。而性能优化主要是在一个产品内考虑产品各组成部分的性能合理分配和性能指标最佳化。标准化的集成关系优化工作是对应用范围进行产品组成关系的优化设计。优化的集成关系是建立以最少的品种覆盖最大的应用范围、最大可能地使产品组成部分重复利用、以最低的成本满足最多的使用要求的系统组成关系。标准化优化的集成关系有以下特征：

（1）系统结构模块化(含组合化)。系统按独立功能分解成功能模块，按应用需求进行模块化组合，形成模块化集成关系，有利于并行设计和制造，有利于功能扩展和变型发展。

（2）核心模块通用化。最大限度扩大价值高、技术含量高模块的使用范围，使设计和制造的价值得到充分继承使用。

（3）特性模块系列化。使决定品种的特性模块主参数的变化规律化、科学化，控制不必要品种的产生，以较少的品种规格满足最大范围的需要。

（4）接口通用化和互换性。以接口通用性和互换性好支持产品的广泛使用、变型发展和维修保障。

产品系统的标准化集成关系优化特征可用图 29-1 表示。标准化集成关系优

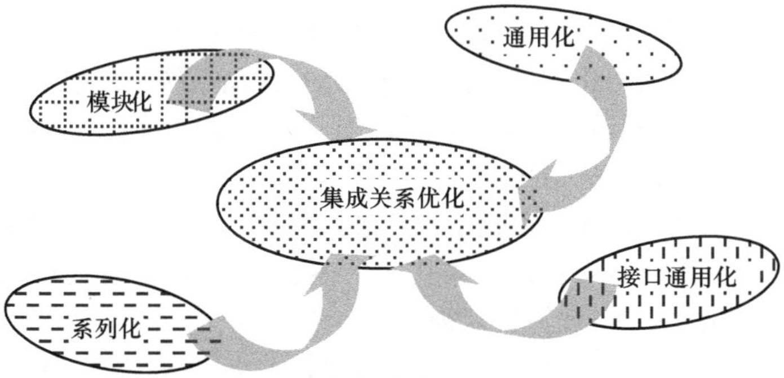

图 29-1　标准化集成关系优化特征

化要体现品种规格的压缩。压缩产品品种的方法通常有两种：一种方法是提高产品的通用化程度，发展为通用产品；另一种方法是使产品随使用变化的主参数规律化，发展成系列化产品。在产品系统中，产品使用功能兼容能力强的分系统或模块适合发展为通用化部分，产品使用功能随应用变化大的模块适合发展为系列化部分，即产品系统中的个性模块适合发展成系列化部分。

29.1.1 通用化优化方法

通用化是对共性和相似特征，经归并、优选、简化，找出其共同的物理特性或典型结构，最大限度地扩大同一单元使用范围的一种优化形式。通用化的对象既可以是硬件，也可以是软件。通用化的方式有：借用通用化、继承通用化、压缩通用化、开发通用化、编号通用化、定标通用化等。图 29-2 给出了借用通用化和开发通用化产生和应用的关系。

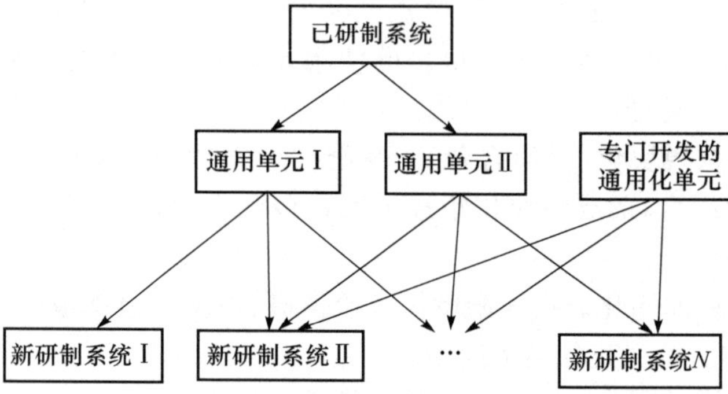

图 29-2　通用化的产生和应用关系

产品借用通用化是将现有系统中具有通用性的功能单元借用到新研制系统中，避免这部分单元功能的重复研制的通用化方法。开发通用化有两种情况：一是研制新产品时，考虑系统未来发展，把某些功能单元设计成通用性强的单元，以便在今后发展的类似系统中推广使用，或将产品的主体按基本型进行研制，使其主体有很宽的适用性、延伸性，容易变型发展，只要作很少的变动就可派生新型号；二是专门为某个功能开发通用化的产品。通用单元在产品系统中的层次越高或集成度越高，通用化产生的效益越大。通用化是相对一定范围内的通用，系列化的每个值点也可以成为值域范围内的通用化。

产品系统通用化价值用通用化价值比进行评价。产品系统的通用化价值比是产品通用化单元成本所占系统总成本比例的概念，即产品系统通用化单元的成本之和除以产品系统总成本，计算公式为

$$K_c = \sum_{i=1}^{m} t_i \Big/ \sum_{j=1}^{n} q_j \tag{29-1}$$

式中，K_c 为通用化价值比；t_i 为第 i 个通用单元的成本；q_j 为系统全部单元中第 j 个单元的成本；m 为产品系统中通用单元的数量；n 为产品系统中全部单元的总数。式(29-1)说明，通用化价值比越大，产品系统中通用单元占的价值比重就越大，研制产品组成部分的继承使用效益越高，产品研发成本越低，产品组成部分可利用的机会越多，产品组成部分对外交换的能力越强。通常，研制费用和研制对象数成正比，因此，通用化价值比越大，产品的研制对象会越少、研制费用会越低。

29.1.2　系列化优化方法

系列化是根据同一类产品的发展规律和使用需求，将其主要参数按一定数列进行合理安排或规划，从而有目的地指导同类产品发展的一种优化形式。系列化一方面是对现有品种进行压缩简化，另一方面是开发新的品种、规格，使这类产品构成品种齐全、数量适宜、结构和功能优化的产品体系，以最少的品种满足最大的使用范围。产品系列化的形成关系如图 29-3 所示。产品系列化前品种按任意需求随意发展，品种规格较多、较杂乱，且覆盖应用范围小。应用系列化方法对产品主参数进行科学规整，压缩掉不必要的品种规格，建立科学的品种规格发展关系。对产品系统参数的优化，采用优先数系数学方法进行系列化设定是比较适合的。系列化实施的途径主要有三种：

(1) 简化和规整现有产品品种，建立等同或靠近科学数值系列的合理产品系列。

(2) 应用科学的数值规律，结合产品的特点，在新产品开发一开始预测合理发展规律，建立指导未来发展的产品参数系列。

(3) 规整现有产品和预测未来发展结合起来，建立合理的产品系列化关系。

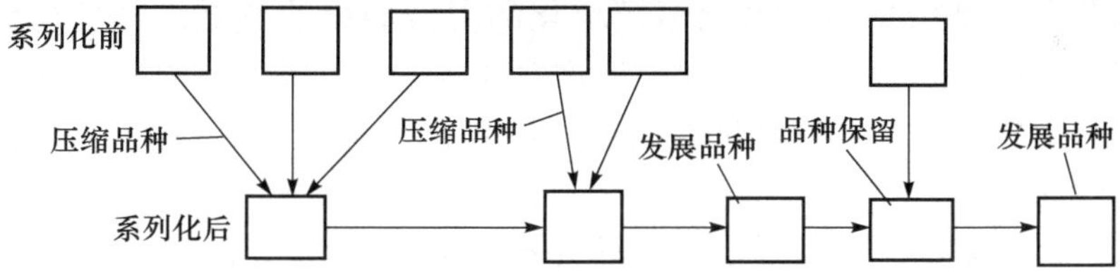

图 29-3　产品系列化形成关系

系列化中每一规格的产品都应具有一定范围的通用性。因此，系列化是对一类产品在“纵”、“横”方向上综合地进行了简化和优化，即纵向主参数的简化及其向横向匹配的集中。

29.1.3　模块化优化方法

模块化是将系统按独立功能单元进行科学、合理的分解，使功能单元最大程度地附有标准化属性，并按使用要求进行合成的优化集成方法。产品系统功能的分析和分解是模块化的首要工作，是模块确定的依据。模块划分应满足以下条件：具有独立功能和结构；通用性强；组合性好；大小适当；稳定性好；性能先进；经济性好。应用模块化原理，对于整体不能通用的系统，可分解设计出可通用的功能单元，使设计的通用单元部分可继承使用，有效利用了设计成果。模块化的分解、合成原理如图 29-4 所示。

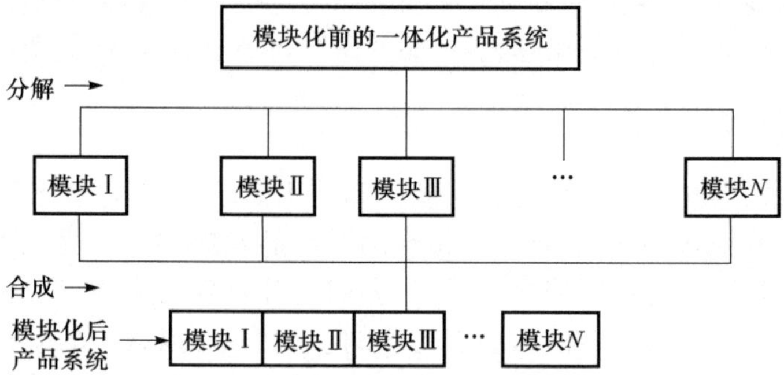

图 29-4　模块化分解合成原理

模块化系统的类型可分为派生型、系列型和综合型，这些类型是从系统整机应用的角度考虑的类型。派生型模块化系统的特点是把产品系统的主体、核心体或基体设计成基本不变的通用功能，其他功能模块设计成可更换组合模块，根据用途选用适合的模块组合派生不同应用目的的系统。系列型模块化系统是性能规格系列化的模块化。系列型模块化系统的特点是把产品系统中承载性能主参数的模块设计成可方便更换的规格系列化模块，以此作为模块化设计的基础，其他组成模块设计成在系列化模块更换时为基本不变的模块，由此形成模块化的系列产品。综合型模块化系统是派生型和系列型模块化的混合型模块化系统。综合型的特点是，模块化设计是在系列型的基础上考虑派生型，或在派生型的基础上考虑系列型。系统分解的模块应具有功能性、独立性、可组装性的特点，对于通用模块还应具有通用性特点。

系统功能分解不但要将总功能分解为不同层次的、具有相对独立性的子功能，还要关注不同层次子功能间的相互关系，使分解或组合的结果能形成一个相互联系的有机整体。系统功能分解的要点如下[1]：

(1) 功能分解应从系统总功能(F_0)开始，从上位到下位，经过不同层次的功能单元，直到最下位的功能，也称末位功能。

(2) 对每个功能单元都应给出明确的定义(包括功能、使用范围、结构形式、尺寸及公差、内容组成、重量、连接关系、应用关系等)。

(3) 上下位功能应构成“目的-条件”关系，即上位功能是下位功能的目的，下位功能是上位功能的条件。

(4) 功能模块的外连可有单向、双向、三向、多向或全向等外连形式。模块外连形式如图 29-5 所示。

(5) 功能模块间的连接关系可以是串联、并联、串并联，如图 29-6 所示。

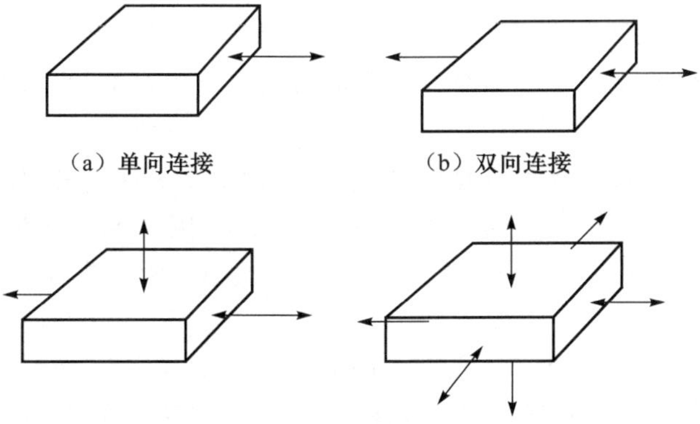

(a) 单向连接　(b) 双向连接

(c) 三向连接　(d) 多向连接

图 29-5　模块外连形式

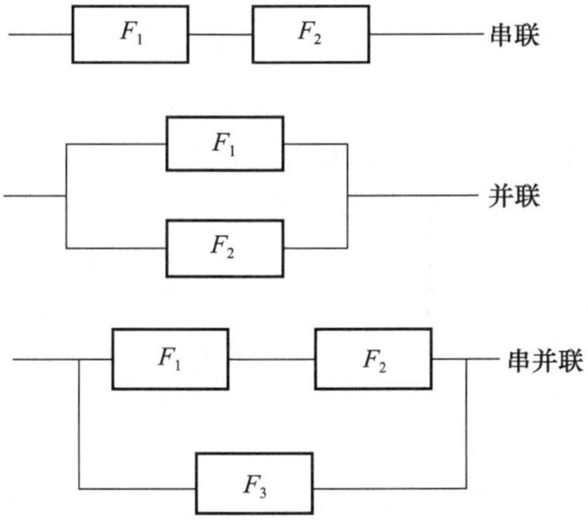

图 29-6　功能模块间的连接关系

(6) 若干同位或不同位的功能单元都可以组成一个新的独立功能单元，或称功能域。

结构单元应成为功能单元的载体，结构单元应具有尽量简单的外形、良好的工艺性，便于生产和维修操作。

任何产品系统都可认为由变化单元部分(variation)和通用化(或标准化)单元部分(generalization)组成，按照变化部分单元和通用部分单元进行分解的方法称为 G-V 分解法[1]。G-V 分解法要求分解功能单元时，应最大限度地扩大通用单元所占的比例，以便后续的或未来的系统继承使用。

29.1.4　模块化系统的组成分析

在模块化关系的系统中，组合单元划分、构成、单元的大小和多少及其连接方式等因素都会直接影响产品全寿命周期费用和相关质量特性。分解的组合单元数目改变时，将会对设计、生产、维修成本和接口成本产生影响，全寿命周期费用与分解组合单元数的关系如图 29-7 所示[1]。当产品分解组合单元数目增加时，每一个单元趋于简化，产品的制造变得容易，故障检测和维修更加方便，模块的设计、制造和维修成本降低，但产品进行组合需要更多的接口，接口成本增加，成本曲线关系如图 29-7 所示。如果产品系统由三个单元 P_1、P_2、P_3 所组成，F 为系统的复杂性，存在关系式[1]：

$$F(P_1+P_2+P_3)>F(P_1)+F(P_2)+F(P_3) \tag{29-2}$$

式(29-2)说明，产品系统的各组成单元组成一体化系统的复杂性将大于各分离单元复杂性之和[1]，即一体化系统比模块化系统复杂。产品系统模块化通过单元分解，对系统的组成关系进行了简化，降低了系统组成的复杂性。模块化不仅能提升系统组成的灵活和变型能力，而且还能简化系统的组成关系。

对于一定类型的产品，存在一个全寿命周期费用最低的最佳分解组合区间，这个曲线是由开发、制造和维修成本曲线与接口成本曲线交叉构成的“单谷”曲线。“单谷”曲线的低凹段就是划分组合单元数量的合理区域，这个区域为中性区域 M，如图 29-7 所示。接口成本随组合单元数的增加而增加寿命周期费用，开发、制造和维修成本随组合单元数的增加而减少寿命周期费用，两个变化曲线进行交汇后，形成了综合最佳的组合单元接口数的选择关系[1]。

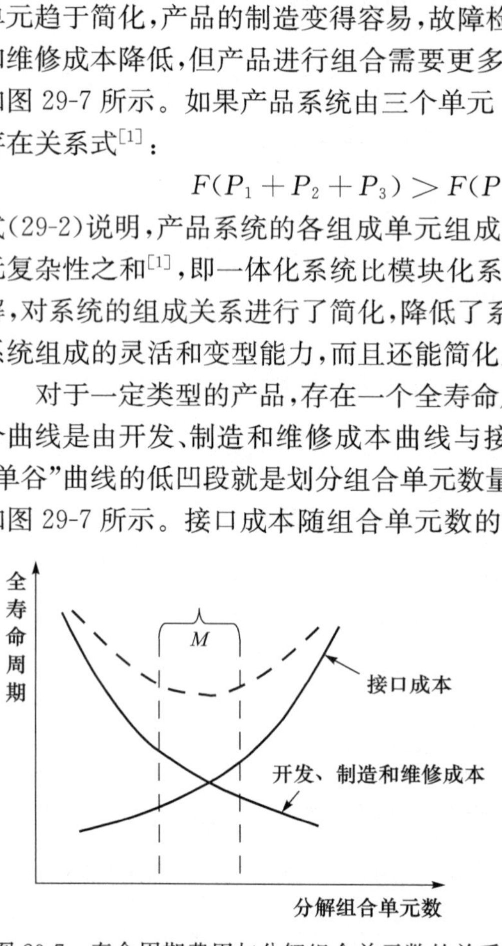

图 29-7　寿命周期费用与分解组合单元数的关系

29.1.5　品种压缩与降低成本的关系

卡柯特和松浦四郎研究产品品种减少与制造成本的关系，得出卡-松定律。卡-松定律给出的品种与成本的关系是，产品的相对成本与其生产产品种数简化比数（老品种数与新品种数的比）或生产件的增加倍数（产量增加比）呈 −0.25～−0.3 次方的关系，其关系为[1]

$$c_1/c_0=(p_0/p_1)^{-k} \tag{29-3}$$

式(29-3)可改写为

$$y=x^{-k} \tag{29-4}$$

式中，c_0 为品种简化前产品的单位成本；c_1 为品种简化后产品的单位成本；p_0 为品种简化前产品的品种数；p_1 为品种简化后产品的品种数；$y=c_1/c_0$ 为品种简化后相对成本比；$x=p_0/p_1$ 为品种简化比；k 为指数(0.25～0.3)。卡-松定律说明了压缩品种、增加批量带来的经济效益，指导设计人员去追求减少产品品种，增大产品批量。按式(29-3)，当品种简化比 $p_0/p_1=2$ 时，相对成本可以降低到简化前的85%；当品种简化比 $p_0/p_1=3$ 时，相对成本可以降低到简化前的 70%。对于用户和使用者而言，品种简化带来的使用成本节约的经验曲线的指数 k 约为 0.5，$y=x^{-0.5}$[1]。由公式可看出，简化品种对用户或使用者带来的效益比生产者更大。将简化品种对用户或使用者带来的效益与生产者带来的效益应用公式关系作曲线图可直观看出效益差距，品种简化比与成本降低的关系曲线如图 29-8[1] 所示。品种减少使用户成本低于制造者成本的主要原因是制造成本降低直接导致产品价格降低，使制造者和用户同等受益。另外，品种减少后，产品使用、维护保养和管理的费用还会显著减少。因此，品种减少用户的经济受益比制造者更大。

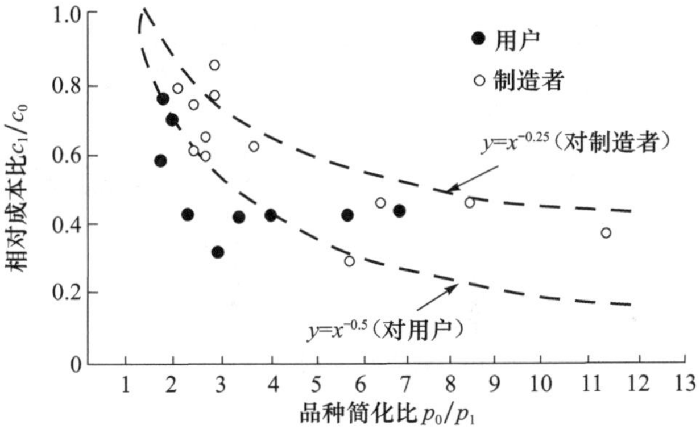

图 29-8　品种简化比与成本降低的关系

29.2　集成关系优化模型空间

产品系统集成关系优化是一个复杂性、不确定性、离散性、非数值性和模糊性的问题，很难建立一个公式的数学模型直接进行优化求解，需采用多模型、定性与定量兼有、层次多级化的理论和方法来解决。应用“大系统理论”[2] 和通用化、系列化、模块化的原理进行产品系统集成关系的优化是一种可行的途径。与产品系统集成关系优化密切相关的因素主要有优化对象、优化工具和优化目标等。建立多因素矢量分析空间，可使优化问题的相关因素层次分明、逻辑关系清晰、模型需求清楚、优化流程制定方便等。建立优化因素的多维度空间，将优化因素用优化对象、优化工具和优化目标多属性的模型来描述。优化对象应用粒度模型来描述系统不同层次产品或其技术状态因素和指标体系，设 Z^1、Z^2、Z^3 分别为粗粒度、中粒度、细粒度模型矢量。优化工具为知识模型、关系模型和数学模型，设 X^1、X^2、X^3 分别为知识模型、关系模型、数学模型的矢量。系统集成关系优化的目标为模块化、通用化和系列化，它们的模型矢量分别为 Y^1、Y^2、Y^3。将产品系统多模型的优化运作关系构建成如图 29-9 所示的优化广义模型体系空间。

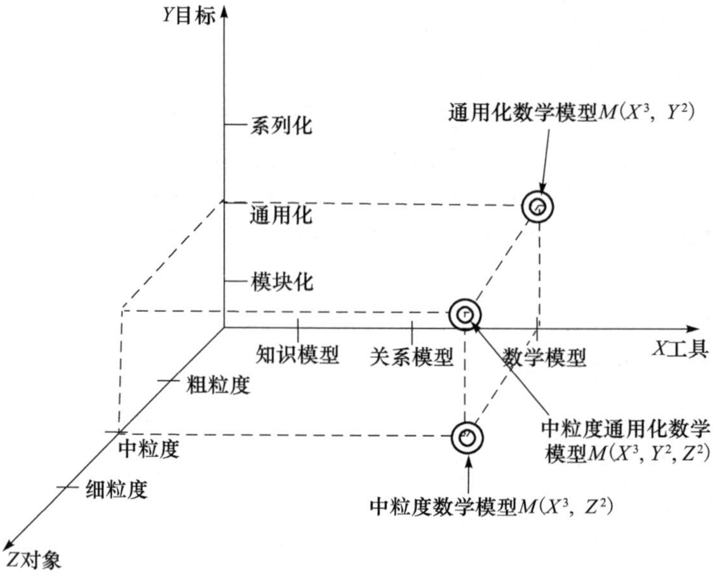

图 29-9　优化广义模型体系空间

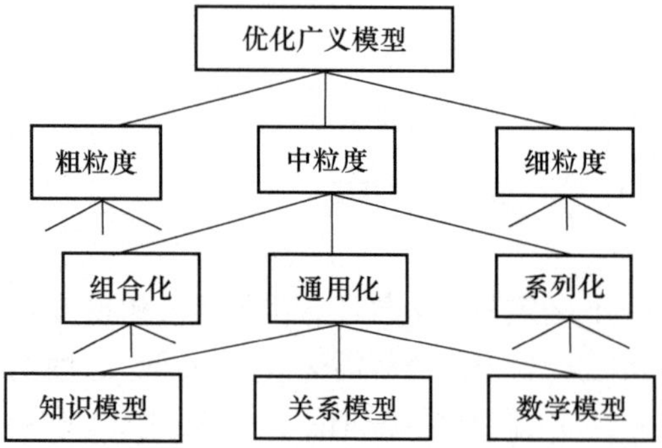

图 29-10　优化模型确定的逻辑关系树

优化广义模型体系空间是优化模型关系的集合，可指导优化逻辑关系的建立和优化模型的建立。优化广义模型体系空间中的模型建立的逻辑关系如图 29-10 所示，即：第一步是对被优化的对象建立描述对象的粒度模型矢量 $M(Z^i)(i=1,2,3,\cdots,n)$，n 为粒度分级数（即被优化系统分解的层次数）；第二步是确定被优化对象的目标模型及模型矢量 $M(Y^i)(i=1,2,3)$，即模块化、通用化、系列化模型；第三步是确定被优化的粒度模型达到预定的目标模型所需的工具模型及模型矢量$M(X^i)(i=1,2,3,\cdots,n)$，n 为工具模型的类别数。

29.3　产品集成优化的模型体系

根据图 29-9 优化模型体系空间表述关系，优化关系分为三大类：工具模型 $M(X)$、对象模型 $M(Z)$、目标模型 $M(Y)$，三类模型中的每类模型都可由许多下层次的模型组成。不同类别的模型间可组合成由二类或三类模型合成的模型，单个模型只是通用概念，只有合成模型才有针对性的内容。实施产品系统集成关系的优化，必须确定每类模型具体应包括哪些模型和类别间合成了哪些模型，以便所需各模型的建立。产品系统集成优化的相关模型可用模型体系表示。模型体系的建立是先对每类单种模型进行分解细化，建立单模型子体系，然后以对象模型 $M(Z)$ 为基础，进行有目标的组合模型，例如，建立产品系统层面模块化的关系模型 $M(X^2, Y^1, Z^1)$、器件通用化的优化目标模型 $M(Y^2, Z_i^3)$、组件通用化的优化目标模型 $M(Y^2, Z_i^2)$、组件系列化的优化目标模型 $M(Y^3, Z_i^2)$、器件系列化的优化目标模型 $M(Y^3, Z_i^3)$（$i=1,2,\cdots$）。建立的每个模型一定要有对应内容，如果能做到每个对象模型都进行优化是最好的，但不能做到每个对象模型优化时，要选择重点对象模型进行优化。优化模型体系可用于指导产品系统集成优化所需的各模型的建立，产品集成优化模型体系如图 29-11 所示。优化模型体系只是所需优化模型的规划和集合，不是模型优化的流程，它不反映模型建立的逻辑关系。图 29-11 所示模型体系中所列模型是可能的模型，在具体的产品系统中，所列模型不是必有的，应根据产品优化的实际情况选择。根据系统的组成情况，模型也可按整机层、系统层、分系统层、组件层、部件层等建立，或按自定义的层建立。

工具模型 $M(X)$ 包括知识模型 $M(X^1)$、关系模型 $M(X^2)$、数学模型 $M(X^3)$。知识模型是应用专业理论和技术知识进行分析研究，获得指导优化实施的优化原则、技术数据、途径和要求的专家知识集合，可对优化的求解进行知识支持和宏观指导。知识模型可对定性问题和模糊问题构建约束条件和边界条件，阻挡和隔离低价值和无意义的内容参与优化求解，为高价值目标的获得指引方向，为优化关系模型的构建和优化的详细设计提供指导。产品系统的知识模型 $M(X^1)$ 可以有三类：应用知识模型、特性知识模型和指导系统各层次结构优化的优化知识模型。关系模型 $M(X^2)$ 通常是产品系统组成关系和各组成部分关联性的表达，一般用图形来表示。数学模型 $M(X^3)$ 是用于优化的数值计算和逻辑分析的模型，通过应用数学模型以求取最佳值或结果，一般用数学公式或数值关系来表示。

对象模型 $M(Z)$ 主要是产品系统层次大小的模型，如四个层次的粒度模型，即系统总体模型 $M(Z^1)$、组件模型 $M(Z_i^2)$、分组件模型 $M(Z_i^3)$、部件或器件模型 $M(Z_i^4)$（$i=1,2,\cdots$），i 是指第 i 个组件、第 i 个分组件、第 i 个部件。

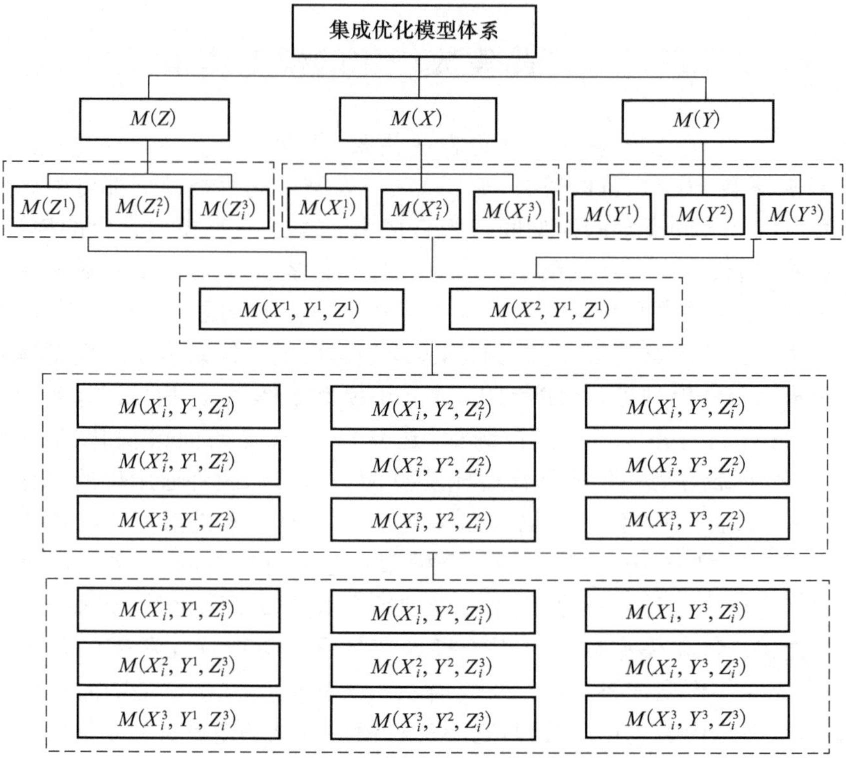

图 29-11 产品系统集成优化的模型体系

目标模型 $M(Y)$是产品系统标准化优化实现的目标，主要有三类：模块化目标 $M(Y^1)$、通用化目标 $M(Y^2)$、系列化目标 $M(Y^3)$。

29.4 优化模型流程的建立

产品系统优化广义模型空间和优化模型体系的建立，为产品优化系统性地操作建立了理论、方法、逻辑关系和对象。产品系统优化的广义模型空间是优化模型的全域空间，具有广泛的适用性，提供了模型设计的技术思路。优化模型体系为所需模型进行了设计规划。产品系统集成关系优化需要确定设计模型优化的流程，指导各特定模型按系统化的流程实施产品系统集成关系的优化工作。

产品系统集成优化的目标主要是：①系统如何组成有利于减少品种规格、设计制造、降低成本、变型升级、维修和后勤保障；②模块的功能有利于再利用，模块的接口有高的通用化程度；③模块的结构有利于组装集成、变型发展和大批量生产。

根据产品系统集成关系优化的目标，建立模型优化流程，为优化提供操作程序，如图 29-12 所示。首先建立指导系统总体优化的方向、原则和技术途径等整机层的知识模型 $M(X^1,Z^1)$。应用 $M(X^1,Z^1)$ 指导建立系统总体组成关系优化的关系模型 $M(X^2,Z^1)$。为支持各粒度对象优化，建立共用的专业知识模型 $M(X^1)$，根据 $M(X^2,Z^1)$ 优化出的系统集成关系，分别建立需进行专门优化的各组成部分的粒度模型 $M(Z^1)$、$M(Z_1^2)$、$M(Z_2^2)$、$M(Z_3^2)$、…、$M(Z_1^3)$、$M(Z_2^3)$、$M(Z_3^3)$、…，分别建立优化目标的模块化、通用化、系列化模型 $M(Y^1)$、$M(Y^2)$ 和 $M(Y^3)$。按关系模型确定的系统各组成部分的优化对象目标，建立各中、细粒度对象相应的优化知识模型和数学模型 $M(X^1,Z_1^2)$、$M(X^1,Z_2^2)$、$M(X^1,Z_3^2)$、…、$M(X^1,Z_1^3)$、$M(X^1,Z_2^3)$、$M(X^1,Z_3^3)$、…、$M(X^3,Z_1^2)$、$M(X^3,Z_2^2)$、$M(X^3,Z_3^2)$、…、$M(X^3,Z_1^3)$、$M(X^3,Z_2^3)$、$M(X^3,Z_3^3)$……由模型 $M(X^1,Z^1)$、$M(X^2,Z^1)$ 优化得系统优化的目标模型 $M(Y^1,Z^1)$，分别由模型 $M(X^1,Z_1^2)$ 与 $M(X^3,Z_1^2)$、$M(X^1,Z_2^2)$ 与 $M(X^3,Z_2^2)$、$M(X^1,Z_3^2)$ 与 $M(X^3,Z_3^2)$ 等优化得相关组件的目标对象模型 $M(Y^2,Z_1^2)$、$M(Y^3,Z_2^2)$、$M(Y^3,Z_3^2)$ 等。由模型 $M(X^1,Z_1^3)$ 与 $M(X^3,Z_1^3)$ 等优化得器件的目标对象模型 $M(Y^2,Z_1^3)$ 等。

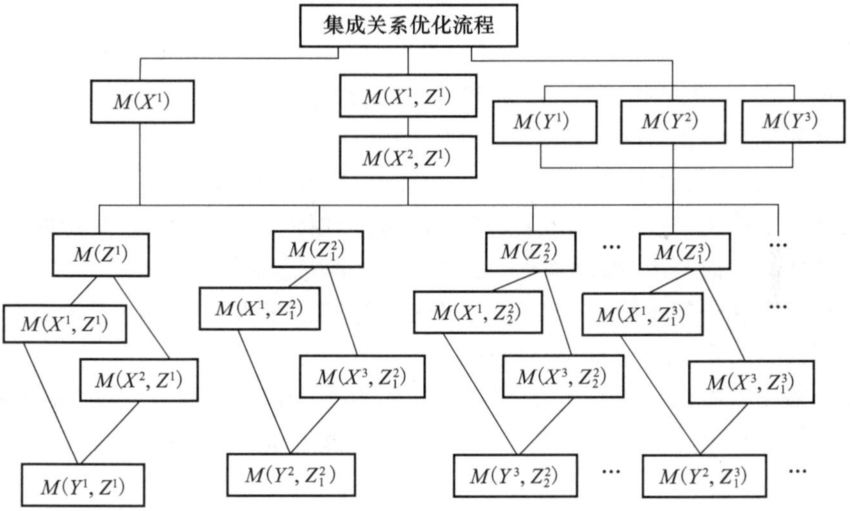

图 29-12　模型优化流程

29.5　优化应用示例

建立了优化模型体系和优化模型流程后，还需应用专业知识确定每个模型优化的具体内容，并应用相应的内容进行实在的优化工作。下面以焦平面热像仪的集成优化为例，说明产品系统集成优化理论和方法的应用[3]。

29.5.1　优化模型的建立

按优化的广义模型体系空间和优化流程模型，应用专业知识和数学工具，建立各参与优化实施的矢量模型。

1. 粒度模型

粒度模型为系统各层次的产品模型，是用技术等因素对产品进行描述，以对产品进行性能和功能的定位，它们应是随应用变化对性能和功能敏感的因素，把这些因素称为模型的技术状态体系。需优化的模型都应建立其指标体系。描述产品指标体系的选项要体现两个基本要求：与热像仪的用途变化密切相关；为焦平面热像仪的详细设计提供依据。

焦平面热成像系统的粗粒度模型 $M(Z^1)$ 的描述指标和因素为：目标特性、工作波段、探测器的材料和规格、探测特性、探测器工作温度、图像采集方式、光学结构、视频输出格式、安装平台要求、环境适应性。

探测器组件中粒度模型 $M(Z_1^2)$ 的描述指标和因素为：工作波段、探测器材料、探测器工作温度、探测元分布格式、探测器特性、探测器阵列的均匀性和动态范围、图像采集方式、工艺结构、接口关系、可靠性、环境适应性。

红外光学系统组件中粒度模型 $M(Z_2^2)$ 的描述指标和因素为：工作波段、光学材料、物镜口径、F 数、放大倍率、MTF、接口关系、环境适应性。

制冷机组件中粒度模型 $M(Z_3^2)$ 的描述指标和因素为：制冷量、降温时间、输入功率、机械噪声、泄漏率、振动输出、尺寸、重量、环境适应性。

显示器组件中粒度模型 $M(Z_4^2)$ 的描述指标和因素为：高宽比、显示点阵、显示尺寸、灰度比、功率、重量、环境适应性。

探测器细粒度模型 $M(Z_1^3)$ 的描述指标和因素为：材料、面阵规格、光谱响应范围、探测元尺寸、图像采集、MRTD 或 MDTD、积分时间（ms）、帧频（Hz）、带宽（MHz）、工作温度（K）。

2. 工具模型

工具模型主要是知识模型、关系模型和数学模型。

1）知识模型

知识模型有两类：一类是基础知识模型；另一类是指导系统各层次结构和技术优化的专业知识模型。

基础知识模型 $M(X^1)$ 是多维矢量知识模型，它包括目标辐射特性知识模型 $M(X_1^1)$、目标形态知识模型 $M(X_2^1)$、焦平面探测器特性（截止波长、工作温度等）知识

模型 $M(X_3^1)$、应用特性知识模型 $M(X_4^1)$ 和探测器规格知识模型 $M(X_5^1)$。

焦平面热像仪系统总体优化建立的知识模型为：结构组成知识模型 $M(X_1^1, Z^1)$、整机定位知识模型 $M(X_2^1, Z^1)$、性能定位知识模型 $M(X_3^1, Z^1)$、组件属性知识模型 $M(X_4^1, Z^1)$、技术属性知识模型 $M(X_5^1, Z^1)$。

探测器组件的知识模型为：组件定位知识模型 $M(X_1^1, Z^2)$、通用组件性能定位知识模型 $M(X_2^1, Z^2)$、专用组件发展规律知识模型 $M(X_3^1, Z^2)$、组件发展趋向知识模型 $M(X_4^1, Z^2)$。

探测器器件知识模型为：探测器性能分档知识模型 $M(X_1^1, Z^3)$、规格选择域知识模型 $M(X_2^1, Z^3)$、材料选择域知识模型 $M(X_3^1, Z^3)$、组件属性与结构知识模型 $M(X_4^1, Z^3)$、性能集成知识模型 $M(X_5^1, Z^3)$、性能档次与分布知识模型 $M(X_6^1, Z^3)$、性能升级知识模型 $M(X_7^1, Z^3)$、性价综合知识模型 $M(X_8^1, Z^3)$、显示格式知识模型 $M(X_9^1, Z^3)$。

2）关系模型

关系模型应用图形表示。建立系统总体粗粒度关系模型：系统总体功能分解结构关系模型 $M(X_1^2, Z^1)$、系统总体组件标准化属性定位关系模型 $M(X_2^2, Z^2)$。

3）数学模型

（1）探测器优化数学模型。

探测器优化评价数学模型 $M(X^3, Z_1^3)$：考虑器件选择与应用和优化相关、可对比的因素作为优选对比分析因素，即：①探测器材料；②辐射灵敏度；③工作温度；④可获得性；⑤性能兼容和扩展能力；⑥成本。分别设 HgCdTe（光伏）、InSb、PtSi、QWIP、VO_2、$BaSrTiO_3$ 每种材料探测器为 6 维选优因素矢量，即 $X_i=(a_{i1}, a_{i2}, a_{i3}, a_{i4}, a_{i5}, a_{i6})$ $(i=1,2,3,\cdots,6)$。建立一个因素权重矢量矩阵。设 b_i 分别为材料、辐射灵敏度、工作温度、可获得性、性能兼容和扩展能力和成本的权重值，Y_i 分别为 HgCdTe（光伏）、InSb、PtSi、QWIP、VO_2、$BaSrTiO_3$ 探测器的优化评价值，建立以下优化评价模型：

$$\begin{pmatrix} Y_1 \\ Y_2 \\ Y_3 \\ Y_4 \\ Y_5 \\ Y_6 \end{pmatrix} = \begin{pmatrix} a_{11} & a_{12} & a_{13} & a_{14} & a_{15} & a_{16} \\ a_{21} & a_{22} & a_{23} & a_{24} & a_{25} & a_{26} \\ a_{31} & a_{32} & a_{33} & a_{34} & a_{35} & a_{36} \\ a_{41} & a_{42} & a_{43} & a_{44} & a_{45} & a_{46} \\ a_{51} & a_{52} & a_{53} & a_{54} & a_{55} & a_{56} \\ a_{61} & a_{62} & a_{63} & a_{64} & a_{65} & a_{66} \end{pmatrix} \begin{pmatrix} b_1 \\ b_2 \\ b_3 \\ b_4 \\ b_5 \\ b_6 \end{pmatrix} \tag{29-5}$$

（2）红外光学系统组件优化数学模型。

红外光学系统 F 数优化数学模型 $M(X_1^3, Z_2^2)$：采用优先数系的 $R''10$ 化整值系列对 F 数进行系列化，系列公比为 $\sqrt[10]{10}$。

红外光学系统放大倍率优化数学模型 $M(X_2^2, Z_2^2)$：低倍率部分系列化取优先数系 $R''5$ 化整值系列中段，公比为$\sqrt[5]{10}$；高倍率部分系列化取优先数系 $R''10$ 化整值系列，起始项为 10，公比为$\sqrt[10]{10}$。

(3) 制冷机组件优化数学模型。

制冷机优化数学模型 $M(X^3, Z_3^2)$：小于和等于大于 1W 制冷量选用 $R10$ 系列，公比为$\sqrt[10]{10}$。

3. 目标模型

目标模型为优化所要达到的特征。建立如下目标模型：模块化目标模型 $M(Y^1)$；通用化目标模型 $M(Y^2)$；系列化目标模型 $M(Y^3)$。

29.5.2 模型应用与优化结果

对规划出的模型，按流程进行优化，得到产品各层次的优化结果。

1. 优化的系统集成关系

系统优化的集成关系模型 $M(Y^1, Z^1)$ 把焦平面热像仪系统总体重新划分为具有组件属性的四大部分：①红外光学系统组件——系列化组件；②探测器组件（通用传感组件）——大通用组件；③壳体安装组件——专用组件；④显示器组件——系列化组件。优化关系如图 29-13 所示。另一个优化行为是接口的标准化。在优化通用传感整机上设立至少 4 个标准接口，这 4 个标准接口分别是：①光学系统标准接口；②视频信号标准接口；③电源标准接口；④检测/软件标准接口。

图 29-13　焦平面热像仪组件化结构图

该系统结构关系有利于系统的组成部分最大程度地继承使用，有利于系统的变型发展，有利于降低成本，有利于提高工程化水平，有利于设计与制造。

2. 优化的基本型探测器

应用优化数学模型对几百种规格的探测器进行优化，优选出四个基本型（简称基型)探测器规格：①中线阵，LW，HgCdTe 器件，制冷；②中面阵，MW，HgCdTe 器件，制冷；③小线阵，LW，HgCdTe 器件，制冷；④小面阵，LW，VO_2 器件，非制冷。

3. 优化的探测器组件

应用扫描技术对 4 种基型探测器进行性能延伸，共可获得高、中、低三个档次 8 种标准基型焦平面探测器组件。8 种探测器组件的型号为：HPD1、HPD2、MPD1、MPD2、MPD3、MPD4、LPD1、LPD2。

4. 优化的光学系统组件

对于红外光学系统系列化组件，通过数学优化，F 数由 34 种优化为 9 种，使红外光学系统的品种大大压缩。放大率系列化是按任务探测、分类、识别、辨认等的需要，优化出的倍率数为 9 种。

5. 优化的制冷机组件

制冷机制冷量优化参数系列化值为 8 种，比统计量少了 10 多种数值规格，大大减少了制冷机的发展品种。

29.5.3　优化效果

本章应用大系统理论和通用化、系列化、模块化的原理，建立了系统集成关系优化的广义模型空间，给出了模型优化流程建立的方法。以焦平面热像仪为例，建立了优化的知识模型、关系模型、数学模型，按模型流程进行优化，获得了优化的系统集成关系、优化的基型探测器规格和优化的组件模块化、通用化、系列化方案，优化结果效果突出，可以很少的优化品种覆盖很大的应用范围。该系统集成关系优化方法是通用的理论和方法，对各种系统的集成关系优化都是有效的和有益的。

参考文献

[1]　金烈元. 武器装备的通用化、系列化、组合化[M]. 北京：国防工业出版社，2008.
[2]　涂序彦，王枞，郭燕慧. 大系统控制论[M]. 北京：北京邮电大学出版社，2005.
[3]　麦绿波，金伟其. 焦平面热像仪集成关系的优化方法及应用[J]. 兵工学报，2007，(7)：812-816.

第 30 章　产品的标准化指标体系[1,2]

30.1　建立产品标准化指标体系的意义

在产品研制中，无论是国外还是国内，标准化的内容主要是以定性要求提出来的。产品标准化要求的定性状态，使标准化的要求很难实质性地落实，因此，产品标准化要求的实施往往是停留在形式上。产品的标准化要求只有指标化和定量化，才具有可检查性和可评价性，才能使标准化的内容得以真正落实。对于产品研制或工程建设项目，标准化的重要性和意义作用更加突显，总设计师一直希望有标准化的定量指标来推动项目标准化水平的提高，但国内外此前还没有提出过标准化的体系化指标。由于产品研制的标准化要求指标化没有任何可参考和借鉴的思想和资料，使这件事一直没有什么进展。建立产品的标准化指标体系，是产品全面实在地落实标准化的需要，是标准化要求由定性向定量化推进的需要，是将标准化价值注入产品的需要，是提升产品内在品质的需要，是提升产品外联能力的需要。作者针对这一迫切需求，专注了这一研究。要使产品的标准化指标内容能推动产品价值的提升，产品标准化指标内容的提出就必须要与发挥产品使用效能相结合，与提高产品间协同工作能力相结合，与提高产品研制、生产效率相结合，与降低研制成本和缩短研制周期相结合，与充分利用研制成果相结合，与提高产品保障能力相结合等。标准化赋予了产品内在品质、外部特性和交换特性。标准化给产品带来的内在品质主要是产品组成的零部组件成熟度高、可靠性高、互换性好、再利用性好、性价比高、可获得性好、保障性好等。标准化给产品带来的外部特性主要是产品与外部有很好的尺寸和重量的协调性、广泛的可使用性、使用界面友好、环保绿色等。标准化的交换特性主要是产品有广泛的对外联通性，有很好的互换性和互用性，有很好的物理、信息、能量的交换性。标准化提高了产品及其组成部分的再利用机会，保证了产品质量，使产品具有广泛的可使用性、畅通性、联系性、交换性等，这些因素使产品获得了使用性能所不能赋予的更多的价值。研究提出产品标准化指标体系是一项标准化深化应用的创新设想，也是提升产品品质的创新思考，它将会把产品的标准化水平提高到一个崭新的阶段。标准化指标的实施，将会使制造方和用户都能获得巨大利益。制造方可获得降低产品成本、缩短产品研制周期、方便产品变型发展、产品普遍可推广使用等利益。用户可获得产品价格低、质量可靠稳定、使用方便、保障性好、拆旧利用性好、普遍可使用等利益。

产品的标准化指标为产品的标准化论证提供具体的、系统的和可操作性的依据。标准化指标的实施能统一产品的技术体制，保证产品体系间的协调性和可用性；能提高产品互联、互通、互操作水平，支持产品间的协同工作；能提高产品的通用化水平，支持产品间的互用和完好性；能提高产品的系列化水平，支持产品合理发展，避免产品品种的无序发展；能提高产品的模块化水平，支持产品的变型发展能力和维修保障能力；能提高新研产品组成部分的继承性比例、降低产品研制费用、缩短研制周期等。因此，产品标准化指标应作为产品指标的组成部分，在产品研制时进行落实。

30.2　标准化指标体系建立的原则

标准化指标体系的建立要具有价值性、可落实性、可表达性、可评价性等，因此，要确定以下实用、有效的目标原则，为标准化指标体系的建立提供明确指导。

1）全面性

标准化指标应用得越全面，产品的发展和使用获得的利益就越大。产品标准化指标的提出，应全面考虑对产品的实物关系、能量关系、信息关系、软件关系、技术状态关系等的全面覆盖。

2）价值性

在产品标准化指标的选取上，要突出指标落实对产品研制、使用和保障的价值意义，无价值意义或价值不明显的指标，不作为标准化的指标提出。在考虑标准化指标的价值性时，还应与经济性相权衡。

3）可论证性

产品标准化指标应是可落实的，落实的前提是要可论证的。可论证性是要保证标准化指标是可以明确提出来的，最好是用量化关系表达的。

4）可设计性

提出的标准化指标在产品设计时，应可表达成产品的结构关系、技术关系和状态关系，可设计为产品的一种技术状态，可在技术文件中表达出来，且设计的标准化指标的实现情况是可检查、测试和评价的。

5）可量化

提出的产品标准化指标，应是可用数字度量的或可对比检查的，能考核产品标准化指标实现的程度，避免用定性指标导致标准化内容的落空。

6）可评价性

提出的产品标准化指标，在设计方案、设计定型、生产定型和使用阶段应是可进行检查考核和定量评价的，至少是可对比评价的（少部分指标）。

30.3 标准化指标体系的设计

标准化带来的利益是统一化的利益，因此，标准化指标的设计主要是考虑产品中需要统一的重要方面。根据产品统一化的需要，标准化指标应覆盖产品技术体制的标准化、组成关系的标准化、外联关系的标准化、保障关系的标准化、产品构建的标准化等方面。产品标准化指标由产品软硬件的标准化指标、能量输入输出标准化指标、信息输入输出标准化指标、软件标准化指标、技术状态文件资料标准化指标等组成。按照产品统一化要求的思想，将标准化指标体系设计为技术体制标准化、“三化”(通用化、系列化、模块化)率、“三互”(互联、互通、互操作)标准化率、软件标准化、标准化系数、继承性率、互换性率、技术状态标准化率八大类，每类包含细化的具体指标项，具体指标共有 24 项，标准化指标体系的构成如表 30-1 所示。

表 30-1 标准化指标体系表

序号	指标类别	指标名称	指标度量
1	技术体制标准化	结构技术体制标准化	=XX 吨;或=XX 毫米等结构关系
2		电力技术体制标准化	=XX 伏(电压);=XX 赫兹(频率)等
3		通信技术体制标准化	=XX 赫兹(频率);=通信方式;=协议、格式等
4		接口技术体制标准化	=机械接口图样;电子接口性能;=电气接口性能;=光学接口性能;化学接口性能等
5	“三化”率	通用化率	=XX%(百分数)
6		系列化率	=XX%(百分数)
7		模块化率	=XX%(百分数)
8	“三互”标准化率	互联标准化率	=XX%(百分数)
9		互通标准化率	=XX%(百分数)
10		互操作标准化率	=XX%(百分数)
11	软件标准化	软件接口标准化	=标准规定的接口关系
12		软件构件标准化	=标准规定的构件关系
13		软件测评标准化	=标准规定的软件测评关系
14	标准化系数	标准件系数	=XX%(百分数)
15		零件标准化系数	=XX%(百分数)
16		材料标准化系数	=XX%(百分数)
17	继承性率	组件继承性率	=XX%(百分数)
18		部件继承性率	=XX%(百分数)
19		零件继承性率	=XX%(百分数)

续表

序号	指标类别	指标名称	指标度量
20	互换性率	易损件互换性率	＝XX％(百分数)
21		关重件互换性率	＝XX％(百分数)
22		外部接口互换性率	＝XX％(百分数)
23	技术状态标准化率	技术状态固化规范化率	＝XX％(百分数)
24		技术状态完整性率	＝XX％(百分数)

表 30-1 中，标准化指标有用数值进行表达的，也有用要求和规定表达的，数值的表达是数学的表达，要求和规定的表达是语言的表达。

30.4　标准化指标的内涵

八类标准化指标的具体内涵分别阐述如下。

30.4.1　技术体制标准化

技术体制标准化是产品标准化最重要的标准化内容。技术体制的范围很宽，以下叙述的结构、电力、通信、接口技术体制是产品涉及最多的技术体制，这些并不能代表产品全部的技术体制，具体产品的技术体制标准化的内容可根据产品的特点，对以下技术体制进行增加或删减。

1. 结构技术体制标准化

结构技术体制标准化是结构关键技术要素符合标准化规定。当产品的关键结构关系被作为技术体制时，这样的结构将是决定产品性能的重要结构关系，通常关系到产品的主要能力和性能等。结构技术体制的内容通常是产品的重要尺寸、承载能力、位置分布、形状关系等，如火炮口径、车辆底盘吨位、导航卫星轨道位置分布关系、通信基站位置分布关系等。产品结构技术体制标准化就是产品研制应采用标准规定的技术体制。在产品研制时，采用标准规定的产品结构技术体制关系，将为同技术体制的产品间建立起重要结构关系的统一化状态和组成部分的相互联系关系，有利于产品使用的统一保障、产品间零部组件的互换和互用等。结构技术体制的标准化，为产品间建立了结构主体的统一性。结构技术体制的标准化的度量为

结构尺寸＝XX 米(长度)
承载能力参数＝XX 吨(重量)
位置分布＝标准规定的分布关系
形状关系＝标准规定的形状关系

产品结构体制的参数主要是承载能力的吨位、工作能力的结构尺寸、信号覆盖能力的位置布设等。

2. 电力技术体制标准化

电力技术体制标准化是电力关键技术要素符合标准化规定。电力技术体制是关系电力提供的能力，通常关系到产品用电设备的安全性和驱动能力等，内容主要是电压、频率、相位、电压模式（直流、交流）等。产品研制时，采用标准规定的电力技术体制，是保证产品能正常工作、用电产品安全性和广泛使用保障性的必备要求。如果用电产品的电力技术体制未按标准规定设计，产品就不能在标准的电力技术体制环境下工作，失去普遍使用的属性，并且也不可能采购到高性价比的产品组成所需的货架通用电器。产品电力技术体制标准化的度量主要为

产品交流电压参数＝XX 伏（电压）

产品电压交变频率参数＝XX 赫兹（频率）

产品直流电压参数＝XX 伏（电压）

电力技术体制涉及电力的供方和用方，因此，电力技术体制供方和用方双方必需保持一致才能实现对接使用。因为电力建设的投资大和周期长，必须按标准化的统一关系来建立，才能降低成本和保障使用的普遍性。从用方角度，无论是固定设施供电体制还是便携电池供电体制，电力用户只有使用电力技术体制规定的产品，才能保证产品的可普遍使用性。

3. 通信技术体制标准化

通信技术体制标准化是通信关键技术要素符合标准化规定。产品通信技术体制是关系产品间联通的技术，它支持产品间的信息交互等。通信产品主要有电话、电台、网络等。通信技术体制的内容主要是通信频道、传输模式、协议、数据格式、带宽等。采用标准化的通信技术体制，才能保证产品的可联通性。产品研制采用标准规定的通信技术体制，如通信频道、网络通信协议等，是产品间相互联通、交换的必要条件。产品通信技术体制标准化的度量主要为

通信频率＝XX 赫兹（频率）

传输模式＝标准规定的传输模式

通信协议＝标准规定的通信协议

数据格式＝标准规定的数据格式

传输模式主要是指：并行传输或串行传输；单工传输、半双工传输或双工传输；同步传输（位同步）或异步传输（有起止信号）；基带信号传输或调制信号传输（调幅、调频或调相）；传输带宽；传输校验方式等。

4. 接口技术体制标准化

接口技术体制标准化是接口技术要素符合标准化规定。产品接口技术制式与产品外部连接互换性和产品内部连接互换性相关，通常关系到产品间的能量传递、信息传输和物质传输等的可靠性和有效性。产品的接口技术体制主要有机械接口、电子接口、电气接口、光学接口、化学接口等，有些接口是机械、电力、电子等接口的复合接口。只有研制的产品采用标准化的接口体制，不同企业生产的互联产品才能有效联通。产品接口技术体制标准化的度量为

产品机械接口＝标准规定的接口图样和要求

产品电子接口＝标准规定的接口性能和要求

产品电气接口＝标准规定的接口性能和要求

产品光学接口＝标准规定的接口性能和要求

产品化学接口＝标准规定的接口性能和要求

30.4.2 “三化”率

1. 通用化率

通用化率是，产品同层次件中，通用化件数与该层次件总数之比的百分数，如组件通用化率、分组件通用化率、部件通用化率、零件通用化率。产品系统的组件通用化率计算公式为

$$T_z = \frac{M_{tz}}{N_z} \times 100\% \tag{30-1}$$

式中，T_z 为产品系统的组件通用化率，%；M_{tz}为产品系统的通用组件数；N_z 为产品系统的组件总数。产品系统的分组件通用化率、部件通用化率、零件通用化率可同理计算。通用化率计算的统计应避免重复统计，最好是按同层次件统计。产品通用化是产品具有除在本类产品以外还能在其他类产品适用的状态。产品的件适用范围越广，通用化程度越高。产品通用化程度差将会降低产品的保障能力和互换完好性，也将提高产品的研制成本和增长研制周期。通用化率指标将推动产品由“1 对 1”设计向“1 对多”设计转变。

2. 系列化率

系列化率是，产品同层次件中，系列化件数与该层次件总数之比的百分数，如组件系列化率、分组件系列化率、部件系列化率、零件系列化率。产品系统的组件系列化率计算公式为

$$X_z = \frac{M_{xz}}{N_z} \times 100\% \tag{30-2}$$

式中，X_z 为产品系统的组件系列化率，%；M_{xz}为产品系统的系列化组件数；N_z 为产品系统的组件总数。产品系统的分组件系列化率、部件系列化率、零件系列化率可同理计算。产品系列化是产品按科学的数值规律建立的产品主参数系列，以控制产品品种的无序发展，建立合理的产品品种发展关系。系列化主要是针对产品的品种规格建立的，通常采用优先数系进行品种规格划分。产品主参数设计时，如果只孤立地考虑当期对象的使用，没有系统性地考虑产品其他品种的发展关系，将会导致产品品种规格的无序化发展，增加大量不合理的产品品种规格。产品系列化程度差将会增加无意义产品品种规格，加大产品保障负担。品种过多也将提高产品的成本，加大产品的质量风险。

3. 模块化率

模块化率是，产品同层次件中，模块化件数与该层次件总数之比的百分数，如组件模块化率、分组件模块化率、装置/单元模块化率。产品系统的组件模块化率计算公式为

$$K_z = \frac{M_{mz}}{N_z} \times 100\% \tag{30-3}$$

式中，K_z 为产品系统的组件模块化率，%；M_{mz}为产品系统的模块化组件数；N_z 为产品系统的组件总数。产品系统的分组件模块化率、装置/单元等模块化率可同理计算。产品模块化是产品按独立功能划分形成的可分解合成的功能单元，以便于产品的并行设计和并行制造，有利于产品的变型发展和功能扩展。模块化具有组合化的性质，模块化系统中的模块尽量设计为具有标准化属性的通用化模块和系列化模块，以提高模块化系统的利用率。

30.4.3 “三互”标准化率

1. 互联标准化率

互联标准化率是，在具有交换和传递内容的产品体系或系统中，符合标准规定的互联节点数与所有互联节点数之比的百分数。产品互联标准化率的计算公式为

$$L = \frac{M_L}{N_L} \times 100\% \tag{30-4}$$

式中，L 为产品互联标准化率，%；M_L 为产品标准化互联的节点数；N_L 为产品互联的节点总数。产品互联标准化率不是单体产品的指标，是体系化产品的指标，这个指标不只适用于有信息化“三互”内容的产品，也适用于物质传输、能量传输的产品，如电力网、交通网、石油输送管网等。互联标准化是产品间物理上和传输上的标准化连接。产品互联关系设计时，如果只从技术角度考虑研制对象间的互联，没

有从多个对象共同使用、联合使用建立符合标准规定的体系化互联关系，将导致产品不具有对其他产品广泛互联的可能性。产品不具备标准化的体系化互联，就有可能只在少数对象中联通，使产品处于孤立使用状态。互联标准化率的意义不仅是保证联通性，而且也是互联器材质量保证、可获得性、可维修性和降低成本的重要保障。互联标准化率是广义的概念，也包括物质和能量传输的互联。

2. 互通标准化率

互通标准化率是，在具有交换和传递内容的产品体系或系统中，符合标准规定的互通条件技术要素与所有互通条件技术要素之比的百分数，如信息产品的互通条件要素为传输速率、传输模式、通信协议、数据格式等。普遍适用的互通条件要素为互通的指令要素、驱动要素、接收要素、处理要素等。产品互通标准化率的计算公式为

$$T=\frac{M_{\mathrm{T}}}{N_{\mathrm{T}}}\times 100\% \tag{30-5}$$

式中，T 为产品互通标准化率，%；M_{T} 为产品互通的标准化条件要素数；N_{T} 为产品互通的条件要素总数。产品互通标准化率与互联标准化率一样是体系化产品的指标，它不只适用于信息产品。信息互通标准化是传输和交换要素的统一化状态，以实现信息的可交换和可识别。产品互通关系设计时，如果没有全面性地考虑多产品联合使用和体系化使用的标准化，将会导致产品不具有全面和广泛的相互交换和识别的能力。对于信息产品，如果不统一通信协议和数据格式等，就可能使传输到的信息无法识别，使互联产品间也不能互通。互通也是一个广义的概念，包括物质和能量的互通。

3. 互操作标准化率

互操作标准化率是，在具有互操作的产品体系中，符合标准规定的互操作事项数与所有互操作信息事项数之比的百分数。产品互操作标准化率的计算公式为

$$C=\frac{M_{\mathrm{C}}}{N_{\mathrm{C}}}\times 100\% \tag{30-6}$$

式中，C 为产品互操作标准化率，%；M_{C} 为产品互操作的标准化事项数；N_{C} 为产品互操作的事项总数。产品互操作标准化率与互联、互通标准化率一样，是体系化产品的指标，且不只适用于信息产品。互操作是指对象间的相互作用行为，有三种效果的互操作：负互操作（相互侵害）、零互操作（互不干扰和影响）、正互操作（共享、相互支持、协助、互补、联合工作等）。信息产品间的互操作为在授权关系下进行的：查阅、读取、发送、添加、处理、协作、合作等操作。互操作事项没有按标准化建立，将会导致预定要进行的互操作事项障碍重重或难以完成预定任务。互操作事

项标准化是互操作实现率、实现质量、实现效果的重要保证。互操作也是一个广义的概念，包括物质和能量的互操作。

30.4.4　软件标准化

1. 软件接口标准化

软件接口标准化是软件接口技术关系符合标准规定，包括软件与硬件间接口、软件人机接口、软件间接口、通信接口等。软件接口可归为三类：软件用户接口、软件外部接口、软件内部接口。以上接口的标准化内容包括接口的功能说明、硬件描述、接口约定、数据特征、数据处理、控制方式、时间特性、存储资源分配、程序编制等。软件的接口技术关系不同于硬件接口关系，它不是用图形能直观表达的，是用语言描述的和技术表述的。软件接口标准化的接口包括软件功能模块的外接口，以及功能模块内部子程序间的内部接口等。软件接口标准化的度量为：

软件接口＝软件接口标准化的要求

软件接口非标准化将会有以下影响：软件接口两端的指令代码不统一，软件间不能保证正确连接；软件间的可执行程序不统一，软件连接的信息不能保证正确运行；软件输入输出语言不规范，软件信息不能保证正确输入和输出；软件数据格式不统一，软件接口间的信息就不能正常交换等。

2. 软件构件标准化

软件构件标准化是软件构件关系符合相关标准的规定。软件构件形成始于软件结构模块化。软件结构模块化要求软件开发时，要按软件功能进行结构分解，以便软件的并行开发，同时也有利于软件问题查找和通用软件模块的再利用或重用。软件结构模块化的度量为：

软件构件＝标准规定的软件构件要求

软件构件应该是独立功能的模块，不应依赖特定软件才发挥作用。软件构件未按标准化封装，可能留出漏洞入口或恶意入侵机会，容易导致软件运行出错或篡改。软件构件标准化：可构建牢固的通用软件模块，避免大量的软件低水平重复开发的耗费和低质软件带来的风险；可为大型软件开发提供成熟、可靠的典型功能，降低大型软件开发的难度和工作量；可提高软件多功能化的灵活性；可提高软件的维修性和降低软件维护成本。

3. 软件测评标准化

软件测评标准化是软件系统的测评按相关标准规定的内容进行测评，并由符合软件测评资质要求的机构和人员进行测评，测评项目要符合软件测评标准规定，软件出现的问题应低于软件合格规定的相关指标。没有按软件测评标准进行测评的软件，是不可信的和不应该使用的软件。软件测评标准化的度量为

软件测评＝软件测评标准化要求

软件测评有以下情况是不合格的标准化测评：软件系统没有按相关标准规定的测评项目和要求进行测评；软件系统测评的机构是未获得相关软件测评资质的机构；合格软件测评资质机构使用没有合格上岗资质的软件测评人员进行软件的测评和撰写测评报告；测评软件的问题超过标准规定限而未改正到限定值以下。

软件的接口、构件、测评三项定性标准化指标，可根据需要，参考以上定量指标的建立方法建立定量指标，即以事项要素的标准化数比事项要素的总数。

30.4.5　标准化系数

1. 标准件系数

标准件系数是产品系统中的标准件总数与零件总数之比的百分数。标准件是由标准规定了其完整的技术状态，给予了标准编号的零件，并按标准的规定就能制造出合格件的零件。标准件具有标准编号，在设计时无需绘图和表述技术要求，直接引用其标准编号即可使用。标准件系数的计算公式为

$$K_B = \frac{M_B}{N_L} \times 100\% \tag{30-7}$$

式中，K_B 为标准件系数，%；M_B 为产品系统中的标准件总数；N_L 为产品系统中的零件总数。制定为标准件的零件主要是紧固件、密封件、管件、轴承等具有通用性和大量使用的基础零件。标准件具有市场可采购的特点，属于货架化的商品。如果零件制定为标准，但没有完整的制造技术关系，或者说按标准的技术内容不能制造出符合的零件，这种标准从严格意义上不能算作标准件标准，因为这种标准不能为标准件的制造和验收提供完整、有效的技术内容。标准件系数的计算不应将通用件、借用件等统计进去。

2. 零件标准化系数

零件标准化系数是，产品系统中的标准件、通用件、借用件、统一件总数与零件总数之比的百分数。零件标准化系数是具有标准化特征的零件占总零件数的比例。具有标准化特征的件包括标准件、通用件、借用件、统一件，它们分别具有标准编号、通用件编号、借用件的图样编号和统一件标注，除统一件外，其他件在设计时无需绘图和表述技术要求，直接引用它们的零件编号即可。零件标准化系数的计算公式为

$$K_L = \frac{M_L}{N_L} \times 100\% \tag{30-8}$$

式中，K_L 为零件标准化系数，%；M_L 为产品系统中的标准件、通用件、借用件、统一件的总数；N_L 为产品系统中的零件总数。零件标准化的范围比标准件宽，它包括了标准化性质很强的标准件以及标准化特性突显的通用件、借用件、统一件，这些件的使用提升了产品系统的标准化程度，缩小了产品专用件设计、生产数量，提高了产品的继承性，降低了产品研制和生产成本，缩短了研制周期。标准件、通用件、借用件、统一件统称为标准化件。关于标准化件数的统计，标准件统计标准编号，通用件统计通用件编号，借用件统计借用的原图样编号，统一件统计有标注的专用件编号。

3. 材料标准化系数

材料标准化系数是，产品系统中应用的标准材料种类数与所有材料种类数之比的百分数。标准材料是由标准规定了其完整的技术状态和要求，按标准的规定就能验收或制造的材料。标准材料具有标准编号，在设计时可直接引用其标准编号。材料标准化系数的计算公式为

$$K_{cl}=\frac{M_{cl}}{N_{cl}}\times 100\% \tag{30-9}$$

式中，K_{cl}为材料标准化系数，%；M_{cl}为产品系统中使用的标准材料的种类数；N_{cl}为产品系统中使用的所有材料的种类数。标准材料包括金属材料、非金属材料、辅料等。标准材料具有可市场采购的特点，属于货架化的商品。如果材料制定为标准，但没有完整的验收技术关系，或者说按标准的技术内容不能合格验收，这种材料从严格意义上不能算作标准材料，因为这种材料标准不能为材料质量的验收提供完整、可靠的内容。使用标准材料可降低成本、保证质量、保证可获得性。

30.4.6 继承性率

1. 组件继承性率

组件继承性率是，产品系统中继承使用的组件数与产品系统的所有组件数之比的百分数。产品系统中，继承的组件是不需要再研制的组件，可整组从其他产品中直接借用过来，也不需要再设计、制图和编写设计技术文件，只要按产品设计文件管理制度的规定进行借用即可。组件继承性率的计算公式为

$$J_z=\frac{M_{jz}}{N_z}\times 100\% \tag{30-10}$$

式中，J_z 为组件继承性率，%；M_{jz}为产品系统中继承使用的组件数；N_z 为产品系统中组件的总数。产品系统中的组件是以产品总体设计时划分的组件关系确定的，其中包括有组件编号的组件和具有独立产品代号的组件。产品组件继承性率既反映了产品组成部分中无需研制部分的比例，也反映了产品组成部分中需研制、验证

组件的比例，有利于控制产品的研制费用和研制周期，降低研制风险。组件继承性率可以用组件作为统计单元，也可以用分组件作为统计单元，采用分组件继承性率时，以分组件为单位进行统计即可。为了保证正常统计，不应将组件和分组件混合进行统计。继承性的对象具有被使用和验证的特质，即可靠和多用的特质。

2. 部件继承性率

部件继承性率是，产品系统中继承使用的部件数与产品系统的所有部件数之比的百分数。部件继承性率的计算与组件继承性率的计算相似。部件的标准化特性与组件的类似。

产品系统中的部件是以产品总体设计时确定的组件或分组件以下的部件，其中包括部件编号的部件和具有独立产品代号的部件。部件继承性率可包括第一层次的部件继承性率或第二层次的部件继承性率等。部件继承性率可按同层次的部件为单位进行统计，也可全部部件一起统计。

3. 零件继承性率

零件继承性率是，产品系统中继承使用的零件数与产品系统的所有零件数之比的百分数。零件继承性率的计算与部件继承性率计算相似。零件的标准化特性与组件的类似。

产品系统中的零件是产品不可分的最小实体单元，包括新设计的零件、借用的零件及有标准编号和其他编号的零件等。零件只对硬件而言，不包括软件单元。零件可包括机械件、电子元件、电器件等的最小独立单元。电子元器件也可作为一种特殊零件单独统计其继承性率。软件的继承性可参考以上硬件的方法进行计算。

30.4.7　互换性率

1. 易损件互换性率

易损件互换性率是，产品系统中具有互换性的易损件数与产品系统的所有易损件数之比的百分数。产品系统中，易损件是损耗快的件，需要经常性地更换，具有互换性特征的易损件可方便和快速更换。易损件互换性率的计算公式为

$$H_y = \frac{M_y}{N_y} \times 100\% \tag{30-11}$$

式中，H_y 为易损件互换性率，%；M_y 为产品系统中互换性的易损件数；N_y 为产品系统中易损件的总数。易损件的损坏参数通常用使用时间、次数、里程等单位衡量，易损件的损坏参数比整个产品系统的其他件的损坏参数要小很多。产品系统中的互换性易损件是在同类件中，不需选择就能合格安装的易损件。互换性的易

损件可以是零件、部件、组件等，尽量应考虑能独立拆装。互换性的易损件，不仅在生产装配时是互换的，而且在维修更换时也是方便更换的。非互换性的易损件将加大维修成本，加长维修时间。

2. 关重件互换性率

关重件互换性率是，产品系统中具有互换性的关重件数与产品系统的所有关重件数之比的百分数。产品系统中，关重件是保证系统安全和正常工作的要素，需要具有互换性特征，以方便关重件的快速更换。关重件互换性率的计算与易损件互换性率的相似。关重件的互换性意义与易损件的相似。对于一些高精度配合的关重件，需要研磨加工后配合或互为基准配合，难以直接采用互换性关系，因此，在设计时应尽量减少不能互换的关重件数量。

3. 外部接口互换性率

外部接口互换性率是，产品系统中具有互换性的外部接口数与产品系统的所有外部接口数之比的百分数。产品系统中，外部接口互换性是保证系统对外连接方便、快捷、成功的保证。外部接口互换性率的计算与易损件和关重件互换性率的相似。

产品系统中的互换性外部接口，是不需调整和加工就能与外部关系合格连接的接口。互换性的外部接口可以是机械接口、电力接口、电子接口、液力接口、光学接口、化学接口等。电力接口、电子接口、液力接口、光学接口、化学接口除了需要有机械接口的互换性外，还需要有相应物理特性和化学特性的适配性、耦合性、匹配性、相容性等。

30.4.8 技术状态标准化率

1. 技术状态固化规范化率

技术状态固化规范化率是，产品研制时编制的图样、表格、文字等技术文件符合规范格式的数与编制的所有图样、表格、文字技术文件数之比的百分数。技术状态固化的规范化是指用于表达技术状态的技术文件的规范化，规范化的内容包括技术文件格式的规范化和技术文件表述的规范化。技术状态固化规范化率的计算公式为

$$G_j = \frac{M_g}{N_g} \times 100\% \qquad (30\text{-}12)$$

式中，G_j 为技术状态固化规范化率，%；M_g 为产品技术状态固化的文件规范化事项数；N_g 为产品技术状态固化的文件事项总数。产品研制固化的技术文件中需要规范的事项数按产品设计文件管理制度的规定，总数是这些文件种类的实际形成

文件的事项全部数。技术文件规范化的内容涉及文件的幅面格式、封面格式、名称、代号、字号、字体、量和单位、公式、表格、注释、制图、标注、符号、文件编写结构等。技术文件中，只要有一项规范化要素不符合，就算作技术文件有一项不规范。这项指标是用于产品设计定型或生产定型时的技术文件规范性考核。这一指标的评价使用软件进行规范化自动审查具有较好的操作性。软件自动审查系统建立要基于对审查事项的概念化和结构化工作。

2. 技术状态完整性率

技术状态完整性率是，产品研制时编制的图样、表格、文字等技术文件种类数与标准规定或研制项目文件体系规定的技术文件完整性所有种类数之比的百分数。技术状态完整性是指技术文件种类的完整性，主要是要求研制提供的技术文件种类要能全面覆盖研制要求的全部技术状态。技术状态完整性率的计算公式为

$$W_j = \frac{M_w}{N_w} \times 100\% \tag{30-13}$$

式中，W_j 为技术状态完整性率，%；M_w 为产品研制固化的技术文件种类数；N_w 为规定需要固化的技术文件所有种类数。产品研制需要固化的技术文件种类一般按产品设计文件管理制度标准的规定，这些文件包括定型盖章的文件和不盖章的文件。技术文件的完整性大类包括定型申报类文件、研究试验类文件、图样和技术文件、软件文档、其他文档（相册、录像片等）、配套产品的成套设计定型文件等。技术文件的完整性率也可分别按图样类、表格类和文字类文件统计完整性率。技术状态完整性率可以分别按研制类文件和定型类文件统计，这样能从不同管理关系反映技术状态完整性的结果。

30.5　标准化指标体系的应用

标准化指标体系的应用包括应用的对象、应用的时机、应用的方法、应用评价等。标准化指标体系应用的对象涵盖机械、电器、电子、光学、化工等各专业的产品。标准化指标体系的作用可渗透到体系产品、单体产品、分系统、组件、分组件、部件、零部件等各个层次。标准化指标应用的时机主要有产品的论证、方案、工程研制、设计定型、生产定型等阶段。产品论证阶段主要是提出具体的标准化指标要求，方案阶段初步开始实施一些标准化指标，同时对有些标准化指标进行细化和明确。工程研制阶段通过对产品的设计实质性地落实标准化指标。设计定型和生产定型阶段是对照检查标准化指标的落实情况。标准化指标体系的应用主要有以下目标：用于建立产品技术主体的标准化的，如建立产品技术体制标准化指标；用于提高产品的广泛适用性、控制品种规格发展、提高产品变型发展能力的，如“三化”

指标；用于建立产品间的互联互通互操作关系和能力的，如“三互”指标；提高产品软件的可靠性、牢固性、有效性、普适性的，如软件标准化指标；利用已有成果、降低产品研制成本的，如继承性率指标、标准化系数指标；使保留的技术状态是完整性、可用性和可复现性的，如技术状态规范化和完整性指标。

为了方便各类产品论证和研制时提出和实施标准化指标，需要按产品类型编制标准化指标体系应用指南。标准化指标体系应用指南应按产品类型制定出其适用的具体标准化指标体系，并列出每项指标对应的相关标准内容，给出标准实施的技术方案等。标准化的八类指标不是在每一种产品中都需要全部应用的，应用多少指标要根据产品的技术属性确定，如不含信息化内容或无互联互通的产品就有可能没有“三互”标准化的指标，没有软件的产品就没有“软件标准化”指标。标准化指标的应用可根据实际情况进行剪裁。

标准化指标的提出，可以是准确值，也可以是单限值。标准化指标为准确值的，指标是一个具体数值，如120mm。标准化指标为单限值，是指指标值不小于某个值，或不大于某个值，如继承性率不小于75%等。

标准化指标的实施阶段主要是工程研制阶段。在工程研制阶段，标准化指标既是产品设计的指导性内容，也是产品的技术约束性内容。标准化的指标在工程研制阶段作为设计内容进入产品中，设计出的产品就一定能表现出指标所赋有的标准化特征。

产品研制后的标准化状态，需要经过对标准化指标体系实现的评价来认定。产品研制后，标准化指标体系的实施评价，要按照论证和工程研制方案确定的内容进行逐项检查，并写出产品标准化指标体系的评价报告。

标准化指标体系的应用，将会大大提升产品的内在品质、对外特性和交换特性。标准化指标的实施，将会把产品推向优化发展和精益发展的道路，同时也将使标准化工作模式发生“脱胎换骨”的变化，使产品标准化的工作模式由“文件规范”为主，转变对产品的“技术引导”、“技术提升”、“技术规范”和“技术保障”的实效作用。

参 考 文 献

[1] 麦绿波. 产品标准化指标体系的创建(上)[J]. 中国标准化，2015，(4)：75-78.

[2] 麦绿波. 产品标准化指标体系的创建(下)[J]. 中国标准化，2015，(5)：98-102.

第 31 章 标准化系统工程的理论和方法[1]

31.1 标准化系统工程新模式的内涵

技术高端化、系统复杂化、投入增大化已成为复杂产品发展的基本态势。这种发展态势对复杂产品研制的技术工作和项目管理提出了更新和更高的要求。为了很好地实现复杂产品研制的使用性能好、研制风险低、研制周期短、成本费用低、保障性好、可靠性高等研制目标，需要创建一种科学、先进的研制模式，充分利用标准资源，应用标准化系统工程新方法，为复杂产品优化研制开辟一条崭新的有效道路。标准化系统工程新方法主要是运用系统工程的理论、综合标准化方法、型号标准化方法和优化设计等理论构建的新研制模式。历史上，标准化的系统化应用，为复杂系统的研制带来了其他学科技术无法替代的神奇作用。阿波罗登月计划，投资 300 亿美元，为期十年，涉及上万种技术、1000 万种零件，有 2 万家公司、120 多所大学、40 万人参加，在几乎无重大新发明技术的情况下成功研制出超复杂的登月飞船[2]。其成功的关键在于系统化和综合化，被誉为系统工程应用的典范和综合标准化目标管理与应用的典范[2]。20 世纪 90 年代提出的“标准化系统工程”[3]方法，在理论和方法上与苏联的综合标准化[2]相类似，它们主要发挥对某一系统标准体系的系统性规划作用。目前在型号中开展的型号标准化方法[4,5]，主要是以标准的贯彻实施为主。尽管综合标准化和型号标准化在复杂系统的研制中发挥了重要作用，但所起的效果是有限的，且处于定性化和非数学化的状态。因此，需对标准化的理论和方法进行深化与创新发展，建立标准化系统工程的新理论和新模式，以发挥其系统性的顶层设计效果、数学化的优化效果、对多方法的融合增益效果、定量化的改进与评价效果。

“标准化系统工程新模式”首要的工作是建立产品标准化系统工程的任务体系，主要内容有：确定产品技术体制和制式方案（根据相关标准）；建立标准化工作体系；建立研制的目标体系，进行各目标值的分析与确定；分配全寿命周期标准化任务；编制工作分解结构（WBS）和产品分解结构图表；开展相关要素和标准化相关要素分析；进行要素分类与计划制定；制定标准化文件体系方案；编制标准化大纲等文件；开展“三化”设计；开展材料、标准件、元器件品种规格的压缩；建立技术文件体系方案；编制工程标准等技术文件；编制标准综合体；开展标准化及标准的实施监督；开展标准化的效果分析与评价；制定产品交付后标准化实施方案等。标准化系统工程任务体系的构成如图 31-1 所示。产品标准化系统工程模式是复杂产品优化研制的通用标准化理论和方法，既适用于民用复杂产品的研制，也适用于军用复杂产品的研制。

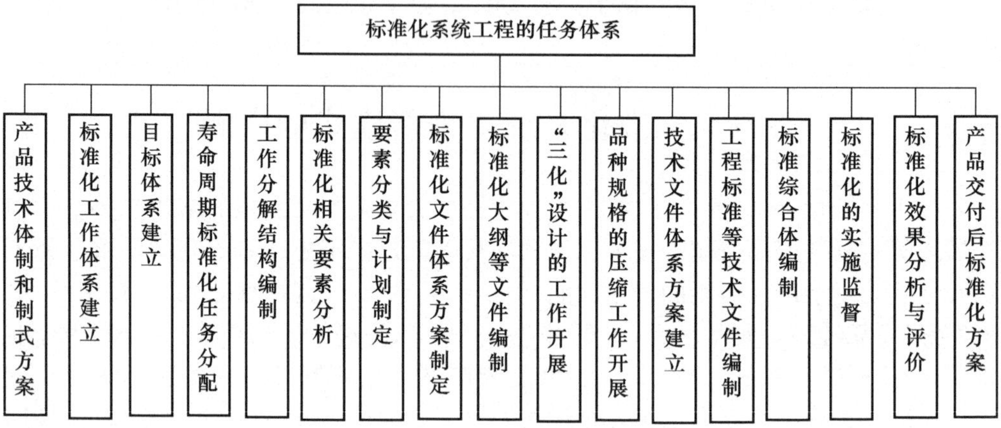

图 31-1　标准化系统工程任务体系

标准化系统工程的任务体系是标准化系统工程标准化技术和管理任务的全方位设计，主要有图 31-1 中的 17 项重点任务。以上任务的排序是初步的，可根据实际情况调整。

复杂产品优化研制的标准化系统工程聚焦复杂产品研制的技术状态、成本费用、研制周期、保障性等目标综合最佳，建立起了以标准为依据，以标准化原理为指导，以专业的设计、制造、试验等技术为实现的研制新模式，是综合标准化与型号标准化的融合、深化、完善和发展，具有目标性、优化性、系统性、协调性、超前性、动态性等显著特点，而不是多者的简单结合。

31.2　产品技术体制和制式方案提出

产品研制的全寿命周期起始点是论证阶段，这一阶段是对产品的任务使命、功能性能、产品总体架构、研制周期、研制费用等进行论证。这一阶段是对产品发展的定位，定位得好，将使研制对象与相关产品能很好协调、关联、互换、互用、互通、再利用、重构等，能被相关产品最大程度利用，产品的效能和价值就能得到充分发挥，既能满足产品本期研制目标，也能服务于未来使用。该阶段的标准化方案重点是考虑产品技术体制及制式、公共利益保护、产品外部特性和产品优化结构的方案。产品的技术体制、技术制式和公共利益保护的方案主要是贯彻相关的国家标准和行业标准，提出标准贯彻的具体方案。没有相关标准时，从顶层设计的角度研究提出技术体制及制式和公共利益保护的方案。产品外部特性是指产品向外部输出和接收外部输入的物理量、化学量等。产品的外部特性主要是:重量、体积、通信体制、排放特性、发射辐射和接收辐射的特性、电参量的输入输出特性等,其组成关系如图 31-2 所示。重量和体积外部特性涉及产品的运输问题,通信协议涉及信息联通交换问题,电压、电流等参量涉及驱动能源的普遍可获得性和安全性问题,排放特性涉及环境污染问题,辐射特性涉及安全、环境污染、环境干扰等问题。这些外部特性是产品研制重要的技术协调关系和控制关系,它涉及产品使用的广泛性、有效性和社会责任等问题。技术体制有可能涉及结构技术体制的优化方案,如一个平台适用于多个负载、一个负载适用于多个平台,关系如图 31-3 所示。这种工作既是本期研制的任务,又是未来发展的谋划工作。

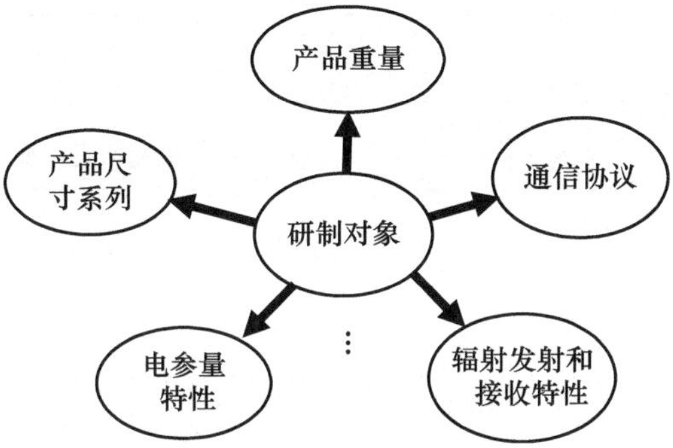

图 31-2　产品外部特性

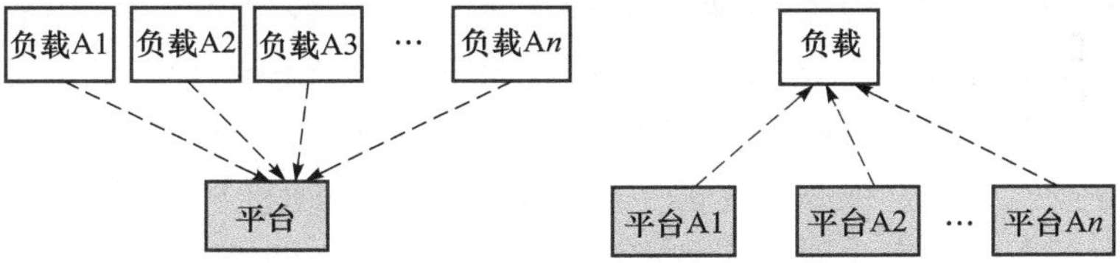

图 31-3　平台与负载的优化组合关系

31.3　标准化工作体系建立

在产品研制方案阶段,在总设计师技术系统中,建立标准化专门的工作机构,人员由承研单位符合资质的科研人员组成,由此构成研制工程的标准化工作体系。标准化工作体系的职责主要是:研究产品研制的标准化问题;制定标准化工作规划和计划;组织编制研制工作的标准化文件;指导技术文件的编制;推进产品通用化、系列化、模块化工作的开展;指导标准件、元器件品种规格的压缩;协调研制中的标准化问题；监督检查标准的贯彻实施；承担研制各阶段的标准化审查等。标准化工作机构的工作，许多是通过按规则编制文件、下发文件、指导实施、监督检查等去贯彻的。标准化工作机构与各方的文件往来关系如图 31-4 所示。归纳起来就是对研制产品进行标准化问题的研究并提出工作方案，对整个研制系统的标准化工作进行统一组织、指导、实施、协调、监督、检查等。

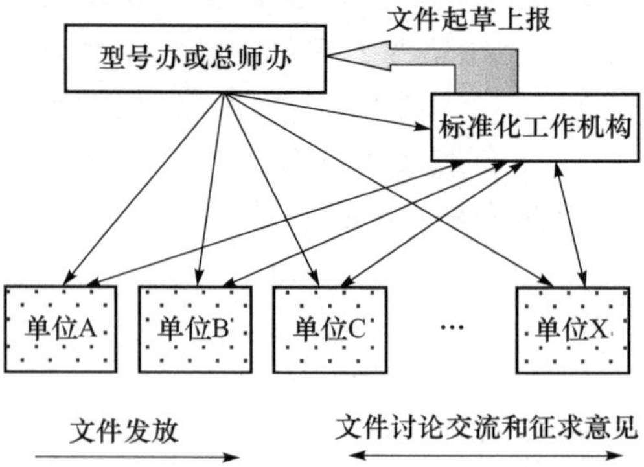

图 31-4　标准化工作机构文件往来

31.4　产品全寿命周期标准化任务分配

从产品的研制和使用角度，产品的全寿命周期可分为论证、方案、工程研制、设计定型、生产定型、交付使用、报废等阶段。全寿命周期的研制和使用的标准化任务归纳起来主要有管理任务、技术任务和技能任务三大任务，管理任务贯穿产品研制和使用的全寿命周期，技术任务主要是在研制周期的五个阶段，技能任务主要是使用周期的操作工作。维护和保障主要是技能性和技术性任务，报废是管理和技术任务。由于产品全寿命周期任务都需要标准化的支持和保障，因此，标准化系统工程应覆盖产品的全寿命周期，并按各阶段的特点对标准化工程的任务进行设计和分配，任务分配关系如表 31-1 所示。

表 31-1　产品全寿命周期标准化任务分配

产品全寿命周期阶段	论证	方案	工程研制	设计定型	生产定型	交付使用	报废
任务内容	论证用途、功能性能、总体方案等	方案设计、方案论证、形成研制总要求	设计、制造、试验	定型试验和定型审查	工艺攻关、生产线建设、定型审查	操作培训、使用、维护、保障	处理、销毁

续表

产品全寿命周期阶段	论证	方案	工程研制	设计定型	生产定型	交付使用	报废
标准化工程任务	贯彻产品技术体制、技术制式标准；提出标准化总要求	建立标准化工作体系；全寿命周期任务分配；标准化目标分析、目标体系建立、目标指标确定；工作分解结构；相关要素分析；制定标准化文件体系方案；标准化大纲等文件编制；贯标目录编制；材料、标准件、元器件选用及品种规格压缩方案；“三化”设计方案；其他	组织开展“三化”设计；开展标准宣贯；制定技术文件体系方案；组织编写产品规范等技术文件；标准综合体编制；标准化大纲补充和修订完善；编制工艺标准化综合要求；组织开展工艺“三化”设计；标准实施监督与检查；其他	编制设计定型标准化要求及支撑文件；开展标准化效果分析与评估工作；编写标准化工作报告；定型前标准化审查与问题协调；其他	编制工艺标准化综合要求及支撑文件；制定工艺文件体系方案；组织工艺文件的编制；定型前标准化审查与问题协调；开展标准化效果分析评估工作；其他	编制任务使用手册；编制产品使用保障手册；用户根据需要编制相关的标准化文件；按相关标准和说明书进行产品维护与保养；按标准进行售后服务；其他	按标准规定的产品寿命期进行产品可用性鉴定；对退役产品按标准进行报废处理；对不可利用的危险性产品按标准进行销毁处理；其他

31.5　目标分析与目标优化方法

目标分析与目标优化是选择研制中需以标准为依据、需贯彻标准和实施标准化的密切相关内容作为标准化的工作目标，充分应用标准化的理论、方法和资源开展目标分析和优化。目标分析是标准化系统工程理论中的一个重要内容，同时也是标准化系统工程中的一个薄弱环节。问题在于目标分析、目标体系建立、目标优化等缺乏有针对性的理论和可操作方法的指导。为了解决好这一问题，建立了以下目标分析、目标体系建立和优化的理论及方法。

31.5.1　目标分析与目标体系建立

标准化系统工程的目标应以产品研制目标为根源，围绕产品研制的技术目标和管理目标提出其目标内容。产品研制的标准化目标应由多层次的目标组成。主目标主要有：研制产品符合产品技术体制、技术制式、公共利益保护和外部特性等相关要求；产品性能满足用途要求，并不低于相关标准要求；产品的“三化”程度高和变型发展能力强；品种规格控制合理；研制成本低；研制周期短；产品保障性好等目标。由于研制的总目标是由多主目标支撑，主目标又由多子目标支撑，因此，标准化目标形成了一个目标体系。在数学上，总目标是由诸主目标形成的多维矢量表达，主目标也是由诸子目标形成的多维矢量表达。标准化目标的建立不能停留在目标体系名词的概念上，应有实质性措施对每一个主目标都要给出确定子目标的方法和详细内容，这些内容要尽量具体化、数据化和可优化。各主目标的子目标内容的确定方法和步骤如表 31-2 所示。应用表 31-2 的目标分析成果，可建立主目标与子目标相关的目标体系结构关系，详见图 31-5。

表 31-2　目标的确定方法和表达

主目标 确定步骤	符合产品技术体制及制式、公共利益保护和外部特性要求	性能满足用途要求，并不低于相关标准要求	“三化”程度高与变型发展能力强	品种规格控制合理	研制成本低	研制周期短	产品保障性好
步骤一	查找研制产品相关的技术体制及制式、公共利益保护和外部特性的标准、文件	根据用途提出初步性能指标，并查找相关标准	查找产品相关的通用化、系列化、模块化标准，确定贯彻“三化”标准的内容	统计产品拟采用的基础件，查找相关的标准件标准	查阅合同，以合同经费数作为依据	查阅合同，以合同研制周期作为依据	查找产品组成的各产品规范
步骤二	对产品技术体制及制式、公共利益保护和外部特性的标准、文件进行剪裁选取	查阅产品相关的产品规范，列出性能指标体系	根据产品优化发展的要求，提出设计和实现“三化”的内容	提出各类标准件和基础件的品种控制范围	应用标准化措施，提出经费内控技术措施	应用标准化措施，提出研制周期内控技术措施	查阅产品规范中的保障性条款，确定保障性指标
步骤三	将标准、文件剪裁选取的内容列入论证报告和研制总要求	性能指标与标准指标体系协调给出研制性能要求	提出“三化”具体对象及其实现内容，协调整合形成“三化”方案	提出各类标准件和基础件品种压缩比例	提出经费内控技术方案	提出研制周期内控技术方案	提出维修时间、易耗物品、易损件供应和成本控制方案
主目标表达	X_1 矢量关系	X_2 矢量关系	X_3 矢量关系	X_4 矢量关系	X_5 可用单指标或矢量关系	X_6 可用单指标或矢量关系	X_7 矢量关系
子目标表达	$(x_{11},x_{12},x_{13},\cdots,x_{1n_1})$，如重量、体积、通信体制、发射辐射和接收辐射的特性、电参量的输入输出特性、结构等	$(x_{21},x_{22},x_{23},\cdots,x_{2n_2})$，如性能指标 A、性能指标 B、性能指标 C、性能指标 D、性能指标 E、性能指标 F、性能指标 G 等	$(x_{31},x_{32},x_{33},\cdots,x_{3n_3})$，如通用单元数、通用接口数、系列化单元数、模块化单元数、借用件数等	$(x_{41},x_{42},x_{43},\cdots,x_{4n_4})$，如紧固件种类数、密封件种类数、管件数种类、轴承件种类数、接插件种类数、电缆数种类等	$(x_{51},x_{52},x_{53},\cdots,x_{5n_5})$，如分系统 A 费用、分系统 B 费用、分系统 C 费用、分系统 D 费用、分系统 E 费用、分系统 F 费用、分系统 G 费用等	$(x_{61},x_{62},x_{63},\cdots,x_{6n_6})$，如论证阶段时间、方案设计时间、原理样时间、初样时间、正样时间、设计定型时间、生产定型时间等	$(x_{71},x_{72},x_{73},\cdots,x_{7n_7})$，如机械系统维修保障、电子系统维修保障、电气系统维修保障、动力系统维修保障、通信系统维修保障、消耗物品供应保障、易损件供应保障等

图 31-5　目标体系结构关系

31.5.2　目标优化数学模型

在目标进行了层层分解，目标量值关系标定后，目标优化的另一理论问题是要对目标进行变量表达，并能建立起目标优化的数学模型。如果目标分析不用数学模型进行优化，在优化过程中就很难掌握有关的控制因素，进行有效化调控。没有数学模型的目标优化，就很难取得定量优化效果和有说服力。

数学模型的建立，首先要建立目标矢量关系。设产品技术体制、公共保护和外部特性符合性初始目标值为：$A_1=(a_{11},a_{12},a_{13},\cdots,a_{1n_1})$；功能性能初始目标值为：$A_2=(a_{21},a_{22},a_{23},\cdots,a_{2n_2})$；“三化”程度初始目标值为：$A_3=(a_{31},a_{32},a_{33},\cdots,a_{3n_3})$；品种规格控制初始目标值为：$A_4=(a_{41},a_{42},a_{43},\cdots,a_{4n_4})$；研制成本初始目标值为：$A_5=(a_{51},a_{52},a_{53},\cdots,a_{5n_5})$；研制周期初始目标值为：$A_6=(a_{61},a_{62},a_{63},\cdots,a_{6n_6})$；产品保障性初始目标值为：$A_7=(a_{71},a_{72},a_{73},\cdots,a_{7n_7})$。这些目标值与变量对应的关系如表 31-2 所示。

设研制产品的综合目标变量为 $x=(x_1,x_2,x_3,x_4,x_5,x_6,x_7)$。综合目标的优化采用求各矢量和极值的方式。对 x 中的非数值矢量，采取按其关系与标准规定关系的接近程度量值化来赋值。由于综合目标变量 x 对各矢量的优化方向是不相同的(有最大值或最小值)，如性能的矢量方向极值目标应是取最大值，而时间周期的矢量方向极值目标应是最小值，因此，用诸矢量求和这一优化模式时，需将 x 的矢量优化方向同向化，即转换矢量 x 为 x'，$x'=(x_1,x_2,x_3,-x_4,-x_5,-x_6,-x_7)$为 x 矢量的同向化矢量。另外，还要考虑不同目标的重要性因素，例如，一般情况下，使用性能的重要性应高于研制周期等。因此，应建立目标权重因子矩阵：$c=(c_1,c_2,c_3,c_4,c_5,c_6,c_7)$。目标最佳化的数学模型为

$$\begin{aligned}Z&=\max|x'c^{\mathrm{T}}|\\&=\max|(x_1,x_2,x_3,-x_4,-x_5,-x_6,-x_7)(c_1,c_2,c_3,c_4,c_5,c_6,c_7)^{\mathrm{T}}|\end{aligned}\tag{31-1}$$

式中，Z 为目标优化函数。

优化的约束条件为

$$\begin{cases}x_1=A_1=(a_{11},a_{12},\cdots,a_{1n_1})\\x_2\geqslant A_2=(a_{21},a_{22},\cdots,a_{2n_2})\\x_3\geqslant A_3=(a_{31},a_{32},\cdots,a_{3n_3})\\x_4\leqslant A_4=(a_{41},a_{42},\cdots,a_{4n_4})\\x_5\leqslant A_5=(a_{51},a_{52},\cdots,a_{5n_5})\\x_6\leqslant A_6=(a_{61},a_{62},\cdots,a_{6n_6})\\x_7\leqslant A_7=(a_{71},a_{72},\cdots,a_{7n_7})\end{cases}\tag{31-2}$$

实际上，最佳化目标的获得需要对目标变量进行有效控制方能实现。目标控制的数学模型[6]为

$$\langle x_{\mathrm{s}},F(r),x_{\mathrm{g}}\rangle\tag{31-3}$$

式中，x_{s} 为目标变量的初始状态矢量，$x_{\mathrm{s}}=(x_{1\mathrm{s}},x_{2\mathrm{s}},x_{3\mathrm{s}},x_{4\mathrm{s}},x_{5\mathrm{s}},x_{6\mathrm{s}},x_{7\mathrm{s}})^{\mathrm{T}}$；$x_{\mathrm{g}}$ 为目标变量的终点目标矢量，$x_{\mathrm{g}}=(x_{1\mathrm{g}},x_{2\mathrm{g}},x_{3\mathrm{g}},x_{4\mathrm{g}},x_{5\mathrm{g}},x_{6\mathrm{g}},x_{7\mathrm{g}})^{\mathrm{T}}$；$r$ 为目标矢量的控制矢量，$r=(r_1,r_2,r_3,\cdots,r_u)$；$F(r)$为由 r 产生的状态控制操作。

为了增强非数学关系目标优化控制的有效性，本书创新性地提出采用标准和标准化方法作为目标控制因素，即 r 为控制目标状态的标准化因素矢量。当 $x=x_{\mathrm{g}}=(x_{1\mathrm{g}},x_{2\mathrm{g}},x_{3\mathrm{g}},x_{4\mathrm{g}},x_{5\mathrm{g}},x_{6\mathrm{g}},x_{7\mathrm{g}})$时，目标优化函数 Z 为最大值，即

$$(x_{1\mathrm{g}},x_{2\mathrm{g}},x_{3\mathrm{g}},-x_{4\mathrm{g}},-x_{5\mathrm{g}},-x_{6\mathrm{g}},-x_{7\mathrm{g}})(c_1,c_2,c_3,c_4,c_5,c_6,c_7)^{\mathrm{T}}=\max Z\tag{31-4}$$

理想化的优化方式是数据计算的优化。实际上，大多数工程问题的优化求解都是模糊的、离散的和定性的问题。而本书应用标准系统作为优化的控制因素，靠标准依据控制进行优化，有效地解决了离散和定性问题的优化。

31.6　工作分解结构与相关要素分析

在目标优化中，主要依靠控制矢量 r 因素来控制，这些控制因素期望由大量标

准化的要素来组成。为了保证研制目标的综合最佳，在研制的各阶段和各方面的工作都应有标准化的优化控制因素。标准化优化需要作用到各具体工作事项，因此，需对研制的工作进行工作分解结构，并进行标准化相关要素分析，尽可能提炼出各工作单元（至少是主要工作单元）标准化相关的要素，以实施各标准化相关要素工作单元的标准化优化。各工作单元的标准化相关要素一定要具体、明确和可实施，这样对目标的优化才能起实质性的作用。对最佳化目标的实现起控制作用的标准化相关要素的确定，主要通过三个步骤的分析工作来实施：一是对产品研制全寿命周期进行工作分解结构；二是对工作分解结构进行工作要素分析；三是分析各工作要素相应标准化相关要素。

31.6.1　工作分解结构

标准化的优化控制要素应覆盖到产品的全寿命周期工作，方可实现全面最佳化。只有进行工作分解结构，才能具体确定各工作单元的标准化要素。产品全寿命周期的工作分解结构从横向时间阶段维度和纵向的产品层次结构维度关系考虑。横向时间阶段由表 31-1 的全寿命周期的论证、方案、工程研制等七个时间阶段组成，纵向工作分解结构由各阶段对应的产品对象任务决定。横向工作分解结构最复杂的是工程研制阶段，该阶段的工作分解结构主要由产品实物结构组成，工作分解结构按产品的组成关系进行分解，如图 31-6 所示。图中，每个第一层的分系统都可像分系统 F 一样向下层次细分展开，每个第二层次产品可根据需要进一步向下展开，直到没有需要控制的标准化因素为止。产品工作分解结构的分解不只是产品的结构关系，还应包括产品形成相关的设计、工艺、试验、材料、管理等方面工作因素，如图 31-6 所示。

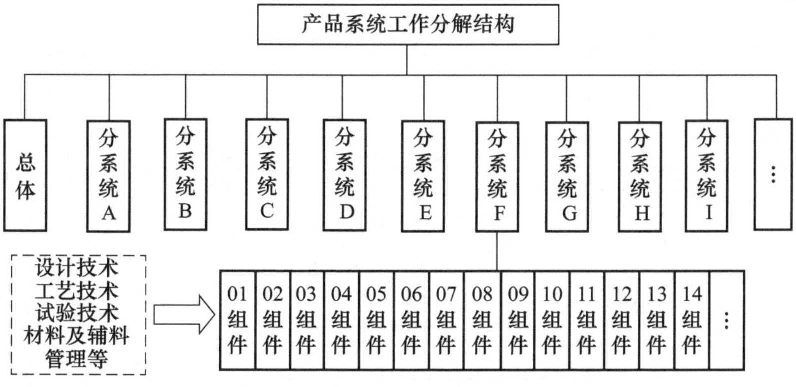

图 31-6　产品工作分解结构

31.6.2　相关要素的确定和分析

在工作分解结构后，要进行工作要素的确定。工作分解结构的任务，通常要涉及设计、工艺、试验、原材料、材料、组件、部件、零件、元器件、配套产品、半成品、包装、储存、运输、使用、维护保养、供给等工作要素的一部分或全部。这些要素是产品目标实现控制的要素，如果这些要素有标准和标准化方法等资源控制，目标的实现就会得到满意结果。从这些要素的性质可看出，这些要素有物质性、非物质性和物质及非物质性的属性。一个工作分解结构单元的工作要素以及其与标准化要素的关系可用图 31-7 表明。在工作分解结构后，应对每一部分工作分解结构单元进行研制和使用的工作要素分析，对物质要素、非物质要素和物质及非物质性工作要素都进行仔细、全面的标准化需求分析，确定每个工作要素贯彻标准和制定标准的需求。并不是所有的工作单元都具有图 31-7 中所列的全部要素，通常它们只能有图 31-7 中的部分要素。图 31-7 中所列的要素也不代表可能有的全部要素。工作要素确定后，根据工作要素确定具体的标准化要素，标准化具体要素应明确到具体的标准名称与代号和/或标准化方法，以便标准化的实际应用。一个工作要素可能有多个标准化要素，如设计要素的标准化要素可能有设计准则、相应的产品规范、“三化”、“三互”等标准化设计方案等。在标准化要素中，还应明确是已有标准化资源或需随研制进行制定的标准文件。工作要素和标准化要素确定的表达关系，以柴油发动机工作分解结构的相关要素分析来说明，详见图 31-8。在图 31-8 中，在工作要素相应的标准化要素里，没有方括号的是现有标准资源，在方括号中是需要制定的标准和要开发的标准化资源。

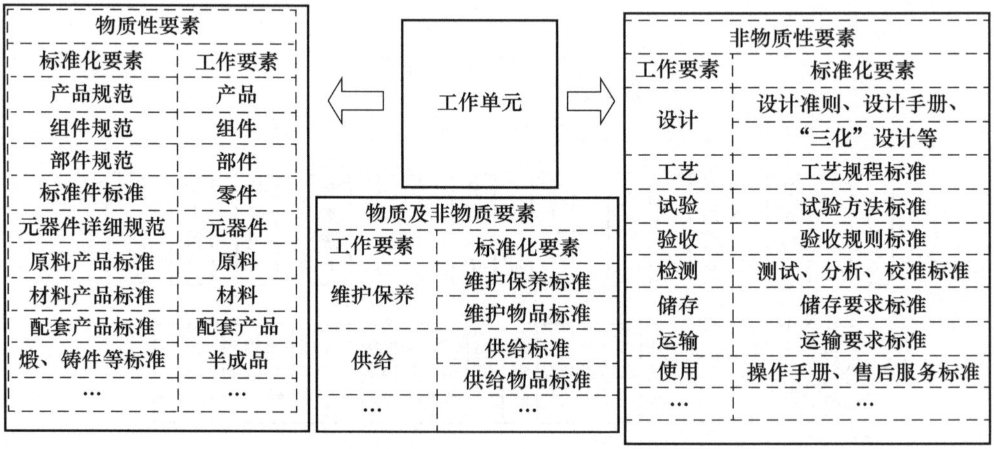

图 31-7　工作单元相关要素关系

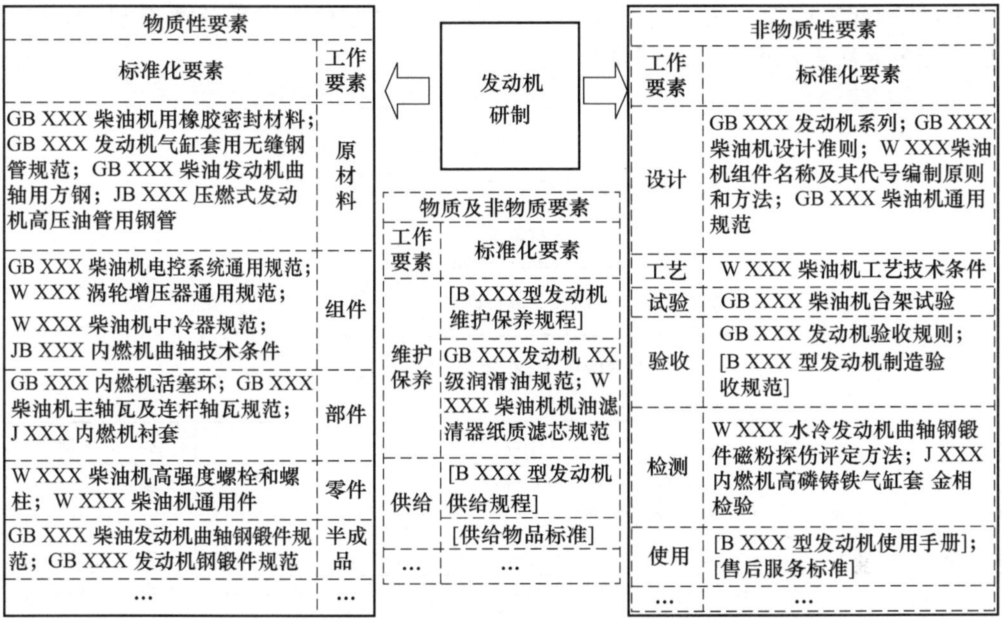

图 31-8　发动机研制相关标准化要素确定

31.7　标准化综合体构建

根据标准化相关要素分析提出的使用现行标准的需求以及需要制定的标准需求，编制出研制项目的标准综合体。标准综合体既要反映研制工作需贯彻的现行标准，也要反映研制项目需制定的标准或服务未来同类产品需制定的标准。标准综合体既是指导和规范研制工作的标准目录和实体（含产品规范和技术条件等标准和标准化文件），也是指导同类产品后续发展的重要技术依据。标准综合体是产品研制优化控制的要素集合，应注重标准综合体组成元素的正确性、协调性、先进性、有效性、实用性等。标准综合体中标准结构的安排，是按工作分解结构关系安排的，这样有利于按每类工作关系查找标准。每个结构中的标准要素，最好按标准类别统一排序，如基础标准、材料标准、产品标准、方法标准、制造标准、标准件标准等。在标准综合体中，包括已有现行标准、需制定的工程标准（包括产品规范或产品制造验收规范等"准"标准）、应制定的行业级、国家级和国际级标准（主要用于指导未来发展）。三者的数量关系是已有现行标准的数量最多，需制定的工程标准明显少于前者，应制定的行业级、国家级和国际级标准数量最少，比例关系如图 31-9 所示。标准综合体的标准安排结构关系如图 31-10 所示，图中的 A、B、C、…为工作分解结构的一级单元。按工作分解结构关系分类编制的标准综合体，符合工作类别关系，使用起来比较方便。当然，标准综合体也可以按标准类别分类编制，但使查找工作单元所需标准会比较困难。

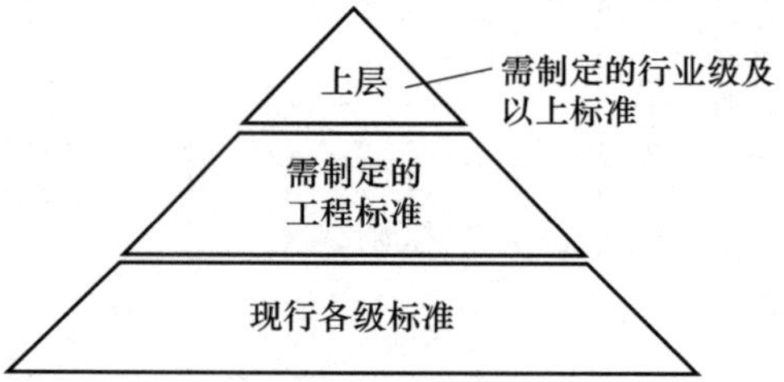

图 31-9　标准数量比例关系

<table>
<tr><td colspan="23">标准综合体共用基础标准</td><td>标准类别排序</td></tr>
<tr><td colspan="23">标准综合体共性技术标准</td><td rowspan="5">基础标准→材料标准→产品标准→方法标准→制造标准→标准件标准等</td></tr>
<tr><td colspan="7">A 单元标准</td><td colspan="7">B 单元标准</td><td colspan="7">C 单元标准</td><td>…</td><td>…</td></tr>
<tr><td colspan="3">A_1</td><td colspan="3">A_2</td><td>…</td><td colspan="3">B_1</td><td colspan="3">B_2</td><td>…</td><td colspan="3">C_1</td><td colspan="3">C_2</td><td>…</td><td>…</td><td>…</td></tr>
<tr><td>A_{11}</td><td>A_{12}</td><td>…</td><td>A_{21}</td><td>A_{22}</td><td>…</td><td>…</td><td>B_{11}</td><td>B_{12}</td><td>…</td><td>B_{21}</td><td>B_{22}</td><td>…</td><td>…</td><td>C_{11}</td><td>C_{12}</td><td>…</td><td>C_{21}</td><td>C_{22}</td><td>…</td><td>…</td><td>…</td><td>…</td></tr>
<tr><td>…</td><td>…</td><td>…</td><td>…</td><td>…</td><td>…</td><td>…</td><td>…</td><td>…</td><td>…</td><td>…</td><td>…</td><td>…</td><td>…</td><td>…</td><td>…</td><td>…</td><td>…</td><td>…</td><td>…</td><td>…</td><td>…</td><td>…</td></tr>
</table>

图 31-10　标准综合体结构关系

31.8　应用效果分析

本书所提出的理论和方法的部分内容已应用于某些研制项目中，在实现研制目标、保障研制工作质量、提高产品研制的“三化”水平、压缩品种规格、提高产品的保障性、固化设计、制造、试验技术、支持当前研制和后续发展等方面显示了突出效果。标准是有效经验、成熟技术、方法、程序的固化，是对设计、制造、试验、管理等行为优化的结果，体现了科学性、经济性、协调性、统一性，是专家集体的智力成果。系统性地应用标准化技术进行研制，可以低成本获得高回报。标准化的应用，把设计、工艺、试验、管理等工作置于有效的技术标准和管理标准知识平台上来开展，使研制在有序规范的良性循环、有充足的成熟技术支持和规范性的保障状态下运行。

标准化系统工程研制新模式有以下主要优势和特点：

(1) 以技术状态和项目管理的期望为目标，注重用标准化的技术和资源做事，将目标对象明确地定位在研制对象上，工作成效显著。

(2) 系统性强，工作从横向覆盖产品全寿命周期，纵向深入到产品、技术工作和管理工作的各个层面，全面覆盖了产品全寿命周期和研制内容的方方面面。

(3) 应用优化研制的目标分析方法，建立了主目标和子目标的体系关系，定位了支持目标实现的要素，使对目标的分析和优化作用能具体化。

(4) 发展建立了标准化系统工程优化的理论和数学模型，使标准化向理论化又迈进了一大步。

(5) 深化了相关要素的分析，创新建立了工作单元的工作要素和标准化要素的对应分析方法，使工作要素和标准化要素的分析更具针对性和可操作性。

参考文献

[1]　麦绿波. 复杂产品优化研制的标准化系统工程模式[J]. 中国标准化，2011，(3)：46-50.

[2]　何振华，王治业，朱思成，等. 现代标准化[Z]. 北京：北京市标协电子设备结构专业委员会，1985.

[3]　张锡纯. 标准化系统工程[M]. 北京：北京航空航天大学出版社，1992.

[4]　朱宏斌. 型号工程标准化[M]. 北京：航空工业出版社，2004.

[5]　孔宪伦. 军用标准化[M]. 北京：国防工业出版社，2003.

[6]　涂序彦，王枞，郭燕慧. 大系统理论[M]. 北京：国防工业出版社，2003.

第 32 章　项目的标准管理与控制的理论和方法

32.1　项目的标准管理与控制的需求和价值

本章的项目是一个广义的对象，包括产品、建设工程、研制过程、生产过程、企业、服务事项等。项目标准管理与控制是指用标准对项目进行管理与控制。产品项目是标准管理与控制的典型对象，以下用产品来论述项目标准管理与控制的理论和方法。

产品多功能复合化、智能化、网络化、体系化等发展要求，使产品已趋于发展成为集多专业技术于一体的复杂产品。这种复杂性体现在产品技术组成的复杂性、产品结构关系的复杂性、产品功能的复杂性、产品技术指标体系的复杂性、产品质量特性指标体系的复杂性、产品试验评价的复杂性等。产品发展是一项复杂知识体系的应用和验证工作，涉及产品的论证、研制、鉴定或定型等阶段。对于这样一种庞大的复杂产品系统的研制，只靠知识渊博、经验丰富的专家头脑已不能很好驾驭，需要系统性的客观有效知识体系的支持才能胜任。体系化的标准知识应用是解决这一问题的最佳选择。标准解决复杂产品发展有以下突出的优势：标准按标准体系系统性规划，标准能够提供体系化的系统知识；标准是专家集体工作的成果，经过专家审查把关，是专家集体智慧的结晶；标准按规定的程序进行技术研究、试验验证、征求意见、技术评审，是成熟、可靠、有效的知识。应用标准进行论证、研制等管理与控制是解决复杂产品论证、研制等管理与控制的最佳选择和有效途径。开展项目的标准管理与控制(以下简称“标准管控”)，一方面有研制工作自发性的需求，另一方面也是产品发展的客观环境要求。

标准管控以标准作为管理依据和控制手段，对论证、研制、试验、鉴定(或定型)等环节进行管理与控制，提高产品论证和研制水平，提高产品通用化、系列化、模块化(简称“三化”)水平，提高产品的互联、互通、互操作(简称“三互”)水平，保证研制质量，控制研制品种，提高产品的综合保障能力，提高产品的发展水平等将发挥突出的作用和效果。标准管控是标准知识体系化的应用，使标准应用者站在“标准巨人”的肩膀上工作，将提升应用者的知识水平高度和知识面广度。

标准管控是一庞大的知识体系应用的复杂工程，以人工的方式操作是很难胜任的。通过研究建立标准管控的方法，开发标准管控系统，可实现大量标准的智能化应用，减少标准应用 95%以上的工作量，能大大节省工作时间，提高工作效率和应用的准确性，具有实用和有效的管控效果。

标准管控既是标准系统性使用的机会，也是为标准内容完善提供使用反馈详细信息的机会。标准管控也是检验标准“有用”、“管用”、“好用”的“试金石”。通过标准管控对标准的系统性应用，可使标准在产品的论证、研制、试验、鉴定（定型）等阶段应用的问题反映出来，能发现标准内容和指标的缺失部分和不适用部分，还能发现标准体系中的标准需求空白和标准间的重复矛盾问题。标准管控的应用将推进标准的“真用”，为改进和完善标准体系及标准内容指出具体的方向和问题。产品全寿命阶段标准管控应用，可反映出标准的适用性问题，为标准体系和标准的完善提供有价值的可靠信息，使标准体系和标准的改进、完善有的放矢。

32.2　标准管控的概念

标准管控可能不是一个新名词，但标准管控是尚未研究和实施的新内容。此前，在各类文献中还未查到标准管控相关的学术论文和论著。因此，标准管控的概念内涵、理论和方法等需要系统性探讨和深入研究。随着产品发展的复杂程度越来越高，以及产品系统性关联的发展趋势、互联互通互操作要求、减轻产品品种规格负担要求、产品通用化系列化模块化要求等的重要性突显，标准化在产品发展中的作用已成为实现以上要求的必由之路。标准管控理论和方法的研究、建立和应用已成为满足产品发展新要求的迫切需要。研究标准管控的目的意义、概念内涵、原理、应用方法等是实施标准管控的重要支持。

标准管控的概念是：**以标准化资源为依据，对产品论证、研制、试验、定型、订购、维护保障等环节进行指导、评价、控制、改进的管理与控制活动**。标准管控的原理是：**应用标准对产品发展的全寿命过程进行指导、规范、保障管理，以标准为依据对产品发展的全寿命过程进行调整、改进、提升控制，把成熟有效的标准技术知识系统性地应用于产品发展的全寿命周期工作**。标准管控采取指导和控制并重的理念，包括技术行为前和技术行为后的内容。技术行为前提供标准要求的方向和要素，技术行为后指出技术行为贯彻标准的问题、改进方向和要素。通过“事前”应用现行标准及相关标准化资源，在论证、研制、试验、定型、订购、维护保障等环节发挥标准的指导作用，为论证、研制等环节提供先期指导；通过“事后”应用现行标准及相关标准化资源，对论证、研制、试验、定型、订购、维护保障等技术工作方案进行审查评价的约束与控制，实现对工作方案的优化和改进，使工作成果满足或优于标准的基本要求，用标准发挥约束与控制作用。标准管控适用的对象可以是一个很宽的范围，只要建立了体系化标准或标准的对象，都可以是标准管控的对象。标准管控的对象可以是广义的项目，可以是产品，也可以是建设工程、交通系统、工业生产、农业生产、服务业务等。

32.3　标准管控的原理

标准管控的原理是以标准化资源为管控依据和支持，对管控对象在产品全寿命周期的某个管控阶段，分别选择指导、评价或修改其中一个需要管控的功能，用软件执行复杂管控功能的流程，获得标准相应管控功能的结果。实施标准管控必须具备三个前提条件：一是建立了标准管控的有效方法；二是拥有充分的标准资源；三是开发标准管控软件并用软件运行管控。标准管控方法是开展标准管控的灵魂和思想，它为标准管控进行了管控的要素、内容、程序和动作设计。充分的标准资源为标准管控提供全面的标准指导和控制依据，以保证有效管控的全面性和系统性。标准管控过程的软件化，解决管控的复杂化、客观性和效率问题，使管控过程标准要素的大量比对工作能客观、高效地完成。如果用人工进行几万甚至几十万个要素的多环节对比是不现实的。即使不考虑长时间的等待问题，也难以保证对比结果的正确性和客观性。

标准管控的原理可用以下标准管控的原理模型来清楚表达，如图 32-1 所示。产品的全寿命周期各阶段主要有论证、方案、工程研制、试验、鉴定或定型、使用、供应、维护、维修、报废等阶段。由于产品的全寿命周期各阶段的管控对象是不同的，所以对产品各阶段的管控操作是离散的，标准的管控行为只能是按一次进行一个阶段来操作。标准管控是通过对文档内容的管控来运行的，所以，管控的对象是文档对象，它们是论证技术方案、设计技术方案、研制技术方案、试验技术方案、鉴定

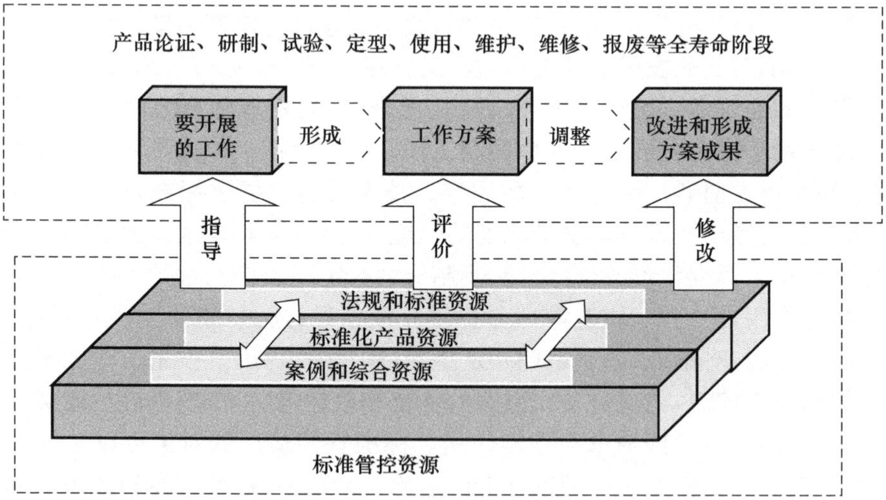

图 32-1　标准管控的原理模型

(或定型)方案、使用规程、供应要求、维护规程、维修规程、销毁规程等。这些文档是产品设计、制造、试验、鉴定(或定型)、使用、供应、维护、维修、销毁等行为的指令,通过对这些指令的实施实现各阶段的目标结果,即研制出产品、使用产品、维护和维修产品等。研制出好产品,并正确使用、维护和维修产品等要靠拥有有效、完善的指令,标准管控就是要正确、有效地指导和控制这些指令的建立。标准管控的动作主要由三个功能组成:一是指导功能;二是评价功能;三是修改功能。指导功能是给某文档的撰写提供标准要求、范例的指导和参考,并提供文档基本结构和内容的自动搭建的辅助撰写功能。评价功能是对完成的文档(无论是借用管控系统完成的还是人工自己完成的)以标准规定的要求进行全面检查,看文档的结构关系、内容、指标数值和要求等是否符合相关标准的规定。对不符合的事项将列项给出确认或修改提示。修改功能是对评价提出问题的文档,在标准资源的支持下进行内容表述和指标数值的调整和改进,以使任务文档达到标准规定或优于标准规定的要求。在标准管控系统上完成修改文档后,文档最后的认定还是要通过专家组的评审来认定。标准管控资源是标准管控的重要基础,是标准管控的"细胞",为标准管控对象各单元的管控提供权威依据要素。标准管控资源是多种类的资源,为标准管理与控制实施提供原则依据、详细技术依据和标准化产品支持。要保证标准资源对标准管控支撑的充分性,标准管控的资源应该是多维度的。标准管控的标准资源主要包括法规及标准资源、标准化产品资源和综合资源。法规及标准资源包括产品研制法规、标准化法规、各类产品用的国家级标准、行业标准、部门标准和企业标准等资源;作为标准管控主要依据的标准种类包括产品规范、试验方法、通用基础、论证管理、研制管理、定型管理等标准。标准资源应包括相关专业的管理标准、技术标准、工作标准。标准化产品资源应包括三化产品的三维模型、标准件模型、标准化产品图样、产品表格图、三化的软件产品等。产品标准化资源从标准化的角度可分为通用化产品模型、系列化产品模型、模块化产品模型、标准件产品模型等。综合资源应包括标准化案例、标准管控案例、标准化文件、标准化研究报告、总体性技术报告等资源。综合资源中还应包括审定的产品标准体系、产品技术指标体系等顶层体系成果。

标准管控资源的形态主要有两种:一种是文本资源(法规、标准、标准化文件、图样、案例等);另一种是产品资源(三化产品模型、标准件产品模型等)。在标准管控的三类资源中,标准资源是最重要的资源,标准资源是知识产品,是专家集体智慧的结晶,具有成熟性、有效性、先进性、认同性等价值特点。标准管控是以体系化标准内容对专业技术内容进行全面指导、对比、评价和改进,以实现标准对技术内容的全面管控。标准管控的资源从三个维度为标准管控提供管理和技术依据的支持,它们构建了标准管控的资源空间,如图 32-2 所示。一个标准管控对象,在其开展技术工作前和开展技术工作后,可获得来自于法规、标准、标准化产品资源和管控案例等对预定对象标准管理与控制的支持。法规为对象实施标准管控提供了国家、部门等实施标准化的意志和要求，标准为管控提供了丰富和有效的具体知识内容，标准产品为管控提供免设计的直接使用产品模型，标准化应用案例为标准管控提供可快速学习、理解和应用的参考。标准管控以承载产品技术状态的标准作为依据，以标准中体系化的技术指标和技术要求对产品的技术状态进行管控。标准管控的指标和要求包括功能要求、性能指标、协同互操作性指标、通用质量特性指标、标准化技术指标、人-机-环境工程指标等。

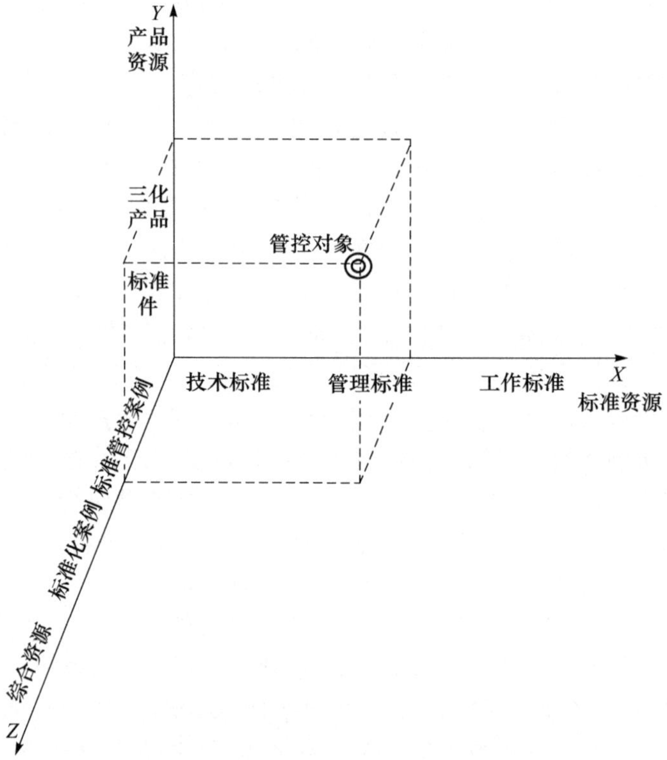

图 32-2 标准管控资源的三维空间

标准管控方法是一种方法论，具有普遍适用性，既可用于民用产品发展的标准管控，也可用于军用产品发展的标准管控。

32.4 标准管控的范围和对象

标准管控范围是管控对象对应的多维度的范围，这些维度构成了标准管控对象的范围空间，由四个范围构成，一是产品全寿命周期的范围，二是产品种类范围，三是产品发展的专业范围，四是标准管控事项的范围，如图 32-3 所示。产品全寿命周期范围是产品发展从提出到终结的范围，覆盖产品论证、方案、工程研制（含试验）、设计定型、生产定型、订购、使用、维护、维修、报废等各阶段。产品的种类范围包括产品 A、产品 B、产品 C 等种类。产品发展的专业范围包括机械专业、信息专业、光电专业、动力专业、化工专业、控制专业等。标准管控事项的范围主要是标准管控的具体技术事项和管理事项，包括产品论证方案、设计方案、工艺方案、研制样机、试验大纲、设计定型图样及技术文件、生产方案、订购方案、使用方案、维护方案、维修方案、保障方案、报废方案等。标准管控通过对表达产品的文档实施管控。产品文档为产品实物实现提供论证、设计、制造、验证等专业化技术依据和执行指令，它们是产品实物结果好坏的根据。标准管控的范围空间是一个四维空间，其表达可用一个三维直角坐标空间加一个第四维旋转环维（管控事项维）构成，三维空间的某一点与第四维上相应点相交的点为四维空间点，表达如图 32-3 所示。标准管控的范围空间是对标准管控对象的定位空间，为管控标准化资源的选择提供准确的方向、路径和地址。

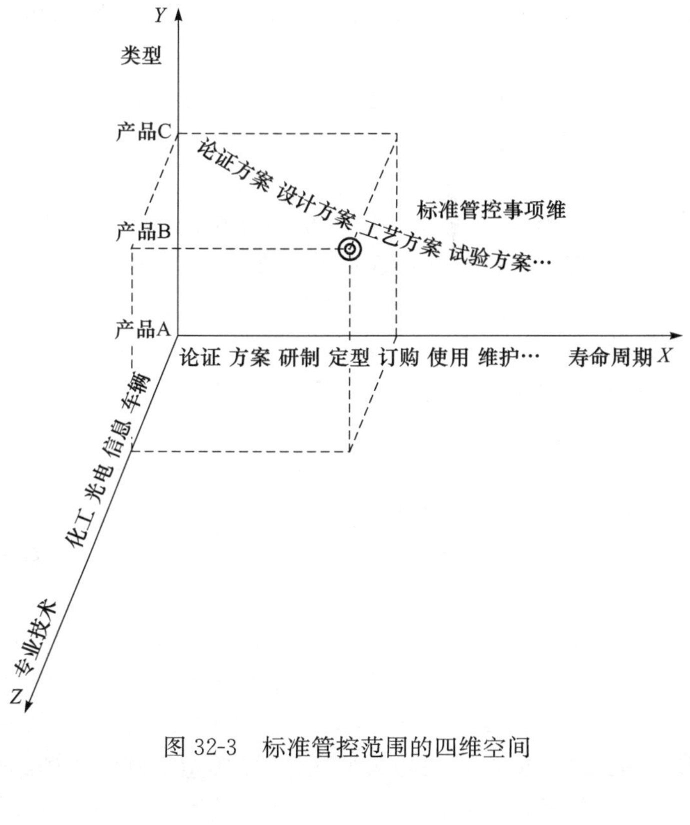

图 32-3　标准管控范围的四维空间

32.5 标准管控的基本流程

标准管控的过程适合采用软件执行的流程化过程，每一个过程节点将涉及选择决策、对比判断或信息要素支持等操作，有些节点还需要反复循环完成，这些节点操作的集合构成了标准管控的实施动作。标准管控流程是标准管控的实施过程，它给出了标准管控的实施方法，设定了标准管控的过程程序，如图 32-4 所示。标准管控流程也是标准管控理论的重要组成部分。

标准管控的方法涉及复杂的环节和要素，需要将方法转换为流程关系来表达。标准管控流程的第一步是全寿命周期阶段的选择，这些阶段有 A 阶段、B 阶段、C 阶段等(如产品发展的全寿命阶段为论证阶段、方案阶段、工程研制阶段、设计定型阶段、生产定型阶段、订购阶段、使用阶段、…、报废阶段等)，管控阶段的选择可因管控对象的不同而不同，如标准管控对象为方案设计报告，阶段应选择方案阶段，标准管控针对哪个阶段就选择进入对应的阶段。

在管控阶段选择后，第二步是选择标准管控的事项，因为每一个阶段一般都会有多个管控事项，有 A 事项、B 事项、C 事项等，如工程研制阶段的初样机设计方案或正样机设计方案等。

第三步是管控对象对应的产品类型的选择，从 A 产品、B 产品、C 产品等中选择对应项，这一项的选择是为了提取对应产品的标准，使标准资源的支持集中在最相关的小范围内。

第四步是管控方式的选择，管控方式有指导方式、辅助方式、评价方式、改进方式。指导方式主要是应用于技术文档起草前的准备工作，它为论证方案、设计方案等文档的起草提供要求、指标、格式、实例方面的信息，如为“产品论证”提供论证的总体要求、详细要求、论证模板和论证典型案例的指导和参考。指导是在工作开展之前应用标准管控系统对工作内容进行先期指导，为工作提供正确的方向和合理的界限，以使工作沿着标准规定的要求进行。

在阅读指导方式中的相关资料后，使用者可选择进入辅助方式进行文档编制或选择输出相关数据(资料)，输出数据选零时为直接退出。进入指导方式后，想要马上开展文档编制，可选择进入辅助方式。进入辅助方式，首先要输入文档编制的名称、文档类型、技术专业、产品类型等关键词，为文档编写的自动或半自动辅助提供准确的功能定位。文档辅助编写有两种依靠基础：一种是依靠标准的辅助；另一种是依靠典型案例的辅助。依靠标准的辅助是基于编写的文档有密切相关的标准，以标准要求的文档结构、要求和指标体系自动形成文档初稿。依靠典型案例的辅助是基于编写的文档有密切相关的典型案例，以典型案例的文档结构、指标体系和内容自动生成文档初稿，其生成的成果会比标准辅助生成的初稿要详细和系统。

辅助生成文档初稿后，需要靠人工（专家或专业人员）根据对象的特点逐条审阅和修改。人工修改完成的文稿如不满意，可返回再进行修改，直到满意为止，并输出数据。标准管控流程中的指导方式和辅助方式的作用，属标准管控的指导作用，解决的是形成一个系统、科学、规范的技术方案，是标准管控的核心作用之一。标准管控的指导作用是事前型的功能，事前型功能所起的是教授作用和预防作用。

对于已完成的编制的文档工作成果，应进入评价方式，导入要评价的文档成果信息，用标准逐项进行比较。标准比较的事项为文档成果内容的表述结构、表述格式、要求内容、指标内容、图表公式等。评价可以采取自动进行和有人工参与的半自动进行。文档成果无论是自动或半自动评价后，系统会对文档按标准逐项比较发现的问题，提出对文档的改进建议。建议改进内容会包括格式规范性、标题结构完善性、指标完整性和适合性等意见，甚至给出明确的内容修改方案。如果评价结论没有需要修改的建议，被评价的文档直接可进入专家审查组的审定环节。经评价需要修改的文档，应进入改进方式。

改进方式是在资源支持下的人工修改方式。首先由文档起草责任人按评价方式环节提出的修改意见在参考资源的支持下进行逐条修改，然后邀请一些高水平的专家逐条进行审议及把关。专家的把关工作直到专家满意为止。专家把关认可的文档可直接进入专家审查组的审定环节。专家审查组的审定环节既是一次专家群体的再把关，也是一个管理要履行的手续环节。

标准管控流程中的评价方式和改进方式的作用，属标准管控的控制作用，是成果方案的评价和改进控制，解决的是保证技术方案符合法规和标准的要求，使方案内容系统、先进、合理、可靠、规范等，是标准管控最关键的核心作用。

标准管控的控制作用是事后型的，事后型所起的是评价、诊断和纠正作用。标准管控的原理性流程关系如图 32-4 所示。要使标准管控流程化，需要许多结构化和格式化的工作。在标准资源方面，要进行控制标准的结构化设计、标准管控的资源格式化及各类表格格式化的设计和制作工作。在管控的任务对象方面，要进行目标文档的模板制作工作。在流程判断运行和评定方面，要进行标准资源与目标任务的关联关系的建立工作，设定流程的流向方向；评定要给出定性和定量评定要素和判断逻辑，如定性：不符合、符合、良、优，定量：高于指标的百分比、等于指标的百分比、小于指标的百分比等。

在标准的管控流程运行中除了需要资源支持外，还需要两个重要的体系支持：一个是标准体系，它为标准的存放和检索提供路径；另一个是产品指标体系，它为产品的论证和方案设计提供产品技术指标确定的指导。

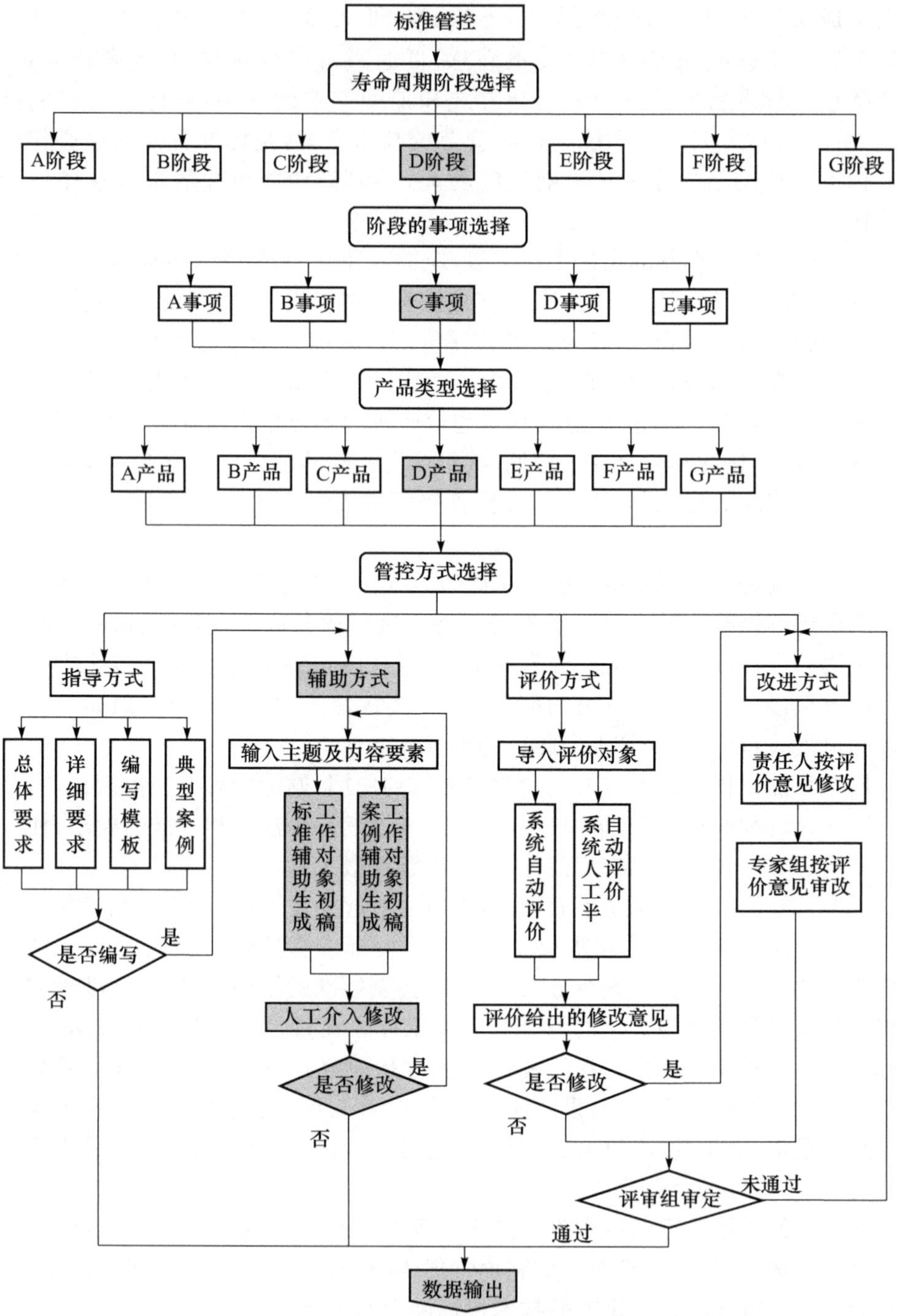

图 32-4　标准管控的原理流程关系图

图中被选中项为灰色底纹的框项

32.6　标准控制的数学模型和控制要素

标准管控是用诸标准的诸指标及诸要求对被管控对象的诸指标等进行的控制，这种复杂的控制关系可抽象成数学模型，以建立起表达清楚、方便分析和运算的符号关系。产品发展是在人的行为驱使下进行的，如果没有标准（专门文件）的约定，产品论证方案、设计方案等的组成内容就会因撰写人员的不同及时间和空间的不同而有差异。这种差异的相当部分是偏离价值要求的和带来不利影响的，如文本结构不规范、内容不系统、指标不全面、指标值不合理等。

用标准进行控制，可使这种差异控制到期望的目标。标准的约束或控制，本质上是对人的行为的控制。控制的对象和因素可以是产品研制论证文档、研制设计文档中的文档表述结构、指标体系、指标数值、要求等。当需要对不同时间、不同空间、不同人之间的技术文档撰写的行为进行统一时，标准是实现这些统一的有效约束手段。由于行为状态的复杂性和标准要素的复杂性，控制要素和被控制要素难以对接和对应联系。解决这一问题的出路是将标准的控制关系数学化。一项复杂工作的行为结果状态变量一般是多元化的变量，如撰写产品综合论证报告行为结果状态变量 $x_1, x_2, \cdots, x_n$ 等，或称为行为结果状态变量系统，这些变量可以是文档的结构编排、技术指标含义、技术指标数值、技术要求等。控制的目标结果是要实现文件完整性、文件结构规范性、技术指标和要求的全面性、技术数据的合理性和正确性等。通过分析标准管控中的变量要素和控制要素，借鉴本书第 19 章中的"标准方程"数学模型，可建立起类似于 19.1 节中的标准管控数学模型[1]（具体数学模型本章略）。

标准管控的控制要素是控制对象（文档）的各层要素，这些管控要素是文档每层展开形成的，是一种层层散开的数量增长关系，是要素数量以乘积速度的增长，增长的形态如图 32-5 所示，这种图作者称作"层散图"。通常，在"层散图"中每一

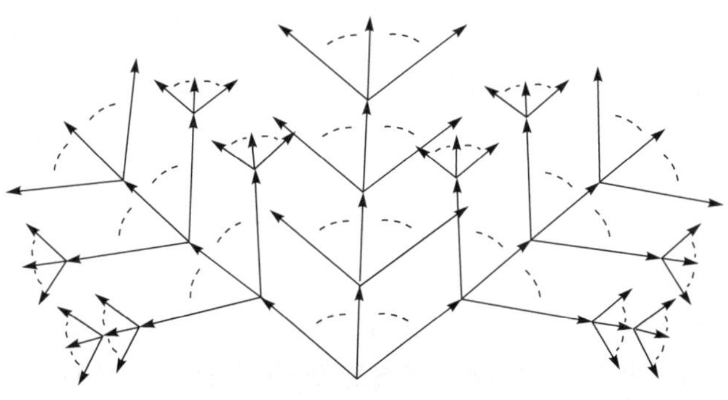

图 32-5　要素增长形态层散图

层的每一枝对下一层的生长枝数是不同的。总的管控要素不只是最后一层要素的总和，而是每层要素和的和，即每层要素和全部相加。这说明每一层不仅是要素增长的路径，也是要素管控的内容。要计算出一个对象所有的管控要素数量，需要对每层的要素进行统计后求总和。这种逐项统计的计算方式是相当麻烦的。为了简便地获得管控要素的大致数量，可以对每层估计每枝的平均增长的枝数来计算。设有 n 层因素，i 为层的序号数，$i=1,2,3,\cdots,n$；第 i 层的平均增长枝数为 a_i，总的管控要素数量估计值为 M，计算公式为

$$M=\sum_{i=1}^{n}\prod_{i=1}^{n}a_i$$

假如 n 为 5 层，各层的增长平均枝数分别为 $a_1=8, a_2=7, a_3=9, a_4=6, a_5=7$，$M=8+56+504+3024+21168=24760$，即 24000 多个控制因素。如此巨大的数量和复杂的控制要素，只能用数学关系建模和软件运算来解决。

32.7 标准管控的手段和应用

标准管控通常是对复杂产品应用大量的信息数据来完成的，用人脑的知识记忆和逐一环节进行判断来进行标准管控是不可能实现的，因此，标准管控必须应用标准管控的理论和方法，建立数学计算模型，编制计算机软件程序，通过计算机程序的运行来完成。标准管控的手段是计算机＋专家系统软件＋标准资源＋标准管控系统，管控的过程可以是自动化完成的过程，也可以是自动化＋人工干预完成的过程。初期的标准管控手段可能只是自动化＋人工干预完成的，经过对计算机程序系统智能化的增强和支持数据信息的完善，可将标准管控的手段建成为自动化完成的手段。具有充分有效资源和高度智能化软件支持的标准管控系统，对管控对象（文档）进行的辅助编制、审查评价以及完善改进，将会比人工进行更加高效、更加客观、更加可信和更具权威性。它必将成为复杂产品系统全寿命周期技术方案建立和评价的主角，取代当前纯人工建方案和专家组会议评审的模式。标准管控系统相当于集中应用从大量专家集体提炼出的可靠、成熟的智慧和知识，代替少量专家随机发挥的智慧和知识。前者是标准的管控模式，后者是现行的人工管控模式。从方法角度，显然前者的优势远远大于后者，因此，标准管控系统将取代人工管控是必然结果，这一天在不久的将来就会到来。即使标准管控的手段是全自动化的系统，至少有一个时期，标准管控输出的结果也需要经过专家组来审定，以弥补标准管控系统不周全和不完善之处。

应用标准管控系统通常是出于三种情况的需要：第一种情况是承担了产品某个阶段文档的编制任务，如产品设计方案编制；第二种情况是对已编制的某个阶段的文档进行审查，如试验大纲；第三种情况是对经过评审提出修改意见的文档进行

修改。对于第一种情况，应用标准管控系统可以给产品论证、研制、定型文档编制等提供有效的计算机辅助标准管控工具支持，大大提高文档编制的效率、正确性和规范性。对于第二种情况，应用标准管控系统可脱离人为的主观影响，为论证、研制、定型等文档评审提供有根据、客观和定量的评价，使评审工作更具完善性、客观性、可信度。对于第三种情况，应用标准管控系统，可以为论证、研制、定型等评审时专家提出的问题提供有效的修改支持，使修改的内容更全面、更可靠、更准确。

参考文献

[1]　麦绿波. 标准控制方程的创建[J]. 中国标准化，2015，(8)：61-66.

第 33 章　产品零部件的标准化策略[1,2]

33.1　产品零部件标准化策略的利益

产品零部件是产品组成的基本单元，它对产品的研制成本、研制周期、可靠性、保障性等起着决定性的基础作用。产品零部件不加控制地随意发展，将会导致零部件品种、规格的膨胀式增长，给产品使用保障带来巨大负担，提高产品研制成本，加长研制周期。只有对零部件的发展进行科学、合理的控制，才能遏制以上问题的加剧。制定产品零部件策略将会给产品的制造方和使用方带来巨大的利益。产品零部件的控制包括零部件品种控制、成本控制、质量控制、厂商控制等内容。关于零部件的质量控制有许多专门性的内容，本章不打算深入讨论零部件质量控制的专门性内容，重点将聚焦在标准化特色突出的零部件品种控制上。建立产品零部件标准化策略的目的主要如下：

(1) 控制零部件品种、规格的膨胀式无序增长；

(2) 增强零部件的通用性、互用性、可靠性和可获得性；

(3) 减小零部件制造源萎缩和零部件报废的机会；

(4) 保障满意零部件的提供。

产品零部件品种、规格控制的策略主要有两个：一是充分利用已研制成熟的零部件，二是严格控制新零部件的研制产生，或者说一是零部件的充分利用，二是零部件产生的合理控制。产品设计时利用成熟零部件和控制新零部件产生，将能控制零部件的随意无序增长，增强已有零部件的标准化特性，为新产生零部件的未来提供标准化特性增强的机会。关于已有零部件，如能大量和广泛地被利用，将会提高其通用性、互用性和可获得性。已有零部件被大量利用，零部件就能有大批量生产的机会，零部件的生产成本就会大幅降低。零部件的批量化利益将会吸引制造商不愿轻易放弃对它的生产，零部件资源就能有供货的生产保障，已被利用的零部件品种和规格就不会被轻易淘汰。在有许多供货源时，需严格控制零部件订购的货源，以保障购得质量满意的零部件。在新零部件产生的控制方面，控制零部件的品种主要是控制零部件的型式和材料关系的增加，控制零部件的规格主要是控制零部件的尺寸关系的增加。产品新零部件产生的标准化策略，包括新零部件设计时要考虑通用化、系列化、模块化（简称“三化”）和制定标准件等策略。产生新零部件时，注入“三化”因素，将会显著增大新零部件未来被利用的机会。零部件使用的广泛性，增强了零部件的通用化属性，同时也增加了零部件的使用数量，增大了零部件的生产批量，降低了零部件的成本。产品零部件的标准化策略不仅是产品原配零部件品种、规格控制的策略，还包括产品维护、维修、零部件采购的标准化策略。产品设计、维护、维修和采购的零部件尽量选择已有的成熟零部件，这种做法无形中增强了零部件的通用性，为零部件建立了标准化的关系。

制定零部件的标准化策略，是建立零部件合理发展的一种机制，将给产品的研制、使用和保障带来重要利益，这些利益主要如下：

(1) 降低产品的零部件成本；

(2) 缩短产品的研制周期；

(3) 降低产品的故障风险率；

(4) 减轻产品保障的规模负担；

(5) 提高产品的互换完好性。

利用成熟零部件，可避免产品零部件无意义的重复设计劳动和制造工艺工装投入，可降低产品的零部件成本。利用成熟零部件，还可避免新研制零部件带来的性能风险和可靠性风险。控制零部件品种、规格发展，可控制零部件品种、规格的规模，可减小产品零部件保障的规模化负担。零部件的大量重复使用，增大了产品间零部件的互用机会，提高产品间的互换完好性。

产品成本、性能、可靠性、保障性是产品用户最关心的要素，是产品研制的关注重点。产品用户关心的这些要素可通过零部件的标准化策略来获益。当产品零部件的来源以利用现有成熟零部件为主时，产品的成本就会比较低，保障性就会比较高，性能、可靠性的风险也会降低，因为零部件的选择对象是来自于性能和可靠性经过认定的零部件。

产品零部件研制时，不应采取“1 对 1”使用的研制理念，应广泛性地考虑研制零部件的通用性和再利用的可能性，给零部件赋予再利用的潜质。产品零部件的策略采取标准化策略，主要是强化零部件的标准化要素，这些标准化要素主要是零部件通用化、系列化、互换性和管理规范化(用规律性编号管理)等，这一策略有利于减少专用化和独特性。当组成产品的基本单元——零部件的标准化程度较高时，产品的标准化程度必定随之提高。因此，产品零部件实施标准化策略的结果，就是提升产品标准化程度的结果。产品零部件采取标准化策略将使产品的研制和产品用户双方共同受益，是一个多赢的策略。

33.2　零部件资源的资格认定和管理

产品零部件推行标准化策略，就需要有合格的零部件资源供重复性利用。建立合格的零部件资源，将涉及零部件的资源来源、资源资格认定、资源建设、资源管理等内容。

33.2.1 零部件资源的来源和条件

产品研制时，零部件采用成熟的现有零部件，就需要有零部件的资源来源，并符合一定的条件。零部件资源的来源主要有三种：第一种是产品型号的零部件资源；第二种是通用件资源；第三种是标准件资源。零部件资源应满足零部件合格和可靠的条件。可靠的零部件资源是经过一定程序认定的资源，这些认定程序通常有鉴定、验收、设计定型、生产定型等。零部件的资源应取自通过了设计定型或产生定型的零部件，或随整机产品定型过的零部件，最好是定型后被应用验证可靠的零部件。通常仅经过鉴定或验收不足以保证零部件全面技术关系的可靠。没有经过设计定型或生产定型的零部件，由于没有经过全面的试验考核和验证，不能保证零部件的有效性和可靠性，不宜作为再利用的零部件资源。有些零部件虽然经过产品研制产生，并经过相应的试验考核，但没有完成设计定型，也不适合作为再利用的零部件资源，因为，它们没有获得完整性和程序性的认定。零部件资源最好是来自经过了设计定型、生产定型、用户使用认定的产品零部件资源，至少应是完成了设计定型的产品零部件资源。在三种零部件资源中，产品型号零部件资源主要适用于某类产品，通用件资源适用于本专业的产品，标准件资源是跨专业普遍适用的基础件。标准件主要有紧固件、管件、密封件、轴承、液压件、接插件、电子元器件等。标准件资源通常是货架式的产品，可直接作为产品零部件资源，但为了保证标准件的可靠，应使用有相应合格产品目录和合格厂商目录的标准件。

33.2.2 零部件资源的资格认定

作为再利用的零部件资源，前提条件是已经过设计定型、生产定型的零部件。并不是所有经过设计定型、生产定型的零部件都可以作为再利用的零部件资源。由于零部件资源是作为产品设计直接利用的，因此，为保证产品设计的可靠，应对零部件资源进行资格认定。再利用零部件资源中的零部件，应是性能功能好、可靠性高、维修方便、成本合理、标准化属性强的零部件。进入零部件资源中的零部件都必须具有互换性特征。零部件资源的资格认定由零部件管理机构组织认定。零部件管理机构是零部件全寿命周期的管理机构，负责零部件资源的资格认定、零部件资源建设和维护、零部件新设计审批、零部件资源使用提供等工作。

零部件资源的资格认定应有零部件的资格认定程序，程序内容主要包括：选择零部件资源对象、编制待认定资格的零部件清单、准备零部件技术文档、专家组评审、形成建议的零部件资源资格清单、审批认定的零部件资源资格等，资格认定程序如图 33-1 所示。零部件管理机构按资格认定程序进行以下内容的认定工作。零部件资源对象选自设计定型或生产定型的产品系统；零部件资源对象的另一选择方面是选择通用件和标准件。从产品系统中选择新研制的零部件编制待认定资格零部件清单；老的零部件被认定是从零部件资源中选择使用的，不必重复编入认定资格零部件清单；如果老的零部件未进入过零部件资源库，也应编入待认定资格零部件清单。待认定资格零部件清单编制出来后，按照清单中的零部件准备每个零部件相应的图样和技术要求文档，这些技术文档应能全面反映零部件的设计技术状态和制造验收要求，或者说按这些文档的技术要求应能制造出质量和功能性能合格的零部件。对于技术文档不全面的零部件，不能作为资格认定的零部件，应从待认定资格零部件清单中剔除。组织专家组进行零部件的资源资格认定。认定的工作主要是对零部件进行性能评价、功能评价、质量评价、标准化评价、成本评价、使用记录评价等，评价可以采用表格给出相关信息和评价的栏目，用分值量化打分，也可以用投票“同意”和“不同意”表达评价。评价结论可用分值限确定，达到限值以上的定为“通过”。通过评审的零部件应是各项评价内容满意的零部件。未通过评审的零部件，不作为再利用的零部件资源，应编入放弃的零部件资源清单中。通过评审的零部件，编入零部件资源资格清单，提交审批。零部件管理机构对提交的零部件资源资格清单进行审查，重点审查零部件评审程序履行的全面性和正义性，审查专家评审意见的采纳程度，对符合资源资格要求的零部件批准其资格。

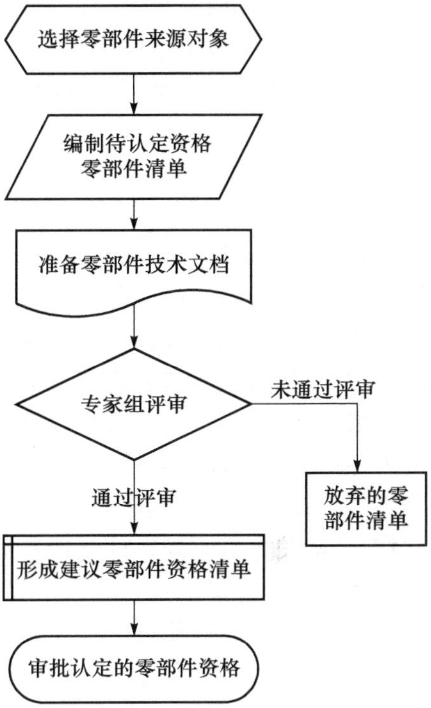

图 33-1　零部件资源的资格认定程序

在评价内容中，性能和功能评价主要是评价零部件实际性能和功能是否达到设计的性能和功能要求，评价需要审查相关的性能和功能的测试结果；质量评价主要是评价零部件的可靠性、耐用性、环境适应性、稳定性及外观状况等，通常需要使用反馈信息来支持；标准化评价主要评价零部件的通用化、系列化潜质和制定为通用件或标准件的可能性，标准化潜质大的零部件将具有较多的可利用机会；成本评价是对零部件的设计和制造成本进行合理性评价，零部件成本高可能有设计、材料使用和制造工艺的不合理因素，对不合理的成本可提出质疑意见；使用记录评价主要是评价使用效果和检查有无不良记录，使用效果是看零部件性能和功能的效果，对于零部件使用时曾出现过故障的，要详细分析故障是零部件偶然制造问题导致的还是设计缺陷或工艺缺陷的必然结果，存在设计缺陷或工艺缺陷的零部件不应通过资格评审。通过认定的零部件资源，相当于是“准通用件”的资源，是可以直接用零部件资源编号在设计、采购中引用的零部件。

33.2.3 零部件资源的建设

对于通过资格评审的零部件，应作为零部件资源建设的对象，纳入零部件资源管理系统中进行管理和利用。零部件资源建设包括零部件应用系统开发、零部件数据制作规则制定、零部件编号规则制定、零部件数据的数字化制作、零部件数据入库、系统运行检测和完善等。零部件资源应用系统是零部件资源利用的平台系统和数据库系统，平台系统为零部件的存储、利用和维护提供操作界面，数据库系统为零部件模型及其文档进行存储和管理。零部件数据制作规则包括零部件模型和零部件技术文档的制作规则。只有通过零部件数据制作规则统一零部件资源的制作，才能使大量不同设计制造来源资格认定合格的零部件能存放到同一应用系统中无歧义和质疑地正常使用。零部件编号规则的制定是为了保证每种零部件具有唯一身份，并能方便进行检索和从多个特性角度查找，同时可使零部件脱离原产品的所属关系。零部件的唯一性可通过无实意流水码解决。为了查找方便，还应编制一套分类关系码与无实意流水码绑定。编制零部件资源编码，使零部件资源作为一种通用资源，脱离原所属产品，可免去办理零部件借用手续的麻烦。零部件的分类信息可以包括零部件的形状、功能、材料、所属技术专业（机械、电子、电气、光学、化工、生物等）等信息。零部件数据的数字化制作包括零部件模型制作和零部件文档资料制作。零部件的模型应制作为设计和制造可直接利用的三维模型，应统一零部件的建模软件，如 Pro/E、UG NX 或 CATIA 等。此外，还要统一零部件建模的方法，使产品新设计的零部件模型和零部件利用资源库的模型建模统一。零部件文档资料数字化制作包括零部件设计、制造、试验的技术文档、供货文档和零部件应用情况文档等的制作。零部件技术文档中的设计文档包括设计图样及其技术要求，制造和试验文档包括制造要求和试验方法。零部件的供货文档包括零部件的合格制造商信息。零部件的应用文档包括零部件的应用产品对象、应用数量记录、使用问题记录等。零部件资源库的建设可以有三种使用属性：自用式零部件资源库、商用式零部件资源库、公益式零部件资源库。自用式零部件资源库只供开发投资方使用或其指定的使用方使用，这种零部件资源库往往是企业的或控制知悉范围的零部件资源库。商用式零部件资源库是有偿使用的零部件资源库，通常是公司为赢利而开发给客户使用的。公益式零部件资源库是免费公开提供使用的零部件资源库，通常是政府或专业协会为公共利益而开发的。

33.2.4　零部件资源的管理

零部件资源是一个庞大复杂的数据资源，主要是通过计算机应用平台和数据库的手段进行管理，管理的方式可以有统一管理方式和分级管理方式。零部件资源统一管理方式是将零部件资源集中在一个数据库中心进行管理，但将会带来数据资源集中采集、制作工作量大、时间周期长、投资大、用户访问量大等问题，好处是零部件的资源集中、丰富，有利于控制品种和规格的重复产生。零部件资源分级管理是将零部件资源按使用范围进行分级，可分为企业零部件资源库、行业（或部门）零部件资源库、跨行业（或部门）零部件资源库等。企业零部件资源库管理企业中通过定型的产品中所有认定的零部件资源（只要没有发现固有问题和不良记录）。企业零部件资源库的零部件有很强的本企业产品的专业特色，对本企业产品的开发具有很好的再利用机会，因此，能在本企业有很好的通用性。企业零部件资源库由企业自己负责零部件资源的选择、资格认定、数据制作、入库和维护等管理。行业（或部门）零部件资源库管理行业（或部门）通用的零部件或跨企业通用的零部件，可由行业（或部门）相关机构授权的单位进行资源库的管理。行业零部件资源库管理的资源需要进行零部件行业通用性的认定。跨行业零部件资源库管理跨行业（或部门）通用的零部件，可由授权的单位进行单独管理，也可合并到行业零部件资源库管理机构中进行管理。

零部件资源库的管理包括零部件入库管理、零部件库中管理、零部件出库管理和零部件删除管理。零部件入库管理是零部件选择、认定、数据制作和数据输入的管理。零部件库中管理是零部件在应用平台中的零部件数据的检索、统计、分析、修改、调整、审计、预警、提示、处理等管理。零部件出库管理是零部件数据导出、打印等管理。零部件删除管理是通过对零部件定期进行使用频率统计、供应源分析、使用问题分析等，发现零部件长期无使用记录、供应源枯竭、使用问题严重等不良信息，数据库应用系统发出预警信息或可删除提示信息，在办理相关审批手续后进行零部件数据删除的管理。

对零部件资源库，可设置零部件使用的优先级和推荐功能。零部件资源库管理系统可设置对零部件的使用频率进行统计，按零部件使用频率的多少进行使用次数分级，将使用次数最多的零部件排在前面，作为一级选择件，并按使用次数降序分挡，分为二级、三级等选择件，将被利用频率高的零部件资源与标准化程度相关联，为标准化程度高的零部件提供更多的利用机会，进一步强化其标准化属性。

33.3　零部件资源的使用

零部件资源的使用是零部件资源发挥其价值作用的主要环节，涉及使用的要求、使用的时机、使用的方法、使用的权限等内容。

33.3.1　使用的要求

零部件资源的使用通常有两种要求主体：一种是产品研制委托方（订购方或甲方）提出的要求；另一种是产品研制方自己的要求。产品研制委托方一般要求研制方在产品设计时，要尽量使用其认可的已有适用零部件资源，以降低产品的研制成本、研制风险，提高产品的保障性。产品研制方自我要求使用零部件资源主要是为了降低研制成本、研制风险和缩短研制周期。使用零部件资源可避免零部件新设计带来的经济成本、时间成本和风险。

33.3.2　使用的时机

零部件资源的使用时机主要是在产品论证阶段、设计阶段、制造阶段、维护阶段、维修阶段和备件订购阶段。论证阶段使用零部件资源是为了确定继承使用已有零部件和新设计零部件的比例，以估算产品研制的设计工作量和成本。在论证阶段，对于资源库中可继承使用的成套零部件、成组组件，可按成套或成组关系提出应用方案，以支持研制成本和研制时间周期的估算。设计阶段使用零部件资源是直接利用适用的零部件资源，避免不必要的新设计技术工作。制造阶段使用零部件资源是查找编制相应零部件制造工艺所需的技术关系，为零部件的生产做好准备，或查找零部件制造的合格提供商，以委托加工或采购零部件代替加工零部件。维护阶段、维修阶段和备件订购阶段使用零部件资源是查找维护维修件和备件相应的合格提供商，订购合格商供应的维护维修件和备件，避免购买了非合格商的相似维护维修件和备件。

33.3.3　使用的方法

零部件资源的使用方法主要是三部曲：一是查找零部件资源；二是审阅技术信息；三是资源利用。查找零部件资源时，查找者应有明确的需求对象的要求概念，然后进入资源数据库按照预定的零部件名称、功能、性能、形状、编号关系、应用情况等概念进行检索，找到相符的一种零部件或多种零部件；对查阅找到的零部件三维模型、技术信息文档和应用情况等文档，分析零部件是否满足设计使用要求，特别要注意零部件的适用环境（地面、海面或空中），如适用地面的零部件用于海面会对零部件造成盐雾或盐水腐蚀等，直到找到完全符合可使用的零部件对象；选择的合适零部件，可在产品设计中直接使用，以避免绘制零部件设计图样。即使是标准件的选择，也最好是从资源库中进行选取，以保证标准件的使用可靠，因为资源库中的标准件是经过随整机产品进行过试验考核和定型的零部件。

33.3.4　使用的权限

零部件资源库的使用权限，可按零部件通用关系、专用性（或关重性）进行分级授权。专用性（或关重性）程度高和特定使用的零部件可设置成高的权限级别，反之零部件可设置成低的权限级别。零部件资源库也可按任务授权，承担什么研制任务，授权使用什么类别的零部件。任务授权主要是将零部件按产品类别、技术专业类别分类，按类设定权限。零部件资源库建成统一的非公益式资源库时，将会涉及零部件资源不同来源方的知识产权问题，所以，零部件资源也可按知识产权关系设定使用的权限，按零部件资源的使用支付关系进行授权，以保证零部件资源提供方所属知识产权的安全。对于有权限管理的资源库，要办理授权手续，获得授权密码，以进入限定的授权区域使用。

33.3.5　零部件使用与标准化的关系

零部件资源库中的零部件标准化属性的强或弱，与零部件使用的频次成正比。一种零部件使用的频次有两种情况：一种是零部件应用于产品型号种类的频次；另一种是零部件在一种产品中的应用数量。零部件用于产品型号种类的频次多，反映零部件适用产品的范围广，说明零部件的通用等级高。零部件通用性强，将提高产品间相应零部件的互用性。零部件在一种产品中的应用数量高，反映该零部件的品种规格统一性好，品种规格集中度高，说明该品种规格零部件在一种型号内的上下兼容能力强和在一类型号间的兼容能力强。这两个统计数量，不直接反映零部件应用于产品的总数量，只用于反映这两种零部件应用情况不同的标准化特质。应用型号面广且在一种产品中应用数量多的零部件的标准化性质是最好的。

无论哪种统计角度，零部件应用数量频次高，将带来大的零部件生产数量，降低零部件的生产成本。零部件应用频次与其成本的关系如图 33-2 所示。图中的零部件成本是一种零部件的成本关系，每种零部件都有自己使用频率的具体成本关系。可参照品种和成本关系的卡-松定律建立以下数学模型：

$$C_a/C_b=(f_b/f_a)^k \qquad (33\text{-}1)$$

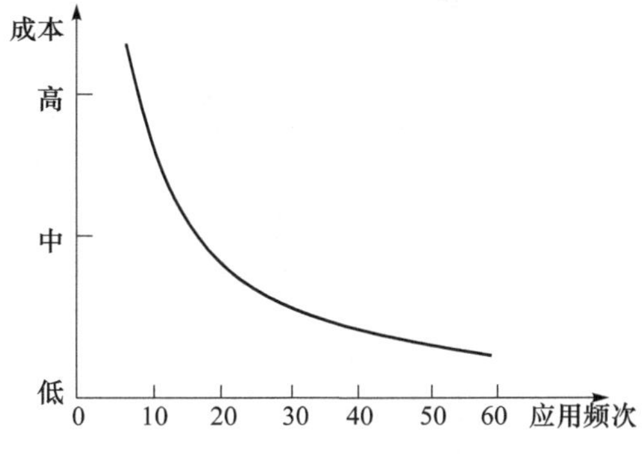

图 33-2　应用频次与成本的关系

式中，C_a 和 C_b 分别为零部件使用频率增加后和前的成本；f_b 和 f_a 分别为零部件使用频率增加前和后的数；k 为数值 0.25～0.5 的规律系数。式(33-1)中的增加零部件使用频率比卡-松定律的减少品种规格有更好的统计操作性。因为品种规格减少统计的范围难以确定，而使用频次统计的是实际的具体数值，很容易客观、明确统计。

33.4 新零部件的研制管理

增加一个新设计零部件，增加的不仅仅是新零部件的设计成本，还包括新零部件的工艺设计和工装添置的成本，还有新零部件品种和规格增加带来的保障成本。产品零部件的标准化策略就是要充分利用已有零部件资源，尽量避免新零部件品种的产生或零部件品种数量膨胀式增长。新零部件产生管理控制的内容包括零部件新研制的程序、评价、文档构建、资源提交与入库等。

33.4.1 零部件新研制的程序

为了控制零部件的膨胀式增长，新零部件的产生是要有条件限制的。由于新零部件的产生源于产品的设计阶段，因此，对新零部件的设计进行手续控制，可有效控制零部件的无序增长。产品设计时，直接采用认定的零部件资源库的零部件是非手续的设计行为，设计师有权力在认定的零部件资源库中选择适合的零部件直接使用。根据产品研制需要，当在认定的零部件资源库中不能选择到合适的零部件而要设计新零部件时，需要办理新零部件研制审批手续，方能进行新零部件的设计。零部件新研制的审批手续是一个程序化的内容，如图 33-3 所示。该程序的主要内容为：根据产品设计需要确定新零部件需求的初步设计方案；在资源库中寻找适合的零部件，找到时纳入设计方案不再设计，找不到时填写新零部件设计申请表；提交新零部件设计申请表给零部件管理机构；零部件管理机构审查新设计零部件的必要性，不批准时返回零部件资源库再查找，批准时发放新零部件设计的图样编号或编号许可；

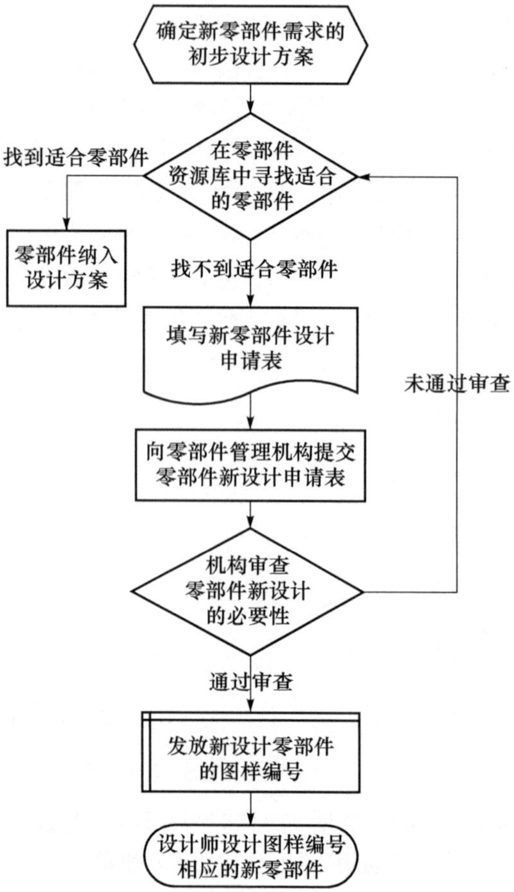

图 33-3 零部件新研制管理程序

设计师设计图样编号相应的新零部件。零部件的初步设计方案应给出零部件的形状、功能、性能、尺寸等内容，但不要求达到零部件详细设计工程图的水平。零部件初步方案的内容是为在零部件资源库中寻找相应零部件提供依据。当零部件初步设计方案中的零部件在零部件资源库中找不到合适的零部件对象时，就需要进行新零部件的设计。新零部件设计要填写新零部件设计申请表，申请表中应包括新零部件的基本信息、申请新设计零部件初步技术要求(形状、功能、性能、尺寸等内容)、零部件资源库查找结果说明、申请零部件新设计的理由等。零部件新设计申请表申请的零部件可以是一个零部件，也可以是一批零部件，如果申请新设计的是一批零部件，应对这批零部件进行分类，并列出每个零部件的初步技术要求。

审查新设计的零部件的管理机构可能会有多个层级的机构。对于具有广泛性和体系化协同使用的电力产品、通信产品、交通产品、军用装备等，零部件的审查管理机构可能有部门级管理机构(如电力部门、军种部门等)。对于非广泛性和体系化协同使用的产品和一般的民用产品，只需要企业级零部件管理机构审查即可。部门级的零部件管理机构可设在部门的标准化办公室或研究机构，企业级的零部件管理机构可设在企业的标准化机构。零部件的审查可分为一般审查零部件和专门审查零部件，一般审查零部件由企业级管理机构审查，专门审查零部件由部门级管理机构审查。专门审查零部件主要包括使用量大的通用件、关重件、易损件、备附件，这些件通常具有较高的技术和经济价值，或要求更广的通用性、可靠性、互换性、保障性等。对于产品结构方案中确定为非研制的组件(继承使用的组件)，其中的零部件原则上不应再进行新设计。对于不批准新设计的零部件，零部件管理机构应给出直接利用资源库零部件的具体建议。批准允许新设计的零部件，应由零部件管理机构按产品图样编号规则给定新设计零部件的图样编号或编号许可，以此作为新设计零部件的“准生证”。设计师拿到新设计零部件图样编号或编号许可，就可进行零部件的设计出图。没有“准生证”的零部件，只能使用零部件资源库中的通用件、标准件等，其件的编号身份用零部件资源库中的零部件相应编号。

33.4.2　新设计零部件的评价

获得新设计零部件图样编号的零部件完成设计后，应进行新设计零部件的评价。新设计零部件的评价由零部件管理机构进行评价或设计单位自评价，评价的重点是新设计零部件结果的有效性、通用性、成本等。当发现新设计的零部件与零部件资源库中的零部件相近和相重时，应仔细审查，必要时，可组织专家组对新设计零部件的必要性进行再把关。当审查认为新设计零部件无意义时，应撤销新设计零部件及其图样编号。对新设计的零部件进行评价，是为了避免批准新设计后再次产生重复或无意义的新零部件品种和规格。为了减少管理环节，新零部件的评价也可放到零部件设计定型后，与零部件入库资格评价合并进行，但难免会出现零部件重复研制的情况。

33.4.3　新研制零部件的文档构建

新研制的零部件成果一旦定型和使用后，将会作为零部件资源库中的再利用对象，需要建立为零部件再利用提供信息支持的文档。零部件技术文档包括设计技术文档、定型文档和应用文档等。设计文档应包括设计图样及技术要求等，定型文档应包括定型随机的对象、定型试验的类型、定型结论等，应用文档应包括零部件应用到产品、组件和部件等信息和发现问题的信息，这些文档都应按零部件资源库的零部件文档规范格式建立。

33.4.4　新研制件的评价和入库

尽管研制新零部件时，要求新零部件设计时要充分考虑新零部件的通用性、可靠性和经济性等，但不能保证新研制出的零部件都能具备进入再利用零部件资源库的条件。凡是申请新研制的零部件，在零部件研制定型后或应用一定时期后，零部件研制企业应向零部件管理机构提出资格评价申请，由管理机构按 33.2 节的程序和要求，对新研制的零部件进行资格评价。新研制的零部件通过零部件准入资格评价后，管理机构应对其进行资源零部件编号，制作相关数据，存入零部件资源库。

33.5　零部件的变更

零部件认定入库后，不是永远不能变化，零部件资源库中的每一个零部件都可能有被替换、替代、取代的情况发生[3]。零部件的变化只要是有利于保障其供应和改进成本、质量和性能等有益的变化，都可以通过必要的程序进行改变。

当零部件供应商的供源枯竭时、供应商供应的零部件质量不稳定时或零部件有质量好、价格低的供应源时，需要对零部件的供应商进行替换，由此出现零部件的替换情况。替换的零部件应保证其功能、性能、可靠性、可维护性等技术状态和质量与原始设计零部件的相同，而且新供应商供货的零部件质量要不低于原供应商的。替换零部件需要与原始设计零部件进行相同性对比的评审和批准程序。替换零部件是不同供应商提供相同零部件的情况，替换是零部件供应商间的替换，而零部件不变。在零部件资源库中要对替换零部件标注新的零部件供应商和替换标记，但不再给零部件新的编号。零部件替换是同种零部件供应的更换。

为了降低产品成本、提高零部件可靠性和耐久性，需要在不改变零部件的结构关系时，通过改变零部件的材料来实现，由此产生替代零部件。替代零部件只是其成本或/和质量特性与原零部件不同，有改进和改善，但其功能、使用性能和互换性并未发生降低改变，不对零部件本身和相邻件装配结构关系进行改变。替代零部件需要按 33.2 节进行资格认定。替代零部件在零部件资源库中应给予新编号，并在相关文档中标明替代关系。替代是零部件结构相同、材料不同零部件的更换。

当发现零部件有更有利的设计关系、需要消除零部件现存问题时，需要设计可取代原零部件的零部件。取代零部件至少应符合替换零部件的所有使用要求，有优于原始零部件内容。取代零部件是原始设计零部件的理想更换零部件。取代零部件在结构和材料上与原始设计零部件相比都可能会有改变，但在接口互换性关系上是一致的，在使用要求上会更优。取代零部件在零部件资源库中应给予新编号，并在相关文档中标明取代关系。无论是替换、替代还是取代零部件，都应按 33.2 节进行资格认定，并且它们应是具有接口互换性的零部件。

33.6　标准化策略的应用要求

以上零部件标准化策略的应用，需要零部件标准化管理机制、体制、人员和资源的综合支持，不是单一因素能推动应用的。零部件标准化策略的应用，要求具备的条件为：①零部件控制机制；②零部件控制的管理机构；③零部件资源应用平台和数据库；④零部件控制的合格审查人员；⑤一定规模的零部件资源。

零部件控制的机制，是指要有零部件控制的规定或办法等制度依据。零部件标准化策略要靠零部件管理的体制或机构来组织实施和运行，以保证日常的零部件控制管理和资源维护使用。零部件的管理机构可新建立，也可通过授权现有相关机构来履职。零部件资源应用平台和数据库要有完备的应用功能和性能，具有多用户同时利用的运行能力。零部件控制审查人员要有资深的产品设计经历和专业性的标准化知识。零部件资源库应能提供充足和合格的零部件资源，支持产品大部分内容的免设计。

开展零部件控制会带来一些新的工作量，但这些工作的收益将会远远大于无意义的重复设计的付出和巨大的保障费用耗费，是收获远远超出付出的策略。产品体系越庞大、数量越多、分布越广，应用零部件标准化策略带来的效益就越突出。零部件标准化策略适用于各技术专业，适用于军民两类产品。

参 考 文 献

[1]　麦绿波. 产品零部件的标准化策略(上)[J]. 中国标准化，2014，(9)：47-51.
[2]　麦绿波. 产品零部件的标准化策略(下)[J]. 中国标准化，2014，(10)：86-90.
[3]　US DoD. SD-19. Parts Management Guide[S]. Washington：DoD，2009.

第四篇　评　价　篇

第 34 章　标准化应用状态与评价[1,2]

34.1　标准化应用状态的概念

标准化应用结果的评价问题，一直是一个既迫切需求又难以解决的问题。标准化作为一种价值性内容，已受到了方方面面的关注和重视。如果对象标准化应用结果的评价没有一个科学性、客观性、全面性和合理性的方法，将会影响对标准化作用和效果的认定。解决标准化实施结果的评价问题，是重要的标准化理论建设课题。这一问题一直难以解决的原因是，评价涉及的因素关系复杂和层次关系多，且需依赖于数学关系的应用。在实际工作中，用于评价标准化应用的指标很少，传统的标准化评价指标主要是产品研制中的“标准化系数”。传统的标准化应用评价主要存在五个方面的问题：一是标准化应用评价的指标单一，不能全面反映标准化应用的各种方式；二是标准化应用评价指标缺乏与利益的关联性，不能反映标准化带来的经济利益和其他利益；三是标准化应用评价指标内涵粗放，表达的结果不合理；四是标准化应用评价指标与标准化的主要形式联系不直接，不能直观地看出应用结果的标准化属性；五是标准化应用的载体单一，没有体现其他载体的标准化应用。因此，标准化的应用评价需要建立一套系统、科学、客观、有效的标准化应用评价方法，引导标准化应用的深入和有效开展，并对标准化的应用效果进行科学、有效评价。为了对标准化应用评价进行全面和深入的表达，作者创建了**标准化应用状态**这一新概念来表达对象标准化的应用结果，以期能全面、客观、定量、有效地进行标准化应用的评价。这个评价称为对象标准化形式应用结果的评价。

标准化应用状态作为一个新概念，需要给出其内涵。标准化应用状态概念的内涵是：**对标准化应用对象开展标准化后所形成的标准化形态**。标准化应用状态是标准化范畴的状态，其形态符合标准化的形式谱系。标准化的应用状态是按标准化的原理建立的标准化的关系，是有意识的标准化行为，是在操作上应用标准化方法建立的。标准化应用状态可用于对实施了标准化的系统的各组成部分所呈现的标准化关系进行定性和定量的评价。这一评价关系可在横向范围和纵向深度反映对象的标准化实施，并以状态方式和数学模型关系综合表达。

标准化应用状态不仅可以用于评价产品的标准化程度，还可用于评价企业、服务业、工程、军队等各种系统的标准化程度。建立标准化应用状态是为了告诉标准化状态所带来的利益关系。因为，选择标准化就是选择了节约、效率、可靠、方便等利益。标准化应用状态不仅可用于评价对象已开展的标准化程度，还可以用于指导需要开展标准化的应用方向。对象的标准化应用状态也可简称为对象的**标准化状态**。

34.2　标准化应用状态的表征维度

标准化应用状态不应是单一关系的标准化状态，应该有多种标准化状态的形态，因此，标准化应用状态应该是多维度的。标准化应用状态的维度是不同的标准化形态在相同载体上形成的。标准化应用状态是由标准化原理的应用形成的。标准化的原理主要有统一化原理、互换性原理、通用化原理、系列化原理、模块化原理、互联互通原理、协同互操作性原理等，对象每个单元都可在其上应用多种标准化原理。产品是标准化的传统对象和经典对象，下面以产品为对象讨论标准化的应用状态和评价。例如，产品贯彻标准规定就是在应用统一化原理。再如产品组成部分的通用单元是通用化原理的应用。标准化应用状态的维度形态至少有：统一化、互换性、通用化、系列化、模块化、互联互通、协同互操作性等维度。一个载体只有七个标准化原理中的一种原理应用在其上时，称为单标准化状态；由两个原理同时应用在一个载体上时，称双标准化状态；以此类推可有三标准化状态、四标准化状态等。由此，构成了载体主要的标准化状态维度。用组合数学可求解出标准化应用状态的各种维度的形态数。设 n 为标准化应用状态的种类数($n=7$)，r 为标准化应用状态的合成维数或同时呈现数($r=1,2,3,4,5,6,7$)，c_1、c_2、c_3、c_4、c_5、c_6、c_7 分别为标准化应用状态合成维数分别为 1、2、3、4、5、6、7 的形态数。标准化应用状态的合成维度为 r 的形态数为

$$c_n^r=\binom{n}{r} \tag{34-1}$$

单维度的标准化状态的形态数为 7 种；双维度的标准化状态的形态数为 $(7\times6)/(2\times1)=21$ 种；三维度的标准化状态的形态数为 $(7\times6\times5)/(3\times2\times1)=35$ 种；四维度的标准化状态的形态数为 $(7\times6\times5\times4)/(4\times3\times2\times1)=35$ 种；五维度的标准化状态的形态数为 $(7\times6\times5\times4\times3)/(5\times4\times3\times2\times1)=21$ 种；六维度的标准化状态的形态数为 $(7\times6\times5\times4\times3\times2)/(6\times5\times4\times3\times2\times1)=7$ 种；七维度的标准化状态的形态数为 1 种。表征标准化应用状态的形态数共计 127 种。

标准化应用状态是以载体的承载而存在的，没有载体，标准化的状态就不能体现和展示。标准化应用状态的载体主要是物质体、信息、能量、行为或意识形式等。标准化应用状态的承载载体可以由单一载体承载，也可以由多承载载体分别承载或复合承载。对于产品系统，其标准化应用状态的载体为零件、部件、组件、分系统、系统等实物对象；对于广播体操或团体操，其标准化载体是意识和行为动作；对于语言，其标准化载体为意识和发声声音。

标准化应用状态的表征，除了由标准化形态构成的维度状态外，还有以不同类型载体或载体不同层次的分表征关系。即使是相同的标准化应用状态，由于载体价值关系的不同，评价的结论也是不相同的，因此，需要根据载体的价值关系进行表征，以便能进行准确的标准化应用价值的定量评价。例如，一个产品系统，其标准化应用状态的载体关系有零件、部件、分组件、组件、分系统、系统总成，通常，一个零件的通用化与一个组件的通用化的价值意义是不对等的或不相同的。即使碰巧有一个零件和一个组件的经济价值相等，它们的地位和作用也是不会相等的。因此，区分表征不仅仅是用于区分价值关系，还要区分地位和作用关系。

34.3 标准化应用状态的评价数学模型

为了使标准化应用状态便于定性和定量的评价，需要建立其相应的数学模型。为了克服标准化传统评价单一性、粗放性等不足，需构建多标准化应用相关要素和应用内涵表达的评价数学关系。评价数学关系主要内容包括：标准化应用状态的符号表示；标准化应用状态适用的范围等级；标准化应用状态维数的形态表示；标准化应用状态价值权重的划分；标准化应用状态载体等级的划分；载体标准化应用状态的占比评价数学模型；载体标准化应用状态价值占比评价数学模型；载体标准化应用状态的状态占比评价数学模型等。

由于标准化的状态是多形式的，用单一的标准化形式评价标准化的应用状态是不充分和不完善的，标准化应用的评价应该用多关系进行评价。标准化应用单一状态主要有七个状态，设 B 表示统一化状态，H 表示互换性状态，T 表示通用化状态，X 表示系列化状态，M 表示模块化状态，L 表示互联互通，C 表示协同互操作性状态。统一化状态 B 是以执行标准规定内容的状态来体现的，其中重要的标准化状态是对象执行技术体制和技术制式标准形成的标准化状态，该状态对象的统一范围广、扩散性大、市场获得性好、成熟度和可信度高；互换性的状态 H 是公差与配合标准规定尺寸关系的状态，也是具有标准地位的状态或跨专业的通用性特点等，但它规定的标准化因素比较单一，只是尺寸配合方面的关系；通用化的状态 T 是在同类关系中设计或考虑建立通用化的关系，通用化一般会低于标准执行带来的通用性，非标准规定的通用性往往是同类产品层面的通用性，其标准化的价值性低于标准的统一性(在同级载体应用比较时)；系列化状态 X 属于相似标准化范畴，是离散关系的统一性，它被利用的机会少于通用化状态，其标准化的价值性低于通用化的(在同级载体应用比较时)；模块化状态 M 属于分解合成关系的统一化，这一关系被再利用的机会主要在同类产品中，其标准化的价值性低于系列化的(在同级载体应用比较时)；互联互通状态 L 属于多端连接和交换系统统一化获得的功能，解决信息、物质、能量的流通和收发有效性问题，决定网络化系统运行的有效性，在网络系统中属于决定性价值。协同互操作性状态 C 基于系统间或/和体系间综合统一化建立的功能，建立系统间或/和体系间相互协助、相互支持、联合工作能力，是复杂系统或体系的体系化的能力和重要性能。七个标准化应用状态对应第 11 章的七个标准化原理实现的标准化状态。

标准化应用状态适用的范围等级可分为国际级、国家级、行业级、企业级、产品级，设国际级 I 权重为 5，国家级 N 为 4，行业级 D 为 3，企业级 E 为 2，产品级 P 为 1。

一维的标准化应用状态为 Z_1，其可能的状态形式有 7 种，即

$$Z_1 = (B;H;T;X;M;L;C) \tag{34-2}$$

二维的标准化应用状态为 Z_2，其可能的状态形式有 21 种，即

$$Z_2 = (BH;BT;BX;BM;BL;BC;HT;HX;HM;HL;HC;TX;TM;TL;TC;XM;XL;XC;ML;MC;LC) \tag{34-3}$$

三维的标准化应用状态为 Z_3，其可能的状态形式有 35 种，即

$$Z_3 = (BHT;BHX;BHM;BHL;BHC;BTX;BTM;BTL;BTC;BXM;BXL;BXC;BML;BMC;BLC;HTX;HTM;HTL;HTC;HXM;HXL;HXC;HML;HMC;HLC;TXM;TXL;TXC;TML;TMC;TLC;XML;XMC;XLC;MLC) \tag{34-4}$$

四维的标准化应用状态为 Z_4，其可能的状态形式有 35 种，即

$$Z_4 = (BHTX;BHTM;BHTL;BHTC;BHXM;BHXL;BHXC;BHML;BHMC;BHLC;BTXM;BTXL;BTXC;BTML;BTMC;BTLC;BXML;BXMC;BXLC;BMLC;HTXM;HTXL;HTXC;HTML;HTMC;HTLC;HXML;HXMC;HXLC;HMLC;TXML;TXMC;TXLC;TMLC;XMLC) \tag{34-5}$$

五维的标准化应用状态为 Z_5，其可能的状态形式有 21 种，即

$$Z_5 = (BHTXM;BHTXL;BHTXC;BHTML;BHTMC;BHTLC;BHXML;BHXMC;BHXLC;BHMLC;BTXML;BTXMC;BTXLC;BTMLC;BXMLC;HTXML;HTXMC;HTXLC;HTMLC;HXMLC;TXMLC) \tag{34-6}$$

六维的标准化应用状态为 Z_6，其可能的状态形式有 7 种，即

$$Z_6 = (\text{HTXMLC};\text{BTXMLC};\text{BHXMLC};\text{BHTMLC};\text{BHTXLC};\text{BHTXMC};\text{BHTXML}) \quad (34\text{-}7)$$

七维的标准化应用状态为 Z_7，其可能的状态形式有 1 种，即

$$Z_7 = (\text{BHTXMLC}) \quad (34\text{-}8)$$

一维的标准化应用状态中，各一维状态发挥的定性标准化价值优势一般符合式(34-9)的关系：

$$B > C > L > H > T > X > M \quad (34\text{-}9)$$

二维的标准化应用状态中，各二维状态发挥的定性标准化价值优势一般符合式(34-10)的关系：

$$\text{BC} > \text{BL} > \text{BH} > \text{BT} > \text{BX} > \text{BM} > \text{LC} > \text{HC} > \text{TC} > \text{XC} > \text{MC} > \text{HL} > \text{TL} > \text{XL} > \text{ML} > \text{HT} > \text{HX} > \text{HM} > \text{TX} > \text{TM} > \text{XM} \quad (34\text{-}10)$$

当复合的标准化状态维为三维、四维、五维时，存在复杂的优势标准化形态的交叉情况，此时标准化状态优势排序存在强弱不鲜明的情况，即使排出来也不一定符合实际情况，因此，对三维、四维、五维复合时的标准化状态不进行标准化价值优势排序。

六维的标准化应用状态中，六维复合状态发挥的定性标准化价值优势一般符合式(34-11)的关系：

$$\text{BHTXLC} > \text{BHTMLC} > \text{BHXMLC} > \text{BTXMLC} > \text{BHTXMC} > \text{BHTXML} > \text{HTXMLC} \quad (34\text{-}11)$$

七维复合的标准化应用状态只有一种情况，但它的定性标准化价值优于比其维数低的各种标准化应用状态，它是最高价值优势的标准化应用状态。以上的标准化价值优势状态排序只是一个理论性的，不是绝对的大小关系，只有在各种条件相等的情况下才有可比性。

以上给出的只是标准化应用状态模式及优越关系的数学模型，标准化应用效果的评价需要与标准化应用载体相结合，这个结合既要体现标准化的应用在载体上面，也要体现被应用载体的质(或载体价值)和标准化状态的质(标准化状态的价值)。标准化应用状态的评价关系是一个体系化的评价关系。评价体系由标准化应用于载体的覆盖程度和标准化状态应用的广泛程度等评价关系组成。评价体系中的评价模型分别有：载体标准化应用覆盖比 $R_{应用}$、载体标准化应用的价值比 $R_{价值}$、载体标准化应用状态关系比 $R_{状态}$。

载体标准化应用覆盖比 $R_{应用}$ 是对载体某选取评价层次单元的标准化应用的百分比评价，是载体选取评价层次的单元中标准化应用的数量 $U_{标}$ 除以该层次所有单元的数量 $U_{总}$，即

$$R_{应用} = (U_{标}/U_{总}) \times 100\% \quad (34\text{-}12)$$

式(34-12)代表的是载体某选取评价层次标准化应用的单元数占该层单元总数的百分数。载体选取评价的层次可以是产品的零件层次、部件层次、组件层次或分系统层次等。在式(34-12)评价模型中，标准化应用的统计是粗略的，一个单元(或一个件)上无论是应用一种标准化状态或多种标准化状态都按一个计数，没有分别区分标准化状态应用的复合关系，同时也没考虑标准化单元的价值份额。这一模型不同于标准化系数，选取评价层次单元不仅仅是零件或部件，还有分组件、组件或分系统等标准化件。这个模型使标准化应用的层次反映得更完整。

载体标准化价值比 $R_{价值}$ 是对载体某选取层次标准化应用单元的价值百分比评价，是载体选取层次标准化应用单元的制造成本总和 $F_{标}$ 除以该层次所有单元制造成本总和 $F_{总}$，$F_{标}$ 为所有标准化应用单元的成本总和，即 $\sum f_{标j}$，$j=1,2,\cdots,m$ 为标准化单元件的序号，m 为标准化应用的单元总数，$F_{总}$ 为选取层次所有单元的成本总和，即 $\sum f_{总i}$，$i=1,2,\cdots,n$ 为产品选取层次单元件的序号，n 为某选取层次的单元总数。标准化价值比的计算为

$$R_{价值}=(F_{标}/F_{总})\times 100\%=\left(\sum f_{标j}/\sum f_{总i}\right)\times 100\% \tag{34-13}$$

式(34-13)的评价模型给出了评价单元中标准化单元所占的价值比重，给出了产品中标准化利益的比重关系，其评价的作用优于模型(34-12)。式(34-12)的载体选取层次的单元对象与式(34-13)的载体选取层次的单元对象可以是相同的。由于是价值评价，模型(34-13)可用于产品的跨层次单元的标准化应用的评价，只要统计的单元间不重复和不遗漏，统计的单元有单独的可统计价值即可，无论这些单元是什么层次的。需要注意的是，$f_{标j}$ 必须被包含在 $f_{总i}$ 中，即 $f_{标j}\in f_{总i}$。

设载体某选取层次未标准化应用单元的制造成本总和为 $F_{非标}=\sum f_{非标k}$，$k=1,2,\cdots,r$ 为产品选取层次未标准化应用单元件的序号，r 为选取层次未标准化应用单元的总数。产品的标准化价值比为

$$R_{价值}=[F_{标}/(F_{非标}+F_{标})]\times 100\%=\left[\sum f_{标j}/\left(\sum f_{非标k}+\sum f_{标j}\right)\right]\times 100\% \tag{34-14}$$

式(34-14)是式(34-13)的变型，两式是等价的，$r+m=n$。由于式(34-13)和式(34-14)是等价的计算标准应用的价值比，式(34-14)很容易看出统计对象同不同层次是没有关系的，只要统计时不重复和不遗漏就行。此时，式(34-13)和式(34-14)中的 $F_{标}$ 为各层次不重复不遗漏的所有标准化件的成本总和，$F_{非标}$ 为除 $F_{标}$ 以外的不重复不遗漏的所有件的成本总和，$F_{总}$ 为产品所有件的成本总和。这两个式子的计算结果才真正表达了标准化应用的价值效果。

设载体标准化应用状态维度比为 $R_{维i}$，i 是标准化应用状态的维数，$i=1,2,3,$

4,5,6,7。载体标准化应用状态维度比为

$$R_{维i}=(U_{维i}/U_{标})\times 100\% \tag{34-15}$$

式中,$U_{维i}$为载体某选取层次应用了 i 维标准化状态的单元数;$U_{标}$ 为应用了标准化状态的单元总数。式(34-15)表达的是载体选取层次的单元中应用 i 维标准化状态的单元占本层次所有标准化应用单元的百分比数。这一模型是对标准化应用关系的深入评价模型,以获得在标准化应用的单元中各种维度的标准化应用状态所占的比例。式(34-15)的评价将相同维度的状态视为等价的,不考虑同维度数不同标准化状态模式的差异,如认为二维状态模式 BH 等价于 XM 的统计。尽管实际上它们的作用不会是等价的,这样做只是为了简化,以方便了解单元中标准化应用状态复合程度的分布。如果需要细化到给出相同维度相同标准化状态单元的占比,可以统计应用某维特定状态单元数所占的比例,计算公式为

$$R_{状态i}=(U_{状态i}/U_{标})\times 100\% \tag{34-16}$$

式中,$R_{状态i}$为应用 i 维特定标准化状态单元数 $U_{状态i}$ 占标准化应用单元总数 $U_{标}$ 的百分比;$i=1,2,3,4,5,6,7$ 为维度数;下标“状态”为状态模式,如三维的特定模式 BHT,$R_{状态i}$写成 R_{BHT3};$U_{状态i}$写成 U_{BHT3}。标准化应用状态的维数和状态模式可从式(34-2)~式(34-8)中选取。对于式(34-15)或式(34-16)计算结果相同的低维度和高维度情况,如需要进行同维数的标准化应用状态模式间的优越性比较,可用式(34-9)~式(34-11)的相应关系进行比较。

当既要考虑标准化应用状态的维数关系,又要考虑价值关系时,评价数学模型为

$$R_{价值/状态t}=\frac{F_{状态t}}{F_{标}}\times 100\%=\frac{\sum f_{状态tj}}{\sum f_{标i}}\times 100\% \tag{34-17}$$

式中,$R_{价值/状态t}$为应用 t 维特定标准化状态单元价值占所有标准化应用单元价值的百分比;维数 $t=1,2,3,4,5,6,7$;$F_{状态t}=\sum f_{状态tj}\,(j=1,2,\cdots,m)$是产品单元中应用 t 维特定标准化状态的单元制造成本总和;$F_{标}=\sum f_{标i}\,(i=1,2,\cdots,n)$是产品所有标准化应用状态单元的制造成本总和。这种统计不需要考虑产品单元的层次,只需考虑单元的价值,但 $F_{状态t}$或 $F_{标}$ 的单元统计中各自不能有单元重复和单元遗漏。如果想计算产品某维数某标准化应用状态件的成本占产品总成本的比例,可不考虑件的层次进行统计,可应用以上概念参照式(34-13)和式(34-14)计算。

在统计产品单元标准化应用状态时,不能采用简单的申报方式统计,而要用严格的“标准”关系来统计,否则,统计不严谨,将会使评价失去意义。统计的“标准”含义为:B 状态是指相应单元执行了具体标准;H 状态是指相应单元的接口或更换尺寸关系符合互换性公差标准的规定;T 状态是指相应单元有通用、借用等编号证据(设计为通用的应能明确通用哪些产品,不能笼统地说通用);X 状态是指相应单

元主参数符合系列化标准或符合科学规律的优先参数系列值；M 状态是指相应单元按模块关系划分，并具有明确独立功能或多用性。L 状态是相应单元符合互联互通标准，并有执行具体标准的证据；C 状态是指相应单元在技术体制、“三化”、“化互”方面实现了统一化，并有执行具体相关标准的证据。

以上评价关系是多标准化应用因素的评价关系，标准化因素有：一维状态（统一化、互换性、通用化、系列化、模块化、互联互通、协同互操作性）、二维状态、三维状态等，形成了评价因素的横向关系；评价载体是多层次的，形成了评价的纵向关系；评价指标有数量比、价值比、状态比等，由此构成了评价的第三维关系。以上的三个维度构成了标准化应用的评价空间，如图 34-1 所示。

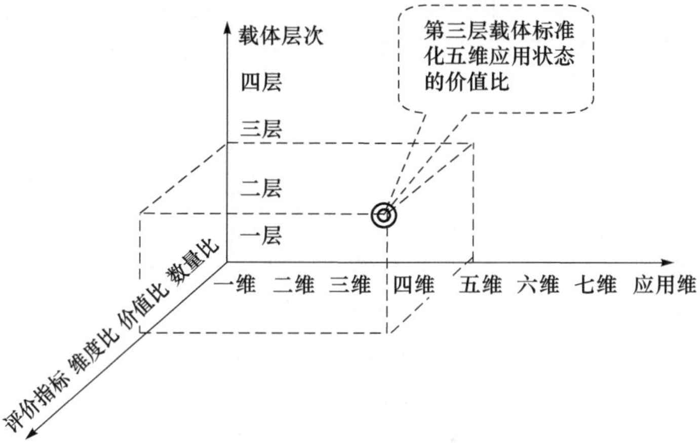

图 34-1　标准化应用评价空间

载体标准化应用状态评价数学模型可对标准化的应用作以下定量评价：载体标准化应用的百分比模型可算出载体标准化应用多和少的定量关系或程度；载体标准化应用状态维度比模型可算出载体应用标准化状态维度比重的大和小的定量关系或程度；载体标准化应用状态的价值比模型可算出载体应用标准化状态价值占比的大和小的定量关系或程度。

34.4　标准化应用状态评价关系的应用

标准化应用状态的评价关系可应用于：产品研制、工程建设、企业管理、服务业、农业、装备、组织等各种类型的载体，既可应用于物质实体载体（如产品等），也可应用于组织（如企业、军队等）和服务业务（如旅游、宾馆等）的软性载体。为有利于指导该评价方法的应用，下面分别叙述标准化应用状态评价关系在上述领域中的应用。

1. 产品研制应用

载体为产品研制时，标准化各应用状态的含义分别为：统一化体现在对载体的设计执行现行标准的重要内容，如技术体制、技术制式、产品规范等；互换性为载体的配合关系和接口关系执行互换性标准的内容；通用化为载体按基型化、通用化设计或采用借用件等；系列化为载体的主参数按标准规定系列化参数设计或符合科学规律的参数系列；模块化为载体按独立功能单元分解设计或采用已设计有效的模块；互联互通为执行相关的链路、协议、数据格式等标准；协同互操作性是全面进行技术体制、技术制式、“三化”、“三互”、软件的统一化工作。产品标准化应用的利益主要为：产品“三化”水平和“三互”水平高；对外协调性好；通用性强；变型发展能力强；协同工作能力好；维修更换方便；成本低；研制效率高；研制质量好等。

2. 工程建设应用

载体为工程建设时，载体标准化的对象主要为：工程管理及文件、人员、基础关系、技术文件体系、运行关系、接口关系等。标准化应用状态主要为：统一化、通用化、模块化、协同互操作性等。工程标准化应用的利益主要为：建立工程运行的良好秩序，充分利用成熟技术和管理知识的支持，避免重复劳动，提高工作效率，保证工程质量，建立工程项目的协同、互助和联合工作状态等。

3. 企业管理应用

载体为企业时，载体标准化的对象主要为：设施（厂房）、设备、人员、管理、技术、操作等。标准化应用状态主要为：统一化、互换性、通用化、模块化、协同互操作性等。企业标准化应用的利益主要为：建立企业运行的良好秩序，提高工作效率，降低工作成本，保证设施及设备完好率，提高人员素质，保证工作质量，建立企业的协同、互助和联合工作状态等。

4. 服务业应用

载体为服务业时，载体标准化的对象主要为：管理、设施、用具、用料、人员行为等。标准化应用状态主要为：统一化、互换性、通用化、协同互操作性等。服务业标准化应用的利益主要为：服务质量、服务一致性、服务效率、服务保障性等。

标准化应用状态评价指标除了可用于事后评价外，还可以应用于作为事前的标准化工作目标。标准化应用状态的评价，可使载体标准化应用的评价延伸为全面性的价值评价，即经济价值、效率价值、发展价值、能力增强价值、利用价值、使用维护价值、可获得性价值等，它们的计算公式只需将式(34-13)和式(34-14)中的经济价值或成本的统计改成需计算的价值的统计即可。

参考文献

[1]　麦绿波.标准化应用状态的构建与评价(上)[J].中国标准化,2013,(9):44-46.
[2]　麦绿波.标准化应用状态的构建与评价(下)[J].中国标准化,2013,(10):90-94.

第 35 章　标准化效益评价模型[1,2]

35.1　标准化效益的内涵

标准化的效益反映的是标准化的效果和利益，从通俗的角度可以看成是标准化的好处。标准化的定量效益和定性效益是标准化利益不同程度的表现。标准化效益的评价一直以来是迫切需要解决的问题，但未找到满意的解决方法。建立标准化效益合理、有效评价方法的难度在于效益评价的理论关系研究得不够，难以支撑建立科学的评价方法，或是标准化效益评价路径选择不合适，陷入复杂困境。本章的主旨就是要聚焦标准化效益评价，探讨给出标准化效益评价的可行路径和方法。标准化效益评价方法是标准化理论体系的"收官"部分。

效益评价通常是为了说明投资回报的利益。开展标准化效益评价主要是对实施标准化带来的效果和利益给出令人信服的结论，推动充分利用标准化这一有益手段，服务于社会进步和社会发展的需要。标准化界曾出现的一些标准化效益评价尝试，不是过于简单，就是过于复杂。简单的评价方法是以标准的销售收入来计算效益的，把标准化的效益简单地看成标准出版印刷利益，遗漏了标准化真正的作用价值。复杂的评价方法是设置了庞大的标准化效益评价指标体系，造成了评价周期长和评价成本高，使标准化效益评价陷入复杂化的高耗费和高耗时的困境。在标准化评价指标体系方法中，指标体系中指标的选择和贡献权重赋值的主观性，也降低了评价结果的客观性和可信度。对于简单式评价和复杂式评价，前者不足以体现标准化的价值，后者使评价的费用和时间支付难以承受且可信度不高。采用标准化指标体系评价标准化效益是一件非常困难的事，另一个难度是如何从复合的多方面利益关系中分离出标准化的部分，且分离出的标准化利益比例是公认合理的，评价的结果是普遍认可的。标准化效益的评价要避免简单化、主观化、复杂化和扩大化。简单化的评价会遗漏标准化带来的大部分重要效益。主观化的评价会造成与实际的偏离，不易得到广泛的认同感。复杂化的评价，使评价成本高、时间周期长，难以实施和广泛推广使用。扩大化的评价，其效益归属模糊，难以划分清楚，评价不易获得公认性。可行的标准化评价方法是繁简适度、归属清晰、证据充分，具有自觉认同性。

在研究标准化的效益评价时，首先要搞清效益的内涵。效益定义为："效果和利益"[3]。效果是："由某种力量、做法或因素产生的结果（多指好的）"[3]。根据以上定义，标准化的效益就是标准化的有益结果和利益。标准化的有益结果和利益可以是定量的，也可以是定性的。标准化的效益可分为经济效益、社会效益、军事效益、技术效益等。经济效益通常是能用定量关系来表达的。社会效益、军事效益、技术效益等通常难以定量表达。对于难以用量化关系表示的利益称为效果或有益结果，效果可用好处概念来表达，是定性的效益表达关系。标准化的经济效益通常可直接用经济费用指标来度量，如降低成本费用、增加收益回报费等，也可用能转换为经济利益关系的时间减少、效率提高等定量指标来表达。社会效益主要体现在带来社会环境、公共安全、公众健康、公用服务、交通秩序和社会秩序等利益。军事效益主要体现为提高战斗力、作战效能等。技术效益主要体现在技术进步、创新能力增强、科技成果贡献、学术价值提升等。

标准效益和标准化效益是有区别的，不是同一概念。标准效益是标准投入回报的效益，标准化效益是标准应用或标准化方法应用投入产生的效益。标准化的效益不是标准经济价值的输入和输出关系，而是标准化经济价值的输入和输出关系。标准化的效益不是标准自身的贡献效益，而是应用标准或标准化方法带来改变所产生的效益。一种标准化状态的建立需要标准化知识（技术方案）建立、人员培训、设备、装置、环境、材料等标准化的投入。

从知识角度看，标准是知识体，不是经济再生体，用投资标准评价标准化效益不太合适。例如，一个物理定律或一本有意义的书，其投资成本与其应用产生的价值相比是微不足道的。知识体的东西更主要体现在应用效益上，不应以知识获取的成本来计算知识应用的效益。

对于标准化效益的评价，如果用标准制定的投入和标准销售回报关系来表达，完全不能反映标准化的利益关系。标准制定效益往往是以标准作为产品出售获得的效益，这一收益只占标准化利益的很小部分，大部分利益是标准使用者通过使用标准带来的利益。如果计算标准化效益只计算标准制定的投入和标准销售回报，是不能算作标准化效益的，充其量只能算作标准制定效益。标准化的效益是标准化使对象状态改变的效益，是从非标准化状态或低标准化状态转变到标准化状态或高标准化状态的效益。标准化状态的改变不只是购买标准的投入，还包括为改变现状态为新状态所进行的标准化设计投入，工作环境标准化改造投入，工作行为标准化培训投入，改变所需的设备、装置、管理系统等硬件和软件投入等。标准化的投入主要是标准使用方的投入。标准使用方在投入买标准时，不是关注标准价格，而是关注通过使用标准使产品满足进入市场的功能、性能、质量要求、环境适应性要求、广泛可用性要求等，这些利益的价值远远大于买标准的成本费用的支付。标准化的投入不能以标准制定投入来计算，标准化效益也不能以标准销售回报来考量。标准化效益不是标准制定的效益。对于出于经济利益的标准制定业务，可建立标准制定投入和回报评价关系，以支持标准制定的可持续发展性。

标准化的效益通常复合在诸多因素作用带来的效益之中，标准化效益的定量计算如采用白箱模式，标准化效益不易从诸多利益贡献中清楚地分离出来，且各贡献方都在意自己对效益作出的贡献份额，都计较己方的贡献不被它方所归属，因此，标准化的效益的归属不易确定和被认同。标准化效益的定量计算采用黑箱模式可避开标准化与其他贡献的细分工作。

对于定性的标准化效益或标准化效果的评价，因其具有标准化独特的显性状态，如标准化形成的良好交通秩序、统一标识等，不易造成效果归属的多方利益冲突，容易被认可。标准化效果的评价最好采用单项效果进行评价，要突出标准化的特征，这样可使标准化效果的评价简单化。标准化的效果从改善和增强利益的角度，也可以转换为定量评价关系。标准化效益的定量说服力来自于标准化前与标准化后有益作用的对比，如产品生产的材料标准化节约效益，可以用标准化前产品所用材料量与标准化后产品所用材料量的对比获得，同理，工作效率可用标准化前产品生产的工作效率与标准化后产品生产的工作效率的对比获得。这种效益计算的可信性依赖于标准化前和标准化后相关数据统计的真实性和算法的科学性。

不要以非标准化目标的投入来计算标准化的效益，这样很难厘清是谁发挥的作用产生的效益，如不要以质量改进目标投入、可靠性投入、精益管理的投入来计算标准化的效益，这种以它目标投入为主的效益贡献中尽管包含了标准化的贡献，但是很难分清各方面的贡献，也很难取得对贡献认定的共识。对于非标准化目标为主的标准化效益评价，将会带来对标准化效益贡献的直接性、配合性、保障性、间接性等关系划分的复杂化和困难化。

标准化的效益是基于标准的实施和标准化方法的实施获得的，不是所有标准都是为经济效益制定的，如有些标准是公益基础标准、公益保护标准、公益利益标准等，这些标准制定实施的利益是不以经济效益来衡量的，是用标准化的效果来评价的。

35.2　标准化效益的类别

标准化的效益可从多个角度进行分类，如从标准化效益的定量和定性关系分、从标准化效益的领域方面分、从标准化的作用性质分等。从标准化效益的定量和定性关系分，可分为：①标准化定量效益；②标准化定性效益。从标准化效益的领域方面分，可分为：①标准化的经济效益；②标准化的社会效益；③标准化的军事效益；④标准化的技术效益。从标准化的作用性质分，可分为：①标准化经济性效益；②标准化公益性效益；③标准化权益性效益；④标准化使用性效益；⑤标准化互通性效益。

标准化经济性效益通常有节约的经济利益、提高效率的经济利益，受益者通常是标准化的投入方和标准的实施方。公益性的效益是使公众获得好处的利益，主要有公共安全、环境保护、社会福利、公共秩序等利益，受益者是社会和公众群体。公益性效益是受益者非直接支付获得的利益，是广泛性受益的利益。权益性效益是支付人的维权性利益，主要有产品质量保证、服务质量保证等，受益者是产品和服务的支付者，通常是消费者的利益。使用性效益是获得可用性和使用便利等的利益，通常有标准化的技术体制、接口通用化、通用性等带来的可普遍使用、方便使用、保障和维修成本低、再利用性好等利益，受益者是用户，利益的属性有经济性和公益性双重属性。互通性效益是获得交通互通、物流互通、信息识别互通等的利益，通常有语言互通、文字互通、电话互通、网络互通、陆海空交通互通等，互通利益有经济性的、公益性的或经济公益性的，受益者是互通、传输和交换的双方或多方。

节约和效率看起来有些难以区分，区分的关键关系是时间，具有时间和劳动力关系的节省为效率，物质和能量的节省为节约。节约和提高效率带来经济利益的另一个视角是避免浪费和节省时间。标准化带来的节约利益是通过制定标准规定合理的材料下料关系、耗能设备功耗、正确工作行为等内容，以实现材料、能源节省和避免加工报废的浪费。标准化带来的效率利益是通过制定标准规定合理的工作流程关系，实现缩短时间，提高工作效率。

公共安全利益和环境保护利益是通过制定限值性、强制性标准来维护，以保证公共安全利益和环境保护利益的不可侵犯性。社会福利的利益主要有社会保障、社会救助、环境美化绿化、社会义务提供的服务等，通过制定标准来保证社会福利充分和有效地提供。社会福利的标准是推进性的标准，以推动不断改善公共事业的服务。公共秩序的利益主要有交通秩序、排队秩序、乘车秩序等，通过制定法规和守则等约束行为，形成良好的公共秩序。公共秩序目前是通过法规和行为守则等来约束和规范，其性质和作用也是属于标准化的。

产品质量保证的利益主要是通过制定产品标准，保证这些产品的功能、性能、外观、耐用性、可靠性、环境适应性等的质量，使消费者的支付能得到相应价值的回报；保证食品、农牧业等产品的营养成分、有效期、添加剂控制等，保证食用产品的有益和安全，保护消费者的健康不受侵害。服务质量保证的利益主要涉及餐饮、住宿、物流、金融、购物等服务，通过制定标准，保证服务的内容、时间、态度等质量。

标准化技术体制、接口通用化、通用性等的利益主要是通过制定标准，使产品可跨地区、跨国家使用，避免因技术体制、接口不适用而不能使用。维修方便利益涉及维修问题检测容易、拆卸简单、省时、更换牵连性小(降低更换成本)等，通过制定产品的测试性和维修性标准，保证产品维修的便利性。维护保障经济性主要是产品的保养经济性和使用耗能耗物的经济性，利益涉及维护更换时间短、维护用物料方便获得(如汽车保养)、使用消耗经济和方便获得(如汽车的汽油)等，通过制定维护性和保障性标准，获得方便和省钱的利益。通用性使得产品普遍可用，而且产品整体不再使用时,其组成部分可再利用,避免导致生产劳动成果可用价值的浪费。

互通利益主要是通过制定交通互通、物流互通、信息互通等标准,实现传递、输送、交换、交流等双方或多方间的互通,以获得互通带来的物质、能量和信息传递、交换等利益。

35.3　标准化效益评价的时机和对象

标准化利益评价的时机很难有一个明确的标志时间点或过程点,不像买基金或存款那样,投入的回报收益在一个明确的时间点可作出明确判断。标准化的回报往往是一个较长的期间过程,很难在几个明确的点作出全面判断。标准化利益的形成有特定的规律,这个规律的时间曲线为快速上升趋平的曲线,如图 35-1 所示。标准化利益回报曲线展示,标准化利益的回报是在标准化实施后,利益逐步上升,上升到一个高点后就趋于平缓的微量上升,处于回报相等阶段。标准化效益上升的拐点时间称为利益拐点时间 T_g,如图 35-1 所示。标准化利益的评价应在标准化利益刚达到增长拐点时进行。选择这个点作为利益评价的时机是因为这个点具有对回报利益的可计算性。考虑利益事项的评价用标准化前、后的状态对比,在产生利益的高拐点处可算出拐点前标准化利益随时间变化的增量部分,然后在拐点之后的利益可用时间乘以一个常量获得,两部分相加就能求出标准化的回报利益。如果在拐点之前评价,此点至拐点回报利益是随时间增加而非线性增加的,计算起来比较麻烦。因此,在利益增长拐点进行评价是一个比较好的时机。

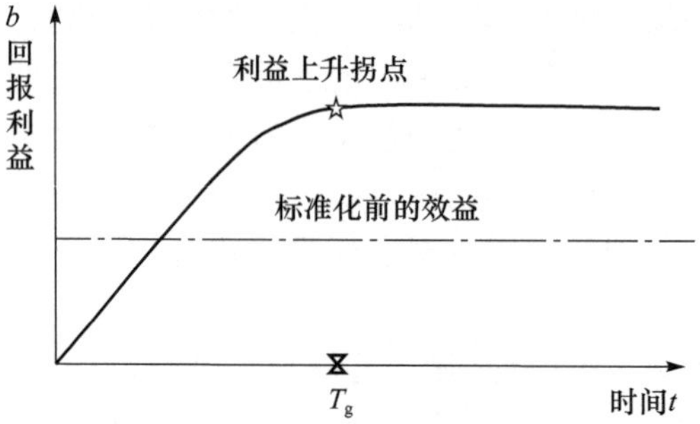

图 35-1　标准化利益回报曲线

标准化利益评价的对象可分为:实物对象、状态或现象对象、知识对象等。实物对象主要是实物产品,产品通过其研制、生产或运输储运过程的标准化获益。评价实物产品的标准化利益就是评价实物产品在全寿命周期标准化带来的增值,这种增值是标准化前和标准化后对比算得的降低成本、提高效率、使用方便等利益,有的属于经济利益,有的属于非经济的使用利益,这种利益的回报是一个长期过程。状态或现象对象主要是环境状态、交通状态、服务状态、信息交流状态等,状态的利益是标准化前和标准化后的状态对比。状态或现象对象的利益有公益性的、经济性的或经济及公益性兼有的,通常,环境标准控制带来的利益是公益性的,服务标准化带来的利益是经济性的,交通状态标准化是经济和公益兼有的。知识对象是对设计、制造、试验、管理等知识进行提炼,制定为标准,即知识标准成果,通过知识标准的使用获取利益。知识利益的回报表面形式是通过标准的销售和标准实施工具的开发来获利。实际上,所有的标准化利益获取的本质因素都是使用标准中的知识或用知识建立的规则、要求、状态等的结果。为建立标准化状态应用的设备、仪器、设施等本身是不会增值的,而是随时间再逐步贬值,增值的是应用标准知识的行为带来的。"科学技术是第一生产力"这句话正好表明了知识才是生产力中最重要的因素这个道理。人类各类劳动获取的利益都是应用正确、有效知识的结果。

35.4　标准化的效益评价模型和效果评价模型

在标准化效益评价方面,关注的重点是标准化效益的定量评价,为了简便称呼,以标准化效益评价代表定量评价,以标准化效果代表定性评价。标准化效益的科学评价是通过建立能真实反映标准化经济利益的计算模型来评价的。标准化效果的评价主要是以定性标准化的特定效果的现象进行评价,也可以对效果进行量值划分建立评价数学模型,转换为定量评价。

35.4.1　标准化的效益评价模型

标准化效益的评价可以有多种技术路径评价模型:基于指标体系的评价模型、宏观统计评价模型、理论预测评价模型、综合统计权重评价模型、单项效益评价模型等。指标体系评价模型已有人进行了尝试,宏观统计评价模型和理论预测评价模型为本章提出并推荐使用的两种新评价模型,综合统计权重评价模型和单项效益评价模型是为特定情况的评价提供解决评价问题的适用评价模型。基于指标体系的评价模型是以不同等级的大量指标统计为根据来计算标准化效益的,已有人开展了相关工作,但面临指标体系的指标种类过于庞大、指标数据采集困难、标准化的贡献难于界定、数值确定主观性大等问题。指标体系评价模型是一种"白箱"方法的评价模型,计算方法工作量巨大,计算复杂程度也很高,需要大量的人力和时间的耗费,带来巨大的标准化效益的评价成本,并且评价的客观性难以取得共识。宏观统计评价模型是基于效益的结果统计,是一种"黑箱"评价方法模型,关心的是费用的输入和收益的输出关系,不涉及效益获得的细节关系,计算难度小,可信度高,是标准化效益评价比较好的选择模式,本章的工作旨在于创建宏观统计评价模型。理论预测评价模型是基于仿真预测的理论数据和公式进行计算的评价模型,需要对评价对象建立效益产生的仿真关系,以此进行标准化效益的评价。理论预测评价需要前期进行理论性的分析和统计工作,建立评价的理论计算公式,编制仿真软件方可进行。目前属于初期构思阶段,随着仿真软件全面发展,这将会是一种有前景的标准化评价模式。综合统计权重评价模型是针对效益的产生是由管理、技术和标准化等方面的改进带来时使用的评价，评价的一般方法可参照宏观统计评价模型，评价工作的重点是要把管理、技术、标准化等效益的贡献率区分出来，并给出相应的权重，以此确定标准化的效益贡献。单项效益评价模型主要是针对标准化带来某一特定利益建立的评价模型，如标准化提高效率的算法模型、标准化节约成本的算法模型、标准化提高良品率的算法模型等，这些模型也是基于标准化前后效益情况的对比计算来建立的，效益评价的难度要小一些。本章主要聚焦宏观统计评价模型进行模型建立的详细论述，因为这个方法的许多关键思路和方法可应用于理论预测评价模型、综合统计权重评价模型、单项效益评价模型等的建立，或者说宏观统计评价模型是这些评价方法的根本内容。

可行和有效的标准化效益评价模型必须基于正确的评价技术思路。正确的评价技术思路为：标准化不是效益的原创因素，是效益的增强因素或改善因素；以黑箱方式关注效益相关的输入与输出关系，不关注过程细节；标准化的作用可以是多维的，可从技术、工作、管理、硬件等方面实施标准化，将标准化带来的效益贡献归集于标准化；标准化的效益贡献是一个时间周期过程，标准化的总效益应是时间积分的结果。标准化效益计算模型的建立应基于上述技术思路。标准化效益模型建立，可从基本模型建立到计算模型建立。基本模型是概念性模型，以理清计算因素。标准化宏观统计基本评价模型的内容为用建立标准化状态后与建立标准化状态前的效益之差减去标准化的投入。设建立标准化状态前的效益为 B，建立标准化状态后的效益为 A，为建立标准化状态所进行的投入总和（标准建立、人员培训、设备设施增加、设备设施改造、环境改变等投入）为 Z，建立标准化状态带来的经济效益为 X，标准化效益 X 计算的宏观统计概念基本数学模型为

$$X=(A-B)-Z \tag{35-1}$$

标准化投入回报率 T 的宏观统计概念基本数学模型为

$$T=(A-B)/Z \tag{35-2}$$

以上式(35-1)和式(35-2)的标准化效益评价模型是概念性的基本计算模型或基本评价模型，没有涉及标准化实施的时间关系，因此，只是一个概念性的宏观概念模型。这一计算模型的关键点是要保持标准化状态前和标准化状态后效益的算法应完全一致。标准化的效益从标准化建立后，每年都在产生，不可能在几年内将其算尽，因此，所计算的标准化效益只是某些年度内的效益，不是整个标准化的效益。标准化效益要结合时间关系进行计算，也就是说标准化效益是时间的函数。计算标准化的效益要利用标准化效益随时间变化的规律才能计算准确。要算准标准化的效益需要有两个时间要素：一个是标准化效益上升的时间拐点（见图 35-1）；另一个是标准化获取效益的寿命周期时间长度。标准化效益寿命周期的截止时间点为末尾效益衰减到等于标准化实施前效益的时间点。

宏观统计时间相关的标准化全寿命周期效益计算数学模型为

$$X_{\mathrm{T}}=(\sum_{i=1}^{g}A_i-B_{\mathrm{y}}g)+(A_{\mathrm{g}}-B_{\mathrm{y}})Y_{\mathrm{gz}}-Z \tag{35-3}$$

式中，X_{T} 为全寿命周期的标准化效益，元；A_i 为实施标准化后第 i 年的效益，元；B_{y} 为实施标准化前每年的效益，元；g 为实施标准化开始至拐点的年数，年；A_{g} 为实施标准化后拐点年的年效益，元；Y_{gz} 为拐点年至标准化寿命周期终止年的年数，年；Z 为建立标准化状态的投入总和(设备、环境、人员培训等)，元。式(35-3)计算的效益是标准化获得的绝对效益值，是标准化扣除投入后的效益增值，或是相对标准化前的额外收益。这个效益的可信度取决于：一是统计数据值的准确性和客观性；二是标准化行动的标准化属性是明确的和实在的；三是标准化的投入是明确的和实在的。

宏观统计时间相关的标准化投入全寿命周期回报率 T_{T} 的计算数学模型为

$$T_{\mathrm{T}}=\left[(\sum_{i=1}^{g}A_i-B_{\mathrm{y}}g)+(A_{\mathrm{g}}-B_{\mathrm{y}})Y_{\mathrm{gz}}\right]/Z \tag{35-4}$$

式(35-4)是标准化效益的相对关系，是标准化效益相对于标准化投入的比例，$T_{\mathrm{T}}=1$ 时，说明标准化投入全部收回，$T_{\mathrm{T}}>1$ 的部分为标准化投入的净收益。用式(35-3)除以 Z 可得标准化投入纯的相对效益。以上标准化效益评价模型是基于标准化效益的总结果来计算的，没有展开到标准化相关的各因素和各过程去计算，否则就会陷入用指标体系评价的复杂性灾难中、相关与非相关性区分的陷阱中和标准化与其他因素贡献界限划分的不确定性中，即使计算出来，也难以做到客观、共识、可信。经验表明，凡是从材料、设计、制造、试验、管理等庞大的多级指标体系中进行统计，试图划清标准化、质量管理、企业管理、技术等的效益贡献率的标准化效益计算路径，都以“陷入复杂灾难”和“难以认同”的结果而失败。本章的标准化效益评价方法或模型是基于标准化前后的效益对比来计算的，避开了复杂因素细节的处理，是标准化作用后增加的效益，有可信度高的特点。标准化利益的评价适合采用宏观的评价模型进行评价，不宜采用微观的多级指标体系进行评价，否则，会掉入评价的高成本、高耗时、高耗力、难以穷尽的陷阱。

35.4.2 标准化的效果评价要素及模型

对于标准化利益中难以用经济效益进行评价的利益，可采用标准化效果进行评价。标准化效果评价是标准化利益定性评价的方面。标准化效果的评价要素主要有秩序效果、互通效果、重复性效果、共同性效果、通用化效果等。

1. 秩序效果评价要素及模型

秩序效果有流动秩序、排队秩序、布设秩序等效果。秩序标准化带来的效果利益主要是效率的利益。流动秩序的对象主要有交通秩序，如陆地交通、水面交通、空中交通等。流动秩序是通过建立统一化的行驶流动关系实现的，通过统一流动规则来提高流动效率和避免事故。排队秩序标准化是针对多对象同时需要接待或处理来建立的标准化关系，如购物付款、办理登机、银行办事等排队。排队的标准化是通过建立统一化的排队模式来实现的，如按先后到来的秩序排队、按办理业务的简单和繁杂排队、按业务种类排队等，通过合理的排队设计关系和统一排队模式，提高办理业务的效率。布设秩序是针对事物摆放所建立的标准化关系，以实现合理的安置秩序、互不干扰和方便查找等，如电影院座位前后排按阶梯高低错开排座、教室课桌按圆形摆放、档案和货架按分类摆放等，通过标准化的布设关系，以提高视听效果或存取效率等。秩序标准化效果的定量评价以流通增强效率进行评价，其数学模型为

$$F_z = (F_h - F_q) / F_q \tag{35-5}$$

式中，F_z 为事项建立标准化的流通增强效率，%；F_h 为事项建立标准化秩序后的流通量；F_q 为事项建立标准化秩序前的流通量。式(35-5)中流通效率关系的计算也可换成其他效率或效果的计算。如果某城市交通标准化前的汽车流通量为 20 万辆，标准化后的汽车流通量为 80 万辆，建立标准化的流通增强效率为 300%。

2. 互通效果评价要素及模型

互通效果有文字互通、语言互通、信号互通、电子信息互通等效果。互通标准化带来的效果主要是实现相互交换、相互识别，以获得能够有效交流的利益。从广义的角度，文字、语言、信号或电子信息都可称为信息。互通标准化效果的定量评价以信息识别改善率进行评价，其数学模型为

$$I_g = I_h - I_q \tag{35-6}$$

式中，I_g 为文字、语言、信号或电子信息识别改善率，%；I_h 为标准化后发出交流信息的可识别信息比，%；I_q 为标准化前发出交流信息的可识别信息比，%。如果某信息关系标准化前未统一，交流双方无法识别对方发出的信息含义，交流信息的可识别信息比 I_q 为 0，标准化后交流信息的可识别信息比 I_h 为 98%，这个信息的识别改善率 I_g 为 98%。用 I_g 除以 I_q 可得信息识别增强率。

3. 重复性效果评价要素及模型

重复性效果有生产产品的重复性、操作的重复性、服务的重复性等效果。重复性带来的效果是不同时间的一致性，这种重复是对标准规定要求在不同时间期间实施的不变性，如昨天、今天、明天生产的同类产品都是一致的，再如每天的客房服务都是一样的。生产产品的重复性效果是保证所生产产品在功能、性能、质量特性、外观等关系的一致性，以实现产品质量在不同时间期间生产的稳定性。操作的重复性是行为动作在不同时间期间的一致性，如加工操作、检测操作、农业耕作、驾

驶操作、体育动作、表演动作等，通过行为动作的重复性，保证行为动作在时间关系上的一致性，以保证操作质量和动作质量的效果。服务的重复性是餐饮服务、宾馆服务、旅游服务、银行服务等服务流程和服务内容的重复性，是服务事项不同时间段服务的一致性，以保证服务在时间轴上的质量一致性。重复性效果的定量评价以重复一致性改善率进行评价，其数学模型为

$$P_{tg}=P_{th}-P_{tq} \tag{35-7}$$

式中，P_{tg}为产品或事项在时间 T 期间的重复一致性改善率，%；P_{th}为产品或事项实施标准化后在时间 T 期间的平均一致性比，%；P_{tq}为产品或事项实施标准化前在时间 T 期间的平均一致性比，%。如果某产品实施标准化前的质量一致性比 P_{tq}为 30%，实施标准化后的产品质量平均一致性比 P_{th}为 97%，产品重复一致性改善率 P_{tg}为 67%。用 P_{tg}除以 P_{tq}可得重复一致性增强率。

4. 共同性效果评价要素及模型

共同性效果有生产产品的共同性、操作的共同性、服务的共同性等效果。共同性带来的效果是空间上的标准化，这种共同是对标准规定要求在不同空间范围实施的相同性，如北京、上海、广州生产的同类产品都是一致的，再如各地区的餐饮服务都是一样的，以实现生产的规模化和行为动作的整齐化效果。生产产品的共同性效果是保证不同人、不同设备所生产产品在功能、性能、质量特性、外观等关系的一致性，以实现产品质量由不同人、在不同地方生产的一致性。操作的共同性是行为动作由不同人、在不同地理位置实施的一致性。通过建立共同性关系的行为动作，保证行为在空间关系上的一致性。世界各地的连锁店就是建立在共同一致性基础上的，如麦当劳、肯德基等，以保证服务在空间关系上的质量一致性。共同性效果的定量评价以空间范围一致性改善率进行评价，其数学模型为

$$P_{sg}=P_{sh}-P_{sq} \tag{35-8}$$

式中，P_{sg}为产品或事项在空间 S 范围的一致性改善率，%；P_{sh}为产品或事项在空间 S 范围实施标准化后的平均一致性比，%；P_{sq}为产品或事项在空间 S 范围实施标准化前的平均一致性比，%。如果某产品实施标准化前在亚太地区的平均质量一致性 P_{sq}为 25%，实施标准化后在亚太地区的产品质量平均一致性 P_{sh}为 99%，产品在亚太地区的质量一致性改善率 P_{sg}为 74%。用 P_{sg}除以 P_{sq}可得共同一致性增强率。

5. 通用化效果评价要素及模型

通用化效果有产品通用化、功能通用化、接口通用化等效果。通用化带来的效果是在时间上、空间上广泛适用的效果，可提高通用化对象的利用率，简化品种规格，减少储存备用量，节省费用。通用化效果的定量评价以通用化改善率进行评

价，其数学模型为

$$T_g = T_h - T_q \tag{35-9}$$

式中，T_g 为对象通用化改善率，%；T_h 为对象标准化后的通用化率，%；T_q 为对象标准化前的通用化率，%。通用化改善的对象可以是产品整机、组件、部件或零件等。如果某手机充电器标准化前的通用化率 T_q 为 5%，标准化后的通用化率 T_h 为 80%，该充电器通用化改善率 T_g 为 75%。用 T_g 除以 T_q 可得通用化增强率。

在标准化的效果因素中，并不是没有经济利益，只是关注的重点在效果，不是经济效益，受益者不仅是标准化的投资方或实施方，受益更大的群体是公众。这些评价往往不在于评价经济价值，而在于评价效果价值，而且是定量性效果的评价。需要时，当然也可将其评价结果转换为经济价值。

为了细化标准化各种因素的效益评价，可利用本章建立的评价模型和标准化应用状态的模型一起建立标准化效益的仿真评价模型。

35.4.3 标准化前后对象变更的修正系数

当标准化效益评价的对象在标准化前和标准化后是一样时，如对同一种产品的生产进行标准化前和标准化后的评价，标准化效益评价的数学计算模型用式(35-1)～式(35-9)是适用的。当标准化效益评价的对象在标准化前和标准化后是不一样时，如标准化前是 A 种产品的生产，建立标准化时已更换为生产 B 种产品(或同类新产品)，此时，标准化效益评价的数学计算模型用式(35-1)～式(35-9)是不适用的。现实中，标准化实施过程中产品发生变化是常见的。对于评价对象变更的情况，要想准确进行标准化效益的评价，需要对以上模型评价的结果进行修正。修正采用修正系数来实现。修正的目的是要扣除标准化后生产的产品相对于标准化前产品的自身增值部分(非标准化增值部分)，这种增值主要表现在产品价值的提高，如产品的功能增加、性能提高、复杂性增加等，它们会综合地反映在新产品的价格上。标准化后的产品相对于标准化前产品的增值系数为

$$K_x = S_h / S_q \tag{35-10}$$

式中，K_x 为标准化后的产品相对于标准化前产品的增值系数；S_h 为标准化后的产品的价格，元；S_q 为标准化前的产品的价格，元。

对于标准化效益评价对象在标准化前和标准化后不一样时，标准化效益评价的数学计算模型(35-1)～(35-9)需要除以 K_x 进行修正，以扣除产品自身增值的利益。K_x 既是标准化后的产品相对于标准化前产品的增值系数，也是标准化效益评价的修正系数。

35.5 标准化率与标准化效益

标准化效益与标准化率成正比，标准化率或标准化的程度越高，标准化效益就

越高。而标准化率与标准化稳定性有密切的关系，也是呈正比的关系，只有标准化是稳定的，才能积累标准化的规模和有高的标准化率，这一规律在标准化定律中已论述。研究标准化的效益应该研究标准化率和标准化的稳定性，因为标准化率和标准化稳定性是标准化效益的基础。标准化效益是一个百分比量，标准化率也是一个百分比量，它们间的关系由式(35-11)表达：

$$E_s = kP_s \tag{35-11}$$

式中，E_s 为事项的标准化效益，%；k 为标准化状态率的效益系数；P_s 为事项的标准化状态率，%。在式(35-11)中，标准化状态率的效益系数 k 是一个常数，这个常数是随事项变化而变的，标准化效益高的事项 k 值大，标准化效益小的事项 k 值小。由于事项的标准化稳定期与事项的标准化状态率成正比，稳定期越长，标准化状态率越大，事项实现标准化的百分比越大。标准化稳定期支持了事项标准化状态的扩展，是事项标准化良性发展的要求。对于产品发展，标准化稳定期是非常重要的。标准化稳定期是产品分摊开发成本、获取利润、改进状况所需的时间。如果产品标准化稳定期短，标准化状态还不能充分形成，难以获利，因为，没有足够的时间提高产品生产效率和质量，不利于标准化作用的深入，以获得满意的产品。当标准化对象是行为时，如果标准化稳定期短，将给人们带来经常性改变习惯的不方便、学习精力和时间的耗费，使行为状态很难达到高的标准化率。行为经常改变，在短期很难使大多数人将行为统一在标准化关系上，以至失去大范围的统一化带来的利益。

35.6　标准化效益评价模型的应用

标准化可应用于在经济、公益、维权、使用和互通等方面获得利益。经济方面的利益涉及投入和回报，需要定量评价来调动标准化投入的驱动力。应用标准化获得公益、维权、使用和互通等利益通常是政府或社会管理者的责任，这些利益的回报是公众的好评和支持，不一定需要定量评价结果，如需定量评价，可应用以上数学模型进行定量评价。标准化经济利益的获取主要有工业产品研制和生产标准化的利益、服务业标准化的利益、农牧产品生产标准化的利益等。式(35-1)～式(35-4)的标准化经济利益计算模型可应用于以上三类情况的标准化效益的说明和评价。式(35-3)评价的是标准化实施到某个时间点时所获得的标准化绝对利益，式(35-4)评价的是标准化实施到某个时间点时所获得的标准化相对利益，式(35-1)和式(35-2)都属于标准化效益计算的基本模型，是概念性的模型，不适合进行精确计算。式(35-3)和式(35-4)是用于实际计算标准化效益的数学模型，式(35-3)评价的是标准化实施整个寿命周期获得的标准化绝对利益，式(35-4)评价的是标准化实施整个寿命周期获得的标准化相对利益比例。式(35-5)～式(35-9)

可应用于单项标准化效果的定量评价。式(35-5)应用于评价流动和移动秩序标准化的流通增强效率，式(35-6)应用于评价语言、文字、信息标准化的交流改善率，式(35-7)应用于评价产品、服务、过程等标准化的重复一致性改善率，式(35-8)应用于评价产品、服务、过程等标准化的共同一致性改善率，式(35-9)应用于评价产品、功能、接口等标准化的通用化改善率。

以下用几个例子来说明标准化效益的计算。设某型数码相机实施标准化前每年的效益 $B_y=2000$ 万元，实施标准化后第一年的效益 $A_1=1900$ 万元，第二年 $A_2=2100$ 万元，第三年 $A_3=2350$ 万元，实施标准化开始至拐点的年数 $g=3$ 年，实施标准化后拐点年的年效益 $A_g=2350$ 万元，拐点年至标准化寿命周期终止年的年数 $Y_{gz}=7$ 年，建立标准化状态的投入总和 $Z=500$ 万元，应用式(35-3)可计算出数码相机全寿命周期的标准化效益：

$$X_T=[(1900+2100+2300)-2000\times3]+(2350-2000)\times7-500=2250$$

数码相机实施标准化后，全寿命周期获得的标准化纯效益为 2250 万元。应用式(35-4)可计算出全寿命周期的标准化投入效率，即 $T_T=2750/500=550\%$。从这个标准化效益计算例子可看出，虽然标准化的投入不少，达到 500 万元，但获得的经济效益更高，达到 2250 万元，且标准化投入效率达到 5.5 倍，获净收益 4.5 倍。标准化效益的取得，主要来自于标准化提高了产品生产的效率、减少浪费、降低成本等因素。为了获取更多的标准化效益，实施标准化的内容可包括技术标准化、工作标准化、管理标准化、设备设施标准化等。式(35-3)和式(35-4)的标准化效益评价模型要比指标体系标准化效益评价模型的评价工作量小很多，计算也相当方便，计入投入的内容只有标准化一项，比较的是标准化前、后的效益差别，标准化效益计算的可信度更高和更真实。

标准化单项效果的评价，可应用式(35-5)～式(35-9)的数学模型进行评价计算。为了指导标准化单项效果评价数学模型的应用，用以下例子进行应用说明。例如，设超市收款流通量在标准化前的流通率 F_q 为每小时 15 人，标准化后的流通率 F_h 为每小时 55 人，超市收款建立标准化的流通增强效率 F_z 为 $(55-15)/15\approx267\%$，标准化使收款效率提高了 2.67 倍，标准化为效率提高的贡献主要是统一排队秩序、统一物品识别条码、统一物品输送方式等，这些统一措施提高了流通效率；设出版社文稿阅读，在标准化前文稿信息的可识别信息比 I_q 为 75%，标准化后文稿信息的可识别比 I_h 为 100%，文稿识别改善率 I_g 为 $100\%-75\%\approx25\%$，以标准化的打印文字稿代替手写稿，提高了文稿的可识别性；设照相机生产，实施标准化后照相机质量的一致性比 P_{th} 为 98%，实施标准化前照相机质量的一致性比 P_{tq} 为 68%，重复一致性改善率 R_{tg} 为 $98\%-68\%=30\%$，标准化控制了不同时间操作的不一致、材料使用不一致、工艺程序执行不一致等因素，保证了产品不同时间生产质量的重复一致性。设手机在 5 个国家生产，实施标准化后的质量一致性比 P_{sh} 为

95%，实施标准化前的质量一致性比 P_{sq} 为 57%，共同一致性改善率 P_{sg} 为 95%－57%＝38%，标准化控制了不同地域不同人操作的不一致、工艺程序不一致等因素，保证了产品不同地域生产的一致性质量。设移动存储器的研制生产，在实施标准化后的通用化率 T_h 为 95%，实施标准化前的通用化率 T_q 为 27%（各类存储器通用化率的平均值），通用化改善率 T_g 为 95%－27%＝68%，标准化统一了接口尺寸、交换协议、存储格式等，提高了存储器的适用范围。

参考文献

[1]　麦绿波. 标准化效益评价模型的创建(上)[J]. 中国标准化，2015，(11)：72-77.

[2]　麦绿波. 标准化效益评价模型的创建(下)[J]. 中国标准化，2015，(12)：80-85.

[3]　中国社会科学院语言研究所词典编辑室. 现代汉语词典[M]. 5 版. 北京：商务印书馆，2005.

第五篇　讨　论　篇

第36章　标准化若干理论问题的讨论

36.1　标准化学的通约性

36.1.1　通约性的概念

通约性是两个事物或以上事物间的共同属性或共性。通约性的概念来自数学，是指数之间可约去的共同部分。通约性可用于事物间类别归属的划分。事物之间通约的是同类的，不通约的是不同类的。对一个学科进行通约性的分析，是为了确定这个学科存在的独立性及与其他学科的相关性和相同性。本书分析标准化学的通约性，也是要确定标准化学存在的独立性及与其他学科的相关性和相同性。当一个学科与其他学科不可通约的比例显著大于可通约的比例时，这个学科就是独立于其他学科的；反之，当一个学科与其他学科可通约的比例明显大于不可通约的比例时，有一定量的不可通约，就不好算作独立的学科，适合作为与其通约学科的一个分支；如果可通约的比例相当大，只适合作为与其通约学科的一个部分。学科的独立性分析除了看学科间通约性的比例外，更重要的是看学科的核心理论是否与其他学科可通约，如果核心理论与其他学科不可通约，即使不可通约的比例不占优势，这个学科也具有独立性地位。当学科的核心理论与其他学科不可通约，且学科间不可通约的比例占大部分时，这个学科就毫无异议是独立学科。

36.1.2　标准化学与其他学科的通约性

本书的标准化学理论由五篇三十七章构成，五篇分别为认识篇、理论篇、方法篇、评价篇和讨论篇。第一篇为认识篇，构成了标准化学的思想支柱，共四章，对标准化从历史、现时、科学、哲学等角度作了全面、深刻的学术论述，内容主要包括标准化的存在与感觉、标准化学建立的必要性、标准化学的科学内涵、标准化学的哲学认识、标准化学的理论体系、标准化的多维度表征、全域世界的新划分、标准化存在领域的本体、标准化起源及里程碑标志、标准化的发展阶段、标准化对人类进化的影响、标准化对社会进步的影响、标准化作业的价值等。

第二篇为基本理论篇，是标准化学的核心理论内容，构成了标准化学的理论支柱，由标准化的元理论和基础理论构成，共十五章，内容主要包括标准的广义概念、标准的狭义概念、标准和标准化的关系、标准的存在形式、客观形成的标准类型、主观建立的标准类型、对客观规律认识的标准类型、标准化的理性概念、标准化概念的关系模型、标准化概念的数学模型、标准化的性质和作用，标准化的容差、概率、泛元和非量四个公理，标准化形式的理论谱系，标准化的统一化、互换性、通用化、系列化、模块化、互联互通、协同互操作性七个原理，标准化的变换、统一最大、相通、时域同态、空域同态、时空域同态、空间惯性、时间惯性、时空惯性和复杂性效应十个基本定律，标准化的动配合、定位配合和紧配合三个几何互换性定律，标准化的功能互换性定律、标准化的模式互换性定律、标准化的行为互换性定律、标准化熵的概念及其数学模型、相似标准化的概念及其数学模型、标准控制方程。这两篇的十九章内容与现在其他学科的都是不可通约的，只是标准化的本体论与本体论有相关性，它们的内涵是不可通约的。尤其是本书的标准化概念、公理、形式谱系、原理、定律等核心理论是全新创建的，在标准方程的创建上受到大系统论的启发，借鉴了其数学方法，但学术内涵是不相同的，因此，标准化学揭示的理论规律和产生的价值作用与其他学科的是不可通约的。标准化学的元理念和基础理论与其他学科的理论是不可通约的。

标准化学的方法篇是标准化理论的应用和实践部分，是从理性角度系统性建立的实用方法，由十四章组成，主要包括标准化学科的通用化、系列化、模块化、组合化、型谱系列和族系、产品统型的理论和方法、协同互操作性、产品顶层设计、产品优化的理论和方法、产品标准化的指标体系、标准化系统工程的理论和方法、项目的标准管理与控制、产品零部件的标准化策略等方面的理论和方法。这部分内容外界（其他学科）会非常感兴趣，它提供了共同关心的通用性有效方法，如产品顶层设计、“三化”、“三互”等方法。从学科上它们属于标准化学科的范畴，是基于“统一化”而存在的。这几个方面，除了“三化”外，此前还未见到有系统的理论论著，即使有，也是介绍性的和作用意义层面的，不是系统的理论性的和方法性的。即使是“三化”部分，本书的内容与其他“三化”论著也不重复，与其他“三化”论著形成了理论和方法的互补。在方法篇中，借鉴了经济学、系统工程理论的分析方法和几个模型，受到相关启示，可能会使用一些相同的名词等，但在对象、内涵、原理、方法、应用等具体和整体内容上是不一样的。因此，方法篇的十四章的绝大部分内容与其他学科的是不可通约的。

标准化学的评价篇由标准化应用状态的构建与评价和标准化的效益评价两章组成，讨论篇由标准化若干问题的讨论、标准化方法和方法标准化两章组成。这部分内容是完全新创建的内容，无论是在标准化学科还是在其他学科，都没有见到相关内容。因此，评价篇和讨论篇的内容与其他学科也是不可通约的。

综上分析，标准化学与其他学科是不可通约的。标准化学有自己的哲学思想、自己的概念、公理、原理、定律、形态、设计方法、评价方法等完整的理论体系科学内容，因此，标准化学是一门不同于其他学科的独立科学学科。

36.1.3 标准化学与本学科的通约性

本书的绝大部分理论是标准化学科的原创性理论和方法，主要包括标准化认识篇、理论篇、方法篇、评价篇和讨论篇 5 篇 37 章的内容，将 37 章的内容与现有的标准化论著和论文中有相关性的内容作以下通约性分析，或者说对本书与其他论著名称相同和相近的部分作通约性分析。

1. 标准和标准化概念的通约性

标准概念在其他论著中代表性的定义为：“**为了在一定的范围内获得最佳秩序，经协商一致制定并由公认机构批准，共同使用的和重复使用的一种规范性文件**。注：标准宜以科学、技术和经验的综合成果为基础，以促进最佳的共同效益为目的。”本书标准的概念为：“**统一化的约定集合**。”两个标准概念定义的学术内涵显然是不一样的，一个定位为“……规范性文件”，表达的是标准的形式，另一个定位为“统一化的约定集合”，表达的是标准的性质，因此，两者的标准概念是不可通约的。

标准化概念在其他论著中代表性的定义为：“**为了在一定范围内获得最佳秩序，对实际或潜在的问题制定共同的和重复使用的规则的活动**。注 1：上述活动主要包括制定、发布和实施标准的过程。注 2：标准化的主要作用在于为其预期目的改进产品、过程或服务的适用性，防止技术贸易壁垒，并促进技术合作。”本书标准化的概念为：“**在一定的时域和空域中，按约定范畴实现统一化的状态**。”两个标准化概念在学术内涵上显然是不一样的，一个定位为“制定……规则的活动”，表达的是标准化工作关系，另一个定位为“按约定范畴实现统一化的状态”，表达的是标准化的本质和形态。标准化学的标准化概念为标准化的理论建设建立了标准化的学术内涵和学术根基。本书的标准化概念除了创建理性的内涵定义外，还创建了标准化概念的关系模型、数学模型、标准化状态的时空传播数学模型和关系模型等重要理论内容，因此，两者的标准化概念是不可通约的。

2. 标准化原理的通约性

关于标准化的原理，将本书的标准化原理与其他标准化论著中代表性的原理进行比较。关于日本学者松浦四郎所提出的 19 个原理，没有原理题名，内容基本属于原则、概念等；英国学者桑德斯的 7 个原理，也没有原理题名，内容基本属于原则、概念等；中国学者代表性的原理分别有：王征的统一、简化、互换性、协调、阶梯五个原理，常捷的统一、简化、协调、优选四个原理，李春田的简化、统一、协调、最优化四个原理，以及后提出的系统效应、结构优化、有序、反馈控制四个原理（第四版）；本书提出的原理为七个原理，即统一化、互换性、通用化、系列化、模块化（组合化）、互联互通、协同互操作性七个原理。本书提出的原理与国外学者提出的完全没有对应关系，就不进行讨论了，与国内其他学者提出的不对应的也不讨论了，对应的原理是统一化原理和互换性原理，重点讨论这两个原理的通约性。其他论著代表性的统一原理为：**“在一定时期，一定条件下，使标准化对象的形式、功能或其他技术特性具有一致性”**。本书的统一化原理为：**“约定对象需统一的目标元素，使所有对象的目标元素结果符合同一约定关系”**。其他论著代表性的互换性原理为：**“使零部件的尺寸、形状、性能、作用相同，彼此可以互相替换”**。本书的互换性原理为：**“使配合对象的实际偏差关系符合一定规律，它们将实现预定精度关系的非选择性配合”**。本书的两个原理是从实现原理的规律要素描述的，其他论著的两个原理是从概念描述的，显然，本书的原理的表述和内涵与其他论著中的是不相同的，它们之间是不可通约的。

3.“三化”和型谱系列及族系的通约性

关于“三化”方面，国内有一些论著，这些论著的内容主要是“三化”的意义、概念、基本原理、基本任务、途径、工作方法、实例等内容。本书的内容主要是“三化”的概念和原理模型、“三化”的方式、“三化”的设计方法、“三化”的规律关系等。本书“三化”的形式是以“标准化形式的理论谱系”为理论依据提出的，并且建立了“三化”的关系模型、数学模型，尤其是“三化”的设计方法，这部分内容是完全新创建的系统性内容，在现有的其他相关论著中未见到这方面的内容。“三化”部分有很少的内容引用了已有论著，这在本书中已作了明确标引，且不是“三化”部分的主体内容，本书的“三化”部分是以新创建的理论和方法为主体。本书的“三化”与现有相关论著最大的不同是建立了“三化”的理论模型以及设计方法，这些内容将“三化”内容提升到科学理论的高度，并给出了具体的设计技术方法，成为可设计的和可验证的内容。由于“三化”内容的具体比较需要相当篇幅的论述，读者可自行比较，在此不赘述。关于型谱系列及族系，几乎没有见到这方面专门的论文和论著，本书系统性地建立了型谱系列及族系的概念体系、关系模型、构建方法等理论内容。因此，本书的“三化”和型谱系列及族系与其他论著的大部分是不可通约的。

4. 标准化效益评价的通约性

标准化效益评价是标准化学科比较关心的问题，但是一个难以解决好的问题。在现有的标准化论著中，基本上没有这部分内容，有一些这方面的论文。那些论文涉及的标准化效益评价有两种情况，一种过于简单（如标准化系数），另一种过于复杂。简单的评价方法不足以体现标准化的价值。复杂的评价方法设置了庞大的评价指标体系，使标准化效益评价陷入复杂化的高耗费和高耗时的困境。本书的标准化效益评价避开了评价指标体系建立这一“陷阱”，基于认知标准化效益的产生规律建立数学模型，创建了不同于现有方法的标准化效益评价模型和效果评价模型，避开了复杂因素细节的处理，且有客观性和可信度高的特点。因此，本书的标准化效益评价与其他论著和论文的也是不可通约的。

5. 标准化学的学科贡献

标准化学中的绝大部分理论属标准化学科原创性的理论，与本学科其他论著和论文相关的内容主要有“标准的概念”、“标准化的概念”、“标准化原理”、“三化”、“型谱系列”、“标准化效益评价”等。经过以上对这几部分内容进行通约性分析，可看出，尽管这些内容名称与其他论著和论文的相同或相近，但在内容上基本是不同的，它们之间不具有可通约性。从标准化学与本学科的相关论著和论文通约性的分析说明，标准化学的理论体系及其内容是新创建的和独特性的，属于标准化学术领域系统性的原始创造性贡献。

36.2 标准化统一的极限性

36.2.1 统一极限性的概念

标准化的统一是相对的，绝对统一是不存在的。由于没有绝对统一，标准化的统一是极限的，不是无限的。标准化统一的极限性是指标准化统一精度的极限性，统一的精度不是无限高的，是有限高的，这个限定就是标准化统一的极限。理想的统一是绝对的，是无偏差的，但在现实中是极少的或不存在的。现实中的统一是有限的统一，或是容忍偏差范围的统一。另外，标准化统一的极限性还表现在标准化统一机会或概率的极限性，或存在非百分之百概率的统一。标准化的统一是遵循标准化容差公理的统一和概率的统一。由于标准化的现实性，标准化的统一是相对的和有限的，不是数学性的理想统一。

统一的极限有客观的极限性和主观的极限性。客观的极限性是受物质、信息、能量、行为等统一对象的形式、量值、能量、信息、条件、行为能力、发生概率等因素的不确定度影响。主观极限性是出于考虑成本、时间等因素所做的人为限定。

36.2.2 形式统一的极限性

形式统一的范畴主要有结构形式、形状、组成关系、分布关系、成分等。在客观上，形式统一受到结构和形状测不准、工具和设备精度有限、物质微观不稳定等影响，因此，客观上导致了形式统一的极限性。主客观上，形式统一考虑到成本、时间等因素，不会无限制地追求形式统一，因此，形式统一目标是有限的合理目标。

36.2.3　量值统一的极限性

数值统一的范畴主要有尺寸、性能、重量、体积、速度、频率等，包括一切用数表达的几何量、物理量、化学量、生物量等。在客观上，数值统一受到表达数值的手段和能力的极限性制约，如量值测不准、工具和设备精度有限、物质微观不稳定等影响，因此，客观上导致了量值统一的极限性。主客观上，量值统一的精度与价格成正比，不会无限制地追求高精度量值，因此，量值统一目标是有限的合理目标。

36.2.4　行为统一的极限性

行为统一的范畴主要有行为要求、行为形式、行为能力、行为配合等。在客观上，行为统一受到生理结构限定、生理反应限定、生理感觉限定等影响，因此，客观上导致行为统一是极限性的。主客观上，行为统一受思想要求、技能等影响，做不到无限高的行为统一，因此，行为统一目标是结合实际的有限目标。

36.2.5　统一概率的极限性

统一概率是实施标准化群体实现统一结果的统计数。统一概率的统计对象是实施统一的一批生产产品、一批加工量值、学习群体、培训群体等。在客观上，存在生产、教学设备的不一致性，制造人员、学员的不一致性，或主体、受体的不一致性等，因此，客观上导致群体统一合格率是概率的，不可能都是百分之百。主客观上，主体要求限定和受体条件限定的影响，难以做到结果百分之百统一，因此，统一结果的百分比是不确定的，是概率的，或是受到概率支配的。

36.3　标准化的所知与所是

36.3.1　标准化的所知和所是的概念

标准化的所知是知识层面的东西，是认识到的和存在的标准化理论和知识，是归纳、提炼、推论、演绎的理论和知识。所知可以存在于头脑、文档、书籍、论文等中。标准化的所是是现实存在的标准化现象、形式、模式、成果等。标准化的所是可看成为标准化所知的实在或实体，标准化的所知是标准化所是的思象。所知是所知，所是是所是，两者是不同的，但两者存在一定的联系。标准化所知和所是的关系如同标准化的理论或知识与标准化的实在或实体的关系。标准化的所知与所是不一定是一一对应的，所知的不一定有相应的所是，所是的也不一定有相应的所知。不是所有的所是都是真正的所是，也不是所有的所知都是真正的所知。标准化的所知和所是具有各自存在的独立性和相互影响性。标准化的所知和所是存在相互影响，它们可以相互修正。所知长期找不到所是或建立不起所是时，所知就是“虚思象”的。所是没有相应的所知时，所是就是“无思象”的和无人知晓的。

36.3.2　标准化所是对所知的影响

标准化的所是可以没有相应的所知而独立存在，然而，标准化的所是对所知的形成可产生启发作用。标准化所是是标准化的现实存在。标准化的所是可刺激人们思考所是是什么、如何出现的、有什么规律、有什么效果等，对标准化所是的思考和验证，可启发建立标准化的所知。标准化的所是对所知可起证实作用。标准化的知识是实践和理论相结合建立的知识，不像数学那样是逻辑性的知识。当有了标准化所知时，所知反映的真理性和有用性可用所是进行证实。标准化的所知只有被所是证实后，才能算得上是有实际意义的所知。标准化所是对所知有改正作用。标准化的所知可以是由所是建立的思象，所是可作为所知的标杆，对所知进行修正，直到所知与所是完全对应。

36.3.3　标准化所知对所是的影响

标准化的所知可以没有相应的所是而独立存在。标准化的所知可以由想象建立。标准化所知可以超前所是存在。标准化所知超前所是存在时，存在的所知可以引导所是的出现。所知引导所是出现是发明的模式，如电热发光的所知引导了电灯的产生。所知可引导发现所是，这种情况主要出现在自然科学领域。所知引导发现所是的典型例子是化学元素周期表。俄国化学家门捷列夫建立的化学元素周期表，推测有 118 种化学元素，当时只有 63 种已知元素，其他的是推测存在的元素，在化学元素周期表的指引下，其他化学元素陆续被发现，目前为止，化学元素几乎都被找到。完善的标准化所知可指导存在的所是进行修改和调整，对其进行优化和改进。

36.4　标准化的动力因素

36.4.1　研究标准化动力因素的目的

学科的动力因素是学科生存和发展的根本问题。一个学科能建立、存续和发展壮大必定有推动它的动力因素。一个学科的动力因素是客观的和持续的，这个学科就能长期存在和发展；如果动力因素是主观的，学科的存在和发展就难以为继。研究标准化学科的动力因素就是研究标准化学科生存和发展的根本问题，是标准化理论研究的重要内容之一。标准化的动力因素与标准化的作用和意义密切相关，标准化的作用和意义是标准化动力的根因素。

标准化的动力因素是驱动人们开展标准化的因素。这些因素的存在，使人们有开展标准化的主动性、自觉性和积极性。能驱动人们主动性、自觉性和积极性的因素一定是能带来利益的。这些利益至少是有经济利益、公共利益、保护利益等之一或多项。利益有立刻见效的、短期见效的、长期见效的。驱动力的大小与见效周期的长短成反比，即驱动力越大，见效时间越短。研究标准化的动力因素就是要能正确把握动力的规律，很好地引导标准化动力的发挥，推进快速和有益发展。

36.4.2　标准化的动力因素

标准化的动力使人们有积极与自觉的态度和行动。积极的态度和行动来自于标准化带来的好处驱动，造就好处的是标准化的形式，由此形成一个标准化动力因素链，即标准化形式→标准化好处→人们的态度和行动。在标准化的动力因素链上，动力的根源是标准化的形式，动力的持续产生是标准化带来的好处，动力输出靠人们对标准化积极与自觉的态度和行动。标准化的形式根本上是统一化，根据标准化作用对象的不同，可以有结构形式的统一化、参数统一化、接口统一化、规则统一化、信息元素统一化、产品质量统一化、行为统一化等。标准化的好处有信息统一带来的交流畅通、行为统一消除无序的障碍、操作统一提高工作效率、规则统一建立良好秩序、时间统一实现重复一致、空间统一可实现共同一致、质量统一可保护消费者利益、排放统一可控制和保护环境、材料尺寸统一可减少浪费等。标准化的好处归纳起来为效率、秩序、互通、联合、保护等利益。标准化动力驱动的主体是人，受体是生产、产品、材料、安全、健康、卫生、环保、交通、供电、服务、语言等。

标准化的动力有内因动力和外因动力两个方面。标准化的内因动力是出于标准化统一带来的价值和作用；标准化的外因动力是社会秩序和关系对标准化的需求。标准化的内因和外因两股动力推动标准化的扩大和发展。标准化的外因动力起牵引作用，标准化的内因动力起推动作用。统一化的需求是普遍的和每时每刻的，统一化带来的标准化利益在不断补充和扩大标准化的动力，标准化的内因动力和外因动力为标准化的发展提供无尽的动力源泉。

36.4.3　标准化动力驱动的状况

标准化的好处是人们积极态度和行动产生的必要条件，但不是充分条件。社会上的人，没有人未受益到标准化带来的好处，只有受益者意识到的或未意识到的。不是所有标准化的受益者都愿为标准化出力。标准化行动和行动利益享有（指专有利益）存在四种情况：享受标准化行动利益参加标准化行动；享受标准化行动利益不参加标准化行动；不享受标准化行动利益参加标准化行动；不享受标准化行动利益不参加标准化行动。参加标准化行动的又有两种情况：一种是自觉和主动参加标准化行动的，或者说受到标准化利益的驱动；另一种是被动参加标准化行动的。尽管每个人都享受了标准化的好处，但标准化的动力因素并未驱动每一个人。被标准化驱动是由标准化的获利程度、责任、任务决定的，就像每一个人都要吃粮食，但不是每一个人都要去种粮食。标准化的动力因素只是驱动了标准化经济利益和责任承担的相关方。标准化没有驱动的部分主要是那些享受标准化公益利益的人和群体利益的人。不是所有人因为标准的好处就会被驱动对标准化有积极的态度和行动。被标准化驱动的对象范围主要为：认识到标准化好处并且是直接经济利益的受益者，如公司或企业的所有者等；量大面广的基础设施建设工程相关人，如铁路、电力、公路、通信等建设工程；公共行为管理的政府工作人员，如文字、语言、交通、社会等公共管理；从事标准化职业的岗位人员；认识到标准化好处的理性驱动行动的人员（含个体需求）。标准化动力驱动的人员群体除了直接驱动的外，还有间接驱动的对象，驱动的关系主要包括：从上向下驱动，如国家、省、市、县等部门要求从属单位开展标准化，领导要求下属开展标准化等；从下向上驱动，下级部门和个人呼吁上级开展标准化。间接的标准化驱动是一种标准化行动传递，可看作岗位责任传递、受益体验传递等。

未被标准化驱动的对象范围主要有：非标准化直接经济利益的受益者（即使认识到标准化的好处）；对标准化的好处没有认识者（尽管受益而未认识到）；只想享受标准化的好处而不愿付出者；通过非标准化状态可获私利者（随意排放、偷工减料等）等。

标准化驱动的另一个方面是标准化的学术研究的驱动力，这种驱动是来自于探索标准化科学理论精神的动力，挖掘标准化产生利益方法的精神动力。

36.4.4 实施标准化的效应

标准化的利益正比于标准化的作用范围或对象数量，标准化作用范围越大、对象越多，标准化的效应就越大，这种效应增强了群体实施标准化的自觉性和主动性。因此，标准化作用对象的群体大，对实施标准化的自觉性和主动性就越高，通常，国家、省、市是标准化自觉的推进者。

标准化驱动人群的数量比例与社会文明程度和社会责任意识境界相关。一个社会被标准化驱动的人群数量比例越高，说明社会的文明程度和社会责任意识境界越高。人群行为的标准化包括法规性的、自愿性的和约定成俗的，如遵守交通规则不闯红灯、不抢行，不随地乱扔垃圾，快餐店吃完东西自己收拾等。社会人群中有大比例的标准化行为，社会就有高的文明程度。

即使是没有标准化的直接经济获益和岗位责任关系的人，关注标准化和践行标准化也是必要的。标准化需要更大的群体来加入和努力，一是为提升社会的文明程度，二是履行社会责任，三是改进个人素质状况。标准化的社会效应也是驱动标准化的一种动力因素，会驱动重视公益的群体加入到标准化的行动中。

36.5　标准化的阻力因素

36.5.1　研究标准化阻力因素的目的

尽管标准化能带来上述的许多重要利益，但目前的标准化还是会面对重重阻力。研究标准化阻力因素是要采取客观面对的态度，分出标准化阻力的类型，分清产生阻力的原因，提出减小对标准化阻力的努力方向和措施。如果对于标准化的阻力只是一味地抱怨别人不重视、不明智是没有用的。因此，应该积极地研究标准化的阻力因素，转换阻力因素为动力因素，使那些可以从标准化获益的人群和事项不要错过利用标准化这一有效手段的机会。减小标准化的阻力可让社会的文明和和谐发展得更快更好。研究标准化阻力因素，还要找出导致标准化阻力的原因，化对标准化的阻力为对标准化的动力。

36.5.2　标准化的阻力因素

标准化的阻力从作用的程度分，可分为软阻力和硬阻力。软阻力是对标准化的不积极和轻视的态度，硬阻力是对标准化的拒绝和排斥的态度。标准化的阻力从作用方式分，可分为直接阻力和间接阻力。直接阻力主要是对标准化的不支持、不接受、不认可、反对、拒绝等；间接阻力是没有直接对抗标准化，由一些对标准化不利的行为带来反对标准化的阻力。标准化的阻力有主观造成的，也有客观形成的。标准化直接阻力主要来自非标准化职业领域，标准化的间接阻力一部分是由标准化职业领域的负面工作所引起的。

对标准化直接阻力的原因主要有：现状与变化所产生的矛盾阻力；约束与自由所产生的矛盾阻力；习惯保持原状态惯性的阻力；对标准化效果不认同的阻力；极致要求与大众化所产生的矛盾阻力等。现状与变化所产生的矛盾阻力是因为标准化状态往往是通过改变现有习惯状态而建立的，这就导致了变化与现状稳定态的冲突，由此产生现状保持势力对标准化的阻力，如卫生习惯改变的阻力、操作习惯改变的阻力等。约束与自由所产生的矛盾阻力是自由不愿意接受约束带来的冲突，标准化消除了无效的随意性自由行为，使自由行为者感到不舒服，因此欲抵制标准化来维持原自由状态。习惯保持原状态惯性的阻力是一种非刻意排斥的阻力，虽然认识到标准化的好处，但习惯总是自觉不自觉地离开标准化回到原状态所构成的阻力，不属于硬对抗的阻力。对标准化效果不认同的阻力是对标准化的效果不信任而不愿意开展标准化。极致要求与大众化所产生的矛盾阻力是精品高要求和大众化的矛盾，搞精品的不愿将成果降低到普遍接受的标准化水平上。

标准化的间接阻力往往是一些在标准化工作方面的负面因素所导致，形成了对标准化有用性的怀疑，由此带来了标准化推广的不利氛围。这些负面因素主要有：标准化活动取得的效果不显著；标准内容空洞、有效性不强；标准存在的技术错误和漏洞、标准重复矛盾等。这些问题使人们难以感觉到标准化价值的显著性，因此，形成了对标准化和标准的怀疑、不信任、不重视、不在乎、不理会的间接阻力。这些问题主要是一些不道德、不负责任、自毁事业的行动造成的。

36.5.3 减小标准化阻力的措施

直接阻力因素的根源主要是对标准化存在认识、信任、特殊性需求等方面的问题，是一种可以理解的正常现象，需要开展相关的标准化宣传、效果展示和区别对待等工作来改变。减少标准化直接阻力的措施主要有：对现状与变化所产生的矛盾阻力应充分说明建立标准化新状态的利益，使人们转换到标准化有益的认识状态；对约束与自由所产生的矛盾阻力要进行具体分析作用对象获利是自由大还是约束大，再决定以什么粒度的和在什么要素实施标准化，这里要辨明标准化是否会抑制创新的产生；习惯保持原状态的惯性阻力，如果能明确原状态不如标准化状态有利，只要经过一定的时间对原习惯的调整和新状态的适应，就可逐步转变到标准化状态；对标准化效果不认同的阻力需要证明实施标准化后的效费比是明显大于1的，在这样的证据面前阻力就会转化为推进标准化的动力。对极致要求与大众化所产生矛盾的情况不能全面标准化，应有选择地进行标准化，保留部分精品特色的个性化，转变那些无意义精致要求为标准化，使各种优势得以并存。

减小标准化的间接阻力，改变这种不利状况的具体措施是：提高标准化的权威性、有效性和公信度；建立和实施标准使用有效性的评定制度，保证标准的使用价值；对标准体系进行挤水，建立精干、实用的标准体系；开展标准复审和清理整顿，保证现行标准的先进性和有效性；推广一些实用价值高、需求大的标准化方法，如“三化”、“三互”、顶层设计、型谱系列、统型、协同互操作性、标准管控、标准化系统工程等方法，提高标准化解决实际问题的知名度。

要正确看待标准化的阻力，这些阻力表面上看是对标准化实施的对抗或拒绝因素，本质上是标准化的效果还没有给大家充分的信任，应理性化解标准化的阻力，引导对标准化的效果进行尝试，使大家能感受到和分享标准化带来的实惠，同时也要防止“伪标准化”的误导效果。标准化也不是万能的，要实事求是地推介标准化，在标准化能发挥有益作用的地方不要错过获得标准化利益的机会。

第 37 章　标准化方法和方法标准化[1]

37.1　“标准化方法”和“方法标准化”的内涵及关系

“标准化方法”和“方法标准化”是标准化领域里两个重要的词组，不经意地一看，以为是同一概念的两种写法，但仔细再看、认真一想就发现它们的意思还有许多变数。首先，分析一下“标准化方法”意思表达的可能性。“标准化方法”中的“标准化”，是这个词组中的变化因子，因为，它通常以省略状态应用。对于“标准化方法”，最多想到的意思可能是两种：一是把“标准化方法”看成是由“标准化学科方法”省略而来的；二是把“标准化方法”看成是对“方法”实施“标准化”的结果。这时，“标准化方法”就可能有两个含义：一是把“标准化方法”看成是标准化学科的“方法”，是标准化理论产生的“方法”；二是把“标准化方法”看成是对“方法”开展标准化，或使“方法”成为标准化的，如使质量管理的方法标准化。这两个“标准化方法”的含义是不同的。对于“方法标准化”，一般的认为是将“方法”规范为“标准化状态”的，或“方法”是“标准化状态”的，两个认识含义相同，认识比较集中。通常，不会把“方法标准化”认为是使“方法”成为“标准化学科”的，因为，这一概念很不通顺。当把“标准化方法”看成是“方法”成为标准化的时，“标准化方法”就是“方法标准化”的结果或近义词，它们之间是弱因果关系或等价关系。当把“标准化方法”看成是“标准化学科方法”时，“标准化方法”与“方法标准化”的意思是不同的。对于“标准化方法”和“方法标准化”这两个标准化领域的重要词组，如果它们只是用来表达逻辑的弱因果关系或等价关系，它们的使用范围就比较狭窄、表达效率也比较低，因此，我们更希望它们间是分立的分域表达关系，以能表达更多的需要表达的概念。对于使用频率高的词，使用省略的表达方式是很方便的，但省略表达的不足是含义难以确定。省略而不误解，是我们在语言和文字表达上期望的结果。做到省略而不误解的方法是，通过上下文内容推测省略词组的含义，或者，对省略词组做专门的定义。对省略词组的意思，用上下文内容推测含义是很不方便的，甚至会误解，比较好的选择是进行专门定义。为了使标准化领域的两个重要词组“标准化方法”和“方法标准化”表达两个不同的重要概念，因此，将“标准化方法”定义为是“标准化学科方法”的省略。此时，“标准化方法”和“方法标准化”两个不同的词组就给出了不同的内涵，否则，“标准化方法”和“方法标准化”两个不同的词组给出的是相近的内涵。“标准化方法”和“方法标准化”在词组的组合结构上，是对称的结构。对称的词组最好是一种“镜像”效果，看似相像，实际上是不一样的。否则，一对对称词组就失去表达不同含义的机会。对“标准化方法”词组的两种定义的含义比较和选择结论，如表 37-1 所示。

表 37-1 两种定义含义的对比

特点与关系 省略状态	含义定义	“标准化方法”与“方法标准化”的对比				选择结论
		与方法标准化比	表达能力	关系	词组结构	
标准化方法	标准化学科的方法	含义不同	增加表达机会	分立的分域关系	对称	选择
标准化方法	对方法实施标准化	含义相同	相同，由此失去新的表达机会	逻辑的弱因果关系	对称	—

根据表 37-1 的对比，选择将“标准化方法”定义为“标准化学科方法”的省略。由此，“标准化”和“方法”两个词的组合前后次序只要一变，它们的组合词的意思就大不一样了。“标准化方法”不是任意专业的方法，是标准化学科建立的方法，是属于标准化学科的方法。“标准化方法”始于标准化理论，是通过标准化概念演绎出的标准化形式，如用标准化原理建立的方法，属于标准化理论的范畴，是标准化的基本方法。“标准化方法”对应的标准化形式是统一化、互换性、通用化、系列化等。标准化方法不属于某个技术专业，是具有普遍适用性的方法。

“方法标准化”是“方法”通过开展标准化工作，使“方法”成为标准化状态的，形成了方法的标准化。“方法标准化”主要是其他学科应用标准化的范畴，如质量管理体系标准化、安全管理体系标准化、环境管理体系标准化、抽样方法标准化、风险管理标准化等，这些就是管理方法的标准化。“方法标准化”的“方法”，经过对“方法”的内容进行提炼和用标准固化，成为“方法”标准，方法标准的实施实现了方法的标准化状态，它们只适用于本“方法”对象的范围。“方法标准化”的“方法”绝大部分是属于非标准化学科领域的。这是因为其他学科的“方法”数量比起“标准化方法”的数量要庞大得多。标准化学科领域的“标准化方法”也是“方法标准化”的“方法”对象，但在整个“方法”对象的集合中，“标准化方法”的数量是非常少的。“方法标准化”的“方法”尽管绝大部分不是“出身”于标准化“家庭”（即标准化学科），但它们是由标准化“培养”的，并成长为“已标准化的方法”。这里，“已标准化的方法”和“标准化方法”虽然只是多了“已”和“的”二字，但是，它们表达了不同的含义。“标准化方法”只是标准化学科的“方法”。“已标准化的方法”包含了来自“标准化学科的方法”和来自“非标准化学科的方法”，且“非标准化学科的方法”数量占绝对优势。这些“非标准化学科的方法”是经过标准化的作用，使其成为标准化的状态。标准化方法是研究标准化理论得出的普遍适用的方法；方法标准化是将对象的方法制定为标准进行应用，形成方法的标准化状态。

37.2　标准化方法的理论关系与范畴

标准化方法是实现标准化形式的途径和程序，标准化形式是标准化方法工作的“目的地”。一种标准化形式可以有多种实现的途径和程序，或者说有多种实现的方法。多种标准化形式必然会有更多实现的途径和程序，由此，就会有更多的实现标准化的方法。探索标准化更多的形式，就能开辟更多的标准化方法，丰富标准化的理论宝库。有一种标准化的形式不等于就有相应的标准化方法，必须在标准化形式实现的途径和程序建立起来后，才能有标准化形式相应的方法。因此，标准化方法的研究，首先是要研究标准化的形式，在此基础上，研究实现标准化形式的途径和程序。

标准化方法的理论是基于标准化概念、标准化公理和标准化形式谱系的内容。标准化的形式是由理性标准化概念演绎而成，进而构成了多种标准化的形式。建立实现这些标准化形式的路径、程序，就形成了标准化的方法。标准化方法是标准化学科理论的方法，整个形成过程是不依赖对象的，因此，标准化方法具有普遍的适用性，即是可广泛应用的。

在本书第 10 章提出的标准化形式主要有十大类，构建实现它们状态的途径和程序，就建立了标准化的方法。在标准化的形式问题上，需要用标准化理性概念和公理对标准化的形式进行证明，使这些形式名正言顺地归入标准化学科。统一化、互换性、通用化、系列化、模块化的标准化形式的证明详见第 10 章。

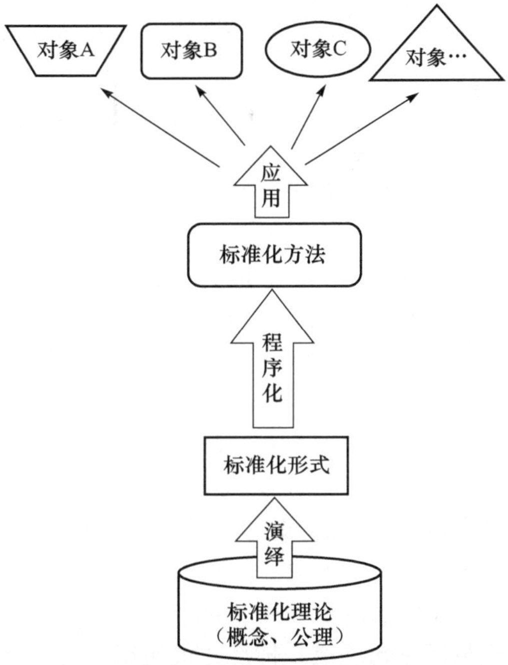

图 37-1　标准化方法的形成和应用关系

证明了以上形式属于标准化学科，可从途径和程序的角度，建立它们实现标准化状态的“标准化方法”，标准化方法形成和应用关系如图 37-1 所示。

统一化方法、互换性方法、通用化方法、系列化方法、模块化方法间的关系是，有各自的独立性，也有相互的重叠性，其关系如图 37-2 所示。例如，通用化中有互换性，模块化中有系列化、通用化和互换性。标准化

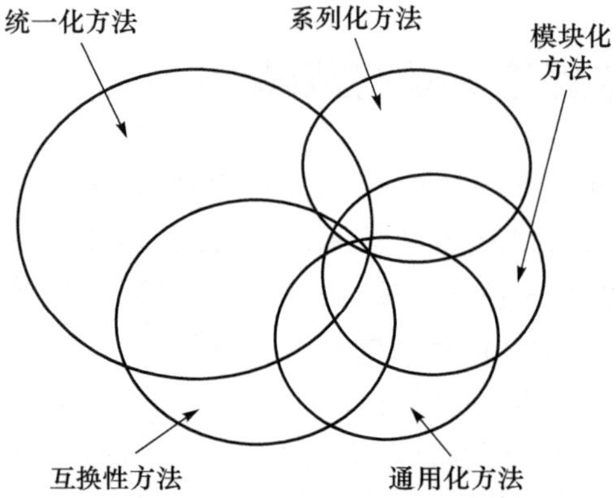

图 37-2 标准化方法间的关系

方法的生成逻辑是理论→形式→方法(理论到方法,无明确对象),方法的形成对对象没有依赖和明确指向,因此,标准化方法具有普遍的对象适用性。

各标准化形式对应的方法原理如下:

(1) 统一化方法。协商约定内容或条款,编制约定文件或制定约定基准等,通过实施约定来实现统一化的方法。

(2) 互换性方法。对于配合关系的对象,按统一的偏差关系进行设计和制造,以实现无选择配合生产的方法。

(3) 通用化方法。将多种类似事项的功能、接口关系统一为一种,以扩大其使用范围的方法。

(4) 系列化方法。将连续的或间断的数值系列,按科学规律进行离散分布,形成离散性的统一化,以实现以最少的数值覆盖最大的应用范围的方法。

(5) 模块化方法。对系统按功能和结构进行有益的"黑箱"式划分,使对象实现功能、结构、接口等统一化的方法。

以上方法是实现标准化形式的途径之一,还会有其他实现途径的方法。

37.3 方法标准化的实践关系与范畴

方法标准化中的"方法"是广义的方法概念,指做事的程序和途径,不是只指试验方法、评价方法、操作方法等狭义的方法。除了术语标准、符号标准、计量单位制标准等外,大部分标准对象都属于广义方法的范畴。根据现代汉语的定义,方法是"关于解决思想、说话、行动等问题的门路、程序等"[2]。广义的方法可以看成技术工作、管理工作、操作工作的程序、要求、流程、评价等内容,当然,它是包含狭义方法的。

方法标准化是对方法对象进行提炼,以标准的形式进行固化,建立标准,对标准进行推广实施,形成方法的标准化状态。方法标准化的方法实现标准化的途径是两段式模式的,即"知识"+"管理"。"知识段"是方法的内容部分,是需要固定下来重复使用的部分。"管理段"是使"方法"成为标准化关系的手段,主要是通过标准制定和实施手段来实现。标准化对象的范围不排除制定和实施法规、文件等,它们从广义角度也是标准化的范畴。方法标准化的方法,通常是选择重复使用频率高的方法。如果方法标准化的方法的重复使用频率越高,那么方法标准化带来的效果越好。方法标准化是基于某个或某类对象应用的方法。为使方法的重复使用关系不因重复应用对象的更换而变化，将其关系进行通用化提炼，并应用标准方式固定下来，形成应用对象更换，方法不变，由此建立了方法标准化的关系，其形成和应用关系如图 37-3 所示。

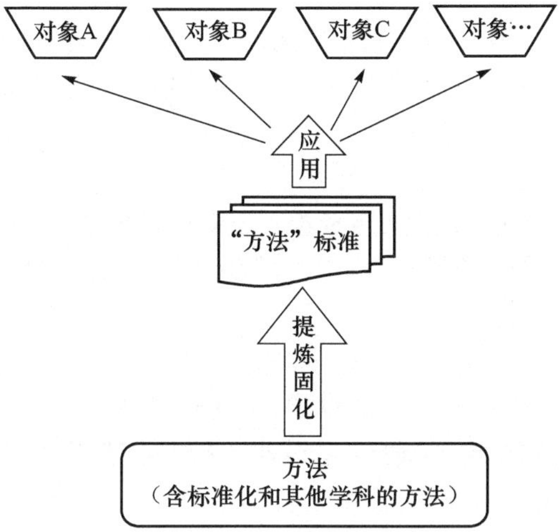

图 37-3　方法标准化的形成和应用关系

关于方法标准化的方法内容，当具有程序化关系时，方法就成了经典性的方法。方法标准化在标准化的实际工作中占有绝大部分比例，是标准化实践的重点部分。方法标准化是在对象名称后加方法形成的，如试验方法、检验方法、设计方法、制造方法等。方法标准化的方法是广义的方法，大部分方法标准化的名称都不是以方法结尾的，如质量管理体系标准等。方法标准化的方法对象主要可以分为以下种类。

1）技术方法

技术方法主要可分为以下几类：①表达类，技术制图、机械制图、电气制图、光学制图、三维建模等；②设计类，设计手册、设计准则、设计方法、计算方法、设计程序等；③制造类，工艺方案、制造流程、工艺规程、工序卡、安装调试等；④验证及分析类，试验方法、检验方法、理化分析方法、老化试验方法、无损检测方法等；⑤储运包装类，包装要求、包装尺寸、运输要求、储存要求、仓库要求等；⑥评价类，产品制造验收、原材料制造验收、风险评价、安全评价、环境评价等；⑦保障维护类，产品维护、设备维修、设备保养、动力供给、能源供给等；⑧数学和计算类，抽样方法、优先数系、统计方法、可靠性预计方法、工时计算方法等。

2）管理方法

管理方法主要可分为：①技术管理类：开发要求、定型/鉴定要求、技术状态管理、技术基础管理、命名管理、数据管理、文档管理等；②质量管理类；③安全管理类；④环保管理类；⑤职业卫生管理类；⑥社会责任管理类；⑦战略管理类；⑧信息化管理类；⑨文化管理类；⑩财务管理类；⑪人事管理类；⑫资源管理类；⑬营销管理类；⑭动力能源管理类；⑮生产管理类；⑯行政管理类等。

3）工作方法

工作方法主要可分为：①设备操作类；②工艺工序操作类；③试验/检验操作类；④维护保养操作类；⑤行为评价类；⑥作业方法；⑦岗位说明类；⑧劳动定额类等。

4）服务方法

服务方法主要可分为：①住宿服务类；②餐饮服务类；③旅游服务类；④文化服务类；⑤交通服务类；⑥市场服务类；⑦医疗卫生服务类；⑧教育服务类；⑨邮政服务类等。

5）工程方法

工程方法主要可分为：①公路建设类；②建筑建造类；③水利建设类；④输送管路建设类；⑤供输电建设类；⑥通信建设类；⑦铁路建设类；⑧航空设施建设类；⑨资源开采类；⑩农业工程类；⑪环境工程类等。

以上方法对象成为标准化状态的途径是，通过将方法制定为标准并实施。例如，许多涉及世界性、经常性、重要性的方法，ISO 把它们制定成了系列国际标准，促进了同类管理方法全球的标准化，这些方法标准主要有：ISO 9000 质量管理标准、ISO 14000 环境管理标准、ISO 26000 社会责任标准、ISO 27000 信息安全管理标准、ISO 31000 风险管理标准、ISO 45001 职业健康和安全标准等。

方法标准化的形成逻辑是对象→方法→标准→实施标准，即选择对象、提炼其方法内容、制定方法标准、实施方法标准。要注意的是，方法标准化的方法要考虑有广泛的适用面，对同类对象能普遍适用。方法标准化中的方法包括标准化方法，标准化方法也可制定为标准，是标准化方法的方法标准化，如互换性的极限与配合方法标准、系列化的优先数系方法标准等。

37.4 两者的依赖和对立统一关系

“标准化方法”和“方法标准化”的工作几乎统摄标准化的全局工作。“标准化方法”侧重的是“标准化”问题；“方法标准化”侧重的是“标准”问题。“标准化方法”是研究标准化的理论问题；“方法标准化”是研究标准的制定问题。“标准化方法”和“方法标准化”两个词虽然简短，但包含着标准化学科的大道理。“标准化方法”和“方法标准化”概括了标准化两个重要领域的工作，分别表达了标准化的理论工作和标准化的实践工作，分别是标准化领域的理论和实践关系的代表。“标准化方法”是标准化的理论成果，“方法标准化”是标准化的实践成果。“标准化方法”是标准化工作开展的重要工具，是建立“方法标准化”的根本基础。“方法标准化”是依靠“标准化方法”的“土壤”成长的，如标准制定的程序方法、标准编写的方法等，所以，“方法标准化”离不开“标准化方法”，没有“标准化方法”就没有“方法标准化”，两者是对立统一的，它们间的关系如图 37-4 所示。标准化学科的大部分工作就是在开展“标准化方法”和“方法标准化”的工作。通常，专职的标准化工作者主要从事“标准化方法”的研究工作，非专职的标准化工作者主要从事“方法标准化”的研究工作。这一倾向主要是由他们的职责、知识背景、兴趣点决定的。从应用角度来讲，“标准化方法”成果的应用是“一对多”的，即一个方法可应用于多种不同的领域和对象，或者说，“标准化方法”适用于各种领域。而“方法标准化”成果的应用是“多对一”的，即将同一领域的多个对象的方法提炼为一个较通用的方法。

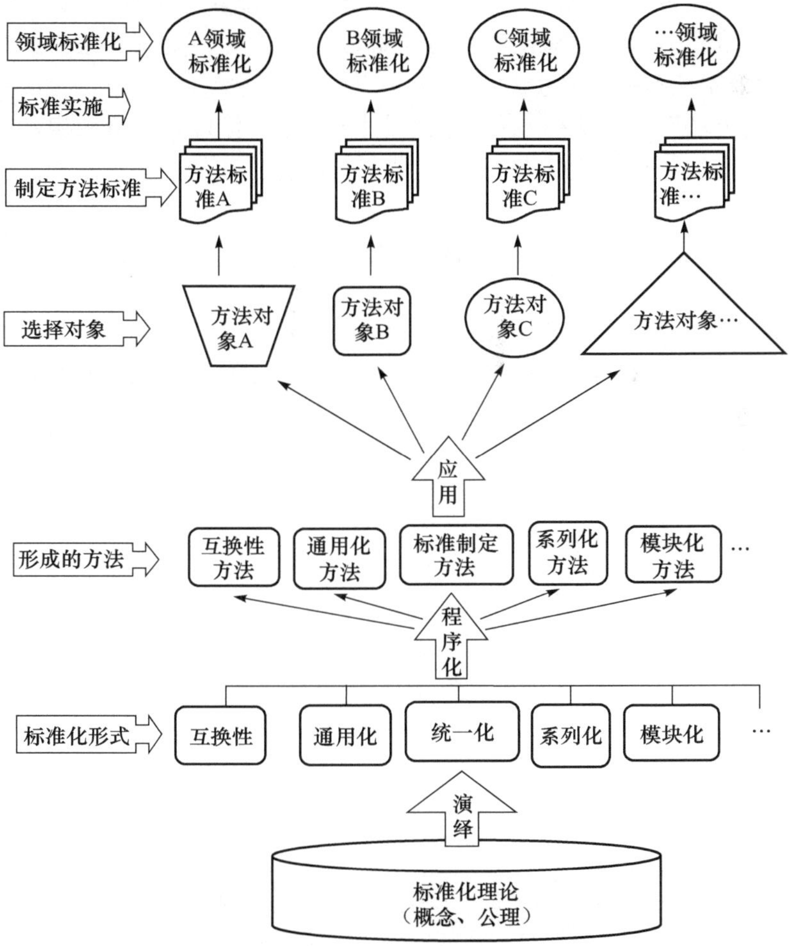

图 37-4　标准化方法与方法标准化的相互关系

标准化理论是建立“标准化方法”的武器；标准是“方法标准化”的武器。“标准化方法”如果没有“方法标准化”，也很难带来标准化的突出效果。例如，互换性的极限与配合关系，如未制定成标准并实施，就不可能有今天的社会化大生产协作模式，就不可能有推动国际化的技术贸易大发展；系列化的优先数系关系，如未制定成标准并实施，它的科学关系也很难为产品的系列化设计和产品系列型谱发展所广泛采用，产品的发展将普遍失去使用优化方法的机会。因此，“标准化方法”也需要“方法标准化”的支持。

“方法标准化”和“标准化方法”不一定是永远的对立关系，有些“方法标准化”经过长期演变，不断增强其广泛适应性和通用化程度，并不断脱离原专业领域特色，形成一种高度统一化形式时，就有可能转变为“标准化方法”。当“标准化方法”应用于某种特定对象，不断附加专业特定关系，专业性越来越强时，就有可能转变为“方法标准化”。当然不是所有的“方法标准化”都能转变为“标准化方法”，也不是所有的“标准化方法”都要转变为“方法标准化”，这种转变是有条件的和有实际意义时才会发生或有必要发生。

“标准化方法”和“方法标准化”总共是十个字的两组词，说清和想清这十个字的两组词，就说清了标准化的大关系，理清了标准化工作的大脉络。

参考文献

[1] 麦绿波. 标准化方法和方法标准化[J]. 中国标准化，2012，(3)：69-74.
[2] 中国社会科学院语言研究所词典编辑室. 现代汉语词典[M]. 5版. 北京：商务印书馆，2005.